Der Kapitelaufbau in delta 6 neu

Doppelseiten-Prinzip: klar und übersichtlich

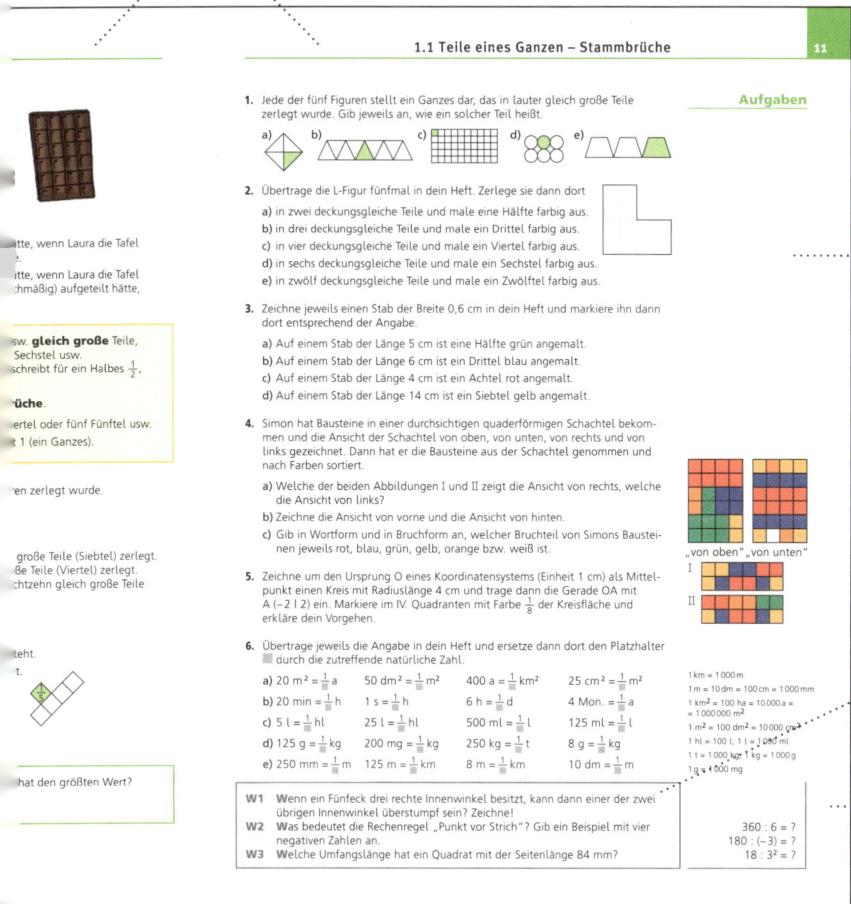

Reichhaltiges Aufgabenangebot aus allen Aufgabenbereichen, hervorragende Aufgabenkultur, auch für Partner- und Gruppenarbeit

Grundwissen sichern durch Wiederholen und Vernetzen

Kopfrechnen

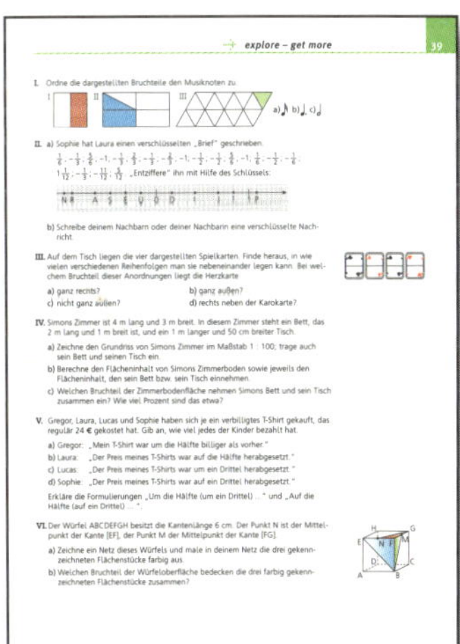

Besonders anspruchsvolle Aufgaben, auch für Freiarbeit und Gruppenarbeit

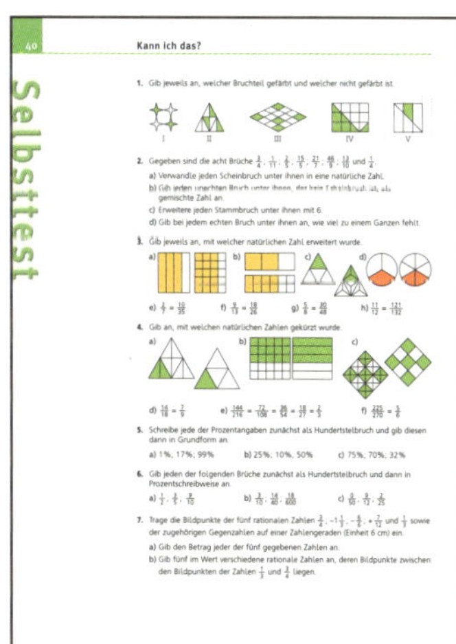

Selbsttest: in eigener Verantwortung – zusammenfassende Aufgaben (Lösungen unter www.ccbuchner.de, Eingabe „8256“ im Suchfeld)

Das **Grundwissen** aller Kapitel dieses Bands und des Vorgängerbands delta 5 neu ist im Anhang zusammengestellt.

NEU delta 6

Mathematik für Gymnasien

Schätz
Eisentraut

C.C.BUCHNER
DUDEN PAETEC
Schulbuchverlag

delta

Mathematik für Gymnasien
Herausgegeben von Ulrike Schätz und Franz Eisentraut

delta 6 wurde verfasst von
Franz Eisentraut, Petra Leeb, Ulrike Schätz und Dr. Klaus Weinrich.

Bildnachweis:
Ägyptisches Nationalmuseum, Kairo – S. 85; Archiv für Kunst und Geschichte, Berlin – S. 173, 181; Brockhaus, Kunst und Kultur 4, S. 238 – S. 51; Deutsche Post – S. 134; Deutsches Museum, München – S. 61, 91, 145, 197, 221; dpa Picture-Alliance, Frankfurt – S. 42, 67, 110 (2), 138, 239; Bruno Ernst, Der Zauberspiegel des M.C. Escher, Taco Verlagsgesellschaft, Berlin 1986 – S. 135; Interfoto, München – S. 110; Laif – Agentur für Photos und Reportagen, Köln – S. 51; Okapia, Frankfurt – S. 51 (2); Physikalisch-Technische Bundesanstalt, Braunschweig – S. 19; pixelio – S. 197; Premium, Düsseldorf – S. 46; Eva Schätz, München – S. 134, 135, 153, 158, 166; Karl Schefold, Die Bildnisse der Dichter, Redner und Denker, Basel 1997, S. 375 – S. 73; Superbild, Unterhaching – S. 47, 157; Ulmer Museum, Inv.-Nr. 1856.1416 - Hans Braun/Johannes Kepler, Eichkessel der Stadt Ulm, sog. Keplerkessel, Ulm – S. 145; Wildner + Designer, Fürth – S. 41, 61, 68, 81 (5), 84.

Bitte beachten: An keiner Stelle im Schülerbuch dürfen Eintragungen vorgenommen werden! Das gilt besonders für Lösungswörter und für die Leerstellen in Aufgaben und Tabellen.

Gestaltung und Herstellung:
Wildner+Designer, Fürth · www.wildner-designer.de

Dieses Werk folgt der reformierten Rechtschreibung und Zeichensetzung.
Ausnahmen bilden Texte, bei denen künstlerische, philologische oder lizenzrechtliche Gründe einer Änderung entgegenstehen.

1. Auflage 4 3 2 1 2013 2011 2009

Die letzte Zahl bedeutet das Jahr dieses Druckes.
Alle Drucke dieser Auflage sind, weil untereinander unverändert, nebeneinander benutzbar.

www.ccbuchner.de
www.duden-paetec.de

ISBN 978-3-7661-**8256**-2 (C. C. BUCHNERS VERLAG)
ISBN 978-3-8355-**1903**-9 (DUDEN PAETEC Schulbuchverlag)

Seite
Hinweise zur Konzeption des Buches 6
Kann ich das noch? 7

KAPITEL 1

Bruchteile und Bruchzahlen **9**

1.1 Teile eines Ganzen – Stammbrüche 10
1.2 Teile eines Ganzen – Vielfache von Stammbrüchen 12
Themenseite – Geobrett 15
1.3 Echte Brüche – unechte Brüche – Scheinbrüche – gemischte Zahlen 16
1.4 Brüche als Quotienten natürlicher Zahlen 20
1.5 Teile von Größen 22
1.6 Brüche mit gleichem Wert – Erweitern und Kürzen 26
1.7 Angabe von Anteilen in Prozent – Kreisdiagramm 30
1.8 Die Menge $\mathbb{Q}$ der rationalen Zahlen 34
1.9 Üben – Festigen – Vertiefen 36
explore – get more 39
Kann ich das? 40

KAPITEL 2

Dezimalzahlen **41**

2.1 Dezimalzahlen 42
2.2 Darstellen von Dezimalzahlen auf einer Zahlengeraden – Größenvergleich 44
2.3 Umwandeln von Dezimalzahlen in Brüche und umgekehrt 48
Themenseite – Unsere Umwelt von 10^4 m bis 10^{-4} m 51
2.4 Runden von Dezimalzahlen 52
Themenseite – Achilles und die Schildkröte 55
2.5 Üben – Festigen – Vertiefen 56
explore – get more 59
Kann ich das? 60

KAPITEL 3

Relative Häufigkeit **61**

3.1 Zufallsexperimente 62
3.2 Relative Häufigkeit 64
Themenseite – Buchstabenhäufigkeit und Geheimschriften 68
3.3 Üben – Festigen – Vertiefen 70
explore – get more 71
Kann ich das? 72

KAPITEL 4

Addition und Subtraktion nichtnegativer rationaler Zahlen **73**

4.1 Addieren und Subtrahieren gleichnamiger Brüche 74
4.2 Addieren und Subtrahieren ungleichnamiger Brüche 76
4.3 Addieren und Subtrahieren von Dezimalzahlen 80
Themenseite – Rechnen im alten Ägypten 84
4.4 Üben – Festigen – Vertiefen 86
explore – get more 89
Kann ich das? 90

Seite

Kapitel 5

Multiplikation und Division nichtnegativer rationaler Zahlen **91**

5.1 Multiplizieren mit natürlichen Zahlen 92
5.2 Dividieren von Brüchen durch natürliche Zahlen 96
5.3 Dividieren von Dezimalzahlen durch natürliche Zahlen 98
5.4 Multiplizieren von Brüchen 100
5.5 Multiplizieren von Dezimalzahlen 104
5.6 Dividieren von Brüchen 106
Themenseite – Pferde 110
5.7 Dividieren von Dezimalzahlen 112
5.8 Abbrechende (endliche) und periodische Dezimalzahlen 114
Themenseite – Die Kreiszahl π 116
5.9 Verbindung der Grundrechenarten 118
5.10 Üben – Festigen – Vertiefen 120
explore – get more 125
Kann ich das? 126

Kapitel 6

Flächeninhalte geradlinig begrenzter Figuren **127**

6.1 Flächeninhalte vergleichen durch Zerlegen und Ergänzen 128
6.2 Flächeninhalt eines Parallelogramms 130
Themenseite – Parkette 134
6.3 Flächeninhalt eines Dreiecks 136
6.4 Flächeninhalt eines Trapezes 138
6.5 Üben – Festigen – Vertiefen 140
explore – get more 143
Kann ich das? 144

Kapitel 7

Körper und ihr Volumen **145**

7.1 Oberfläche und Oberflächeninhalt von Prismen 146
7.2 Körperansichten 148
7.3 Schrägbilder 150
7.4 Volumenmessung 152
7.5 Zusammenhang der Volumeneinheiten 154
Themenseite – Messen und Experimentieren 158
7.6 Volumen von Quadern 160
Themenseite – Wer baut den größten Quader? 163
7.7 Üben – Festigen – Vertiefen 164
explore – get more 167
Kann ich das? 168

Seite

Kapitel 8

Das Rechnen mit rationalen Zahlen **169**

8.1 Die Menge der rationalen Zahlen 170
Themenseite – Rationale Zahlen abzählen 173
8.2 Größenvergleich rationaler Zahlen 174
8.3 Addieren rationaler Zahlen 176
8.4 Subtrahieren rationaler Zahlen 178
Themenseite – Quarks 181
8.5 Die Verbindung von Addition und Subtraktion rationaler Zahlen 182
8.6 Multiplizieren rationaler Zahlen 184
8.7 Dividieren rationaler Zahlen 186
8.8 Verbindung der Grundrechenarten bei rationalen Zahlen 188
8.9 Üben – Festigen – Vertiefen 190
explore – get more 195
Kann ich das? 196

Kapitel 9

Mathematik im Alltag **197**

9.1 Grundbegriffe der Prozentrechnung: Berechnen des Prozentsatzes 198
9.2 Grundbegriffe der Prozentrechnung: Berechnen des Prozentwerts 202
9.3 Grundbegriffe der Prozentrechnung: Berechnen des Grundwerts 204
9.4 Diagramme 206
Themenseite – Tabellenkalkulation 210
9.5 Irreführende Diagramme 212
9.6 Üben – Festigen – Vertiefen 216
explore – get more 219
Kann ich das? 220

Kapitel 10

Vertiefen von Arithmetik und Geometrie anhand von Sachproblemen **221**

10.1 Zusammenhang zwischen Alltagsgrößen (Dreisatz) 222
Themenseite – Zinsrechnung 226
10.2 Rechnen mit rationalen Zahlen 228
10.3 Geometrie 234
Themenseite – Somawürfel 239
10.4 Prozentrechnung und Diagramme 240

Grundwissen **246**

Stichwortverzeichnis **257**

Mathematische Zeichen und Abkürzungen **259**

Das Buch ist nach dem Doppelseitenprinzip aufgebaut. Die dadurch gegebene Übersichtlichkeit unterstützt die Lehrkraft strukturierend bei der Planung des Unterrichts. Die Schülerinnen und Schüler können sich im Buch gut zurechtfinden und auch selbst damit arbeiten.

Jedes Kapitel beginnt mit einer **Auftaktseite**, die historische Informationen zu Mathematikerinnen oder Mathematikern und ihren Arbeiten mit Bezug zum Kapitel bietet.

Jedes Unterkapitel beginnt mit einer an die Lebenswelt der Jugendlichen angelehnten **Einstiegsszene**, an die sich **Arbeitsaufträge** anschließen, die zur Beschäftigung mit den relevanten Fragestellungen hinführen.

Der **Informationsteil** jedes Unterkapitels enthält den Pflichtstoff; er ist textlich prägnant gehalten und in einem gelben Kasten übersichtlich dargestellt.

Die **Beispiele** werden ausführlich behandelt und vermitteln zusammen mit dem Informationsteil ein gründliches Verständnis des Lehrstoffs. Da erfahrungsgemäß bei Schülerinnen und Schülern häufig dennoch Verständnislücken auftreten, schließen sich an die Beispiele einige kurze **Verständnisfragen** an, die solche Lücken gezielt aufspüren sollen. Damit können die Schülerinnen und Schüler ihr Verständnis auch selbst testen und vor der Bearbeitung der Aufgaben die Inhalte noch einmal genauer durchgehen.

Das **Aufgaben**angebot ist besonders reichhaltig bemessen, um der Lehrkraft eine gezielte Auswahl zu ermöglichen. Die Aufgaben sind sowohl inhaltlich als auch methodisch vielfältig gestaltet. Am Anfang stehen die unerlässlichen „Fingerübungen“. Bei einigen dieser Übungen sind zur Selbstkontrolle auch Lösungshinweise angegeben. Daran schließen sich Aufgaben mit steigendem Schwierigkeitsgrad an, die sowohl innermathematische wie auch anwendungsbezogene Fragestellungen enthalten. Bei der Zusammenstellung der Aufgaben wurde auf die permanente (implizite) Vernetzung mit bereits erarbeiteten Inhalten geachtet, um das mathematische Grundwissen zu sichern und es in wechselnden Zusammenhängen immer wieder zum Einsatz zu bringen. So wird die Effizienz der Übungsphasen gesteigert und die Erfahrung eines kumulativen Lernens bei den Schülerinnen und Schülern motivierend unterstützt. Offene Aufgabenstellungen regen die Jugendlichen zum Nachdenken und Ausprobieren an. Die Einforderung verbalisierter Lösungen fördert die mathematisch-sachlogische Ausdrucksweise und das vertiefte Verständnis der gelernten Zusammenhänge. Aufgaben, die sich besonders gut für eine Partner- oder Gruppenarbeit eignen, sind durch das Symbol **G** gekennzeichnet.

Der Aufgabenteil jedes Unterkapitels wird durch drei **Wiederholungsfragen** und drei **Kopfrechenaufgaben** abgeschlossen. Diese sind unabhängig vom Inhalt des jeweiligen Unterkapitels.

Jedes Kapitel enthält als Zusatzangebot **Themenseiten**, die zur Beschäftigung mit interessanten und anwendungsbezogenen Fragestellungen anregen und die Inhalte des Kapitels ergänzen bzw. vertiefen. Ihre Bearbeitung ist fakultativ.

Am Ende jedes Kapitels werden in dem Unterkapitel **Üben – Festigen – Vertiefen** noch einmal zahlreiche und vielfältige Aufgaben – unter besonderer Berücksichtigung der Inhalte des entsprechenden Kapitels – angeboten. Diese Aufgaben sind zunächst den einzelnen Unterkapiteln des jeweiligen Kapitels zugeordnet; übergreifende, vernetzende Aufgaben schließen sich unter „Weitere Aufgaben“ an. Die ***explore-get-more***-Seiten sind für Freiarbeit, Partner- oder Gruppenarbeit gedacht. Sie unterstützen das selbsttätige Arbeiten in verschiedenen Arbeitsformen und mit unterschiedlichen Strategien. Die Aufgaben auf diesen Seiten sind im Allgemeinen anspruchsvoll. Danach kann jede Schülerin und jeder Schüler anhand eines Selbsttests (**Kann ich das?**) und der zugehörigen Lösungen (unter www.ccbuchner.de, Eingabe „8256“ im Suchfeld) den eigenen Kenntnisstand überprüfen. Diese Tests streben nicht das Niveau von Schulaufgaben an.

1. Gib an, welche drei Ziffern in der natürlichen Zahl 3 189 206 gestrichen werden müssen, damit

a) eine möglichst kleine vierstellige natürliche Zahl übrig bleibt.

b) eine möglichst große vierstellige natürliche Zahl übrig bleibt.

2. Gib an, welche drei Ziffern in der ganzen Zahl –2 379 041 gestrichen werden müssen, damit

a) eine möglichst kleine vierstellige ganze Zahl übrig bleibt.

b) eine möglichst große vierstellige ganze Zahl übrig bleibt.

3. Finde jeweils durch Überlegen heraus, welche ganze Zahl gemeint ist.

a) Die gesuchte Zahl ist um 4 größer als ihre Gegenzahl.

b) Die gesuchte Zahl ist um 105 kleiner als das Sechsfache ihrer Gegenzahl.

4. Gib zunächst die kleinste und dann die größte Zahl an, die du mit den vier Ziffern 0, 2, 4 und 8 schreiben kannst, und berechne dann den Summenwert dieser beiden Zahlen.

5. Berechne bei demjenigen der vier Terme, der eine Summe ist, den Termwert.
Beschreibe den Term, der eine Differenz darstellt, in Worten.
Berechne bei dem Term, der ein Produkt ist, den Termwert mit auf Zehner gerundeten Angabezahlen.
Mache bei dem Term, der einen Quotienten darstellt, eine Termgliederung.

a) $[(808 - 1\,256) : 56 + 1\,008] : 125$

b) $[1\,024 : (-128) - 2^3] + 432 : (-27)$

c) $[(33\,670 + 19\,000) : 229] \cdot (993 - 1\,181)$

d) $(100 + 101 + 102) : 3 - (999 + 998 + 997) : 3$

6. Schreibe die Zahl

a) 64 als dritte Potenz einer natürlichen Zahl.

b) 64 als sechste Potenz einer ganzen Zahl.

c) 105 als Produkt zweier natürlicher Zahlen.

d) 105 als Produkt von Primfaktoren.

7. Schreibe die Zahl 120 auf möglichst viele verschiedene Arten als Produkt zweier natürlicher Zahlen, von denen die erste größer als die zweite ist.

8. Schreibe die Zahl –24 auf möglichst viele verschiedene Arten als Produkt zweier ganzer Zahlen, von denen die erste kleiner als die zweite ist.

9. Bei dieser Zahlenmauer soll auf jedem Stein der Quersummenwert des Summenwerts der Zahlen, die sich auf den beiden Steinen direkt darunter befinden, stehen. Finde durch Überlegen und gezieltes Probieren heraus, für welche Ziffern die Platzhalter □, ♦ bzw. ♥ stehen.

Selbsttest

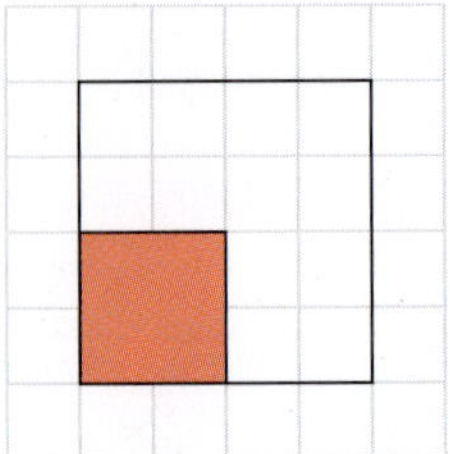

Maßstab 1 : 5 000

10. Herr Zwerger hinterlässt seinen vier Kindern ein quadratisches Grundstück. Das halb so lange getönte Quadrat ist Baugrund, der einen Wert von 240 € pro Quadratmeter hat und verkauft wird; vom Erlös erhält jeder der vier Erben gleich viel. Der Rest des Grundstücks wird unter die vier Geschwister so verteilt, dass jeder Teil gleich groß ist und die gleiche Form hat.

a) Wie viel Geld erhält jeder Erbe aus dem Verkauf des Baugrunds?

b) Übertrage das Grundstück im Maßstab 1 : 2 500 in dein Heft und finde heraus, wie das L-förmige Restgrundstück unter die Erben aufgeteilt werden könnte.

11. Gib durch Überlegen – ohne, dass du eine Zeichnung erstellst – bei jedem der sieben Punkte B (8 I 5), E (–6 I 0), A (9 I –2), T (–1 I 1), R (0 I 18), I (3 I –7) und X (–6 I –2) an, in welchem Quadranten bzw. auf welcher Koordinatenachse er liegt.

12. Ermittle bei jeder der vier getönten Figuren ihren Flächeninhalt und ihre Umfangslänge möglichst genau.

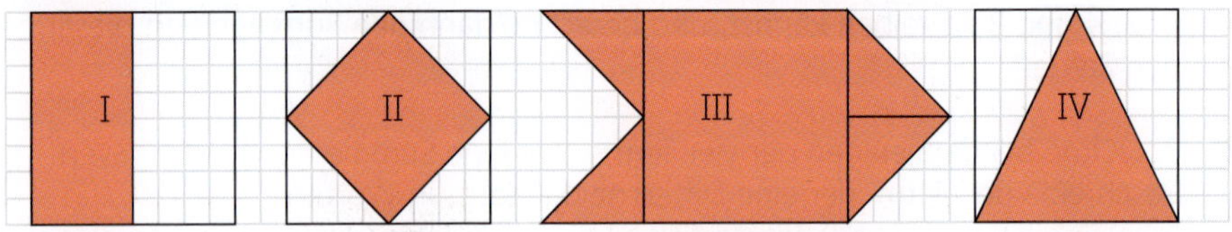

13. Trage die Punkte K (2 I –2), U (3 I 0), N (6 I 1), I (3 I 2), B (2 I 4), E (1 I 2), R (–2 I 1) und T (1 I 0) in ein Koordinatensystem (Längeneinheit 1 cm) ein.

a) Zeichne die Symmetrieachsen des Achtecks KUNIBERT in deine Zeichnung ein.

b) Markiere alle spitzen Innenwinkel des Achtecks KUNIBERT rot sowie alle überstumpfen Innenwinkel blau und miss jeweils ihre Größen.

c) Zeichne die Strecke [EU] sowie die Gerade TI ein. Was vermutest du?

d) Zeichne einen Kreis k mit Mittelpunkt M (2 I 1), der durch den Punkt N verläuft. Was fällt dir auf?

e) Zeichne mit Hilfe deines Geodreiecks die Parallele zur Geraden RB durch den Punkt K. Was fällt dir auf?

f) Zeichne das Viereck KNBR ein. Welche Vermutung hast du?

14. Laura legt aus (gleich langen) Zündhölzern geometrische Figuren.

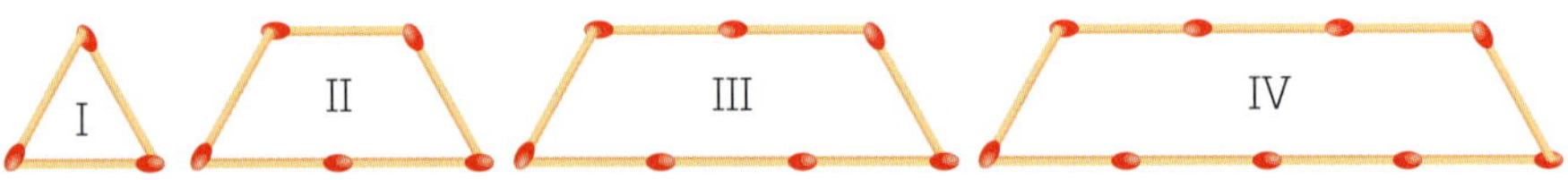

Wie viele Zündhölzer braucht sie für die zehnte Figur, wie viele insgesamt für die ersten zehn Figuren, wenn sie das Muster in gleicher Weise fortsetzt?

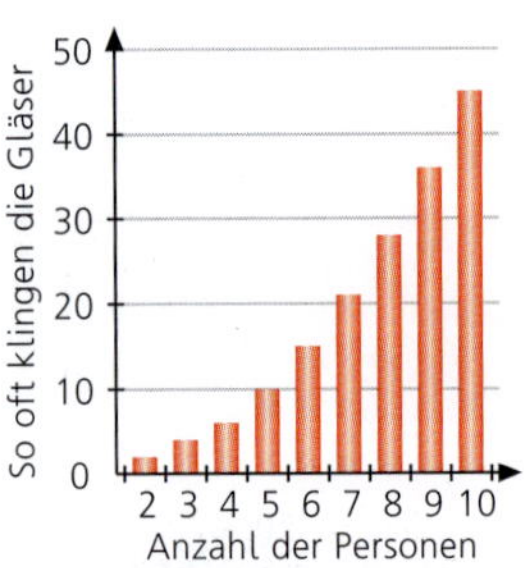

15. Lucas gibt für seine Freunde und Freundinnen eine Geburtstagsparty. Zu trinken gibt es Apfelschorle. Bei der Party stößt jedes Kind mit jedem anderen Kind genau einmal an. Lucas hat in einem Diagramm dargestellt, wie oft die Gläser klingen, wenn zwei, drei, vier … Personen miteinander anstoßen.

a) Erstelle eine passende Tabelle.

b) Finde heraus, wie man berechnen kann, wie oft die Gläser klingen, wenn man weiß, wie viele Personen (jeweils genau einmal) miteinander anstoßen.

Lösungen unter www.ccbuchner.de (Eingabe „8256" im Suchfeld)

Kapitel 1
Bruchteile und Bruchzahlen

Leonardo von Pisa, auch bekannt unter den Namen **Fibonacci**, sammelte das mathematische Wissen seiner Zeit aus dem europäischen, dem arabischen und dem indischen Kulturkreis. Er gehörte dem Kreis herausragender Gelehrter an, den Kaiser Friedrich II. an seinem Hof versammelt hatte.

Leonardo von Pisa (Fibonacci)

geb. um 1170 in Pisa
gest. nach 1240

Mit seinem Werk „Liber abaci" (1202) führte Leonardo von Pisa das Rechnen mit arabischen Ziffern, die eigentlich indischen Ursprungs sind, in Europa ein. In diesem Werk kommt auch die berühmte „Kaninchenaufgabe" vor, die auf die Fibonacci-Zahlen führt.

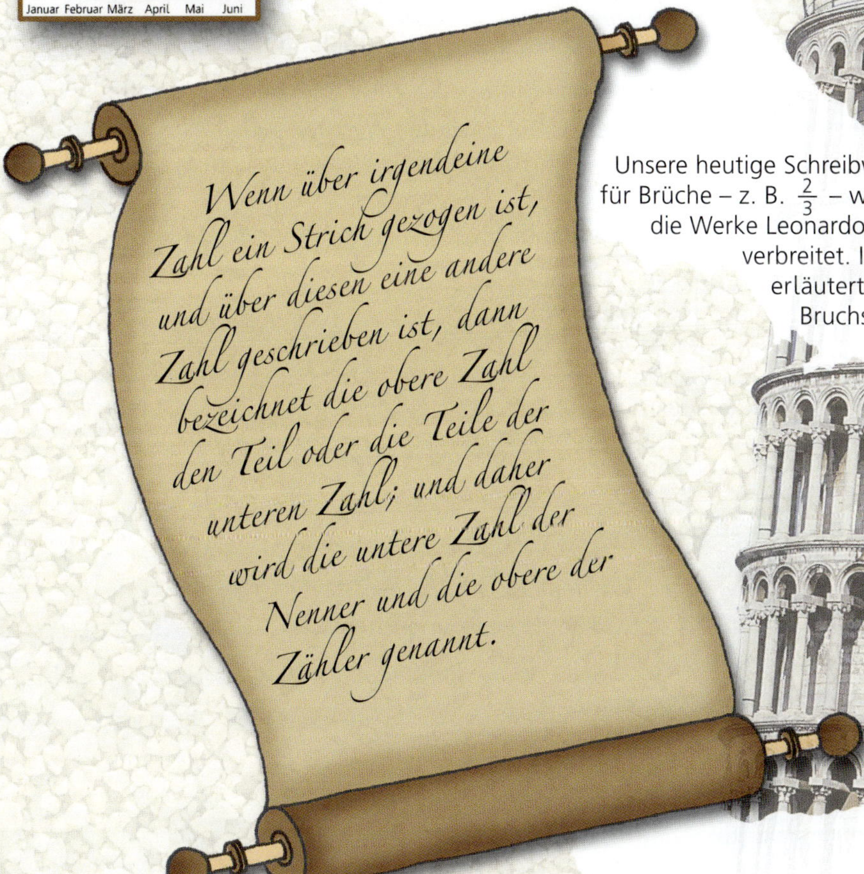

Unsere heutige Schreibweise für Brüche – z. B. $\frac{2}{3}$ – wurde durch die Werke Leonardos von Pisa verbreitet. Im „Liber abaci" erläutert er die Verwendung des Bruchstrichs (siehe die Schriftrolle links).

Arbeitsaufträge

- Gib an, wie viel Schokolade jedes Kind bekommen hätte, wenn Laura die Tafel Schokolade nur mit Sophie (gleichmäßig) geteilt hätte.
- Gib an, wie viel Schokolade jedes Kind bekommen hätte, wenn Laura die Tafel Schokolade nur unter Gregor, Lucas und Sophie (gleichmäßig) aufgeteilt hätte, selber aber keine Schokolade genommen hätte.

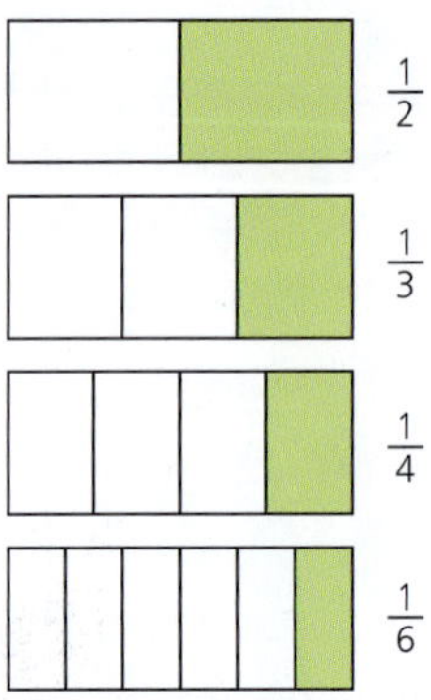

Zerlegt man ein Ganzes in zwei, drei, vier, fünf, sechs usw. **gleich große** Teile, so erhält man Halbe (Hälften), Drittel, Viertel, Fünftel, Sechstel usw.
Man verwendet hierfür die **Bruchschreibweise** und schreibt für ein Halbes $\frac{1}{2}$, für ein Drittel $\frac{1}{3}$, für ein Viertel $\frac{1}{4}$ usw.

Die Brüche $\frac{1}{2}$, $\frac{1}{3}$, $\frac{1}{4}$, $\frac{1}{5}$, $\frac{1}{6}$ usw. nennt man **Stammbrüche**.

Ein Ganzes hat zwei Halbe oder drei Drittel oder vier Viertel oder fünf Fünftel usw.
Der Stammbruch $\frac{1}{1}$ (gelesen „ein Eintel") hat den Wert 1 (ein Ganzes).

Beispiele

- Gib an, in wie viele gleich große Teile jede der Figuren zerlegt wurde.

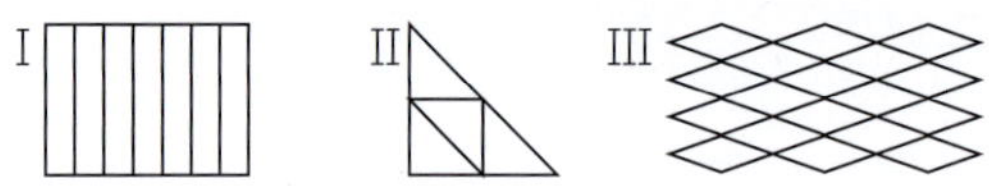

Lösung: Das Rechteck I wurde in sieben gleich große Teile (Siebtel) zerlegt.
Das Dreieck II wurde in vier gleich große Teile (Viertel) zerlegt.
Das Vierundzwanzigeck III wurde in achtzehn gleich große Teile (Achtzehntel) zerlegt.

- Ergänze  so zu einem Ganzen,

a) dass eine größere achsensymmetrische Figur entsteht.

b) dass eine nicht achsensymmetrische Figur entsteht.

Lösung zu **a)** z. B.

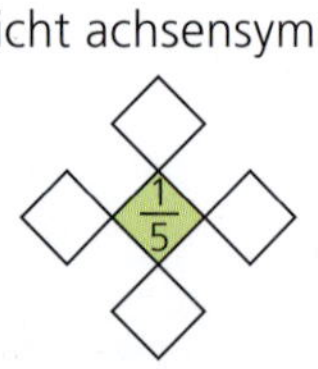

Lösung zu **b)** z. B.

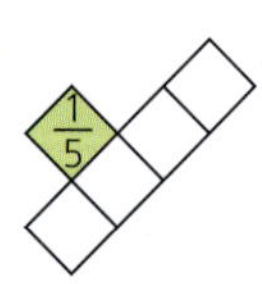

- Wie viele Stammbrüche gibt es? Welcher von ihnen hat den größten Wert?
- Wo treten im Alltag Stammbrüche auf?
- Aus wie vielen Hundertsteln besteht ein Ganzes?

Aufgaben

1. Jede der fünf Figuren stellt ein Ganzes dar, das in lauter gleich große Teile zerlegt wurde. Gib jeweils an, wie ein solcher Teil heißt.

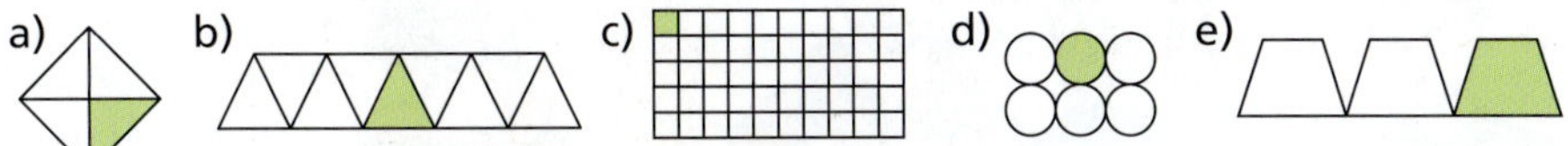

2. Übertrage die L-Figur fünfmal in dein Heft. Zerlege sie dann dort

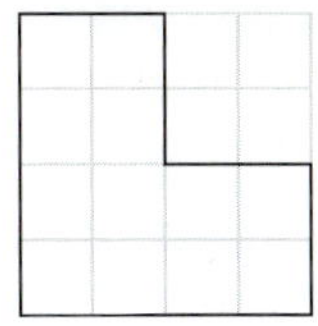

a) in zwei deckungsgleiche Teile und male eine Hälfte farbig aus.
b) in drei deckungsgleiche Teile und male ein Drittel farbig aus.
c) in vier deckungsgleiche Teile und male ein Viertel farbig aus.
d) in sechs deckungsgleiche Teile und male ein Sechstel farbig aus.
e) in zwölf deckungsgleiche Teile und male ein Zwölftel farbig aus.

3. Zeichne jeweils einen Stab der Breite 0,6 cm in dein Heft und markiere ihn dann dort entsprechend der Angabe.

a) Auf einem Stab der Länge 5 cm ist eine Hälfte grün angemalt.
b) Auf einem Stab der Länge 6 cm ist ein Drittel blau angemalt.
c) Auf einem Stab der Länge 4 cm ist ein Achtel rot angemalt.
d) Auf einem Stab der Länge 14 cm ist ein Siebtel gelb angemalt.

4. Simon hat Bausteine in einer durchsichtigen quaderförmigen Schachtel bekommen und die Ansicht der Schachtel von oben, von unten, von rechts und von links gezeichnet. Dann hat er die Bausteine aus der Schachtel genommen und nach Farben sortiert.

a) Welche der beiden Abbildungen I und II zeigt die Ansicht von rechts, welche die Ansicht von links?
b) Zeichne die Ansicht von vorne und die Ansicht von hinten.
c) Gib in Wortform und in Bruchform an, welcher Bruchteil von Simons Bausteinen jeweils rot, blau, grün, gelb, orange bzw. weiß ist.

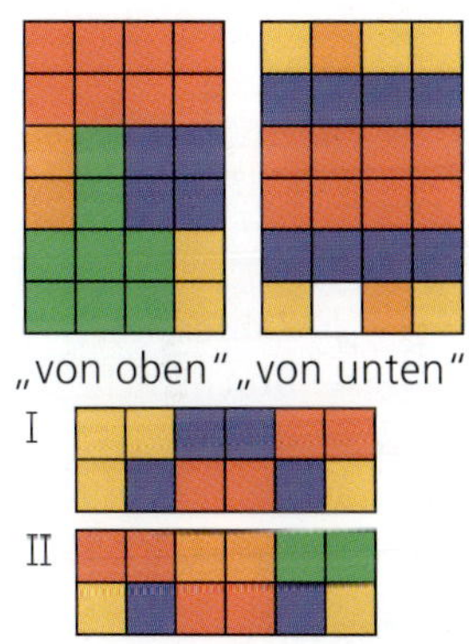

5. Zeichne um den Ursprung O eines Koordinatensystems (Einheit 1 cm) als Mittelpunkt einen Kreis mit Radiuslänge 4 cm und trage dann die Gerade OA mit A (−2 | 2) ein. Markiere im IV. Quadranten mit Farbe $\frac{1}{8}$ der Kreisfläche und erkläre dein Vorgehen.

6. Übertrage jeweils die Angabe in dein Heft und ersetze dann dort den Platzhalter ■ durch die zutreffende natürliche Zahl.

a) $20\ m^2 = \frac{1}{■}\ a$	$50\ dm^2 = \frac{1}{■}\ m^2$	$400\ a = \frac{1}{■}\ km^2$	$25\ cm^2 = \frac{1}{■}\ m^2$
b) $20\ min = \frac{1}{■}\ h$	$1\ s = \frac{1}{■}\ h$	$6\ h = \frac{1}{■}\ d$	$4\ Mon. = \frac{1}{■}\ a$
c) $5\ l = \frac{1}{■}\ hl$	$25\ l = \frac{1}{■}\ hl$	$500\ ml = \frac{1}{■}\ l$	$125\ ml = \frac{1}{■}\ l$
d) $125\ g = \frac{1}{■}\ kg$	$200\ mg = \frac{1}{■}\ kg$	$250\ kg = \frac{1}{■}\ t$	$8\ g = \frac{1}{■}\ kg$
e) $250\ mm = \frac{1}{■}\ m$	$125\ m = \frac{1}{■}\ km$	$8\ m = \frac{1}{■}\ km$	$10\ dm = \frac{1}{■}\ m$

1 km = 1 000 m
1 m = 10 dm = 100 cm = 1 000 mm
$1\ km^2 = 100\ ha = 10\,000\ a = 1\,000\,000\ m^2$
$1\ m^2 = 100\ dm^2 = 10\,000\ cm^2$
1 hl = 100 l; 1 l = 1 000 ml
1 t = 1 000 kg; 1 kg = 1 000 g
1 g = 1 000 mg

W1 Wenn ein Fünfeck drei rechte Innenwinkel besitzt, kann dann einer der zwei übrigen Innenwinkel überstumpf sein? Zeichne!
W2 Was bedeutet die Rechenregel „Punkt vor Strich"? Gib ein Beispiel mit vier negativen Zahlen an.
W3 Welche Umfangslänge hat ein Quadrat mit der Seitenlänge 84 mm?

360 : 6 = ?
180 : (−3) = ?
$18 : 3^2 = ?$

1.2 Teile eines Ganzen – Vielfache von Stammbrüchen

Arbeitsaufträge

- Gib an, welchen Teil der Schokoladentafel Lucas' Anteil ausmacht.
- Gib an, welchen Teil der Schokoladentafel Gregor nimmt, nachdem Laura auch ihren Teil genommen hat.

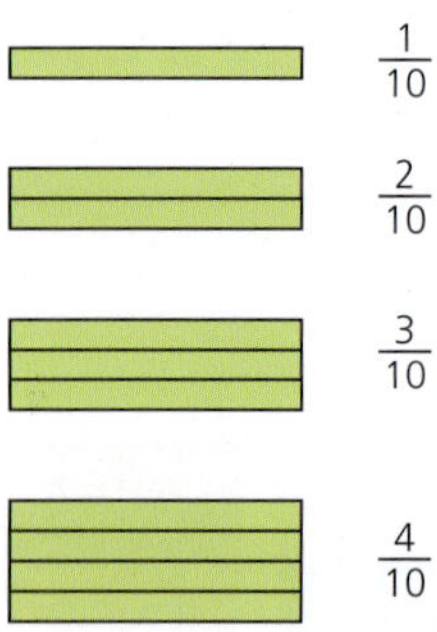

3 ← Zähler
— ← Bruchstrich
10 ← Nenner

- Teilt man ein Ganzes in eine bestimmte Anzahl von **gleich großen** Teilen (z.B. 10), so stellt jeder solche Teil einen Stammbruch (hier $\frac{1}{10}$) dar.
  Wenn man dann mehrere solcher gleich großen Teile zusammenfasst, erhält man einen Bruch, der ein Vielfaches eines Stammbruchs ist (z. B. $\frac{2}{10}$; $\frac{3}{10}$; $\frac{4}{10}$).
- Mit Brüchen kann man Teile eines Ganzen angeben: $\frac{1}{3}$; $\frac{2}{3}$; $\frac{4}{5}$; $\frac{7}{10}$; $\frac{3}{20}$ usw.
- In der Bruchschreibweise $\frac{3}{10}$ heißt die Zahl (hier 10), die angibt, in wie viele gleich große Teile das Ganze geteilt wurde, **Nenner** des Bruchs, und die Zahl (hier 3), die angibt, wie viele solcher Teile dann zusammengefasst wurden, **Zähler** des Bruchs. Zwischen Zähler und Nenner steht ein **Bruchstrich**.
- Der Zähler eines Bruchs kann 0 sein (z. B. $\frac{0}{10}$); der Bruch hat dann den Wert 0.
- Die Zahl 0 kann nicht Nenner eines Bruchs sein.

Beispiele

- Überlege jeweils, in wie viele gleich große Teile das Ganze geteilt wurde und welcher Bruch dann durch Farbe veranschaulicht wurde. Gib bei jedem dieser Brüche seinen Nenner und seinen Zähler an.

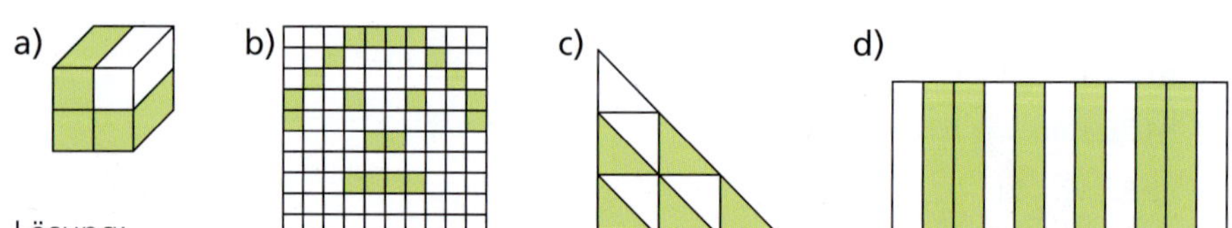

Lösung:

	a)	b)	c)	d)
Anzahl der gleich großen Teile	4	100	9	11
Anzahl der davon markierten Teile	3	20	5	6
Farbig veranschaulichter Bruch	$\frac{3}{4}$	$\frac{20}{100}$	$\frac{5}{9}$	$\frac{6}{11}$
Zähler dieses Bruchs	3	20	5	6
Nenner dieses Bruchs	4	100	9	11

- Markiere jeweils mit Farbe $\frac{4}{5}$ des Rechtecks I, $\frac{3}{4}$ der Raute II, $\frac{3}{8}$ des Quadrats III bzw. $\frac{5}{6}$ des Kreises IV:

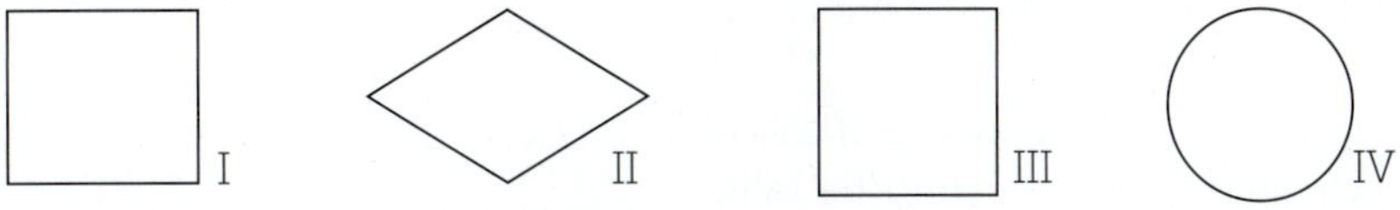

Lösungsbeispiele:

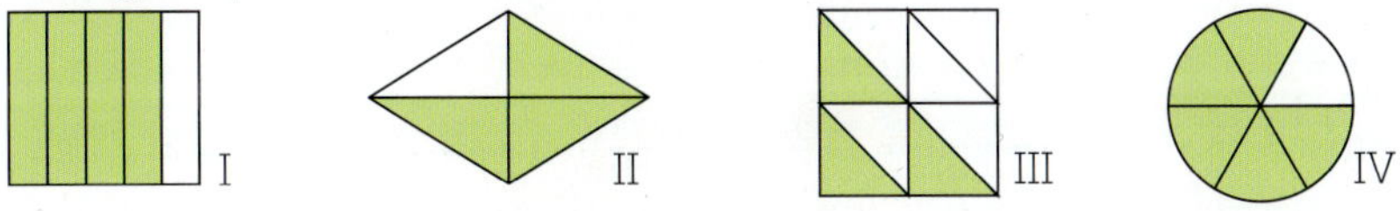

- Wo kommen in der Musik Brüche vor?
- Wie viel Uhr ist es, wenn fünf Sechstel des Tages vergangen sind?

Aufgaben

1. Jede der sieben Figuren stellt ein Ganzes dar, das zunächst in lauter gleich große Teile zerlegt wurde. Gib jeweils an, welcher Bruchteil des Ganzen anschließend farbig markiert wurde.

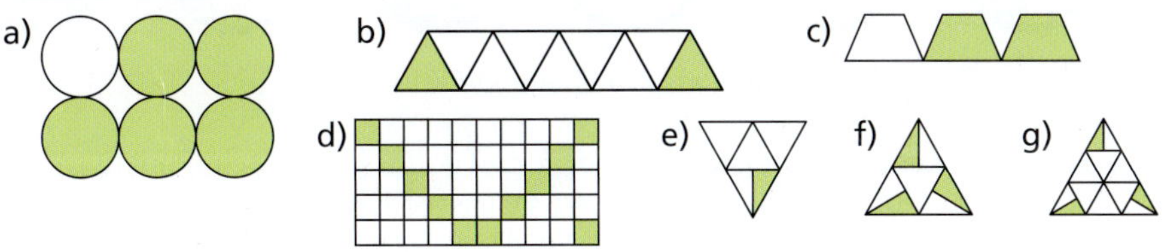

2. Gib jeweils an, welcher Bruchteil der gesamten Figur farbig markiert ist.

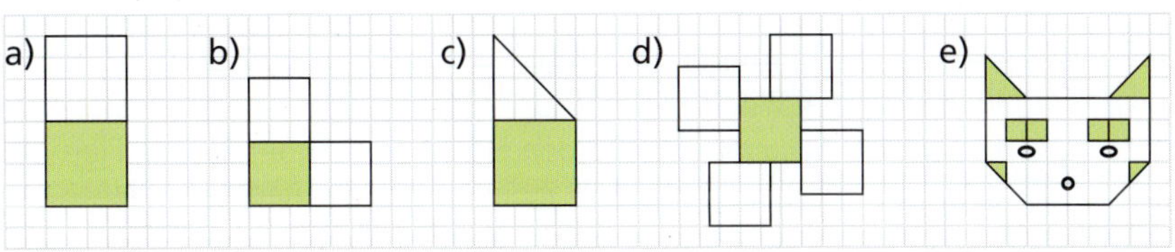

3. Übertrage jeweils in dein Heft, vervollständige dort zu einem Ganzen und gib an, wie viel auf ein Ganzes gefehlt hatte.

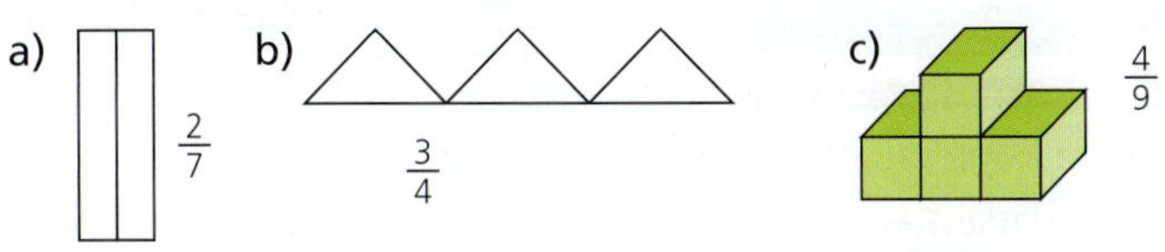

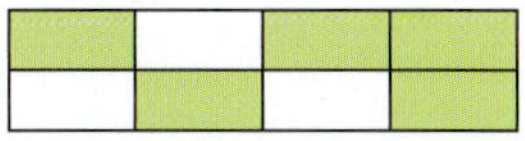

Lucas: Bei dieser Figur fehlen drei Achtel zu einem Ganzen.

4. Übertrage jede der vier Figuren in dein Heft und male dann dort den angegebenen Bruchteil farbig aus.

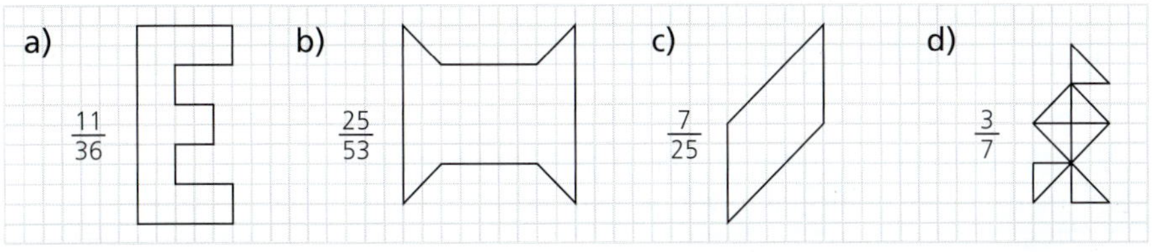

5. Gib jeweils an, wie viel zu einem Ganzen fehlt.

a) $\frac{2}{3}$; $\frac{5}{7}$; $\frac{1}{8}$; $\frac{7}{10}$; $\frac{3}{11}$; $\frac{6}{13}$; $\frac{1}{6}$; $\frac{3}{5}$; $\frac{11}{12}$; $\frac{1}{9}$

b) $\frac{5}{8}$; $\frac{3}{4}$; $\frac{5}{5}$; $\frac{7}{12}$; $\frac{13}{14}$; $\frac{9}{11}$; $\frac{1}{2}$; $\frac{7}{9}$; $\frac{11}{50}$; $\frac{3}{100}$

6. Übertrage jeweils die Angabe in dein Heft und ersetze dann dort den Platzhalter ▆ durch die zutreffende natürliche Zahl.

a) $\frac{1}{4}$ h = ▆ min	$\frac{1}{6}$ h = ▆ min	$\frac{5}{6}$ h = ▆ min	$\frac{7}{12}$ h = ▆ min
b) $\frac{5}{6}$ d = ▆ h	$\frac{2}{3}$ d = ▆ h	$\frac{11}{12}$ d = ▆ h	$\frac{7}{12}$ d = ▆ h
c) $\frac{1}{60}$ min = ▆ s	$\frac{1}{30}$ min = ▆ s	$\frac{13}{60}$ min = ▆ s	$\frac{5}{12}$ min = ▆ s

G 7. Welcher Bruchteil der natürlichen Zahlen von 1 bis 100 ist Teiler der Zahl 2 000, welcher ist Teiler der Zahl 2 010?

8. Jeder dieser sechs vom Minutenzeiger einer Uhr überstrichenen Winkel veranschaulicht eine Zeitspanne:

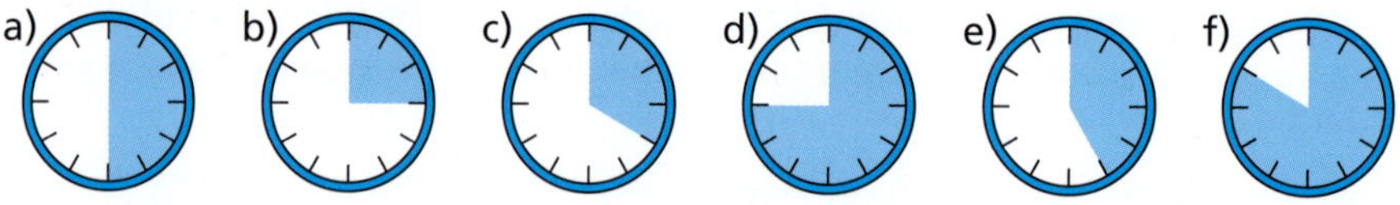

Gib diese Zeitspanne jeweils als Bruchteil einer Stunde an.

9. Zeichne ein Koordinatensystem (Einheit 1 cm) und trage die acht Punkte W (–4 I –2), A (4 I –2), N (4 I 4), D (–4 I 4), L (–1 I 1), U (2 I 1), K (2 I 3) und E (–1I 3) sowie die beiden Rechtecke WAND und LUKE ein.

a) Gib an, welche der sieben übrigen von dir gezeichneten Strecken zur Strecke [DW] parallel sind.

b) Ermittle den Flächeninhalt der roten Figur und gib an, welchen Bruchteil des Flächeninhalts des Rechtecks WAND er ausmacht.

c) Zeichne die Strecke [EU] ein, ermittle den Flächeninhalt der blauen Figur und finde heraus, welchen Bruchteil des Flächeninhalts des Rechtecks WAND er ausmacht.

G 10. Mauritius Thailand Argentinien Indonesien

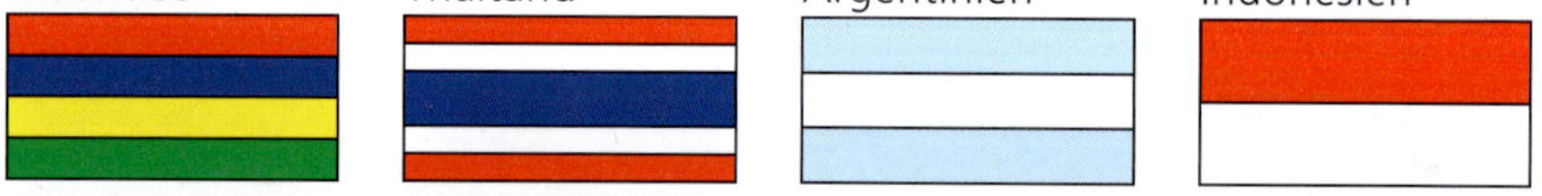

Beschreibe, wie du an Hand dieser Flaggen die Bruchteile $\frac{1}{2}$; $\frac{1}{3}$; $\frac{1}{4}$; $\frac{1}{6}$; $\frac{2}{3}$; $\frac{2}{4}$; $\frac{2}{6}$; $\frac{3}{4}$; $\frac{3}{6}$; $\frac{4}{6}$ und $\frac{5}{6}$ darstellen kannst.

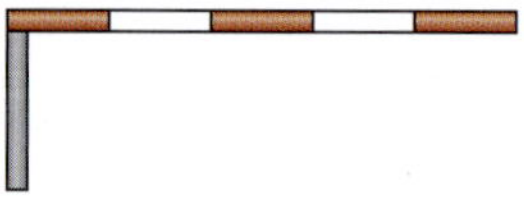

11. Ein Schlagbaum besteht aus jeweils 25 cm langen, abwechselnd rot und weiß lackierten „Stücken" (vgl. Abbildung) und ist am „freien" Ende rot.

a) Welcher Bruchteil dieser „Stücke" ist bei einem 4,25 m langen Schlagbaum rot?

b) Welcher Bruchteil dieser „Stücke" ist bei einem 6,50 m langen Schlagbaum weiß?

108 : 3 = ?
108 : 3^2 = ?
108 : 3^3 = ?

W1 Wie viele Quadratzahlen kleiner als 400 haben den Quersummenwert 10?

W2 Wie viele Schnittpunkte von je zwei Geraden können vier Geraden höchstens haben? Zeichne!

W3 Welchen Wert hat eine Differenz, deren Subtrahend die Gegenzahl des Minuenden ist?

Lucas' Brett

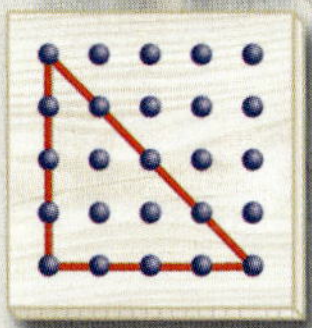

Sophies Brett

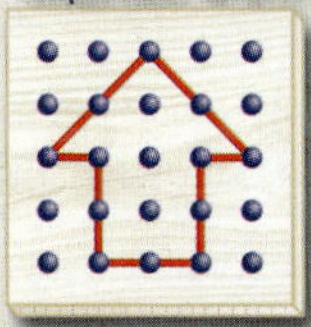

Lauras Brett

Gregors Zeichnung

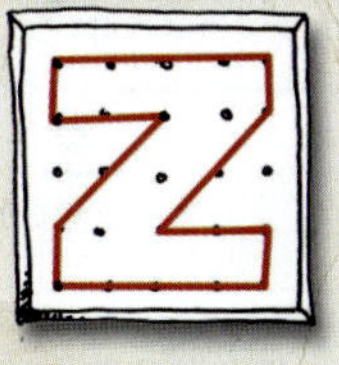

Lucas und Sophie haben sich je ein 5 x 5-Geobrett, Laura hat sich ein 3 x 3-Geobrett gebaut; dann haben sie jeweils mit einem roten Gummiband geometrische Figuren „gespannt" und durch deren Flächeninhalte Bruchteile veranschaulicht: Lucas und Sophie den Bruchteil ($\frac{8}{16}$ =) $\frac{1}{2}$ und Laura den Bruchteil ($\frac{2}{4}$ =) $\frac{1}{2}$. Gregor hat eine Zeichnung eines 5 x 5-Geobretts angefertigt, auf dem der Bruchteil ($\frac{12}{16}$ =) $\frac{3}{4}$ dargestellt ist.

Finde bei jeder der folgenden Aussagen heraus, für welche dieser „Gummiband-figuren" sie zutrifft:

- Die Figur ist achsensymmetrisch.
- Die Figur besitzt überstumpfe Innenwinkel.
- Die Figur besitzt weder einen stumpfen noch einen überstumpfen Innenwinkel.
- Die Figur besitzt genau drei rechte Innenwinkel.

1. Baue ein 5 x 5-Geobrett z. B. aus einer Holzplatte und Nägeln (jeweils im Abstand 1 cm voneinander) oder zeichne es und stelle damit auf jeweils mindestens zwei verschiedene Arten folgende Bruchteile dar:

a) $\frac{1}{2}$ b) $\frac{1}{4}$ c) $\frac{3}{4}$ d) $\frac{1}{8}$ e) $\frac{5}{8}$ f) $\frac{1}{16}$ g) $\frac{9}{16}$

Gib an, welche deiner Figuren achsensymmetrisch sind, und beschreibe ggf. die Lage der Symmetrieachse(n).

2. Die fünf Figuren I bis V veranschaulichen Bruchteile:

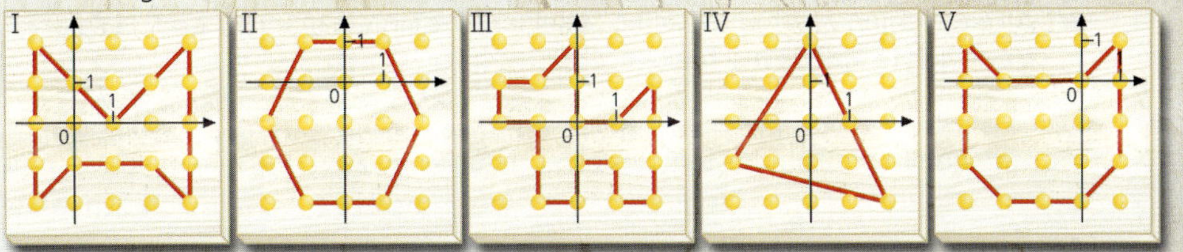

a) Finde heraus, welche Bruchteile durch die Figuren I bis V veranschaulicht werden.

b) Welche(r) der veranschaulichten Bruchteile sind (ist) größer als $\frac{1}{2}$?

c) Gib an, welches der zweitkleinste Bruchteil ist, der sich mit einem 5 x 5-Geobrett veranschaulichen lasst.

d) Gib bei jeder der fünf Figuren I bis V die Koordinaten aller Eckpunkte an.

3. Die fünf Figuren von Aufgabe 2. werden auf einem 5 x 5-Geobrett dargestellt, dessen Nägel voneinander den Abstand 1 cm besitzen.

a) Berechne den Flächeninhalt A_I, A_{II}, ... bzw. A_V der Figuren I bis V.

b) Übertrage die Tabelle in dein Heft und ermittle den Flächeninhalt A_I, A_{II}, ... bzw. A_V der Figuren I bis V mithilfe der Formel von Pick.

Figur	I	II	III	IV	V
Anzahl I der Gitterpunkte im Inneren der Figur	2				
Anzahl R der Gitterpunkte auf dem Rand der Figur	16				
Flächeninhalt nach Pick: $A = \left(I + \frac{R}{2} - 1\right) cm^2$	$A_I = 9\ cm^2$	$A_{II} =$	$A_{III} =$	$A_{IV} =$	$A_V =$

Großes Pfannkuchenessen

Gregor Laura Lucas Sophie

Arbeitsauftrag

- Gib an, wie viele Viertelpfannkuchen jedes der vier Kinder isst.

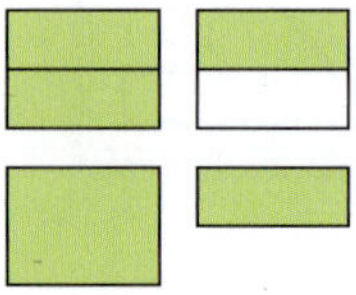

$\frac{3}{2} = 1\frac{1}{2}$

- Brüche, deren **Zähler kleiner** als ihr **Nenner** ist, nennt man **echte Brüche**, z. B.: $\frac{0}{3}$; $\frac{1}{2}$; $\frac{3}{4}$; $\frac{7}{10}$; $\frac{99}{100}$.
- Brüche, deren **Zähler mindestens so groß** wie ihr **Nenner** ist, nennt man **unechte Brüche**, z. B.: $\frac{3}{2}$; $\frac{3}{3}$; $\frac{9}{4}$; $\frac{8}{5}$; $\frac{20}{10}$; $\frac{41}{13}$; $\frac{401}{100}$.
- Brüche, deren **Zähler 0** oder ein **Vielfaches** ihres **Nenners** ist, nennt man **Scheinbrüche**, z. B.: $\frac{0}{1}$ (= 0) $\frac{2}{2}$ (= 1) $\frac{12}{4}$ (= 3) $\frac{30}{5}$ (= 6).
  Jeder Scheinbruch ist wertgleich mit 0 oder einer natürlichen Zahl.
- Alle unechten Brüche, die keine Scheinbrüche sind, kann man auch als **gemischte Zahlen** schreiben, z. B.:
  $\frac{3}{2} = 1\frac{1}{2}$ $\frac{9}{4} = 2\frac{1}{4}$ $\frac{8}{5} = 1\frac{3}{5}$ $\frac{41}{13} = 3\frac{2}{13}$ $\frac{401}{100} = 4\frac{1}{100}$.
  Jede gemischte Zahl besteht aus einer natürlichen Zahl und einem echten Bruch.

Beispiele

- Finde heraus, welche der sieben Brüche $\frac{2}{7}$; $\frac{12}{3}$; $\frac{6}{5}$; $\frac{12}{7}$; $\frac{25}{8}$; $\frac{41}{6}$ und $\frac{3}{10}$ echte Brüche und welche unechte Brüche sind. Gib die unechten Brüche auch als gemischte bzw. ganze Zahlen an.

  Lösung: Echte Brüche sind $\frac{2}{7}$ und $\frac{3}{10}$.
  Unechte Brüche sind $\frac{12}{3}$; $\frac{6}{5}$; $\frac{12}{7}$; $\frac{25}{8}$ und $\frac{41}{6}$;
  sie sind wertgleich mit der natürlichen Zahl 4 bzw. mit den gemischten Zahlen $1\frac{1}{5}$; $1\frac{5}{7}$; $3\frac{1}{8}$ und $6\frac{5}{6}$.

- Schreibe die natürlichen Zahlen 6 und 5 jeweils auf zwei verschiedene Arten als Scheinbruch und veranschauliche dies durch Zeichnungen.

  Lösungsbeispiele:

  $6 = \frac{12}{2} = \frac{24}{4}$

  $5 = \frac{10}{2} = \frac{45}{9}$

  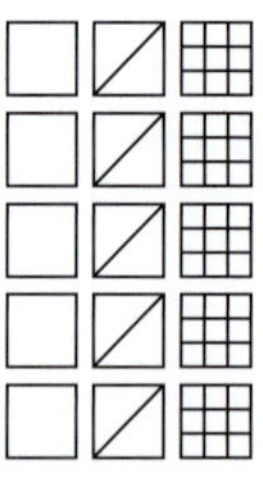

- Welche echten Brüche haben als Zähler und als Nenner jeweils eine einstellige Primzahl?
- Welche unechten Brüche haben als Zähler und als Nenner jeweils eine einstellige Quadratzahl? Sind unter ihnen auch Scheinbrüche?
- Welche Scheinbrüche mit dem Wert 5 haben als Nenner eine einstellige Primzahl?

Aufgaben

1. Gib jeweils einen Bruch an, der durch die Zeichnung dargestellt sein könnte. Schreibe dann jeden Scheinbruch auch als ganze und jeden anderen unechten Bruch auch als gemischte Zahl.

a) 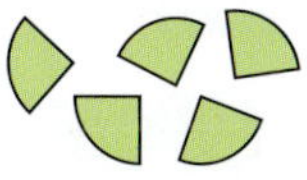
b) 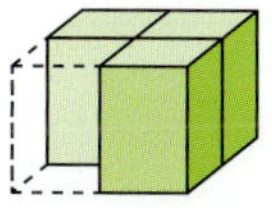
c) 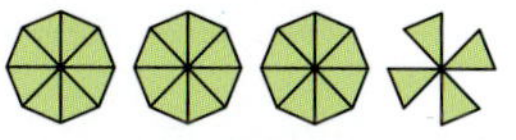

d) 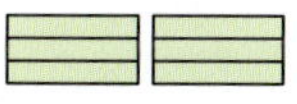
e) 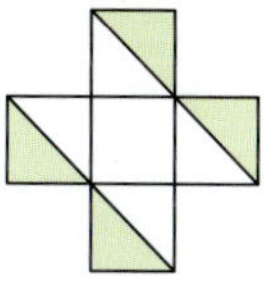
f) 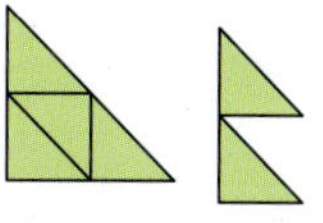

2. Übertrage die Tabellen in dein Heft und kreuze dann dort alles Zutreffende an.

Bruch	echter Bruch	Stamm-bruch	Schein-bruch	unechter Bruch	Bruch	echter Bruch	Stamm-bruch	Schein-bruch	unechter Bruch
$\frac{1}{20}$	x	x			$\frac{7}{15}$				
$\frac{35}{7}$					$\frac{37}{5}$				
$\frac{65}{13}$					$\frac{1}{999}$				
$\frac{24}{5}$					$\frac{4}{17}$				

G 3. Wer bin ich? Finde jeweils heraus, welches der Bilder I bis VI mich veranschaulicht.

a) Ich bin ein Stammbruch; mein Nenner ist die kleinste Primzahl.

b) Mein Zähler und mein Nenner ergeben addiert den Summenwert 11, und mein Zähler ist um 3 kleiner als mein Nenner.

c) Ich bin der größte Stammbruch mit einem zweistelligen Nenner.

d) Mein Nenner ist 4; mein Zähler ist dreimal so groß wie mein Nenner.

e) Mein Zähler ist das kleinste Vielfache von 4 mit dem Quersummenwert 3, und mein Nenner ist um 2 größer als mein Zähler.

f) Ich bin eine gemischte Zahl zwischen 3 und 4. Wenn du mich als unechten Bruch schreibst, benötigst du dazu nur einstellige Primzahlen.

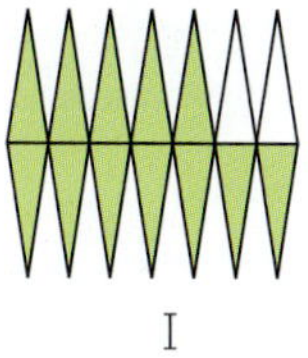
I

II

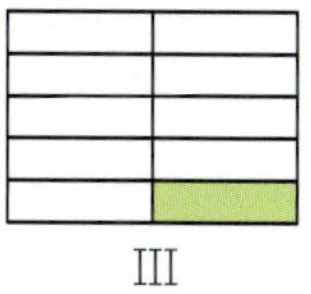
III

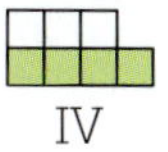
IV

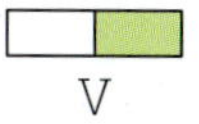
V

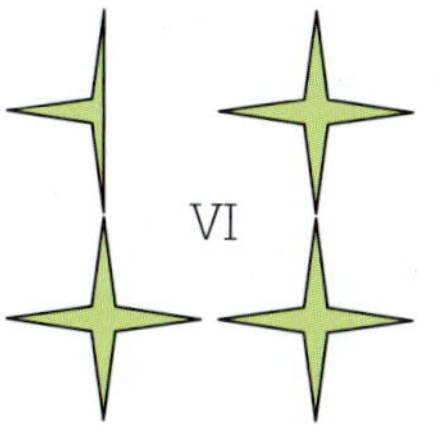
VI

Gregor hat herausgefunden: AI, DII und EI passen zusammen.

G 4. Gib (sechsmal hintereinander) jeweils drei Felder an, die „zusammenpassen“:

	A	B	C	D	E	F
I	$1\frac{1}{2}$	$\frac{2}{15}$	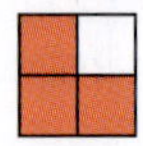	$\frac{5}{3}$	$\frac{3}{2}$	$\frac{5}{5}$
II	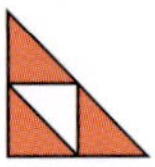	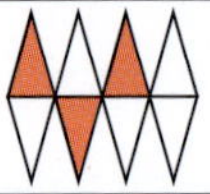			$\frac{3}{8}$	$1\frac{2}{3}$
III	$\frac{60}{60}$	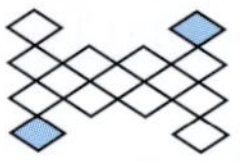		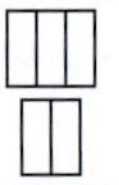	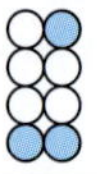	$\frac{3}{4}$

5. Übertrage jeweils die Angabe in dein Heft und ersetze dann dort den Platzhalter durch eine natürliche Zahl, sodass eine wahre Aussage entsteht.

a) $2 = \frac{■}{4}$ $2 = \frac{■}{10}$ $2 = \frac{■}{100}$ $5 = \frac{■}{3}$ $5 = \frac{■}{5}$ $5 = \frac{■}{12}$ $8 = \frac{■}{1}$

b) $4 = \frac{■}{3}$ $6 = \frac{■}{3}$ $9 = \frac{■}{3}$ $12 = \frac{■}{3}$ $4 = \frac{■}{6}$ $6 = \frac{■}{6}$ $9 = \frac{■}{6}$

6. Gib die Scheinbrüche als natürliche Zahlen an.

a) $\frac{15}{3}$ $\frac{28}{4}$ $\frac{42}{6}$ $\frac{39}{13}$ $\frac{56}{14}$ $\frac{81}{9}$ $\frac{121}{121}$ $\frac{91}{7}$ $\frac{36}{12}$ $\frac{45}{9}$

b) $\frac{144}{12}$ $\frac{225}{15}$ $\frac{400}{20}$ $\frac{289}{17}$ $\frac{625}{25}$ $\frac{100}{10}$ $\frac{196}{14}$ $\frac{121}{11}$

c) $\frac{160}{8}$ $\frac{160}{20}$ $\frac{324}{4}$ $\frac{324}{81}$ $\frac{343}{7}$ $\frac{343}{49}$ $\frac{512}{64}$ $\frac{512}{256}$

d) $\frac{64}{64}$ $\frac{64}{32}$ $\frac{64}{16}$ $\frac{64}{8}$ $\frac{64}{4}$ $\frac{64}{2}$ $\frac{64}{1}$

7. Verwandle die unechten Brüche in gemischte Zahlen.

a) $\frac{7}{3}$ $\frac{11}{6}$ $\frac{23}{10}$ $\frac{9}{5}$ $\frac{7}{4}$ $\frac{5}{2}$ $\frac{13}{9}$ $\frac{107}{50}$ $\frac{61}{30}$ $\frac{15}{7}$

b) $\frac{21}{10}$ $\frac{21}{8}$ $\frac{21}{2}$ $\frac{21}{5}$ $\frac{21}{13}$ $\frac{45}{7}$ $\frac{45}{2}$ $\frac{45}{11}$ $\frac{45}{8}$ $\frac{45}{4}$

8. Wandle die gemischten Zahlen in unechte Brüche um.

a) $2\frac{1}{2}$ $3\frac{1}{3}$ $4\frac{1}{4}$ $5\frac{1}{5}$ $6\frac{1}{6}$ $7\frac{1}{7}$ $8\frac{1}{8}$ $9\frac{1}{9}$ $10\frac{1}{10}$

b) $1\frac{1}{2}$ $7\frac{3}{4}$ $9\frac{1}{5}$ $11\frac{3}{7}$ $100\frac{1}{8}$ $2\frac{1}{6}$ $7\frac{1}{9}$ $10\frac{7}{10}$

9. Zeichne auf 5-mm-Karopapier

a) ein Rechteck mit einem Flächeninhalt von $1\frac{1}{2}$ cm².

b) ein Rechteck mit einem Flächeninhalt von $1\frac{1}{4}$ dm².

c) ein Quadrat mit einem Flächeninhalt von $2\frac{1}{4}$ cm².

10. Gib jeweils an, wie viel zur nächstgrößeren natürlichen Zahl fehlt.

a) $1\frac{1}{2}$ $\frac{2}{3}$ $2\frac{5}{6}$ $4\frac{1}{4}$ $9\frac{11}{12}$ $99\frac{1}{10}$ $3\frac{1}{3}$ $6\frac{7}{9}$ $\frac{7}{8}$

b) $\frac{15}{16}$ $\frac{17}{16}$ $\frac{21}{4}$ $\frac{35}{3}$ $\frac{59}{12}$ $\frac{27}{13}$ $\frac{88}{10}$ $\frac{13}{4}$ $\frac{101}{100}$ $\frac{28}{7}$

11. Das Ganze ist ein Rechteck (Länge 3 cm, Breite 2 cm). Veranschauliche

a) $3\frac{1}{2}$ b) $\frac{2}{3}$ c) 2 d) $\frac{1}{6}$.

12. Das Ganze ist eine Strecke der Länge 4,5 cm. Veranschauliche

a) $\frac{4}{9}$ b) $\frac{7}{15}$ c) $1\frac{1}{3}$ d) $\frac{8}{5}$.

13. Das Ganze ist ein Kreis mit Radiuslänge 3 cm. Veranschauliche

a) $\frac{5}{6}$ b) $2\frac{1}{2}$ c) 3 d) $\frac{7}{8}$.

14. Gregor, Laura, Lucas und Sophie spielen „Mensch ärgere dich nicht“ und notieren während des Spiels die geworfenen Augenanzahlen in einer Tabelle mit.

Zahl	G	La	Lu	S
1	卌|	||||	卌|	||
2	|||	卌	卌||	||
3	卌|	||	|	卌|
4	||||	卌		卌
5	||	|||	|||	||||
6	||||	卌|	卌|||	卌|

a) Stelle die Summenwerte der Augenanzahlen der vier Kinder in einem Säulendiagramm dar.

b) Jedes Kind hat die von ihm geworfenen Augenanzahlen veranschaulicht:

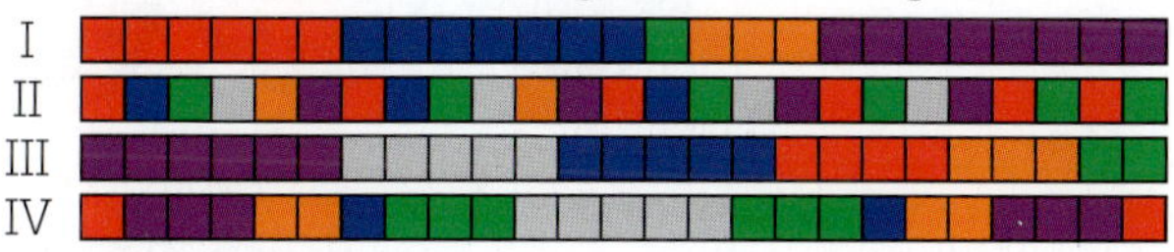

Ordne die vier Darstellungen den vier Kindern zu und überlege, wie jedes der Kinder bei seiner Darstellung vorgegangen sein könnte.

c) Bei welchem der Kinder ist der Anteil der Primzahlen an den von ihm geworfenen Augenanzahlen am größten? Gib an, wie groß er ist.

G 15. Ein Massensatz enthält die Massenstücke 500 g – 500 g – 200 g – 200 g – 100 g – 50 g – 50 g – 20 g – 20 g – 10 g – 5 g – 2 g – 2 g – 1 g – 500 mg – 200 mg – 200 mg – 100 mg – 50 mg – 20 mg – 20 mg – 10 mg – 5 mg – 5 mg.
Auf die linke Schale einer Balkenwaage legt man jeweils einen der folgenden Gegenstände. Gib an, welche Massenstücke man dann auf die rechte Waagschale legen muss, damit die Waage mit möglichst wenigen Massenstücken „im Gleichgewicht“ ist.

a) 1 Butterpaket (Masse $\frac{1}{4}$ kg) b) 1 Tüte Bonbons (Masse $\frac{324}{1\,000}$ kg)
c) 1 große Zwiebel (Masse $\frac{1}{8}$ kg) d) 1 Tablette (Masse $\frac{50}{1\,000}$ g)
e) 1 Schale Feldsalat (Masse des Inhalts $\frac{1}{4}$ kg, Masse der Verpackung 25 g)

16. Übertrage die Messbecherskala in dein Heft und ergänze dann dort rechts bzw. links die Angaben.

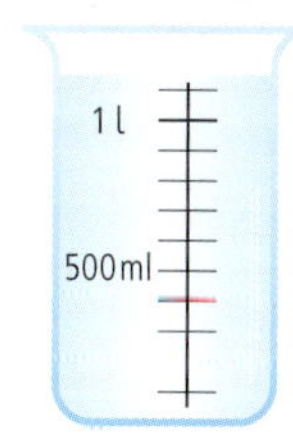

a) 250 ml b) $\frac{1}{8}$ l c) 1 125 ml d) $\frac{3}{4}$ l e) 875 ml f) $\frac{5}{8}$ l g) $\frac{1}{4}$ l

G 17. Finde jeweils heraus, wie viele Brüche es gibt, die die beiden angegebenen Eigenschaften besitzen.

a) Der Summenwert von Zähler und Nenner ist 100, und der Nenner ist viermal so groß wie der Zähler.

b) Der Summenwert von Zähler und Nenner ist kleiner als 100, und der Nenner ist viermal so groß wie der Zähler.

W1 Welche Größe hat der Winkel ∢ QOP mit Q (–2 I –3), O (0 I 0), P (3 I 1)?
W2 Wie rundet man auf Hunderter? Erkläre, und runde dann 3 425; 973; 6 734; 49; 23 004; 44 666 und 9 999 auf Hunderter.
W3 Welchen Wert hat der Term $200 - 180 : (15 - 9)^2 - (-205)$?

27,90 € : (90 ct) = ?
0,5 km + 520 m = ?
4 h + 360 min = ?

1.4 Brüche als Quotienten natürlicher Zahlen

Gregor, Laura, Lucas und Sophie teilen drei gleiche Pizzas „gerecht" untereinander auf.

Arbeitsauftrag

- Gib an, wie du die drei Pizzas gerecht an die vier Kinder verteilt hättest.

- Jeder **Quotient** aus zwei natürlichen Zahlen lässt sich als **Bruch** schreiben, z. B.:
  $3 : 4 = \frac{3}{4}$ $\quad 4 : 3 = \frac{4}{3}$ $\quad 1 : 4 = \frac{1}{4}$ $\quad 4 : 1 = \frac{4}{1}$ (= 4).
- Quotienten mit dem Dividenden 0 lassen sich ebenfalls als Brüche schreiben, z. B.:
  $0 : 7 = \frac{0}{7}$ (= 0) $\quad 0 : 100 = \frac{0}{100}$ (= 0).
  Die Division durch 0 ist nicht erklärt; also kann man **durch 0 nicht dividieren**.
- Auch jeder Quotient aus einer **Größe** als Dividenden und einer natürlichen Zahl als Divisor lässt sich mit Hilfe eines Bruchs schreiben, z. B.:
  $3\text{ m} : 4 = \frac{3}{4}\text{ m}$ $\quad 2\text{ kg} : 5 = \frac{2}{5}\text{ kg}$.
  Bei der Größe $\frac{3}{4}$ m ist $\frac{3}{4}$ die **Maßzahl** und m die **Maßeinheit**.

Beispiele

- Gib jeweils an, wie viel jedes Kind bekommt,
  a) wenn vier gleich große Pizzas an fünf Kinder gleichmäßig verteilt werden.
  Lösung: Jedes Kind bekommt $\frac{4}{5}$ Pizza.

  b) wenn drei 100-g-Tafeln Schokolade an sechs Kinder gleichmäßig verteilt werden. Lösung: Jedes Kind bekommt ($\frac{3}{6}$ =) $\frac{1}{2}$ Tafel Schokolade.

  c) wenn zwei gleich große Pfannkuchen an drei Kinder gleichmäßig verteilt werden. Lösung: Jedes Kind bekommt $\frac{2}{3}$ Pfannkuchen.

Sophie merkt sich: Es gibt keine Brüche mit dem Nenner 0, weil der Divisor nie 0 sein kann.

- Schreibe den Wert jedes der drei Quotienten 5 : 9; 2 m : 5 und 3 l : 100 mithilfe eines Bruchs.
  Lösung: $\quad 5 : 9 = \frac{5}{9}$ $\quad 2\text{ m} : 5 = \frac{2}{5}\text{ m}$ $\quad 3\text{ l} : 100 = \frac{3}{100}\text{ l}$.

- Wo treten im Alltag Größen mit Brüchen als Maßzahlen auf?
- Weißt du, was die Maßeinheit $\frac{\text{km}}{\text{h}}$ („Kilometer pro Stunde") bedeutet?

---

1. Schreibe jeweils den Bruch als Quotienten und gib den Quotientenwert ggf. auch als gemischte Zahl an.

a) $\frac{29}{4}$ $\quad \frac{8}{7}$ $\quad \frac{1}{6}$ $\quad \frac{19}{9}$ $\quad \frac{77}{10}$ $\quad \frac{18}{13}$ $\qquad$ b) $\frac{4}{5}$ $\quad \frac{11}{8}$ $\quad \frac{22}{7}$ $\quad \frac{28}{3}$ $\quad \frac{1001}{999}$ $\quad \frac{65}{12}$

2. Verwandle jeweils den Bruch unter Anwendung des Distributivgesetzes in eine gemischte Zahl.

a) $\frac{16}{3}$ b) $\frac{38}{5}$ c) $\frac{92}{7}$ d) $\frac{496}{45}$ e) $\frac{111}{11}$ f) $\frac{299}{17}$

g) $\frac{261}{16}$ h) $\frac{170}{13}$ i) $\frac{201}{14}$ j) $\frac{627}{25}$ k) $\frac{147}{2}$ l) $\frac{64}{5}$

$\frac{32}{5} = 32 : 5 =$
$= (30 + 2) : 5 =$
$= 30 : 5 + 2 : 5 =$
$= 6 + \frac{2}{5} = 6\frac{2}{5}$

3. Stelle den Wert jedes der Quotienten mithilfe der Bruchschreibweise dar.

a) 18 km : 5 b) 19 kg : 10 c) 8 l : 15 d) 91 m² : 4 e) 3 t : 8

f) 15 hl : 4 g) 500 mg : 500 h) 80 m : 16 i) 23 cm : 2 j) 1 m : 6

4. Stelle die folgenden Teilungen zeichnerisch dar.

a) Fünf Kinder teilen vier gleich große Äpfel gerecht auf.

b) Vier Kinder teilen fünf gleich große Pizzas gerecht auf.

c) Drei Kinder teilen zwei 100-g-Tafeln Schokolade gerecht auf.

d) Sechs Kinder teilen zwei gleich lange Baguette-Brote gerecht auf.

5. Jeweils zwei Abbildungen veranschaulichen den gleichen Quotientenwert. Ordne diese Abbildungen einander zu und gib den gemeinsamen Quotientenwert an.

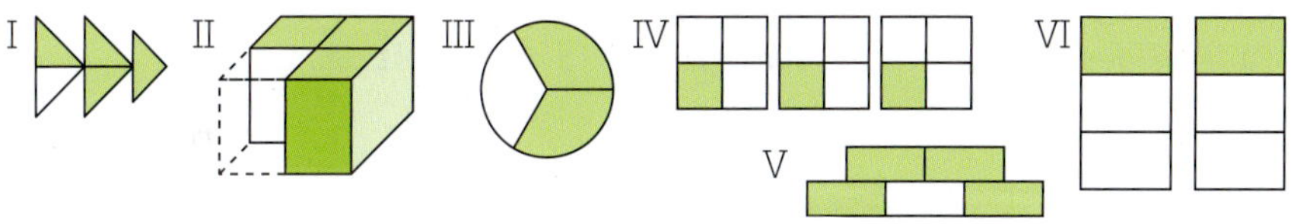

6. Übertrage die Tabelle in dein Heft und ergänze sie dann dort.

	a)	b)	c)	d)	e)	f)
Quotient	7 l : 8	3 m² : 5	3 kg : 4	33 m : 100	37 a : 10	2 t : 25
Quotientenwert	$\frac{7}{8}$ l	m²	kg	m	a	t
	875 ml	dm²	g	cm	m²	kg

7. Schreibe den Wert jedes der fünf Quotienten als Bruch und ordne ihm dann die passende Abbildung zu.

a) 5 : 8 b) 3 : 11 c) 19 : 50 d) 7 : 23 e) 11 : 24.

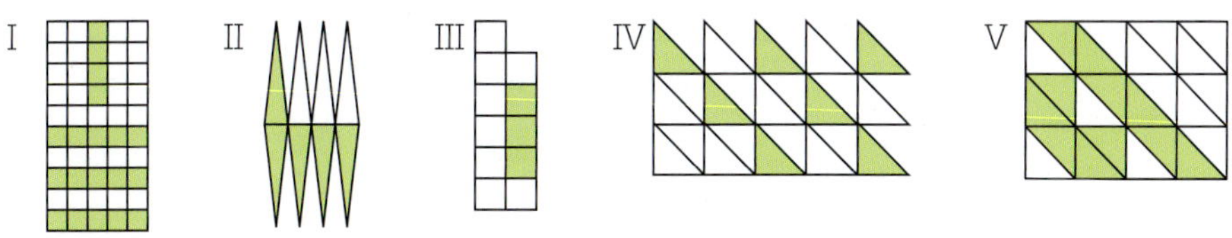

W1 Wie lautet jeweils die Primfaktorzerlegung von 3 600; 2 890; 10 000; 1 768 bzw. 7 245? Gib die Zerlegung auch in Potenzschreibweise an.

W2 Was versteht man unter stumpfen Winkeln? Zeichne vier Winkel der Größe 135°; 88°; 90° bzw. 108°; welche davon sind stumpf?

W3 Welchen Oberflächeninhalt hat ein Quader mit den Kantenlängen l = 14 cm, b = 2 dm und h = 15 mm?

180° + 90° = ?

(–80) : (–16) = ?

$5 = \frac{■}{7}$

Gregor, Laura, Lucas und Sophie haben zehnmal „Stadt-Land-Fluss" gespielt. Laura verteilt 50 Gummibärchen als „Siegprämien":

	Gregor	Laura	Lucas	Sophie
Anzahl der Siege	3	1	2	4

Arbeitsauftrag

- Erarbeite zusammen mit deiner Nachbarin oder deinem Nachbarn einen Vorschlag, wie Laura die Gummibärchen verteilen könnte. Überlegt auch, wie 100 oder 40 Gummibärchen nach diesem Vorschlag zu verteilen wären. Erklärt eure Überlegungen.

$\frac{3}{10}$ von 50 sind 15.

Berechnung des Teils einer Größe

Man berechnet z.B. $\frac{3}{10}$ von 50 €, indem man zunächst 50 € durch 10 dividiert (50 € : 10 = 5 €) und dann den Quotientenwert 5 € mit 3 multipliziert (3 · 5 € = 15 €).

Ergebnis: $\frac{3}{10}$ von 50 € sind 15 €.
Hier ist 50 € das **Ganze**, $\frac{3}{10}$ der **Anteil** und 15 € der **Teil** des Ganzen.

Allgemein gilt:
Man berechnet $\frac{z}{n}$ einer Größe, $z \in \mathbb{N}_0$, $n \in \mathbb{N}$,
indem man
- zunächst diese Größe durch n dividiert und
- dann den Wert des Quotienten mit z multipliziert.

Berechnung des Anteils

Sucht man den Anteil an einem Ganzen (z.B. 55 kg), so dividiert man den Teil (z.B. 24 kg) durch das Ganze:
24 kg : (55 kg) = $\frac{24}{55}$.

Ergebnis: 24 kg sind $\frac{24}{55}$ von 55 kg.

Berechnung des Ganzen

Man weiß z. B., dass 45 km den Anteil („Bruchteil") $\frac{3}{4}$ der ganzen Streckenlänge ausmachen. Um das Ganze (also die Länge der gesamten Strecke) zu berechnen, ermittelt man zuerst $\frac{1}{4}$ des Ganzen (45 km : 3 = 15 km) und berechnet dann hieraus $\frac{4}{4}$ des Ganzen, also die gesamte Streckenlänge (4 · 15 km = 60 km).

Ergebnis: 45 km sind $\frac{3}{4}$ von 60 km.

Beispiele

- Berechne $\frac{5}{6}$ von 18 kg.

  Lösung: $\frac{1}{6}$ von 18 kg: 18 kg : 6 = 3 kg
  $\frac{5}{6}$ von 18 kg: 5 · 3 kg = 15 kg

- Berechne $\frac{3}{4}$ von 6 cm und veranschauliche das Ergebnis zeichnerisch.

  Lösung: $\frac{1}{4}$ von 6 cm: 6 cm : 4 = 60 mm : 4 = 15 mm

  $\frac{3}{4}$ von 6 cm: $3 \cdot 15$ mm = 45 mm = 4,5 cm

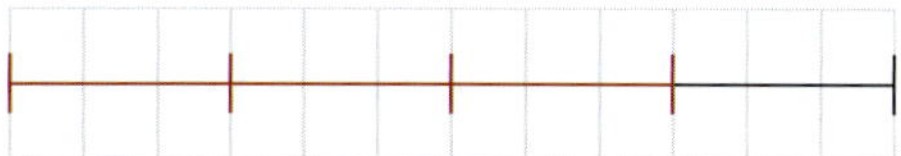

- Laura möchte sich einen CD-Player kaufen. Sie hat schon 84 € gespart; das sind zwei Drittel des Kaufpreises. Finde heraus, wie viel der CD-Player kostet.

  Lösung: **Zwei** Drittel des Kaufpreises betragen 84 €; deshalb beträgt **ein** Drittel des Kaufpreises 84 € : 2 = 42 €, und der ganze Kaufpreis (also **drei** Drittel) beträgt $3 \cdot 42$ € = 126 €.

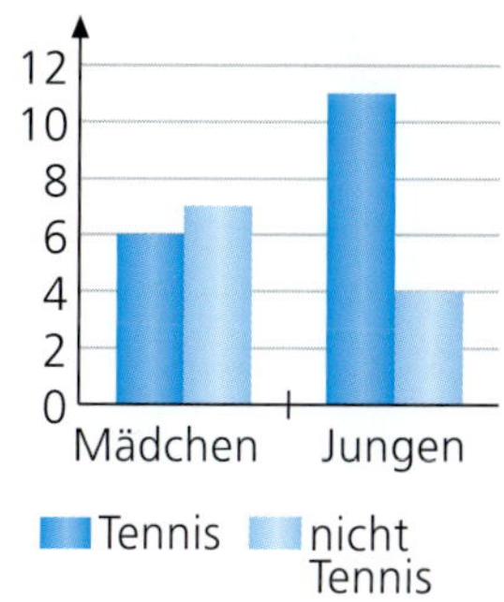

- Das Säulendiagramm zeigt, wie viele Mädchen und wie viele Jungen der Klasse 6 B Tennis spielen und wie viele nicht. Welcher Anteil der Mädchen spielt Tennis, und welcher Anteil der Jungen spielt nicht Tennis?

  Lösung: $\frac{6}{13}$ der Mädchen spielen Tennis; $\frac{4}{15}$ der Jungen spielen nicht Tennis.

- Was ist mehr, $\frac{3}{4}$ von 24 € oder $\frac{3}{10}$ von 60 €?
- Welchen Anteil der Unterrichtsstunden einer Woche machen in deiner Klasse die Mathematikstunden aus?

Aufgaben

1. Berechne möglichst im Kopf.

a) $\frac{2}{3}$ von 18 € b) $\frac{5}{6}$ von 216 m c) $\frac{1}{8}$ von 8 km d) $\frac{5}{9}$ von 45 l
e) $\frac{3}{11}$ von 242 ha f) $\frac{1}{7}$ von 98 t g) $\frac{3}{4}$ von 60 min h) $\frac{7}{10}$ von 60 m^2
i) $\frac{5}{8}$ von 64 m j) $\frac{11}{12}$ von 1 d k) $\frac{2}{9}$ von 3 d l) $\frac{3}{4}$ von 20 a
m) $\frac{0}{9}$ von 100 € n) $\frac{2}{9}$ von 54 € o) $\frac{2}{3}$ von 99 a p) $\frac{1}{30}$ von 360°

0, 1, 12, 14, 15, 16, 22, 25, 40, 42, 45, 66, 180
Mögliche Maßzahlen zu 1. **L**

2. Berechne jeweils möglichst im Kopf den Wert des Platzhalters ■.

a) $\frac{1}{3}$ von ■ ist 15 kg. b) $\frac{2}{3}$ von ■ sind 26 km. c) $\frac{1}{4}$ von ■ ist 25 l.
d) $\frac{9}{11}$ von ■ sind 81 t. e) $\frac{4}{13}$ von ■ sind 8 cm. f) $\frac{2}{9}$ von ■ sind 100 €.
g) $\frac{3}{4}$ von ■ sind 24 Kirschen. h) $\frac{1}{6}$ von ■ ist 45 min. i) $\frac{1}{2}$ von ■ ist 2 a.

3. In die Klasse 6 C gehen 28 Kinder; davon sind 16 Mädchen.
Berechne jeweils die Anzahl(en):

a) $\frac{3}{8}$ der Mädchen dieser Klasse gehen zum Reiten.
b) $\frac{3}{4}$ der Jungen dieser Klasse spielen Fußball.
c) Drei Viertel der Mädchen und die Hälfte der Jungen dieser Klasse gehen in den Schulchor.
d) $\frac{7}{8}$ der Mädchen und $\frac{10}{12}$ der Jungen dieser Klasse haben ein Handy.
e) $\frac{28}{28}$ der Kinder dieser Klasse freuen sich auf die nächsten Ferien.

6, 9, 10, 12, 14, 28
Lösungen zu 3. **L**

4. a) In einem Obstgarten stehen 240 Obstbäume; $\frac{3}{4}$ davon sind Apfelbäume, der Rest Birnbäume. Wie viele Apfelbäume stehen in diesem Garten? Wie hoch ist dort der Anteil der Birnbäume?

b) Für eine Zirkusvorstellung wurden $\frac{5}{6}$ aller 600 Karten verkauft. Wie viele Karten wurden nicht verkauft?

c) Gregor möchte von seinem Taschengeld (12 € pro Monat) ein Jahr lang $\frac{2}{5}$ sparen. Wie viel Geld würde er dann in diesem Jahr sparen? Was könnte er sich davon kaufen?

d) Lucas hat 25-mal mit einem Spielwürfel gewürfelt. Bei drei Fünfteln seiner Würfe war die Augenanzahl eine Primzahl. Höchstens wie oft hat er die Augenanzahl 6 geworfen?

5. a) 12 der neuen Englischwörter, das sind drei Fünftel dieser Wörter, kann sich Gregor gut merken. Gib die Anzahl der neuen Englischwörter an.

b) Ins Schullandheim konnten $\frac{3}{14}$ einer Klasse, nämlich 6 Kinder, nicht mitfahren. Finde die Klassenstärke heraus.

c) Gregors Oma spendiert ihm $\frac{2}{5}$ des Preises seiner neuen Jeans. Sie gibt ihm 14 €. Was kosten Gregors neue Jeans?

d) Bei einem Training sprang Laura bei sechs ihrer Weitsprünge, also bei drei Vierteln ihrer Weitsprünge, mindestens 3,90 m weit. Bei wie vielen ihrer Weitsprünge hat Laura in diesem Training 3,90 m nicht erreicht?

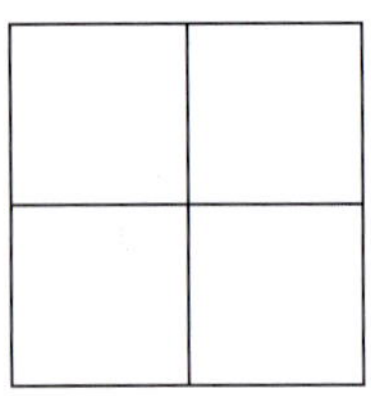

6. Simon malt von vier gleich großen Quadraten zwei rot und die anderen beiden blau aus.

a) Zeichne die verschiedenen Möglichkeiten, die Simon beim Ausmalen dieser vier Quadrate hat, in dein Heft.

b) Gib an, welcher Bruchteil aller möglichen Zeichnungen von Teilaufgabe a) nicht achsensymmetrisch ist.

c) Gib an, welcher Bruchteil aller möglichen Zeichnungen von Teilaufgabe a) genau eine Symmetrieachse besitzt.

d) Gib an, welcher Bruchteil aller möglichen Zeichnungen von Teilaufgabe a) genau zwei Symmetrieachsen hat.

7. a) Sophie schneidet von einer Rolle mit 25 m Band ein Band der Länge 2 m ab. Welchen Bruchteil der ursprünglichen Bandlänge hat dann der Bandrest?

b) Laura kann bereits 13 der 20 neuen Wörter. Welcher Bruchteil der neuen Wörter „sitzt" also noch nicht?

c) Sophie hat bereits 7 von 15 Blumenstöcken gegossen. Welchen Bruchteil aller Blumenstöcke hat sie noch nicht gegossen ?

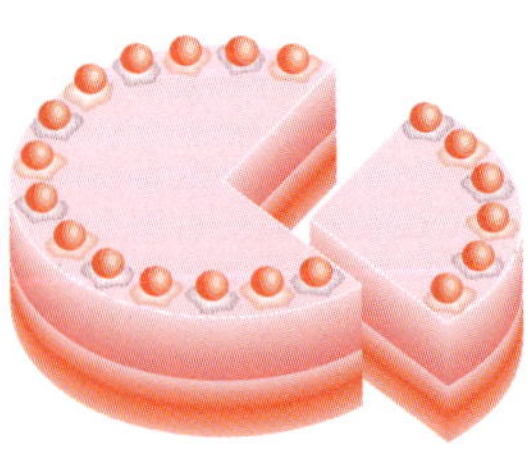

Zu Aufgabe 8.

8. Lucas schneidet aus einer Torte ein Stück heraus, das $\frac{3}{10}$ der ganzen Torte ausmacht. Berechne die Größe des Mittelpunktswinkels des Tortenrests. Gib die Art dieses Winkels an.

9. Gregor bereitet aus Himbeersirup und Wasser Himbeerlimonade. Auf der Flasche steht, dass man „1 Teil Sirup mit 3 Teilen Wasser mischen" soll. Wie viel Liter Himbeerlimonade kann Gregor aus 0,425 l Sirup herstellen?

10. a) Der Flächeninhalt des getönten Dreiecks (siehe unten) beträgt 6 cm². Berechne den Flächeninhalt des Quadrats VIER.

b) Der Flächeninhalt des getönten Dreiecks (siehe unten) beträgt 4,5 cm². Berechne den Flächeninhalt des Dreiecks TRI.

c) Eine „Burg" ist aus roten und blauen Bausteinen gebaut. Von vorn sieht man $\frac{2}{5}$ der roten und $\frac{3}{7}$ der blauen Bausteine nicht. Aus wie vielen Bausteinen besteht die Burg? Welcher Bruchteil aller Bausteine ist rot, welcher blau?

zu a)
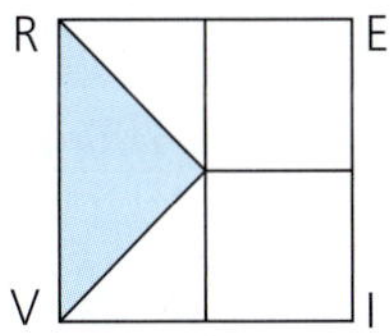

zu b)
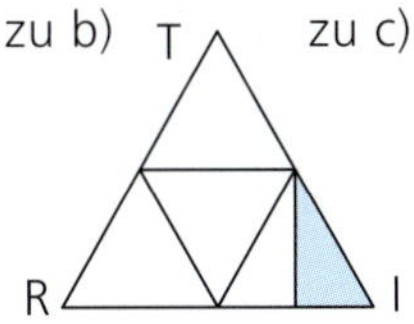

zu c) Ansicht von vorn
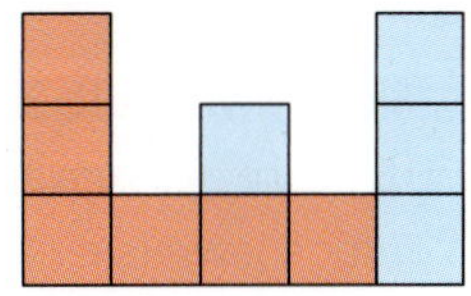

11. a) Wenn Laura in ihr leeres Aquarium 18 l Wasser schüttet, ist es zu drei Vierteln gefüllt. Wie viel Liter fasst ihr Aquarium?

b) Wenn Lucas in sein leeres Aquarium 24 Liter Wasser schüttet, ist es zu zwei Dritteln gefüllt. Wie viel Liter fasst sein Aquarium mehr als das von Laura (siehe a))?

c) Im Tank des Autos von Gregors Mutter sind 15 l Benzin. Wenn sie 21 l nachtankt, ist ihr Tank zu $\frac{9}{10}$ voll. Wie viel Liter fasst der Tank?

d) Beim Training ist Sophie bereits 15 Runden gelaufen. Sie sagt: „Jetzt fehlt mir nur noch ein Sechstel." Wie viele Runden hatte Sophie geplant?

12. Übertrage das Kreuzzahlrätsel in dein Heft und löse es dann dort.

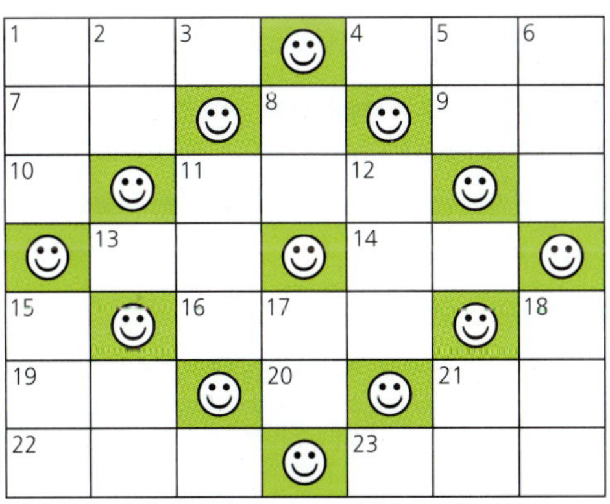

Waagrecht:

1 $\frac{3}{7}$ von 343 € sind ______ €.
4 $\frac{7}{18}$ von 324 kg sind ______ kg.
7 $\frac{2}{3}$ von 111 m sind ______ m.
8 72 h = ______ d
9 $\frac{5}{12}$ von ______ s sind 10 s.
10 Ungerade Zahl
11 $\frac{5}{9}$ von 477 t sind ______ t
13 $\frac{7}{11}$ von 121 m sind ______ m.
14 $\frac{1}{8}$ von 1,52 a ist ______ m².
16 $\frac{2}{9}$ von 999 kg sind ______ kg.
18 Kleinste natürliche Zahl
19 $\frac{1}{4}$ von ______ t ist 11 t.
20 Quadratzahl
21 Primzahl
22 $\frac{2}{3}$ von ______ m sind 308 m.
23 $\frac{1}{9}$ von ______ l ist 74 l.

Senkrecht:

1 $\frac{1}{3}$ von 519 km ist ______ km.
2 $\frac{1}{11}$ von ______ ml ist 4 ml.
3 Primzahl
4 Quadratzahl
5 $\frac{2}{11}$ von 121 hl sind ______ hl.
6 $\frac{4}{5}$ von 805 m sind ______ m.
8 $\frac{6}{7}$ von 42 ct sind ______ ct.
11 4 h 32 min = ______ min
12 $\frac{1}{6}$ von 3 072 ist
13 1 Woche = ______ d
15 $\frac{2}{3}$ von ______ m sind 96 m.
17 Primzahl
18 $\frac{5}{17}$ von ______ s sind 40 s.
21 $\frac{2}{3}$ von 39 d sind ______ d.
23 $\frac{1}{10}$ h = ______ min

W1 Welche Zahl muss man zu vier Milliarden dreihundertzwanzigtausendsechshundertneunundvierzig addieren, um das Dreifache dieser Zahl zu erhalten?
W2 Welcher Stammbruch hat den größten Wert?
W3 Welche Zahl liegt jeweils genau in der Mitte zwischen 25 und 43; 18 und –2; –17 und –3; –26 und 0; –9 und 13?

$3\frac{1}{3} = \frac{\blacksquare}{3}$
$12^2 + 5^2 = \blacksquare^2$
$26^2 - 10^2 = \blacksquare^2$

1.6 Brüche mit gleichem Wert – Erweitern und Kürzen

Gregors Schokoküsse
200 g

Lucas' Schokoküsse
200 g

Laura: *„In Gregors Packung haben nur 3 Schokoküsse einen Überzug aus dunkler Schokolade, in Lucas' Packung sind es 4."*

Sophie: *„In beiden Packungen ist der Anteil der Schokoküsse mit dunklem Überzug gleich groß, nämlich ein Drittel."*

Arbeitsauftrag

- Gib an, wie viele Schokoküsse mit dunklem Überzug in einer 200-g-Packung mit 18 Schokoküssen sind, wenn ihr Anteil $\frac{1}{3}$ $\left(\frac{2}{9}; \frac{5}{18}\right)$ ist.
  Fertige jeweils eine passende Zeichnung so an, dass eine achsensymmetrische Anordnung entsteht.

Erweitern eines Bruchs

Wenn man z. B. ein Halbes in vier gleich große Teile teilt, stellt man fest, dass die beiden Brüche $\frac{1}{2}$ und $\frac{4}{8}$ wertgleich sind.

Allgemein: Ein Bruch $\frac{z}{n}$ wird mit einer natürlichen Zahl k **erweitert**, indem man seinen Zähler z **und** seinen Nenner n mit der Zahl k **multipliziert**; dabei ändert der Bruch seinen Wert **nicht**.

$\frac{z}{n} = \frac{k \cdot z}{k \cdot n}$ $\qquad z \in \mathbb{N}_0;\ n, k \in \mathbb{N}$

Kürzen eines Bruchs

Fasst man z. B. vier Zwölftel zusammen, so stellt man fest, dass die Brüche $\frac{4}{12}$ und $\frac{1}{3}$ wertgleich sind.

Allgemein: Ein Bruch $\frac{z}{n}$ wird mit einer natürlichen Zahl k **gekürzt**, indem man seinen Zähler z **und** seinen Nenner n durch die Zahl k (die ein gemeinsamer Teiler des Zählers und des Nenners ist) **dividiert**; dabei ändert der Bruch seinen Wert **nicht**.

$\frac{z}{n} = \frac{z : k}{n : k}$ $\qquad z, n, k \in \mathbb{N};\ k \in T_z;\ k \in T_n$

*Zahlen heißen **teilerfremd**, wenn sie keinen gemeinsamen Teiler außer 1 besitzen.*

Die Form eines Bruchs, bei der sein Zähler und sein Nenner teilerfremd sind, heißt **Grundform** dieses Bruchs; man sagt auch „der Bruch ist vollständig gekürzt."
Beachte: Beim Erweitern wie beim Kürzen eines Bruchs ändert sich zwar die **Form**, **nicht** aber der **Wert** dieses Bruchs.

Beispiele

- Erweitere jeden der vier Brüche $\frac{2}{3}$; $\frac{4}{7}$; $\frac{5}{8}$ und $\frac{11}{100}$ mit 5.

  Lösung: $\frac{2}{3} = \frac{2 \cdot 5}{3 \cdot 5} = \frac{10}{15}$ $\qquad \frac{4}{7} = \frac{4 \cdot 5}{7 \cdot 5} = \frac{20}{35}$

  $\frac{5}{8} = \frac{5 \cdot 5}{8 \cdot 5} = \frac{25}{40}$ $\qquad \frac{11}{100} = \frac{11 \cdot 5}{100 \cdot 5} = \frac{55}{500}$

- Kürze jeden der vier Brüche $\frac{3}{21}$; $\frac{27}{30}$; $\frac{6}{15}$ und $\frac{36}{39}$ mit 3.

  Lösung: $\frac{3}{21} = \frac{3 : 3}{21 : 3} = \frac{1}{7}$ $\qquad \frac{27}{30} = \frac{27 : 3}{30 : 3} = \frac{9}{10}$

  $\frac{6}{15} = \frac{6 : 3}{15 : 3} = \frac{2}{5}$ $\qquad \frac{36}{39} = \frac{36 : 3}{39 : 3} = \frac{12}{13}$

- Gib jeden der vier Brüche $\frac{2}{4}$; $\frac{15}{18}$; $\frac{5}{25}$ und $\frac{25}{100}$ in Grundform an.

  Lösung: $\frac{2}{4} = \frac{1}{2}$ (mit 2 gekürzt) $\quad \frac{15}{18} = \frac{5}{6}$ (mit 3 gekürzt)

  $\frac{5}{25} = \frac{1}{5}$ (mit 5 gekürzt) $\quad \frac{25}{100} = \frac{1}{4}$ (mit 25 gekürzt)

- Die Abbildungen veranschaulichen das Erweitern eines Bruchs; gib den Bruch und die Erweiterungsfaktoren an.

  Lösung: $\frac{2}{3} = \frac{4}{6}$ Erweiterungsfaktor 2 $\quad \frac{2}{3} = \frac{6}{9}$ Erweiterungsfaktor 3

- Die Abbildungen veranschaulichen das Kürzen eines Bruchs; gib den Bruch und die natürlichen Zahlen, mit denen gekürzt wurde, an.

  Lösung: $\frac{6}{18} = \frac{3}{9}$ mit 2 gekürzt $\quad \frac{6}{18} = \frac{1}{3}$ mit 6 gekürzt

---

- Sind Stammbrüche stets in Grundform?
- Welche der Brüche $\frac{2}{3}$; $\frac{4}{5}$; $\frac{12}{15}$; $\frac{18}{27}$ und $\frac{44}{55}$ sind wertgleich?
- In welcher Weise wurde der Anteil I gegenüber dem Anteil II bzw. gegenüber dem Anteil III verändert? I 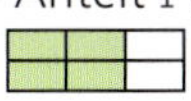 II 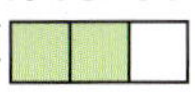 III 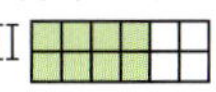

Aufgaben

1. Erweitere jeweils
- die echten Brüche mit 3,
- die unechten Brüche, die keine Scheinbrüche sind, mit 4,
- die Scheinbrüche mit 5.

a) $\frac{2}{3}$; $\frac{5}{6}$; $\frac{7}{6}$ b) $\frac{8}{8}$; $\frac{1}{9}$; $\frac{7}{10}$ c) $\frac{5}{5}$; $\frac{4}{3}$; $\frac{1}{100}$ d) $\frac{2}{11}$; $\frac{11}{2}$; $\frac{22}{11}$

e) $\frac{9}{3}$; $\frac{8}{17}$; $\frac{100}{50}$ f) $\frac{1}{8}$; $\frac{2}{9}$; $\frac{3}{10}$ g) $\frac{9}{2}$; $\frac{90}{2}$; $\frac{90}{100}$ h) $\frac{0}{5}$; $\frac{5}{2}$; $\frac{2}{4}$

i) $\frac{30}{10}$; $\frac{1}{30}$; $\frac{30}{6}$ j) $\frac{7}{3}$; $\frac{3}{7}$; $\frac{7}{7}$ k) $\frac{99}{11}$; $\frac{99}{100}$; $\frac{99}{98}$ l) $\frac{1}{6}$; $\frac{11}{6}$; $\frac{60}{6}$

2. Kürze – falls möglich – die echten Brüche mit 2 sowie diejenigen unechten Brüche, die keine Scheinbrüche sind, mit 3 und verwandle die Scheinbrüche in natürliche Zahlen.

a) $\frac{12}{24}$; $\frac{18}{12}$; $\frac{48}{12}$ b) $\frac{6}{3}$; $\frac{6}{18}$; $\frac{30}{36}$ c) $\frac{30}{12}$; $\frac{42}{30}$; $\frac{60}{72}$

d) $\frac{6}{2}$; $\frac{27}{9}$; $\frac{54}{24}$ e) $\frac{150}{240}$; $\frac{180}{300}$; $\frac{66}{48}$ f) $\frac{174}{180}$; $\frac{150}{30}$; $\frac{300}{30}$

3. Übertrage jeweils die Zeichnung in dein Heft und veranschauliche dann dort das Erweitern

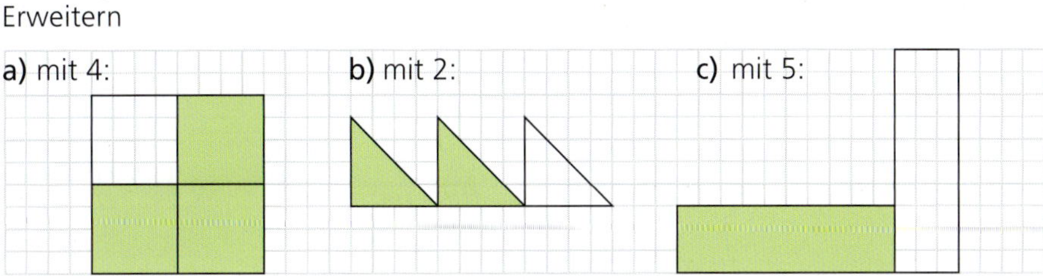

4. Übertrage jeweils die Zeichnung in dein Heft und veranschauliche dann dort mithilfe einer zweiten Zeichnung das Kürzen

a) mit 4: 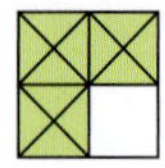 b) mit 2: 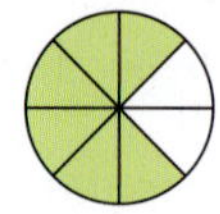 c) mit 5: 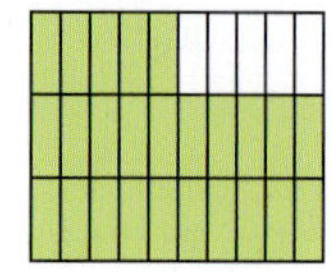

5. Übertrage jeweils die Angabe in dein Heft und ersetze dann dort jeden Platzhalter durch eine natürliche Zahl, sodass eine wahre Aussage entsteht. Gib deine Überlegungen an.

a) $\frac{144}{384} = \frac{\square}{192} = \frac{\square}{96} = \frac{\square}{48} = \frac{\square}{24} = \frac{\square}{8}$ b) $\frac{45}{225} = \frac{9}{\square} = \frac{3}{\square} = \frac{1}{\square}$

c) $\frac{135}{225} = \frac{\square}{75} = \frac{15}{\square} = \frac{\square}{5}$ d) $\frac{192}{360} = \frac{96}{\square} = \frac{\square}{90} = \frac{24}{\square} = \frac{\square}{15}$

e) $\frac{625}{1\,000} = \frac{125}{\square} = \frac{\square}{40} = \frac{5}{\square}$ f) $\frac{324}{810} = \frac{162}{\square} = \frac{\square}{135} = \frac{6}{\square} = \frac{\square}{5}$

$\frac{5}{8}; \frac{2}{3}; \frac{1}{3}; \frac{1}{2}; \frac{3}{14}; \frac{3}{8}; \frac{3}{7}; \frac{1}{11}; \frac{1}{37}; \frac{1}{7}; \frac{2}{5}; \frac{1}{9}; \frac{1}{13}; \frac{13}{15}; \frac{7}{45}$

Lösungen zu 6. **L**

6. Kürze jeden der Brüche – ggf. in mehreren Schritten – auf Grundform.

a) $\frac{4}{12}; \frac{3}{6}; \frac{5}{15}; \frac{3}{9}$ b) $\frac{7}{21}; \frac{15}{45}; \frac{15}{35}; \frac{5}{35}$ c) $\frac{11}{121}; \frac{13}{169}; \frac{65}{75}; \frac{6}{9}$

d) $\frac{512}{1024}; \frac{42}{196}; \frac{25}{225}$ e) $\frac{3}{111}; \frac{37}{111}; \frac{27}{72}$ f) $\frac{60}{96}; \frac{35}{225}; \frac{32}{80}$

7. Übertrage jeweils die Angabe in dein Heft, setze dann dort für den Platzhalter $\square$ eine natürliche Zahl ein, sodass eine wahre Aussage entsteht, und erkläre deine Überlegungen.

a) $\frac{5}{8} = \frac{\square}{32}$ b) $\frac{16}{48} = \frac{1}{\square}$ c) $\frac{125}{275} = \frac{\square}{11}$ d) $\frac{\square}{14} = \frac{60}{56}$ e) $\frac{4}{\square} = \frac{1}{2}$

f) $\frac{\square}{22} = 1\frac{4}{11}$ g) $\frac{7}{\square} = \frac{49}{98}$ h) $\frac{37}{111} = \frac{\square}{333}$ i) $\frac{26}{39} = \frac{2}{\square}$ j) $\frac{7}{7} = \frac{\square}{5}$

G 8. Wandle – falls möglich – jeden der Brüche so um, dass der Nenner eine (möglichst kleine) Zehnerstufenzahl wird.

a) $\frac{1}{2}; \frac{3}{4}; \frac{6}{20}; \frac{7}{25}; \frac{9}{50}; \frac{2}{3}; \frac{9}{8}$ b) $\frac{2}{5}; \frac{1}{15}; \frac{3}{500}; \frac{3}{125}; \frac{7}{500}; \frac{3}{8}; \frac{1}{4}$

c) $\frac{1}{50}; \frac{2}{250}; \frac{9}{40}; \frac{3}{7}; \frac{1}{8}; \frac{11}{25}$ d) $\frac{3}{6}; \frac{12}{60}; \frac{45}{75}; \frac{50}{75}; \frac{42}{56}; \frac{11}{110}$

9. Erweitere jeweils die beiden (bzw. die drei) gegebenen Brüche so, dass sie dann den kleinstmöglichen gemeinsamen Nenner besitzen. Der kleinstmögliche gemeinsame Nenner heißt **Hauptnenner**.

a) $\frac{1}{2}$ und $\frac{2}{3}$ b) $\frac{3}{5}$ und $\frac{5}{8}$ c) $\frac{1}{4}$ und $\frac{3}{5}$ d) $\frac{2}{3}$ und $\frac{1}{7}$ e) $\frac{5}{8}$ und $\frac{1}{15}$

f) $\frac{1}{4}$ und $\frac{3}{8}$ g) $\frac{5}{6}$ und $\frac{5}{12}$ h) $\frac{7}{15}$ und $\frac{1}{30}$ i) $\frac{3}{8}$ und $\frac{5}{24}$ j) $\frac{2}{5}$ und $\frac{1}{20}$

k) $\frac{1}{4}$ und $\frac{1}{6}$ l) $\frac{3}{14}$ und $\frac{3}{4}$ m) $\frac{5}{4}$ und $\frac{1}{18}$ n) $\frac{7}{12}$ und $\frac{5}{18}$ o) $\frac{2}{15}$ und $\frac{3}{10}$

p) $\frac{1}{2}$ und $\frac{1}{4}$ und $\frac{1}{6}$ q) $\frac{2}{5}$ und $\frac{1}{8}$ und $\frac{3}{20}$ r) $\frac{3}{2}$ und $\frac{3}{5}$ und $\frac{5}{8}$

10. Kürze jeweils – ggf. in mehreren Schritten – auf Grundform bzw. gib den ganzzahligen Wert an.

$10! = 1 \cdot 2 \cdot 3 \cdot \ldots \cdot 10$
$2^3 = 2 \cdot 2 \cdot 2$

a) $\frac{2 \cdot 15}{4 \cdot 25}$ b) $\frac{125 \cdot 36}{50 \cdot 48}$ c) $\frac{3 \cdot 16}{8 \cdot 9}$ d) $\frac{2 \cdot 121 \cdot 5}{33 \cdot 4 \cdot 15}$ e) $\frac{10!}{9!}$

f) $\frac{100!}{98!}$ g) $\frac{2 \cdot 2 \cdot 2 \cdot 2 \cdot 2}{2 \cdot 2 \cdot 2}$ h) $\frac{3^3 \cdot 2^2}{2^3 \cdot 3^2}$ i) $\frac{2^5}{2^4}$ j) $\frac{2^5 \cdot 5^3}{32 \cdot 250}$

k) $\frac{15 \cdot 39 \cdot 69}{26 \cdot 45 \cdot 92}$ l) $\frac{72 \cdot 55 \cdot 28}{108 \cdot 33 \cdot 63}$ m) $\frac{27 \cdot 128 \cdot 225}{216 \cdot 30 \cdot 144}$ n) $\frac{130 \cdot 315 \cdot 104}{297 \cdot 320 \cdot 169}$

11. Gregor, Laura, Lucas und Sophie verkaufen beim Schulfest Lose. Gregor verkauft 60 Lose, unter denen 24 Gewinnlose sind. In den Lostrommeln von Laura, Lucas und Sophie sind 75, 55 bzw. 65 Lose. Gib an, wie viele Gewinnlose ihre drei Lostrommeln jeweils enthalten müssen, wenn der Anteil der Gewinnlose bei allen vier Kindern gleich groß sein soll.

12. Bei der letzten Mathematikschulaufgabe hat Laura 32 von 40 möglichen Punkten und ihre Schwester Sarah 40 von 50 Punkten erreicht. Wer hat besser abgeschnitten? Begründe deine Antwort.

13. Die Konditorei Ludwig verkauft Pralinen in Packungen zu 18 Stück, 24 Stück bzw. 30 Stück. Der Anteil der Pralinen aus dunkler Schokolade soll in allen drei Packungsgrößen gleich sein. Welche Möglichkeiten gibt es hierfür?

14. Lucas vergleicht Fußballergebnisse: „Die A-Mannschaft hat zwar mehr Punkte als unsere B-Mannschaft, aber das Torverhältnis ist bei beiden Mannschaften gleich." Hat Lucas Recht?

	Punkte	Torverhältnis
A-Jugend	27	18 : 12
B-Jugend	24	15 : 10

15. Lauras Zimmer wird hellgelb gestrichen. Beim Probeanstrich hat der Maler 100 ml gelbe Farbe mit 400 ml weißer Farbe gemischt. Wie viel Liter gelbe Farbe und wie viel Liter weiße Farbe muss der Maler kaufen, wenn er insgesamt 15 Liter hellgelbe Farbe benötigt?

16. a) Wie viele Felder des abgebildeten Glücksrads müssen rot gefärbt werden, wenn $\frac{7}{12}$ aller Felder rot sein sollen?

b) Wie viele Felder des abgebildeten Glücksrads müssen gefärbt werden, wenn $\frac{1}{3}$ aller Felder rot und $\frac{1}{4}$ aller Felder blau sein sollen?

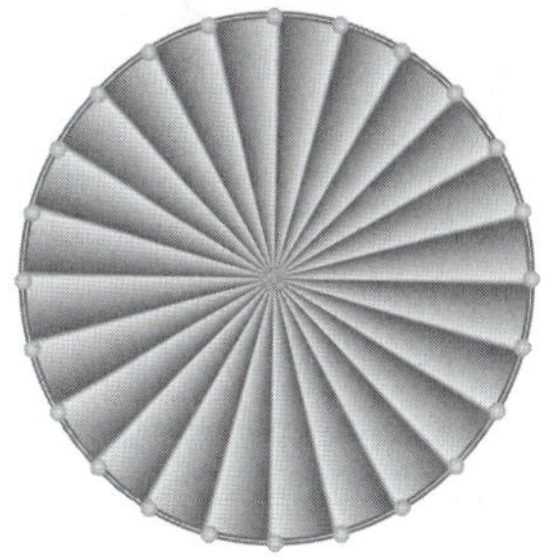

17. In einem 200-g-Marzipanbrot sind 50 g Fett.

a) Ermittle, welchen Fettanteil dieses Marzipanbrot hat.

b) Veranschauliche diesen Fettanteil als Teil eines Kreises (Radiuslänge 2,5 cm). Wie viel Grad misst der zugehörige Mittelpunktswinkel?

18. Zeichne ein Koordinatensystem (Einheit 1 cm) in dein Heft und trage die Punkte A (1 | $\frac{1}{2}$), U (2 | 1), F (3 | 1 $\frac{1}{2}$), S (4 | 2), T (5 | 2 $\frac{1}{2}$), I (6 | 3), E (7 | 3 $\frac{1}{2}$) und G (8 | 4) ein. Verbinde dann den Punkt G geradlinig mit dem Punkt O (0 | 0).

a) Beschreibe, was dir an der Zeichnung auffällt.

b) Welche besondere gemeinsame Eigenschaft besitzen die Koordinaten aller acht Punkte A . . . G?

c) Teile das Rechteck KARG mit K (1 | 4) und R (8 | 0,5) in sieben gleich große Teile.

W1 Würfle 50-mal mit einem Spielwürfel, notiere in einer Tabelle jeweils die Augenanzahlen und erstelle dann daraus ein Säulendiagramm.

W2 Welchen Summenwert haben die Augenanzahlen deiner 50 Würfe von W1?

W3 Wahr oder falsch? Wenn eine gerade Zahl durch 7 teilbar ist, dann ist sie auch durch 14 teilbar.

$\frac{2}{3}$ von 39 m sind ▇ m.

121 – 234 = ?

324 m² : (9 m²) = ?

Gregor: *„Ich habe meine neuen Jeans günstig bekommen; der alte Preis von 50 € war um 30 % herabgesetzt."*

Lucas: *„Was heißt das eigentlich: um 30 % herabgesetzt?"*

Sophie: *„1% von 50 € bedeutet $\frac{1}{100}$ von 50 €, also 50 ct; 30 % von 50 € ergeben dann dreißigmal so viel, also 15 €."*

Laura: *„Dann hat ja Gregor für seine Jeans nur 35 € bezahlt."*

Arbeitsauftrag

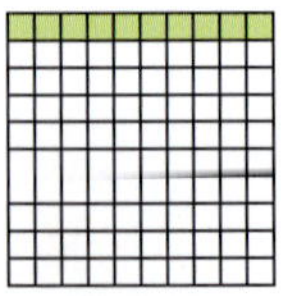

10%

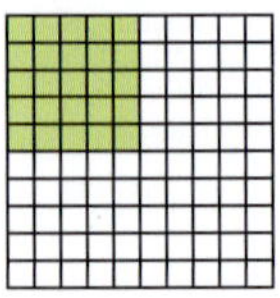

25%

- Finde heraus, wie viel Gregors Jeans gekostet hätten, wenn ihr Preis um 10% (um die Hälfte; um 25%; auf ein Viertel) herabgesetzt worden wäre.

Anteile werden häufig in **Prozent** (geschrieben: %) angegeben.

1% bedeutet $\frac{1}{100}$. 30% bedeutet $\frac{30}{100}$. 100% bedeutet $\frac{100}{100} = 1$.

Häufige Prozentangaben sind

$10\% = \frac{1}{10}$ $25\% = \frac{1}{4}$ $50\% = \frac{1}{2}$ $75\% = \frac{3}{4}$.

Veranschaulicht werden Anteile häufig durch **Kreisdiagramme**. Dabei werden sie durch einen Kreisausschnitt (Kreis**sektor**) dargestellt; der zum Kreissektor gehörende Mittelpunktswinkel ergibt sich als Teil des Vollwinkels 360°.

Beispiel: Von den Schülern der Jahrgangsstufe 6 kommen 60 mit dem Bus zur Schule, 30 zu Fuß und 10 mit dem Fahrrad.

Mit dem Bus: $\frac{60}{100} = \frac{3}{5}$; $\frac{3}{5}$ von 360° ist 216°.

Zu Fuß: $\frac{30}{100} = \frac{3}{10}$; $\frac{3}{10}$ von 360° ist 108°.

Mit dem Fahrrad: $\frac{10}{100} = \frac{1}{10}$; $\frac{1}{10}$ von 360° ist 36°.

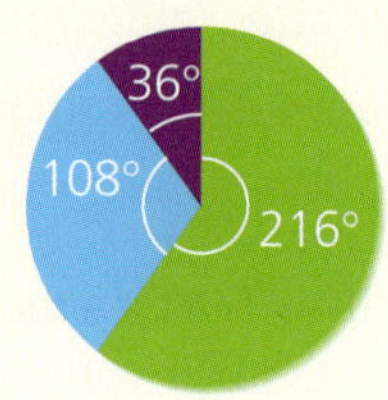

Beispiele

- Gib die Anteile $\frac{5}{100}$; $\frac{16}{100}$; $\frac{1}{2}$ bzw. $\frac{1}{10}$ in Prozent an.

  Lösung: $\frac{5}{100} = 5\%$; $\frac{16}{100} = 16\%$; $\frac{1}{2} = \frac{50}{100} = 50\%$; $\frac{1}{10} = \frac{10}{100} = 10\%$

- Gib die Prozentangaben 7%, 20%, 75% bzw. 99% als Brüche an.

  Lösung: $7\% = \frac{7}{100}$ $20\% = \frac{20}{100} = \frac{1}{5}$ (mit 20 gekürzt)

  $75\% = \frac{75}{100} = \frac{3}{4}$ (mit 25 gekürzt) $99\% = \frac{99}{100}$

- Gib die farbig markierten Anteile in Prozent an:

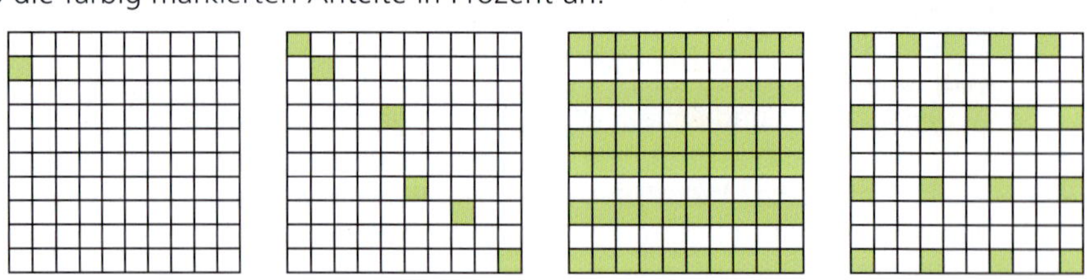

Lösung: 1% 6% 60% 18%

pro cento
cto
cto
cto
%

Entwicklung der Schreibweise %

- Berechne 16% von 20 €.

  Lösung: 1% von 20 € bedeutet (20 € : 100 =) 20 ct,
  16% von 20 € sind 16 · 20 ct, also 320 ct = 3,20 €.

- Wie viel Prozent der Stimmen hat Laura erhalten, wenn 17 von 25 Kindern bei der Klassensprecherwahl für sie stimmten?

  Lösung: Ihr Stimmenanteil war $\frac{17}{25} = \frac{17 \cdot 4}{25 \cdot 4} = \frac{68}{100} = 68\%$.
  Laura erhielt also 68% der Stimmen.

- In der Klasse 6C haben im 1. Quartal (Vierteljahr) 6 Schülerinnen und Schüler Geburtstag. Dies entspricht einem Anteil von einem Viertel der ganzen Klasse. Im 2. und 4. Quartal liegen gleich viele Geburtstage, im 3. Quartal sind es zwei Geburtstagskinder mehr als im 1. Quartal.

  Finde die Klassenstärke der 6C heraus. Stelle die Verteilung der Geburtstage in einem Kreisdiagramm dar.

  Lösung:
  1. Quartal: 6 Schülerinnen und Schüler entsprechen $\frac{1}{4}$ der Klasse, somit beträgt die Klassenstärke 6 · 4 = 24; zum Bruchteil $\frac{1}{4}$ gehört der Mittelpunktswinkel 360° : 4 = 90°.

  3. Quartal: 6 + 2 = 8 Schülerinnen und Schüler haben Geburtstag; zum Bruchteil $\frac{8}{24} = \frac{1}{3}$ gehört der Mittelpunktswinkel 360° : 3 = 120°.

  2. und 4. Quartal: Zusammen sind es noch 10 (= 24 – 6 – 8) Schülerinnen und Schüler, somit in jedem Quartal also 5; zum Bruchteil $\frac{5}{24}$ gehört der Mittelpunktswinkel (360° : 24) · 5 = 75°.

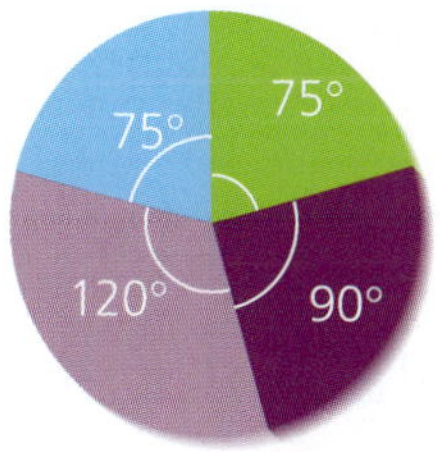

- Was bedeutet „hundertprozentig"?
- Worauf weist das Verkehrsschild hin?
- Welche Vorteile hat die Prozentschreibweise?

Aufgaben

1. Markiere jeweils in einer Hundertstel-Tafel.

a) 25% b) 60% c) 75% d) 11% e) 8% f) 92% g) 40% h) 79%
i) 35% j) 22% k) 13% l) 78% m) 65% n) 17% o) 87% p) 83%

G 2. Gib jeweils den Anteil der farbig markierten Flächen an der Gesamtfläche in Prozent an.

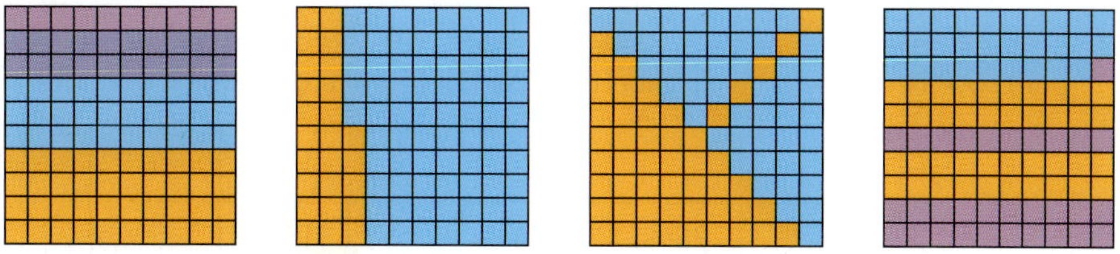

I II III IV

3. Schreibe die Prozentangabe jeweils zunächst als Hundertstelbruch und gib dann dessen Grundform an.

a) 19%; 25%; 88%
b) 25%; 60%; 11%
c) 35%; 18%; 95%
d) 1%; 10%; 20%

Brüche in Grundform, deren Nenner nicht Teiler von 100 ist, kann man nicht als Hundertstelbruch schreiben.

4. Gib jeden Bruch – falls möglich – zunächst als Hundertstelbruch und dann in Prozentschreibweise an.

a) $\frac{1}{2}$; $\frac{1}{4}$; $\frac{1}{5}$; $\frac{1}{9}$; $\frac{4}{10}$ b) $\frac{1}{20}$; $\frac{1}{3}$; $\frac{1}{25}$; $\frac{22}{50}$; $\frac{7}{10}$ c) $\frac{1}{50}$; $\frac{3}{4}$; $\frac{6}{10}$; $\frac{5}{6}$; $\frac{4}{5}$

5. Ordne richtig zu:

A $\frac{1}{5}$ B $\frac{40}{50}$ C $\frac{0}{100}$ D $\frac{6}{8}$ E $\frac{30}{200}$ F $\frac{10}{500}$ G $\frac{3}{6}$

I 0% II 50% III 80% IV 20% V 15% VI 2% VII 75%

6. Gib jeweils den Anteil bzw. die Anteile in Prozent an.

a) Gregor erreichte bei der Schulaufgabe 24 von 25 möglichen Punkten.

b) Laura erhält monatlich 12 € Taschengeld; davon will sie jeweils 3 € sparen.

c) Lauras Bruder Simon hat aus 50 Bausteinen ein Haus gebaut; 14 dieser Bausteine waren rot, 24 blau und der Rest gelb.

d) In einer kleinen Packung Gummibärchen waren insgesamt 28 Stück; 14 davon waren rot, 7 gelb und der Rest grün.

e) Für einen Qualitätstest wurden einem Zwanzigerpack DVDs 7 Stück entnommen.

96%; 24%; 28%; 48%; 35%; 25%; 50%

Lösungen zu 6. L

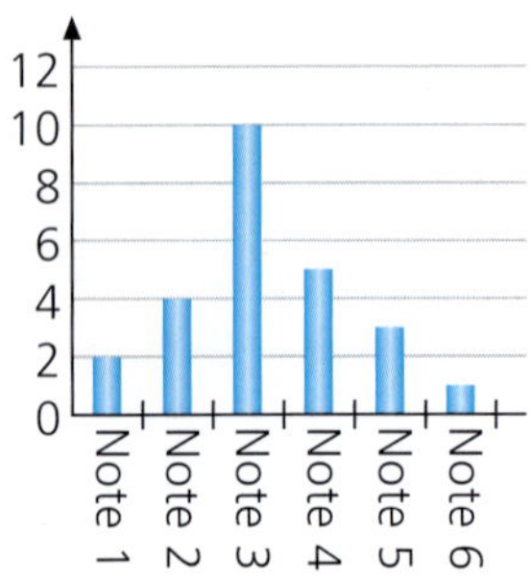

7. Das Balkendiagramm zeigt die Notenverteilung bei einer Mathematikschulaufgabe der Klasse 6 C. Übertrage die Tabelle in dein Heft und ergänze sie dann dort.

Note	1	2	3	4	5	6
Anzahl						
Anteil als Bruch						
Anteil in %						

8. Gregor und Lucas haben die Schüler und Schülerinnen der 6. Jahrgangsstufe nach der Einteilung eines „normalen" Schultags befragt und die Ergebnisse (gerundet) in einer Tabelle und dann in einem Kreisdiagramm dargestellt. Übertrage die Tabelle in dein Heft, ergänze sie dort und vergleiche sie mit dem Kreisdiagramm.

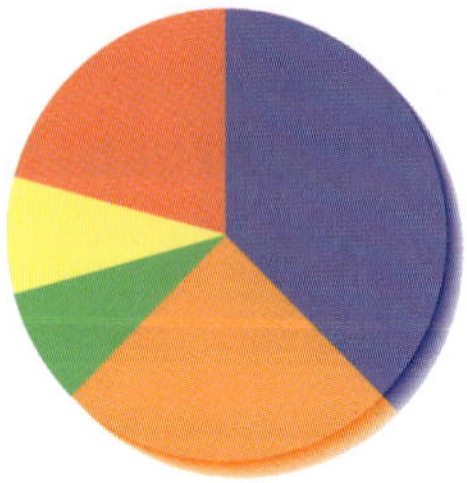

	Schlafen	Schule und Schulweg	Hausaufgaben	Essen und Waschen	Freizeit
Zeitdauer	9 h	6 h	2 h	2 h	5 h
Größe des Mittelpunktswinkels			30°		
Farbe im Kreisdiagramm (vgl. Abbildung)					

9. Beim Kreisdiagramm gehört zu jedem Bruchteil bzw. Prozentsatz ein Mittelpunktswinkel. Übertrage die Tabelle in dein Heft und ergänze sie dann dort.

Anteil als Bruch	$\frac{1}{1}$	$\frac{1}{2}$	$\frac{1}{4}$						$\frac{7}{10}$
Anteil in Prozent	100%	50%		75%	20%		15%		
Größe des Mittelpunktswinkels	360°					216°		288°	
Art des Mittelpunktswinkels	Vollwinkel								

10. Stelle folgende Aussagen jeweils mithilfe eines Kreisdiagrammes dar.

a) Jedes vierte Kind kommt ohne Frühstück zur Schule.

b) Zwei Fünftel aller Kinder der Klasse 6A haben keine Geschwister.

c) 21 von 28 Kindern der Klasse 6D haben ein Handy mit in der Schule.

d) 65% der Kinder der Klasse 6D sind bereits einmal geritten.

11. Schätze jeweils, welche Anteile die verschiedenen Farben im Kreisdiagramm haben, und gib deine Schätzung nicht nur als Bruchzahl, sondern auch (ungefähr) in Prozent an.

a) 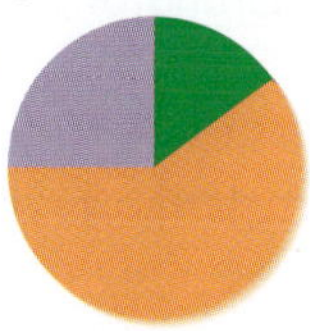

b) 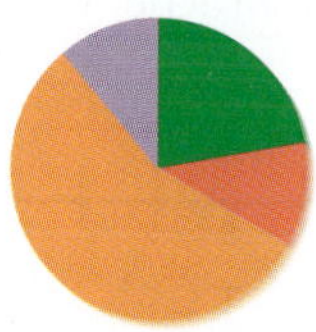

c) 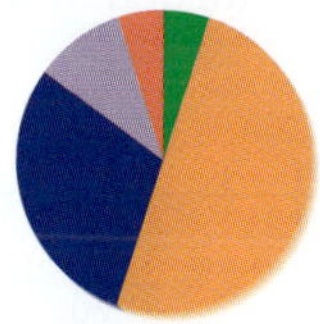

d) 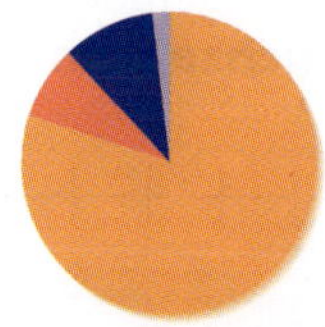

G 12. Die sechzig Mitglieder einer Jugendgruppe wurden nach ihrer Lieblingssportart befragt; das Ergebnis der Umfrage wurde in einem Kreisdiagramm dargestellt.

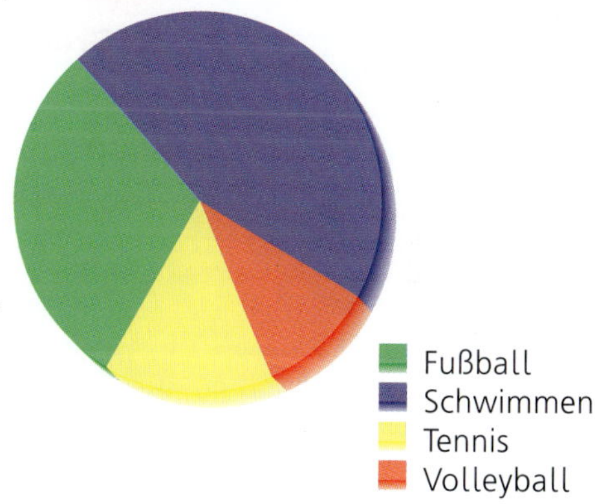

a) Schätze jeweils, wie viel Prozent der Jugendlichen Fußball, Schwimmen, Tennis bzw. Volleyball nannten.

b) Miss die Größen der vier Mittelpunktswinkel und berechne, jeweils wie viel Prozent der Jugendlichen Fußball, Schwimmen, Tennis bzw. Volleyball nannten.

c) Stelle die Prozentsätze aus Teilaufgabe b) in einem Säulendiagramm dar.

G 13. Laura erhielt von ihrer Londoner Freundin Mary die folgende Testaufgabe.
Betrachte das zugehörige Kreisdiagramm, gib alle Bezeichnungen auf Deutsch an und bearbeite dann die Teilaufgaben.

The selling price of a CD is £ 12.96. The diagram shows how the £ 12.96 is divided between the people who are involved in the production and sale of a CD.

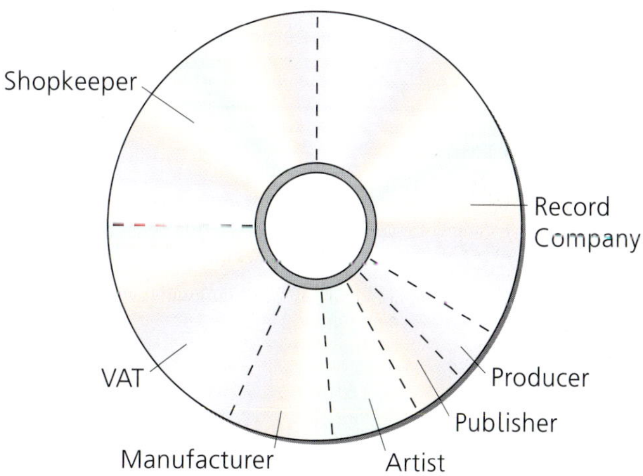

[VAT: value added tax]

a) What fraction of the selling price goes to the record company?

b) How much does the shopkeeper get from the sale of this CD?

c) The artist receives 88 p for each CD sold. Approximately what percentage of the £ 12.96 is this?

W1 Wie viel Sekunden hat ein Tag?

W2 Welche Gitterpunkte des II. Quadranten eines Koordinatensystems (Einheit 1 cm) sind von A (–2 | –1) mehr als 3 cm, aber weniger als 5 cm entfernt?

W3 Welchen Drehwinkel beschreibt der Minutenzeiger in einer Schulstunde?

$2\frac{1}{5} = \frac{■}{10}$

$360° : (12°) = ?$

$(-23)^0 = ?$

Gregor: *„Zwischen den ganzen Zahlen ist viel Platz für Brüche."*

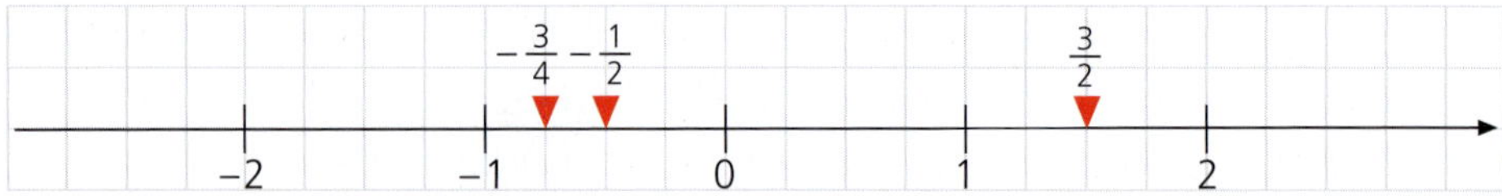

Arbeitsauftrag

- Zeichne eine Zahlengerade (Einheit 2 cm) und spiegle die Bildpunkte der Zahlen $-\frac{3}{4}$, $-\frac{1}{2}$ und $\frac{3}{2}$ am Nullpunkt.

Ebenso wie ganze Zahlen kann man auch **Brüche** durch ihre Bildpunkte auf einer Zahlengeraden veranschaulichen. Man nennt Brüche, wenn sie in Grundform sind, **Bruchzahlen**:

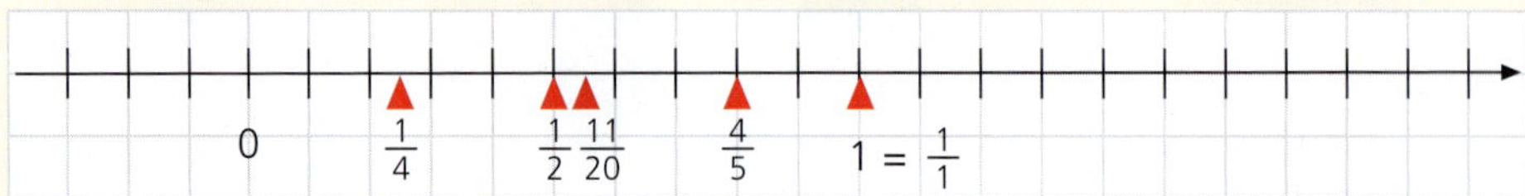

Zu jeder **Bruchzahl** gehören (unendlich viele) verschiedene **Brüche**, die sich voneinander zwar in der Form, aber nicht im Wert unterscheiden: $\frac{1}{2} = \frac{2}{4} = \frac{5}{10} = \frac{60}{120}$ …

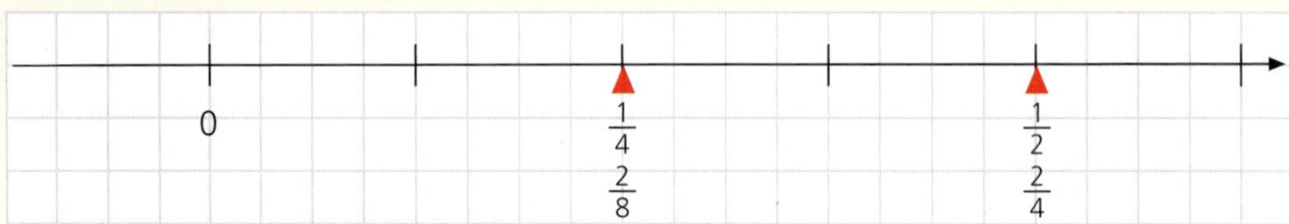

Es gibt auch **negative** Bruchzahlen: $-\frac{1}{2}$; $-\frac{3}{4}$; $-\frac{6}{5}$ …

Spiegelt man den Bildpunkt einer Bruchzahl am Nullpunkt, so erhält man den Bildpunkt ihrer **Gegenzahl**. Die Bildpunkte einer Zahl und ihrer Gegenzahl sind vom Ursprung stets gleich weit entfernt; Zahl und zugehörige Gegenzahl besitzen den gleichen **Betrag**:

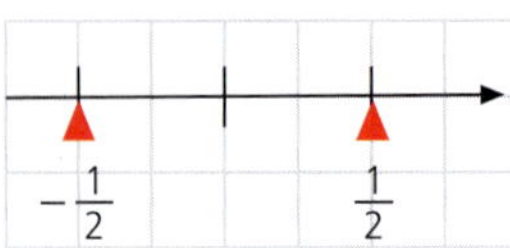

Zahl und Gegenzahl

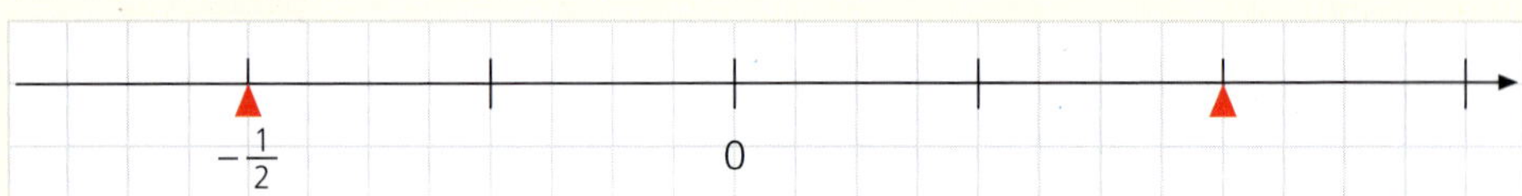

Zwischen den Bildpunkten von zwei ganzen Zahlen liegen stets die Bildpunkte von unendlich vielen Bruchzahlen. So liegen z. B. zwischen den Bildpunkten der beiden ganzen Zahlen –1 und 1 u. a. die Bildpunkte der Bruchzahlen $\frac{1}{2}$; $-\frac{1}{2}$; $\frac{1}{10}$; $-\frac{1}{10}$; $\frac{3}{5}$ und $-\frac{3}{5}$.

Alle positiven und alle negativen Bruchzahlen zusammen mit der Zahl 0 bilden die **Menge ℚ der rationalen Zahlen**; die Menge ℚ enthält somit auch alle ganzen Zahlen (und deshalb auch alle natürlichen Zahlen).

Beispiele

- Gib fünf der unendlich vielen in der **Form** verschiedenen Brüche an, die auf einer Zahlengeraden denselben Bildpunkt wie der Bruch $\frac{12}{18}$ besitzen.

  Lösung: $\frac{12}{18} = \frac{6}{9} = \frac{18}{27} = \frac{2}{3} = \frac{10}{15} = \frac{200}{300}$

- Gib fünf im **Wert** verschiedene Brüche zwischen den ganzen Zahlen 0 und 2 an.

  Lösung: $\frac{1}{2}$; $\frac{6}{8}$; $\frac{1}{1}$; $\frac{3}{2}$; $\frac{1999}{1000}$

- Gib zu jeder der fünf rationalen Zahlen $\frac{5}{6}$; $-2\frac{1}{3}$; $1\frac{1}{2}$; $-\frac{1}{5}$ und $\frac{13}{30}$ ihre Gegenzahl an und stelle dann die Bildpunkte dieser zehn Zahlen auf einer Zahlengeraden dar.

Lösung:

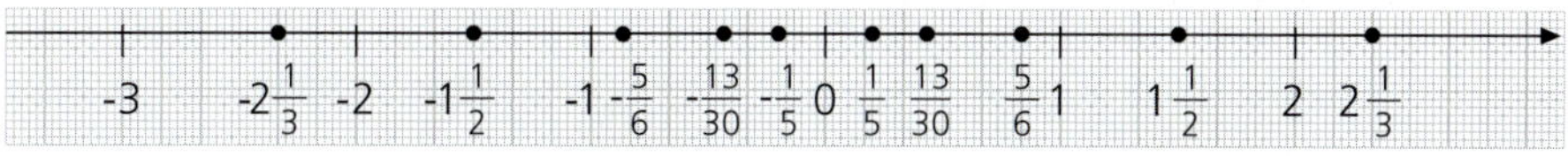

- Welche Zahlenmenge könnte mit $\mathbb{Q}^+$, welche mit $\mathbb{Q}^-$ gemeint sein?
- Gibt es mehr natürliche Zahlen oder mehr Brüche?

Aufgaben

1. Finde aus den Brüchen $\frac{9}{11}$; $-\frac{5}{45}$; $\frac{5}{6}$; $-\frac{3}{8}$; $\frac{48}{256}$; $\frac{20}{24}$; $-\frac{30}{80}$; $\frac{3}{15}$; $-\frac{27}{72}$; $\frac{35}{42}$; $\frac{99}{121}$; $\frac{3}{16}$ und $-\frac{1}{9}$ diejenigen heraus, die auf einer Zahlengeraden jeweils den gleichen Bildpunkt besitzen, und gib an, wie du dabei vorgegangen bist.

2. Trage auf einer Zahlengeraden (Einheit 3 cm) zu jedem der sechs Brüche $\frac{1}{3}$; $-\frac{2}{5}$; $\frac{7}{6}$; $\frac{12}{12}$; $-\frac{3}{10}$ und $\frac{1}{2}$ jeweils den Bildpunkt seiner Gegenzahl ein.

3. Auf der Zahlengeraden sind u.a. die Bildpunkte der Zahlen 1 und $\frac{3}{2}$ markiert. Übertrage die Zeichnung in dein Heft und ergänze dann dort die Bildpunkte der Zahlen $\frac{1}{2}$; $\frac{1}{4}$; $2\frac{3}{4}$; 0 und $1\frac{1}{4}$.

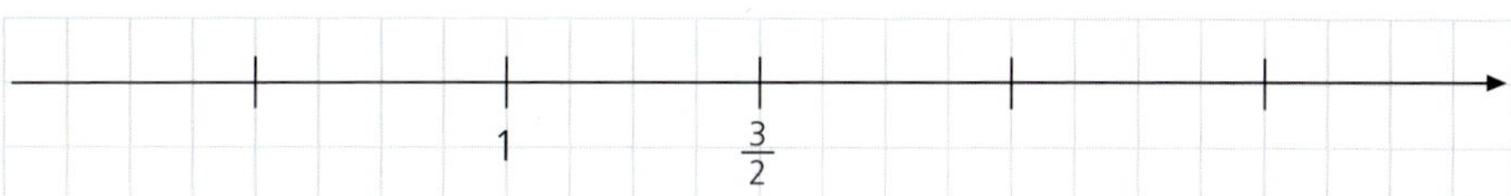

4. Gib jeweils zehn wertverschiedene Brüche an, deren Bildpunkte auf einer Zahlengeraden zwischen den Bildpunkten der Zahlen

a) 2 und 3 liegen. b) −2 und 0 liegen. c) $\frac{1}{2}$ und $\frac{7}{8}$ liegen.

G 5. Finde alle rationalen Zahlen, die sich jeweils aus einer der beiden Vorzeichenkarten, der Bruchstrichkarte und drei der vier Ziffernkarten bilden lassen. Wie viele verschiedene rationale Zahlen kannst du angeben?

Gregor sagt:
Bei Aufgabe 5 ist die größte Zahl +7 $\frac{3}{5}$.
Hat er Recht?

G 6. Auch im Alltag werden Skalen mit Bruchzahlen verwendet:

I

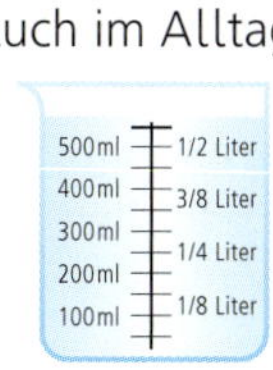

II

III

ganze Note	halbe Note	viertel Note	achtel Note	1/16 Note	ganze Pause	halbe Pause	viertel Pause	achtel Pause	1/16 Pause
𝅝	𝅗𝅥	♩	♪	𝅘𝅥𝅯	𝄻	𝄼	𝄽	𝄾	𝄿

Betrachte die Skalen und Tabellen und finde zusammen mit deinem Nachbarn oder deiner Nachbarin heraus, wo und wie sie verwendet werden.

W1 Wie werden zwei negative Zahlen voneinander subtrahiert? Erkläre an einem Beispiel.

W2 Wie viele Quadrate mit der Seitenlänge 20 mm passen in ein Quadrat mit dem Flächeninhalt 196 cm²?

W3 Warum ist die Zahl 1 keine Primzahl? Begründe genau.

$\frac{49}{343} = \frac{1}{■}$

$2^9 = ?$

427 m : 7 = ?

Zu 1.1 und 1.2:
Aufgaben 1. bis 5.

1. Gib jeweils an, welcher Bruchteil farbig dargestellt ist.

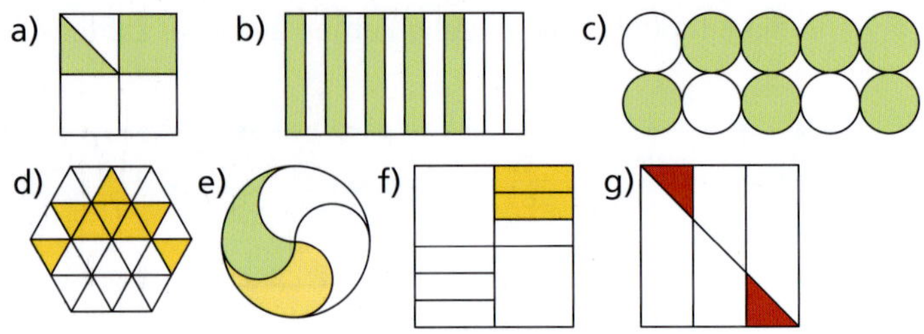

2. Gib jeweils an, welcher Bruchteil getönt und welcher nicht getönt ist.

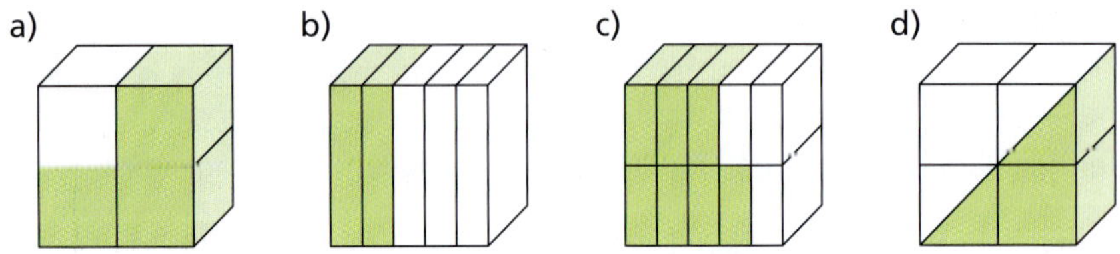

3. Übertrage die Figuren in dein Heft und male dann dort die angegebenen Bruchteile farbig aus.

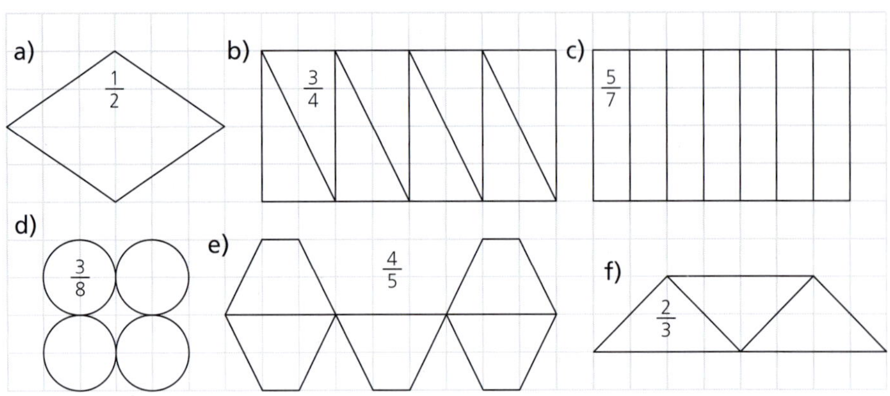

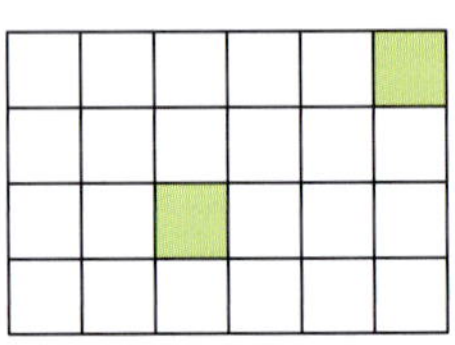

4. Übertrage die Figur dreimal in dein Heft und ergänze sie dann dort jeweils so, dass der Bruchteil $\frac{1}{2}$ farbig dargestellt wird. Dabei soll die entstehende Figur

a) achsensymmetrisch mit genau einer Symmetrieachse sein.

b) achsensymmetrisch mit genau zwei Symmetrieachsen sein.

c) nicht achsensymmetrisch sein.

5. Jede der Figuren stellt den angegebenen Bruchteil eines Ganzen dar. Übertrage jeweils die Figur in dein Heft und ergänze sie dann dort so zu einem Ganzen,

a)

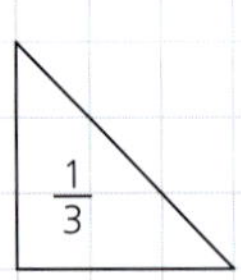

dass eine achsensymmetrische Figur entsteht.

b)

dass eine nicht achsensymmetrische Figur entsteht.

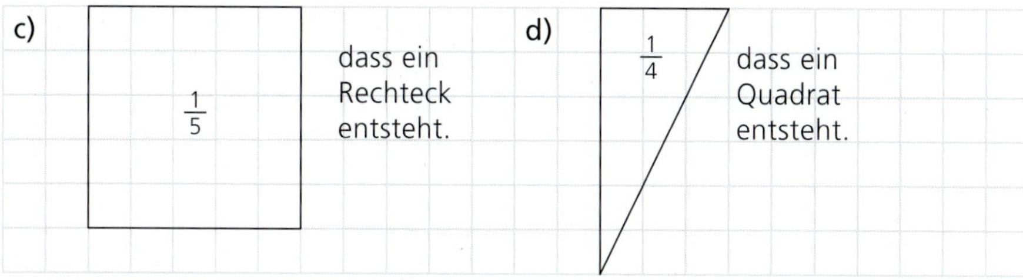

6. Schreibe die dargestellten Bruchteile als gemischte Zahlen.

a) 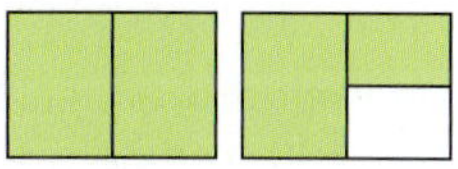 b) 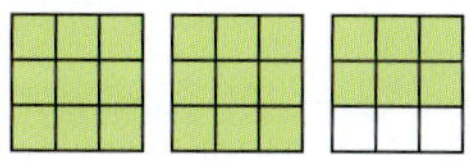 c) 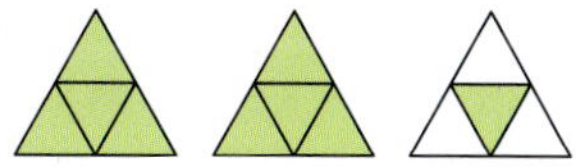

Zu 1.3:
Aufgabe 6.

7. Gregor hat Laura eine Torte gebacken. Er sagt: „Ich schneide für dich ein Tortenstück heraus, das in der Tortenmitte einen 135°-Winkel hat.“ Veranschauliche dieses Tortenstück in deinem Heft und gib an, welchen Bruchteil der Torte Gregor für Laura herausgeschnitten hat.

Zu 1.5:
Aufgabe 7.

8. Gib jeweils an, mit welcher natürlichen Zahl erweitert wurde.

a) 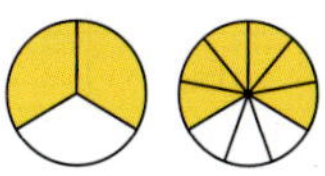 b) 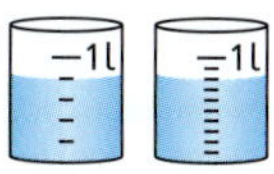

c) 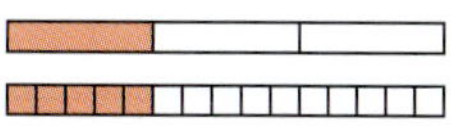

d) $\frac{7}{11} = \frac{35}{55}$ e) $\frac{8}{7} = \frac{800}{700}$ f) $\frac{9}{19} = \frac{45}{95}$ g) $\frac{3}{10} = \frac{21}{70}$ h) $\frac{1}{2} = \frac{7}{14}$

Zu 1.6:
Aufgaben 8. bis 10.

9. Gib jeweils an, mit welcher natürlichen Zahl gekürzt wurde.

a) 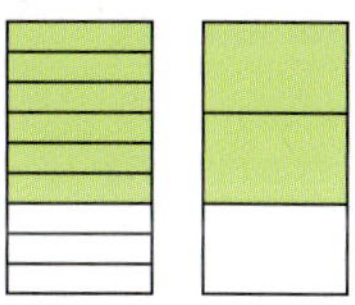 b) 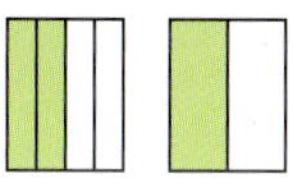 c) 

d) $\frac{37}{111} = \frac{1}{3}$ e) $\frac{36}{72} = \frac{1}{2}$ f) $\frac{34}{85} = \frac{2}{5}$ g) $\frac{100}{1\,000} = \frac{1}{10}$ h) $\frac{14}{21} = \frac{2}{3}$

10. Kürze jeweils vollständig.

a) $\frac{10}{25}$ b) $\frac{27}{63}$ c) $\frac{74}{111}$ d) $\frac{18}{180}$ e) $\frac{3 \cdot 5}{6 \cdot 10}$
f) $\frac{12 \cdot 23}{69}$ g) $\frac{4 \cdot 2 \cdot 7}{16 \cdot 21}$ h) $\frac{19 \cdot 3 \cdot 8}{38 \cdot 6 \cdot 4}$ i) $\frac{5^7}{15^2}$ j) $\frac{3^3 \cdot 4^3}{6^3}$

$\frac{1}{6}$; $\frac{1}{10}$; 4; $\frac{1}{9}$; $\frac{2}{5}$;
$\frac{3}{7}$; $\frac{2}{3}$; $\frac{1}{4}$; 8; $\frac{1}{2}$
Lösungen zu 10. **L**

11. Wandle jeweils in einen Hundertstelbruch um und gib dann den Bruchteil in Prozent an.

a) $\frac{3}{10}$ b) $\frac{1}{2}$ c) $\frac{7}{10}$ d) $\frac{9}{50}$ e) $\frac{11}{20}$ f) $\frac{3}{4}$ g) 1 h) $\frac{8}{25}$ i) $\frac{3}{12}$
j) $\frac{14}{20}$ k) $\frac{16}{40}$ l) $\frac{16}{80}$ m) $\frac{9}{12}$ n) $\frac{4}{5}$ o) $\frac{9}{10}$ p) $\frac{19}{20}$ q) $\frac{6}{60}$ r) $\frac{27}{30}$

Zu 1.7:
Aufgaben 11. bis 14.

10%; 20%; 18%;
40%; 25%; 30%;
50%; 32%; 80%;
70%; 75%; 90%;
55%; 100%; 95%
Lösungen zu 11. **L**

12. Sophie stellt aus 1 Tasse (125 ml) Himbeersirup und 3 Tassen Mineralwasser Himbeerlimonade her. Dann trinkt sie davon ein Glas (150 ml). Wie viel Prozent Mineralwasser enthält ihr Glas Himbeerlimonade?

13. Lucas sagt: „In dieser Spielzeit hat unsere Mannschaft bei 80% ihrer Fußballspiele gewonnen oder unentschieden gespielt; verloren haben wir nur zwei Spiele.“ Wie oft hat die Mannschaft in dieser Spielzeit bisher gespielt?

14. Jedes der vier Kreisdiagramme gibt den (ungefähren) Fettanteil eines Lebensmittels an. Finde jeweils den zugehörigen Mittelpunktswinkel heraus und gib dann an, wie viel Prozent Fett jedes dieser vier Lebensmittel (etwa) enthält.

I
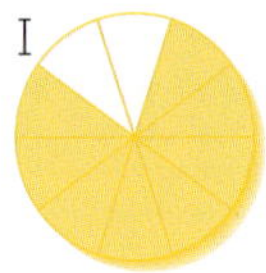
Butter

II
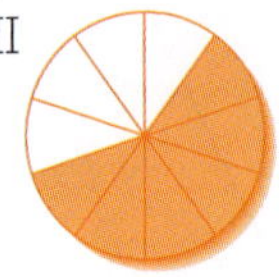
Haselnüsse

III
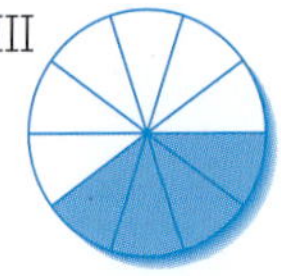
ungarische Salami

IV

Putenwurst

Weitere Aufgaben

15. In einem Kochbuch ist bei den Rezepten (und den Nahrungsmitteln) angegeben, wie viel Gramm Eiweiß, Fett bzw. Kohlenhydrate jeweils in 100 g enthalten sind. Übertrage die Tabelle in dein Heft und ergänze sie dann dort.

	Eiweißgehalt		Fettgehalt		Kohlenhydratgehalt	
Gericht bzw. Nahrungsmittel	in g	in %	in g	in %	in g	in %
Apfelpfannkuchen	8		20		25	
Kartoffelpuffer	1		10		20	
Milchschokolade	10		30		60	
Erdnüsse	10		40		20	

16. Gesucht sind vier Brüche, deren Nenner jeweils sechsmal so groß wie ihr Zähler ist. Finde sie durch Überlegen.

a) Addiert man Zähler und Nenner des ersten Bruchs, so ergibt sich als Summenwert 91.

b) Der Summenwert von Zähler und Nenner des zweiten Bruchs ist eine einstellige Primzahl.

c) Der Nenner des dritten Bruchs ist eine zweistellige Quadratzahl.

d) Der Zähler des vierten Bruchs ist die kleinste dreistellige Primzahl.

G **17.** a) Zu einer Party sind bereits alle 24 eingeladenen Mädchen, aber erst 10 der eingeladenen Jungen gekommen. Wie viele Jungen fehlen noch, wenn ein Drittel der eingeladenen Gäste Jungen sind?

b) Zu einer Party sind 24 Mädchen und 10 Jungen eingeladen. Keine Jungen, aber einige der Mädchen haben abgesagt, sodass dann bei der Party ein Drittel der Gäste Jungen sind. Wie viele Mädchen haben abgesagt?

18. Trage die Punkte V (–9 | 0), I (–1 | –1), E (1 | 0) und R (–1 | 2) in ein Koordinatensystem (Einheit 1 cm) ein und zeichne das Viereck VIER. Seine Diagonalen [VE] und [IR] schneiden einander im Punkt S. Welchen Bruchteil des Flächeninhalts des Vierecks VIER macht der Flächeninhalt des Dreiecks SIE aus?

$\frac{1}{11} = \frac{■}{121}$

31 € : (1,55 ct) = ?

0,42 kg + 300 g = ?

W1 Wenn du zunächst genau nach Süden schauen und dich dann siebenmal um jeweils 90° nach rechts drehen würdest, würdest du die Sonne dann (am Morgen) auf- oder (am Abend) untergehen sehen?

W2 Welchen Wert hat der Term $-300 + 300 : [(-18) \cdot (-2)^3 - 4 \cdot 11]$?

W3 Wie viel ist ein Drittel von der Hälfte von einem Sechstel der Zahl 72?

I. Ordne die dargestellten Bruchteile den Musiknoten zu.

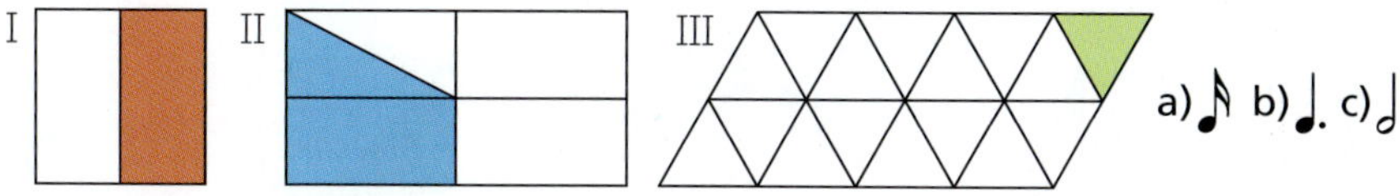

II. a) Sophie hat Laura einen verschlüsselten „Brief“ geschrieben:

$\frac{1}{6}$; $-\frac{1}{3}$; $\frac{5}{6}$; -1; $-\frac{1}{3}$; $\frac{2}{3}$; $-\frac{1}{3}$; $-\frac{2}{3}$; -1; $-\frac{1}{2}$; $-\frac{1}{2}$; $\frac{5}{6}$; -1; $\frac{1}{6}$; $-\frac{1}{2}$; $-\frac{1}{6}$; $1\frac{1}{12}$; $-\frac{1}{3}$; $-\frac{11}{12}$; $\frac{5}{12}$. „Entziffere“ ihn mithilfe des Schlüssels:

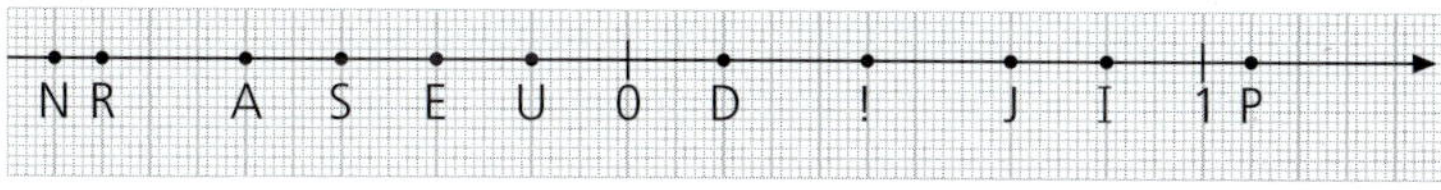

b) Schreibe deinem Nachbarn oder deiner Nachbarin eine verschlüsselte Nachricht.

III. Auf dem Tisch liegen die vier dargestellten Spielkarten. Finde heraus, in wie vielen verschiedenen Reihenfolgen man sie nebeneinander legen kann. Bei welchem Bruchteil dieser Anordnungen liegt die Herzkarte

a) ganz rechts?
b) ganz außen?
c) nicht ganz außen?
d) rechts neben der Karokarte?

IV. Simons Zimmer ist 4 m lang und 3 m breit. In diesem Zimmer steht ein Bett, das 2 m lang und 1 m breit ist, und ein 1 m langer und 50 cm breiter Tisch.

a) Zeichne den Grundriss von Simons Zimmer im Maßstab 1 : 100; trage auch sein Bett und seinen Tisch ein.

b) Berechne den Flächeninhalt von Simons Zimmerboden sowie jeweils den Flächeninhalt, den sein Bett bzw. sein Tisch einnehmen.

c) Welchen Bruchteil der Zimmerbodenfläche nehmen Simons Bett und sein Tisch zusammen ein? Wie viel Prozent sind das etwa?

V. Gregor, Laura, Lucas und Sophie haben sich je ein verbilligtes T-Shirt gekauft, das regulär 24 € gekostet hat. Gib an, wie viel jedes der Kinder bezahlt hat.

a) Gregor: „Mein T-Shirt war um die Hälfte billiger als vorher.“
b) Laura: „Der Preis meines T-Shirts war auf die Hälfte herabgesetzt.“
c) Lucas: „Der Preis meines T-Shirts war um ein Drittel herabgesetzt.“
d) Sophie: „Der Preis meines T-Shirts war auf ein Drittel herabgesetzt.“

Erkläre die Formulierungen „Um die Hälfte (um ein Drittel) ...“ und „Auf die Hälfte (auf ein Drittel) ... “.

VI. Der Würfel ABCDEFGH besitzt die Kantenlänge 6 cm. Der Punkt N ist der Mittelpunkt der Kante [EF], der Punkt M der Mittelpunkt der Kante [FG].

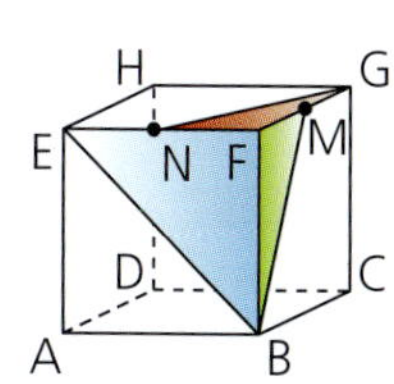

a) Zeichne ein Netz dieses Würfels und male in deinem Netz die drei gekennzeichneten Flächenstücke farbig aus.

b) Welchen Bruchteil der Würfeloberfläche bedecken die drei farbig gekennzeichneten Flächenstücke zusammen?

1. Gib jeweils an, welcher Bruchteil gefärbt und welcher nicht gefärbt ist.

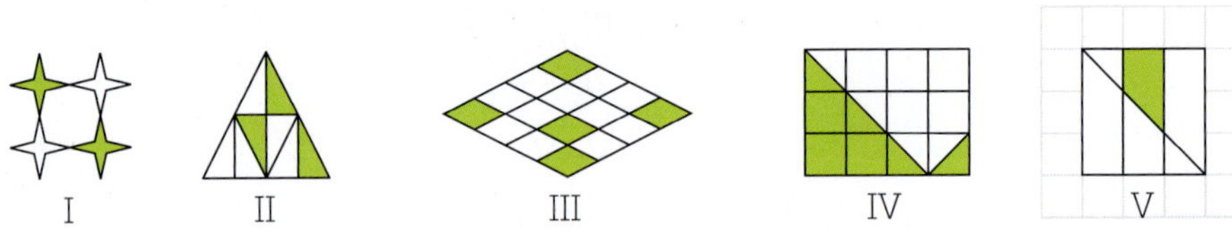

2. Gegeben sind die acht Brüche $\frac{3}{4}$; $\frac{1}{11}$; $\frac{2}{5}$; $\frac{15}{5}$; $\frac{21}{7}$; $\frac{46}{9}$; $\frac{13}{10}$ und $\frac{1}{4}$.

a) Verwandle jeden Scheinbruch unter ihnen in eine natürliche Zahl.

b) Gib jeden unechten Bruch unter ihnen, der kein Scheinbruch ist, als gemischte Zahl an.

c) Erweitere jeden Stammbruch unter ihnen mit 6.

d) Gib bei jedem echten Bruch unter ihnen an, wie viel zu einem Ganzen fehlt.

3. Gib jeweils an, mit welcher natürlichen Zahl erweitert wurde.

a) b) c) d)

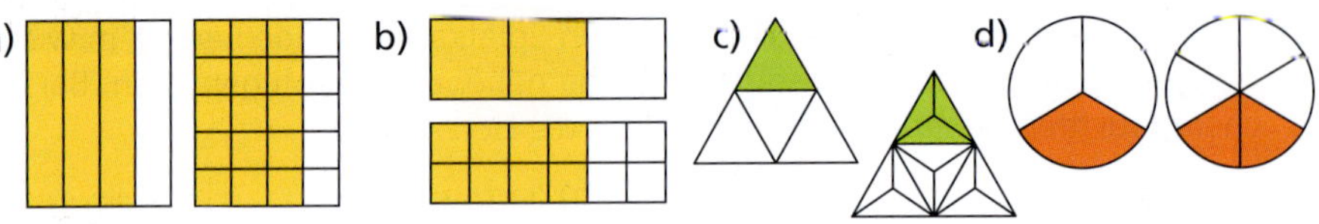

e) $\frac{2}{7} = \frac{10}{35}$ f) $\frac{9}{13} = \frac{18}{26}$ g) $\frac{5}{8} = \frac{30}{48}$ h) $\frac{11}{12} = \frac{121}{132}$

4. Gib an, mit welchen natürlichen Zahlen gekürzt wurde.

a) b) c)

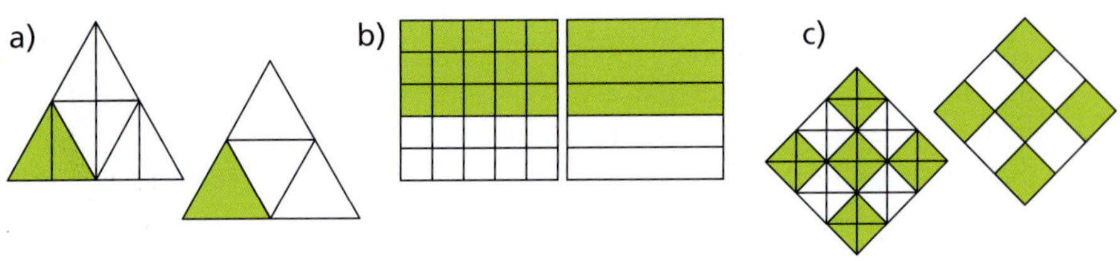

d) $\frac{14}{18} = \frac{7}{9}$ e) $\frac{144}{216} = \frac{72}{108} = \frac{36}{54} = \frac{18}{27} = \frac{2}{3}$ f) $\frac{225}{270} = \frac{5}{6}$

5. Schreibe jede der Prozentangaben zunächst als Hundertstelbruch und gib diesen dann in Grundform an.

a) 1%; 17%; 99% b) 25%; 10%; 50% c) 75%; 70%; 32%

6. Gib jeden der folgenden Brüche zunächst als Hundertstelbruch und dann in Prozentschreibweise an.

a) $\frac{1}{2}$; $\frac{3}{5}$; $\frac{9}{10}$ b) $\frac{3}{10}$; $\frac{14}{40}$; $\frac{18}{600}$ c) $\frac{0}{50}$; $\frac{9}{12}$; $\frac{2}{25}$

7. Trage die Bildpunkte der fünf rationalen Zahlen $\frac{3}{4}$; $-1\frac{1}{3}$; $-\frac{6}{6}$; $+\frac{7}{12}$ und $\frac{1}{3}$ sowie der zugehörigen Gegenzahlen auf einer Zahlengeraden (Einheit 6 cm) ein.

a) Gib den Betrag jeder der fünf gegebenen Zahlen an.

b) Gib fünf im Wert verschiedene rationale Zahlen an, deren Bildpunkte zwischen den Bildpunkten der Zahlen $\frac{1}{3}$ und $\frac{3}{4}$ liegen.

KAPITEL 2
Dezimalzahlen

Simon Stevin
geb. 1548 in Brügge
gest. 1620 in Den Haag

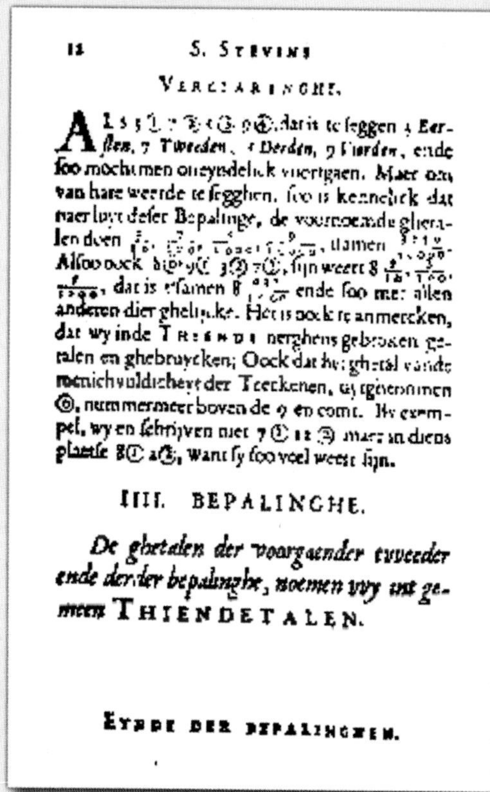

12 S. STEVINS

VERCLARINGHE.

ALS 3 ⓪ 7 ① 5 ② 9 ③, dat is te feggen 3 *Eersten*, 7 *Tweeden*, 5 *Derden*, 9 *Vierden*, ende foo mochtmen oneyndelick voortgaen. Maer om van hare weerde te fegghen, foo is kennelick dat naer luyt defer Bepalinghe, de voornoemde ghetalen doen [illegible], tsamen [illegible]. Alfoo oock 8 ⓪ 9 ① 3 ② 7 ③, fijn weert 8 [illegible], dat is tfamen 8 [illegible] ende foo met allen anderen dier ghelijcke. Het is oock te anmercken, dat wy inde THIENDE nerghens gebroken ghetalen en ghebruycken; Oock dat het ghetal vande menichvuldicheyt der Teeckenen, uytghenomen ⓪, nemmermeer boven de 9 en comt. By exempel, wy en fchrijven niet 7 ① 12 ② maer in diens plaetfe 8 ① 2 ②, want fy foo voel weert fijn.

IIII. BEPALINGHE.

De ghetalen der voorgaender tweeder ende derder bepalinghe, noemen wy int ghemeen THIENDETALEN.

EYNDE DER BEPALINGHEN.

Simon Stevin hat 1585 in seinem Werk *De Thiende* (niederländisch für „Die Zehntel") eine systematische dezimale Schreibweise für „Zehnerbrüche" wie $\frac{1}{10}, \frac{1}{100}, \frac{1}{1\,000}$ usw. eingeführt. In heutiger Dezimalschreibweise geben wir diese Brüche als 0,1; 0,01; 0,001 usw. an.

Stevins eigene Darstellung der **Dezimalzahlen** unterscheidet sich von der heutigen Komma-Schreibweise: Er bezeichnete die Zehntel durch ①, die Hundertstel durch ② usw. Die Zahl 0,75 z.B. würde bei Stevin also folgendermaßen geschrieben werden: 7 ① 5 ②; dabei steht 7 ① für $\frac{7}{10}$ und 5 ② für $\frac{5}{100}$.

In der Praxis setzte sich die Komma- bzw. Dezimalpunkt-Schreibweise durch. So z. B. schreibt 1593 der in Rom wirkende Bamberger Mathematiker **Christoph Clavius** 46.5 (heute: 46,5). Der Dezimalpunkt hat sich vorwiegend im angelsächsischen Raum erhalten, während wir die Komma-Schreibweise benutzen.

Eiskunstlauf-Wettbewerb

	1. Note	2. Note	3. Note
Natascha Sosulka	5,1	5,0	5,2
Hanako Tsurara	4,9	5,2	5,3

Arbeitsauftrag

- Finde heraus, welche der beiden Eiskunstläuferinnen insgesamt mehr Punkte bekommen hat, und erkläre den Wert der Ziffern nach dem Komma.

Brüche, deren Nenner Zehnerstufenzahlen sind, können als **Dezimalzahlen** geschrieben werden. Die **Dezimalschreibweise** ist nur eine andere Schreibweise für Brüche mit den Nennern 10; 100; 1 000; …:

$\frac{7}{10} = 0{,}7 \qquad \frac{49}{100} = 0{,}49 \qquad \frac{13}{1\,000} = 0{,}013 \qquad \frac{3\,451}{1\,000} = 3\,\frac{451}{1\,000} = 3{,}451$ …

Das **Komma** bei Dezimalzahlen („Kommazahlen") trennt die Ganzen von den Teilen eines Ganzen:

Vor dem Komma (**links** vom Komma) stehen die **Einer, Zehner, Hunderter,** … ; **nach** dem Komma (**rechts** vom Komma) stehen die **Zehntel, Hundertstel, Tausendstel,** … .

Die Ziffern nach dem Komma heißen **Dezimalen**.

Dezimalzahlen kann man übersichtlich in einer **Stellenwerttafel** darstellen:

Dezi ≙ Zehntel
Zenti ≙ Hundertstel
Milli ≙ Tausendstel

Hunderter H	Zehner Z	Einer E	Komma	Zehntel z	Hundertstel h	Tausendstel t	Zahl	gelesen:
	1	2	,	8	7	1	12,871	zwölf Komma acht sieben eins
		0	,	0	0	7	0,007	null Komma null null sieben
6	5	1	,	3	2		651,32	sechshunderteinundfünfzig Komma drei zwei

Beispiele

- Zeichne eine Stellenwerttafel, trage die vier Zahlen 2,7; 0,005; $\frac{62}{100}$ und 813,409 ein und lies dabei diese Zahlen laut vor.

  Lösung:

Zahl	H	Z	E	,	z	h	t	gelesen:
2,7			2	,	7			zwei Komma sieben
0,005			0	,	0	0	5	null Komma null null fünf
$\frac{62}{100}$			0	,	6	2		null Komma sechs zwei
813,409	8	1	3	,	4	0	9	achthundertdreizehn Komma vier null neun

- Welche Dezimalzahlen haben sich hier versteckt?
  Jede von uns ist größer als 6,44, aber kleiner als 6,80 und hat drei Dezimalen.
  Die Ziffern nach dem Komma sind bei jeder von uns Quadratzahlen.

  Lösung: 6,441; 6,444; 6,449; 6,491; 6,494; 6,499.

- Welchen Stellenwert hat die Ziffer 5 in der Zahl 521, welchen in der Zahl 0,0521?
- Welche Zahl hat sich in der Schreibweise 7 E 8 z 9 t „versteckt"?

Aufgaben

1. Zeichne eine Stellenwerttafel, trage die Zahlen ein und gib sie in Dezimalschreibweise an.

a) $3\frac{11}{100}$ $99\frac{121}{1000}$ $\frac{1441}{100}$ $\frac{233}{10}$ $\frac{83}{1000}$

b) $\frac{1}{10000}$ $\frac{229}{1000}$ $\frac{33}{10}$ $\frac{9}{1000}$ $\frac{504}{10000}$

2. Schreibe jeweils als Dezimalzahl.

a) neunundzwanzig Hundertstel b) sieben Tausendstel

c) dreitausendsieben Hundertstel d) dreizehn Tausendstel

3. a) Schreibe die zehn Brüche $\frac{37}{100}$; $\frac{1}{100}$; $\frac{3}{10}$; $\frac{4141}{1000}$; $\frac{40407}{1000}$; $\frac{23}{10}$; $\frac{411}{100}$; $\frac{999}{10}$; $\frac{37}{1000}$ und $\frac{11}{10000}$ als Dezimalzahlen.

b) Erweitere jeden der ersten neun Brüche aus Teilaufgabe a) auf den Nenner 10 000 und schreibe ihn dann als Dezimalzahl mit vier Dezimalen.

4. Lies jeweils die Dezimalzahl laut vor und gib dann den Stellenwert der fettgedruckten Ziffer(n) an.

a) 1**5**,0**3** b) **3**1,007 c) 8,00**9** d) 1**7**,1**9** e) 2 **8**03,**5**7 f) 345,60**7**

5. Gib 6%; 9%; 98%; 14%; 25%; 150%; 87% bzw. 17% als Dezimalzahl an.

6. Gib die zehn Dezimalzahlen 0,28; 0,35; 0,01; 1,00; 0,49; 0,75; 0,10; 0,2; 1,03 und 0,99 in Prozentschreibweise an.

7. Gib mindestens fünf Brüche in Grundform an, die du nicht so erweitern kannst, dass dann ihr neuer Nenner eine Zehnerstufenzahl ist. Welche besondere Eigenschaft besitzen die Nenner dieser fünf Brüche?

8. a) Ich bin eine Dezimalzahl zwischen 1 und 2 und habe drei Dezimalen. Die Ziffer auf meiner Zehntelstelle ist doppelt so groß wie meine Hundertstelziffer und dreimal so groß wie meine Tausendstelziffer. Wer bin ich?

b) Wir sind Dezimalzahlen zwischen 5 und 6 und haben je zwei Dezimalen. Alle unsere Ziffern sind Primzahlen; jede von uns besteht aus lauter verschiedenen Ziffern. Wer von uns ist am größten, wer am kleinsten?

9. Verwandle

a) 7,125 l in ml. b) 5,6 m in mm. c) 0,005 g in mg. d) 0,52 kg in g.

e) 0,02 a in m². f) 2,5 min in s. g) 0,7 dm² in cm². h) 1,25 km² in ha.

W1 Wandle die Information, dass 3 Schüler einer Klasse 10 Jahre, 21 Schüler 11 Jahre und die übrigen 6 Schüler 12 Jahre alt sind, in ein Säulendiagramm um.

W2 Welche Längen haben die beiden entstehenden Teile, wenn man von einem 60 cm langen Stab $\frac{3}{15}$ seiner Länge absägt?

W3 Wie lang ist eine Strecke, die in Wirklichkeit 75 km lang ist, auf einer Landkarte im Maßstab 1 : 500 000?

105 a · 100 = ?
6 h : (3600 s) = ?
$\frac{3}{4}$ sind ■ %.

2.2 Darstellen von Dezimalzahlen auf einer Zahlengeraden – Größenvergleich

Arbeitsaufträge

- Lies aus Lauras Zeichnung für jedes Kind die erreichte Sprungweite ab.
- Gib Vorteile einer zeichnerischen Darstellung gegenüber einer Darstellung in Tabellenform an.

Auf einer Zahlengeraden lässt sich jeder Dezimalzahl ebenso wie jeder ganzen Zahl und jedem Bruch ein Bildpunkt zuordnen:

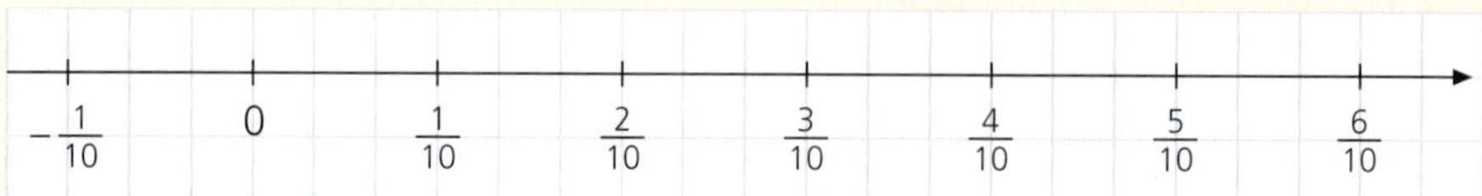

−0,1	0	0,1	0,2	0,3	0,4	0,5
−0,10		0,10	0,20	0,30	0,40	0,50
−0,100		0,100	0,200	0,300	0,400	0,500
…		…	…	…	…	…

Sophies Merkschema:
$\frac{3}{10} = \frac{30}{100} = \frac{300}{1\,000} = \ldots$
0,3 = 0,30 = 0,300 = …

Die Zahlen 0,3; 0,30; 0,300; 0,3000; … haben dabei denselben Bildpunkt.
Der Wert einer Dezimalzahl bleibt gleich, wenn man rechts vom Komma **End**nullen anhängt oder weglässt. Das **Anhängen** einer oder mehrerer Endnullen rechts vom Komma bedeutet ein **Erweitern** der Dezimalzahl mit einer Zehnerstufenzahl; das **Weglassen** einer oder mehrerer Endnullen rechts vom Komma bedeutet ein **Kürzen** der Dezimalzahl mit einer Zehnerstufenzahl.
Spiegelt man den Bildpunkt einer Dezimalzahl am Nullpunkt, so erhält man den Bildpunkt ihrer **Gegenzahl**. Auch die Bildpunkte jeder Dezimalzahl und ihrer Gegenzahl sind also vom Ursprung jeweils gleich weit entfernt; jede Dezimalzahl und ihre Gegenzahl besitzen den gleichen **Betrag**:

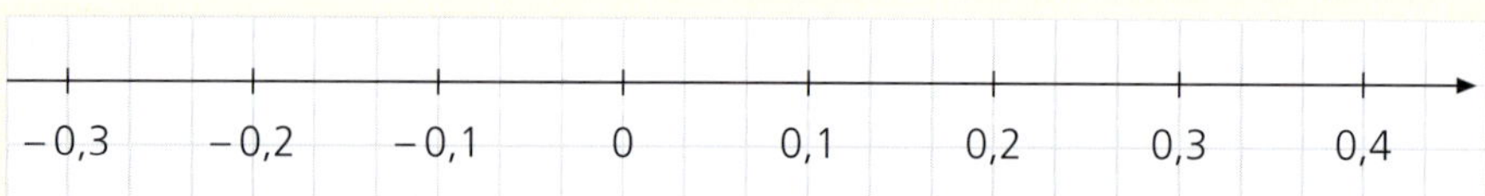

Je **weiter rechts** der Bildpunkt einer Dezimalzahl auf einer Zahlengeraden liegt, desto **größer** ist diese Zahl: −0,2 < 0,1 < 0,3.

Beim Größenvergleich von Dezimalzahlen mit gleichem Vorzeichen vergleicht man stellenweise: **3**,5 > **2**,7 **3**,**2**5 < **3**,**3**1 **3**,**246** > **3**,**243**.

Beispiele

- Erweitere jede der vier Dezimalzahlen 0,5; 29,0; 2,76 und 0,008 mit 10.
  Lösung: 0,5 = 0,50; 29,0 = 29,00; 2,76 = 2,760; 0,008 = 0,0080.

- Kürze jede der fünf Dezimalzahlen 2,0800; 3,50; 0,020200; 29,0 und 345,25000 so weit wie möglich und gib an, mit welcher Zehnerstufenzahl du gekürzt hast.

  Lösung: 2,0800 = 2,08 (es wurde mit 100 gekürzt);
  3,50 = 3,5 (es wurde mit 10 gekürzt);
  0,020200 = 0,0202 (es wurde mit 100 gekürzt);
  29,0 = 29 (es wurde mit 10 gekürzt);
  345,25000 = 345,25 (es wurde mit 1 000 gekürzt).

- Gib drei verschiedene Dezimalzahlen an, die denselben Bildpunkt auf der Zahlengeraden besitzen wie die Zahl 0,7.

  Lösung: 0,7 = 0,70 = 0,700 = 0,70000.

- Trage die Bildpunkte der Dezimalzahlen 0,3; 0,48; –1,2; 1,46 und –0,94 sowie die Bildpunkte ihrer Gegenzahlen auf einer Zahlengeraden ein.

  Lösung:

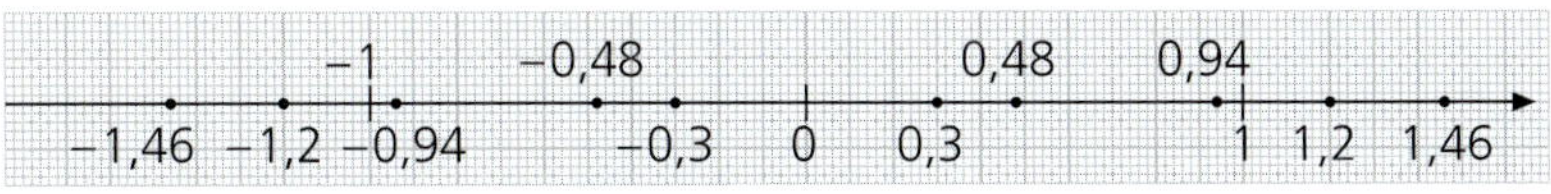

- Ist jede der Zahlen 0,8; 1,2; 5,78 bzw. 0,001 eine rationale Zahl?
- Wie kann man mithilfe einer Zahlengeraden erkennen, welche von zwei Dezimalzahlen die kleinere ist?
- Welche der beiden Zahlen 0,9 und 0,10 ist die größere?

Sophie: Jede Zahl, die man als Bruch schreiben kann, ist eine rationale Zahl.

Aufgaben

1. Gib jeweils die Dezimalzahlen mit zwei Dezimalen an, deren Bildpunkte auf einer Zahlengeraden markiert sind.

a)

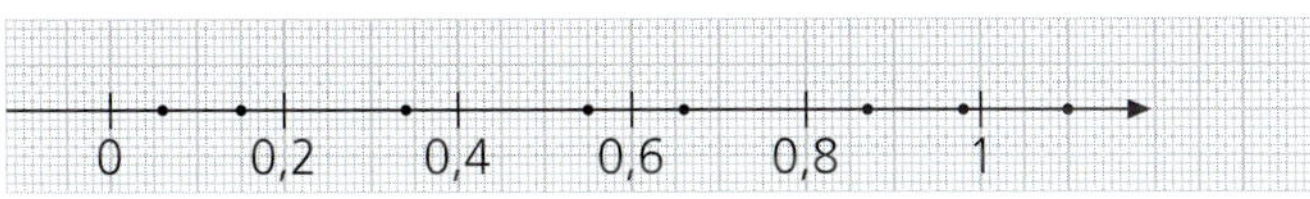

b)

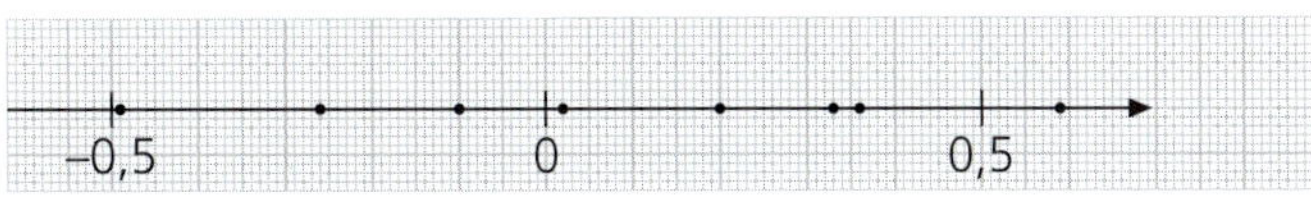

2. Zeichne eine Zahlengerade (Einheit 2 cm). Trage dann die Bildpunkte der Dezimalzahlen 1,7; 2,5; –0,9; –0,1 und 3,4 rot und die Bildpunkte der zugehörigen Gegenzahlen blau ein.

3. Gib an, zwischen den Bildpunkten von welchen benachbarten ganzen Zahlen die Bildpunkte der folgenden Dezimalzahlen jeweils liegen.

a) 1,55 b) 0,09 c) –1,4 d) 12,6 e) –4,4 f) 10,07 g) –0,25

4. Übertrage jeweils den Abschnitt der Zahlengeraden in dein Heft und schreibe dann dort die zutreffenden Zahlen auf die Schildchen.

a)

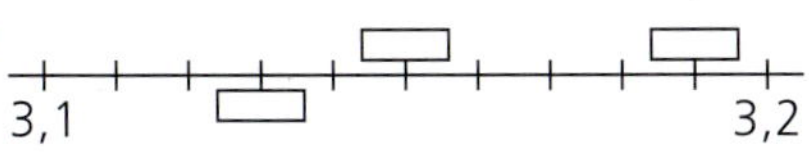

b)

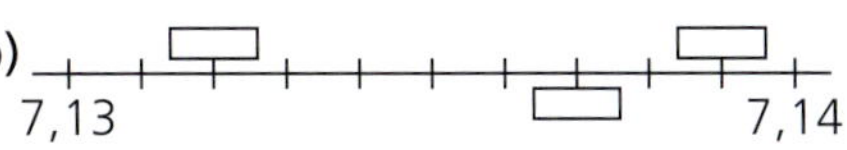

5. Schreibe jeweils die beiden Dezimalzahlen in dein Heft, gib an, welche von ihnen die größere ist, und erkläre deine Vorgehensweise.

a)

Z	E	z	h
4	5	0	6
5	4	9	8

b)

E	z	h	t
0	0	3	7
0	1	3	1

c)

z	h	t	zt
1	0	0	3
0	9	9	9

d)

H	Z	E	z	h
2	6	9	1	
2	6	8	9	7

2.2 Darstellen von Dezimalzahlen auf einer Zahlengeraden – Größenvergleich

6. Die vier sechsten Klassen eines Gymnasiums haben dieselbe Mathematikschulaufgabe geschrieben. Lies aus dem Diagramm die Durchschnittsnoten der vier Klassen so genau wie möglich ab und ordne sie dann der Größe nach.

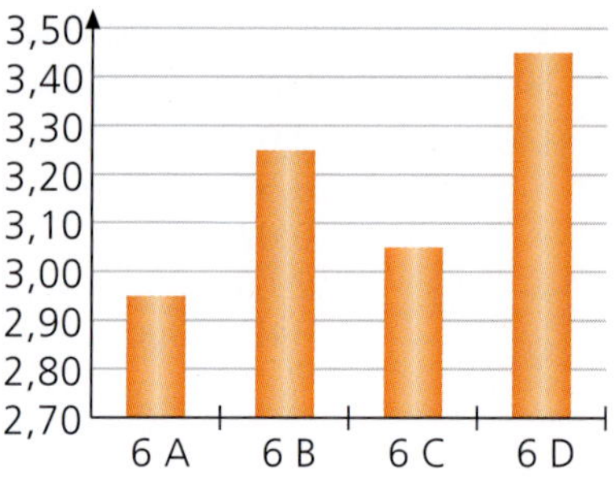

7. Übertrage jeweils die Angabezahl in dein Heft und setze dann dort das Komma so, dass die fett gedruckte Ziffer auf der angegebenen Stelle steht.

a) 4**5**09 (Zehntel) b) 23**4**7 (Hundertstel) c) 782**0** (Tausendstel)
d) 4**5**09 (Einer) e) 23**4**7 (Zehntel) f) 782**0** (Zehntel)

8. Lucas hat von 4,6 bis 5,7 in Zehntelschritten gezählt und die Schritte aufgezeichnet:

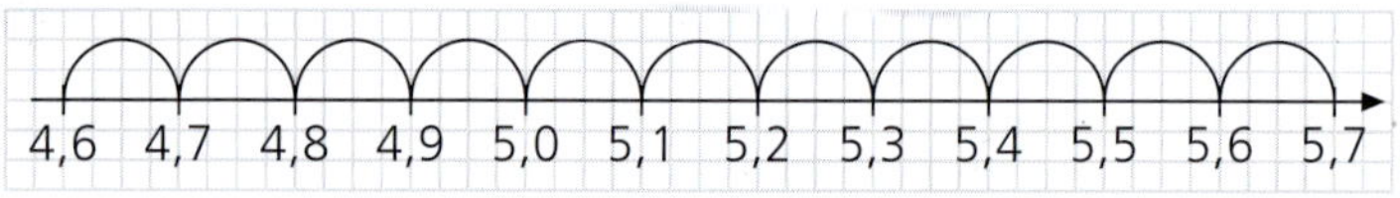

a) Zähle von 7,11 bis 7,25 in Hundertstelschritten weiter.
b) Zähle von 1,02 bis 1,01 in Tausendstelschritten rückwärts.

9. Übertrage jeweils die Zeichnung in dein Heft. Führe dann dort nach den beiden angegebenen „Sprüngen" noch drei weitere gleiche aus und gib alle fünf dabei erreichten Zahlen an.

a)
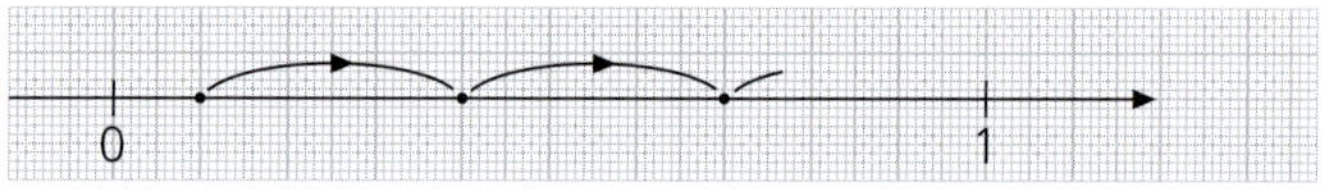

b)
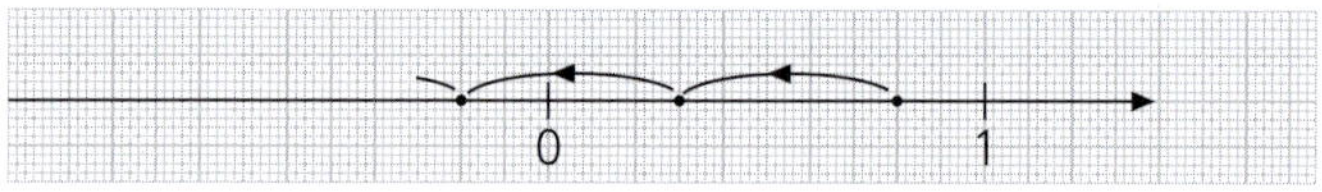

10. Bei den Olympischen Winterspielen 2002 in Salt Lake City gab es beim Rodeln der Männer folgende Ergebnisse:

Karsten Albert (D)	179,046 s
Albert Demtschenko (RUS)	178,996 s
Georg Hackl (D)	178,270 s
Adam Heidt (USA)	178,606 s
Markus Prock (A)	178,283 s
Armin Zöggeler (I)	177,941 s

a) Wie genau wurden die Zeiten gestoppt?
b) Begründe, warum diese Genauigkeit sinnvoll ist.
c) Erstelle die Platzierungsliste und verteile die Medaillen.

G 11. Beantworte folgende Fragen mithilfe eines Lexikons oder des Internets.

a) Welche Temperatur bezeichnet man als den absoluten Nullpunkt?
b) Welche Masse besitzt ein Marienkäfer, welche ein Maikäfer?
c) Welches ist die Weltrekordzeit beim Marathonlauf der Männer, welches die beim Marathonlauf der Frauen?
d) Was meint man mit der Angabe „Die Körpertemperatur des Habichts beträgt 41,9 °C ± 1,8 Grad"?

12. a) Zeichne eine Zahlengerade (Einheit 1 cm) und trage die Bildpunkte der drei Zahlen 3; 3,5 und 4 ein.

b) Zeichne den durch die Bildpunkte der Zahlen 3 und 4 bestimmten Abschnitt der Zahlengeraden aus Teilaufgabe a) im Maßstab 5 : 1 und trage die Bildpunkte der sechs Zahlen 3; 3,2; 3,3; 3,5; 3,8 und 4 ein.

c) Zeichne den durch die Bildpunkte der Zahlen 3 und 4 festgelegten Abschnitt der Zahlengeraden aus a) im Maßstab 10 : 1 und trage die Bildpunkte der sieben Zahlen 3; 3,1; 3,15; 3,55; 3,8; 3,95 und 4 ein.

13. Das Diagramm zeigt die Entwicklung des Weltrekords im 100-m-Lauf der Männer. Lies die Rekordzeiten der einzelnen Jahre so genau wie möglich ab und erstelle in deinem Heft eine Tabelle. Wie könntest du die „exakten" Zeiten und die Namen der jeweiligen Weltrekordhalter herausfinden?

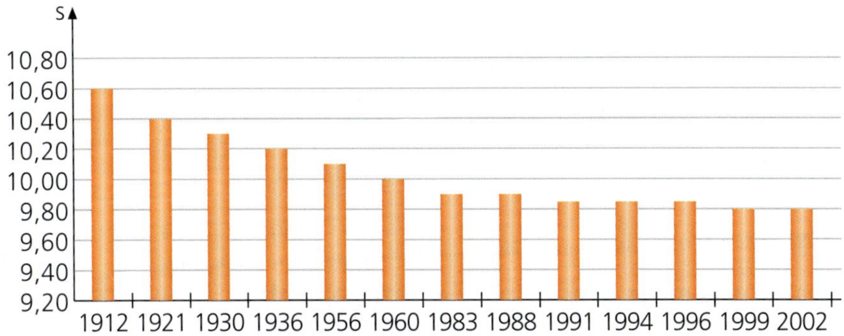

14. In jeder der Teilaufgaben a) bis f) ist ein Abschnitt einer Zahlengeraden mit den Bildpunkten von elf Zahlen dargestellt. Gib jeweils die elf Zahlen an, deren Bildpunkte markiert sind.

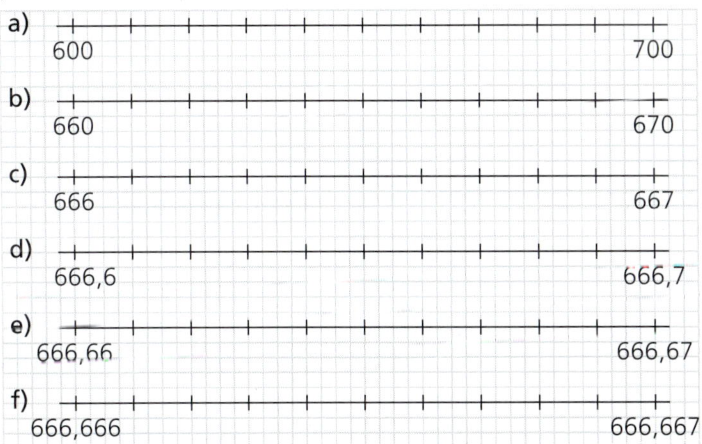

W1 **W**elchen Wert hat der Term $[(-99) - 9 \cdot (90 - 99)] : (-9)$? Runde das Ergebnis auf Zehner.

W2 **W**elchen Quersummenwert haben die Zahlen 2 675; 37 982; 400; 152 345 bzw. 99 jeweils?

W3 **W**elche Maßzahl musst du jeweils für den Platzhalter ▢ einsetzen?
$\frac{1}{10}$ h = ▢ min $\frac{1}{5}$ m = ▢ cm $\frac{1}{5}$ ha = ▢ a $\frac{1}{20}$ kg = ▢ g

$\frac{3}{2}$ sind ▢ %.
$(-280) : (+14) = ?$
444 m² : (74 m²) = ?

Sophie: *„Meine Kinderärztin sagt, dass jedes vierte Schulkind mit leerem Magen zur Schule kommt."*

Lucas: *„In der Zeitung steht, dass nur jedes dritte Kind ohne Frühstück in die Schule geht; das sind also nur 30%."*

Laura: *„Aber $\frac{1}{3}$ ist doch mehr als $\frac{1}{4}$!"*

Gregor: *„Und außerdem sind 30% nicht gleich einem Drittel."*

Arbeitsaufträge

- Gib jede der Aussagen „Jedes vierte Kind hat heute nicht gefrühstückt" und „Jedes fünfte Kind der Klasse 6 A spielt Tennis" mit einer Dezimalzahl bzw. in Prozent an.
- Finde heraus und erläutere, ob „jedes dritte Kind" mehr oder weniger als „30% aller Kinder" bedeutet.

Die **Dezimalschreibweise** ist nur eine andere Schreibweise für „Zehnerbrüche", also für Brüche, deren Nenner Zehnerstufenzahlen (10; 100; 1 000; ...) sind.

Bei der **Umwandlung einer Dezimalzahl in einen Bruch** wird der Dezimalteil zum Zähler des „Zehnerbruchs"; der Nenner ist diejenige Zehnerstufenzahl, die ebenso viele Nullen besitzt, wie der Dezimalteil Stellen hat:

$0{,}3 = \frac{3}{10}$ $0{,}81 = \frac{81}{100}$ $0{,}147 = \frac{147}{1\,000}$ $2{,}09 = 2\,\frac{9}{100} = \frac{209}{100}$ ...

Umwandlung eines Bruchs in eine Dezimalzahl: Jeder Bruch, dessen Nenner eine Zehnerstufenzahl ist oder durch Kürzen und/oder Erweitern des Bruchs zu einer Zehnerstufenzahl gemacht werden kann, kann in eine Dezimalzahl umgewandelt werden; z. B.

$\frac{7}{10} = 0{,}7$ $\frac{3}{4} = \frac{3 \cdot 25}{4 \cdot 25} = \frac{75}{100} = 0{,}75$

$\frac{19}{250} = \frac{19 \cdot 4}{250 \cdot 4} = \frac{76}{1\,000} = 0{,}076$ $\frac{99}{45} = \frac{99 : 9}{45 : 9} = \frac{11}{5} = \frac{11 \cdot 2}{5 \cdot 2} = \frac{22}{10} = 2{,}2.$

Beispiele

- Gib jede der fünf Dezimalzahlen 0,61; 1,1; 12,813; 0,25 und 0,125 als Bruch bzw. als gemischte Zahl an.

  Lösung: $0{,}61 = \frac{61}{100}$ $1{,}1 = 1\frac{1}{10}$ $12{,}813 = 12\,\frac{813}{1\,000}$

  $0{,}25 = \frac{25}{100} = \frac{1}{4}$ (es wurde mit 25 gekürzt)

  $0{,}125 = \frac{125}{1\,000} = \frac{1}{8}$ (es wurde mit 125 gekürzt)

Lucas merkt sich:

$0{,}5 = \frac{1}{2}$

$0{,}25 = \frac{1}{4}$

$0{,}75 = \frac{3}{4}$

- Gib bei jedem der fünf vollständig gekürzten Brüche $\frac{3}{4}$; $\frac{5}{6}$; $\frac{17}{50}$; $\frac{8}{35}$ und $\frac{3}{20}$ die Zerlegung des Nenners in Primfaktoren an. Entscheide dann, bei welchen dieser Brüche es dir nicht möglich ist, sie in Dezimalschreibweise anzugeben. Lösung:

Bruch in Grundform	$\frac{3}{4}$	$\frac{5}{6}$	$\frac{17}{50}$	$\frac{8}{35}$	$\frac{3}{20}$
Nenner	4	6	50	35	20
Primfaktorzerlegung des Nenners	$2 \cdot 2$	$2 \cdot 3$	$2 \cdot 5 \cdot 5$	$5 \cdot 7$	$2 \cdot 2 \cdot 5$
Ist jeder der Primfaktoren Teiler einer Zehnerstufenzahl?	ja	nein, 3 nicht	ja	nein, 7 nicht	ja
Ist es dir möglich, den Bruch in Dezimalschreibweise anzugeben?	ja: $\frac{3}{4} = \frac{75}{100} = 0{,}75$	nein	ja: $\frac{17}{50} = \frac{34}{100} = 0{,}34$	nein	ja: $\frac{3}{20} = \frac{15}{100} = 0{,}15$

- Bei welchen der fünf Brüche $\frac{1}{50}$, $\frac{10}{15}$, $\frac{1}{8}$, $\frac{9}{75}$ und $\frac{6}{7}$ lässt sich die Grundform nicht so erweitern, dass der Nenner eine Zehnerstufenzahl wird?

  Lösung: Die Grundform der beiden Brüche $\frac{10}{15}$ $(= \frac{2}{3})$ und $\frac{6}{7}$ kann man nicht so erweitern, dass der Nenner eine Zehnerstufenzahl wird.

- Wie erkennst du, ob eine natürliche Zahl durch 3 teilbar ist?
- Welche Primzahlen sind Teiler des Nenners des Bruchs $\frac{1}{12}$?

Aufgaben

1. Gib jeden der Brüche zunächst als „Zehnerbruch" und dann in Dezimalschreibweise an.

a) $\frac{4}{5}$; $\frac{1}{20}$; $\frac{3}{8}$ b) $\frac{3}{50}$; $\frac{17}{125}$; $\frac{1}{200}$ c) $\frac{3}{4}$; $\frac{7}{25}$; $\frac{11}{20}$ d) $\frac{7}{35}$; $\frac{45}{90}$; $\frac{6}{15}$

e) $\frac{24}{64}$; $\frac{45}{180}$; $\frac{28}{80}$ f) $\frac{74}{500}$; $\frac{133}{250}$; $\frac{94}{50}$ g) $\frac{111}{200}$; $\frac{48}{60}$; $\frac{75}{30}$

0,005; 0,75; 0,25; 0,35; 0,06; 0,05; 0,136; 0,55; 0,5; 0,4; 0,532; 0,375; 0,28; 0,148; 2,5; 0,8; 0,555; 1,88; 0,2

Lösungen zu 1. (Dezimalzahlen) **L**

2. Vorgelegt sind die acht Brüche $\frac{5}{8}$, $\frac{12}{60}$, $\frac{7}{20}$, $\frac{17}{65}$, $\frac{3}{3}$, $\frac{3}{2}$, $\frac{3}{27}$ und $\frac{9}{180}$.

a) Gib an, welche dieser Brüche bereits in Grundform sind, und kürze die übrigen auf Grundform.

b) Wandle diese Brüche – soweit möglich – in Dezimalzahlen um. Begründe bei den übrigen Brüchen, warum es dir nicht möglich ist, sie in Dezimalschreibweise anzugeben.

0,05; 0,625; 0,2; 1,5; 1,0; 0,35

Lösungen zu 2.b) (Dezimalzahlen) **L**

3. Schreibe die zehn gemischten Zahlen $1\frac{1}{5}$; $4\frac{1}{4}$; $5\frac{39}{75}$; $1\frac{3}{4}$; $5\frac{4}{5}$; $23\frac{1}{2}$; $11\frac{7}{175}$; $2\frac{1}{100}$; $9\frac{99}{1000}$ und $7\frac{7}{10}$ als Dezimalzahlen.

4. Gib die Zeitspannen mithilfe von Dezimalzahlen in Stunden an.

a) $2\frac{1}{2}$ h b) 45 min c) 5 h 6 min d) 12 min e) 1 h 24 min

G 5. Zeichne den oben stehenden Dominostein in dein Heft. Suche dann unter den übrigen acht Dominosteinen einen passenden heraus und ergänze damit deine Zeichnung. Fahre so lange fort, wie du weitere Dominosteine anlegen kannst.

G 6. In der 6. Jahrgangsstufe konnten die Schüler und Schülerinnen zwischen drei verschiedenen Sportarten wählen. Das Säulendiagramm und die beiden Strichlisten zeigen, wie sich die Kinder entschieden haben.

Klasse 6 B	Jungen	Mädchen
Fußball	𝍸 III	
Tischtennis	𝍸	IIII
Volleyball	III	𝍸

Klasse 6 C	Jungen	Mädchen
Fußball	II	
Tischtennis	IIII	𝍸 IIII
Volleyball	𝍸	𝍸

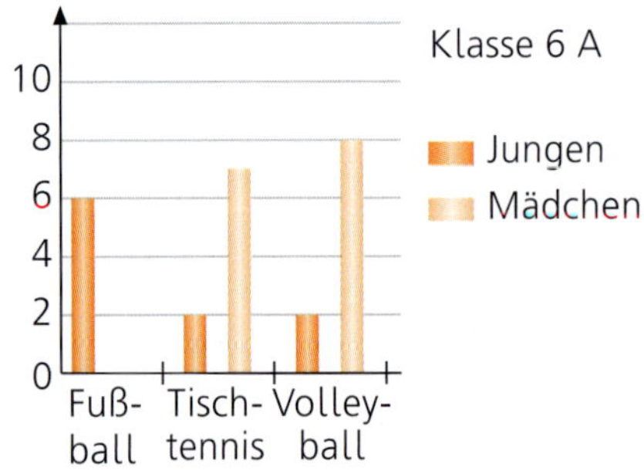

Klasse 6 B	Jungen	Mädchen
Fußball	$\frac{8}{25} = 0{,}32$	$\frac{0}{25} = 0{,}0$
Tischtennis	$\frac{5}{25} = 0{,}2$	$\frac{4}{25} = 0{,}16$
Volleyball	$\frac{3}{25} = 0{,}12$	$\frac{5}{25} = 0{,}2$

Lucas' Tabelle

a) Zeichne zu jeder der beiden Strichlisten ein Säulendiagramm in dein Heft.

b) Lucas hat für die Klasse 6 B die Anteile in einer Tabelle in Bruch- und in Dezimalschreibweise dargestellt. Fertige je eine solche Tabelle auch für die Klassen 6 A und 6 C an.

G 7. Die Tabelle zeigt, wie viel Gramm Ballaststoffe, die unter anderem für die Verdauung wichtig sind, jeweils in 100 g Brot verschiedener Sorten enthalten sind. Übertrage die Tabelle in dein Heft und gib die Ballaststoffanteile als Dezimalzahlen und in Prozent an.

Brotsorte	Roggenmischbrot	Vollkornknäckebrot	Vierkornbrot	Toastbrot	Leinsamenbrot	Semmeln	Weizenmischbrot
Ballaststoffgehalt in g pro 100 g Brot	5	26	9	3	12	3	4

G 8. Sophie erklärt: „ $\frac{1}{9} > 0{,}1$, denn $\frac{1}{9} > \frac{1}{10}$."

a) Begründe, dass $\frac{1}{9} = \frac{11}{99}$ ist und dass $\frac{11}{99} > \frac{11}{100}$, also $\frac{1}{9} > 0{,}11$ ist.

b) Begründe, dass $\frac{1}{9} = \frac{111}{999}$ ist und dass $\frac{111}{999} > \frac{111}{1000}$, also $\frac{1}{9} > 0{,}111$ ist.

c) Begründe, dass $\frac{1}{9} = \frac{1111}{9999}$ ist und dass $\frac{1111}{9999} > \frac{1111}{10000}$, also $\frac{1}{9} > 0{,}1111$ ist.

d) Begründe, dass $\frac{1}{9} = \frac{11111}{99999}$ ist und dass $\frac{11111}{99999} > \frac{11111}{100000}$, also $\frac{1}{9} > 0{,}11111$ ist.

Fasse Sophies Entdeckung und die Ergebnisse der Teilaufgaben a) bis d) mit deinen eigenen Worten zusammen.

0,24 hl = ■ l
0,24 hl = ■ ml
$\frac{72}{108} = \frac{■}{3}$

W1 Wahr oder falsch? Jede rationale Zahl besitzt den gleichen Betrag wie ihre Gegenzahl.
W2 Wie berechnest du den Wert des Terms $88 \cdot (-23) + 88 \cdot (-77)$ vorteilhaft?
W3 Was bedeuten die Schreibweisen [PQ, $\overline{PQ}$ bzw. PQ?

10^4 m = 10 000 m
Der höchste Berg der Erde ist etwa 10 000 m hoch (Mount Everest 8 850 m); die größte Meerestiefe beträgt etwa 10 000 m (Marianengraben 10 918 m).

10^3 m = 1 000 m = 1 km. Manche Brücken haben eine Länge von etwa 1 000 m (Golden-Gate-Brücke in San Francisco 1 280 m; Bosporusbrücke in Istanbul 1 074 m).

10^2 m = 100 m
Viele Bauten haben eine Höhe von etwa 100 m (Freiheitsstatue in New York 93 m; Petersdom in Rom 137,5 m).

10^1 m = 10 m
Einige große Tiere sind etwa 10 m lang (Netzpythonschlange 11 m; Walhai 12 m).

10^0 m = 1 m
Vierjährige Kinder sind etwa 1 m groß.

10^{-1} m = 0,1 m = 1 dm
Die Hand eines Erwachsenen ist ungefähr 10 cm breit.

10^{-2} m = 0,01 m = 1 cm
Der kleine Finger eines Schulkinds ist etwa 1 cm breit.

10^{-4} m = 0,0001 m = 0,1 mm
Kräftige Haare sind knapp 0,1 mm dick, Papierblätter ebenfalls.

10^{-3} m = 0,001 m = 1 mm
Die 1-Eurocent-Münzen sind gut 1 mm dick.

1. Gib für jede der zehn Längen mithilfe einer Zehnerpotenz (Potenz mit der Basis 10) und der Maßeinheit m die richtige Größenordnung an: Länge eines Fußballplatzes – größte Tiefe des Atlantischen Ozeans – Höhe des Angel-Wasserfalls (Venezuela) – Breite eines Tennisplatzes – Größe eines frisch geschlüpften Kükens – Radiuslänge einer 5-Eurocent-Münze – Länge eines Schritts – Länge eines Zwergfroschs – Dicke eines Reiskorns – Dicke einer Postkarte.

2. Finde für jede der angegebenen Größenordnungen weitere Beispiele aus deiner Umwelt.

3. Finde z. B. mithilfe eines Lexikons oder des Internets jeweils mindestens ein Beispiel für die Länge 10^5 m = 100 000 m = 100 km und für die Länge 10^{-5} m = 0,00001 m = 0,01 mm.

Themenseite

www.dfb.de

Sophie: *„Jeder dieser Fußbälle hat etwa 0,4 kg und jeder der Tennisbälle etwa 58 g."*

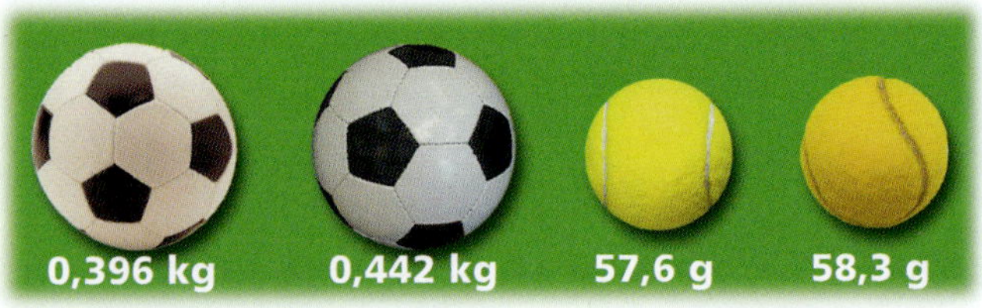

Arbeitsauftrag

- Im Sport ist bei manchen Größen das Runden sinnvoll, bei anderen nicht. Gib jeweils mindestens drei Beispiele an.

- Beim **Runden** von Dezimalzahlen gibt man statt des genauen Werts meist die nächstgelegene **Einer-, Zehntel-** oder **Hundertstelzahl** usw. an. Vor dem Runden muss man entscheiden, wie viele Dezimalen das Ergebnis haben soll.
- Ist dann die erste wegzulassende Ziffer 0, 1, 2, 3 oder 4, so wird **abgerundet**; ist die erste wegzulassende Ziffer 5, 6, 7, 8 oder 9, so wird **aufgerundet**.
- Bei gerundeten Zahlen dürfen Endnullen nicht weggelassen werden.
- Auf Kilogramm gerundet ergeben z. B. 27,**5**38 kg ≈ 28 kg.
  Auf Zehntelkilogramm (auf **eine** Dezimale) gerundet ergeben 27,5**3**8 kg ≈ 27,5 kg.
  Auf Hundertstelkilogramm (auf **zwei** Dezimalen) gerundet ergeben 27,53**8** kg ≈ 27,54 kg.

Beispiele

- Runde 23,63 g; 19,55 s; 34,81 m² und 92,99 € jeweils auf eine Dezimale.
  Lösung: 23,63 g ≈ 23,6 g 19,55 s ≈ 19,6 s
  34,81 m² ≈ 34,8 m² 92,99 € ≈ 93,0 € (und nicht 93 €)

- Runde 1 € = 1,95583 DM
  a) auf DM b) auf Zehntel DM (auf eine Dezimale).
  c) auf Hundertstel DM (auf zwei Dezimalen).
  d) auf Tausendstel DM (auf drei Dezimalen).
  Lösung:

1 € gerundet auf	DM	Zehntel DM	Hundertstel DM	Tausendstel DM
	2 DM	2,0 DM	1,96 DM	1,956 DM

- Gib jeweils die Menge aller Dezimalzahlen
  a) mit einer Dezimalen an, die auf Einer gerundet 1 ergeben.
  b) mit zwei Dezimalen an, die auf eine Dezimale gerundet 1,0 ergeben.
  c) mit zwei Dezimalen an, die auf eine Dezimale gerundet 12,5 ergeben.
  Lösung: a) {0,5; 0,6; 0,7; 0,8; 0,9; 1,0; 1,1; 1,2; 1,3; 1,4}
  b) {0,95; 0,96; 0,97; 0,98; 0,99; 1,00; 1,01; 1,02; 1,03; 1,04}
  c) {12,45; 12,46; 12,47; 12,48; 12,49; 12,50; 12,51; 12,52; 12,53; 12,54}

- Ist jede gemessene Größe stets eine gerundete Größe?
- Wie genau kannst du die Länge einer Strecke messen?
- Wie genau kannst du Zeitspannen messen?
- 1 € = 1,0975 $. Warum wird der Kurs mit mehr als zwei Dezimalen angegeben?

Aufgaben

1. a) Runde die Maßzahl jeder der Größen 6,77 m; 3,678 kg; 3,78 s; 108,55 m^2 und 34,85 € auf eine Dezimale.

b) Runde die Maßzahl jeder der Größen 16,707 m; 3,299 kg; 55,781 s; 72,065 m^2 und 34,85 € auf zwei Dezimalen.

2. Runde die rationalen Zahlen

a) 2,38; 3,678; 2,91; 138,45 und 17,99 auf Zehntel.

b) 22,817; 13,999; 66,281; 31,219 und 97,614 auf Hundertstel.

3. Übertrage die Tabelle in dein Heft und trage dann dort die Schmelztemperaturen der Metalle auf °C gerundet ein.

Metall	Aluminium	Blei	Gold	Silber	Zinn
Schmelztemperatur (gerundet auf Hundertstel °C)	660,37 °C	327,25 °C	1 064,43 °C	961,93 °C	231,97 °C
Schmelztemperatur (gerundet auf °C)					

Ordne diese Metalle nach zunehmender Schmelztemperatur und nenne für jedes mindestens zwei (hauptsächlich) aus ihm bestehende Gegenstände.

4. Die fünf Zahlen 2,9; 1,456; 23; 73,0 und 5,67 sind durch Runden entstanden. Übertrage die Tabelle in dein Heft und ergänze sie dann dort.

Die Zahl …	2,9	1,456	23	73,0	5,67
… ist gerundet auf	Zehntel				
… könnte durch Aufrunden entstanden sein z.B. aus	2,8814				
… könnte durch Abrunden entstanden sein z.B. aus	2,93				

G 5. Eine Packung Mehl mit dem Aufdruck „1 000 g" enthält nicht exakt 1 000 g, sondern etwas weniger oder etwas mehr Mehl. Eine auf Zehntelgramm genaue Waage überprüft eine Stichprobe von 10 Mehlpackungen. Ergibt die Überprüfung, dass die Masse des Inhalts um mehr als 2% von 1 000 g abweicht, wird die Packung ausgesondert. Gib an, wie viel Prozent der folgenden Packungen ausgesondert werden.

Packung	1	2	3	4	5	6	7	8	9	10
Masse in g	1 020,1	1 010,3	999,9	997,9	1 014,7	979,8	1 000,0	1 030,6	998,6	1 011,8

6. a) Welcher Unterschied besteht zwischen den Längenmesswerten 1,50 m und 1,5 m, welcher zwischen den Massenangaben 2,500 kg und 2,50 kg?

b) Welcher Unterschied besteht zwischen den (nicht durch Rundung entstandenen, also exakten) Zahlen 3 und 3,00?

7. Lucas' Kilometerzähler zeigt 576,8 km. Runde diese Längenangabe

a) auf Kilometer b) auf Zehner Kilometer c) auf Hunderter Kilometer.

8. Die drei Sparbuchzeilen zeigen die Höhe der Zinsen im Jahr 2008 und den Kontostand am 2. 1. 2009. Gib

a) den Zinsertrag 2008 gerundet auf Euro an.

b) den Kontostand am 2. 1. 2009 gerundet auf Euro, auf Hunderter Euro und auf Tausender Euro an.

Datum	Lastschrift Euro	Gutschrift Euro	Guthaben Euro	Lfd Nr. Vorg.
31.12.08	Zins	20,79		004
Kapitalertraege sind einkommensteuerpflichtig				
02.01.09	Überweis	200,00	****2.419,12	005

9. Beim Weitsprungwettbewerb der Jungen hat auf Zentimeter gerundet jeder der Teilnehmer eine andere Weite erzielt:

Andreas	Bene	Gregor	Hans	Ingo	Lucas	Martin	Peter	Thomas	Wolfgang
3,72 m	4,09 m	3,95 m	3,17 m	4,65 m	3,88 m	4,00 m	3,75 m	?	?

a) Wolfgang ist Zweiter geworden; Thomas hat einen Platz zwischen Hans und Andreas erreicht. Gib an, wie weit (auf Zentimeter gerundet) Wolfgang bzw. Thomas mindestens gesprungen sein muss und wie weit er höchstens gesprungen sein kann.

b) Erstelle eine Rangliste für diese zehn Schüler.

G 10. Gregors Vater hat vier Säcke Kartoffeln gekauft und pro Kilogramm 0,70 € bezahlt. Er nimmt für seine Familie den Sack mit 51,6 kg Kartoffeln und gibt je einen der drei übrigen Säcke an die Familie von Laura, Lucas bzw. Sophie. Bei der Abrechnung rundet er auf ganze Kilogramm.

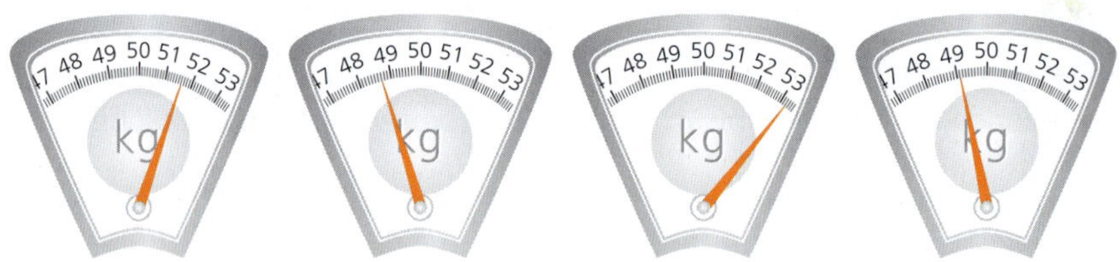

a) Wie viele verschiedene Möglichkeiten der Verteilung der übrigen drei Säcke gibt es?

b) Welchen Einfluss hat das Runden der Massen auf die Kosten für die einzelnen Familien? Finde durch Überlegen heraus, ob Gregors Vater dabei „draufzahlt".

11. Die Koordinaten der Punkte A (1 | 3) und U (–2 | –4) sind auf Ganze gerundete Zahlen. Zeichne ein Koordinatensystem und trage mit Farbe die Bereiche ein, in denen die Punkte A und U liegen können.

12. Die Abbildung zeigt neun Zahlen auf dem Display eines Taschenrechners:

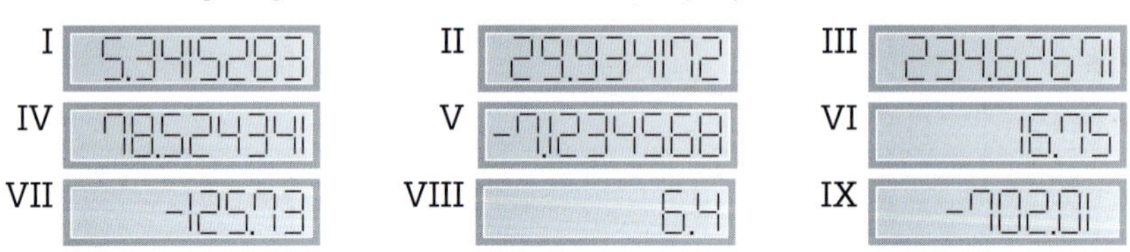

a) Gib bei jeder der neun Zahlen an, zwischen welchen aufeinander folgenden ganzen Zahlen sie liegt.

b) Runde die Zahlen der Abbildungen VII, VIII und IX auf Einer.

c) Runde die Zahlen der Abbildungen V, VI und IX auf Zehntel.

d) Runde die Zahlen der Abbildungen II, III und VII auf Hundertstel.

e) Runde die Zahlen der Abbildungen I, IV und V auf Tausendstel.

$\frac{68}{187} = \frac{■}{11}$

$10^3 + 15^2 = ■^2$

1 001 – 2 002 = ?

W1 Welches ist der Bruch mit dem kleinsten Wert, den man aus zwei verschiedenen einstelligen natürlichen Zahlen bilden kann?

W2 Wie viele Stellen und wie viele Nullen hat die Zahl zwei Billionen vierhundertfünftausend?

W3 Wie viel musste Gregor bezahlen, wenn seine neuen Turnschuhe (regulär 58 €) um 45% herabgesetzt waren?

Von dem griechischen Philosophen und Mathematiker Zenon von Elea (etwa 495 v. Chr. bis 430 v. Chr.) wird die Geschichte von **Achilles und der Schildkröte** berichtet, die bei seinen Zeitgenossen zu heftigen Diskussionen führte:

Eine Schildkröte will den Wettkampf mit Achilles, einem der schnellsten Läufer aller Zeiten, aufnehmen. Zunächst bittet die Schildkröte Achilles, ihr einen Vorsprung von 1 Stadion (= 600 griech. Fuß ≈ 190 m) zu gewähren. Großzügig gewährt Achilles ihr diesen Vorsprung, da er meint, dass er ihn sehr schnell aufholen werde. Die Schildkröte aber entgegnet Achilles: „Wenn du meinen Vorsprung eingeholt hast und an die Stelle gekommen bist, von der aus ich gestartet bin, bin ich schon ein Stück weitergewandert. Wenn du dann dieses Stück durchlaufen hast, bin ich schon wieder ein Stück weiter. Das geht weiter so bis ins Unendliche. Du wirst mich also nie einholen, schneller Achilles."

1. Diskutiere mit deinem Nachbarn oder deiner Nachbarin die Geschichte vom Wettlauf des Achilles mit der Schildkröte. Stellt euer Ergebnis in der Klasse dar. Was würdest du Zenon mitteilen?

2. Um diese Geschichte z. B. auf dem Sportplatz nachspielen zu können, werden die Zahlen für den Wettlauf vereinfacht: Achilles läuft pro Sekunde 10 m, die Schildkröte 1 m; der Vorsprung der Schildkröte beträgt zunächst 100 m.

a) Übertrage die Tabelle in dein Heft und ergänze sie dann dort.

Zeitpunkt	Zeitspanne seit dem vorherigen Zeitpunkt	Weg des Achilles in dieser Zeitspanne	Weg der Schildkröte in dieser Zeitspanne	Vorsprung der Schildkröte zu diesem Zeitpunkt	Gesamtzeit vom Start bis zu diesem Zeitpunkt
0 s	–	–	–	100 m	0 s
10 s	10 s	100 m	10 m	10 m	
11 s	1 s				
11,1 s	$\frac{1}{10}$ s = 0,1 s				
11,11 s	$\frac{1}{100}$ s = 0,01 s				
11,111 s	$\frac{1}{1000}$ s = 0,001 s				
…					

b) Spielt den Wettlauf von Achilles und der Schildkröte auf dem Sportplatz nach.

c) Stelle den Wettlauf von Achilles und der Schildkröte auf einer Zeichnung dar.

2.5 Üben – Festigen – Vertiefen

Zu 2.1:
Aufgaben 1. bis 4.

1. Übertrage die Stellenwerttafel in dein Heft und ergänze sie dann dort.

Bruch bzw. gemischte Zahl	T	H	Z	E	,	z	h	t	Dezimalzahl
$7\frac{15}{100}$				7	,	1	5		7,15
	4	0	2	1	,	8			
					,				64,98
$\frac{111}{1000}$					,				
			3	5	,	7	6	9	
$6\frac{2}{1000}$					,				
					,				9,701

2. Zeichne eine Stellenwerttafel in dein Heft und trage dann dort ein:

a) zwei Komma drei null vier b) einhundertdrei Komma null null sieben
c) null Komma null eins d) siebenhundert Komma vier null acht.

Schreibe diese vier Dezimalzahlen als Brüche bzw. als gemischte Zahlen.

3. Schreibe jeweils als Dezimalzahl

a) achtundachtzig Hundertstel b) zweihundertdrei Zehntel
c) neunhundertneunundneunzig Tausendstel d) ein Zehntausendstel.

0,16; 0,04; 0,6; 0,25; 0,2; 0,4; 0,36; 0,9; 0,99; 0,65
Lösungen zu 4. (Dezimalzahlen) **L**

4. Schreibe jede der zehn Zahlen $\frac{1}{4}$; $\frac{2}{50}$; $\frac{9}{25}$; $\frac{30}{75}$; $\frac{100}{500}$; $\frac{12}{75}$; $\frac{3}{5}$; $\frac{9}{10}$; $\frac{990}{1000}$ und $\frac{13}{20}$ zunächst als Hundertstelbruch und dann als Dezimalzahl.

Zu 2.3:
Aufgaben 5. bis 8.

5. Gib 1%; $\frac{12}{5}$; 11%; 98%; $\frac{3}{4}$; $\frac{3}{20}$; 5%; $\frac{21}{100}$; $2\frac{45}{90}$ und 23% jeweils in dezimaler Schreibweise an.

6. Durch jede der fünf Abbildungen ist ein echter Bruch veranschaulicht; gib ihn jeweils in Bruch-, in Dezimal- und in Prozentschreibweise an.

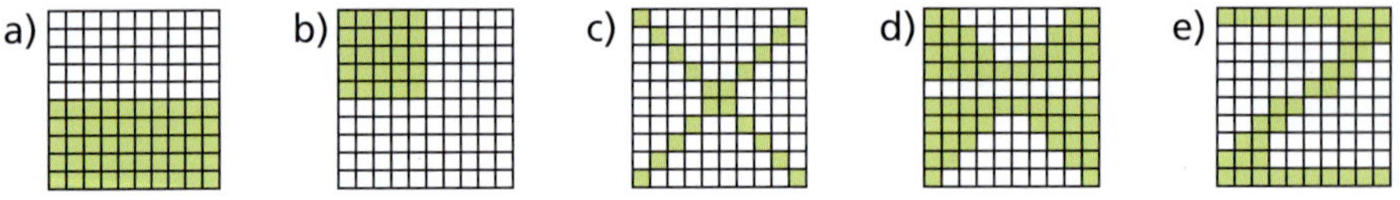

7. Gib den Anteil jeweils als Bruch in Grundform, als Dezimalzahl und in Prozent an.

a) Heute haben vier von zwanzig Kindern beim Training gefehlt.
b) Sophie sagt: „Ich habe 100-mal gewürfelt und dabei sechzehnmal einen Sechser geworfen."
c) Ein viertel Kilogramm Butter enthält 200 g Fett.
d) Gregor ist bei fünf Weitsprüngen viermal weiter als 4,10 m gesprungen.
e) Bei der letzten Mathematikschulaufgabe haben 15 von 25 Kindern eine bessere Note als 4 erhalten.
f) Laura sagt: „Sieben der zehn neuen Wörter kann ich mir gut merken."
g) In einer Packung mit 25 Gummibärchen waren acht rote.
h) Das Wort REGENBOGEN enthält vier Vokale.
i) Das englische Wort „difference" enthält fünf verschiedene Konsonanten.

8. a) Gib an, welche der zehn Brüche $\frac{2}{5}$, $\frac{1}{6}$, $\frac{9}{12}$, $\frac{7}{20}$, $\frac{11}{50}$, $\frac{1}{7}$, $\frac{9}{500}$, $\frac{55}{110}$, $\frac{2}{9}$ bzw. $\frac{6}{15}$ du – gegebenenfalls nach vorhergehendem Kürzen – als „Zehnerbrüche" schreiben kannst.

b) Begründe, warum sich $\frac{1}{12}$ nicht als „Zehnerbruch" schreiben lässt.

c) Zeige zuerst, dass $\frac{1}{100} < \frac{1}{12} < \frac{1}{10}$ ist. Zeige dann, dass $\frac{1}{12} = \frac{8}{96}$ ist und begründe, dass $0{,}1 > \frac{1}{12} > 0{,}08$ gilt.

Zu 2.4:
Aufgabe 9.

9. Runde jeweils auf die in [eckigen] Klammern angegebene Einheit:

a) 1 Liter Benzin kostet 1,348 €. [ct]

b) 1 $ = 0,91116 € [ct]

c) Das Licht legt im Vakuum pro Sekunde 299 792 458 m zurück. [km]

d) Die Durchmesserlänge der 1-Euro-Münze beträgt 23,3 mm. [mm]

e) Gregors Golfball hat eine Masse von 45,87 g. [g]

f) Laura sagt: „In Mathe stehe ich auf 2,75." [Einer]

Weitere Aufgaben

10. Die vier Abbildungen veranschaulichen das Erweitern bzw. das Kürzen eines Bruchs; erläutere die Abbildungen.

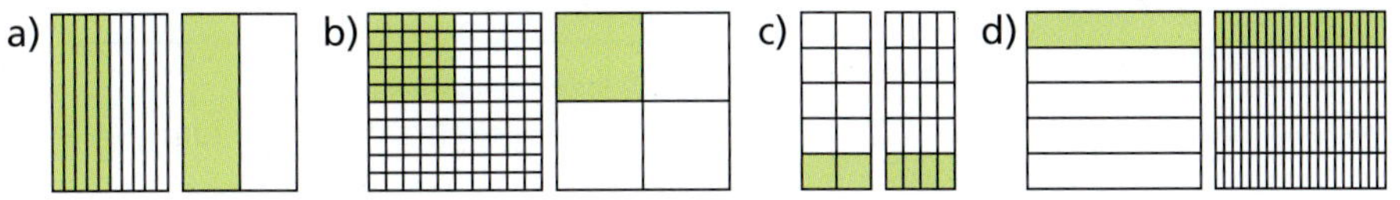

11. Die Abbildungen zeigen sieben verschiedene Skalen. Lies jeweils die mit Pfeilen und Buchstaben markierten Größen ab und gib zu jeder abgelesenen Größe ein passendes Beispiel an.

Lucas: Der Durchmesser einer 1-Cent-Münze ist rund 1,6 cm, der einer 2-Cent-Münze etwa 1,9 cm und der einer 5-Cent-Münze ungefähr 2,1 cm lang.

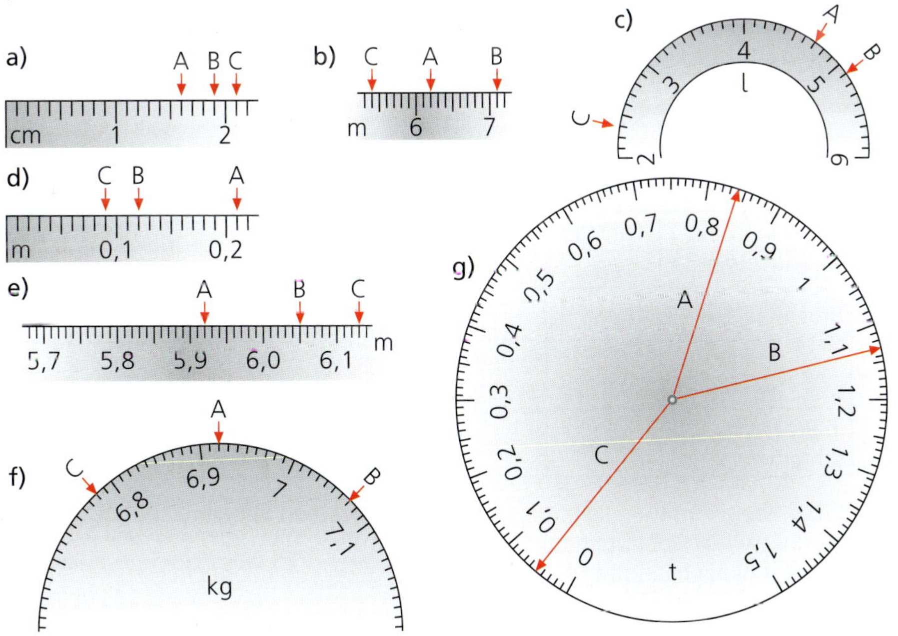

12. Die Abbildungen zeigen die Weiten, die Gregor ①, Lucas ② und Markus ③ bei einem Weitsprungwettbewerb erzielt haben. Beschreibe und beurteile das Ergebnis dieses Wettbewerbs.

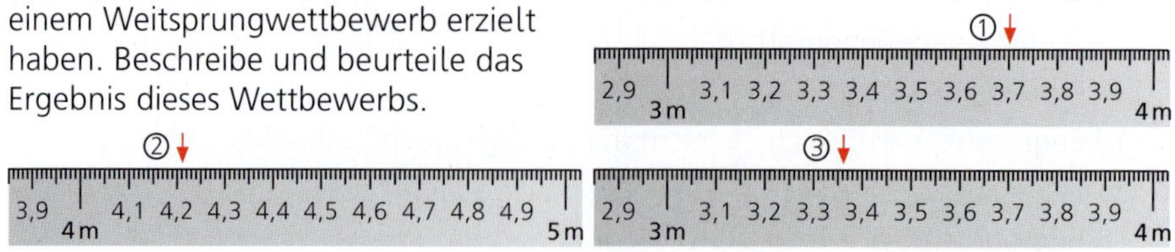

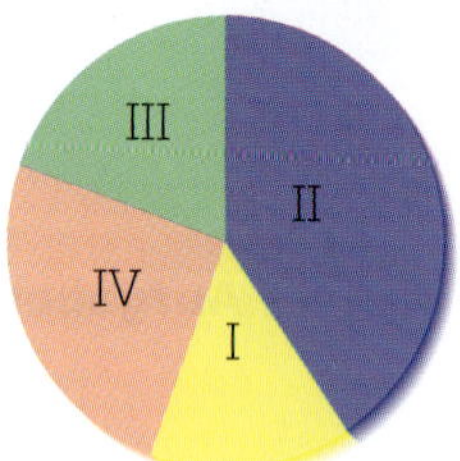

G 13. Auf einem Abschnitt einer Zahlengeraden sind die Bildpunkte von vier Dezimalzahlen zwischen 0 und 1 mit Pfeilen markiert. Dieselben vier Dezimalzahlen sind in zwei weiteren Abbildungen durch Kreissektoren bzw. durch farbige Felder veranschaulicht. Übertrage die Zahlengerade und die Tabelle in dein Heft und ergänze dann dort beide.

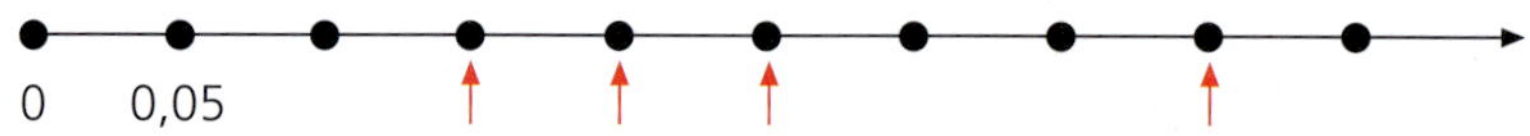

Dezimalzahl	0,15			
Sektor	I	II	III	IV
Mittelpunktswinkel	54°			
Farbe des Felds	gelb			

G 14. Das Säulendiagramm veranschaulicht, welche Verkehrsmittel die Kinder der Klasse 6 D auf dem Schulweg benutzen:

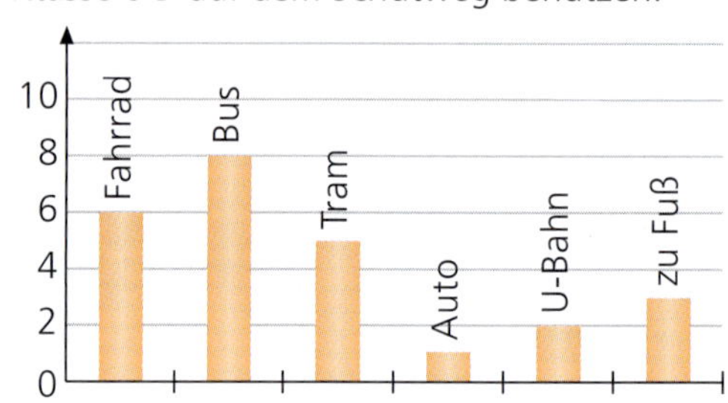

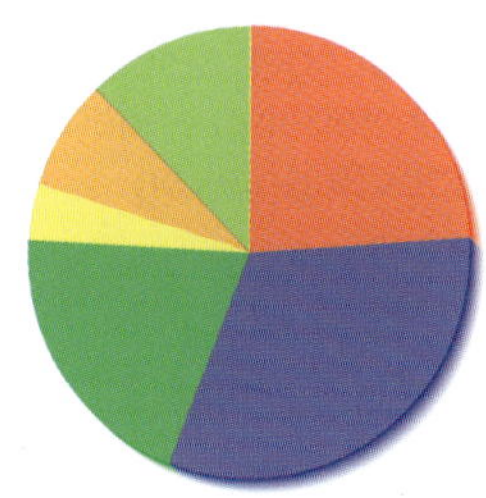

a) Übertrage die Tabelle in dein Heft und ergänze sie dann dort.

Verkehrsmittel	Fahrrad	Bus	Tram	Auto	U-Bahn	Zu Fuß
Anzahl	6					
Bruchteil	$\frac{6}{25}$					
in Dezimalschreibweise	0,24					
in Prozentschreibweise	24%					

b) Das Kreisdiagramm zeigt die Anteile der einzelnen Verkehrsmittel. Die Mittelpunktswinkel betragen (auf Grad gerundet) 14°, 29°, 43°, 72°, 86° bzw. 115°. Ordne Verkehrsmittel und Mittelpunktswinkel einander richtig zu.

$\frac{24}{144} = \frac{\square}{60}$

$0{,}05 = \frac{\square}{20}$

12 ha = $\square$ km²

W1 Wie viel Wochen bzw. wie viel Tage bist du heute ungefähr alt?

W2 Wie viel Prozent entsprechen $\frac{4}{5}$ des Ganzen?

W3 Welcher Scheinbruch mit dem Wert 7 hat als Nenner die größte Primzahl kleiner als 20?

I. Übertrage das Kreuzzahlrätsel in dein Heft und ergänze es dann dort; schreibe in jedes freie Kästchen genau eine Ziffer.

Waagrecht:

1 $\frac{32}{64} = \frac{\blacksquare}{256}$

4 0,345 = $\frac{\blacksquare}{1\,000}$

7 10% von 200 € sind ______ €.

8 gerade Primzahl

9 $\frac{1}{4}$ = 0,______

10 100% = ______

11 0,205 l = ______ ml

12 Jeder rechte Winkel hat ______°.

13 $\frac{1}{4}$ m² = ______ dm²

15 $\frac{37}{111} = \frac{\blacksquare}{3}$

16 Jeder Vollwinkel hat ______ °.

18 $\frac{1}{50} = \frac{\blacksquare}{100}$

19 $\frac{2}{3}$ eines rechten Winkels sind ______°.

20 größte einstellige Primzahl

21 $\frac{4}{5}$ = ______%

22 Zehnerstufenzahl

23 kleinste dreistellige Primzahl

Senkrecht:

1 Quadratzahl

2 $\frac{1}{5}$ = ______%

3 $\frac{1}{45}$ von 360° ist ______°.

4 0,03 = ______%

5 $\frac{6}{7} = \frac{\blacksquare}{49}$

6 Vielfaches von 37

8 $\frac{4}{5} = \frac{16}{\blacksquare}$

11 $\frac{609}{3}$ = ______

12 Quadratzahl

14 $1^2 + 2^2$ = ______

15 0,161 = ______ Tausendstel

17 $1\frac{7}{60}$ min = ______ s

18 2 z 0 h 1 t = 0, ______

21 0,8 m = ______ cm

23 kleinste natürliche Zahl

II. Zeichne die abgebildete „Schlange“ farbig in dein Heft, setze sie dort fort und gib die Koordinaten der Punkte A $(\frac{1}{2} \mid \frac{1}{2})$, B, … , J und K in Dezimalschreibweise an. Spiegle dann deine „Schlange“ an der y-Achse (zweite Farbe) und gib die Koordinaten der Spiegelpunkte A*, B*, …, J* und K* an.

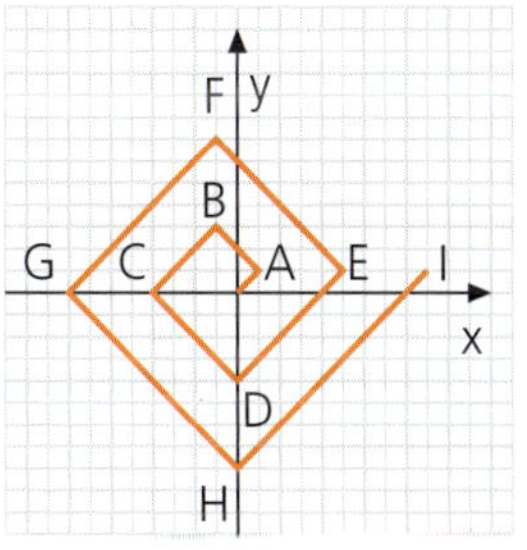

III. Das Rechteck FOUR ist 4,4 cm lang und 2,8 cm breit. Erstelle zu jeder Teilaufgabe in deinem Heft eine Zeichnung und löse dann die Teilaufgaben mit möglichst wenig Rechnung. Welchen Bruchteil des Flächeninhalts des Rechtecks FOUR nimmt

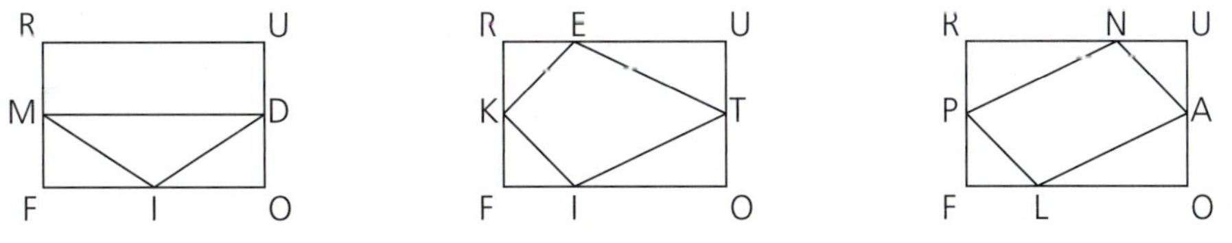

a) das Dreieck MID ein, wenn die Punkte M, I und D jeweils Mittelpunkte von Rechtecksseiten sind? Gib diesen Bruchteil auch in Prozent an.

b) das Drachenviereck KITE ein, wenn die Punkte K und T Seitenmittelpunkte sind und die Strecken [FI] und [RE] jeweils 1,4 cm lang sind? Gib diesen Bruchteil auch in Prozent an.

c) das Parallelogramm PLAN ein, wenn die Punkte P und A Seitenmittelpunkte sind und die Strecken [LO] und [RN] jeweils 3,0 cm lang sind? Gib diesen Bruchteil auch in Prozent an.

1. Die Abbildung zeigt zwei verschiedene Skalen. Lies jeweils die mit Pfeilen und Buchstaben markierten Größen ab und gib zu jeder abgelesenen Größe ein passendes Beispiel an.

a)

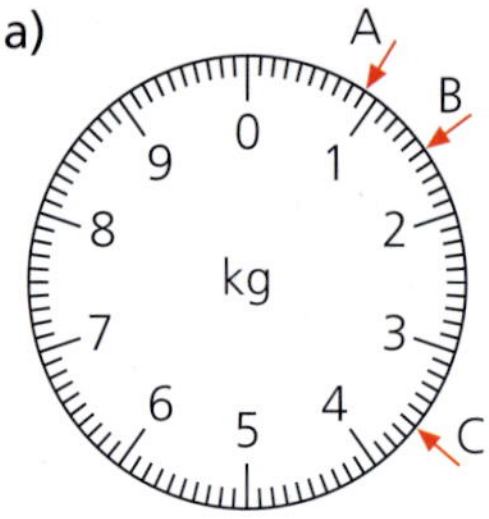

b)

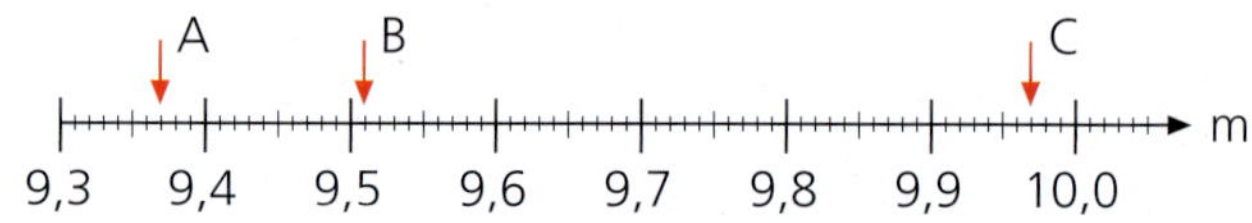

2. What temperature is shown on this thermometer?

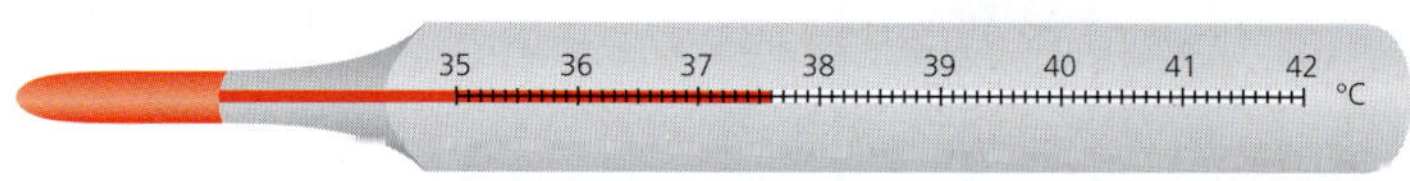

3. Schreibe die fünf rationalen Zahlen 6,5; 0,25; 0,7; 1,5 und 0,99 als Brüche (bzw. gemischte Zahlen) in Grundform.

4. Übertrage die Tabelle in dein Heft und ergänze sie dann dort.

Bruchschreibweise	Dezimalschreibweise	Prozentschreibweise
$\frac{3}{4}$	0,75	75%
$\frac{2}{5}$		
	0,45	
		50%

5. Übertrage die Zahlengerade in dein Heft und ergänze sie dann dort.

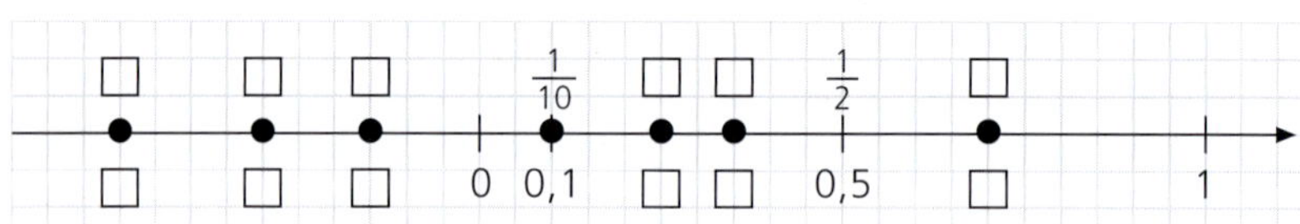

6. Gib jeden der fünf Brüche $\frac{56}{700}$, $\frac{50}{600}$, $\frac{9}{150}$, $\frac{37}{148}$ und $\frac{4}{500}$ in Grundform an und zerlege dann jeden der Grundformnenner in Primfaktoren. Begründe, welche Brüche du als „Zehnerbrüche" darstellen kannst.

7. Runde jeweils auf die in der [eckigen] Klammer angegebene Einheit:

a) 1 € = 1,0975 $ [¢] b) 57,129 m [dm] c) 388,56 l [Liter]
d) 3,23 [Zehntel] e) 99,9% [Prozent].

8. Zeichne ein Koordinatensystem (Einheit 2 cm) in dein Heft. Trage dann die Punkte A (0 I –1,25), B (0,5 I –1,75), C (0,75I –0,75), D (1,5 I –0,75) und E (1 I 0) sowie die Strecken [OA], [OB], [OC], [OD] und [OE] ein. Spiegle die entstandene Figur zuerst an der x-Achse und dann die gesamte Figur an der y-Achse. Verbinde alle Punkte zu einem Stern und male diesen farbig an.

Lösungen unter www.ccbuchner.de (Eingabe „8256" im Suchfeld)

Kapitel 3
Relative Häufigkeit

Jakob Bernoulli

geb. 1654 in Basel
gest. 1705 in Basel

Die Frage, wie oft ein bestimmtes Ereignis unter gegebenen Bedingungen auftritt, beschäftigte die Menschen seit jeher – so z. B. bei Glücksspielen die Frage nach der Häufigkeit eines Treffers.

Eine grundlegende Behandlung solcher Fragen nach Häufigkeiten von Ereignissen und nach der Vorhersage bestimmter Ergebnisse lieferte der Schweizer Mathematiker **Jakob Bernoulli** in seinem Werk „Ars Conjectandi" („Die Kunst der Vermutung"). Er wirkte als Professor für Mathematik an der Universität Basel. Einer seiner Biographen charakterisiert **Jakob Bernoulli** wenig schmeichelhaft:

Er war eigenwillig, starrsinnig, aggressiv, rachsüchtig, von Minderwertigkeitsgefühlen befallen und dennoch fest von seinen eigenen Fähigkeiten überzeugt.

Seine überragenden Beiträge zur Mathematik bestätigen jedenfalls Bernoullis Selbsteinschätzung.

Arbeitsauftrag

- Überlege, ob Gregor sicher sein kann, dass er beim nächsten Versuch (bzw. bei den nächsten zehn, fünfzig, hundert ... Runden) eine Sechs würfelt.

Das Werfen eines Spielwürfels bzw. einer Münze, das Drehen eines Glücksrads usw. sind Vorgänge, deren Ergebnis **zufällig**, also nicht vorhersagbar ist. Man nennt solche Vorgänge **Zufallsexperimente**.
Bei der Auswertung der Ergebnisse von Zufallsexperimenten verwendet man häufig die Darstellung in einer **Strichliste** oder in einer **Tabelle** bzw. in einem **Diagramm**.

Beispiele

- Eine deutsche 2-€-Münze wird zweimal geworfen. Gib die Gesamtheit aller möglichen Versuchsergebnisse in Mengenschreibweise an; dabei soll Z „Zahl wird geworfen" und A „Adler wird geworfen" bedeuten.

  Lösung: {ZZ; ZA; AZ; AA}.

- Lucas hat einen Spielwürfel 50-mal geworfen und die (absolute) Häufigkeit der geworfenen Augenanzahlen in einem Säulendiagramm dargestellt. Gib sein Ergebnis in Tabellenform an.

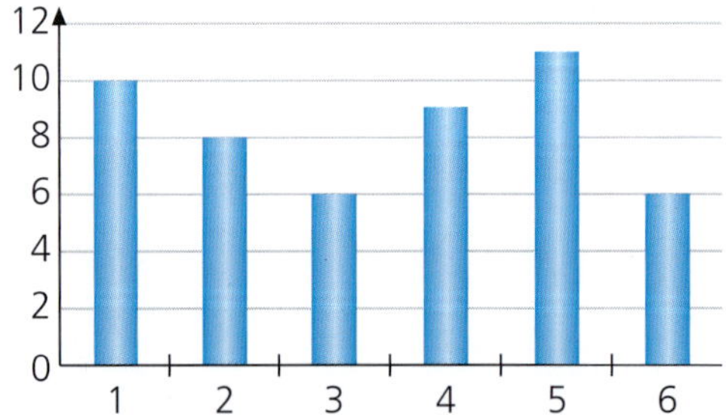

Lösung:

Augenanzahl	1	2	3	4	5	6
Häufigkeit	10	8	6	9	11	6

Lucas: Der Ausgang eines Fußballspiels ist meistens kein Zufall.

- Ist das Fallenlassen eines Balls ein Zufallsexperiment?
- Wie viele verschiedene Ergebnisse sind möglich, wenn du eine 2-€-Münze dreimal wirfst?

Aufgaben

1. Finde mindestens fünf weitere Beispiele für Zufallsexperimente.

G 2. Wirf eine deutsche 2-€-Münze einhundertmal und stelle in einem Säulendiagramm dar, wie oft „Adler" und wie oft „Zahl" geworfen wurde.

G 3. Wirf mit deinem Nachbarn oder deiner Nachbarin abwechselnd insgesamt einhundertmal einen Spielwürfel.

Augenanzahl	1	2	3	4	5	6
Gruppe 1	15	18	16	20	12	19
Gruppe 2						
Gruppe 3						
...						

a) Haltet eure Ergebnisse in einer Strichliste fest und stellt dann das Gesamtergebnis in einem Diagramm dar.

b) Tragt in eine Tabelle ein, wie oft jede der sechs Augenanzahlen von eurer Gruppe geworfen wurde; die anderen Gruppen machen das ebenfalls. Ermittelt dann, wie oft bei diesem Zufallsexperiment in der Klasse insgesamt jede der sechs Augenanzahlen geworfen wurde.

c) Stellt das Endergebnis der Teilaufgabe b) in einem Säulendiagramm dar. Erkläre, woran man einen „guten" Würfel erkennt.

4. Zeichne ein Netz einer dreiseitigen Pyramide mit lauter gleich langen Kanten (Kantenlänge 5 cm; Dreiecksinnenwinkel jeweils 60°) zweimal auf dünnen Karton, beschrifte die Flächen beide Male mit den Zahlen 1, 2, 3 bzw. 4 und schneide dann beide Netze aus (Klebelaschen nicht vergessen).

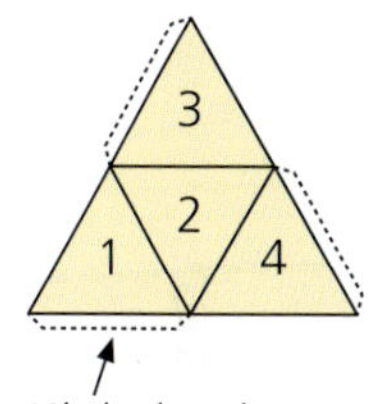

a) Baue aus einem der beiden Netze die Pyramide I (Zahlen nach außen).

b) Klebe beim zweiten Netz auf die Rückseite der Fläche 2 einen kleinen Stein oder eine 5-Cent-Münze und baue dann die Pyramide II (Zahlen nach außen).

c) „Würfle" mit jeder deiner beiden Pyramiden I und II aus a) bzw. b) jeweils 100-mal. Als „geworfen" gilt dabei die Zahl am Boden der Pyramide. Vergleiche die Ergebnisse dieser beiden Zufallsexperimente und stelle sie in einem einzigen Säulendiagramm dar.

5. Mit einer der beiden Pyramiden aus Aufgabe 4. wird dreimal „gewürfelt".

a) Finde durch Überlegen heraus, wie viele verschiedene Versuchsergebnisse bei diesem Zufallsexperiment möglich sind, wenn du es mit der Pyramide I durchführst.

b) Finde durch Überlegen heraus, wie viele verschiedene Versuchsergebnisse bei diesem Zufallsexperiment möglich sind, wenn du es mit der Pyramide II durchführst.

G 6. Wirf einen Spielwürfel viermal und notiere die vier Augenanzahlen. Bilde dann aus diesen vier Zahlen unter Verwendung von Grundrechenarten (und ggf. Klammern) einen Term, dessen Wert 21 beträgt oder möglichst nahe bei 21 liegt. Führe dieses Experiment insgesamt 10-mal durch.

1. Wurf 2. Wurf 3. Wurf 4. Wurf

Term: $4 \cdot 4 + 6 - 1$
Termwert: 21

W1 Welche Zähler und Nenner müssen ergänzt werden?
$4 = \frac{\bullet}{9} = \frac{8}{\blacksquare} = \frac{120}{\blacktriangle} = \frac{\blacksquare}{35} = \frac{\blacklozenge}{46}$

W2 Wie viel musste Lucas bezahlen, wenn seine neue Fahrradtasche (regulär 28 €) um 25% herabgesetzt war?

W3 Welche Verkehrszeichen besitzen mehr als drei Symmetrieachsen? Zeichne ein Beispiel.

$234 - 432 = ?$
$3{,}05\ \text{km} \cdot 20 = ?$
$24^2 + 10^2 = \blacksquare^2$

Eine 2-€-Münze wurde 200-mal geworfen. Die Anteile von „Zahl" bzw. „Adler" hat Lucas in einer Tabelle, Sophie in einem Säulendiagramm dargestellt.

Anzahl der Würfe	25	50	75	100	125	150	175	200
Anteil von Z	$\frac{10}{25}$	$\frac{17}{50}$	$\frac{33}{75}$	$\frac{49}{100}$	$\frac{63}{125}$	$\frac{74}{150}$	$\frac{89}{175}$	$\frac{98}{200}$
Anteil von A	$\frac{15}{25}$	$\frac{33}{50}$	$\frac{42}{75}$	$\frac{51}{100}$	$\frac{62}{125}$	$\frac{76}{150}$	$\frac{86}{175}$	$\frac{102}{200}$

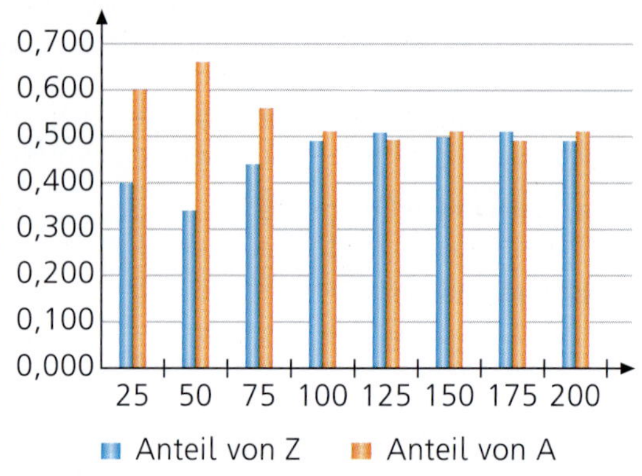

Arbeitsauftrag

- Wirf selbst eine 2-€-Münze 200-mal, veranschauliche dein Ergebnis in einem Diagramm und beschreibe dein Ergebnis. Was fällt dir auf?

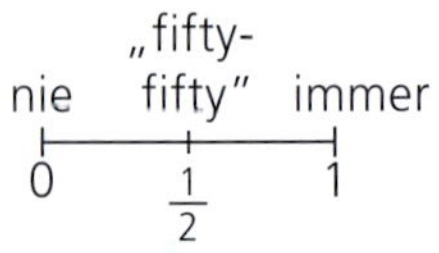

Man führt ein Zufallsexperiment (z. B. das Werfen einer Münze) mehrmals (n-mal; z. B. n = 200) durch. Tritt dabei ein bestimmtes Versuchsergebnis (z. B. das Werfen von „Adler") k-mal (z. B. k = 102) ein, so bezeichnet man die Anzahl k als die **absolute Häufigkeit** dieses Versuchsergebnisses. Der Anteil $\frac{k}{n}$ an der Gesamtanzahl n der Durchführungen des Zufallsexperiments heißt **relative Häufigkeit** dieses Versuchsergebnisses:

$$\mathbf{\frac{k}{n} = \frac{\text{„so oft ist ein bestimmtes Versuchsergebnis eingetreten"}}{\text{„so oft ist das Zufallsexperiment durchgeführt worden"}}.}$$

Die Erfahrung zeigt, dass sich nach einer „großen" Anzahl von Durchführungen eines Zufallsexperiments die relative Häufigkeit eines Versuchsergebnisses bei weiteren Durchführungen kaum noch verändert (**Gesetz der großen Zahlen**).

Auch sonst bezeichnet man vielfach **Anteile** als relative Häufigkeiten. Wenn z. B. 20 von 25 Kindern einer Klasse Geschwister haben, so beträgt der Anteil der Kinder mit Geschwistern an der gesamten Klasse, also die relative Häufigkeit von Kindern, die Geschwister haben, $\frac{20}{25}$ = 80% (bei der Angabe von relativen Häufigkeiten verwendet man oft die Prozentschreibweise).

Beispiele

- In einem Haus wohnen 40 Personen, darunter 12 Kinder. Gib den Anteil der Kinder an den Bewohnern des Hauses in Bruch- und in Prozentschreibweise an.

  Lösung: $\frac{12}{40} = \frac{3}{10} = 0{,}3 = 30\%$.

- Gregor hat bei einem Würfelspiel in einer Strichliste festgehalten, welche Augenanzahlen er wie oft geworfen hat. Ergänze seine Tabelle und stelle die relativen Häufigkeiten in einem Säulendiagramm dar.

Augenanzahl	1	2	3	4	5	6
Strichliste	卌 卌 II	卌 卌 卌 I	卌 卌	卌 卌 卌 卌	卌 卌 卌 卌 III	卌 卌 卌 IIII
Absolute Häufigkeit	12	16	10	20	23	19
Relative Häufigkeit	$\frac{12}{100}$ = 12%	$\frac{16}{100}$ = 16%	$\frac{10}{100}$ = 10%	$\frac{20}{100}$ = 20%	$\frac{23}{100}$ = 23%	$\frac{19}{100}$ = 19%

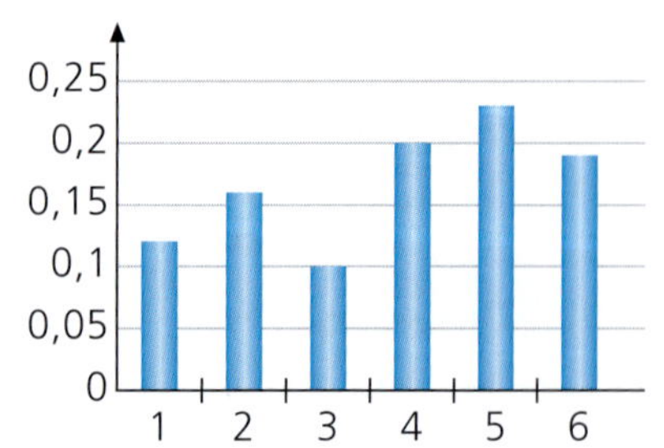

- Kann die relative Häufigkeit den Wert 0, kann sie den Wert 1 haben?
- Kann die relative Häufigkeit einen negativen Wert besitzen?
- Welcher Unterschied besteht zwischen der absoluten und der relativen Häufigkeit eines Versuchsergebnisses?

Aufgaben

1. a) Gib die relative Häufigkeit aller in dem Satz „Im Deutschen ist der Buchstabe ‚e' der häufigste Buchstabe." vorkommenden Buchstaben an („ä" soll durch „ae" ersetzt werden). Übertrage dazu die Tabelle in dein Heft und ergänze sie dort.

Buchstabe	a	b	c	d	e	f	g	h	i	j	k	l	m	n	o	p	q	r	s	t	u	v	w	x	y	z
Absolute Häufigkeit	3																									
Relative Häufigkeit	$\frac{3}{49}$																									

b) Folgt aus der Tabelle zu a), dass der Buchstabe „s" in jedem deutschen Text ebenso häufig vorkommt wie der Buchstabe „t"? Folgt aus dieser Tabelle, dass in jedem deutschen Text der Buchstabe „b" häufiger vorkommt als der Buchstabe „n"? Begründe deine Meinung.

2. In den Herbstferien (5 Ferientage) und in den Weihnachtsferien (12 Ferientage) war jeweils an drei Tagen schönes Wetter. Sophie sagt: „In den Herbstferien hatten wir mehr Glück mit dem Wetter als in den Weihnachtsferien."
Nimm zu Sophies Aussage Stellung.

3. Die drei Sektoren des abgebildeten Glücksrads sind gleich groß. Beim Spiel mit dem Glücksrad wurden die folgenden absoluten Häufigkeiten erhalten:

Der Zeiger zeigte so oft	auf Sektor
卌 卌 卌 卌 卌 卌 |	1
卌 卌 卌 卌 卌 卌 卌 卌	2
卌 卌 卌 卌 卌 ||||	3

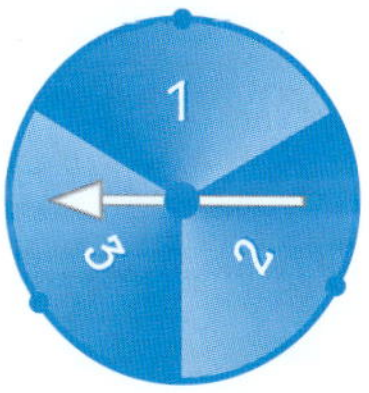

a) Bestimme die relativen Häufigkeiten der drei Versuchsergebnisse und gib an, welchem Wert sich deiner Meinung nach die relative Häufigkeit jedes der drei Versuchsergebnisse nähern wird, wenn dieses Glücksrad sehr oft gedreht wird.

b) Erkläre, wann absolute Häufigkeiten weniger aussagekräftig sind als relative Häufigkeiten.

4. Beim Werfen eines Spielwürfels ergaben sich die folgenden absoluten Häufigkeiten:

Augenanzahl	1	2	3	4	5	6
Absolute Häufigkeit nach 100 Würfen	10	27	18	17	11	17
Absolute Häufigkeit nach 200 Würfen	24	44	40	31	29	32
Absolute Häufigkeit nach 300 Würfen	36	56	58	55	49	46
Absolute Häufigkeit nach 400 Würfen		71	74		65	62
Absolute Häufigkeit nach 500 Würfen	71	89		88		82

a) Lege in deinem Heft eine Tabelle an und trage dann dort die relativen Häufigkeiten der verschiedenen Augenanzahlen nach 100, 200 bzw. 300 Würfen ein.

b) Bei 400 Würfen ergab sich für die Augenanzahl 1 eine relative Häufigkeit von 13%. Wie oft wurde bis dahin die Augenanzahl 1, wie oft die Augenanzahl 4 geworfen?

c) Bei 500 Würfen war die relative Häufigkeit der Augenanzahl 5 genau $\frac{4}{25}$. Wie oft wurde bis dahin die Augenanzahl 5, wie oft die Augenanzahl 3 geworfen?

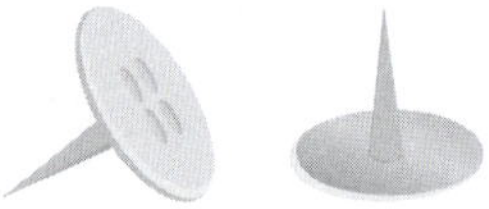

„Spitze" „Kopf"

G 5. In der Abbildung sind 100 Reißnägel zu sehen, die auf den Tisch geschüttet wurden:

a) Bestimme die relative Häufigkeit der Lage „Kopf" bzw. der Lage „Spitze".

b) „Würfle" mit einem Reißnagel 100-mal und ermittle die relative Häufigkeit von „Kopf" bzw. von „Spitze". Vergleiche dein Ergebnis mit dem Ergebnis von a).

6. In den Klassen 6 A und 6 B wurde am selben Tag in derselben Unterrichtsstunde dieselbe Mathematikschulaufgabe geschrieben. In dieser Schulaufgabe haben 28% der Kinder in Klasse 6 A die Note 3 und 25% der Kinder in Klasse 6 B die Note 4 erhalten. Übertrage die Tabelle in dein Heft und ergänze sie dann dort.

Klasse	Note 1	Note 2	Note 3	Note 4	Note 5	Note 6	Gesamt
6 A	5	3			3	1	25
6 B	4	3			1	3	20

a) Berechne für jede der beiden Klassen die Durchschnittsnote.

b) Stelle für Klasse 6 A die absoluten Häufigkeiten, für Klasse 6 B die relativen Häufigkeiten der einzelnen Noten in je einem Säulendiagramm dar.

c) Welche dieser beiden Klassen hältst du für die „bessere" Klasse? Begründe deine Meinung.

7. Laura und Sophie haben an ihrer Schule unter allen Kindern der sechsten Jahrgangsstufe eine Befragung durchgeführt und das Ergebnis in einer Vierfeldertafel dargestellt:

Es haben …	… einen Hund	… keinen Hund	Gesamt
… eine Katze	31	46	
… keine Katze	12	11	
Gesamt			

a) Übertrage die Vierfeldertafel in dein Heft und ergänze sie dann dort.

b) Wie viel Prozent aller befragten Kinder haben entweder einen Hund oder eine Katze oder beides?

Lewis Carroll

G 8. Das Diagramm zeigt die Anzahl der Buchstaben der Wörter im ersten Satz des Buchs „Alice im Wunderland“ bzw. „Alice's Adventures in Wonderland“ von Lewis Carroll, einem Mathematikdozenten an der Universität Oxford, der die Abenteuer des kleinen Mädchens Alice erstmals 1865 veröffentlichte.

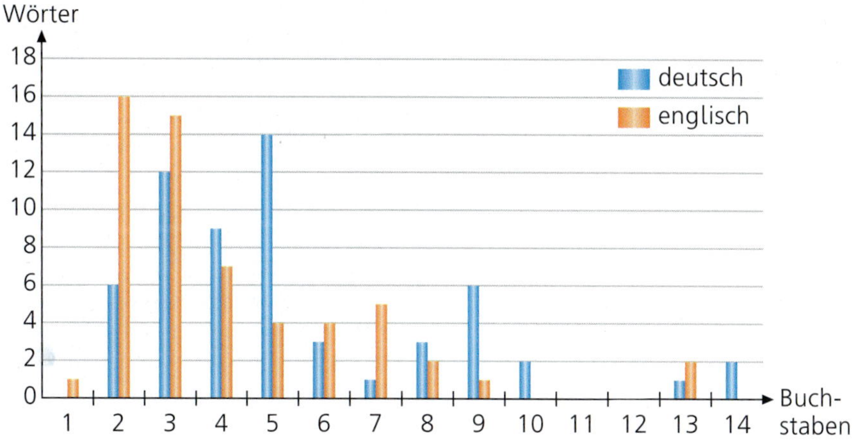

a) Erläutere das Diagramm.

b) Wie viele Wörter enthält der erste Satz in der deutschen Ausgabe, wie viele in der englischen?

c) Welche Wortlänge kommt im deutschen Satz, welche im englischen Satz am häufigsten vor?

d) Welcher Bruchteil der Wörter im deutschen Satz, welcher Bruchteil der Wörter im englischen Satz besitzt weniger als vier Buchstaben? Begründe, warum du keinen dieser Bruchteile als Dezimalzahl angeben kannst.

9. Bei der Schulsprecherwahl haben **D**aniel, **F**ranzi, **J**utta und **W**olfgang kandidiert. Die Strichliste zeigt, wie viele Stimmen jedes dieser Kinder erhalten hat.

D	F	J	W
𝍸 II	𝍸 𝍸 IIII	𝍸 𝍸 𝍸 𝍸 𝍸 IIII	𝍸 𝍸 𝍸 𝍸 I

a) Wer hat die Wahl gewonnen, wer hat die zweithöchste Stimmenanzahl erreicht?

b) Welchen Bruchteil aller Stimmen haben die beiden mit den meisten bzw. zweitmeisten Stimmen zusammen erhalten?

c) Wie viele Stimmen haben Jutta zur absoluten Mehrheit gefehlt?

Finde heraus, welche Aufgaben ein Schulsprecher hat.

W1 **W**andle jeweils in eine Dezimalzahl um: $\frac{3}{10}$; 20%; $\frac{50}{100}$; 63%; 90%; $\frac{457}{500}$.

W2 **W**elche Größe hat der Winkel ∢ RST? Schätze.

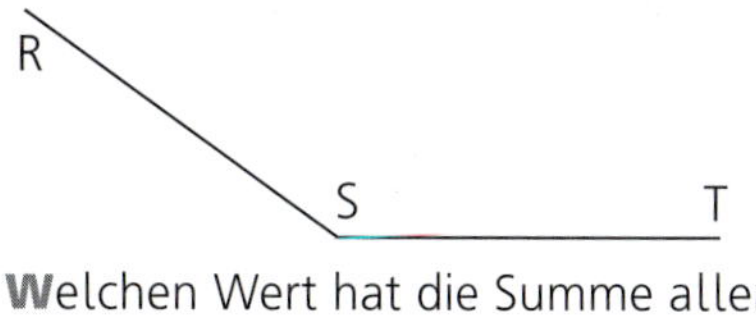

W3 **W**elchen Wert hat die Summe aller ganzen Zahlen von −50 bis +52?

$6 \cdot 25\ m^2 = ?$
$120 \cdot 25\ cm = ?$
$18^0 + 0^{18} = ?$

Themenseite

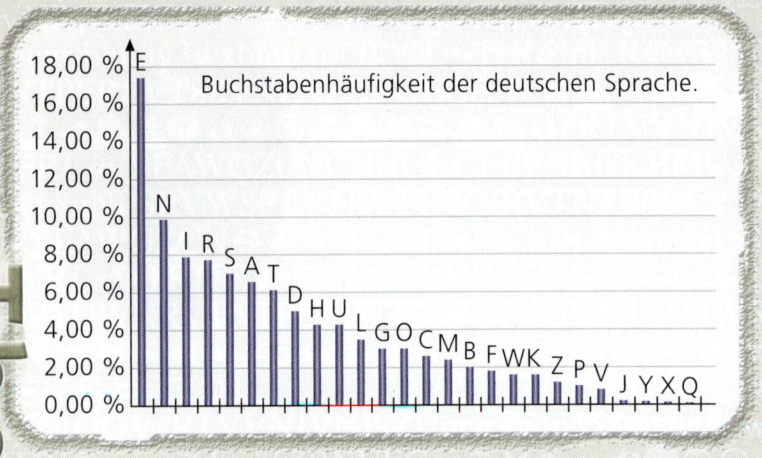

In einem deutschen Text werden die Buchstaben unterschiedlich oft verwendet. Der häufigste ist mit über 17% der Buchstabe „e", gefolgt von den Buchstaben der Gruppe „n, i, r, s, a, t", deren relative Häufigkeiten zwischen 6% und 10% liegen. Für die Lehre vom Verschlüsseln (und Entschlüsseln) von Botschaften (**Kryptographie**) ist dies ein wichtiger Ansatzpunkt. Vielfach wird ein Buchstabe des Originaltexts immer mit dem gleichen Buchstaben verschlüsselt (Beispiel: Jedes „b" wird mit „f" verschlüsselt); dann kann man aus den Häufigkeiten der Buchstaben im verschlüsselten Text oft auf „e" und auf die Gruppe der sechs Buchstaben „n, i, r, s, a, t" im zugehörigen Originaltext schließen.

Chiffrierscheibe: zwei gegeneinander drehbare Scheiben

äußeres Alphabet: Originaltext

inneres Alphabet: Geheimtext

Julius Caesar
(100 v. Chr. bis 44 v. Chr.)

Geheimschriften wurden schon im Altertum verwendet, um geheime Botschaften möglichst sicher zu übermitteln. Auch heute werden z. B. bei der Benutzung von Computern und bei der Datenübertragung Codierungen verwendet.

Eine einfache Verschlüsselungsmethode stammt von Julius Caesar. Er benutzte eine **Verschiebung des Alphabets**: Jeder Buchstabe des Originaltexts wurde dabei z. B. durch den überüberübernächsten Buchstaben des Alphabets ersetzt. Am einfachsten kann man sich dieses Vorgehen mit einer **Chiffrierscheibe** klarmachen.

Jeder Buchstabe des Originaltexts wird durch den ihm auf der inneren Scheibe zugeordneten Buchstaben des Geheimtext-Alphabets verschlüsselt (chiffriert). In unserem Bild wird also z. B. der Buchstabe A des Originaltexts durch E im Geheimtext verschlüsselt. Ein Nachteil der Caesar-Verschlüsselung ist, dass es nur 25 echte Chiffrierungen gibt.

1. Stelle eine Chiffrierscheibe her. Schneide dazu aus Karton zwei Kreisscheiben (Radiuslängen 4 cm bzw. 5 cm) aus, teile jeweils den 360°-Mittelpunktswinkel in 26 gleich große Teile und beschrifte in der Reihenfolge des Alphabets jeden Kreissektor mit einem Buchstaben. Befestige die beiden Scheiben so aufeinander, dass du die obere gegen die untere drehen kannst. Verschlüssle dann das Wort GEHEIMSCHRIFT und vergleiche dein Ergebnis mit dem deines Nachbarn oder deiner Nachbarin.

2. Entschlüssle den nach der Caesar-Methode verschlüsselten Text von Erich Kästner HVJLEWQLFKWVJXWHVDXVVHUPDQWXWHV, bei dem z. B. dem Buchstaben „A" des Originaltexts in der Verschlüsselung der Buchstabe „D" entspricht.

G 3. Suche den häufigsten Buchstaben im abgebildeten Geheimtext: Er wird ziemlich sicher dem „E“ im Originaltext entsprechen. Die übrigen Buchstaben ergeben sich dann mit der Chiffrierscheibe. Finde heraus, wie der Originaltext lautet.

MUDDTKTYUIUDJUNJ
XUHQKIWUVKDTUDXQI
JAQDDIJTKMEXBQBBU
QDTUHUDLUHISXBKUII
UBKDWUDQKSXBUIUD

4. Entschlüssle folgenden Text, der mithilfe von „Windings“ verschlüsselt ist:
👎♋⬧ ⬧□♓♏● ♓⬧⧫ ♎♓♏ ⬧♍♒⬀■⬧⧫♏ ✌❒⧫📫 ♏♓■♏
⬧♋♍♒♏ ⌘◆ ♌♏♑♓■■♏■📪 ☎☹♏♓♌■♓⌘✆

5. Wenn wir jedem der 26 Buchstaben des Alphabets eine zweistellige „Zahl“ zuordnen, erhalten wir eine weitere einfache Verschlüsselung:

A	B	C	D	E	F	G	H	I	J	K	L	M	N	O	P	Q	R	S	T	U	V	W	X	Y	Z
01	02	03	04	05	06	07	08	09	10	11	12	13	14	15	16	17	18	19	20	21	22	23	24	25	26

Entschlüssle mithilfe der Tabelle den Geheimtext 071805071518: „1301200805 091920 03151512.“

G 6. Buchstaben lassen sich auch mithilfe von Primzahlen verschlüsseln. Jedem der 26 Buchstaben des Alphabets wird zunächst seine Platz-„Ziffer“ und dann der Geheimtextbuchstabe zugeordnet:

Originaltext	A	B	C	D	E	F	G	H	I	J	K	L	M
Platz-„Ziffer“	1	2	3	4	5	6	7	8	9	10	11	12	13
Rest	5	10		20			9		19	24		8	
Geheimtext	E	J		T			I		S	X		H	

Originaltext	N	O	P	Q	R	S	T	U	V	W	X	Y	Z
Platz-„Ziffer“	14	15	16	17	**18**	19	20	21	22	23	24	25	26
Rest	**18**		2		12		22				16		
Geheimtext	R		B		L		V				P		

Die Verschlüsselung z. B. des Buchstabens N mit den Primzahlen 7 und 23 erfolgt so: N hat die Platz-„Ziffer“ 14. Man rechnet (14 · 7 · 23) : 26 und erhält als Ergebnis 86 Rest **18**. Der Buchstabe mit Platz-„Ziffer“ **18** ist R; also wird dem Buchstaben N im Originaltext der Buchstabe R im Geheimtext zugeordnet. Übertrage die Tabelle in dein Heft und ergänze sie dann dort.

a) Entschlüssle den Namen XECWJ JYLRWAHHS.

b) Verschlüssle deinen Namen und die Namen von Freundinnen und Freunden und lasse sie dann von deinem Nachbarn oder deiner Nachbarin entschlüsseln.

Morsezeichen

Der amerikanische Maler und Erfinder Samuel Morse (1791 bis 1872) entwickelte ein Alphabet für telegrafische Nachrichtenübermittlung. Es besteht aus Punkten und Strichen, die in verschiedener Weise gesendet werden können: als kurze und lange Stromstöße, Licht- oder Klopfsignale.

7. Entschlüssle den Morsetext
• •–• ––• • –••• –• •• ••• ••••• ––––– –––––

8. Verschlüssle das Wort FERIEN durch Schriftzeichen (Primzahlschlüssel) und durch Klopfzeichen (Morsealphabet).

A	•–	N	–•
B	–•••	O	–––
C	–•–•	P	•––•
D	–••	Q	––•–
E	•	R	•–•
F	••–•	S	•••
G	––•	T	–
H	••••	U	••–
I	••	V	•••–
J	•–––	W	•––
K	–•–	X	–••–
L	•–••	Y	–•––
M	––	Z	––••
1	•––––	6	–••••
2	••–––	7	––•••
3	•••––	8	–––••
4	••••–	9	––––•
5	•••••	0	–––––

Zu 3.1:
Aufgabe 1.

Lauras Schreibweise für das Ereignis „zwei gleiche Zahlen“: {(3; 3); (4; 4)}

1. In einer offenen Schachtel (I) sind vier mit den Zahlen ①, ②, ③ bzw. ④ nummerierte Kugeln; in einer zweiten offenen Schachtel (II) sind drei mit den Zahlen ③, ④ bzw. ⑥ nummerierte Kugeln. Laura zieht „blind“ zuerst aus der Schachtel (I) und dann aus der Schachtel (II) jeweils genau eine Kugel.
Gib die folgenden **Ereignisse** jeweils in Mengenschreibweise an.

a) Laura zieht zwei Zahlen, deren Summenwert größer als 5 ist.
b) Laura zieht zwei Zahlen, deren Summenwert eine Primzahl ist.
c) Laura zieht zwei Zahlen, deren Produktwert mindestens 12 ist.
d) Laura zieht zwei Zahlen, deren Produktwert größer als 24 ist.

Zu 3.2:
Aufgaben 2. und 3.

2. Berechne jeweils die relative Häufigkeit und gib sie in Bruch- und in Prozentschreibweise an:

a) Im vergangenen September hat es an 12 Tagen geregnet.
b) 78 von 104 verkauften T-Shirts hatten Größe M („medium“).
c) Ein Test ergab, dass 9 von 10 Kindern gern knobeln.
d) 21 der 30 Kinder von Klasse 6 A haben zu Hause Internetanschluss.
e) 81 der 100 Kinder der sechsten Jahrgangsstufe können schwimmen.

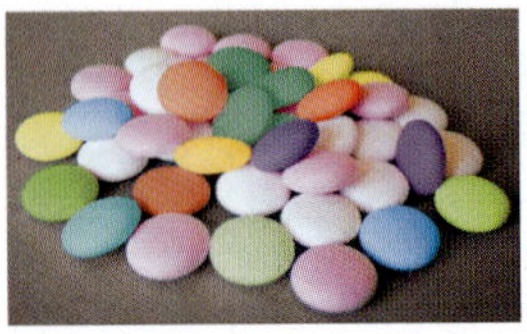

3. Bei drei verschieden großen Packungen Schokolinsen ergab sich folgende Farbverteilung:

Packung	gelb	rot	blau	grün	braun	rosa
1	15	25	50	30	12	18
2	25	30	50	40	30	25
3	8	15	26	24	15	12

Stelle die absoluten Häufigkeiten der verschiedenen Schokolinsen-Farben für diese drei Packungen in einem einzigen Säulendiagramm dar.

Weitere Aufgaben

4. Würfle insgesamt 100-mal gleichzeitig mit zwei Spielwürfeln und berechne jeweils den Summenwert der beiden Augenanzahlen.

a) Lege eine Tabelle ähnlich wie beim zweiten Beispiel in Unterkapitel 3.2 an, in der du mithilfe einer Strichliste die absolute und die relative Häufigkeit jedes Summenwerts ermittelst.
b) Stelle die relativen Häufigkeiten der Summenwerte in einem Säulendiagramm dar.
c) Warum kommt der Summenwert 7 häufiger vor als der Summenwert 2?

www.lotto.de

5. Beim Lotto „6 aus 49“ werden aus einer Trommel mit 49 durchnummerierten Kugeln nacheinander sechs Zahlen gezogen. Aus den verbleibenden 43 Zahlen wird dann noch eine „Zusatzzahl“ gezogen. Im Internet ist Näheres über die Häufigkeit jeder der natürlichen Zahlen von 1 bis 49 als Gewinnzahl zu ersehen. Informiere dich und präsentiere der Klasse deine Ergebnisse.

$5^6 : 5^4 = ?$
$6! = ?$
$0{,}08 = \frac{2}{\blacksquare}$

W1 **W**as versteht man unter einem echten Bruch? Gib fünf echte Brüche an, die jeweils größer als 0,4 sind.
W2 **W**arum ist es schwierig, eine Kokosnuss „gerecht“ zu dritteln?
W3 **W**elchen Wert hat die Differenz, die als Subtrahend die Summe der Zahlen 23 und 87 hat und deren Minuend die größte Quadratzahl kleiner als 100 ist?

G I. Zeichne auf Karton einen Kreis (Radiuslänge r = 3 cm) und dann – mithilfe deines Zirkels und deines Lineals – ein regelmäßiges Sechseck. Beschrifte es, schneide es aus und stecke durch den Kreismittelpunkt M einen Zahnstocher.

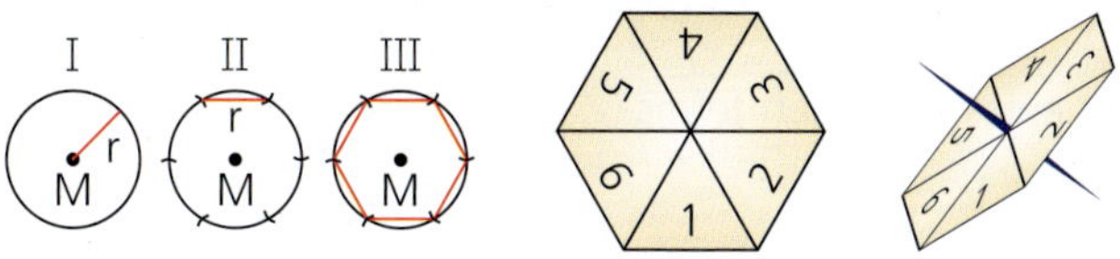

Drehe dann deinen Kreisel. Diejenige Zahl gilt als Ergebnis, die in dem Feld steht, mit dem der Kreisel die Tischplatte berührt, sobald er zur Ruhe gekommen ist. Lege eine Tabelle ähnlich wie beim zweiten Beispiel in Unterkapitel 3.2 an. Drehe deinen Kreisel insgesamt fünfzigmal und ermittle mithilfe einer Strichliste die absolute und die relative Häufigkeit des Ergebnisses 1; 2; 3; 4; 5 bzw. 6.

G II. Die Abbildung zeigt ein Netz eines Würfels. Gregor, Laura, Lucas und Sophie werfen diesen Würfel jeweils viermal und berechnen dann den Summenwert der vier von ihnen geworfenen Zahlen; als Ergebnis findet Gregor 4, Laura 2, Lucas 0 und Sophie –2. Finde heraus, welche Zahlen jedes der vier Kinder (ohne auf die Reihenfolge der geworfenen Zahlen zu achten) geworfen haben könnte, und gib hierfür jeweils mindestens zwei Möglichkeiten an.

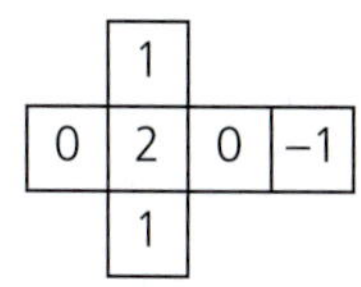

G III. Trage in deinem Heft die beiden Quadrate PLAY (Flächeninhalt 2,56 dm²) und JEUX (Flächeninhalt 36 cm²) so in ein Koordinatensystem (Einheit 1 cm) ein, dass ihr Diagonalenschnittpunkt jeweils der Koordinatenursprung O und jede ihrer Seiten zu einer der Koordinatenachsen parallel ist. Zeichne dann alle Symmetrieachsen der beiden Quadrate ein.

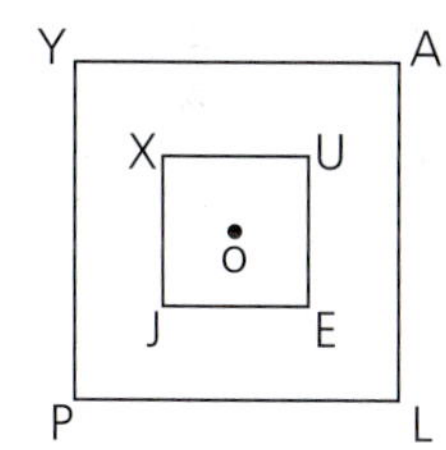

a) Gib die Koordinaten der Punkte P, L, A, Y, J, E, U und X an und ermittle die Umfangslängen U_{PLAY} sowie U_{JEUX}.

b) Aus etwa 30 cm Entfernung wird eine 1-Cent-Münze auf die Heftzeichnung geworfen.
Spielregel I: „Treffer" ist, wenn die Münze ganz innerhalb des Quadrats JEUX liegt (ohne dessen Rand zu treffen).
Spielregel II: „Treffer" ist, wenn die Münze ganz innerhalb des Quadrats PLAY und gleichzeitig ganz außerhalb des Quadrats JEUX liegt (ohne einen der beiden Ränder zu treffen).
Wirf eine 1-Cent-Münze einhundertmal und versuche dabei jedes Mal, nach der jeweiligen Spielregel einen „Treffer" zu erzielen. Ermittle jeweils die Anzahl der „Treffer" und beurteile bei jeder der beiden Spielregeln deine Gewinnchance.

IV. Eine Reiterzeitschrift führte eine Umfrage unter 500 Zwölfjährigen durch. Dabei gab die Hälfte aller Befragten an, dass sie gerne ein eigenes Pferd hätten; bei den Mädchen waren es sogar 140 der 200 Befragten.

a) Übertrage die Tabelle in dein Heft und ergänze sie dann dort mit den *absoluten* Häufigkeiten.

b) Erstelle mithilfe der Tabelle von Teilaufgabe a) eine Tabelle für die *relativen* Häufigkeiten und gib dann den Anteil der befragten Kinder, die sich kein Pferd wünschen, in Prozent an.

	Anzahl der Jungen	Anzahl der Mädchen	Anzahl gesamt
möchten ein Pferd			
möchten kein Pferd			
insgesamt			

Selbsttest

1. Gib bei jedem der vier Vorgänge an, ob es sich um ein Zufallsexperiment handelt. Begründe deine Meinung.

a) Ziehung der Lottozahlen „6 aus 49"

b) Roulettespiel

c) Berechnen des Werts eines einfachen Terms (z. B. des Terms $5 \cdot 9 + 7^2$)

d) Messen einer Streckenlänge.

2. Ein Spielwürfel wurde vierzigmal geworfen; dabei ergaben sich folgende Ergebnisse:

Augenanzahl	1	2	3	4	5	6
Absolute Häufigkeit	5	8	9	3	7	8

Berechne die relative Häufigkeit

a) jeder der sechs Augenanzahlen.

b) aller geraden Augenanzahlen zusammen.

c) aller Augenanzahlen, die Primzahlen sind, zusammen.

d) aller Augenanzahlen, die höchstens 6 betragen, zusammen.

3. Drei 2-€-Münzen wurden sechzigmal geworfen und das Ergebnis des Zufallsexperiments in einem Säulendiagramm dargestellt.

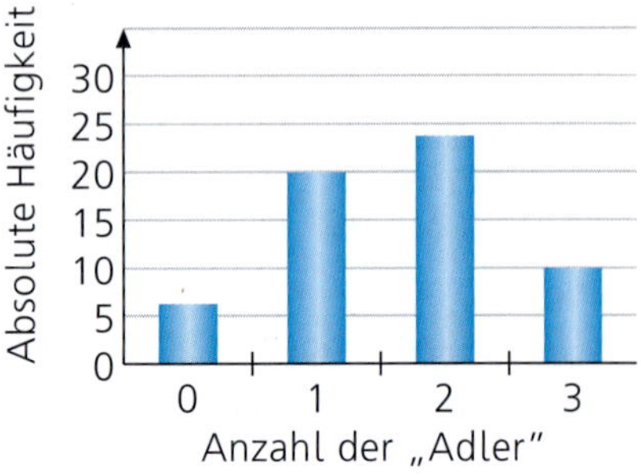

a) Erkläre das Säulendiagramm.

b) Ermittle aus dem Säulendiagramm die relative Häufigkeit des Werfens von „genau einmal Adler" sowie des Werfens von „dreimal Adler".

c) Setze das Säulendiagramm in ein Kreisdiagramm um.

4. Ein Glücksrad besteht aus zwei Kreissektoren. Der Mittelpunktswinkel von Sektor 1 misst 45°; „Treffer" ist, wenn der Zeiger in Sektor 1 stehen bleibt. Dieses Glücksrad wurde 200-mal gedreht und das Ergebnis in einer Tabelle dargestellt:

Zeiger bleibt stehen in	Sektor 1	Sektor 2
mit der absoluten Häufigkeit	26	174

a) Zeichne das Glücksrad (Radiuslänge: 3 cm) in dein Heft; male es farbig aus.

b) Welchen Bruchteil des Vollwinkels nimmt Sektor 1, welchen Sektor 2 ein?

c) Berechne die relative Häufigkeit für „Treffer" in Prozent.

d) Welchem Wert wird sich die relative Häufigkeit für „Treffer" vermutlich nähern, wenn dieses Glücksrad sehr oft gedreht wird ?

5. Aus den drei Buchstabenkarten [I] [E] [S] werden Wörter gelegt.

a) Wie viele verschiedene Wörter lassen sich legen?

b) Gib die relative Häufigkeit der sinnvollen Wörter unter allen möglichen Wörtern an.

Lösungen unter www.ccbuchner.de (Eingabe „8256" im Suchfeld)

Kapitel 4
Addition und Subtraktion nichtnegativer rationaler Zahlen

Bruchteil	Römischer Name
$\frac{1}{576}$	obolus
$\frac{1}{48}$	silicus
$\frac{1}{24}$	semuncia
$\frac{1}{12}$	uncia
$\frac{1}{4}$	quadrans
$\frac{1}{3}$	triens
$\frac{5}{12}$	quincunx
$\frac{1}{2}$	semis
$\frac{2}{3}$	bes
$\frac{3}{4}$	dodrans

Die Römer benannten Brüche nach Bruchteilen des as, einer römischen Kupfermünze; $\frac{1}{12}$ as z. B. wurde „uncia" genannt.

Ein Beispiel für das Rechnen mit Brüchen bei den Römern ist uns von dem Dichter Horaz überliefert. Es handelt sich um ein Gespräch zwischen einem Lehrer und seinem Schüler über Fragen der Bruchrechnung:

„Sag mir, Sohn des Albinus: Wenn du von fünf Unzen eine Unze wegnimmst, was bleibt übrig? Du hättest schon längst antworten können!"

„Ein Drittel!"

„Richtig! Du wirst dein Vermögen gut verwalten können. Wird aber die Unze zugelegt, was kommt dann heraus?"

„Einhalb."

Die von dem Lehrer gestellten Aufgaben und ihre Lösungen lauten in heutiger Schreibweise (beachte: 1 Unze = $\frac{1}{12}$!):

$\frac{5}{12} - \frac{1}{12} = \frac{1}{3}$ $\frac{5}{12} + \frac{1}{12} = \frac{1}{2}$.

Quintus Horatius Flaccus (Horaz)

geb. 65 v. Chr. in Venusia
gest. 8 v. Chr. in Rom

4.1 Addieren und Subtrahieren gleichnamiger Brüche

Arbeitsaufträge

- Gib an, welche Bruchteile der vier Torten jeweils übrig geblieben sind.
- Finde heraus, ob drei Torten wirklich gereicht hätten.

Brüche, die gleiche Nenner besitzen, heißen **gleichnamig.**
Gleichnamige Brüche werden addiert bzw. subtrahiert, indem man ihre **Zähler** addiert bzw. subtrahiert und den gemeinsamen **Nenner** beibehält.

Beispiele: $\frac{5}{12} + \frac{2}{12} = \frac{5+2}{12} = \frac{7}{12}$ $\frac{11}{12} - \frac{4}{12} = \frac{11-4}{12} = \frac{7}{12}$

Allgemein gilt

$\frac{a}{n} + \frac{b}{n} = \frac{a+b}{n}$ $\frac{c}{n} - \frac{d}{n} = \frac{c-d}{n}$ $a, b, c, d \in \mathbb{N}_0;\ c \geqq d;\ n \in \mathbb{N}$

Gemischte Zahlen werden addiert bzw. subtrahiert, indem man jeweils sowohl die natürlichen Zahlen wie auch die Brüche addiert bzw. subtrahiert.

Beispiele: $3\frac{2}{7} + 1\frac{3}{7} = (3+1) + \frac{2+3}{7} = 4\frac{5}{7}$ $7\frac{8}{11} - 1\frac{3}{11} = (7-1) + \frac{8-3}{11} = 6\frac{5}{11}$

Das **Kommutativgesetz** gilt nicht nur für die Addition ganzer Zahlen, sondern auch für die Addition von Brüchen (und von gemischten Zahlen).

Beispiel: $\frac{2}{7} + \frac{3}{7} = \frac{5}{7}$ $\frac{3}{7} + \frac{2}{7} = \frac{5}{7}$

Auch das **Assoziativgesetz** gilt nicht nur für die Addition ganzer Zahlen, sondern auch für die Addition von Brüchen (und von gemischten Zahlen).

Beispiel: $\left(2\frac{1}{20} + \frac{7}{20}\right) + \frac{3}{20} = 2\frac{8}{20} + \frac{3}{20} = 2\frac{11}{20}$

$2\frac{1}{20} + \left(\frac{7}{20} + \frac{3}{20}\right) = 2\frac{1}{20} + \frac{10}{20} = 2\frac{11}{20}$

Beispiele

- $\frac{4}{7} + \frac{2}{7} = \frac{4+2}{7} = \frac{6}{7}$; $\frac{15}{16} - \frac{3}{16} = \frac{15-3}{16} = \frac{12}{16} = \frac{3}{4}$ (mit 4 gekürzt)
- $1\frac{3}{10} + 2\frac{9}{10} = (1+2) + \frac{3+9}{10} = 3 + \frac{12}{10} = 4\frac{2}{10} = 4\frac{1}{5}$
- $3\frac{2}{9} - 1\frac{5}{9} = 2\frac{11}{9} - 1\frac{5}{9} = (2-1) + \frac{11-5}{9} = 1 + \frac{6}{9} = 1\frac{2}{3}$
- $6 - 3\frac{2}{11} = 5\frac{11}{11} - 3\frac{2}{11} = (5-3) + \frac{11-2}{11} = 2 + \frac{9}{11} = 2\frac{9}{11}$

Lucas überlegt:
Da $\frac{2}{9} < \frac{5}{9}$ ist, muss ich ein Ganzes „zu leihen nehmen" und in Neuntel verwandeln:
$3\frac{2}{9} = 2\frac{11}{9}$

- Wie lässt sich 12% + 15% als Summe gleichnamiger Brüche schreiben?
- Können verschiedene Stammbrüche gleichnamig sein?

Aufgaben

1. Berechne jeweils den Termwert im Kopf und gib dann an, wie viel auf die nächstgrößere ganze Zahl fehlt.

a) $\frac{2}{4} + \frac{1}{4}$; $\quad \frac{4}{10} + \frac{5}{10}$; $\quad \frac{5}{9} + \frac{6}{9}$; $\quad \frac{4}{11} + \frac{8}{11}$; $\quad \frac{5}{6} + \frac{7}{6}$

b) $2{,}25 + 1\frac{2}{4}$; $\quad 5 - 1\frac{1}{3}$; $\quad 6 + \frac{4}{5}$; $\quad 9\frac{3}{11} - 7\frac{7}{11}$; $\quad 12\frac{8}{10} + 13{,}1$

c) $0{,}8 + \frac{6}{5}$; $\quad 9\frac{2}{17} - 7$; $\quad 3\frac{5}{6} + 4\frac{1}{6}$; $\quad 18 - \frac{1}{18}$; $\quad 19\frac{2}{7} + 3\frac{4}{7}$

2. Berechne jeweils möglichst vorteilhaft den Termwert und gib dann an, wie viel auf die nächstgrößere Primzahl fehlt.

a) $\frac{1}{5} + \frac{3}{5} + \frac{4}{5}$; $\quad \frac{13}{5} + \frac{8}{5} + \frac{7}{5}$; $\quad \frac{1}{8} + \frac{3}{8} + \frac{7}{8}$; $\quad \frac{7}{10} + 1{,}1 + \frac{3}{10}$

b) $2{,}6 - 1\frac{3}{10}$; $\quad 6 - \frac{4}{5}$; $\quad 7\frac{1}{7} + 8\frac{3}{7}$; $\quad 9{,}09 - 8\frac{59}{100}$; $\quad 1\frac{7}{40} + 9\frac{23}{40}$

Auf die nächstgrößere Primzahl fehlt

$\frac{1}{4}$; $1\frac{1}{2}$; $\frac{2}{5}$; $1\frac{3}{7}$; $1\frac{2}{5}$; $\frac{5}{8}$; $\frac{9}{10}$; $\frac{7}{10}$; $1\frac{4}{5}$

zu Aufgabe 2. **L**

3. Jede der sechs Abbildungen veranschaulicht zwei Brüche bzw. gemischte Zahlen, die addiert werden sollen. Gib jeweils die Summe und den Summenwert an.

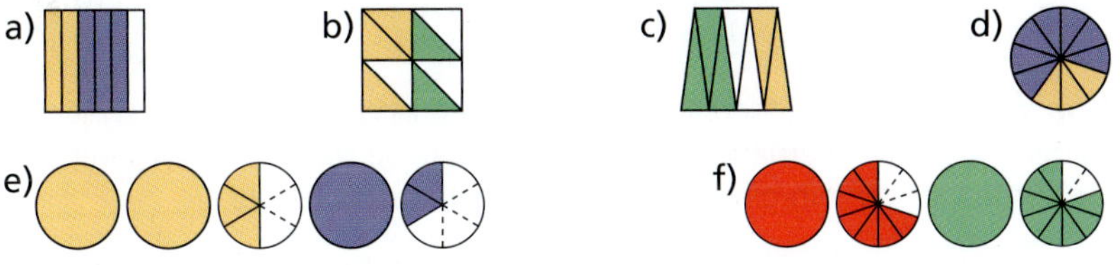

4. Gib mindestens fünf verschiedene Summen und mindestens fünf verschiedene Differenzen an, die alle den Wert $2\frac{3}{4}$ besitzen.

5. Gib jeweils den Termwert in der Einheit an, die in der [eckigen] Klammer steht.

a) $2\ l - 1\frac{1}{2}\ l$ [ml] $\quad$ b) $2\frac{1}{8}$ kg + $\frac{5}{8}$ kg [g] $\quad$ c) $3\frac{3}{4}$ km + $2\frac{3}{4}$ km [km]

d) $5\frac{1}{4}\ m^2 + 8\frac{3}{4}\ m^2$ [m²] $\quad$ e) $7{,}2\ km^2 - 3\frac{1}{5}\ km^2$ [km²] $\quad$ f) $1\frac{1}{2}$ g − 52 mg [mg]

G 6. Es ist $\frac{▲}{15} + \frac{■}{15} = 2$, wobei der erste Bruch höchstens so groß wie der zweite ist.

a) Gib alle möglichen Summen an.

b) Bei welchen der Summen aus a) sind beide Zähler Primzahlen?

7. Übertrage die Zahlenmauern in dein Heft. Trage dann dort auf die leeren Steine Zahlen ein, sodass auf jedem Stein der Summenwert der Zahlen auf den beiden Steinen direkt darunter steht.

d) In der Zahlenmauer von Teilaufgabe b) werden die Angabezahlen $\frac{1}{15}$ und $1\frac{7}{15}$ miteinander vertauscht; auf dem obersten Stein bleibt die Zahl 3. Wie ändern sich dadurch die Zahlen auf den übrigen Steinen?

W1 Welche Zahlen ergeben auf Zehntel gerundet 1,5?
W2 Wie viele Symmetrieachsen kann ein Dreieck höchstens besitzen? Zeichne!
W3 Wie viele gemeinsame Vielfache kleiner als 200 haben die Zahlen 12 und 18?

5 kg : (50 g) = ?
0,3 · 60 cm = ?
12% von 80 €
sind ■ €.

Zutaten

$\frac{3}{8}$ l Himbeersirup
$\frac{7}{10}$ l Ananassaft
Saft einer Zitrone
3 l Mineralwasser
frische Himbeeren
Ananaswürfel

Arbeitsauftrag

- Schätze zuerst und finde dann heraus, ob ein $4\frac{1}{2}$-Liter-Bowlengefäß für die im Rezept angegebenen Mengen groß genug ist.

Ungleichnamige Brüche werden vor dem Addieren bzw. Subtrahieren zunächst vollständig gekürzt. Dann werden diese gekürzten Brüche **gleichnamig** gemacht; dazu erweitert man sie auf ein gemeinsames Vielfaches der Nenner.

Beispiel: $\frac{1}{6} = \frac{2}{12} = \frac{4}{24} = \frac{16}{96} = \ldots$ $\frac{3}{4} = \frac{9}{12} = \frac{18}{24} = \frac{72}{96} = \ldots$

Von den (unendlich vielen) gemeinsamen Vielfachen der Nenner gibt es ein **kleinstes gemeinsames Vielfaches (kgV)**. Es ist zweckmäßig, als gemeinsamen Nenner der ungleichnamigen Brüche, die man addieren oder subtrahieren will, das kleinste gemeinsame Vielfache (kgV) der Nenner der vollständig gekürzten Brüche zu wählen; dieser (kleinste gemeinsame) Nenner wird als **Hauptnenner** bezeichnet.

Beispiele: $\frac{1}{6} + \frac{3}{4} = \frac{2}{12} + \frac{9}{12} = \frac{11}{12}$ $\frac{5}{6} - \frac{6}{8} = \frac{5}{6} - \frac{3}{4} = \frac{10}{12} - \frac{9}{12} = \frac{1}{12}$

Bei gemischten Zahlen mit ungleichnamigen Bruchanteilen werden die Bruchanteile vor der Addition bzw. Subtraktion ebenfalls gleichnamig gemacht.

Beispiele

- Ermittle kgV(4; 6; 9).

  Lösung: $V_4 = \{4; 8; 12; 16; 20; 24; 28; 32; \mathbf{36}; 40; \ldots\}$
  $V_6 = \{6; 12; 18; 24; 30; \mathbf{36}; 42; \ldots\}$; $V_9 = \{9; 18; 27; \mathbf{36}; 45; \ldots\}$
  kgV(4; 6; 9) = 36

Gregor: Hauptnenner ist das kgV der Nenner.

- Berechne den Wert der Summe $\frac{3}{8} + \frac{7}{10}$.

  Lösung: kgV(8; 10) = 40 $\frac{3}{8} + \frac{7}{10} = \frac{15}{40} + \frac{28}{40} = \frac{43}{40} = 1\frac{3}{40}$

- Berechne den Wert der Differenz $\frac{1}{2} - \frac{1}{3}$.

  Lösung: kgV(2; 3) = 6 $\frac{1}{2} - \frac{1}{3} = \frac{3}{6} - \frac{2}{6} = \frac{1}{6}$

- Berechne den Wert der Summe $\left(4\frac{3}{8} - 1\frac{7}{12}\right) + 1\frac{1}{24}$.

  Lösung: kgV(8; 12; 24) = 24
  $\left(4\frac{3}{8} - 1\frac{7}{12}\right) + 1\frac{1}{24} = \left(4\frac{9}{24} - 1\frac{14}{24}\right) + 1\frac{1}{24} =$
  $\left(3\frac{33}{24} - 1\frac{14}{24}\right) + 1\frac{1}{24} = 2\frac{19}{24} + 1\frac{1}{24} = 3\frac{20}{24} = 3\frac{5}{6}$ (mit 4 gekürzt)

- Kann es sein, dass der Hauptnenner gleich dem Produkt aller Nenner ist?
- Welche Nachteile hat man, wenn man bei der Addition bzw. Subtraktion von Brüchen nicht den Hauptnenner verwendet? Gib ein Beispiel an.
- Kann der Hauptnenner von zwei ungleichnamigen Brüchen eine Primzahl sein?

Aufgaben

1. Gib jeweils das kgV an.

a) kgV (14; 21) **b)** kgV (6; 10) **c)** kgV (4; 6; 8)
d) kgV (8; 30) **e)** kgV (6; 12; 18) **f)** kgV (9; 12; 144)

G 2. Erkläre jeweils die Abbildungen und berechne dann in deinem Heft den Wert des angegebenen Terms.

a) 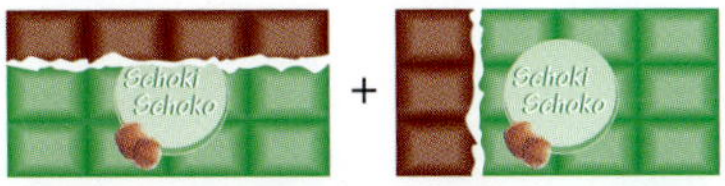 $\frac{1}{3} + \frac{1}{4}$

b) 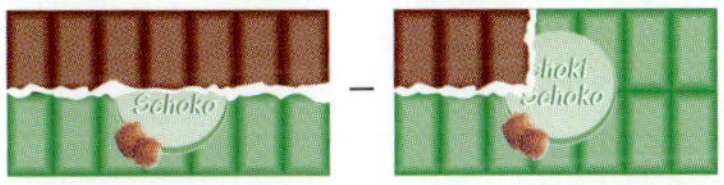 $\frac{1}{2} - \frac{3}{14}$

c)  $1\frac{1}{5} - \frac{1}{2}$

3. Berechne jeweils den Termwert möglichst im Kopf.

a) $\frac{1}{2} + \frac{1}{4}$; $\frac{3}{8} - \frac{1}{4}$; $\frac{1}{6} + \frac{1}{3}$; $\frac{3}{5} - \frac{1}{2}$; $\frac{5}{6} + \frac{1}{3}$; $12 - 31$

b) $\frac{7}{10} - \frac{2}{5}$; $\frac{9}{10} - \frac{1}{2}$; $1\frac{1}{3} - \frac{5}{6}$; $88 - 88 : 8$; $\frac{1}{9} - \frac{1}{18}$; $\frac{5}{14} - \frac{1}{7}$

c) $1\frac{5}{8} + \frac{1}{2}$; $2\frac{1}{5} - \frac{3}{10}$; $4\frac{1}{4} + 3\frac{1}{3}$; $169 - 169 : 13$; $\frac{5}{12} + \frac{1}{24}$

-19; $\frac{1}{10}$; $\frac{1}{8}$; $\frac{3}{4}$; $\frac{1}{2}$; $1\frac{1}{6}$

Lösungen zu 3.a) **L**

G 4. Gregor, Laura, Lucas und Sophie berechnen den Wert des Terms $1\frac{6}{8} - \frac{4}{6}$. Erläutere und vergleiche ihre Vorgehensweisen.

Gregor	Laura	Lucas	Sophie
$1\frac{6}{8} - \frac{4}{6} =$ $\frac{7}{4} - \frac{2}{3} =$ $\frac{21}{12} \quad \frac{8}{12} -$ $\frac{13}{12} = 1\frac{1}{12}$	$1\frac{6}{8} - \frac{4}{6} =$ $1\frac{18}{24} - \frac{16}{24} =$ $1\frac{2}{24} =$ $1\frac{1}{12}$	$1\frac{6}{8} - \frac{4}{6} =$ $1\frac{36}{48} - \frac{32}{48} =$ $1\frac{4}{48} =$ $1\frac{1}{12}$	$1\frac{6}{8} - \frac{4}{6} =$ $1\frac{3}{4} - \frac{4}{6} =$ $1\frac{9}{12} - \frac{8}{12} =$ $1\frac{1}{12}$

5. Übertrage die Tabelle in dein Heft und ergänze sie dann dort.

	Term	Gemeinsame Nenner kleiner als 50	Hauptnenner	Termwert
a)	$\frac{2}{5} + \frac{4}{15}$	15; 30; 45	15	$(\frac{10}{15} =)\ \frac{2}{3}$
b)	$\frac{1}{2} + \frac{2}{15}$			
c)	$\frac{1}{10} + \frac{4}{5}$			
d)	$1\frac{3}{4} - \frac{5}{6}$			
e)	$5\frac{7}{10} + \frac{7}{15}$			

-98; $\frac{7}{10}$; $\frac{1}{5}$; $\frac{9}{10}$; $2\frac{1}{2}$; $1\frac{1}{4}$; 9; $2\frac{1}{4}$; $4\frac{1}{10}$; 98; 2 500; -41

Mögliche Maßzahlen zu 6.

6. Berechne jeweils den Termwert und formuliere für jede der Summen eine zum Term passende Aufgabe.

a) $\frac{1}{2}$ h + $\frac{3}{4}$ h b) $\frac{1}{2}$ l – 0,3 l c) 0,5 m · 50 cm
d) 0,8 km – $\frac{1}{10}$ km e) 15 € – 56 € f) 35 dm + 35 dm + $2\frac{4}{5}$ m
g) 3,77 km + $5\frac{230}{1000}$ km h) 5 m – $\left(\frac{2}{10}\text{ m} + \frac{7}{10}\text{ m}\right)$ i) $5\frac{1}{8}$ l – $2\frac{5}{8}$ l
j) $\frac{7}{10}$ g + $\frac{1}{5}$ g k) $1\frac{1}{2}$ h + 45 min l) 1 € – 99 €

G 7. Ein Messbecher hat die Unterteilung $\frac{1}{8}$ l, $\frac{1}{4}$ l, $\frac{3}{8}$ l und $\frac{1}{2}$ l.

a) Zeichne einen Messbecher mit der angegebenen Unterteilung.
b) Finde jeweils mehrere Möglichkeiten, wie du mit dem Meßbecher $\frac{5}{8}$ l, $\frac{3}{4}$ l, $\frac{7}{8}$ l bzw. 1 l abmessen könntest.

8. Übertrage die Tabellen in dein Heft und ergänze sie dann dort.

+	$\frac{2}{3}$	$1\frac{3}{4}$		$\frac{9}{10}$	$2\frac{7}{12}$
$\frac{4}{5}$					
$2\frac{5}{12}$					
$1\frac{1}{3}$					
$3\frac{5}{6}$			$6\frac{2}{3}$		
	$\frac{11}{12}$				

–	$\frac{4}{5}$	$1\frac{7}{16}$			$1\frac{1}{2}$
5	$4\frac{1}{5}$				
$2\frac{3}{4}$				$\frac{7}{8}$	
$3\frac{1}{8}$			$3\frac{1}{8}$		
					$3\frac{1}{16}$
$10\frac{1}{8}$					

$$\frac{\square}{\square} + \frac{\square}{\square}$$

G 9. „Jonglieren“ mit Zahlen

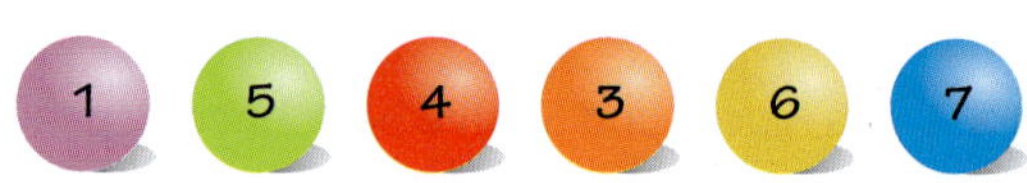

Übertrage die Summe in dein Heft, setze dann dort vier der sechs Zahlenbälle in die Kästchen ein und berechne den Summenwert. Bilde hierauf

a) alle derartigen Summen, deren Wert kleiner als 1 ist, und berechne jeweils den Summenwert.
b) eine der Summen mit dem größten Summenwert und berechne ihn.
c) eine der Summen, deren Wert genau 1 ist.

10. Berechne jeweils den Wert des Terms.

a) $\frac{1}{3}+\frac{3}{4}+\frac{2}{3}+\frac{1}{4}$ b) $\frac{9}{100}+5+\frac{9}{1000}$ c) $\frac{4}{5}-\frac{3}{10}+\frac{1}{5}$ d) $128 : 2^5$
e) $\frac{6}{7}+\frac{3}{8}+\frac{1}{7}+\frac{1}{8}$ f) $\frac{14}{15}+\left(\frac{13}{15}+5\right)$ g) $\frac{57}{100}-\left(\frac{7}{10}-\frac{3}{10}\right)$ h) $(-576) : 24^2$
i) $\frac{1}{2}+\left(\frac{3}{5}+\frac{3}{4}\right)+\frac{4}{5}$ j) $\left(\frac{7}{18}-\frac{3}{40}\right)-\left(\frac{7}{18}-\frac{3}{40}\right)$ k) $\left(\frac{3}{8}+\frac{3}{14}\right)-\left(\frac{3}{8}-\frac{3}{14}\right)$

11. Gib jeweils die Art des Terms an, ohne den Termwert zu berechnen, und erstelle für jede der fünf Differenzen einen Rechenbaum.

a) $1\frac{1}{3}+2\frac{2}{5}$ b) $3\frac{12}{25}+1\frac{2}{5}$ c) $11\frac{4}{15}+\left(2\frac{7}{15}+1\frac{1}{5}\right)$
d) $16-\left(4\frac{7}{8}+2\frac{3}{4}\right)$ e) $7\frac{1}{2}-\left(2\frac{1}{5}+3\frac{5}{6}\right)$ f) $\left(2\frac{2}{27}+3\frac{16}{45}\right)-4\frac{94}{135}$
g) $3\frac{3}{4}-1\frac{2}{3}$ h) $\left(1\frac{10}{27}-\frac{10}{36}\right)-\frac{4}{9}$ i) $7\frac{7}{18}+\left(17\frac{7}{12}-10\frac{5}{9}\right)$

12. Übertrage die magischen Quadrate I, II, III in dein Heft und ergänze sie dort.

Magisches Quadrat: Summen der Zahlen in jeder Zeile, Spalte und Diagonale haben denselben Wert.

I

$\frac{1}{3}$	$\frac{1}{4}$	
	$\frac{5}{12}$	
		$\frac{1}{2}$

II

$1\frac{1}{3}$	$3\frac{1}{12}$		$1\frac{17}{24}$
		$2\frac{1}{12}$	$2\frac{1}{3}$
$2\frac{5}{24}$	$2\frac{11}{24}$		
$2\frac{5}{6}$		$1\frac{11}{24}$	

III

$2\frac{7}{8}$			$2\frac{1}{2}$
	$2\frac{1}{4}$	$2\frac{1}{8}$	$1\frac{7}{8}$
		$1\frac{5}{8}$	
$1\frac{3}{8}$	$2\frac{5}{8}$		1

G **13.** Vertauscht man bei einem Bruch Zähler und Nenner, so erhält man den Kehrwert dieses Bruchs. (*Beispiel:* $\frac{3}{4}$ ist der Kehrwert von $\frac{4}{3}$.)

a) Addiere zu jedem der Brüche $\frac{3}{4}$, $\frac{4}{5}$, $\frac{5}{6}$, $\frac{6}{7}$, $\frac{7}{8}$, $\frac{8}{9}$ bzw. $\frac{9}{10}$ seinen Kehrwert und berechne jeweils den Summenwert.

b) Subtrahiere von jedem der Brüche $\frac{4}{3}$, $\frac{5}{4}$, $\frac{6}{5}$, $\frac{7}{6}$, $\frac{8}{7}$, $\frac{9}{8}$ bzw. $\frac{10}{9}$ seinen Kehrwert und berechne jeweils den Differenzwert.

Formuliere, was dir bei den Ergebnissen der Teilaufgaben a) und b) auffällt.

14. Zeichne ein Koordinatensystem (Einheit 1 cm) und trage die Kreislinie k mit Mittelpunkt M (2 | 0), die durch P ($\frac{1}{2}$ | 2) geht, ein.

a) Lies die Radiuslänge von k und die Koordinaten der Schnittpunkte von k mit den Koordinatenachsen aus deiner Zeichnung ab.

b) Das Dreieck MAB ($A \in k$; $B \in k$) hat drei gleich lange Seiten. Trage es in deine Zeichnung ein und miss die Größe seiner drei Innenwinkel. Ungefähr welchen Bruchteil des Kreisflächeninhalts macht der Flächeninhalt des Dreiecks MAB aus?

c) Spiegle den Punkt P an der x-Achse und gib die Koordinaten seines Spiegelpunkts P′ an. Ungefähr welchen Bruchteil des Kreisflächeninhalts macht der Flächeninhalt des Dreiecks MPP′ aus?

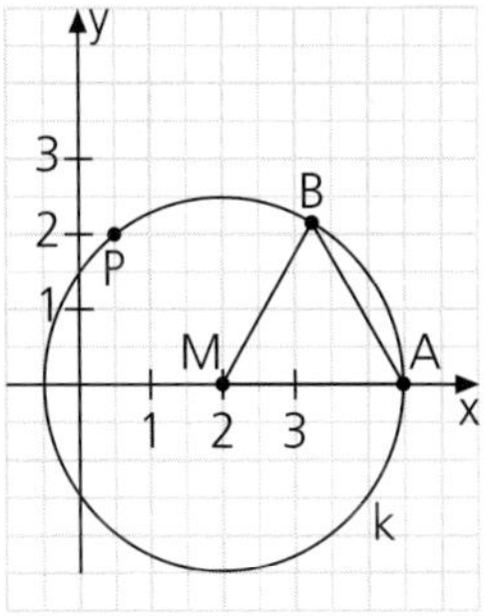

G **15.** Verwende aus einem Dominospiel zur Darstellung von Brüchen nur die Steine, deren beide Hälften ungleiche natürliche Augenanzahlen aufweisen.
Beispiel: Der rechts abgebildete Stein stellt den Bruch $\frac{4}{5}$ dar.

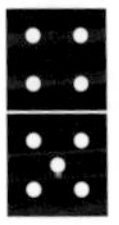

a) Ergänze in deinem Heft die beiden fehlenden Dominosteine, sodass der Wert der Summe aller fünf Brüche $2\frac{1}{2}$ ist:

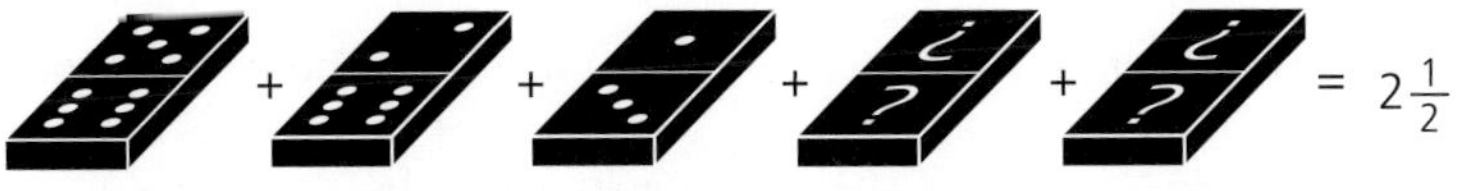

b) Ergänze in deinem Heft die beiden fehlenden Dominosteine, sodass der Wert der Summe aller fünf Brüche 9 ist:

W1 Welche Zahlenmengen verstecken sich hinter den Abkürzungen $\mathbb{N}$, $\mathbb{Q}$, $\mathbb{N}_0$ und $\mathbb{Z}$?
W2 Wie viele Symmetrieachsen hat ein Parallelogramm, das kein Rechteck ist?
W3 Welchen Betrag hat die größte zweistellige negative Zahl?

kgV (8; 12) = ?
kgV (12; 36) = ?
kgV (15; 35) = ?

4.3 Addieren und Subtrahieren von Dezimalzahlen

Sophie steht an einer Kaufhauskasse; sie möchte ihr neues T-Shirt bezahlen. Die Kassiererin tippt versehentlich 129,9 € statt 12,99 € ein. Um die Fehleingabe zu korrigieren, gibt sie anschließend – 117,09 € ein. Sophie sagt: „Jetzt stimmt aber Ihre Kasse nicht mehr."

Arbeitsauftrag

- Begründe, dass Sophie Recht hat. Wie könnte man den Fehler korrigieren?

Dezimalzahlen werden wie die Kommamaßzahlen bei Größen addiert bzw. subtrahiert.

- Schreibt man dabei die Dezimalzahlen stellenweise **unter**einander, sodass Komma unter Komma steht (ggf. füllt man nicht besetzte Dezimalstellen mit Nullen auf), so addiert bzw. subtrahiert man stellenweise und setzt im Ergebnis das Komma an die entsprechende Stelle.

Fehlende Endnullen ergänzen, um Fehler zu vermeiden. Endnullen ergänzen bedeutet, dass die Dezimalzahl mit einer Zehnerstufenzahl erweitert wird.

Beispiele: **Addition**

	T	H	Z	F	z	h	t	Stellenwert
	1	3	4	0,	6	7	8	
		4	7	2,	9	0	0	
+				5,	7	1	5	
		1		2		1		Übertrag
	1	8	1	9,	2	9	3	Summenwert

Subtraktion

	T	H	Z	E	z	h	t	Stellenwert
	1			5				
	2	0	7	6,	3	4	5	
–		4	3	4,	7	1	0	
	1	6	4	1,	6	3	5	Differenzwert

- Schreibt man die Dezimalzahlen **neben**einander, so füllt man nicht besetzte Dezimalstellen mit Nullen auf, sodass alle Zahlen gleich viele Dezimalen besitzen, addiert bzw. subtrahiert dann ebenfalls stellenweise und setzt im Ergebnis das Komma an die entsprechende Stelle.
  Beispiele:
  3,45 + 12,89 = 16,34 45,6 – 12,738 = 45,600 – 12,738 = 32,862
- Das **Kommutativgesetz** gilt nicht nur für die Addition von ganzen Zahlen und von Brüchen, sondern auch für die Addition von Dezimalzahlen.
  Beispiel:
  3,5 + 1,9 = 5,4 1,9 + 3,5 = 5,4
- Auch das **Assoziativgesetz** gilt nicht nur für die Addition von ganzen Zahlen und von Brüchen, sondern auch für die Addition von Dezimalzahlen.
  Beispiel:
  (0,8 + 1,7) + 0,3 = 2,5 + 0,3 = 2,8 0,8 + (1,7 + 0,3) = 0,8 + 2,0 = 2,8

Beispiele

- Addiere die drei Dezimalzahlen 2,5 und 3,07 und 14,192 und berechne dann ihren Summenwert.
  Lösung: 2,5 + 3,07 + 14,192 = 2,500 + 3,070 + 14,192 = 19,762
- Subtrahiere 117,09 von 129,9 und berechne dann den Differenzwert.
  Lösung: 129,9 – 117,09 = 129,90 – 117,09 = 12,81
- Subtrahiere die Summe der Zahlen $2\frac{1}{4}$ und $3\frac{11}{100}$ und 6,9 von der größten Dezimalzahl mit zwei Dezimalen, die man mit je einer 2; 4; 0 und 7 schreiben kann, und berechne dann den Wert des Terms.
  Lösung: $74{,}20 - \left(2\frac{1}{4} + 3\frac{11}{100} + 6{,}9\right) = 74{,}20 - (2{,}25 + 3{,}11 + 6{,}90) =$
  $74{,}20 - 12{,}26 = 61{,}94$

- Kann man jede Dezimalzahl mit 100 erweitern?
- Warum ist das Addieren und Subtrahieren von Dezimalzahlen oft einfacher als das Addieren und Subtrahieren von Brüchen?

Aufgaben

1. Berechne jeweils den Wert des Terms.

a) 0,5 m + 0,4 m b) 3,45 € + 7,99 € c) 2,5 kg – $\frac{3}{4}$ kg
d) $\frac{1}{2}$ cm + 1,2 cm e) 3,6 l + 1$\frac{1}{4}$ l f) 10,05 m + 5,005 m
g) 125,90 € – 56,30 € h) $\frac{1}{4}$ kg + 1,375 kg i) 67,5 kg + 87 kg
j) 16,90 € +7,09 € k) 5,07 g + 2,7 g l) 5$\frac{7}{8}$ l – 2$\frac{1}{2}$ l
m) 16,8 m – 8,2 m n) 5 m – 3$\frac{1}{2}$ m o) 5,50 € – 2,19 €
p) 50 € – 17,99 € q) 0,33 l + 0,15 l r) 100,5 m – 35,75 m
s) 2,5 cm + 3$\frac{3}{4}$ dm t) 2$\frac{1}{4}$ l – 1,6 l u) 3$\frac{3}{4}$ m + 8,95 dm
v) 1,5 l – $\frac{1}{5}$ l w) 2,5 h – 45 min x) 10,075 a – 35 m^2

0,48; 0,9; 1,3; 0,65; 1,5; 1,625; 23,99; 1,75; 69,6; 1,7; 15,055; 154,5; 86; 32,01; 11,44; 972,5; 4,85; 46,45; 7,77; 64,75; 40; 3,31; 3$\frac{3}{8}$
Mögliche Maßzahlen zu 1. **L**

2. Berechne jeweils den Termwert möglichst geschickt; er gibt (in Jahren) das Höchstalter des Tiers an.

a) $4^2 + 0{,}01 + (-2)^3 + 17{,}99$
b) 28,2 + 8,18 + 2,8 + 1,82
c) 11,11 + 22,22 + 9,89 + 10,78
d) $(-12)^2 + 18{,}7 - 23{,}55 + 10{,}85$
e) 90,37+ 13,91 – 67,37 – 22,91

3. Übertrage jeweils die Angabe in dein Heft und ergänze dann dort die fehlenden Ziffern bzw. den Summen- oder Differenzwert.

a)
```
  27,83
+ 44,09
  *****
```
b)
```
  3521,7
+ 9705,09
 ********
```
c)
```
  3,012
– 1,48
  *****
```
d)
```
  28,1
– 17,49
  *****
```
e)
```
  0,0005
  0,005
  0,05
+ 0,5
  ******
```
f)
```
       2,*203
     23,005
   344,0*78
+ 66*,23
***8,38**
```
g)
```
   3,**
   4,87
  1/
+ 19,8
  **,66
```
h)
```
   128,0503
   347,6027
   411,*9*
+ ****
  3304,1*9*
```

i) 0,58 + 0,42 j) 5,26 + 4,837 k) 72,93 – 27,169
l) 3 285,6 + 6 590,943 m) 45,36 + 78,09 n) 0,87 – 0,7
o) 2,777 – 1,999 p) 15,906 – 7,69 q) 300,0003 – 30,03

G 4. a) Entscheide bei jeder der Teilaufgaben I bis V, welcher der beiden Termwerte richtig ist, und bilde dann aus den zugehörigen Buchstaben das Lösungswort.
b) Erkläre, welche Fehler zu den falschen Ergebnissen geführt haben könnten.
c) Gib an, in wie vielen verschiedenen Reihenfolgen man fünf verschiedene Buchstaben anordnen kann.

I) 35,08 + 5,27		II) 234,18 +78,5		III) 512,3+98,53		IV) 21,18 – 7,8		V) 5,02 + 7,04	
87,78	40,35	312,23	312,68	610,83	610,56	14,10	13,38	12,6	12,06
K	B	Z	E	R	E	A	Z	T	A

Zu Aufgabe 5.

G 5. Bilde aus den nebenstehenden rationalen Zahlen sechs verschiedene Summen, die jeweils einen ganzzahligen Wert haben.

6. Die Erde ist nicht genau kugelförmig. Am Äquator beträgt ihr Durchmesser 12 756,776 km; die Strecke vom Nordpol zum Südpol ist 12 713,824 km lang.

a) Etwa wievielmal so lang wie dein täglicher Schulweg ist der Unterschied dieser beiden Längen?

G b) Stelle diese beiden Längen im Maßstab 1 : 1 000 000 im Schulhausgang dar. Um etwa wie viel Millimeter unterscheiden sie sich in dieser Darstellung?

7. Die Zahl in der Mitte jedes der Rechenräder erhält man jedes Mal wieder, wenn man (von außen nach innen) den Summenwert zweier Zahlen berechnet. Übertrage die Rechenräder in dein Heft und fülle sie dort fertig aus. Zeichne dazu jeweils einen Kreis mit Radiuslänge 3,5 cm und unterteile ihn dann. Überlege jeweils vor der Rechnung, ob sie mit Dezimalzahlen oder mit Brüchen günstiger ist.

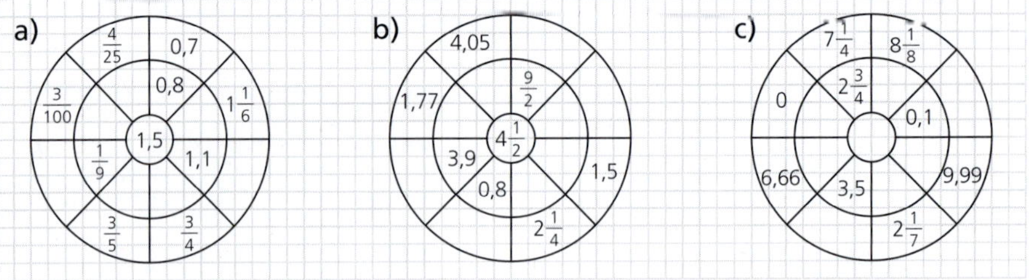

8. Übertrage das Kreuzzahlrätsel in dein Heft und löse es dann dort. Schreibe dabei in jedes freie Kästchen genau eine Ziffer.

1	2	3	☺	4	5	6
7		☺	8	☺	9	
10	☺	11		12	☺	
☺	13		☺	14		☺
15	☺	16	17		☺	18
19		☺	20	☺	21	
22			☺	23		

Waagrecht:

1 11,99 + 99,01 = ______
4 9% von 1 800 € sind ______ €.
7 12,95 + 3,7 + 6,35 = ______
8 0,75 m + 725 cm = ______ m
9 9,05 kg – 8,98 kg = ______ g
10 25% von 12 km sind ______ km.
11 499,7 – (108,24 + 93,46) =
= ______
13 Primzahl
14 2,7 a – 253 m² = ______ m²
15 Quadratzahl
16 75% von 8,2 hl sind ______ l.
18 kgV(2; 8) = ______
19 kgV(6; 14) = ______
20 18% von 0 sind ______.
21 Vielfaches von 11
22 723,8 + 131,9 gerundet auf Einer
23 Primzahl mit Quersummenwert 2

Senkrecht:

1 998,1 – (777,7 + 97,4) = ______
2 (______)² = 169
3 100% = ______
4 Quadratzahl
5 Primzahl
6 Zahl mit Quersummenwert 11
8 ______ – 23,619 = 65,381
11 652,7 – ______ = 416,7
12 163 · 5 = ______
13 gerade Primzahl
15 Zahl mit Quersummenwert 21
17 Zehnerstufenzahl
18 234,56 + 616,44 = ______
21 $\frac{1}{2}$ = ______ %
23 1^{2005} = ______

G 9. Ersetze jeweils den Platzhalter ■ der Reihe nach durch fünf Dezimalzahlen und dann durch fünf Brüche, sodass jeweils eine wahre Aussage entsteht.

a) $\frac{3}{5} + ■ < 1$ b) $■ - \frac{1}{8} > \frac{7}{8}$ c) $\frac{1}{3} + ■ < \frac{5}{3}$ d) $\frac{7}{10} - ■ > \frac{1}{2}$

10. Das Dreieck LUC ist rechtwinklig. Seine Seiten sind 7,2 m, 9,6 m bzw. 12 m lang.

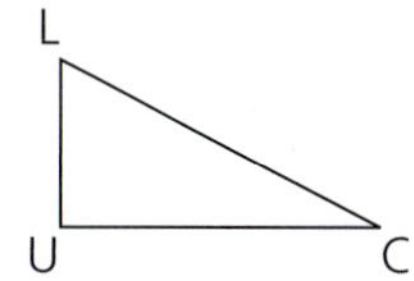

a) Berechne die Umfangslänge des Dreiecks LUC.

b) Zeichne das Dreieck LUC im Maßstab 1 : 200 in dein Heft, berechne die Umfangslänge deines gezeichneten Dreiecks und miss den kleinsten seiner drei Innenwinkel.

11. a) Die drei Winkel bilden zusammen einen Vollwinkel. Berechne die Größe des Winkels α. Gib jeweils an, von welcher Art jeder der drei Winkel ist.

b) Die vier Winkel bilden zusammen einen Vollwinkel. Berechne die Größe des Winkels β und finde heraus, jeweils um wie viel der Winkel β größer als jeder der drei anderen Winkel ist.

zu a)

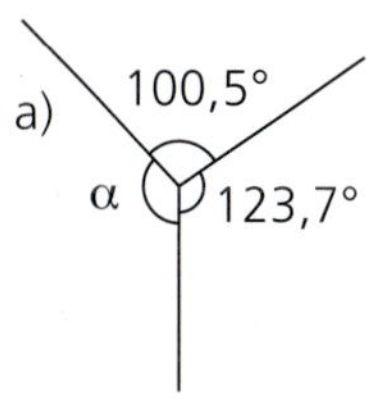

zu b)

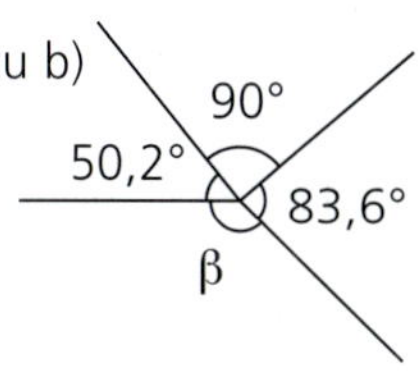

12. Pro-Kopf-Verbrauch von Getränken in Deutschland 2008 in Litern:

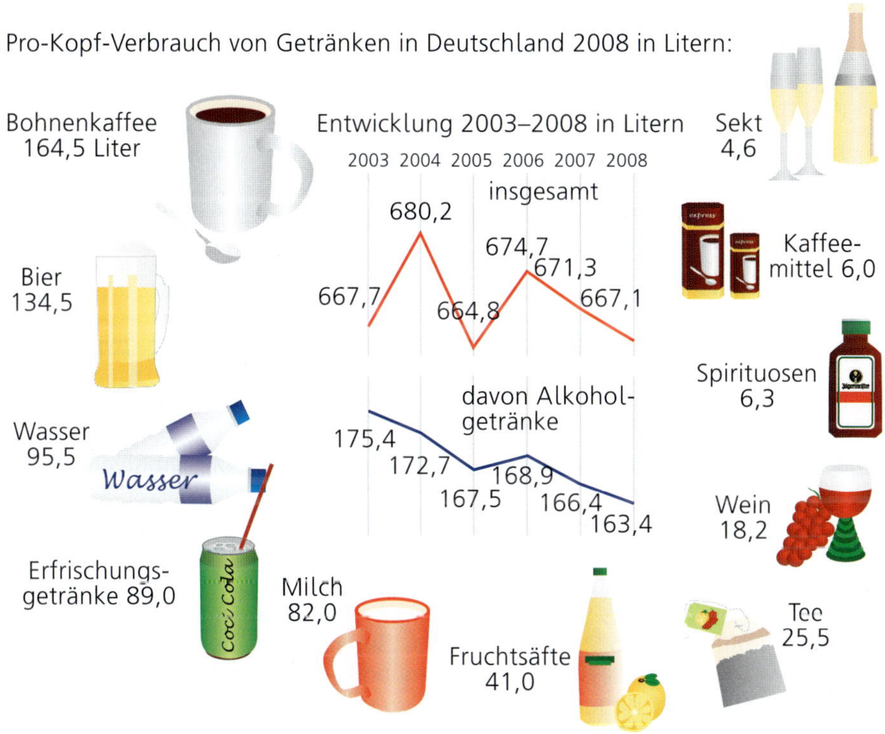

Untersuche, welche der Aussagen du aus dem Diagramm entnehmen kannst:

I) Bohnenkaffee ist das beliebteste Getränk in Deutschland.
II) Bier ist das meistgetrunkene alkoholische Getränk in Deutschland.
III) Der Getränkeverbrauch pro Kopf und Jahr ist in Deutschland seit Jahren unverändert.
IV) Jede(r) Deutsche trinkt pro Jahr mehr Milch als Tee.

W1 Wahr oder falsch? Einen echten Bruch kann man nicht kürzen.
W2 Wie werden zwei negative ganze Zahlen subtrahiert? Gib ein Beispiel an.
W3 Was meint man mit „hundertfünfzigprozentig"?

$\frac{1}{6} + \frac{1}{30} = ?$
$224 : (-4) = ?$
$(20 - 23) \cdot (20 + 23) = ?$

Zahlzeichen in Hieroglyphenschrift

Die Ägypter benutzten Hieroglyphen als Zahlzeichen; sie schrieben diese Zahlzeichen innerhalb einer Zahl nebeneinander von rechts nach links. Unter Brüchen verstanden die Ägypter fast ausschließlich Stammbrüche; ein Stammbruch wurde durch Überschreiben seines Nenners mit der Hieroglyphe  („Mund") gekennzeichnet:

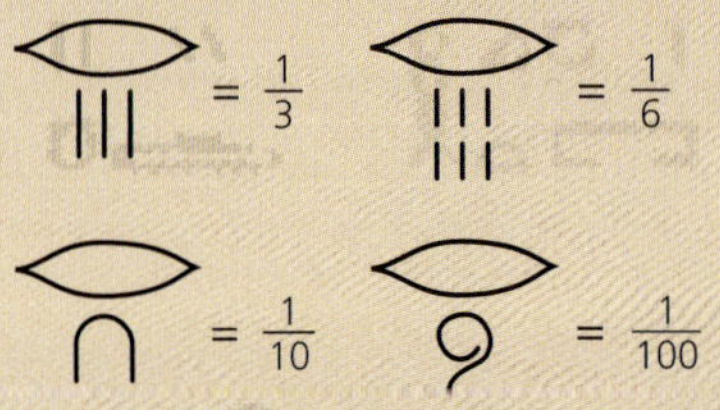

Wenn der Nenner zu groß wurde, wurden die Ziffern des Nenners auch daneben geschrieben:

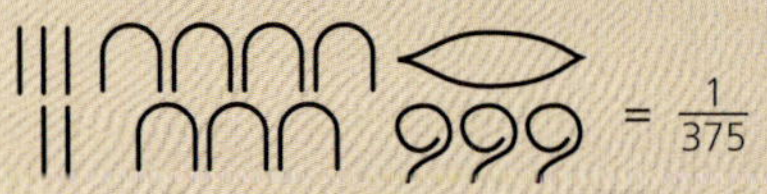

Für bestimmte, häufig benutzte Brüche gab es außerdem eigene Hieroglyphen:

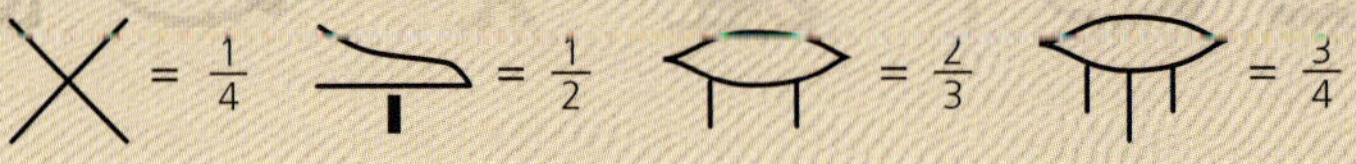

1. Schreibe jede der drei Zahlen in arabischen Ziffern.

a) 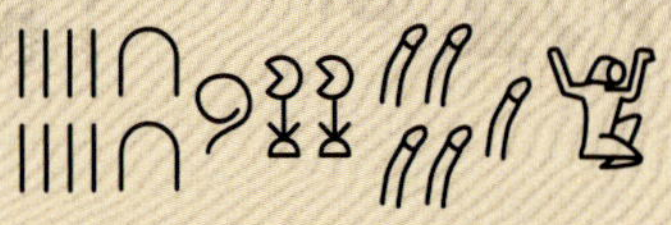

b) 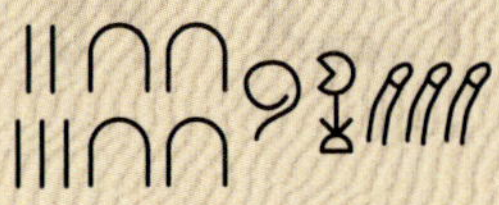

c) 

2. Schreibe jede der drei Zahlen 2 005; 40 574 und 334 205 in Hieroglyphen.

3. Überlege, ob das Zahlensystem der Ägypter ein Stellenwertsystem war.

4. Schreibe jeden der drei Stammbrüche $\frac{1}{12}$, $\frac{1}{1000}$ und $\frac{1}{525}$ in Hieroglyphen.

Zerlegung eines Bruchs in Stammbrüche

Die ägyptischen Rechner stellten jeden (Nicht-Stamm-) Bruch – allenfalls mit Ausnahme von $\frac{2}{3}$ und $\frac{3}{4}$ – als Summe von Stammbrüchen dar. Ergebnisse von Bruchrechnungen mussten also Stammbrüche oder Summen von Stammbrüchen sein. Dabei achteten sie darauf, dass bei einer Zerlegung kein Stammbruch zweimal vorkam. Um die Stammbruchzerlegung von Brüchen zu vereinfachen, verfassten die Ägypter spezielle Tabellen. Eine Tabelle für Brüche der Form $\frac{2}{n}$, deren Nenner n (n > 2) eine ungerade natürliche Zahl ist, findet sich im Papyrus Rhind, einem Lehrbuch der Ägypter, das um 1800 v. Chr. verfasst wurde und viele Aufgaben enthielt. Diese Tabelle wird nach dem Autor, dem Schreiber Ahmes, benannt.

Themenseite

1. Eine Tabelle, die Brüche der Form $\frac{2}{n}$ (n eine **ungerade** natürliche Zahl größer als 2) als Summe von Stammbrüchen angibt, findet sich im Papyrus Rhind.

Beispiele: $\frac{2}{11} = \frac{1}{6} + \frac{1}{66}$ $\frac{2}{13} = \frac{1}{7} + \frac{1}{91}$

Lege in deinem Heft eine Tabelle an und stelle dort folgende Brüche jeweils als Summe zweier verschiedener Stammbrüche dar.

a) $\frac{2}{5}$ b) $\frac{2}{9}$ c) $\frac{2}{15}$ d) $\frac{2}{25}$

2. Warum benötigt man keine Tabelle für die Zerlegung von Brüchen der Form $\frac{2}{n}$, deren Nenner n eine **gerade** natürliche Zahl größer als 3 ist?

3. Jeder Stammbruch kann selbst wieder als Summe zweier verschiedener Stammbrüche geschrieben werden, z. B. $\frac{1}{2} = \frac{1}{3} + \frac{1}{6}$. Finde je eine solche Zerlegung für die acht Stammbrüche von $\frac{1}{3}$ bis $\frac{1}{10}$. Versuche, eine allgemeine Regel zu finden.

Rechnen mit Stammbrüchen (nicht nur) wie im alten Ägypten

Beispiel:

Um 2 Brote in sieben gleiche Teile zu teilen, teilt man nicht jedes der beiden Brote in sieben gleiche Teile, sondern jedes Brot in vier gleiche Teile und dann den bei der Verteilung übrig bleibenden 8. Teil in sieben gleiche Teile. Die zugehörige Rechnung lautet $\frac{2}{7} = \frac{1}{4} + \frac{1}{28}$.

4. Es sollen 2 Brote in 3 gleiche Teile, 3 Brote in 7 gleiche Teile bzw. 5 Brote in 4 gleiche Teile geteilt werden. Stelle jeden der folgenden Brüche als Summe von Stammbrüchen dar und erkläre, wie die Ägypter bei der Aufteilung der Brote vorgegangen sind.

a) $\frac{2}{3}$ b) $\frac{3}{7}$ c) $\frac{5}{4}$

5. Finde zu jeder der folgenden Summen eine Verteilungsaufgabe und beschreibe, wie die Ägypter dabei vorgegangen sind.

a) $\frac{1}{2} + \frac{1}{4}$ b) $\frac{1}{2} + \frac{1}{4} + \frac{1}{8}$

6. Ägyptische Dreiecke: An jeder Dreiecksecke steht jeweils der Wert der Summe der Stammbrüche, die an den beiden benachbarten Seiten stehen. Übertrage die Dreiecke in dein Heft und ergänze dann dort die fehlenden Zahlen.

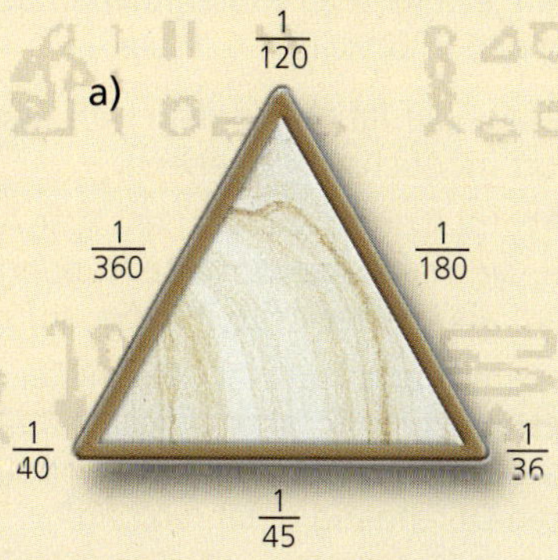

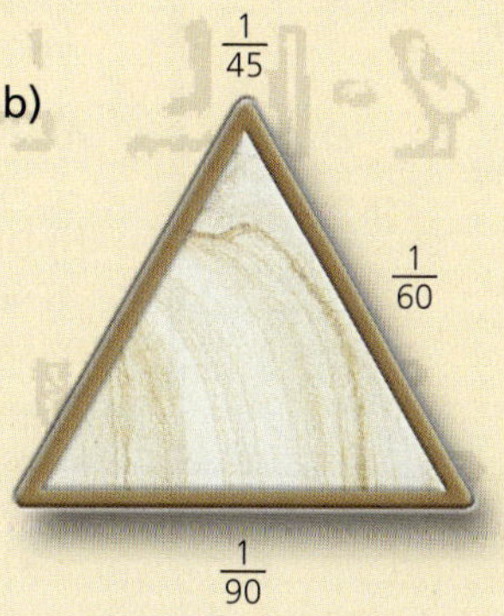

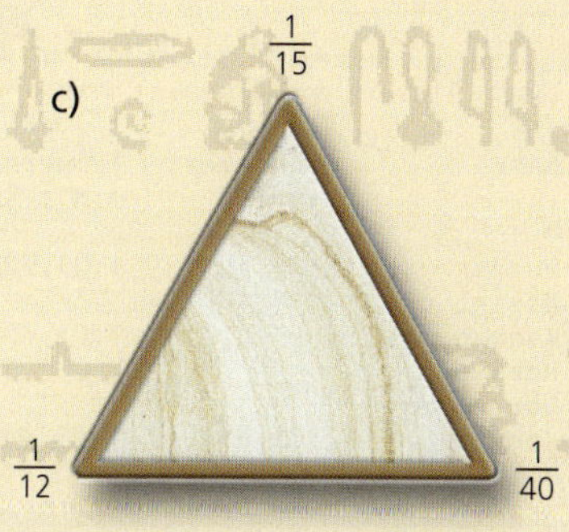

Themenseite

Zu 4.1:
Aufgabe 1.

G 1. Die acht Kugeln werden so auf die zwei Schalen einer Waage verteilt, dass die Waage im Gleichgewicht ist. Gib hierfür verschiedene Möglichkeiten und die zugehörigen Rechnungen an.

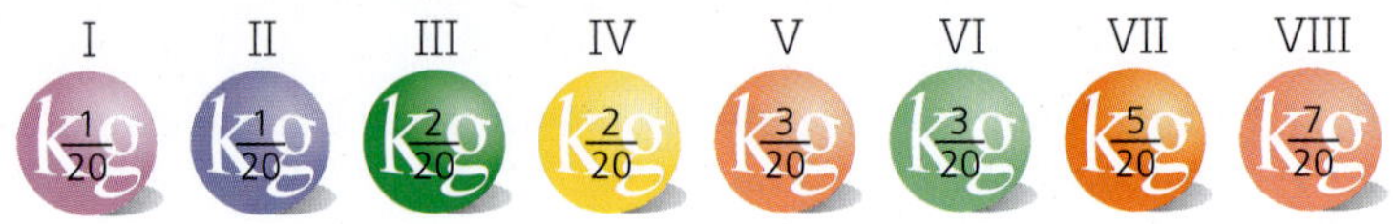

Zu 4.2:
Aufgaben 2. und 3.

G 2. Brüche würfeln: Würfle zweimal mit einem Spielwürfel. Die Augenanzahl des ersten Wurfs gibt den Zähler, die des zweiten Wurfs den Nenner des „erwürfelten" Bruchs an.

a) Wie viele verschiedene Brüche kannst du auf diese Weise „erwürfeln"? Sind sie alle auch in ihrem Wert verschieden?

b) Gib den größtmöglichen und den kleinstmöglichen Summenwert zweier „erwürfelter" Brüche an.

c) Für welche zwei „erwürfelten" Brüche ist der Differenzwert am größten? Welcher Differenzwert ergibt sich aus ihnen?

3. Übertrage die Zahlenmauern in dein Heft und vervollständige sie dort. Wenn du richtig gerechnet hast, erhältst du die angegebenen „Spitzen"-Werte.

$13\frac{11}{12}$; $4\frac{3}{4}$; $4\frac{24}{35}$
„Spitzen"-Werte zu 3. L

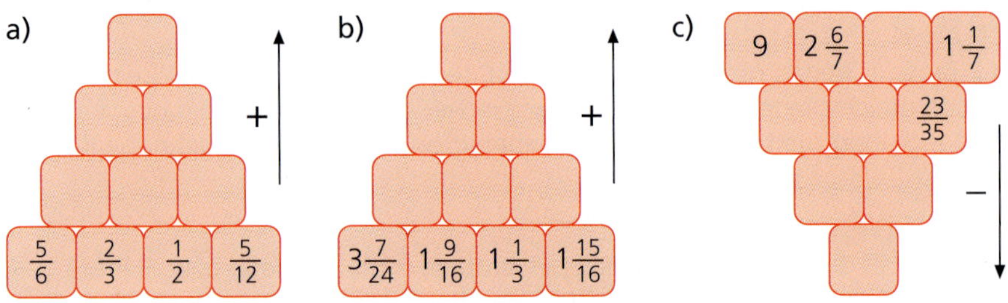

Hinweis: Bei c) steht auf jedem Stein der Differenzwert der Zahlen, die auf den beiden Steinen direkt darüber stehen (links: Minuend; rechts: Subtrahend).

Zu 4.3:
Aufgaben 4. bis 6.

1,08; 352,242; 12; 25,05; 50,55; 0; $3\frac{11}{26}$; $\frac{3}{7}$; $4\frac{1}{12}$; $\frac{16}{25}$; $\frac{35}{36}$; $\frac{1}{12}$
Termwerte zu 4. L

4. Berechne jeweils den Wert des Terms und gib die Art des Terms an.

a) $\frac{3}{4} - \frac{2}{3}$ b) $\frac{1}{2} + \frac{7}{50}$ c) $\frac{7}{18} + \frac{7}{12}$
d) $3{,}88 - 2{,}8$ e) $98{,}352 + 253{,}89$ f) $(5 - 41) : (-3)$
g) $\left(\frac{3}{8} + \frac{3}{14}\right) - \left(\frac{3}{8} - \frac{3}{14}\right)$ h) $\left(5\frac{1}{2} - 3\frac{3}{4}\right) + 2\frac{1}{3}$ i) $\left(5\frac{9}{26} - \frac{9}{13}\right) - \left(2\frac{1}{13} - \frac{11}{13}\right)$
j) $22{,}675 + (50 - 47{,}625)$ k) $76{,}9 - (23{,}45 + 2{,}9)$ l) $(8{,}22 - 3{,}562 - 4{,}658) : 10$

Weltcup Riesenslalom der Damen am Semmering

NAME	Gesamtzeit min : s	1. Durchgang min : s	2. Durchgang min : s
1. Putzer	2:11,10	1:04,90	1:06,20
2. Kostelic	2:11,47		1:05,91
3. Karbon		1:05,75	1:06,04
3. Hosp			1:05,99
5. Obermoser			
6. Janyk	2:11,81	1:05,91	
6. Nef		1:05,46	

5. Beim Riesenslalom der Damen am Semmering erreichten jeweils zwei Läuferinnen in der Gesamtwertung den 3. bzw. den 6. Platz.

a) Übertrage die Tabelle in dein Heft und ergänze sie dort möglichst weitgehend.

b) Die Achtplatzierte des Rennens war A. Meissnitzer. Sie war insgesamt „82 Hundertstel langsamer" als I. Putzer. Gib ihre Gesamtzeit an.

c) Im ersten Durchgang war Meissnitzer [siehe b)] schneller als Janyk, aber langsamer als Nef. Welche Zeit könnte sie im ersten, welche im zweiten Durchgang gefahren sein?

6. Übertrage die Tabelle in dein Heft und ergänze sie dann dort.

	a)	b)	c)	d)	e)	Summenwert
x	13,78	1 789,22	345,68		721,006	4 691,675
y	9,99	867,9		1 234,101		2 787,319
x + y	23,77			3 056,09		7 478,994
x – y	3,79		291,35		100,008	1 904,356

Hinweis: Zeilensummenwerte zur Kontrolle!

Weitere Aufgaben

7. Finde jeweils mindestens drei Brüche und drei Dezimalzahlen, die du für den Platzhalter ▪ einsetzen kannst, sodass eine wahre Aussage entsteht.

a) $\frac{1}{3} + ▪ < 1$ b) $2 - ▪ > 1$ c) $0{,}65 + ▪ < 1{,}11$
d) $0{,}55 - ▪ > \frac{1}{2}$ e) $▪ + 2{,}953 > 3\frac{17}{100}$ f) $▪ - 1{,}44 < \frac{5}{3}$

G **8.** Berechne jeweils den Termwert möglichst vorteilhaft. Überlege dir dabei vor der Rechnung, ob es günstiger ist, sie in Bruchschreibweise oder in Dezimalschreibweise durchzuführen, und begründe jedes Mal deine Wahl.

a) $\frac{4}{5} + 0{,}4 + 0{,}25$ b) $5{,}5 - \frac{1}{4} - 2{,}75 - 1$ c) $\frac{3}{10} - \frac{1}{8} + 1{,}71 - 0{,}462$
d) $4{,}3 - \frac{5}{2} + 0{,}3 - \frac{3}{4}$ e) $45{,}3 - 17\frac{4}{5} - 8\frac{1}{3}$ f) $2\frac{7}{10} + 3\frac{5}{7} - 0{,}5$
g) $28{,}5 + (-3)^3 - \frac{1}{4}$ h) $\frac{1}{3} - \frac{1}{9} + \frac{1}{27} - \frac{1}{81}$ i) $1 - 0{,}5 + \frac{1}{4} - 0{,}625$

9. Der Deutsche Alpenverein hat eine Mitgliederbefragung dazu durchgeführt, welche Bergsportarten außer Wandern seine Mitglieder noch betreiben. Das Ergebnis dieser Befragung war, dass 30% der Vereinsmitglieder Mountainbike fahren und die Hälfte Skisport betreibt; $\frac{1}{5}$ der Vereinsmitglieder haben beide Sportarten zum Hobby. Stelle diesen Sachverhalt in einer Vierfeldertafel dar, vervollständige sie und finde heraus, wie viel Prozent der Vereinsmitglieder keine dieser beiden Sportarten betreiben.

10. Lucas hat sich im letzten April täglich Aufzeichnungen über das Wetter gemacht und eine Tabelle angelegt; sie enthält z. B. die relative Häufigkeit von Regentagen in verschiedenen Temperaturbereichen.

a) Übertrage die Tabelle in dein Heft und ergänze sie dort.
b) Erkläre, was die Zahlen bedeuten.
c) Finde heraus, an wie vielen Tagen es in diesem Monat nicht geregnet hat und an wie vielen dieser Tage die Mittagstemperatur außerdem mindestens 15 °C betragen hat.

	Regen	kein Regen	gesamt
Mittagstemperatur unter 15 °C	0,3		
Mittagstemperatur mindestens 15 °C	0,2		0,6
insgesamt			

11. Mache jeweils einen Gesamtansatz und berechne dann den Wert des Terms.

a) Addiere die Zahl 12,05 zur Summe der Zahlen 129,47 und 679,002. Runde anschließend den Termwert auf Einer.
b) Subtrahiere die kleinste positive Dezimalzahl mit zwei Dezimalen, die du aus je einer 2; 4; 0 und 7 bilden kannst, von der größten zweistelligen Primzahl. Runde anschließend den Differenzwert auf Zehner.

76,53; 820,522
Lösungen zu 11. (exakte Werte) L

12. Übertrage jeweils die Figur in dein Heft und ergänze sie dann dort.

a)

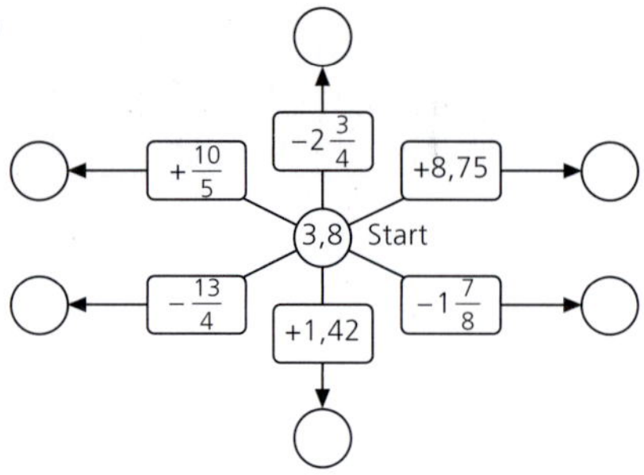

b)

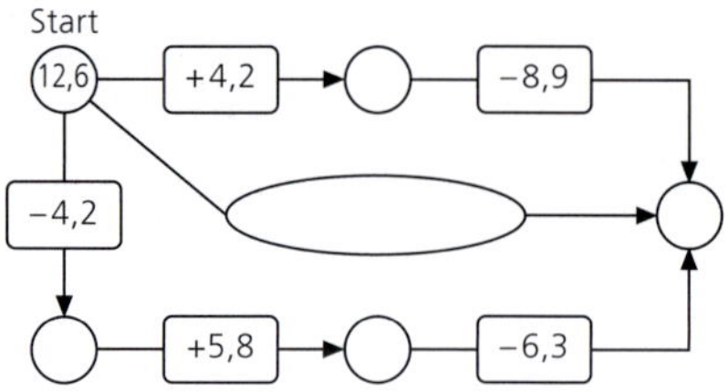

13. Finde heraus, welche der Rahmen I bis X zusammengehören.

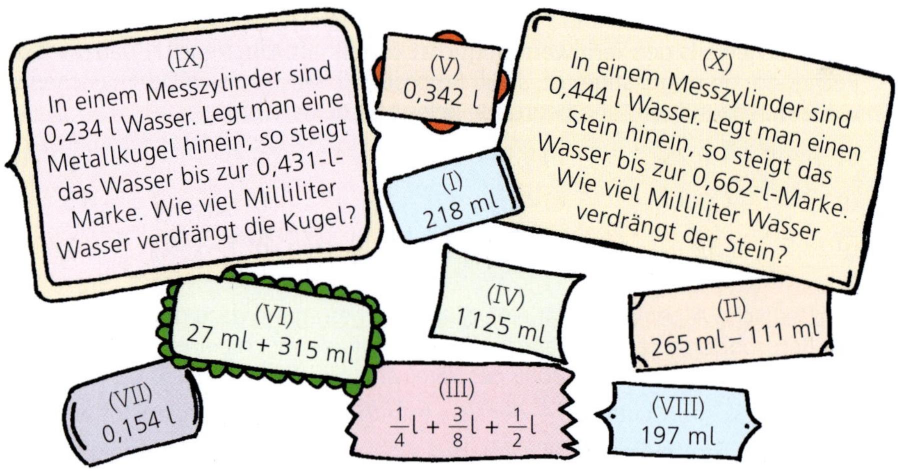

G 14. Sophies Mutter füllt eine Tasse randvoll mit schwarzem Kaffee. Sie trinkt die Tasse halb leer und füllt sie bis zum Rand mit Milch auf. Jetzt trinkt Sophies Mutter ein Viertel der Tasse und füllt sie wieder bis zum Rand mit Milch auf. Sie trinkt jetzt ein Sechstel der Tasse und füllt sie wieder bis zum Rand mit Milch auf. Schließlich trinkt Sophies Mutter die Tasse ganz aus. Finde heraus, ob Sophies Mutter dabei insgesamt mehr Kaffee oder mehr Milch oder von beidem gleich viel getrunken hat.

G 15. Ein Araber hatte in seinem Testament bestimmt, dass seine Kamele so unter seine drei Söhne verteilt werden sollen, dass der älteste die Hälfte, der mittlere ein Drittel und der jüngste ein Neuntel der 17 Kamele erhält. Als der Vater gestorben war, wussten sich die drei Brüder nicht zu helfen, da sie kein Kamel schlachten wollten, um vorschriftsmäßig zu teilen. Sie gingen deshalb zum Kadi. Der Kadi stellte sein eigenes Kamel zu den 17 Kamelen, gab dem Ältesten die Hälfte aller Tiere, dem Mittleren ein Drittel und dem Jüngsten ein Neuntel. Am Schluss blieb sein eigenes Kamel wieder übrig, und alle waren zufrieden. Was meinst du zu dieser Teilung?

$7^3 : 7 = ?$
2 034 – 6 068 = ?
15! : (13!) = ?

W1 Wahr oder falsch? Null ist die kleinste natürliche Zahl.
W2 Welche Koordinaten haben die Schnittpunkte der Geraden AB mit A (2 | 1) und B (–2 | 2) mit den Koordinatenachsen?
W3 Wie oft fällt in diesem Jahr der 13. eines Monats auf einen Freitag? Gib die absolute und die relative Häufigkeit an.

I. a) Stelle aus der nebenstehenden Speisekarte ein Menü nach deinem Geschmack zusammen und berechne den Gesamtpreis. Gib an, mit welchen Scheinen und Münzen du bezahlen musst, wenn du passend und mit der kleinstmöglichen Anzahl an Münzen und Scheinen bezahlen willst.

b) Stelle ein Menü für drei Personen zusammen, dessen Gesamtpreis unter 45 € liegt. Wie viel Wechselgeld erhältst du, wenn du mit einem 100-€-Schein bezahlst und 10% Trinkgeld gibst?

II. Finde die „Steine", deren Terme den gleichen Wert darstellen.

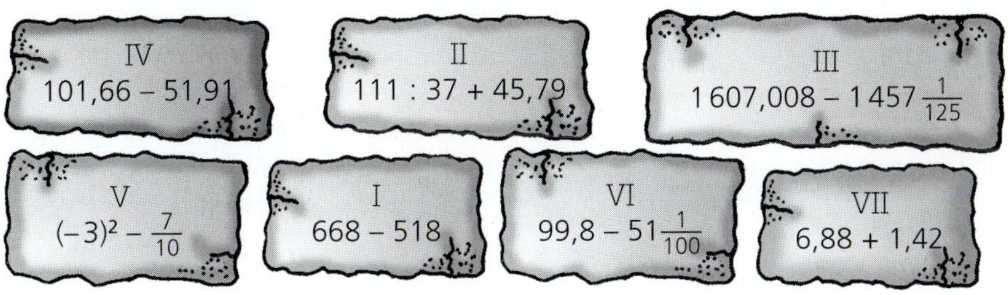

III. Die nebenstehende Abbildung zeigt ein Glücksrad. Es soll dreimal gedreht werden.

a) Gib in Mengenschreibweise (ohne Berücksichtigung der Reihenfolge) an, welche Ergebnisse dabei möglich sind.

b) Finde heraus, welche Summenwerte möglich sind, wenn man die Zahlen in den Feldern, in denen der Zeiger stehen bleibt, addiert.

c) Gregor und Lucas haben fünfzigmal (jeweils dreimal) das Glücksrad gedreht und dabei sechsmal das Ergebnis {7; 7; 7} bekommen. Mit welcher relativen Häufigkeit hatten sie ein anderes Ergebnis als {7; 7; 7}?

IV. Lauras Eltern haben für die Sommerferien ein Haus in Brighton (England) gemietet. Die Abbildung zeigt den Erdgeschossgrundriss dieses Hauses.

a) Zeichne diesen Grundriss im Maßstab 1 : 100 in dein Heft und beschrifte dort die Räume in Deutsch.

b) Berechne für jeden der fünf Erdgeschossräume den Flächeninhalt des (rechteckigen) Fußbodens.

c) Ermittle den gesamten Flächeninhalt des Erdgeschossbodens.

d) Finde heraus, welchen Flächeninhalt der Küchenfußboden eurer Wohnung hat. Gib an, um wie viel Quadratmeter er größer oder kleiner ist als der der Küche im Ferienhaus von Lauras Familie.

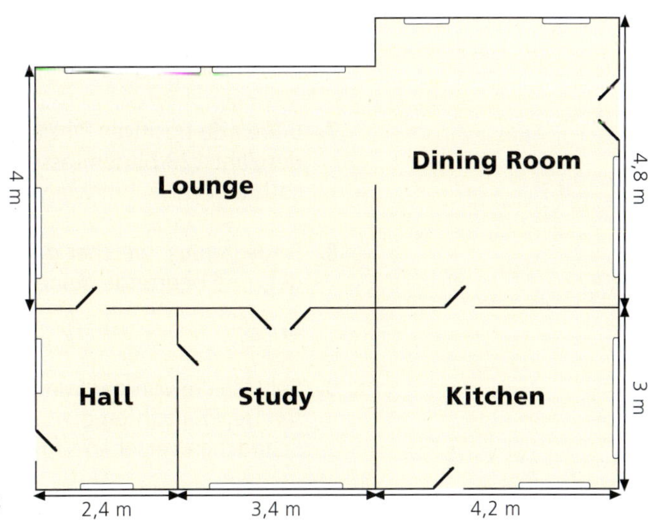

1. Übertrage die Tabellen in dein Heft und vervollständige sie dann dort.

1. Summand	$3\frac{1}{17}$	$\frac{16}{19}$		0,0001	
2. Summand	$15\frac{1}{11}$		$5\frac{1}{2}$		0,44
Summenwert		3	8,12	$\frac{1}{100}$	$\frac{19}{20}$

Minuend	3,56	1,13			$24\frac{41}{48}$
Subtrahend	$\frac{14}{15}$		$10\frac{6}{7}$	$3\frac{7}{16}$	
Differenzwert		$\frac{19}{50}$	$4\frac{26}{35}$	8	3,1875

2. Erläutere die durch die Abbildung dargestellte Rechnung, schreibe sie vollständig in dein Heft und veranschauliche dort das Ergebnis durch einen Kreissektor (Radiuslänge 3 cm). Gib die Größe des zugehörigen Mittelpunktswinkels an.

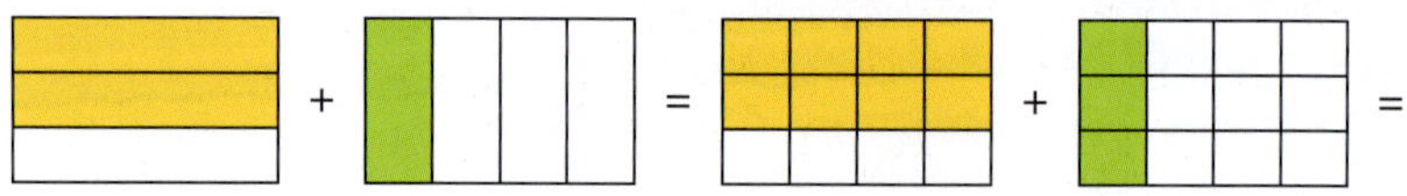

3. Gib jeweils an, welche Zahl du zu der gegebenen Zahl addieren bzw. von ihr subtrahieren musst, um $\frac{1}{2}$ zu erhalten.

a) $\frac{1}{3}$ b) 0,33 c) $\frac{7}{9}$ d) 0,975 e) $\frac{4}{5}$ f) 0,005

4. Lucas will für die Englischschulaufgabe Wörter wiederholen. Am Montag wiederholt er $\frac{3}{10}$ aller Vokabeln, am Dienstag $\frac{2}{5}$. Am Mittwoch schafft er weitere 10%. Welchen Bruchteil der Vokabeln hat er dann noch nicht wiederholt? Wie viele Wörter könnten das gewesen sein?

5. Lauras Zimmer hat einen rechteckigen Grundriss und ist $6\frac{3}{4}$ m lang und 3,45 m breit. Sie möchte ringsherum an der Wand unter der Zimmerdecke eine Bordüre anbringen. Wie viel Meter Bordüre (auf Meter gerundet) muss sie kaufen?

6. Gregor mischt Schorle aus $\frac{1}{2}$ l Saft und 0,75 l Wasser. Lucas und Gregor trinken davon jeweils 0,33 l. Berechne, wie viel Schorle noch bleibt.

7. Bilde alle positiven Dezimalzahlen mit zwei Dezimalen, die sich aus den Ziffern der Zahl 123 bilden lassen, wobei jede dieser Ziffern genau einmal vorkommen soll. Berechne, um wie viel ihr Summenwert kleiner als 123 ist.

8. Finde heraus, welcher der folgenden Brüche sich am wenigsten von 1 unterscheidet, und begründe deine Aussage.

a) $\frac{333}{999}$ b) $\frac{666}{555}$ c) $\frac{11\,111}{22\,222}$ d) $\frac{999}{1\,000}$ e) $\frac{11}{44}$

9. Subtrahiere von der Summe aus der größten und der kleinsten der dargestellten Dezimalzahlen die Summe der beiden Dezimalzahlen, deren Bildpunkte mit Schildchen versehen sind, und berechne dann den Differenzwert.

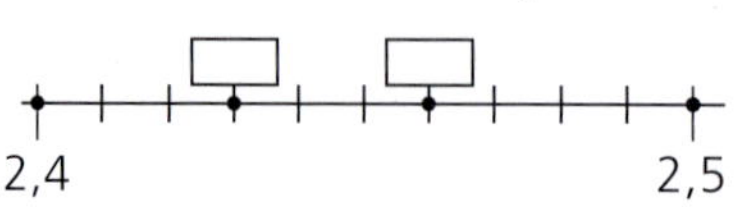

Lösungen unter www.ccbuchner.de (Eingabe „8256" im Suchfeld)

Kapitel 5
Multiplikation und Division nichtnegativer rationaler Zahlen

Christiaan Huygens
geb. 1629 in Den Haag
gest. 1695 in Den Haag

Christiaan Huygens war ein herausragender Mathematiker, Physiker und Astronom des 17. Jahrhunderts.

Er leistete bedeutende Beiträge zur Optik, und er entdeckte die wahre Gestalt der Saturnringe. Außerdem gilt er als Erfinder der Pendeluhr.

1682 entwarf **Huygens** ein „Planetarium", das die Umläufe der Planeten um die Sonne bezogen auf den Umlauf der Erde um die Sonne mithilfe eines Zahnradmechanismus darstellt. **Huygens** musste die Zahnräder so entwerfen, dass sich die richtigen Umlaufzeiten der Planeten ergeben. Das Verhältnis der Umlaufzeiten von Saturn und Erde um die Sonne beträgt etwa $\frac{77\,708\,431}{2\,640\,858} \approx 29$.

Da sich Zahnräder mit diesen Anzahlen von Zähnen nicht bauen lassen, suchte **Huygens** nach einer Näherung für dieses Verhältnis mit kleineren Zahlen. Der obige Bruch lässt sich nicht kürzen; **Huygens** fand die gesuchte Näherung mit Hilfe eines Kettenbruchs:

$$\frac{77\,708\,431}{2\,640\,858} \approx 29 + \frac{1}{2 + \frac{1}{3}} = 29\frac{3}{7} = \frac{206}{7}.$$

Das Zahnrad für den Planeten Saturn erhielt somit 206 Zähne, und es wurde von einem Zahnrad mit 7 Zähnen angetrieben.

Lucas: *„Ich bringe für unser Fest sechs Packungen Orangensaft zu je $\frac{2}{5}$ l mit."*
Gregor: *„Ich bringe drei 0,75-Liter-Flaschen Apfelsaft mit."*

Arbeitsaufträge

- Finde heraus, wer mehr Saft mitbringt.
- Sophie bringt vier 0,6-Liter-Flaschen Kirschsaft mit; Laura bringt acht 0,33-Liter-Dosen Zitronentee mit. Finde heraus, wer von beiden mehr mitbringt.

Das Produkt aus einem Bruch und einer natürlichen Zahl (außer 1) können wir als Summe aus lauter gleichen Brüchen auffassen:

$$6 \cdot \frac{2}{5} = \frac{2}{5}+\frac{2}{5}+\frac{2}{5}+\frac{2}{5}+\frac{2}{5}+\frac{2}{5} = \frac{2+2+2+2+2+2}{5} = \frac{6 \cdot 2}{5} = \frac{12}{5} = 2\frac{2}{5}$$

Nicht mit dem Erweitern verwechseln!

Allgemein gilt:

- **Ein positiver Bruch wird mit einer natürlichen Zahl multipliziert**, indem man den Zähler mit der natürlichen Zahl multipliziert und den Nenner beibehält:

  $a \cdot \frac{z}{n} = \frac{a \cdot z}{n} = \frac{z \cdot a}{n}$; $\quad a, z, n \in \mathbb{N}$

  Außerdem gilt: $0 \cdot \frac{z}{n} = 0$ und $a \cdot \frac{0}{n} = 0$; $\quad a, n \in \mathbb{N};\ z \in \mathbb{N}_0$

- **Eine Dezimalzahl wird mit einer natürlichen Zahl multipliziert**, indem man zunächst ohne Rücksicht auf das Komma ausmultipliziert und dann dem Produktwert so viele Dezimalen gibt, wie die Dezimalzahl Dezimalstellen besitzt:

  $3 \cdot 0{,}75 = 3 \cdot \frac{75}{100} = \frac{3 \cdot 75}{100} = \frac{225}{100} = 2{,}25$

  2 Dezimalen **2 Dezimalen**

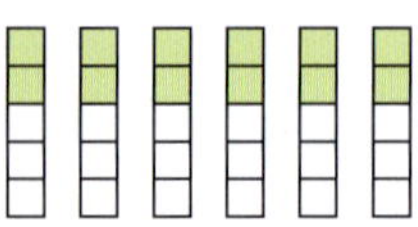

Wie bei der Multiplikation ganzer Zahlen gelten auch bei der Multiplikation von nichtnegativen rationalen Zahlen mit natürlichen Zahlen das **Kommutativgesetz** und das **Assoziativgesetz**:

$\frac{2}{5} \cdot 6 = 6 \cdot \frac{2}{5} = \frac{12}{5} = 2\frac{2}{5}$ (K-Gesetz)

$(3 \cdot 0{,}75) \cdot 2 = 2{,}25 \cdot 2 = 4{,}5$ $\quad 3 \cdot (0{,}75 \cdot 2) = 3 \cdot 1{,}5 = 4{,}5$ (A-Gesetz)

Beispiele

- Berechne jeweils den Wert des Produkts $5 \cdot \frac{2}{3}$ bzw. $6 \cdot \frac{5}{12}$.

  Lösung: $5 \cdot \frac{2}{3} = \frac{5 \cdot 2}{3} = \frac{10}{3} = 3\frac{1}{3}$

  $6 \cdot \frac{5}{12} = \frac{6 \cdot 5}{12} = \frac{5}{2} = 2\frac{1}{2}$ (es wurde mit 6 gekürzt)

Gregor: Ich kürze stets, wenn es geht!

- Berechne jeweils den Wert des Produkts $16 \cdot \frac{3}{64}$; $27 \cdot 1\frac{1}{72}$ bzw. $24 \cdot \frac{7}{60}$; kürze dabei vor Ausführung der Multiplikation.

  Lösung: $16 \cdot \frac{3}{64} = \frac{16 \cdot 3}{64} = \frac{1 \cdot 3}{4} = \frac{3}{4}$ (es wurde mit 16 gekürzt)

  $27 \cdot 1\frac{1}{72} = 27 \cdot \frac{73}{72} = \frac{27 \cdot 73}{72} = \frac{3 \cdot 73}{8} = \frac{219}{8} = 27\frac{3}{8}$

  (die gemischte Zahl wurde zunächst in einen unechten Bruch verwandelt; dann wurde mit 9 gekürzt)

  $24 \cdot \frac{7}{60} = \frac{24 \cdot 7}{60} = \frac{2 \cdot 7}{5} = \frac{14}{5} = 2\frac{4}{5}$ (es wurde mit 12 gekürzt)

- Berechne jeweils den Wert des Produkts.

  $0{,}45 \cdot 10$ $\quad$ $0{,}031 \cdot 100$ $\quad$ $1{,}0845 \cdot 1\,000$

  Lösung: $0{,}45 \cdot \mathbf{10} = \frac{45}{100} \cdot 10 = \frac{45 \cdot 10}{100} = \frac{45}{10} = 4{,}5$

  Das Komma wurde um **eine** Stelle nach rechts verschoben.

  $0{,}031 \cdot \mathbf{100} = \frac{31}{1\,000} \cdot 100 = \frac{31 \cdot 100}{1\,000} = \frac{31}{10} = 3{,}1$

  Das Komma wurde um **zwei** Stellen nach rechts verschoben.

  $1{,}0845 \cdot \mathbf{1\,000} = \frac{10\,845}{10\,000} \cdot 1\,000 = \frac{10\,845}{10} = 1\,084{,}5$

  Das Komma wurde um **drei** Stellen nach rechts verschoben.

Gregor weiß: Multiplizieren mit einer Zehnerstufenzahl: Komma um so viele Stellen nach rechts verschieben, wie die Stufenzahl Nullen hat.

- Berechne den Wert des Terms $4 \cdot (0{,}25 \cdot 9)$ möglichst vorteilhaft.

  Lösung: $4 \cdot (0{,}25 \cdot 9) = (4 \cdot 0{,}25) \cdot 9 = 1{,}00 \cdot 9 = 1 \cdot 9 = 9$

  Assoziativ**g**esetz

- Ist der Wert eines Produkts aus zwei Faktoren stets mindestens so groß wie jeder der beiden Faktoren?
- Erkläre den Unterschied zwischen dem Erweitern eines Bruches mit einer natürlichen Zahl und dem Multiplizieren eines Bruchs mit einer natürlichen Zahl.

Aufgaben

1. Ermittle jeweils den Termwert möglichst im Kopf.

a) $5 \cdot \frac{1}{3}$ $\quad$ $7 \cdot \frac{2}{9}$ $\quad$ $15 \cdot \frac{1}{2}$ $\quad$ $5 \cdot \frac{3}{4}$ $\quad$ $3 \cdot 1{,}1$ $\quad$ $7 \cdot 1{,}6$ km

b) $\frac{2}{3} \cdot 5$ $\quad$ $\frac{1}{6} \cdot 11$ $\quad$ $\frac{1}{2} + \frac{1}{3}$ $\quad$ $\frac{3}{4} - \frac{1}{2}$ $\quad$ $0{,}9 \cdot 5$ $\quad$ $1{,}5 \cdot 12$ km

c) $24 \cdot \frac{2}{7}$ $\quad$ $\frac{5}{6} \cdot 25$ $\quad$ $3 - \frac{1}{11}$ $\quad$ $16 \cdot 0{,}002$ $\quad$ $18 : (-9)$ $\quad$ $\frac{4}{5} \cdot 5{,}5$ km

$7\frac{1}{2}$; $1\frac{2}{3}$; $3{,}3$; $1\frac{5}{9}$; $3\frac{3}{4}$; 11,2 km
Lösungen zu 1.a) **L**

2. Ermittle jeweils den Termwert möglichst im Kopf; kürze dabei vor Ausführung der Multiplikation so weit wie möglich.

a) $4 \cdot \frac{1}{2}$ $\quad$ $4 + 0{,}5$ $\quad$ $4 - 0{,}22$ $\quad$ $4 \cdot 0{,}22$ $\quad$ $4 - 0{,}66$ $\quad$ $25 \cdot \frac{1}{50}$

b) $0{,}45 \cdot 100$ $\quad$ $450 : (-9)$ $\quad$ $1{,}06 \cdot 10$ $\quad$ $\frac{2}{7} \cdot 14$ $\quad$ $0{,}08 \cdot 3$ $\quad$ $810 : (-27)$

c) $2{,}002 \cdot 10$ $\quad$ $18 \cdot 2\frac{1}{2}$ $\quad$ $18^1 + 1^{18}$ $\quad$ $\frac{3}{4} \cdot 28$ $\quad$ $\frac{4}{7} + \frac{1}{56}$ $\quad$ $3{,}041 \cdot 1\,000$

d) $13 \cdot \frac{11}{91}$ $\quad$ $\frac{1}{8} \cdot 10$ $\quad$ $\frac{5}{8} \cdot 24$ $\quad$ $\left(7 - \frac{1}{7}\right) \cdot 7$ $\quad$ $26 \cdot \frac{5}{52}$ $\quad$ $22 \cdot \left(8 \cdot \frac{1}{16}\right)$

3. Übertrage die Tabelle in dein Heft und ergänze sie dann dort.

	a)	b)	c)	d)	e)	f)	g)
Man multipliziert die Zahl	$\frac{4}{5}$	$\frac{1}{8}$	$1\frac{1}{2}$	$\frac{7}{9}$	1	$\frac{6}{13}$	$\frac{4}{7}$
mit dem Kehrwert der Zahl	$\frac{1}{5}$	$\frac{1}{8}$	$\frac{2}{8}$	$\frac{1}{3}$	$\frac{2}{2}$	$\frac{1}{169}$	$\frac{1}{49}$
und erhält den Produktwert	4						

***Kehrwert** eines Bruchs: Zähler und Nenner ver-tauschen*

4. Welche positive rationale Zahl ist ...

a) 24-mal so groß wie $\frac{3}{8}$?

b) um 24 größer als $\frac{3}{8}$?

c) 100-mal so groß wie 0,006?

d) 5-mal so groß wie $6\frac{1}{45}$?

e) um 5 kleiner als $6\frac{1}{45}$?

f) 1 000-mal so groß wie $\frac{1}{32}$?

g) um 100 größer als $\frac{1}{2}$?

h) um 300 größer als -256?

i) ebenso groß wie ihr Kehrwert?

j) doppelt so groß wie der Kehrwert von $\frac{2}{7}$?

5. Auf dem Zahlenstrahl sind die Bildpunkte von fünf rationalen Zahlen markiert. Multipliziere jede dieser fünf Zahlen mit der kleinsten Primzahl, die den Quersummenwert 4 besitzt, und gib jeden dieser Produktwerte als Dezimalzahl an.

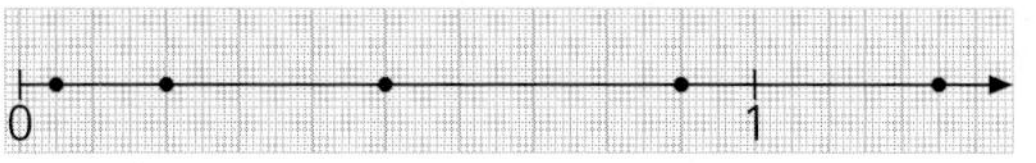

6. Finde jeweils den (die) richtigen Termwert(e) heraus.

$12 \cdot 0{,}56$		$2\frac{23}{40} - 1\frac{3}{8}$		$1{,}08 - 1{,}018$		$\frac{1}{10} \cdot 2$ ha		$17 \cdot 12{,}4$		$(1{,}005 \cdot 8) \cdot 125$	
6,72	67,2	$1\frac{1}{5}$	$\frac{11}{8}$	0,62	0,062	20 a	0,2 ha	210,8	21,08	100,5	1 005
L	G	F	A	U	I	B	N	I	S	S	Z

www.wissen.de

Die zu richtigen Ergebnissen gehörenden Buchstaben ergeben den Namen eines bedeutenden Mathematikers.

7. Übertrage die Tabellen in dein Heft und trage dann dort die Produktwerte ein.

·	2	3	5	7	11
$\frac{3}{4}$					
$\frac{4}{5}$					
$\frac{2}{7}$					
$\frac{8}{9}$					
$1\frac{3}{11}$					

·	$1\frac{1}{6}$	$2\frac{2}{5}$	$\frac{8}{9}$	$3\frac{3}{10}$	$9\frac{5}{7}$
4					
9					
25					
56					
126					

8. Übertrage jeweils die Angabe in dein Heft und ersetze dann dort den Platzhalter ■ durch eine ganze Zahl, sodass eine wahre Aussage entsteht.

a) $\frac{2}{7} \cdot$ ■ $= \frac{6}{7}$ b) $\frac{5}{9} \cdot$ ■ $= 1\frac{1}{9}$ c) $\frac{■}{4} \cdot 8 = 6$ d) ■ $\cdot \frac{5}{32} = \frac{5}{8}$

e) $\frac{5}{32} \cdot$ ■ $= \frac{5}{4}$ f) ■ $\cdot \frac{2}{3} = 4$ g) $\frac{5}{11} \cdot$ ■ $= 0$ h) $(-17) \cdot$ ■ $= 34$

9. Multipliziere jeden der fünf Brüche $\frac{3}{4}, \frac{5}{6}, \frac{6}{4}, \frac{8}{10}$ und $\frac{2}{14}$ so mit einer natürlichen Zahl, dass der Produktwert

a) eine natürliche Zahl ist; gib jeweils mindestens drei verschiedene Möglichkeiten an.

b) eine möglichst große einstellige Zahl ist.

10. Übertrage jeweils die Angabe in dein Heft und setze dann dort für den Platzhalter eines der Zeichen <, > bzw. = so ein, dass eine wahre Aussage entsteht.

a) $2 \cdot \frac{1}{2}$ ■ $2 + \frac{1}{2}$ b) $5 - \frac{2}{3}$ ■ $5 \cdot \frac{2}{3}$ c) $80 \cdot 0{,}001$ ■ $0{,}001 \cdot 80$

d) $0{,}45 \cdot 45$ ■ $0{,}45 - 45$ e) $280 : (-7)$ ■ $7 \cdot \frac{7}{280}$ f) $0{,}36 \cdot 12$ ■ $36 \cdot 0{,}12$

11. Lucas hat als Wert des Produkts $86 \cdot 134$ richtig 11 524 berechnet. Ermittle die Werte der folgenden Terme möglichst durch Überlegen. Erkläre dein Vorgehen.

a) $86 \cdot 0{,}134$ b) $11\,524 : (-86)$ c) $0{,}086 \cdot 13\,400$

d) $1\,340 \cdot 8{,}6$ e) $(-11\,524) : 43$ f) $(-115\,240) : (-860)$

12. Das Rechteck FELD ist 0,5 m breit und siebenmal so lang wie breit.

a) Zeichne es im Maßstab 1 : 50 in dein Heft.

b) Berechne die Umfangslänge U' und den Flächeninhalt A' deines gezeichneten Rechtecks F'E'L'D' aus Teilaufgabe a).

c) Welchen Bruchteil des Flächeninhalts A des Rechtecks FELD macht der Flächeninhalt A' des Rechtecks F'E'L'D' aus Teilaufgabe a) aus?

13. Aus einem tropfenden Gartenwasserhahn fällt alle zwei Sekunden ein Wassertropfen in eine 10-Liter-Gießkanne.

a) Welche Wassermenge macht dies in einer halben Stunde aus, wenn 15 Wassertropfen 0,004 l ergeben?

b) Nach welcher Zeit läuft die ursprünglich leere Gießkanne über?

14. Ein Zeitungsausschnitt (10 cm x 20 cm) wird mit dem Kopiergerät auf 141% vergrößert; sowohl seine Länge wie auch seine Breite werden dabei jeweils um 41% größer. Finde heraus, um wie viel Quadratzentimeter der Flächeninhalt der Vergrößerung größer als der des Zeitungsausschnitts ist.

15. Der Rasen eines Sportplatzes ist 175 m lang und 142 m breit und soll erneuert werden. Was kostet diese Erneuerung, wenn der Gärtner 35,50 € pro Quadratmeter verlangt?

16. Das rechtwinklige Dreieck (1) ist 3 cm lang und 2 cm hoch. Das rechtwinklige Dreieck (2) ist eindreiviertel mal so lang wie das Dreieck (1). Das rechtwinklige Dreieck (4) ist zweieinhalb mal so hoch wie das Dreieck (1).

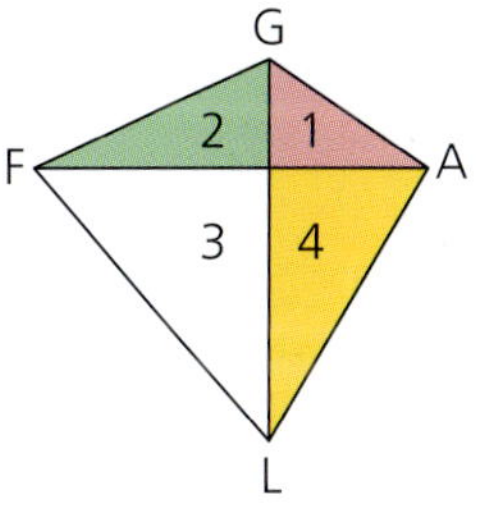

a) Berechne den Flächeninhalt des rechtwinkligen Dreiecks (3).

b) Zeichne das Viereck FLAG im Maßstab 1:1 in dein Heft.

c) Schätze die Umfangslänge des Vierecks FLAG und miss sie dann.

d) Gib den Bruchteil der nicht farbig markierten Fläche im Viereck FLAG an.

G 17. Mehrere Gartenwege werden mit zweierlei Platten in der dargestellten Art gepflastert. Dabei kann am Anfang und/oder am Ende eines Wegs (je) eine der 70 cm langen Platten liegen.

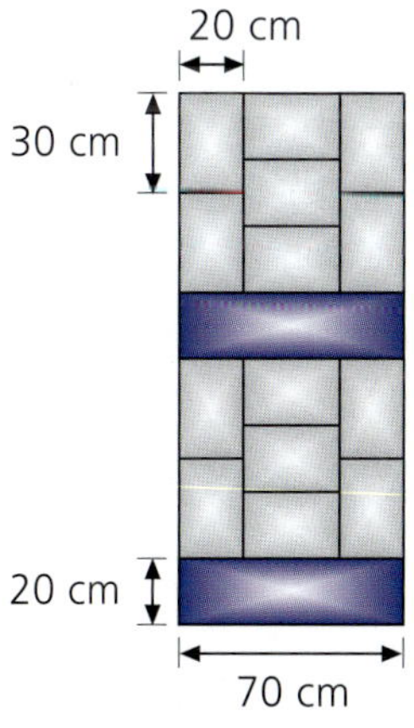

a) Wie viele Platten jeder Sorte braucht man für einen 4,20 m langen Weg?

b) Kann man einen 3,60 m langen Weg mit diesem Muster pflastern? Begründe deine Antwort.

c) Für einen solchen Gartenweg wurden höchstens 50 Platten der Größe 20 cm x 30 cm und höchstens zehn Platten der Größe 20 cm x 70 cm verwendet. Gregor sagt: „Dieser Gartenweg kann höchstens 5,80 m lang sein." Hat Gregor Recht? Begründe deine Antwort.

d) Was kostet das Anlegen eines 5,40 m langen Gartenwegs mit dem abgebildeten Muster, wenn jede der verwendeten Platten 2,65 € und das Verlegen „pro angefangenen laufenden Wegmeter" 35,75 € kostet?

W1 Wahr oder falsch? Wenn zwei Geraden einander nicht schneiden, sind sie zueinander parallel. Zeichne zwei parallele Geraden.

W2 Wie viele gemeinsame Teiler besitzen die Zahlen 168 und 105?

W3 Wie viele ganze, wie viele rationale Zahlen gibt es, deren Betrag kleiner als 6 ist?

120 : (–24) = ?

3,05 ha : 100 = ?

12% von 50 €

sind ▢ €.

5.2 Dividieren von Brüchen durch natürliche Zahlen

Gregor teilt $\frac{1}{2}$ Tafel Schokolade gerecht mit Sophie und Lucas:

$\frac{1}{2} : 3 = \frac{1}{6}$

Arbeitsaufträge

- Finde heraus, wie viel Schokolade Lucas und Sophie bei gerechter Teilung jeweils bekommen hätten, wenn Gregor auf seinen Anteil verzichtet hätte.
- Finde heraus, wie viel Schokolade jedes Kind bekommen hätte, wenn die halbe Tafel Schokolade unter den vier Kindern gerecht verteilt worden wäre.

$\frac{4}{5} : 3 = \frac{4}{15}$

Ein Bruch wird durch eine natürliche Zahl dividiert, indem man den **Nenner** des Bruchs mit dieser natürlichen Zahl **multipliziert** und den Zähler beibehält.

Beispiel: $\frac{4}{5} : 3 = \frac{4}{5 \cdot 3} = \frac{4}{15}$

Allgemein gilt: $\frac{z}{n} : a = \frac{z}{n \cdot a}$; $z \in \mathbb{N}_0$; $a, n \in \mathbb{N}$

Beispiele

- Berechne jeweils den Wert des Quotienten.

$\frac{2}{3} : 5$ $\frac{4}{5} : 10$ $1\frac{5}{6} : 8$ $\frac{7}{17} : 2$

Lösung: $\frac{2}{3} : 5 = \frac{2}{3 \cdot 5} = \frac{2}{15}$

$\frac{4}{5} : 10 = \frac{4}{5 \cdot 10} = \frac{2}{5 \cdot 5} = \frac{2}{25}$
(beim zweiten Schritt mit 2 gekürzt)

$1\frac{5}{6} : 8 = \frac{11}{6} : 8 = \frac{11}{6 \cdot 8} = \frac{11}{48}$

$\frac{7}{17} : 2 = \frac{7}{17 \cdot 2} = \frac{7}{34}$

- Schreibe die zur Zeichnung passende Divisionsaufgabe und löse sie dann:

dividiert durch ■ ergibt

Lösung: Divisionsaufgabe: $\frac{16}{25} : 4$.

Wert des Quotienten:

1. Art: $\frac{16}{25} : 4 = \frac{16}{25 \cdot 4} = \frac{4}{25 \cdot 1} = \frac{4}{25}$
(es wurde mit 4 gekürzt)

2. Art: $\frac{16}{25} : 4 = \frac{16 : 4}{25} = \frac{4}{25}$

- Welche Unterschiede bestehen zwischen dem Dividieren eines Bruchs durch eine natürliche Zahl und dem Kürzen eines Bruchs mit einer natürlichen Zahl?
- Was ergibt 50% : 2? Schreibe den Term in Bruchform.

Aufgaben

$\frac{1}{4}$; $\frac{3}{13}$; $\frac{15}{56}$; 5; $\frac{1}{12}$; −2; −16; $\frac{1}{10}$; $\frac{1}{11}$; $\frac{1}{20}$

Lösungen zu 1.a), b) **L**

1. Berechne jeweils den Wert des Quotienten im Kopf.

a)	$\frac{3}{11} : 3$	$\frac{15}{28} : 2$	$\frac{12}{13} : 4$	$(-25) : (-5)$	$18 : (-9)$
b)	$\frac{1}{2} : 2$	$2^5 : (-2)$	$\frac{1}{2} : 6$	$\frac{1}{2} : 10$	40% : 4
c)	10% : 2	$\frac{30}{110} : 3$	$\frac{5}{6} : 7$	$\frac{22}{37} : 11$	$\frac{1}{8} : 1^8$
d)	$\frac{3}{5} : 7$	$\frac{80}{99} : 16$	$\frac{1}{13} : 13$	$2\frac{1}{7} : 15$	$1\frac{11}{100} : 37$

2. Finde bei jeder der drei Teilaufgaben zunächst den fehlenden Divisor heraus und schreibe dann die zugehörige Divisionsaufgabe in dein Heft.

a) Dividend	Divisor	Quotientenwert	b) Dividend	Divisor	Quotientenwert	c) Dividend	Divisor	Quotientenwert
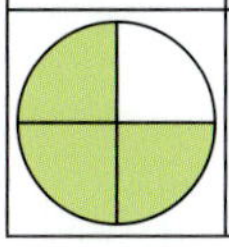		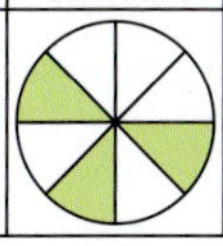			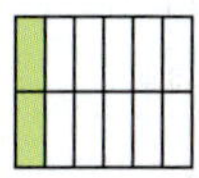	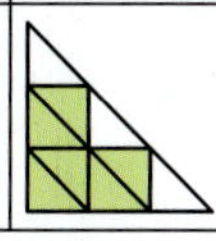		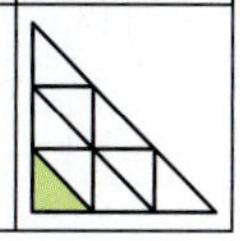

3. Übertrage jeweils zunächst die Angabe in dein Heft und ersetze dann dort den Platzhalter $\blacksquare$ durch eine natürliche Zahl, sodass eine wahre Aussage entsteht.

a) $\frac{1}{3} : \blacksquare = \frac{1}{30}$ b) $\frac{30}{49} : \blacksquare = \frac{2}{49}$ c) $\frac{8}{\blacksquare} : 4 = \frac{2}{11}$ d) $\frac{12}{\blacksquare} : 3 = \frac{1}{5}$
e) $(-625) : \blacksquare = -25$ f) $1\frac{3}{7} : \blacksquare = \frac{1}{14}$ g) $1\frac{7}{9} : \blacksquare = \frac{1}{18}$ h) $(-14)^2 : \blacksquare = 2$
i) $\frac{3}{7} : \blacksquare = \frac{1}{14}$ j) $\frac{1}{9} : \blacksquare = \frac{1}{243}$ k) $\frac{5}{6} : \blacksquare = \frac{1}{30}$ l) $\frac{4}{5} : \blacksquare = \frac{1}{10}$

G 4. Übertrage jeweils die Angabe in dein Heft und ersetze dann dort $\blacksquare$ durch eines der Rechenzeichen +, –, · bzw. :, sodass eine wahre Aussage entsteht.

a) $\frac{1}{2} \blacksquare \frac{1}{2} = 1$ b) $\frac{15}{27} \blacksquare \frac{4}{9} = \frac{1}{9}$ c) $\frac{17}{4} \blacksquare 3 = 12\frac{3}{4}$ d) $3\frac{1}{5} \blacksquare 8 = \frac{2}{5}$
e) $\frac{1}{2} \blacksquare \frac{1}{2} = 0$ f) $15 \blacksquare \frac{4}{15} = 14\frac{11}{15}$ g) $\frac{15}{6} \blacksquare 2 = 1\frac{1}{4}$ h) $(-23) \blacksquare 23 = 1 - 2$

5. a) $\frac{3}{4}$ l Saft werden gleichmäßig auf zwei zunächst leere Gläser verteilt. Berechne, wie viel Saft jedes Glas enthält.

b) Ein halber Liter Milch wird gleichmäßig an vier Kinder verteilt. Wie viel ml Milch erhält jedes Kind?

c) $2\frac{1}{2}$ (gleiche) Torten werden gleichmäßig an 12 Personen verteilt. Berechne jeweils den Mittelpunktswinkel jedes der Tortenstücke und fertige eine Zeichnung (Radiuslänge 3 cm) an, die die Aufteilung zeigt. Was fällt dir auf?

d) Eine Saftflasche fasst $\frac{7}{10}$ l. Sie ist halb leer. Der Rest wird gleichmäßig auf zwei zunächst leere Becher verteilt. Wie viel Saft ist in jedem der Becher?

e) Für einen 45 km langen Weg ist im Radführer eine Zeit von $2\frac{1}{4}$ Stunden angegeben. Welche Zeit ist hierbei durchschnittlich für 1 km eingeplant?

G 6. Erkläre jeweils die Rechnungen.

Laura

$\frac{12}{25} : 6 = \frac{12}{25 \cdot 6} =$
$= \frac{12}{150} = \frac{6}{75} = \frac{2}{25}$

Lucas

$\frac{12}{25} : 6 = \frac{12}{25 \cdot 6} =$
$= \frac{2}{25 \cdot 1} = \frac{2}{25}$

Sophie

$\frac{12}{25} : 6 = \frac{12 : 6}{25} = \frac{2}{25}$

W1 Welchen Flächeninhalt hat diese Buchseite etwa?
W2 Welchen Stellenwert hat die Ziffer 3 in den Zahlen 2,03; 30,8; 0,00023; 9,93 bzw. 381 876,5 jeweils?
W3 Welche der Zahlen 0,4; 0,25; 0,5; $\frac{2}{8}$; $\frac{2}{5}$; $\frac{4}{8}$; $\frac{1}{4}$ und $\frac{1}{2}$ haben den gleichen Wert?

$4 \cdot \frac{4}{3} = ?$
$\frac{5}{6} \cdot 11 = ?$
$\frac{1}{2} + \frac{1}{3} + \frac{1}{6} = ?$

5.3 Dividieren von Dezimalzahlen durch natürliche Zahlen

Laura vergleicht im Supermarkt Getränkepreise. 12 Literflaschen Apfelsaft Marke „Naturapfel" kosten 12,36 €, 10 Literflaschen „Apfelnektar" kosten 9,90 €, 6 Literflaschen „Apfelgold" kosten 6,84 €.

Arbeitsauftrag

- Schätze zuerst und finde dann durch Rechnung heraus, welche dieser Getränkesorten am preiswertesten ist.

Man dividiert eine **Dezimalzahl durch eine Zehnerstufenzahl**, indem man das Komma um so viele Stellen nach links rückt, wie die Zehnerstufenzahl Nullen besitzt.

Beispiel: $234{,}5 : 100 = \frac{2\,345}{10} : 100 = \frac{2\,345}{10 \cdot 100} = \frac{2\,345}{1\,000} = 2{,}345$

Man dividiert eine **Dezimalzahl durch eine beliebige natürliche Zahl**, indem man wie bei natürlichen Zahlen dividiert, aber beim Überschreiten des Kommas des Dividenden auch im Quotientenwert ein Komma setzt.

Beispiel: $12{,}36 : 12 = \frac{1\,236}{100} : 12 = \frac{1\,236}{100 \cdot 12} = \frac{103}{100} = 1{,}03$ (es wurde mit 12 gekürzt)

Beispiele

- Berechne jeweils den Wert des Quotienten.

35,7 : 10   0,7 : 100   11,1 : 1 000

Lösung:
35,7 : 1**0** = 3,57 (Das Komma rückt um **eine** Stelle nach links.)
0,7 : 1**00** = 0,007 (Das Komma rückt um **zwei** Stellen nach links; dabei müssen zwei Nullen ergänzt werden.)
11,1 : 1**000** = 0,0111 (Das Komma rückt um **drei** Stellen nach links; dabei müssen zwei Nullen ergänzt werden.)

- Berechne die Werte der beiden Quotienten 14,56 : 4 und 0,7 : 14.

Lösung:

```
14,56 : 4 = 3,64                      0,7 : 14 = 0,05
12                                    0
--                                    --
 25   jetzt im Quotienten-             7   jetzt im Quotienten-
 24   wert Komma setzen                0   wert Komma setzen
 --                                   --
  16                                  70   Endnull anhängen
  16                                  70
  --                                  --
   0                                   0
```

- Wie verschiebt sich das Komma bei der Multiplikation einer Dezimalzahl mit 100?
- Vergleiche die Werte der beiden Terme $0{,}1 \cdot 10$ und $0{,}1 : 10$. Wievielmal so groß wie der zweite Termwert ist der erste?

Aufgaben

1. Berechne die Termwerte im Kopf und schreibe sie dann in dein Heft.

a) 0,5 : 10	345 : 100	0,08 · 10	0,009 : 10	112,09 : 1 000
b) 45,3 – 100	45,3 · 100	45,3 + 100	45,3 : 100	45,3 : 3
c) 0,28 : 10	2,222 : 1 000	22,22 : 22	2,222 : 11	2,222 : 2 000
d) 99,9 : 100	99 – 100	99,9 : 9	99,9 : 90	99,9 : 900

2. Berechne jeweils den Termwert im Kopf und schreibe ihn dann in dein Heft.

a) 1,8 : 9	1,5 : 5	0,049 : 7	7,2 : 12	1,69 : 13
b) 0,225 : 15	19,0361 : 19	57,6 : 24	1,024 : 512	32,48 : 16
c) 2,7 : 30	0,0081 : 27	5,12 : 8	50,125 : 50	(3,24 · 25) : 25

0,0003; 0,13; 0,64; 0,015; 1,0019; 3,24; 0,3; 2,03; 1,0025; 0,6; 0,2; 0,002; 0,007; 2,4; 0,09
Lösungen zu 2. **L**

3. Gib jeweils an, welche Zahl in der Mitte zwischen den beiden gegebenen rationalen Zahlen liegt.

a) 0,1 und 0,3 **b)** 0,8 und 0,9 **c)** 0,9 und 0,10 **d)** –7 und 9
e) $\frac{1}{5}$ und $1\frac{1}{5}$ **f)** 19 und 18,44 **g)** 7,999 und 8 **h)** 32,4 und 23,4

4. Übertrage die Angabe in dein Heft, berechne den Termwert und gib die Termart an.

a) (456,76 + 274,74) : 19 – 38,5 **b)** (810 – 0,54) : 27 + 0,2 : 10
c) 1 900 : 4 750 – [(–625) : (–25) – 322 : 70] **d)** [(1 600 – 512,8) : 12] : 15
e) [(6,3 – 6,3 : 63) : 310] · (178,2 : 891 + 100 : 125)

5. Eine 500-Blatt-Packung DIN-A4-Kopierpapier ist 4,8 cm hoch.

a) Wie hoch ist der Papierstapel nach dem Verbrauch von 125 Blatt noch?
b) Schätze zuerst, welchen Inhalt A die Fläche hat, die die restlichen 375 Blatt Kopierpapier nebeneinander gelegt bedecken würden, berechne ihn dann und runde ihn auf Quadratmeter.

6. Sophie hat im Lauf eines Jahres die nebenstehende Tabelle der monatlichen Telefonkosten für das Handy ihrer Mutter erstellt.

a) Berechne die durchschnittlichen monatlichen Telefonkosten.
b) In welchem Monat war die Abweichung vom Durchschnittswert am größten, in welchem am kleinsten? Gib diese beiden Abweichungen an.
c) Überschlage die durchschnittlichen täglichen Telefonkosten.
d) Runde die monatlichen Telefonkosten auf Euro und stelle sie in einem Säulendiagramm dar.

Monat	Kosten in €
Jan.	31,76
Feb.	15,31
März	26,14
April	15,71
Mai	23,49
Juni	48,59
Juli	31,63
Aug.	21,58
Sept.	25,85
Okt.	23,36
Nov.	53,29
Dez.	29,97

G 7. Trage in ein Koordinatensystem (Einheit 1 cm) die Punkte C (3 | 3), O (0 | 0), R (–2 | –3), N (–4 | 0), E (–5 | 4), L (0 | 4), I (–4 | 3), U (2 | 5) und S (1 | 2) ein.

a) Welche dieser neun Punkte liegen nicht im I. Quadranten?
b) Berechne den Mittelwert x_M der x-Koordinaten und den Mittelwert y_M der y-Koordinaten dieser neun Punkte. Trage den Punkt M, der diese beiden Koordinaten besitzt, in deine Zeichnung ein.
c) Trage die Gerade MN in deine Zeichnung ein und miss mit deinem Geodreieck (auf mm genau) den Abstand d_C, d_O, d_R, ... jedes der neun Punkte C, O, R, N, E, L, I, U und S von der Geraden MN. Stelle diese neun Abstände in einer Tabelle dar und berechne den mittleren Abstand (auf mm gerundet) der neun Punkte von der Geraden MN.

W1 **W**ie oft musst du ein DIN-A4-Blatt falten, um ein Sechzehntel zu veranschaulichen?
W2 **W**elches ist das kleinste gemeinsame Vielfache von 35 und 28 und 10?
W3 **W**elcher Unterschied besteht zwischen der absoluten und der relativen Häufigkeit? Erkläre an einem Beispiel.

kgV (55; 33) = ?
kgV (33; 99) = ?
$\frac{1}{55} + \frac{1}{33} = ?$

5.4 Multiplizieren von Brüchen

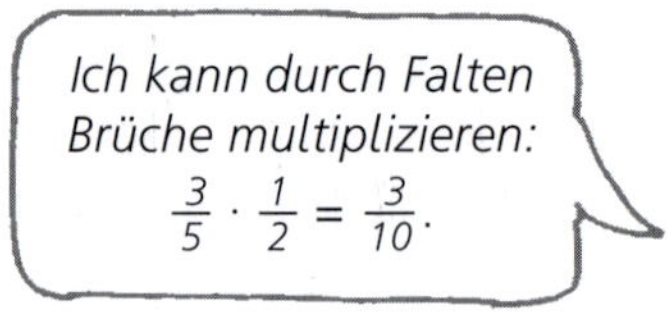

Arbeitsauftrag

- Falte und schraffiere ein DIN-A4-Blatt so wie Lucas; erkläre dann deinem Nachbarn oder deiner Nachbarin, wo auf deinem Blatt „$\frac{3}{5} \cdot \frac{1}{2}$" und wo „$\frac{3}{5}$ von $\frac{1}{2}$" veranschaulicht ist.

Lucas merkt sich: Zähler mal Zähler durch Nenner mal Nenner.

Zwei Brüche werden miteinander multipliziert, indem man das Produkt ihrer Zähler durch das Produkt ihrer Nenner dividiert:

$\frac{z}{n} \cdot \frac{y}{m} = \frac{z \cdot y}{n \cdot m}$; $z, y \in \mathbb{N}_0$; $n, m \in \mathbb{N}$

Auch bei der Multiplikation von Brüchen gilt das **K**ommutativgesetz und das **A**ssoziativgesetz.

K-Gesetz:

$\frac{1}{2} \cdot \frac{3}{5} = \frac{1 \cdot 3}{2 \cdot 5} = \frac{3}{10}$ $\frac{3}{5} \cdot \frac{1}{2} = \frac{3 \cdot 1}{5 \cdot 2} = \frac{3}{10}$

A-Gesetz:

$\left(\frac{1}{2} \cdot \frac{3}{5}\right) \cdot \frac{2}{3} = \frac{3}{10} \cdot \frac{2}{3} = \frac{3 \cdot 2}{10 \cdot 3} = \frac{1}{5}$ (es wurde gleichzeitig mit 3 und mit 2 gekürzt)

$\frac{1}{2} \cdot \left(\frac{3}{5} \cdot \frac{2}{3}\right) = \frac{1}{2} \cdot \frac{3 \cdot 2}{5 \cdot 3} = \frac{1}{2} \cdot \frac{2}{5} = \frac{1 \cdot 2}{2 \cdot 5} = \frac{1}{5}$ (es wurde zunächst mit 3 und erst im letzten Schritt mit 2 gekürzt).

$\frac{2}{5}$ **von** $\frac{3}{4}$ berechnet man so:

$\left(\frac{3}{4} : 5\right) \cdot 2 = \frac{3}{4 \cdot 5} \cdot 2 = \frac{3 \cdot 2}{4 \cdot 5} = \frac{2 \cdot 3}{5 \cdot 4} = \mathbf{\frac{2}{5} \cdot \frac{3}{4}} = \frac{3}{5 \cdot 2} = \frac{3}{10}$

„$\frac{2}{5}$ **von** $\frac{3}{4}$" bedeutet also „$\frac{2}{5}$ **mal** $\frac{3}{4}$".

Beispiele

- Berechne die Werte der drei Produkte $\frac{2}{7} \cdot \frac{3}{5}$, $1\frac{1}{3} \cdot 2\frac{4}{5}$ und $\frac{15}{34} \cdot \frac{17}{25}$.

  Lösung:
  $\frac{2}{7} \cdot \frac{3}{5} = \frac{2 \cdot 3}{7 \cdot 5} = \frac{6}{35}$
  $1\frac{1}{3} \cdot 2\frac{4}{5} = \frac{4}{3} \cdot \frac{14}{5} = \frac{4 \cdot 14}{3 \cdot 5} = \frac{56}{15} = 3\frac{11}{15}$
  $\frac{15}{34} \cdot \frac{17}{25} = \frac{15 \cdot 17}{34 \cdot 25} = \frac{3 \cdot 1}{2 \cdot 5} = \frac{3}{10}$
  (vor dem Ausmultiplizieren wurde mit 5 und mit 17 gekürzt).

Kürzen, sobald es möglich ist.

- Schreibe jeweils eine zur Abbildung passende Rechnung:

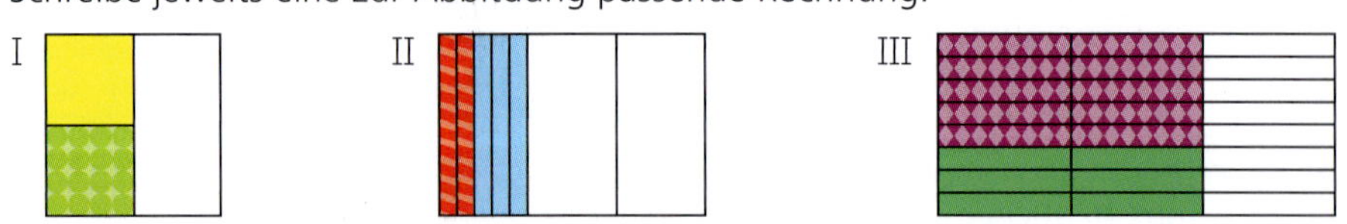

  Lösung:
  I: $\frac{1}{2}$ von $\frac{1}{2}$ bedeutet $\frac{1}{2} \cdot \frac{1}{2} = \frac{1}{4}$.
  II: $\frac{2}{5}$ von $\frac{1}{3}$ bedeutet $\frac{2}{5} \cdot \frac{1}{3} = \frac{2}{15}$.
  III: $\frac{5}{8}$ von $\frac{2}{3}$ bedeutet $\frac{5}{8} \cdot \frac{2}{3} = \frac{5 \cdot 2}{8 \cdot 3} = \frac{10}{24} \left(= \frac{5}{12}\right)$.

- Veranschauliche das Produkt $\frac{1}{3} \cdot \frac{1}{2}$ durch einen Kreissektor.

  Lösung: Ein Halbkreis veranschaulicht den Bruchteil $\frac{1}{2}$; $\frac{1}{3}$ von $\frac{1}{2}$ wird durch ein Drittel dieses Halbkreises veranschaulicht. Der Mittelpunktswinkel des Kreissektors beträgt $\frac{1}{3}$ von 180°, also 60°.

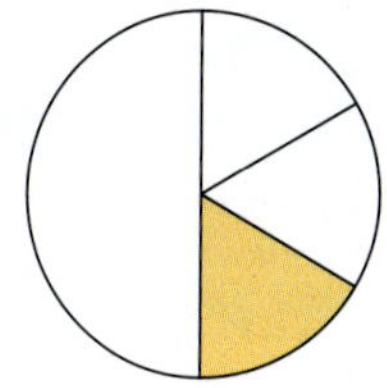

$\frac{1}{3}$ von $\frac{1}{2}$

- Warum ist es sinnvoll, vor dem Ausmultiplizieren soweit wie möglich zu kürzen?
- Wie viel ist das Dreifache des vierten Teils von 16 Jahren?
- Wie ändert sich der Wert des Produkts der Stammbrüche $\frac{1}{2}$ und $\frac{1}{3}$, wenn jeder Nenner verdoppelt wird, die Zähler aber gleich bleiben?

Aufgaben

-1; $\frac{1}{32}$; $1\frac{1}{2}$; $\frac{9}{56}$; $\frac{2}{45}$; $\frac{1}{4}$; $\frac{5}{24}$; $1\frac{1}{10}$; $\frac{1}{6}$

Lösungen zu 1.a), b) **L**

1. Berechne jeweils den Termwert (möglichst oft im Kopf).

a) $\frac{1}{2} \cdot \frac{1}{3}$ $\quad \frac{2}{5} \cdot \frac{1}{9}$ $\quad \frac{5}{6} \cdot \frac{1}{4}$ $\quad \frac{3}{7} \cdot \frac{3}{8}$ $\quad \frac{9}{10} + \frac{1}{5}$

b) $\frac{1}{2} : 2$ $\quad \left(\frac{1}{2}\right)^2$ $\quad 2 - \frac{1}{2}$ $\quad 2 : (-2)$ $\quad \frac{1}{4} \cdot \frac{1}{8}$

c) $\frac{5}{9} \cdot \frac{2}{7}$ $\quad \frac{11}{12} \cdot \frac{4}{9}$ $\quad 140 : (-7)$ $\quad 20 \cdot \frac{3}{4}$ $\quad \frac{2}{9} \cdot 18$

d) $\frac{2}{361} \cdot \frac{19}{6}$ $\quad \frac{5}{196} \cdot \frac{98}{125}$ $\quad \frac{75}{104} \cdot \frac{13}{25}$ $\quad \frac{2}{91} \cdot \frac{13}{16}$ $\quad \left(\frac{7}{9}\right)^3$

2. Veranschauliche folgende Produkte mithilfe von Rechtecken und bestimme ihren Wert.

a) $\frac{2}{5} \cdot \frac{3}{4}$ b) $\frac{2}{3} \cdot \frac{2}{5}$ c) $\frac{3}{4} \cdot \frac{2}{3}$ d) $\frac{5}{6} \cdot \frac{3}{4}$

3. Veranschauliche jedes der vier Produkte durch einen Kreissektor und gib die Größe des zugehörigen Mittelpunktswinkels an.

a) $\frac{1}{2} \cdot \frac{1}{4}$ b) $\frac{1}{3} \cdot \frac{1}{6}$ c) $\frac{1}{4} \cdot \frac{2}{3}$ d) $\frac{1}{5} \cdot \frac{3}{4}$

G **4.** Berechne jeweils den Produktwert und formuliere eine zum Ansatz passende Aufgabe.

a) $\frac{1}{3} \cdot \frac{3}{4}$ h b) $\frac{25}{100} \cdot 56$ € c) $\frac{2}{5} \cdot 4\frac{1}{2}$ km

d) $\frac{1}{4} \cdot \frac{2}{3}$ ha e) $\frac{3}{4} \cdot 1\frac{1}{2}$ l f) $\frac{2}{3} \cdot 7\frac{1}{2}$ kg

5. Veranschauliche jedes der vier Produkte durch Falten eines DIN-A4-Blatts.

a) $\frac{1}{2} \cdot \frac{1}{2}$ b) $\frac{1}{2} \cdot \frac{3}{4}$ c) $\frac{2}{3} \cdot \frac{1}{4}$ d) $\frac{3}{8} \cdot \frac{1}{6}$

6. Übertrage die Tabelle in dein Heft und vervollständige sie dann dort.

		2. Faktor							
	·	$\frac{1}{2}$	$\frac{2}{3}$	$\frac{3}{4}$	1	0	$1\frac{3}{8}$	$\frac{1}{5}$	2
1. Faktor	$\frac{1}{2}$								
	$\frac{2}{3}$								
					1				
		0							
	$2\frac{1}{5}$								
	2								

G 7. Schreibe jede der sechs Zahlen in der „Wolke" auf mindestens zwei Arten

a) als Produkt aus zwei rationalen Zahlen.

b) als Quotient aus einem Bruch (als Dividend) und einer natürlichen Zahl.

c) als Summe aus einem Bruch und einer möglichst großen natürlichen Zahl.

d) als Differenz aus einem Bruch und einer möglichst kleinen natürlichen Zahl (als Minuend).

8. Übertrage jeweils die Angabe in dein Heft und ersetze dann dort den Platzhalter $\square$ durch eine natürliche Zahl, sodass eine wahre Aussage entsteht.

a) $\frac{1}{4} \cdot \frac{5}{\square} = \frac{5}{28}$ b) $\frac{6}{7} \cdot \frac{\square}{12} = \frac{1}{2}$ c) $\frac{5}{\square} \cdot 3\frac{3}{5} = \frac{1}{5}$

d) $\frac{3}{9} \cdot \frac{\square}{4} = \frac{1}{12}$ e) $\frac{1}{8} \cdot \frac{\square}{5} = \frac{1}{10}$ f) $\frac{8}{11} \cdot \frac{\square}{3} = 5\frac{1}{3}$

9. Übertrage jeweils die Angabe in dein Heft und ersetze dann dort den Platzhalter $\square$ durch eine rationale Zahl, sodass eine wahre Aussage entsteht.

a) $\frac{2}{3} \cdot \square = \frac{8}{15}$ b) $\frac{3}{5} \cdot \square = \frac{21}{40}$ c) $\frac{7}{10} \cdot \square = \frac{7}{15}$ d) $\square \cdot \frac{17}{21} = 1$

e) $\frac{3}{8} \cdot \square = 2$ f) $1\frac{5}{6} \cdot \square = 0$ g) $8 \cdot \square = \frac{1}{2}$ h) $\square \cdot 9 = 100$

10. a) Schreibe jedes der drei Produkte $2 \cdot 2 \cdot 2$, $\frac{1}{2} \cdot \frac{1}{2} \cdot \frac{1}{2} \cdot \frac{1}{2}$ und $\frac{3}{4} \cdot \frac{3}{4}$ als Potenz und berechne dann den Potenzwert.

b) Berechne den Wert jedes der vier Terme $\left(\frac{2}{3}\right)^3$, $\frac{2^3}{3^3}$, $\frac{2^3}{3}$ und $\frac{2}{3^3}$ und ordne dann diese Terme der Größe nach.

c) Finde heraus, welche der folgenden fünf Terme einen kleineren Wert als 1 haben, und gib jeweils an, wie viel auf 1 fehlt.

$\left(\frac{9}{10}\right)^3$ $\frac{187}{10} : 11$ $\frac{44}{5} : 4$ $2^5 : (-4)$ $\frac{3}{8} + \left(\frac{1}{2}\right)^2$

G 11. Multipliziere jedes Element der Menge $A = \{\frac{3}{7}; \frac{1}{2}; 2\frac{5}{8}; \frac{1}{10}\}$ (erster Faktor) mit jedem Element der Menge $B = \{2; 0; 1\frac{2}{3}; \frac{1}{3}; \frac{3}{7}\}$. Gib an, wie viele verschiedene Produkte und wie viele verschiedene Produktwerte du erhältst und wie viele dieser Produktwerte natürliche Zahlen sind.

G 12. Übertrage jeweils die Angabe in dein Heft und ersetze dann dort den Platzhalter $\square$ auf mindestens drei verschiedene Arten durch eine rationale Zahl, sodass eine wahre Aussage entsteht.

a) $\frac{3}{4} \cdot \square > 2$ b) $\frac{5}{9} \cdot \square < 1\frac{1}{3}$ c) $\square \cdot \frac{8}{5} > 2\frac{1}{2}$ d) $4 > \square \cdot 2 > 2\frac{1}{2}$

13. Berechne den Termwert jeweils möglichst geschickt (kürze frühzeitig!).

a) $\frac{7}{10} \cdot \frac{5}{8} \cdot \frac{4}{7}$ b) $\frac{2}{3} \cdot \frac{4}{15} \cdot \frac{5}{6}$ c) $5\frac{1}{2} \cdot 7\frac{3}{4} \cdot 16$ d) $\frac{13}{50} \cdot \frac{5}{14} \cdot \frac{21}{52}$

e) $\frac{5}{7} \cdot \frac{2}{3} \cdot \frac{14}{15}$ f) $\frac{9}{22} \cdot \frac{5}{6} \cdot \frac{4}{15}$ g) $\frac{17}{20} \cdot \frac{7}{10} \cdot \frac{25}{34}$ h) $2\frac{5}{8} \cdot \frac{8}{15} \cdot 3\frac{1}{6}$

682; $\frac{1}{11}$; $4\frac{13}{30}$; $\frac{4}{27}$; $\frac{4}{9}$; $\frac{1}{4}$; $\frac{3}{80}$; $\frac{7}{16}$

Lösungen zu 13. **L**

14. Ermittle jeweils mit möglichst wenig Rechenaufwand den Termwert.

a) $\left(1 - \frac{1}{2}\right) \cdot \left(1 - \frac{1}{3}\right)$

b) $\left(1 - \frac{1}{2}\right) \cdot \left(1 - \frac{1}{3}\right) \cdot \left(1 - \frac{1}{4}\right)$

c) $\left(1 - \frac{1}{2}\right) \cdot \left(1 - \frac{1}{3}\right) \cdot \left(1 - \frac{1}{4}\right) \cdot \left(1 - \frac{1}{5}\right)$

d) $\left(1 - \frac{1}{2}\right) \cdot \left(1 - \frac{1}{3}\right) \cdot \left(1 - \frac{1}{4}\right) \cdot \left(1 - \frac{1}{5}\right) \cdot \ldots \cdot \left(1 - \frac{1}{10}\right)$

e) $\left(1 - \frac{1}{2}\right) \cdot \left(1 - \frac{1}{3}\right) \cdot \left(1 - \frac{1}{4}\right) \cdot \left(1 - \frac{1}{5}\right) \cdot \ldots \cdot \left(1 - \frac{1}{2000}\right)$

15. Berechne jeweils den Prozentsatz und veranschauliche dann die Aufgabe an einer Hundertsteltafel.

a) 10% von 80% b) 20% von 60% c) 30% von 90%

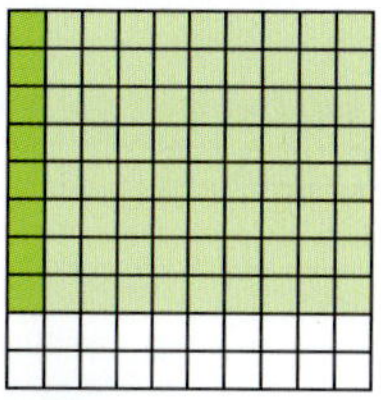

16. Aus einem Dominospiel werden zur Darstellung von Brüchen nur die Steine verwendet, deren beide Hälften natürliche Augenanzahlen aufweisen.
Beispiel: Der rechts abgebildete Dominostein stellt den Bruch $\frac{4}{5}$ dar.
Ergänze in deinem Heft jeweils den fehlenden Dominostein, sodass der durch die drei Dominosteine dargestellte Term den Wert $2\frac{1}{2}$ besitzt.

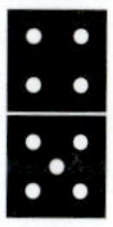

a) 

b) 

G 17. Laura sagt zu Gregor: „Denke dir eine natürliche Zahl, multipliziere sie mit 4, multipliziere dann den Produktwert mit $2\frac{1}{2}$ und dividiere dein Ergebnis durch 5. Wenn du mir dein Endergebnis nennst, sage ich dir, welche Zahl du dir gedacht hast." Erkläre, wie Laura aus Gregors Endergebnis die gedachte Zahl findet und wieso dieser „Trick" mit jeder gedachten Zahl funktioniert.

18. a) Übertrage die Zahlenmauer in dein Heft. Trage dann dort auf die leeren Mauersteine rationale Zahlen so ein, dass auf jedem Stein der Produktwert der Zahlen steht, die sich auf den beiden Steinen direkt darunter befinden.

b) Wie ändert sich die Zahl auf dem obersten Mauerstein, wenn jede Zahl in der untersten Reihe halbiert wird?

c) Wie ändert sich die Zahl auf dem obersten Mauerstein, wenn die Zahl $2\frac{1}{3}$ durch die Zahl 0 ersetzt wird und die beiden übrigen Angabezahlen verdoppelt werden?

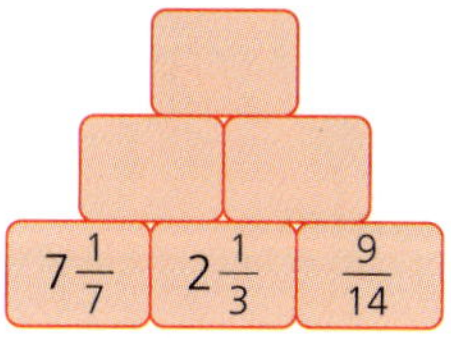

G 19. Auf jedem der rechts abgebildeten vier Zettel steht der Wert der Summe zweier rationaler Zahlen. Gib jeweils mindestens drei Summen an und bilde zu jeder von ihnen das Produkt aus den beiden Summanden.
Welches ist in deiner Klasse der größte Produktwert beim ersten Zettel, welches der größte beim zweiten Zettel usw.?

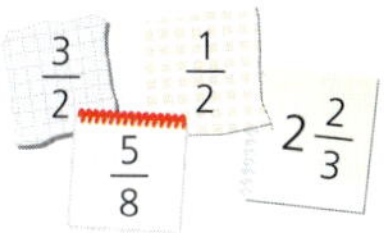

20. Berechne zunächst den Wert des Produkts $\frac{6}{7} \cdot \frac{2}{5}$. Finde dann heraus, wie sich der Produktwert ändert, wenn du (ohne weitere Änderungen)

a) den Zähler des ersten Faktors verdoppelst.
b) den Zähler des zweiten Faktors halbierst.
c) den Nenner des zweiten Faktors verdoppelst.
d) den Zähler und den Nenner des ersten Faktors verdreifachst.
e) die Zähler der beiden Faktoren vertauschst.
f) die Nenner der beiden Faktoren verdoppelst.
g) die Zähler der beiden Faktoren halbierst.
h) den Kehrwert des ersten Faktors mit dem Kehrwert des zweiten Faktors multiplizierst.

W1 Wie oft muss man den Bruch $\frac{2}{3}$ von der Zahl 8 subtrahieren, um ein negatives Ergebnis zu erhalten?
W2 Wie viel kostet ein Fahrrad noch, wenn bei einer Werbeaktion 20% des ursprünglichen Preises von 325 € nachgelassen werden?
W3 Wie lauten die Kehrwerte der Zahlen $\frac{3}{5}$; 6; $1\frac{1}{7}$; $2\frac{2}{5}$ bzw. $\frac{3}{11}$?

$\frac{1}{6} \cdot \frac{1}{12} = ?$
$\left(\frac{4}{9}\right)^2 = ?$
$810 : (-27) = ?$

5.5 Multiplizieren von Dezimalzahlen

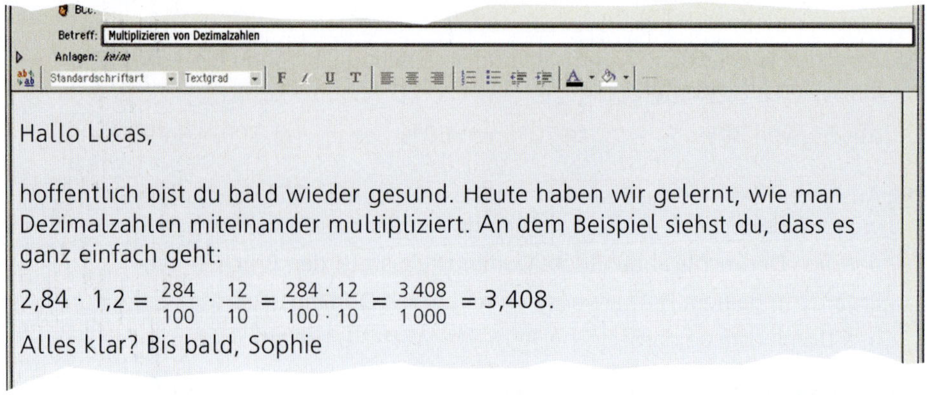

Betreff: Multiplizieren von Dezimalzahlen

Anlagen: keine

Hallo Lucas,

hoffentlich bist du bald wieder gesund. Heute haben wir gelernt, wie man Dezimalzahlen miteinander multipliziert. An dem Beispiel siehst du, dass es ganz einfach geht:

$2{,}84 \cdot 1{,}2 = \frac{284}{100} \cdot \frac{12}{10} = \frac{284 \cdot 12}{100 \cdot 10} = \frac{3\,408}{1\,000} = 3{,}408.$

Alles klar? Bis bald, Sophie

Arbeitsauftrag

- Schreibe einem Freund oder einer Freundin eine E-Mail, in der du z. B. an dem Produkt $2{,}5 \cdot 1{,}234$ erklärst, wie man zwei Dezimalzahlen miteinander multipliziert.

Dezimalzahlen werden zunächst ohne Rücksicht auf das Komma wie natürliche Zahlen miteinander multipliziert; das Komma wird dann im Ergebnis so gesetzt, dass der Produktwert ebenso viele Dezimalen hat, wie die Faktoren zusammen besitzen:

$13{,}4 \cdot 2{,}16 = \frac{134}{10} \cdot \frac{216}{100} = \frac{\mathbf{134 \cdot 216}}{10 \cdot 100} = \frac{\mathbf{28\,944}}{1\,000} = 28{,}944.$

Beispiele

- Berechne die Werte der beiden Produkte $3{,}55 \cdot 2{,}21$ und $3{,}125 \cdot 8{,}8$; mache jeweils auch eine Überschlagsrechnung.

  Lösung:

  $3{,}55 \cdot 2{,}21 = 7{,}8455$

  Überschlag: $4 \cdot 2 = 8$

  Nebenrechnung ohne Berücksichtigung des Kommas:

```
355 · 221
---------
  710
   710
+   355
---------
  78455
```

  Das Ergebnis hat (2 + 2 =) 4 Dezimalen.

  $3{,}125 \cdot 8{,}8 = 27{,}5000 = 27{,}5$

  Überschlag: $3 \cdot 9 = 27$

  Nebenrechnung ohne Berücksichtigung des Kommas:

```
3125 · 88
---------
 25000
+ 25000
---------
 275000
```

  Das Ergebnis hat (3 + 1 =) 4 Dezimalen.

- Schreibe jede der drei Potenzen $0{,}3^4$, $0{,}01^2$ und $0{,}5^3$ zunächst als Produkt und berechne dann ihren Wert.

  Lösung:

  $0{,}3^4 = 0{,}3 \cdot 0{,}3 \cdot 0{,}3 \cdot 0{,}3 = 0{,}0081$

  $0{,}01^2 = 0{,}01 \cdot 0{,}01 = 0{,}0001$

  $0{,}5^3 = 0{,}5 \cdot 0{,}5 \cdot 0{,}5 = 0{,}125$

- Berechne die Werte der Produkte $\frac{1}{2} \cdot 0{,}6$ und $0{,}9 \cdot \frac{2}{3}$ möglichst günstig.

  Lösung:

  $\frac{1}{2} \cdot 0{,}6 = 0{,}5 \cdot 0{,}6 = 0{,}30 = 0{,}3$ oder $\frac{1}{2} \cdot 0{,}6 = 0{,}6 : 2 = 0{,}3$

  $0{,}9 \cdot \frac{2}{3} = \frac{9}{10} \cdot \frac{2}{3} = \frac{9 \cdot 2}{10 \cdot 3} = \frac{3 \cdot 1}{5 \cdot 1} = \frac{3}{5} = 0{,}6$ oder

  $0{,}9 \cdot \frac{2}{3} = (0{,}9 : 3) \cdot 2 = 0{,}3 \cdot 2 = 0{,}6$

- Wie viele Dezimalen hat der Wert der Potenz $1{,}02^7$?
- Wie ändert sich der Wert einer Zahl, wenn man eine Endnull anhängt oder weglässt?

Aufgaben

0,0121; 0,0625; 0,7; 0,32; 60; 0,81; 2,1; 0,72; 0,033; 0,027
Lösungen zu 1.a), b) **L**

1. Berechne den Produktwert bzw. Potenzwert jeweils im Kopf.

a) $0{,}8 \cdot 0{,}4$	$7 \cdot 0{,}1$	$0{,}9^2$	$0{,}11 \cdot 0{,}3$	$0{,}3^3$
b) $1{,}2 \cdot 0{,}6$	$(-4) \cdot (-15)$	$4{,}2 \cdot 0{,}5$	$0{,}11^2$	$0{,}5^4$
c) $2{,}2 \cdot 0{,}1$	$\frac{1}{4} \cdot \frac{1}{2}$	$(-1)^6$	$0{,}63 \cdot 0{,}3$	$13 \cdot 0{,}6$

2. Laura hat als Wert des Produkts $825 \cdot 161$ richtig 132 825 ausgerechnet. Gib ohne neue Rechnung die Werte der folgenden Produkte an und begründe jeweils dein Ergebnis.

a) $8{,}25 \cdot 1{,}61$	b) $0{,}161 \cdot 8\,250$	c) $82{,}5 \cdot 161$
d) $1\,610 \cdot 0{,}825$	e) $825 \cdot 0{,}0161$	f) $(-1\,610) \cdot (-825)$

3. Übertrage die Tabelle in dein Heft und vervollständige sie dann dort.

		2. Faktor				
	·	4	0,102	0,01	1 000	47,9
1. Faktor	0,9					
	0,12					
	6,25					
	0,001					
	2,22					

4. Berechne die Werte der drei Produkte $\frac{2}{5} \cdot \frac{1}{4}$, $\frac{3}{6} \cdot 1{,}23$ und $4{,}56 \cdot \frac{3}{20}$ jeweils auf zwei verschiedene Arten und begründe, welchen Rechenweg du für die jeweilige Teilaufgabe am günstigsten findest.

5. Berechne bei jedem der sechs Rechtecke den Flächeninhalt und bei denjenigen Rechtecken, die quadratisch oder fast quadratisch sind, außerdem die Umfangslänge.

Rechteck	a)	b)	c)	d)	e)	f)
Länge	11,7 m	12,1 cm	4,5 m	7,5 m	8,45 cm	0,11 km
Breite	8,3 m	11,9 cm	45 dm	7,5 dm	0,8 m	109 m

6. Übertrage jeweils die Angabe in dein Heft und ersetze dann dort den Platzhalter ▪ durch eines der Zeichen <, > bzw. = , sodass eine wahre Aussage entsteht. Bei welchen Teilaufgaben kannst du das Zeichen einsetzen, ohne den Termwert zu berechnen? Erkläre dein Vorgehen.

a) $6{,}5 \cdot 3{,}2$ ▪ 18,6	b) $0 \cdot 5{,}44$ ▪ 1,05	c) $15{,}08 \cdot 0{,}27$ ▪ 15,08
d) $23{,}6 \cdot 14{,}8$ ▪ 350	e) $1{,}3 \cdot 2\frac{1}{2}$ ▪ 3	f) $(-235) : 5$ ▪ -45

7. Im Supermarkt werden zwei Käsesorten abgepackt: 1 kg Gouda kostet 6,99 €, 1 kg Emmentaler 8,85 €. Ordne die Preisschilder den Käsestücken richtig zu.
Gouda: 100 g, 185 g, 250 g, 330 g Emmentaler: 125 g, 150 g, 190 g, 200 g

Preisschilder: 0,70 € | 1,11 € | 1,29 € | 1,33 € | 1,68 € | 1,75 € | 1,77 € | 2,31 €

W1 Welcher der beiden Terme $(-10)^2$ und $(-2)^{10}$ hat den größeren Wert?
W2 Was versteht man unter einem überstumpfen Winkel? Zeichne einen derartigen Winkel auf zwei Arten mit dem Geodreieck.
W3 Welches ist bei der Division $(121 + 3) : 2^2 = 31$ der Divisor?

$\frac{2}{9}$ von 108 km sind ▪ km.
$2{,}7\text{ a} : (2{,}7\text{ m}^2) = ?$
$2\,734 - 6\,866 = ?$

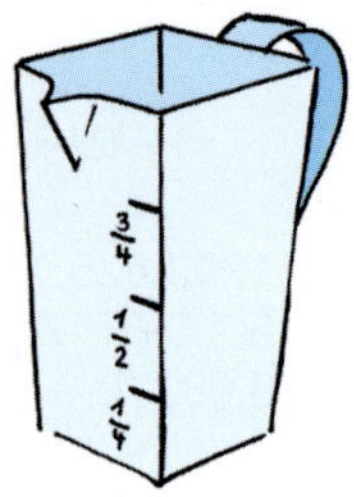

Sophie und Laura wollen $4\frac{1}{2}$ l Himbeersirup in $\frac{1}{4}$-l-Flaschen und $4\frac{1}{2}$ l Johannisbeersaft in $\frac{3}{4}$-l-Flaschen abfüllen. Laura sagt: „Für $4\frac{1}{2}$ l Sirup brauchen wir $4\frac{1}{2} \cdot 4 = \frac{9}{2} \cdot 4 = 18$ Viertelliter-Flaschen.“ Sophie sagt: „Für $4\frac{1}{2}$ l Saft brauchen wir nur den dritten Teil von 18, nämlich $\left(4\frac{1}{2} \cdot 4\right) : 3 = 6$, also sechs $\frac{3}{4}$-Liter-Flaschen.“

Arbeitsaufträge

- Finde heraus, wie man die Division durch $\frac{1}{4}$ $\left(\frac{1}{3}; \frac{1}{5}\right)$ auf eine Multiplikation zurückführen kann.
- Finde heraus, wie man die Division durch $\frac{3}{4}$ $\left(\frac{2}{3}; \frac{4}{5}\right)$ auf eine Multiplikation zurückführen kann.

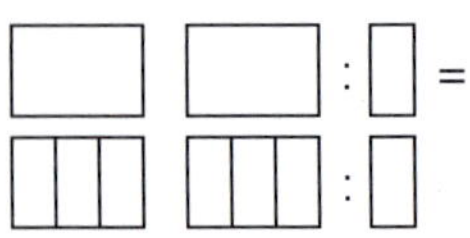

Jede Division durch einen positiven Bruch kann auf eine Multiplikation zurückgeführt werden: Statt durch einen Bruch zu dividieren, multipliziert man mit seinem **Kehrwert**.

$2 : \frac{1}{3} = 2 \cdot \frac{3}{1} = \frac{2 \cdot 3}{1} = 2 \cdot 3 = 6$

$\frac{1}{4} : \frac{3}{5} = \frac{1}{4} \cdot \frac{5}{3} = \frac{5}{12}$

$4\frac{1}{2} : \frac{1}{4} = \frac{9}{2} \cdot 4 = \frac{9 \cdot 4}{2} = \frac{9 \cdot 2}{1} = 18$

$4\frac{1}{2} : \frac{3}{4} = \frac{9}{2} \cdot \frac{4}{3} = \frac{9 \cdot 4}{2 \cdot 3} = \frac{3 \cdot 2}{1 \cdot 1} = 6$

Allgemein: $\mathbf{\frac{a}{b} : \frac{c}{d} = \frac{a}{b} \cdot \frac{d}{c}}$; $a \in \mathbb{N}_0$; $b, c, d \in \mathbb{N}$

Beispiele

Sophie rät: Kürze, sobald es möglich ist.

- Berechne den Wert jedes der vier Quotienten
  $\frac{5}{12} : \frac{1}{3}$ $\quad \frac{3}{4} : \frac{2}{3}$ $\quad 1\frac{4}{5} : 1\frac{2}{3}$ $\quad 4 : \frac{1}{10}$.

  Lösung:
  $\frac{5}{12} : \frac{1}{3} = \frac{5}{12} \cdot \frac{3}{1} = \frac{5 \cdot 3}{12 \cdot 1} = \frac{5}{4 \cdot 1} = \frac{5}{4} = 1\frac{1}{4}$
  $\frac{3}{4} : \frac{2}{3} = \frac{3}{4} \cdot \frac{3}{2} = \frac{3 \cdot 3}{4 \cdot 2} = \frac{9}{8} = 1\frac{1}{8}$
  $1\frac{4}{5} : 1\frac{2}{3} = \frac{9}{5} : \frac{5}{3} = \frac{9}{5} \cdot \frac{3}{5} = \frac{9 \cdot 3}{5 \cdot 5} = \frac{27}{25} = 1\frac{2}{25}$
  $4 : \frac{1}{10} = 4 \cdot \frac{10}{1} = 4 \cdot 10 = 40.$

- Durch die Abbildungen sind Quotienten veranschaulicht, deren Divisoren Brüche sind. Schreibe jeweils den Quotienten an und ermittle seinen Wert.

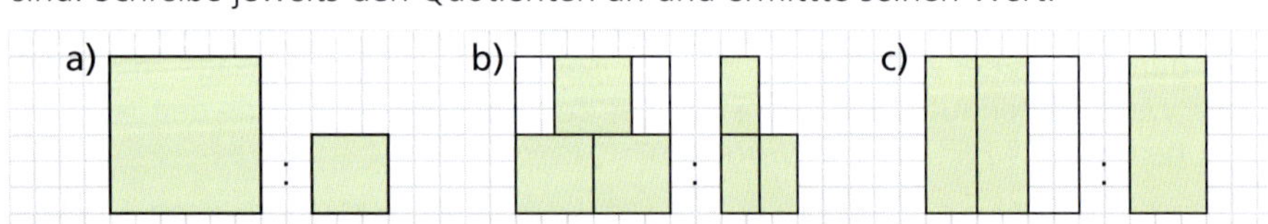

Lösung:

a) $1 : \frac{1}{4} = 4$ Das kleine Quadrat passt viermal in das große Quadrat.

b) $\frac{3}{4} : \frac{3}{8} = 2$ Die rechte Figur passt zweimal in die linke Figur.

c) $\frac{2}{3} : \frac{1}{2} = \frac{4}{3} = 1\frac{1}{3}$ Die rechte Figur passt eineindrittelmal in die linke Figur.

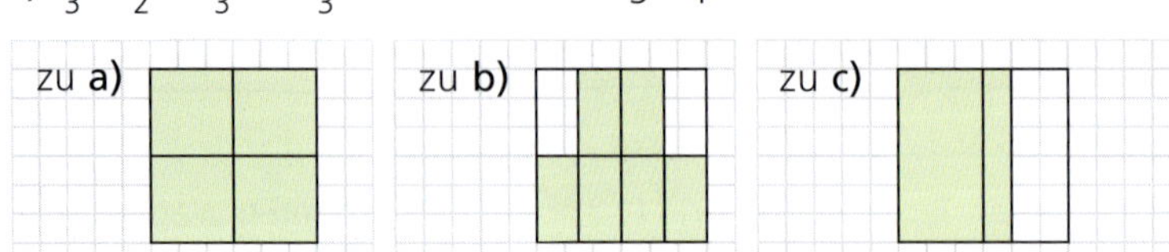

- Ist der Wert des Quotienten zweier rationaler Zahlen stets kleiner als der Dividend?
- Wie groß ist der Divisor, wenn der Wert des Quotienten zwei- (fünf-, hundert-) mal so groß wie der Dividend ist?
- Kann jeder Quotient aus zwei rationalen Zahlen stets auch als Produkt dargestellt werden?

Aufgaben

1. Gib jeweils den Kehrwert an.

a) $\frac{2}{11}$ $\frac{5}{9}$ $\frac{4}{11}$ $\frac{13}{8}$ $\frac{7}{13}$ $\frac{8}{9}$ $\frac{2}{5}$ $\frac{15}{2}$ $\frac{30}{6}$ $\frac{1}{5}$

b) $\frac{5}{2}$ 1 $7\frac{7}{9}$ $\frac{22}{3}$ 2 $\frac{1}{8}$ 8 $\frac{7}{9}$ $\frac{6}{5}$ $\frac{2}{23}$

c) $5\frac{1}{5}$ 5 $\frac{1}{9}$ $\frac{77}{77}$ $\frac{2}{3}$ $\frac{12}{6}$ 7 $8\frac{1}{8}$ 105 $1\frac{1}{6}$

2. a) Gib jeweils den Kehrwert der um 1 größeren Zahl an: $\frac{2}{3}$ $\frac{1}{2}$ $\frac{5}{7}$ $\frac{5}{6}$ $\frac{7}{9}$

b) Gib jeweils den Kehrwert der um 2 kleineren Zahl an: 3 $2\frac{1}{4}$ $5\frac{1}{5}$ $2\frac{10}{11}$ $14\frac{1}{2}$

c) Gib jeweils den Kehrwert des Doppelten der Zahl an: $\frac{1}{2}$ $\frac{5}{7}$ $\frac{8}{9}$ $\frac{14}{15}$ $\frac{4}{27}$

$\frac{3}{5}$; $\frac{5}{16}$; $\frac{15}{28}$; $\frac{6}{11}$; $\frac{9}{16}$; 4; $\frac{7}{12}$; $\frac{7}{10}$; $\frac{11}{10}$; $\frac{2}{25}$; 1; $\frac{2}{3}$; $3\frac{3}{8}$

Lösungen zu 2. **L**

3. Berechne jeweils den Wert des Terms möglichst im Kopf.

a)	$4 : \frac{1}{2}$	$\frac{3}{5} : \frac{1}{5}$	$\frac{4}{7} : 2$	$6 - 126$	$160 : (-80)$
b)	$\frac{3}{7} : \frac{3}{14}$	$\frac{1}{12} \cdot 48$	$-5 + (-88)$	$\frac{1}{9} : \frac{1}{18}$	$\frac{3}{5} : \frac{5}{6}$
c)	$\frac{1}{3} : \frac{1}{3}$	$3\frac{1}{2} : \frac{7}{5}$	$1\frac{5}{16} - 1\frac{1}{8}$	$\frac{9}{14} : \frac{1}{6}$	$\frac{1}{81} : \frac{1}{27}$
d)	$5\frac{3}{5} : \frac{1}{4}$	$\frac{2}{5} : \frac{4}{9}$	$\frac{1}{5} - \frac{2}{15}$	$\frac{1}{5} \cdot \frac{5}{17}$	$(-14) \cdot (-25)$

$\frac{2}{7}$; $\frac{18}{25}$; -2; 4; 2; 8; -120; 3; -93

Lösungen zu 3.a), b) **L**

4. Übertrage jeweils den Zahlenstrahl in dein Heft und beschrifte ihn dort. Gib dann jeweils sowohl die Anzahl der „Sprünge" wie auch die dazu passende Divisionsaufgabe an. (Beachte dabei, dass auf den Zahlenstrahlen verschieden große Einheiten gewählt wurden.)

a) Wie viele „Sprünge" der Länge $\frac{1}{5}$ braucht man, um vom Nullpunkt zum Bildpunkt der Zahl 3 zu gelangen?

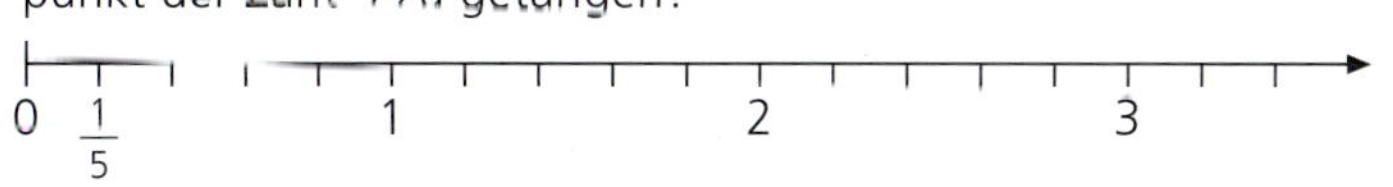

b) Wie viele „Sprünge" der Länge $\frac{2}{9}$ braucht man, um vom Nullpunkt zum Bildpunkt der Zahl $\frac{4}{3}$ zu gelangen?

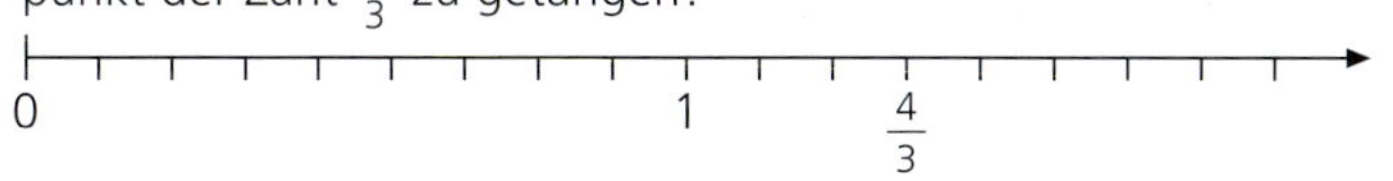

5. Übertrage die Zahlenmauern in dein Heft und fülle sie so aus, dass auf jedem Stein der Produktwert der Zahlen auf den beiden Steinen direkt darunter steht.

a)

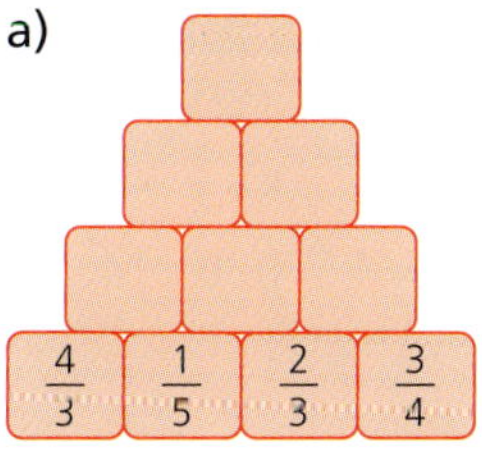

b)

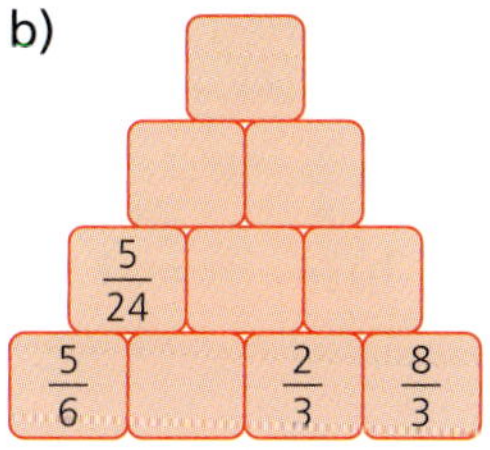

c)

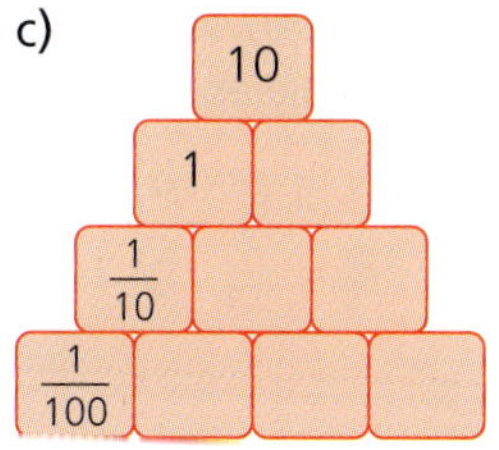

6. Übertrage jeweils die Zahlenmauer in dein Heft und fülle sie dann dort so aus, dass auf jedem Stein jeweils der Kehrwert des Produktwerts der Zahlen auf den beiden Steinen direkt darunter steht.

7. Gregor braucht für $\frac{3}{4}$ seines Wegs zum Schwimmbad 12 Minuten, Lucas für $\frac{2}{3}$ seines Wegs zum Schwimmbad 10 Minuten. Finde heraus, wann Gregor und wann Lucas von zu Hause weggehen muss, um pünktlich um 16.10 Uhr am Schwimmbad zu sein.

8. Finde jeweils heraus, wie viele leicht gehäufte Teelöffel Fleischbrühpulver du für die angegebene Wassermenge nehmen musst.

a) $1\frac{1}{4}$ l b) 2 l c) $\frac{5}{8}$ l d) $1\frac{3}{4}$ l e) $2\frac{1}{8}$ l

9. Schreibe jede der folgenden sechs Zahlen auf mindestens zwei Arten als Quotient von zwei rationalen Zahlen.

$\frac{4}{9}$ 25 0 $\frac{18}{35}$ $\frac{35}{18}$ $\frac{1}{2}$

10. Übertrage die Tabelle in dein Heft und ergänze sie dann dort. Als Hilfe findest du in jeder Zeile den Summenwert der vier Quotientenwerte.

		Divisor				
	:	$\frac{1}{2}$		$\frac{2}{5}$		**Kontrolle**
Dividend	$\frac{1}{2}$		$\frac{1}{4}$		$\frac{3}{8}$	$2\frac{7}{8}$
			$\frac{2}{3}$		1	$7\frac{2}{3}$
		$1\frac{2}{3}$				$4\frac{19}{24}$
						$14\frac{3}{8}$

11. Übertrage jeweils die Angabe in dein Heft und setze dann dort für den Platzhalter ▒ diejenige rationale Zahl, die aus der Angabe eine wahre Aussage macht.

a) $\frac{3}{4}$: ▒ = $\frac{3}{8}$ b) $\frac{3}{4}$: ▒ = 1 c) $\frac{3}{4}$: ▒ = $\frac{3}{2}$ d) $\frac{3}{4}$ · ▒ = 0 e) $\frac{3}{4}$ − ▒ = $\frac{3}{8}$

f) 14 : ▒ = $\frac{1}{14}$ g) 14 : ▒ = 42 h) 14 : ▒ = −1 i) 14 · ▒ = 1 j) 0 : 14 = ▒

0; $\frac{1}{3}$; $\frac{3}{8}$; 196; $\frac{3}{4}$; $\frac{1}{2}$; $\frac{1}{14}$; −14; 2
Lösungen zu 11. **L**

12. Wie ändert sich der Wert des Quotienten $1\frac{3}{5} : \frac{9}{10}$,

a) wenn der Divisor verdoppelt und der Dividend beibehalten wird?

b) wenn der Dividend zunächst auf Ganze gerundet wird und der Divisor unverändert bleibt?

c) wenn der Divisor und der Dividend verdoppelt werden?

d) wenn zwar der Dividend um 1 verkleinert wird, aber der Divisor unverändert bleibt?

e) wenn der Divisor und der Dividend zunächst auf Ganze gerundet werden?

f) wenn sowohl der Dividend wie auch der Divisor um $\frac{1}{5}$ verkleinert wird?

13. a) Finde mindestens fünf Paare von Stammbrüchen, bei deren Division sich wieder ein Stammbruch ergibt.

b) Finde mindestens fünf Paare von Stammbrüchen, bei denen der Produktwert mit dem Differenzwert übereinstimmt.

14. Im Ristorante „Dalla Nonna“ stehen Ravioli als Hauptgericht (1 Portion), Kinderteller ($\frac{2}{3}$ Portionen) und Vorspeise ($\frac{1}{2}$ Portion) auf der Karte. In der Küche sind noch Ravioli für 46 ganze Portionen vorhanden.

a) Wie vielen Kindertellern bzw. wie vielen Vorspeisenportionen würden diese 46 Portionen entsprechen?

b) Für eine große Familienfeier, bei der Ravioli doppelt so oft als Kinderteller und dreimal so oft als Vorspeise wie als Hauptgericht gewählt wurden, reichen die vorhandenen Ravioli gerade aus. Finde heraus, wie oft bei dieser Familienfeier Ravioli als Kinderteller, als Vorspeise bzw. als Hauptgericht gewählt wurden.

15. 390 Liter Apfelsaft werden in $\frac{3}{4}$-l-Flaschen, $\frac{7}{10}$-l-Flaschen und $\frac{1}{2}$-l-Flaschen abgefüllt, wobei man von jeder Flaschengröße gleich viele Flaschen abfüllt. Finde heraus, wie viele Flaschen insgesamt abgefüllt werden.

G 16. Übertrage die nebenstehende Zeichnung in dein Heft und gib dann bei jeder der folgenden sieben Aussagen an, ob sie wahr oder falsch ist (A_{BCDE} bedeutet den Flächeninhalt des Quadrats BCDE). *Hinweis*: 1 Kästchen ≙ 0,5 cm

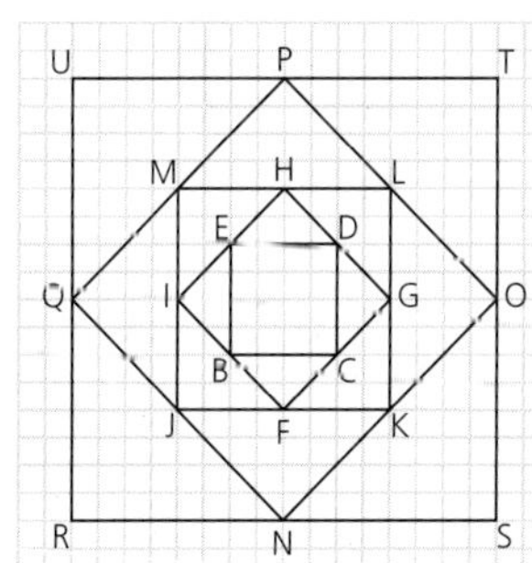

a) $A_{BCDE} = 4\ cm^2$ b) $A_{BFC} = 2\ cm^2$ c) $A_{FGHI} = 8\ cm^2$

d) $A_{FGHI} = 4\ cm^2 : \frac{1}{2}$ e) $A_{RSTU} = 4 \cdot A_{FGHI}$ f) $A_{FGHI} = \frac{1}{16} \cdot A_{RSTU}$

g) $A_{RNQ} = A_{FGHI}$

G 17. Höchstens wie oft passt ein Rechteck, das $\frac{1}{5}$ m lang und 15 cm breit ist, in ein größeres Rechteck, das $\frac{1}{2}$ m lang und 36 cm breit ist? Zeichne das größere der beiden Rechtecke im Maßstab 1 : 5 in dein Heft und lege es mit dem entsprechend oft im gleichen Maßstab ausgeschnittenen kleineren Rechteck aus.

W1 Welche Produktwerte größer als 100 sind möglich, wenn du drei Spielwürfel gleichzeitig wirfst und die drei Augenanzahlen multiplizierst?

W2 Welchen Abstand hat der Punkt P (3 | –1,5) von der Geraden AB mit A (–2,5 | 1) und B (2 | 0,5)?

W3 Wie viel musste Laura bezahlen, wenn der Preis ihres neuen Sweatshirts (regulär 37,50 €) um 40% herabgesetzt wurde?

$\frac{15}{60} = \frac{1}{■}$

$\frac{17}{34} = \frac{1}{■}$

$\left(\frac{3}{4} + \frac{1}{2}\right)^2 \cdot \frac{12}{5} = ?$

Das Pferd hat seit seiner Zähmung in Asien vor etwa 5 000 Jahren dem Menschen als Last-, Reit- und Zugtier gedient. In vielen Fällen betrachteten die Menschen das Pferd aber auch als Freund, der ihr Leben erleichterte und bereicherte. Das mit wehender Mähne und donnernden Hufen dahin galoppierende Pferd wurde zum Symbol von Macht, Eleganz und Freiheit.

Zu den näheren Verwandten der Pferde gehören u.a. Wildpferde, Esel und Zebras. Bei den Pferden unterscheidet man z. B. Vollblut, Warmblut, Kaltblut und Pony. **Zuchtpferderassen** sind u. a. Haflinger, Pony, Lipizzaner und Araber.

Stockmaß (Widerristhöhe)

Araber gehören zur Gruppe der Rennpferde. Ihr Stockmaß beträgt ca. 1,65 m, das von Reitponys ca. 1,45 m. Die maximale Abweichung vom Stockmaß nach oben oder unten beträgt etwa $\frac{1}{13}$ des Stockmaßes. Die kleinsten unter den heutigen Pferden sind die Shetlandponys; ihr Stockmaß liegt zwischen $\frac{3}{5}$ und $\frac{7}{10}$ des Stockmaßes der Araber. Allerdings sind sogar die Shetlandponys im Vergleich zum Eohippus, dem vor ca. 50 Millionen Jahren ausgestorbenen Vorfahren unserer Pferde, geradezu riesig.

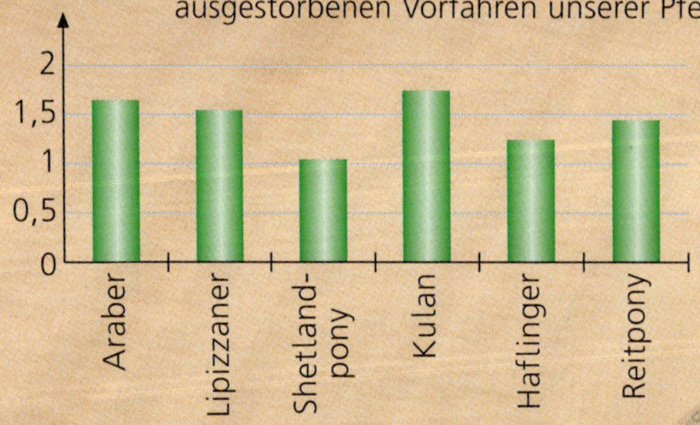

Das Säulendiagramm zeigt die (durchschnittlichen) Widerristhöhen einiger Pferderassen.

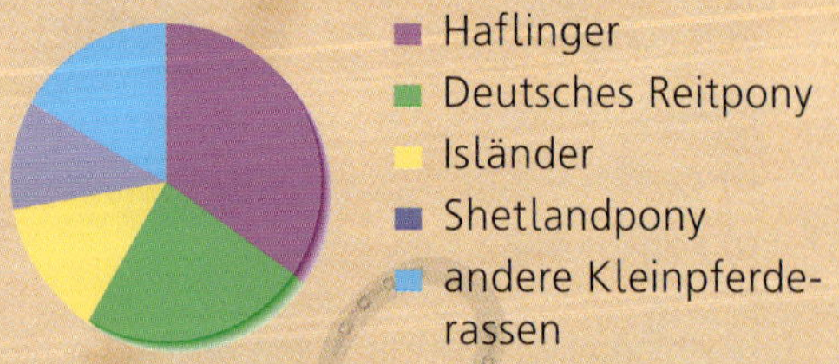

Das Kreisdiagramm zeigt die Verteilung der Kleinpferderassen in Deutschland.

1. Erstelle eine Tabelle, in der du die durchschnittlichen Widerristhöhen der sechs im Säulendiagramm genannten Pferderassen angibst.

2. Erstelle aus dem Kreisdiagramm ein Säulendiagramm, das die relativen Häufigkeiten der fünf Kleinpferderassen veranschaulicht.

3. Gib den Mindest- und den Höchstwert des Stockmaßes von Shetlandponys auf cm gerundet an.

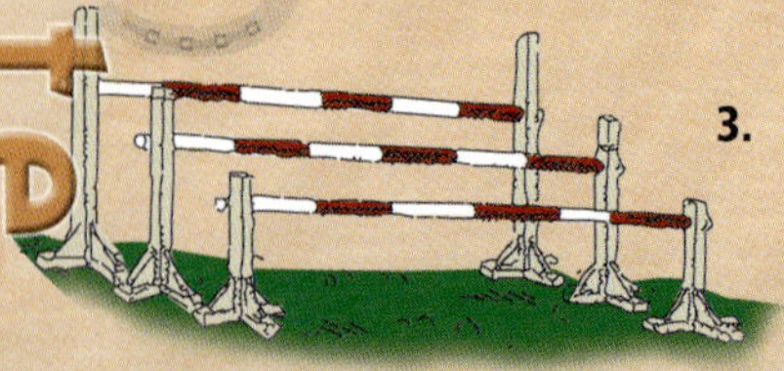

Laura interessiert sich sehr für Pferde; sie ist eine begeisterte Reiterin und hat deshalb Daten über Pferde zusammengetragen und nach Begriffen geordnet.

Mittlere monatliche Kosten für ein Pferd	
Unterbringung (Stall und Futter)	330 €
Haftpflichtversicherung	6 €
Impfungen	10 €
Tierarzt	50 €
Hufschmied	80 €
Pflegemittel	30 €
Sonstiges	40 €

Geschwindigkeit
Trab: 14 $\frac{km}{h}$
Galopp: 36 $\frac{km}{h}$
Rennpferd: 70 $\frac{km}{h}$

Masse
Warmblut: 500 kg
Kaltblut: 1 000 kg
Shetland-Pony: 50 kg
Futter pro Tag:
ca. 0,5 kg Krippenfutter (z. B. Hafer) pro 100 kg oder ca. 0,8 kg Raufutter pro 100 kg, verteilt auf drei Mahlzeiten

Zeit
Höchstalter: 40 bis 50 Jahre
Tragezeit: 314 bis 373 Tage
Erste Pferderennen: 648 v. Chr.
Herzschläge pro Minute: 32 bis 44

Länge
Stockmaß: 1,45 m bis 1,80 m
Länge (von den Nüstern bis zum Schweif): bis 2,50 m
Darmlänge: 30 m
Länge der Boxenschmalseite: mindestens das 1,5-Fache des Stockmaßes

Flächeninhalt
Grundfläche einer Einzelbox: Quadratwert des doppelten Stockmaßes

4. In einem Reiterhof kosten 10 Reitstunden 150 €. Da Laura sich ein eigenes Pferd wünscht, hat sie die Kosten für den monatlichen Unterhalt zusammengestellt. Sie überlegt jetzt, wie viele Stunden pro Monat sie für diesen Betrag im Reiterhof reiten könnte.

5. Finde heraus, für welchen Bruchteil der 15 Pferde eines Reiterhofs eine $3\frac{1}{2}$ ha große Weidefläche ausreicht, wenn man pro Pferd $\frac{1}{4}$ ha bis $\frac{1}{2}$ ha Weidefläche rechnet.

6. Berechne den Bodenflächeninhalt einer Einzelbox für einen Araber (Stockmaß 1,65 m) bzw. für ein Pony (Stockmaß 1,45 m) und vergleiche ihn jeweils mit dem Flächeninhalt eures Schulzimmerfußbodens.

7. Laura startet im Punkt S der 32 m breiten und 64 m langen Reitbahn und reitet so, wie es die Reitfigur angibt.

a) Beschreibe die Reitfigur mit eigenen Worten.

b) Wie lang ist die Reitfigur ungefähr?
Hinweis: Die Umfangslänge U eines Kreises mit der Durchmesserlänge d beträgt etwa $\frac{22}{7} \cdot d$.

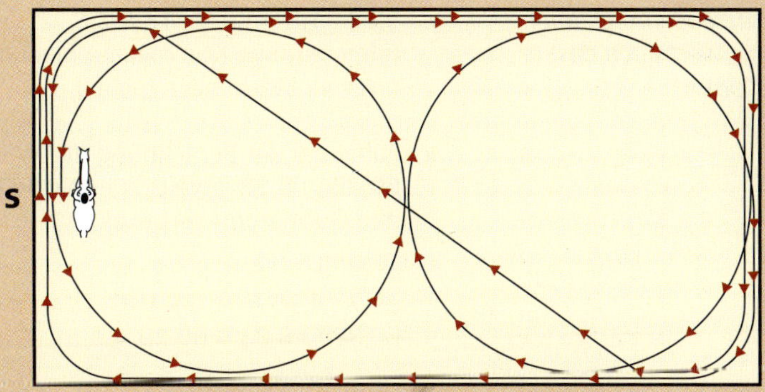

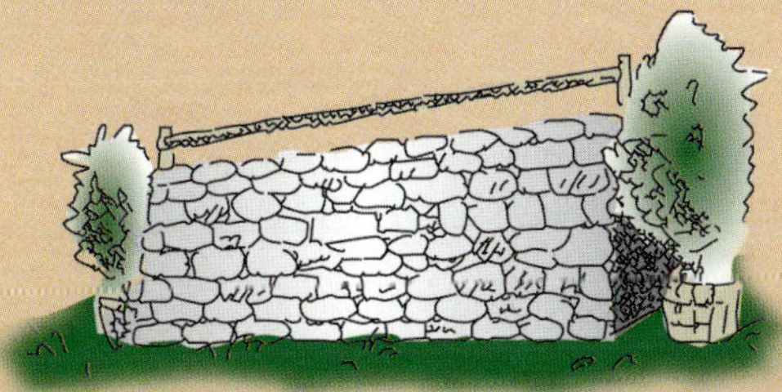

Themenseite

5.7 Dividieren von Dezimalzahlen

Gregor: *„Die Melone hat 3,91 € gekostet; der Kilopreis ist 0,85 €. Ich schätze, dass sie knapp 5 kg hat."*

Laura: *„Ich habe ihre Masse ausgerechnet: 3,91 € : (0,85 €) = 391 ct : (85 ct) = 4,6. Also hat die Melone 4,6 kg. Gut geschätzt, Gregor!"*

Arbeitsaufträge

- Schreibe den Dividenden und den Divisor des Quotienten 3,91 : 0,85 jeweils als Bruch und berechne dann den Wert des Quotienten.
- Schreibe den Dividenden und den Divisor des Quotienten 2,5 : 0,1 (2,5 : 0,01; 2,5 : 0,001) jeweils als Bruch und berechne dann den Wert des Quotienten. Erkläre deiner Klasse, was du herausgefunden hast.

Der Wert eines Quotienten ändert sich nicht, wenn man den Dividenden **und** den Divisor mit derselben Zehnerstufenzahl (10; 100; 1 000; ...) multipliziert:

$0{,}9 : 0{,}3 = \frac{0{,}9}{0{,}3} = \frac{0{,}9 \cdot 10}{0{,}3 \cdot 10} = \frac{9}{3} = 9 : 3 = 3$ (mit 10 erweitert)

$0{,}125 : 0{,}05 = \frac{0{,}125}{0{,}05} = \frac{0{,}125 \cdot 100}{0{,}05 \cdot 100} = \frac{12{,}5}{5} = 12{,}5 : 5 = 2{,}5$ (mit 100 erweitert).

Durch eine solche **gleichsinnige Kommaverschiebung** kann man ohne Änderung des Quotientenwerts erreichen, dass der Divisor eine **natürliche** Zahl ist.
Um eine Dezimalzahl durch eine Dezimalzahl zu dividieren, führt man zuerst eine gleichsinnige Kommaverschiebung um so viele Stellen nach rechts durch, dass der Divisor eine natürliche Zahl ist; durch diese natürliche Zahl wird dann dividiert:

1,962 : 0,6 = 19,62 : 6 = 3,27.
(Gleichsinnige Kommaverschiebung um eine Stelle nach rechts)

Nebenrechnung:
19,62 : 6 = 3,27
−18
16
−12
42
−42
0

Beispiele

- Berechne den Wert jedes der drei Quotienten.
  1,8 : 2,5 10,68 : 2,225 5,04 : 1,8

  Lösung:

  1,8 : 2,5 = 18 : 25 = 0,72
  (gleichsinnige Kommaverschiebung um eine Stelle nach rechts)

  Nebenrechnung: 18 : 25 = 0,72
  Komma setzen: − 00
  Null ergänzen: 180
  −175
  Null ergänzen: 50
  50
  0

  10,68 : 2,225 = 10,680 : 2,225 = 10 680 : 2 225 = 4,8
  (gleichsinnige Kommaverschiebung um drei Stellen nach rechts)

  5,04 : 1,8 = 50,4 : 18 = 2,8
  (gleichsinnige Kommaverschiebung um eine Stelle nach rechts)

  Nebenrechnung: 50,4 : 18 = 2,8
  Komma setzen: − 36
  144
  −144
  0

Lucas:
Beim Überschreiten des Kommas im Dividenden setze ich im Quotientenwert auch das Komma.

- Führe bei der Berechnung der Werte der beiden Quotienten 29,7 : 4,95 und 60,384 : 8,88 jeweils zuerst eine Überschlagsrechung durch und berechne dann den Quotientenwert exakt.

  Lösung:

  29,7 : 4,95 ≈ 30 : 5 = 6
  60,384 : 8,88 ≈ 60 : 9 ≈ 7

  29,7 : 4,95 = 2 970 : 495 = 6
  60,384 : 8,88 = 6 038,4 : 888 = 6,8

- Darf man bei einer Dezimalzahl nach dem Komma beliebig viele Endnullen anfügen?
- Für welche Divisoren ist der Wert des Quotienten größer als der Dividend?

Aufgaben

1. Berechne jeweils den Wert des Terms möglichst im Kopf.

a) 3,8 : 2	14 : 50	1,8 : 9	1,65 : 0,5	4,9 : 0,7	14 – 140
b) 1,3 : 0,13	7,5 : 2,5	3,66 : 0,6	0,012 : 0,12	49 : 0,1	168 : (–21)
c) 0,0012 : 0,04	0,23 : 0,02	0,049 : 0,7	10 : 0,01	0 : 0,05	

–126; 0,28; 11,5; 3; 7; 0,07; 10; 1000; 1,9; 6,1; 0,2; 3,3; –8; 0,03; 490; 0; 0,1
Lösungen zu 1. **L**

2. Berechne jeweils den Wert des Quotienten.

a) 3 : 0,6	b) 1,8 : 0,15	c) 233,275 : 15,5	d) 8 : 0,125
e) 0,48 : 0,12	f) 2,16 : 0,72	g) 26 : 0,016	h) 0,168 : 0,006
i) 0,36 : 0,12	j) 2,117 : 7,3	k) 4,2 : 0,14	l) 607,56 : 0,915
m) $\frac{1}{6} : \frac{1}{3}$	n) (–960) : 15	o) 0,10275 : 0,685	p) (–13 056) : (–204)

G 3. Berechne jeweils den Quotientenwert.

a) 1,02 : 0,85	b) 0,5 : 0,05	c) 360,6 : 0,6	d) 3345,3 : 37,8
1,0455 : 0,85	0,7 : 0,007	360,6 : 12,5	1161,12 : 13,12
104,89 : 8,5	0,33 : 0,00033	360,6 : 0,0601	10,7262 : 0,1212

Die Angaben bzw. die Lösungen haben bei jeder der vier Teilaufgaben Gemeinsamkeiten. Finde diese heraus und erkläre sie.

1000; 1,2; 10; 100; 6000; 12,34; 601; 28,848; 88,5; 1,23
Lösungen zu 3. **L**

4. Informiere dich eine Woche lang von Montag bis Freitag über den Kurs des US-Dollars.

a) Stelle deine Ergebnisse in einer Tabelle dar.

b) Berechne den durchschnittlichen Dollarkurs in diesen fünf Tagen.

c) Gregor hat von seinem Vater 80 $ bekommen. Gib an, an welchem dieser fünf Tage dieser Betrag am meisten und an welchem Tag er am wenigsten wert war, und berechne den Unterschied auf Eurocent gerundet.

5. Das Fünfeck PENTA, das keinen überstumpfen Innenwinkel besitzt, hat eine Umfangslänge von 2,45 m. Es wird durch seine Diagonale [PT] in das Viereck PENT (Umfangslänge 1,81 m) und das Dreieck TAP (Umfangslänge 1,09 m) zerlegt.

a) Zeichne für deine Überlegung eine passende Skizze in dein Heft, trage eine der Fünfecksdiagonalen ein und beschrifte deine Zeichnung.

b) Berechne die Länge $\overline{PT}$ der Diagonalen [PT] des Fünfecks PENTA.

6. Lucas mischt aus 0,5 l Apfelsaft und 0,75 l Mineralwasser Apfelschorle. Wie viele 0,25-l-Gläser kann er damit füllen?

G 7. Übertrage die Angabe in dein Heft und schreibe dann dort in jedes Kästchen eine Ziffer, sodass eine fehlerfreie Divisionsaufgabe entsteht.

```
□□□,□ : □□□ = □,□□
6 9 0
□□□□
2 4 1 5
  □□□□
  2 0 7 0
        0
```

W1 Welchen Winkel kleiner als 180° bilden der große und der kleine Zeiger einer Uhr um 16.00 Uhr, welchen um 8.20 Uhr?

W2 Welche drei direkt aufeinander folgenden natürlichen Zahlen haben den Produktwert 9 240?

W3 Wie viel sind $\frac{7}{9}$ von 450 kg, $\frac{5}{8}$ von 1 600 €, $\frac{3}{4}$ von 60 min?

0,007 · 10 000 = ?
(1 – 26) : (99 – 98) = ?
9,76 · 0,25 · 4 = ?

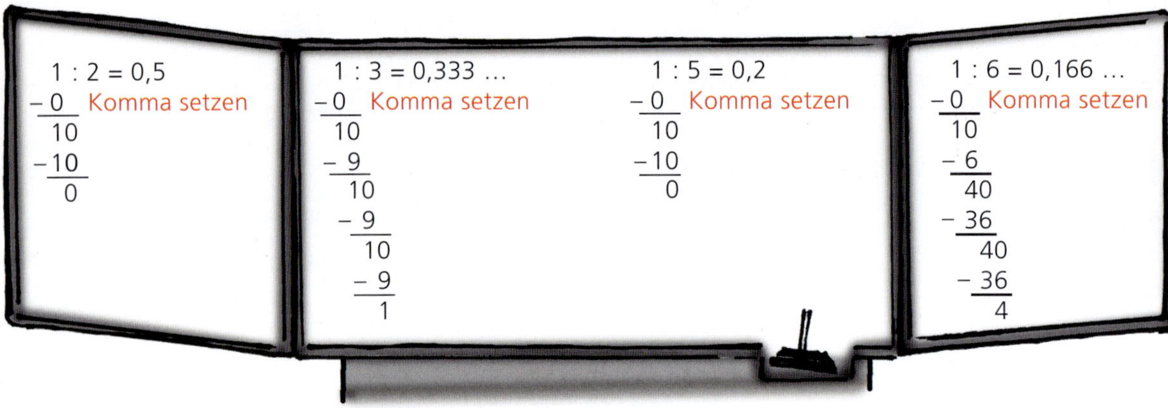

Arbeitsauftrag

- Gib an, welche der folgenden vier Divisionsaufgaben „aufgehen".
  1 : 4   1 : 7   1 : 8   1 : 15
  Finde eine Gesetzmäßigkeit (eine Regel) heraus.

Statt „abbrechende Dezimalzahl" sagt man oft „endliche Dezimalzahl."

Man kann jeden Bruch in eine Dezimalzahl umwandeln, indem man den Zähler durch den Nenner dividiert. Dabei können zwei Fälle auftreten:

- Die Division bricht ab. Die Dezimalzahl heißt dann **abbrechend** und hat eine bestimmte Anzahl von Dezimalen. Dies ist dann der Fall, wenn die Grundform des Bruchs einen Nenner besitzt, der ein Teiler einer Zehnerstufenzahl ist.
- Die Division bricht nicht ab. Ein Rest oder eine Folge von Resten wiederholt sich immer wieder. Die Dezimalzahl hat dann eine Ziffer oder eine Zifferngruppe, die sich (unendlich oft) wiederholt. Eine solche Dezimalzahl heißt **periodisch**, und die sich wiederholende Ziffer oder Zifferngruppe nennt man **Periode**.

  Beginnt die Periode sofort nach dem Komma (z. B. bei 1 : 3 = 0,333...), so heißt die Dezimalzahl **rein**periodisch; beginnt die Periode nicht sofort nach dem Komma (z. B. bei 1 : 6 = 0,1666...), so heißt die Dezimalzahl **gemischt**periodisch.

  Lässt sich die Grundform eines Bruchs nicht so erweitern, dass der Nenner eine Zehnerstufenzahl wird, dann entsteht bei der Umwandlung des Bruchs eine nicht abbrechende periodische Dezimalzahl.

Sophie weiß: Sind Zähler und Nenner eines Bruchs teilerfremd, so ist der Bruch in Grundform.

Schreib- und Sprechweisen:
Man schreibt $\frac{1}{3} = (1 : 3 = 0{,}3333... =)\ 0{,}\overline{3}$
und liest „ein Drittel ist gleich null Komma Periode drei".
Man schreibt $\frac{1}{6} = (1 : 6 = 0{,}1666... =)\ 0{,}1\overline{6}$
und liest „ein Sechstel ist gleich null Komma eins Periode sechs".

Beispiele

$\frac{1}{9} = 0{,}\overline{1}$ $\frac{2}{9} = 0{,}\overline{2}$
$\frac{3}{9} = 0{,}\overline{3}$ $\frac{4}{9} = 0{,}\overline{4}$
$\frac{5}{9} = 0{,}\overline{5}$ $\frac{6}{9} = 0{,}\overline{6}$
$\frac{7}{9} = 0{,}\overline{7}$ $\frac{8}{9} = 0{,}\overline{8}$

- Wandle die drei Brüche $\frac{3}{8}$, $\frac{1}{9}$ und $\frac{7}{22}$ in Dezimalzahlen um. Stelle gegebenenfalls die Periodenlänge fest und gib an, wie die jeweilige Dezimalzahl gelesen wird.

  Lösung:
  $\frac{3}{8} = \frac{375}{1000} = 0{,}375$, gelesen „null Komma drei sieben fünf"
  $\frac{1}{9} = 1 : 9 = 0{,}\overline{1}$ (Periodenlänge: 1), gelesen „null Komma Periode eins"
  $\frac{7}{22} = 7 : 22 = 0{,}3\overline{18}$ (Periodenlänge: 2), gelesen „null Komma drei Periode eins acht"

- Gib bei jedem der drei Brüche $\frac{22}{88}$, $\frac{1}{7}$ und $\frac{8}{12}$ an, ob die zugehörige Dezimalzahl abbrechend oder periodisch ist. Begründe deine Aussage.

  Lösung:

  $\frac{22}{88} = \frac{1}{4} = \frac{25}{100} = 0{,}25$: Die Dezimalzahl ist abbrechend, weil der Nenner 4 des Bruchs in Grundform Teiler der Zehnerstufenzahl 100 ist.

  $\frac{1}{7}$: Die Dezimalzahl ist periodisch: Der Bruch ist in Grundform, und der Nenner 7 ist nicht Teiler einer Zehnerstufenzahl.

  $\frac{8}{12} = \frac{2}{3}$: Die Dezimalzahl ist periodisch, weil der Nenner 3 des Bruchs in Grundform nicht Teiler einer Zehnerstufenzahl ist.

- Gibt es eine größte Dezimalzahl, die gerundet 2,5 ergibt?
- Wie lang kann bei einer periodischen Dezimalzahl die Periode höchstens sein?

Aufgaben

1. Gib bei jedem der zehn Stammbrüche ohne weitere Rechnung an, ob die zugehörige Dezimalzahl abbrechend oder periodisch ist, und begründe deine Aussage.

a) $\frac{1}{8}$ b) $\frac{1}{17}$ c) $\frac{1}{50}$ d) $\frac{1}{150}$ e) $\frac{1}{10}$ f) $\frac{1}{11}$ g) $\frac{1}{20}$ h) $\frac{1}{7}$ i) $\frac{1}{75}$ j) $\frac{1}{40}$

2. Ermittle die Dezimalzahldarstellungen der rationalen Zahlen $\frac{1}{7}$, $\frac{2}{7}$, ... und $\frac{6}{7}$ und vergleiche deine Ergebnisse mit der nebenstehenden Abbildung.

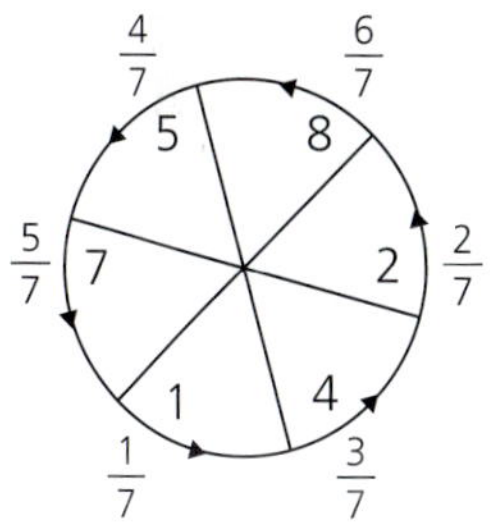

3. Gib bei jeder der folgenden Dezimalzahlen an, welche Ziffer an der 20. Stelle nach dem Komma steht.

a) $0{,}\overline{5}$ b) $0{,}\overline{01}$ c) $0{,}6\overline{81}$ d) $1{,}\overline{142857}$

4. Übertrage jeweils die Angabe in dein Heft und setze dann dort für den Platzhalter $\square$ eines der Zeichen <, > bzw. = ein, sodass eine wahre Aussage entsteht.

a) $0{,}33 \;\square\; 0{,}\overline{3}$ b) $\frac{1}{99} \;\square\; 0{,}\overline{01}$ c) $0{,}\overline{161} \;\square\; 0{,}\overline{16}$ d) $0{,}345 \;\square\; 0{,}\overline{34}$

5. Gib eine Dezimalzahl mit der Periodenlänge 2 an, die größer als $\frac{3}{8}$ und kleiner als $\frac{5}{8}$ ist.

6. Finde die fünf kleinsten natürlichen Zahlen $\square$, für die sich bei der Umwandlung des Bruchs $\frac{6}{\square}$ eine periodische Dezimalzahl ergibt.

7. Bei einem Eiskunstlaufwettbewerb bewerten die Preisrichter die Leistungen der Teilnehmerinnen mit ganzen Zahlen. Finde jeweils heraus, mindestens wie viele Preisrichter beteiligt waren,

a) wenn Lauras Durchschnittsbewertung 8,625 war.

b) wenn Sophies Durchschnittsbewertung 7,75 war.

W1 Warum ist das Addieren und das Subtrahieren gleichnamiger Brüche besonders einfach?

W2 Was versteht man unter einem Zufallsexperiment?

W3 Worte statt Zahlen: Schreibe die Zahlen 32 809 605 und 1 000 000 000 000 in Worten.

$\left(\frac{1}{4}\right)^3 = ?$

$1{,}44 + 2{,}44 - 3{,}44 = ?$

$6{,}75 : 25 = ?$

Die Kreiszahl π

Ein scheinbar einfaches Problem beschäftigt Mathematikerinnen und Mathematiker seit nunmehr etwa 4500 Jahren: **Welche Umfangslänge hat ein Kreis?**

1. Überlege, wovon die Länge einer Kreislinie abhängen könnte.
Laura und Lucas führen dazu einige Messungen durch:

	Trinkglas-boden	Kochtopf-boden	Frisbee-Scheibe	Tellerrand	Tassenrand	2-€-Münze
Durchmesser-länge d in mm	58	265	222	152	68	26
Umfangslänge U in mm	182	833	697	478	214	82

2. a) Überlege, wie Laura und Lucas ihre Messungen (siehe 1.) durchgeführt haben könnten.

b) Berechne für jedes der sechs Beispiele aus 1. den Summen-, den Differenz-, den Produkt- und den Quotientenwert aus den beiden Messwerten für die Längen des Kreisumfangs und des zugehörigen Kreisdurchmessers. Kannst du eine Vermutung über den Zusammenhang dieser beiden Größen aufstellen?

c) Zeichne in dein Heft um einen Punkt M als Mittelpunkt fünf Kreise mit den Radiuslängen $r_1 = 1$ cm, $r_2 = 2$ cm, $r_3 = 25$ mm, $r_4 = 3$ cm bzw. $r_5 = 4$ cm, bestimme jeweils möglichst genau die Länge des Kreisumfangs und versuche, deine Vermutung aus Teilaufgabe b) zu bestätigen.

d) Erkläre, warum Kreise mit größerer Radiuslänge besser geeignet sind, Vermutungen über die Kreisumfangslänge aufzustellen und zu überprüfen.

Sophie hat in ihrem Lexikon gefunden, dass der Quotient aus den Längen des Kreisumfangs und des Kreisdurchmessers für jeden Kreis den gleichen Wert hat; dieser Wert wird mit dem griechischen Buchstaben π (gelesen „pi") bezeichnet. Für den Zusammenhang zwischen der Länge d des Durchmessers (bzw. der Länge r des Radius) und der Umfangslänge U_{Kreis} gilt also für jeden Kreis:

$$U_{Kreis} = d \cdot \pi \quad \text{bzw.} \quad U_{Kreis} = 2 \cdot r \cdot \pi$$

Erst im Lauf der Zeit fand man heraus, dass man π mithilfe von Brüchen nicht exakt angeben kann, also auch nicht durch eine nichtabbrechende periodische Dezimalzahl: die **Kreiszahl** π ist keine rationale Zahl.

Als Näherungswert kann man $\pi \approx 3$ oder besser $\pi \approx 3{,}14$ verwenden. Im Lauf der Jahrtausende wurden diese und noch genauere Näherungswerte für π ermittelt:

Historische Quelle	Näherungswert für π
Babylonier (ca. 2000 v. Chr.)	$3\frac{1}{8}$
China (1100 v. Chr.); Bibel „Buch der Könige" (500 v. Chr.)	3
Claudius Ptolemäus (2. Jahrhundert n. Chr.)	$\frac{377}{120}$
Tsu Chung Chi (ca. 450 n. Chr)	$\frac{355}{113}$
Leonardo von Pisa (Fibonacci) (1220 n. Chr.)	3,1418 …
Ludolf van Ceulen (1540 bis 1610)	3,14159 …
John Machin (kannte 1706 bereits 100 Nachkommastellen von π)	3,14159265 …

3. Berechne mithilfe der ersten vier Näherungswerte für π aus der Tabelle Näherungswerte für die Länge des Erdäquators unter der Annahme, dass dieser genau kreisrund ist und die Radiuslänge 6 378 km hat; runde dabei sinnvoll. Gib jeweils die Abweichung von dem genaueren Wert 40 074 km an.

G 4. Gregor hat im Internet gefunden, dass im Jahr 2003 die ersten etwa 1,241 Billionen Dezimalen von π bekannt waren; ein Hochleistungscomputer benötigte zu ihrer Berechnung fast 38 Stunden. Gregor hat hier die ersten gut 2 000 Dezimalen der Zahl π ausgedruckt:

a) Gregor hat gleich in der ersten Zeile seine eigene Telefonnummer (897932) entdeckt. Kannst auch du in den Dezimalen von π Telefonnummern, Geburtstage, Handy-PINs oder Postleitzahlen finden?

b) Suche selbst im Internet nach der Kreiszahl π.

3,1415926535 8979323846 2643383279 5028841971 6939937510 5820974944 923078164
0628620899 8628034825 3421170679 8214808651 3282306647 0938446095 5058223172
5359408128 4811174502 8410270193 8521105559 6446229489 5493038196 4428810975
6659334461 2847564823 3786783165 2712019091 4564856692 3460348610 4543266482
1339360726 0249141273 7245870066 0631558817 4881520920 9628292540 9171536436
7892590360 0113305305 4882046652 1384146951 9415116094 3305727036 5759591953
0921861173 8193261179 3105118548 0744623799 6274956735 1885752724 8912279381
8301194912 9833673362 4406566430 8602139494 6395224737 1907021798 6094370277
0539217176 2931767523 8467481846 7669405132 0005681271 4526356082 7785771342
7577896091 7363717872 1468440901 2249534301 4654958537 1050792279 6892589235
4201995611 2129021960 8640344181 5981362977 4771309960 5187072113 4999999837
2978049951 0597317328 1609631859 5024459455 3469083026 4252230825 3344685035
2619311881 7101000313 7838752886 5875332083 8142061717 7669147303 5982534904
2875546873 1159562863 8823537875 9375195778 1857780532 1712268066 1300192787
6611195909 2164201989 3809525720 1065485863 2788659361 5338182796 8230301952
0353018529 6899577362 2599413891 2497217752 8347913151 5574857242 4541506959
5082953311 6861727855 8890750983 8175463746 4939319255 0604009277 0167113900
9848824012 8583616035 6370766010 4710181942 9555961989 4676783744 9448255379
7747268471 0404753464 6208046684 2590694912 9331367702 8989152104 7521620569
6602405803 8150193511 2533824300 3558764024 7496473263 9141992726 0426992279
6782354781 6360093417 2164121992 4586315030 2861829745 5570674983 8505494588
5869269956 9092721079 7509302955 3211653449 8720275596 0236480665 4991198818
3479775356 6369807426 5425278625 5181841757 4672890977 7727938000 8164706001
6145249192 1732172147 7235014144 1973568548 1613611573 5255213347 5741849468
4385233239 0739414333 4547762416 8625189835 6948556209 9219222184 2725502542
5688767179 0494601653 4668049886 2723279178 6085784383 8279679766 8145410095
3883786360 9506800642 2512520511 7392984896 0841284886 2694560424 1965285022
2106611863 0674427862 2039194945 0471237137 8696095636 4371917287 4677646575
7396241389 0865832645 9958133904 7802759009 9465764078 9512694683 9835259570
9825822620 5224894077 2671947826 8482601476 9909026401 3639443745 5305068203
4962524517 4939965143 1429809190 6592509372 2169646151 5709858387 4105978859
5977297549 8930161753 9284681382 6868386894 2774155991 8559252459 5395943104
9972524680 8459872736 4469584865 3836736222 6260991246 0805124388 4390451244
1365497627 8079771569 1435997700 1296160894 4169486855 5848406353 4220722258
2848864815 8456028506 0168427394 5226746767 8895252138 5225499546 6672782398

5. Zerlegt man einen Kreis geschickt in Sektoren, so kann man die ungefähre Größe seines Flächeninhalts ermitteln:

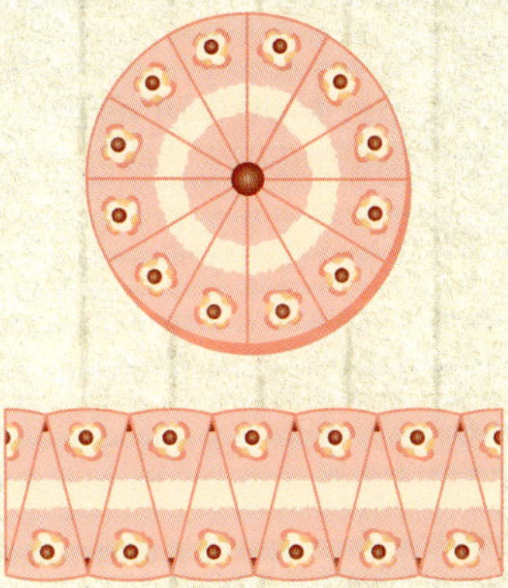

a) Finde heraus, welche ungefähre Länge und Breite das entstehende „Rechteck" hat, und bestätige damit näherungsweise den Zusammenhang

$A_{Kreis} = r \cdot \frac{U_{Kreis}}{2} = r \cdot r \cdot \pi = r^2 \cdot \pi$.

b) Übertrage die Tabelle in dein Heft und ergänze sie dann dort.

	Trinkglasboden	Kochtopfboden	Frisbee-Scheibe	Tortenplatte	Dosenboden	2-€-Münze
Durchmesserlänge	5,8 cm	26,5 cm	22,2 cm	26,0 cm	11,5 cm	2,6 cm
Flächeninhalt auf cm² gerundet	26 cm²					

Grund-rechenart	Rechen-tätigkeit	Term	Rechen-zeichen	1. Termglied	2. Termglied	Termwert	Zahlen-beispiel
Addition	*addieren*	*Summe*	*plus (+)*	*1. Summand*			
Subtraktion							
Multiplikation							
Division							

Arbeitsaufträge

- Übertrage die Tabelle in dein Heft und ergänze sie dann dort.
- Gestalte ein Poster zu den Rechengesetzen, die du bisher kennen gelernt hast; gib jeweils auch ein Rechenbeispiel an. Stelle dein Poster der Klasse vor.

Beim Rechnen mit nichtnegativen rationalen Zahlen hält man sich – wie beim Rechnen mit natürlichen Zahlen – an folgende Vereinbarungen:

- Rechnungen in Klammern werden zuerst ausgeführt. Dabei beginnt man mit der innersten Klammer.
- „Punktrechnungen" (· und :) werden vor „Strichrechnungen" (+ und –) ausgeführt.
- Potenzrechnungen werden vor „Punktrechnungen" und vor „Strichrechnungen" ausgeführt.

Das **Kommutativgesetz** und das **Assoziativgesetz der Multiplikation** gelten nicht nur für natürliche Zahlen, sondern für alle nichtnegativen rationalen Zahlen; häufig bringen diese Gesetze Rechenvorteile.

K-Gesetz der Multiplikation: $\mathbf{a \cdot b = b \cdot a}$; $a, b \in \mathbb{Q}_0^+$
A-Gesetz der Multiplikation: $\mathbf{a \cdot (b \cdot c) = (a \cdot b) \cdot c}$; $a, b, c \in \mathbb{Q}_0^+$

Ebenso gilt das **Distributivgesetz** für alle nichtnegativen rationalen Zahlen:

$\mathbf{(a + b) \cdot c = a \cdot c + b \cdot c}$; $a, b, c \in \mathbb{Q}_0^+$
$\mathbf{(a - b) \cdot c = a \cdot c - b \cdot c}$; $a, b, c \in \mathbb{Q}_0^+;\ a \geqq b$
$\mathbf{(a + b) : c = a : c + b : c}$; $a, b \in \mathbb{Q}_0^+;\ c \in \mathbb{Q}^+$
$\mathbf{(a - b) : c = a : c - b : c}$; $a, b \in \mathbb{Q}_0^+;\ a \geqq b;\ c \in \mathbb{Q}^+$

Beispiele

- Berechne den Wert des Terms $17\frac{1}{2} \cdot \frac{1}{6} - 5\frac{1}{2} \cdot \frac{1}{6}$ möglichst günstig.
  Lösung:
  D-Gesetz
  $17\frac{1}{2} \cdot \frac{1}{6} - 5\frac{1}{2} \cdot \frac{1}{6} = \left(17\frac{1}{2} - 5\frac{1}{2}\right) \cdot \frac{1}{6} = 12 \cdot \frac{1}{6} = \frac{12}{6} = 2$
- Berechne den Wert des Terms $2{,}7 : 0{,}3^3 + \left(1{,}8 \cdot 0{,}06 - \frac{37}{740}\right)$.
  Lösung:
  gekürzt mit 37
  $2{,}7 : 0{,}3^3 + \left(1{,}8 \cdot 0{,}06 - \frac{37}{740}\right) = 2{,}7 : 0{,}027 + \left(0{,}108 - \frac{1}{20}\right) =$
  $2\,700 : 27 + (0{,}108 - 0{,}050) = 100 + 0{,}058 = 100{,}058$
- Dividiere die Summe der Zahlen $\frac{1}{3}$ und $\frac{1}{4}$ durch das Produkt der Zahlen $1\frac{3}{4}$ und $\frac{1}{6}$ und berechne den Quotientenwert.
  Lösung:
  Brüche gleichnamig gemacht
  $\left(\frac{1}{3} + \frac{1}{4}\right) : \left(1\frac{3}{4} \cdot \frac{1}{6}\right) = \left(\frac{4}{12} + \frac{3}{12}\right) : \left(\frac{7}{4} \cdot \frac{1}{6}\right) = \frac{7}{12} : \frac{7}{24} = \frac{7}{12} \cdot \frac{24}{7} = \frac{7 \cdot 24}{12 \cdot 7} = 2$
  (gekürzt mit 7 und mit 12)

- Berechne den Wert des Terms $\left[\frac{1}{8} + \left(7{,}5 - \frac{3}{2}\right) : \frac{3}{4}\right] : 1\frac{5}{8}$.

Lösung: $\left[\frac{1}{8} + \left(7{,}5 - \frac{3}{2}\right) : \frac{3}{4}\right] : 1\frac{5}{8} = \left[\frac{1}{8} + (7{,}5 - 1{,}5) \cdot \frac{4}{3}\right] : \frac{13}{8} =$

$\left[\frac{1}{8} + 6 \cdot \frac{4}{3}\right] \cdot \frac{8}{13} = \left[\frac{1}{8} + 8\right] \cdot \frac{8}{13} = \frac{65}{8} \cdot \frac{8}{13} = \frac{65 \cdot 8}{8 \cdot 13} = 5$

- Ist das Produkt der Zahlen $\frac{1}{2}$ und $\frac{2}{3}$ größer oder kleiner als der Quotient $\frac{1}{2} : \frac{2}{3}$?
- Ist die Summe der beiden Zahlen $\frac{1}{2}$ und $\frac{2}{3}$ größer oder kleiner als ihr Produkt?

Aufgaben

1. Berechne jeweils den Termwert möglichst günstig.

a) $4{,}8 \cdot 0{,}25$ b) $\left(\frac{3}{5}\right)^3$ c) $(-210) : 30$ d) $\left(\frac{1}{2} + \frac{1}{4}\right) : \frac{3}{8}$

e) $\left(\frac{5}{2} - 0{,}1\right)^2$ f) $\left(\frac{1}{8} + \frac{1}{9}\right) : \left(\frac{1}{8} - \frac{1}{9}\right)$ g) $42 : 0{,}7$

h) $\left(\frac{4}{5} - \frac{39}{65}\right) : \frac{5}{2}$ i) $15 : \left(\frac{3}{4} - \frac{3}{8}\right)$ j) $0{,}5 \cdot \frac{4}{9} + \frac{2}{3} : 1{,}5$

k) $16{,}4 - 5{,}125 \cdot 3{,}2$ l) $\frac{1}{2} \cdot 0 \cdot \frac{1}{4}$ m) $(340 : 17)^2 : (-50)$

40; −7; −8; $\frac{2}{25}$; 2; 0; $\frac{2}{3}$; $\frac{27}{125}$; 1,2; 5,76; 60; 17
Lösungen zu 1. **L**

2. Gib bei jedem der Terme die Termart an und berechne seinen Termwert. Führe dann bei den Termen, die Produkte sind, jeweils eine Überschlagsrechnung durch und erstelle für die Terme, die Summen sind, jeweils einen Rechenbaum.

a) $1{,}7 \cdot \frac{4}{5} + 2{,}408$ b) $1{,}7 \cdot \left(\frac{4}{5} + 2{,}408\right)$

c) $3{,}5 - \frac{1}{4} \cdot 2{,}7$ d) $2{,}02 \cdot 5{,}005 - 1{,}1 \cdot 9{,}191$

e) $2{,}02 \cdot [(5{,}005 - 1{,}1) : 0{,}71]$ f) $(7 \cdot 0{,}7) \cdot 0{,}07 + 0{,}657$

1; 2,825; 3,768; 5,4536; 11,11; 0
Lösungen zu 2. (exakte Termwerte) **L**

3. Zeige zunächst, dass $\frac{7}{9} = 0{,}\overline{7}$ ist, und berechne dann den Wert des Terms
$\left[\left(14\frac{4}{5} + 10{,}75\right) - \left(9{,}9 - 5\frac{4}{5}\right)\right] - \left[\left(3{,}\overline{7} - \frac{4}{3}\right) + \left(8\frac{1}{5} + 2{,}05\right)\right]$.

4. Berechne jeweils den Termwert. Die zugehörigen Buchstaben ergeben (richtig angeordnet) den Namen eines bedeutenden Mathematikers.

a)		b)		c)		d)		e)	
$\left(\frac{2}{7} + \frac{7}{2}\right) : 2$		$\left(1 - \frac{3}{7}\right) \cdot \frac{21}{4} - 0{,}25$		$\left(10 - \frac{1}{9}\right) : 89 - \left(\frac{1}{3}\right)^2$		$1 : 0{,}01 + 6 : \frac{1}{6}$		$20 : 0{,}05 - \frac{74}{37}$	
$\frac{1}{2}$ B	$1\frac{25}{28}$ A	2,75 U	$2\frac{6}{7}$ R	$\frac{1}{9}$ T	0 S	136 S	$100\frac{1}{36}$ O	398 G	$40\frac{1}{2}$ K

5. Sophie behauptet, dass man 7 l Gelee in Gläser zu $\frac{1}{2}$ l, $\frac{1}{4}$ l und $\frac{1}{8}$ l so abfüllen kann, dass man von jeder Glasgröße gleich viele volle Gläser erhält. Hat sie Recht? Wenn ja: Wie viele Gläser jeder Größe sind nötig?

6. Trage die Punkte T (−2,5 | 0), O (0 | 0), N (0 | 2,5) und I (−2,5 | 2,5) in ein Koordinatensystem (Einheit 1 cm) ein. Zeichne das Quadrat TONI. Verlängere dann jede Quadratseite um sich selbst (vgl. Abbildung), zeichne das Quadrat LUCA, gib die Koordinaten seiner Eckpunkte L, U, C und A an und berechne den Flächeninhalt der von den Quadraten TONI und LUCA berandeten Figur.

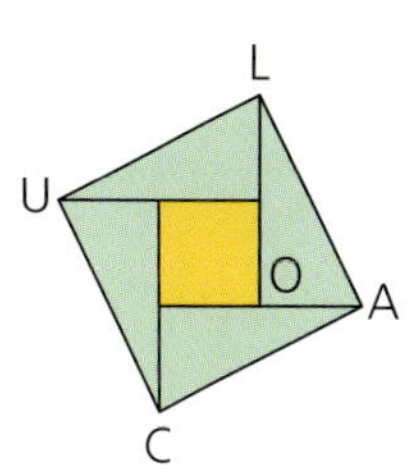

W1 Wie kannst du erkennen, welche von zwei positiven Dezimalzahlen die kleinere ist?

W2 Was versteht man unter einem Scheinbruch, was unter einem Stammbruch? Gib jeweils fünf Beispiele an.

W3 Welche der Zahlen $\frac{1}{4}$; 5; 1; $\frac{7}{7}$ und $\frac{3}{8}$ sind größer als ihr Kehrwert?

$7 : \frac{14}{19} = ?$

$\frac{1}{11} + \frac{1}{110} = \frac{1}{■}$

$8 \cdot 122 \cdot 0{,}125 = ?$

5.10 Üben – Festigen – Vertiefen

Zu 5.1:
Aufgabe 1.

1. Berechne jeden der Termwerte möglichst günstig.

a) $0,\overline{1} \cdot 18$ b) $8 \cdot 0,75^2$ c) $(8 \cdot 0,75)^2$ d) $8 \cdot 0,87$

e) $(15^2 - 16^2) : 31$ f) $2\frac{1}{2} \cdot 3$ g) $3\frac{1}{3} \cdot 6$ h) $4\frac{1}{4} \cdot 8$

Zu 5.2 und 5.3:
Aufgaben 2. bis 5.

2. Berechne jeweils den Wert des Terms.

a) $\frac{3}{4} : 3$ b) $3\frac{1}{3} : 10$ c) $4\frac{1}{4} : 17$ d) $\left(5\frac{1}{5} \cdot 2\right) : 13$

e) $11\frac{1}{9} : 25$ f) $\left(\frac{1}{8} \cdot 16\right) : 32$ g) $\left(\frac{3}{4} \cdot 16\right) : 9$ h) $\frac{1}{7}$ von 77

i) $2,89 : 17$ j) $0,961 : 31$ k) $2,16 : 36$ l) $9,9 : 33$

m) $1,11 : 37$ n) $9,3 : 62$ o) $(2,1 + 1,9)^2 : 40$ p) $1,331 : 11$

3. Finde jeweils heraus, welche Zahl in der Mitte zwischen den beiden angegebenen Zahlen liegt. Zeichne dazu eine geeignete Zahlengerade.

a) 0,5; 0,7 b) –8; 0 c) 0,8; 0,10 d) 0,12; 0,98 e) 3,4; 7,3

4. Berechne den Wert jedes der sechs Terme möglichst günstig.

a) $(6,8 + 12,8 + 56,7) : 7$ b) $\left(\frac{7}{4} + \frac{3}{2}\right) : 5$

c) $\frac{1}{7} : 3 + \frac{2}{7} : 3$ d) $\frac{1}{7} \cdot 4 + \frac{1}{7} \cdot 3$

c) $\frac{1}{20} + \frac{1}{200} + \frac{1}{2\,000} + \frac{1}{20\,000}$ f) $\frac{80}{25} : 8 - 0,2 : 8$

> 1; 0,502; 10,9; $\frac{1}{7}$; $\frac{189}{125}$; 0,65; $\frac{3}{8}$; 21,25; 0,05555
> *Lösungen zu 4. und 5.* **L**

5. Gib zunächst jeweils die Art des Terms an und berechne dann seinen Wert.

a) $(4,25 + 2,95) : 5 + (9,1 - 7,3) : 25$

b) $(6,3 - 6,3 : 6,3) : 53 + 0,9$

c) $(162 + 0,54) : 270 - (16,4 - 6,4) : 100$

d) $(51^2 - 34^2) : 68$

Zu 5.4:
Aufgaben 6. bis 9.

6. Berechne jeweils den Termwert möglichst günstig.

a) $\frac{3}{4} \cdot \left(\frac{4}{3}\right)^2$ b) $\frac{1}{8} \cdot \frac{32}{5}$ c) $12 \cdot \frac{3}{2}$ d) $18 \cdot \frac{1}{4}$

e) $3 - \frac{9}{5} \cdot \frac{2}{3}$ f) $3,1\overline{6} \cdot 3$ g) $23 \cdot \frac{1}{529} - \frac{1}{23}$ h) $150 \cdot \frac{36}{25}$

i) $\left(\frac{1}{2}\right)^2 + \left(\frac{1}{4}\right)^2 + \left(\frac{1}{8}\right)^2$ j) $\left(\frac{3}{9}\right)^2 \cdot \frac{1}{9}$ k) $\frac{1}{91} \cdot \frac{13}{7} - \left(\frac{1}{7}\right)^2$

7. Das Produkt dreier Stammbrüche, von denen jeder kleiner als $\frac{1}{3}$ ist, hat den Wert $\frac{1}{385}$. Finde heraus, welchen Wert die Summe dieser drei Stammbrüche besitzt.

8. Berechne den Wert des Term $\left(2 - \frac{1}{2}\right) \cdot \left(3 - \frac{1}{3}\right) \cdot \left(4 - \frac{1}{4}\right) \cdot \ldots \cdot \left(10 - \frac{1}{10}\right)$ möglichst günstig. Erkläre dein Vorgehen.

9. Finde jeweils mithilfe einer Überschlagsrechnung unter den drei angegebenen Näherungswerten für den Termwert den besten heraus.

a)			b)			c)			d)		
$19 \cdot 0,5 \cdot \frac{2003}{20000}$			$33 \cdot 0,03 \cdot \frac{100}{10000}$			$5 \cdot 0,05 \cdot \frac{40}{0,1}$			$23 \cdot 26 \cdot \frac{0,9}{6,25}$		
≈ 1	≈ 0,1	≈ 0,01	≈ 0,001	≈ 0,1	≈ 0,01	≈ 100	≈ 0,1	≈ 10	≈ 1	≈ 0,1	≈ 100

Zu 5.5:
Aufgaben 10. bis 12.

10. Berechne jeweils den Termwert.

a) $0{,}2^2 \cdot 100$ b) $0{,}03 \cdot 30$ c) $0{,}1 \cdot 10^2 - 0{,}01 \cdot 10^3$
d) $4{,}8 \cdot 2{,}5$ e) $6{,}4 \cdot 1{,}25$ f) $9{,}3 \cdot 1{,}6$
g) $0{,}005 \cdot 0{,}2$ h) $1{,}2^2 + 0{,}5^2 - 1{,}3^2$ i) $0{,}31^2 + 0{,}13 \cdot 0{,}03$
j) $0{,}25 \cdot 2{,}5 - 2{,}5^2 \cdot 10^3$ k) $4{,}3 \cdot 1{,}6 - 1\frac{1}{25} \cdot 2$ l) $8{,}24 \cdot 0{,}3 - 0{,}7416 \cdot 3\frac{1}{3}$

11. Ein rechteckiges Werbeposter (0,84 m x 0,42 m) wird zweifarbig gestaltet; der weiße „Keil“ soll den Werbetext enthalten (siehe Abbildung). Berechne den Flächeninhalt des farbigen Teils des Posters.

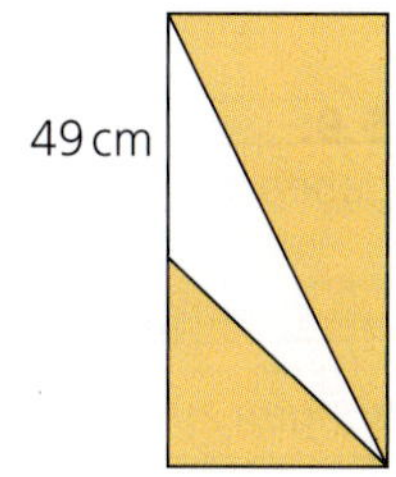

12. Gib zunächst bei jeder der sechs Potenzen $0{,}1^7$; $0{,}5^3$; $0{,}3^4$; $0{,}015^2$; $0{,}02^{10}$ und $0{,}121^2$ an, wie viele Dezimalen der Potenzwert hat, und gib dann alle sechs Potenzwerte auf 5 Dezimalen genau an.

Zu 5.6:
Aufgaben 13. und 14.

13. Berechne jeweils den Termwert.

a) $\frac{1}{2} : \frac{1}{4}$ b) $1 : \frac{1}{4}$ c) $6 : \frac{1}{6}$ d) $3\frac{1}{4} : \frac{1}{8}$
e) $\frac{6}{7} : \frac{7}{6}$ f) $1\frac{1}{4} \cdot \frac{4}{5}$ g) $1\frac{1}{4} : \frac{4}{5}$ h) $1\frac{1}{4} + \frac{4}{5}$
i) $\left(\frac{1}{8}\right)^2 : \frac{1}{64}$ j) $\left(2\frac{1}{2}\right)^2 : \frac{4}{9}$ k) $\left(1\frac{1}{12}\right)^2 : \frac{13}{6} - \frac{1}{24}$ l) $\frac{2}{3} : \left(\frac{1}{6}\right)^2$

14. Übertrage die Aufgabe in dein Heft und setze dann dort für den Platzhalter ■ eines der Zeichen <, > bzw. = ein, so dass eine wahre Aussage entsteht.

a) $\frac{1}{2} : \frac{1}{10}$ ■ $\frac{1}{10} : \frac{1}{2}$ b) $3\frac{1}{8} \cdot 2\frac{1}{4}$ ■ $3\frac{1}{8} : \frac{4}{9}$ c) $\frac{1}{6} : \frac{1}{12^2}$ ■ $24 : 12^2$
d) $\frac{4}{5} + \frac{1}{10}$ ■ $\frac{4}{5} : \frac{1}{10}$ e) $\frac{1}{11} : \frac{1}{12}$ ■ $2\frac{3}{22}$ f) $\frac{9}{8} : 1\frac{1}{8}$ ■ $\left(1\frac{1}{4}\right)^2$

Zu 5.7:
Aufgaben 15. und 16.

15. a) $0{,}8^2 : 0{,}4$ b) $1{,}7^2 : 0{,}1$ c) $43 : 0{,}001$
d) $2{,}7 : 0{,}09$ e) $15 : 0{,}001$ f) $1{,}11 : 0{,}37$
g) $\frac{3}{4} : 0{,}75$ h) $1\frac{1}{3} : 0{,}01$ i) $3\frac{3}{5} : 0{,}36$
j) $\left(3\frac{5}{6} - \frac{1}{3}\right) : 3{,}5$ k) $0{,}56 : 0{,}08 - 14$ l) $1{,}5 : 0{,}05$

16. Mache jeweils im Kopf eine Überschlagsrechnung und gib in deinem Heft an, welcher der drei angegebenen Quotientenwerte richtig ist.

	Quotient	Quotientenwert		
a)	332,8 : 13	≈ 0,25	≈ 25	≈ 250
b)	943 : 2,3	≈ 40	≈ 400	≈ 4 000
c)	0,289 : 0,17	≈ 0,2	≈ 2	≈ 20
d)	638 : 0,11	≈ 60	≈ 600	≈ 6 000
e)	12,12 : 1,01	≈ 1	≈ 10	≈ 100
f)	0,105 : 0,05	≈ 0,2	≈ 2	≈ 20

Zu 5.8:
Aufgaben 17. und 18.

17. Gib bei jedem der fünfzehn Brüche ohne weitere Rechnung an, ob die zugehörige Dezimalzahl abbrechend oder periodisch ist.

a) $\frac{4}{7}$ b) $\frac{3}{16}$ c) $\frac{13}{26}$ d) $\frac{5}{7}$ e) $\frac{11}{8}$ f) $\frac{17}{85}$ g) $\frac{19}{57}$ h) $\frac{63}{70}$ i) $\frac{13}{65}$
j) $\frac{120}{720}$ k) $\frac{111}{222}$ l) $\frac{15}{75}$ m) $\frac{9}{90}$ n) $\frac{36}{25}$ o) $\frac{25}{36}$ p) $\frac{7}{35}$ q) $\frac{17}{35}$ r) $\frac{39}{78}$

18. Gib zunächst jeweils den Kehrbruch an; finde heraus bei wie viel Prozent dieser zehn Zahlen sowohl der Bruch wie auch der Kehrbruch abbrechend sind. Begründe jeweils deine Antwort.

a) $\frac{4}{8}$ b) $\frac{16}{12}$ c) $\frac{4}{5}$ d) $\frac{10}{25}$ e) $\frac{12}{60}$ f) $\frac{10}{3}$

g) $\frac{15}{20}$ h) $\frac{21}{35}$ i) $\frac{6}{15}$ j) $\frac{37}{148}$ k) $\frac{13}{26}$ l) $\frac{104}{416}$

Zu 5.9:
Aufgaben 19. bis 21.

8; 1; $\frac{1}{20}$
Lösungen zu 19. **L**

19. Berechne jeweils den Wert des Terms.

a) $\left[(2^3 + 2^2 + 2^0) \cdot \left(\frac{1}{2} + \frac{1}{16}\right) - \frac{5}{16}\right] : \left(4\frac{20}{27} + 2\frac{7}{27}\right)$

b) $\left[3\frac{5}{6} : \left(5\frac{11}{12} - 3\frac{7}{8}\right) + \frac{6}{49}\right] : \left[\left(\frac{51}{7} - 1 : \frac{7}{2}\right) \cdot \frac{1}{28}\right]$

c) $\left[\left(6\frac{1}{2}\right)^2 + \left(5\frac{1}{2}\right)^2 + \left(4\frac{1}{2}\right)^2 + \left(3\frac{1}{2}\right)^2\right] : (2^{11} + 2^5 + 2^4 + 2^2)$

20. Berechne jeweils den Termwert. In der Tabelle steht über jedem Ergebnis jeweils eine Silbe usw. In der Reihenfolge der Teilaufgaben a) bis l) ergeben diese Silben usw. den Lösungssatz. Gib den Lösungssatz an.

a) $\left(\frac{2}{3} + \frac{1}{6}\right) : \frac{5}{6} - \frac{5}{6} \cdot \left(1\frac{1}{2} - 1\frac{1}{3}\right)$

b) $\left[\left(\frac{5}{13}\right)^2 + \frac{144}{13^2} - 1\right] : 4 + 5 \cdot 2\frac{2}{5} = \left[\frac{5}{13} \cdot \frac{5}{13} + \frac{144}{169} - 1\right] : 4 + 5 \cdot \frac{12}{5}$

c) $(18 \cdot 0{,}375 + 0{,}8 \cdot 1{,}25) + 2\frac{3}{4}$

d) $\left(2{,}1^2 - 0{,}41 - 2{,}2 \cdot \frac{3}{11}\right) : 3{,}4 - 1$

e) $\left[2\frac{1}{4} - \frac{3}{8} + 1\frac{2}{5} \cdot \left(1\frac{4}{9} - \frac{8}{9}\right)\right]^2 : \left(\frac{191}{72}\right)^2 + 1$

f) $\left[4 : \frac{1}{4} + 6 \cdot \frac{3}{4} - \left(\frac{5}{2}\right)^2\right] : 1\frac{7}{9} - \left(\frac{1}{8}\right)^2 + \left(7 : \frac{1}{7}\right) \cdot \frac{1}{2}$

g) $\frac{1}{2} \cdot \frac{2}{3} \cdot \frac{3}{4} \cdot \frac{4}{5} \cdot \ldots \cdot \frac{98}{99} \cdot \frac{99}{100} + \frac{1}{100}$

h) $1 : \left[1 + 1 : \left(1 + \frac{1}{2}\right)\right]$

i) $\left(\frac{1}{2} + \frac{1}{3}\right)^2 - \left[\left(\frac{1}{2}\right)^2 + \left(\frac{1}{3}\right)^2\right]$

j) $\left(\frac{1}{2}\right)^2 + 1 : \frac{1}{2} + \left(1 - \frac{1}{2}\right) - \left(1 + \frac{1}{2}\right)$

k) $\left[\left(\frac{5}{7} + 1\frac{3}{14}\right) \cdot \frac{2}{27} + \left(\frac{2}{21} - \frac{1}{42}\right)\right] : 3$

l) $\dfrac{12\frac{3}{4} - \left(2\frac{1}{3} + 6\frac{5}{12}\right)}{\left(9\frac{1}{6} + 2\frac{5}{6}\right) \cdot \left(8 - 7\frac{7}{8}\right)} = \left[12\frac{3}{4} - \left(2\frac{1}{3} + 6\frac{5}{12}\right)\right] : \left[\left(9\frac{1}{6} + 2\frac{5}{6}\right) \cdot \left(8 - 7\frac{7}{8}\right)\right]$

sind	kei	den.	bes	Feh	ten,	zu	Mög	wer	lich	ler	ser
$10\frac{1}{2}$	$32\frac{1}{2}$	$2\frac{2}{3}$	$\frac{3}{5}$	$\frac{31}{36}$	$\frac{1}{50}$	$1\frac{1}{4}$	0	$\frac{1}{14}$	2	12	$\frac{1}{3}$

21. Mache jeweils einen Gesamtansatz und berechne dann den Wert des Terms.

a) Dividiere die Summe der Zahlen $3\frac{1}{2}$ und $5\frac{1}{3}$ durch das Produkt der Zahlen $2\frac{4}{5}$ und $7\frac{1}{2}$.

b) Addiere die größte der drei Zahlen 4,4, $4\frac{4}{5}$ und $4\frac{4}{7}$ zur kleinsten und dividiere dann die Summe durch die dritte dieser Zahlen.

c) Dividiere die Zahl 0,111 durch 37, subtrahiere den Quotienten von der Summe aus der vierten Potenz von 0,1 und der dritten Potenz von 0,2 und addiere dann zur Differenz die Zahl 0,9949.

Weitere Aufgaben

22. Finde jeweils die gesuchte(n) Zahl(en) heraus.

a) Die gesuchte Zahl
- ist ein Stammbruch
- ist kleiner als $\frac{1}{4}$
- ist größer als $\frac{1}{7}$
- ist der Kehrwert einer Primzahl

b) Die gesuchte Zahl
- ist eine Dezimalzahl mit zwei Dezimalen
- ist kleiner als 3
- ist größer als 2
- hat fünfmal so viele Hundertstel wie Zehntel

c) Die gesuchte Zahl
- ist ein Stammbruch
- hat als Nenner eine Dreieckszahl
- ist größer als $\frac{1}{9}$

23. Laura kauft 3 Filzstifte und 4 Farbstifte für 5,40 €; Lucas kauft 7 Filzstifte und 6 Farbstifte der gleichen Sorten und bezahlt dafür 10,60 €.
Finde heraus, was ein Filzstift kostet und was ein Farbstift kostet.

G **24.** Laura und Lucas sollen aus drei Holzleisten je der Länge 4,20 m zehn Stücke zu je 80 cm, vier Stücke zu je 60 cm und vier Stücke zu je 30 cm herstellen. Sie sollen dabei die Sägeschnitte so vornehmen, dass genau ein Reststück übrig bleibt. Beschreibe, wie Laura und Lucas vorgehen könnten.

25. Bei der 3. Mathematikschulaufgabe wurden insgesamt 40 Punkte vergeben.
Die Mathematiklehrkraft will nach folgendem Punkteschlüssel benoten:

- Mit Note 1 wird bewertet, wenn mindestens 85% der Höchstpunktzahl erreicht wurden.
- Mit Note 2 wird bewertet, wenn mindestens 70%, aber weniger als 85% der Höchstpunktzahl erreicht wurden.
- Mit Note 3 wird bewertet, wenn mindestens 55%, aber weniger als 70% der Höchstpunktzahl erreicht wurden.
- Mit Note 4 wird bewertet, wenn mehr als 40%, aber weniger als 55% der Höchstpunktzahl erreicht wurden.
- Mit Note 5 wird bewertet, wenn mehr als 20%, aber höchstens 40% der Höchstpunktzahl erreicht wurden.

Übertrage die beiden Tabellen in dein Heft und ergänze sie dann dort.

Punkte	40 … 34					
Note	1	2	3	4	5	6

	Gregor	Laura	Lucas	Sophie
Punkte	30	18	25	37
Note				

26. Die Masse von Diamanten wird in Karat (ct.) angegeben:
1 ct. = $\frac{1}{5}$ g.

a) Der größte „weiße" Diamant ist der Cullinan, der als Rohstein 3 106 Karat hatte. Berühmt ist auch der blaue Hope-Diamant mit 44 ct. Bestimme bei diesen beiden Diamanten jeweils die Masse, besorge dir Angaben über sie und über andere berühmte Diamanten und stelle deine Informationen der Klasse vor.

b) Gib für jedes der drei Schmuckstücke die Masse des Diamanten an. Überlege, weshalb der Ring so viel teurer als das Paar Ohrstecker ist.

27. Das Diagramm zeigt die Anzahl der Teiler der natürlichen Zahlen von 1 bis 16.

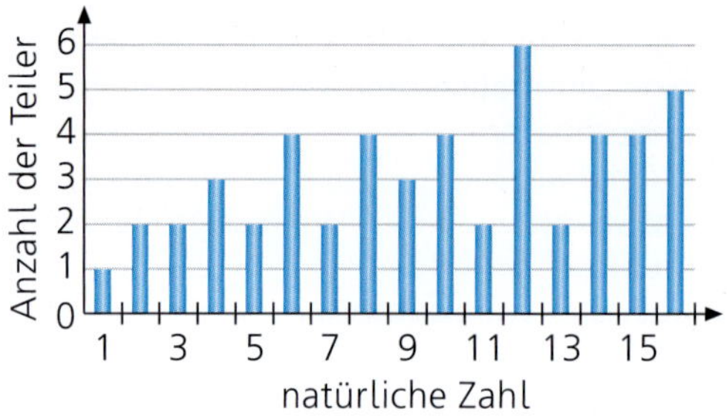

a) Gib an, wie man in diesem Diagramm die Primzahlen erkennen kann.

b) Wie kann man an der Anzahl der Teiler die Quadratzahlen erkennen?

c) Addiere alle Stammbrüche, deren Nenner kleiner als 17 sind und genau drei Teiler besitzen, dividiere die Summe durch den Stammbruch, dessen Nenner kleiner als 17 ist und die größte Anzahl von Teilern besitzt, und berechne den Quotientenwert.

28. Zeichne jeweils das Quadrat in dein Heft und ergänze es dann dort so, dass ein magisches Quadrat entsteht.

a)

	3	
$2\frac{2}{3}$	$\frac{1}{3}$	2

b)

2			$\frac{3}{7}$
$1\frac{4}{7}$	$\frac{1}{7}$		
		1	$1\frac{6}{7}$
$\frac{5}{7}$		$\frac{2}{7}$	$1\frac{1}{7}$

29. Das L-förmige, aus Rechtecken zusammengesetzte Grundstück wird zu gleichen Teilen an drei Geschwister vererbt.

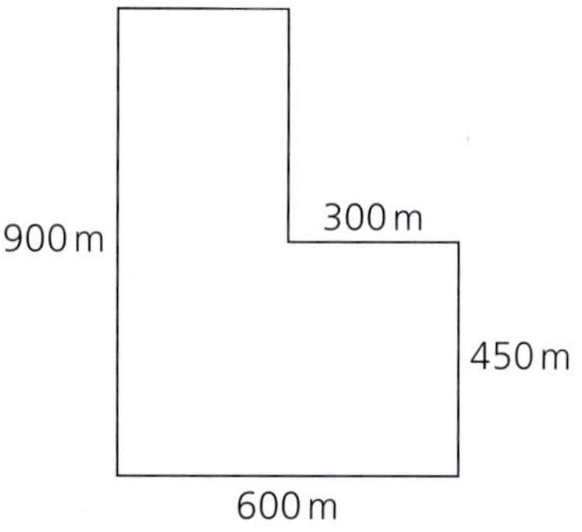

a) Zeichne es im Maßstab 1 : 10 000 in dein Heft.

b) Berechne seinen Flächeninhalt.

c) Berechne, wie viel Quadratmeter jeder Erbe erhält.

d) Finde eine sinnvolle Aufteilung des Grundstücks und trage sie in deine Zeichnung ein.

$11\frac{1}{9} = \frac{\square}{9}$

$\frac{444}{888} = \frac{1}{\square}$

32% sind $\frac{\square}{25}$.

W1 Wahr oder falsch? Die Gegenzahl jeder rationalen Zahl ist negativ.

W2 Welchen Zähler, welchen Nenner bekommt der Bruch $\frac{7}{15}$, wenn man ihn mit 156 erweitert?

W3 Was versteht man unter einem gestreckten, was unter einem rechten Winkel?

I. Die folgende Aufgabe stammt aus einem japanischen Mathematikbuch für die 6. Jahrgangsstufe. Betrachte die beiden Abbildungen, überlege dir, was die Rechenzeichen x und ÷ bedeuten, und finde die Aufgabenstellung, die Lösung und die Art ihrer Veranschaulichung heraus.

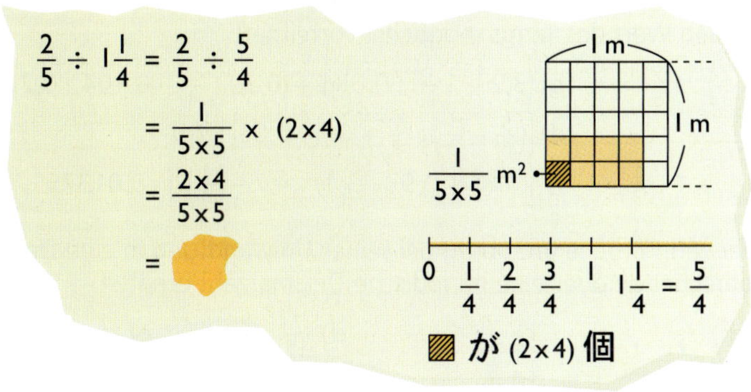

II. Doppelbrüche
Bei Doppelbrüchen kann man den Hauptbruchstrich durch ein Divisionszeichen ersetzen.

Beispiel: $\dfrac{\frac{2}{3}}{\frac{5}{6}} = \frac{2}{3} : \frac{5}{6} = \frac{2}{3} \cdot \frac{6}{5} = \frac{4}{5}$

Berechne jeweils den Wert des Doppelbruchs.

a) $\dfrac{\frac{1}{2}}{\frac{1}{4}}$ b) $\dfrac{\frac{2}{5}}{\frac{3}{10}}$ c) $\dfrac{\frac{5 \cdot 15}{2 \cdot 4}}{\frac{25}{16}}$ d) $\dfrac{\frac{4}{5} \cdot \frac{34}{7}}{\frac{51}{2} \cdot \frac{8}{21}}$

III. Kettenbrüche
Berechne jeweils den Wert des Kettenbruchs.

a) $\dfrac{1}{1 + \frac{1}{2}}$ b) $\dfrac{1}{1 + \dfrac{1}{1 + \frac{1}{2}}}$ c) $\dfrac{1}{1 + \dfrac{1}{1 + \dfrac{1}{1 + \frac{1}{2}}}}$ d) $\dfrac{1}{1 + \dfrac{1}{1 + \dfrac{1}{1 + \dfrac{1}{1 + \frac{1}{2}}}}}$

IV. Der Zierbrunnen hat 15 Schalen in fünf Reihen. Zunächst sind alle Schalen randvoll mit Wasser und alle sechs Dreiliterbecher leer. Lucas gießt nun langsam 3 Liter Wasser in die oberste Schale. Aus jeder Schale fließt dreimal so viel Wasser nach links wie nach rechts. Berechne, wie viel Wasser sich am Schluss in jedem der sechs Becher I ... VI befindet. Schätze zuerst.

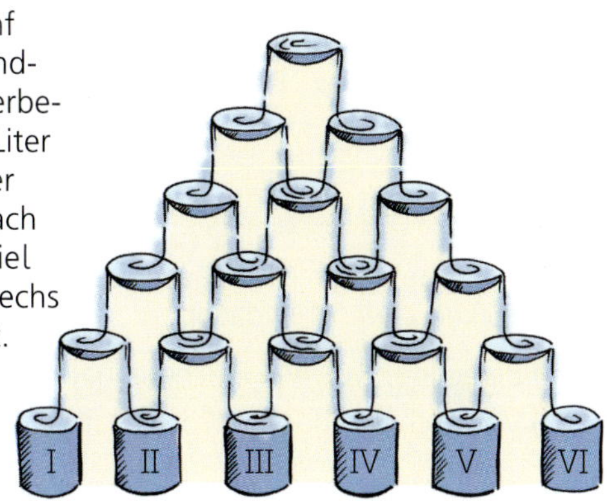

Selbsttest

1. a) Schreibe jeden der fünf Brüche $\frac{1}{50}$, $\frac{7}{5}$, $\frac{5}{6}$, $\frac{1}{9}$ und $\frac{66}{132}$ als Dezimalzahl.

b) Schreibe jede der fünf Dezimalzahlen 0,75; $0{,}\overline{2}$; 0,45; $0{,}1\overline{6}$ und 0,05 als Bruch in Grundform.

2. Berechne jeweils den Wert des Terms möglichst vorteilhaft.

a) $\left(\frac{1}{4} \cdot \frac{3}{5} + \frac{5}{6} : \frac{2}{3}\right) : 1\frac{2}{5}$

b) $\left(3{,}2 - 1\frac{1}{2}\right) : 0{,}034 + \left(0{,}39 : \frac{3}{4} - 0{,}104 : 0{,}2\right)$

c) $(1 - 0{,}6)^3 : \left(\frac{4}{5}\right)^2$

d) $\left[\left(\frac{5}{6} - \frac{1}{3}\right) : \frac{1}{9} + 0{,}5 : 0{,}05\right] : 2{,}9$

e) $\left(1\frac{2}{3} + 0{,}\overline{4}\right) : \left(\frac{1}{6} + 1 : \frac{1}{3}\right)$

f) $\left[(0{,}8^2 + 0{,}93 : 3{,}1) : 4{,}7 - \left(\frac{1}{4}\right)^2\right] : 0{,}01375$

3. Gib bei jedem der zehn Brüche an, ob du bei seiner Umwandlung in eine Dezimalzahl eine abbrechende oder eine periodische Dezimalzahl erhältst.

a) $\frac{3}{4}$ b) $\frac{7}{12}$ c) $\frac{7}{14}$ d) $\frac{7}{15}$ e) $\frac{7}{20}$

f) $\frac{9}{11}$ g) $\frac{2}{3}$ h) $\frac{6}{60}$ i) $\frac{5}{6}$ j) $\frac{1}{40}$

4. Runde jede der vier Dezimalzahlen auf die angegebene Einheit.

a) 35,499 (Einer) b) 0,8596 (Zehntel)

c) $2{,}\overline{5}$ (Hundertstel) d) $45{,}\overline{45}$ (Tausendstel)

5. Mache eine Überschlagsrechnung für die Berechnung des Werts des Terms $(27{,}88 : 6{,}97 + 4{,}5^2 \cdot 8{,}4 + 8{,}81) : 8{,}71$.

6. Übertrage jeweils die Zahlenmauer in dein Heft und ergänze sie dann dort so, dass auf jedem Mauerstein der Kehrwert des Produktwerts der Zahlen steht, die auf den beiden Steinen direkt darunter stehen.

a)
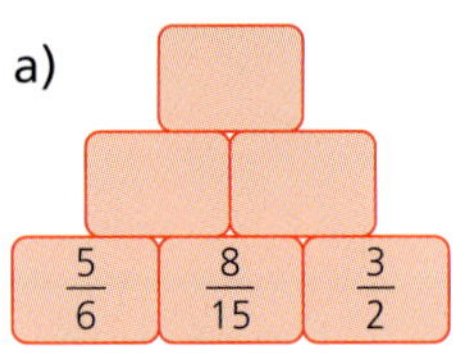

b)
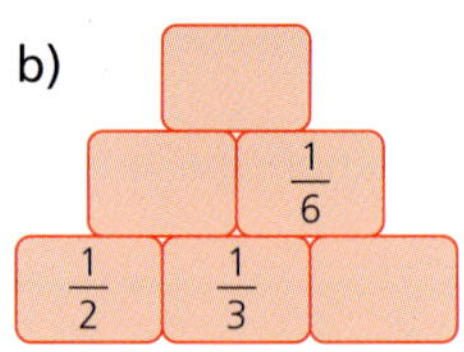

7. Das Quadrat QUAD ist 4,8 m lang. Die Punkte M und N sind Mittelpunkte je einer Quadratseite; I ist der Schnittpunkt der Quadratdiagonalen. Zeichne das Quadrat QUAD und den „Pfeil" MIND im Maßstab 1 : 100 in dein Heft und berechne den wahren Flächeninhalt des „Pfeils".

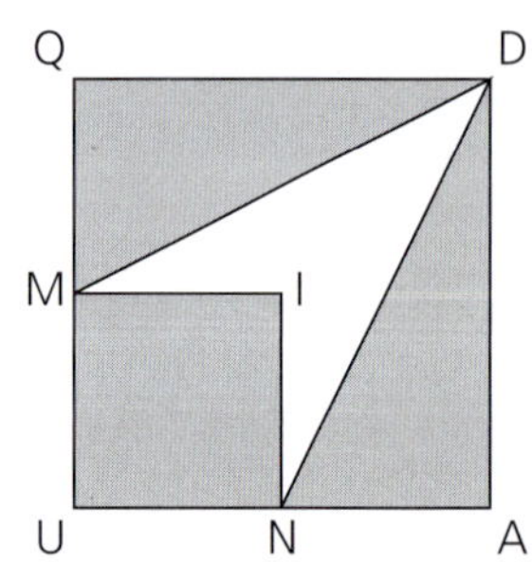

8. Ein Würfel hat die Kantenlänge 5,5 cm. Berechne seinen Oberflächeninhalt.

9. Die Erde hat einen Oberflächeninhalt von etwa 510 Millionen km². Die Ozeane bedecken etwa 71% davon.

a) Berechne, welchen Flächeninhalt die Ozeane etwa einnehmen.

b) Veranschauliche den Prozentsatz mithilfe eines Kreisdiagramms.

Lösungen unter www.ccbuchner.de (Eingabe „8256" im Suchfeld)

Kapitel 6
Flächeninhalte geradlinig begrenzter Figuren

Bonaventura Cavalieri
geb. 1598 in Mailand
gest. 1647 in Bologna

Der Mathematiker **Bonaventura Cavalieri** brachte sich zunächst ohne Lehrer selbst sein mathematisches Wissen bei. Später war er Schüler von Galileo Galilei. **Cavalieri** erzielte so hervorragende Fortschritte, dass er mit 31 Jahren Professor für Mathematik an der Universität Pisa wurde.

Er war Mitglied des Jesuatenordens und von 1623 bis 1629 Prior dieses Ordens.

Cavalieri verfasste eine Reihe mathematischer Werke. Das nach ihm benannte **Cavalieri´sche Prinzip** (veröffentlicht 1635) wird u. a. zur Ermittlung von Flächeninhalten angewandt.

Das Cavalieri´sche Prinzip

Geometrische Figuren sind inhaltsgleich, wenn

- sie gleich lange Grundlinien besitzen
- sie zwischen zwei parallele Geraden gestellt werden können und
- jede Parallele zu diesen Geraden sie in gleich langen Strecken schneidet.

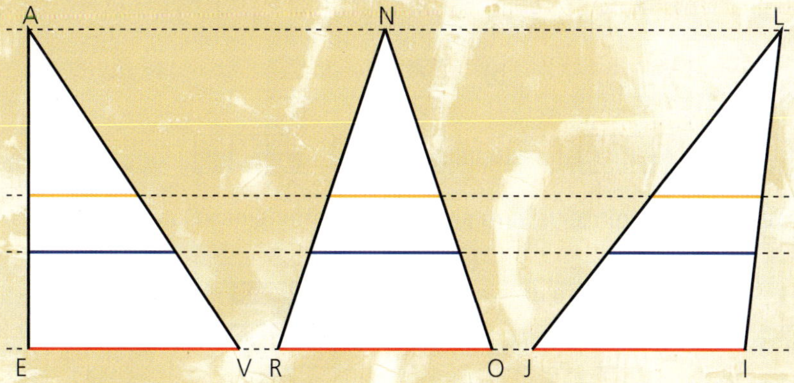

Nach dem **Cavalieri´schen Prinzip** haben die drei Dreiecke EVA, RON und JIL gleich großen Flächeninhalt.

Gregor, Laura, Lucas und Sophie haben aus Tangramteilen Katzen gelegt:

Arbeitsauftrag

- Baue jede dieser fünf Katzen aus jeweils allen sieben Tangramteilen nach. (Du kannst die sieben Tangramteile durch Zerschneiden eines Pappquadrats entsprechend nebenstehender Zeichnung selbst herstellen).
  Gib Eigenschaften an, in denen die fünf Tangram-Katzen übereinstimmen, und Eigenschaften, in denen sie sich voneinander unterscheiden.

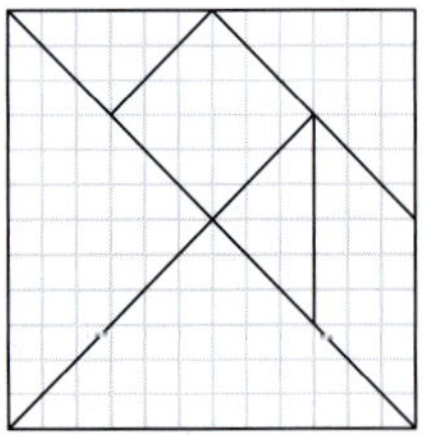

Wenn man zwei Figuren so **zerlegen** kann, dass ihre Teile paarweise die gleiche Form und die gleiche Größe besitzen (also **deckungsgleich** sind), dann haben diese beiden Figuren den gleichen Flächeninhalt.

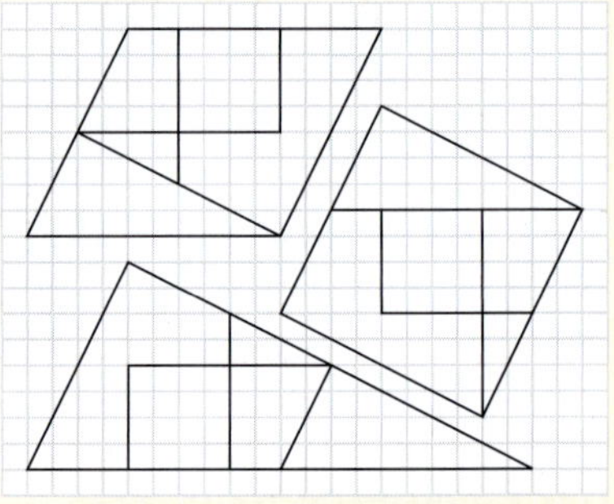

Wenn man zwei Figuren durch Paare von deckungsgleichen Figuren so **ergänzen** kann, dass deckungsgleiche neue Figuren entstehen, dann besitzen die beiden ursprünglichen Figuren gleichen Flächeninhalt.

Beispiele

- Zerlege die abgebildete L-Figur
  a) in zwei gleich große Figuren gleicher Form.
  b) in zehn gleich große Figuren gleicher Form.

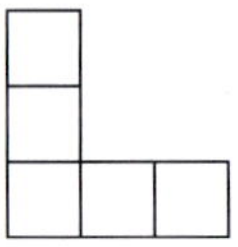

Lösung: a)

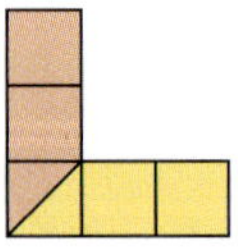

b)

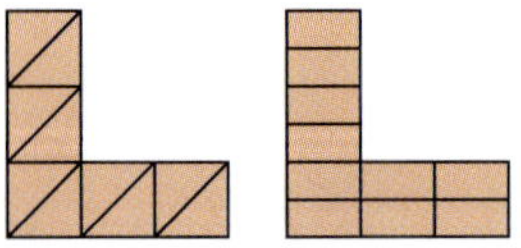

- Ergänze die beiden Figuren jeweils zu einem möglichst kleinen Quadrat.

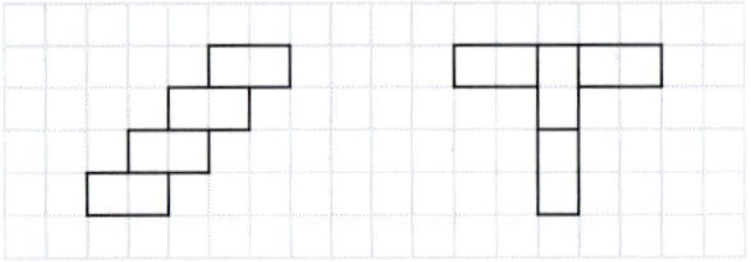

Lösung:

- Haben Figuren, die gleichen Flächeninhalt besitzen, stets auch gleiche Form?
- Ist bei Figuren, die gleichen Flächeninhalt besitzen, stets auch der Umfang gleich lang?

Aufgaben

1. Begründe, dass die folgenden fünf Figuren gleichen Flächeninhalt besitzen.

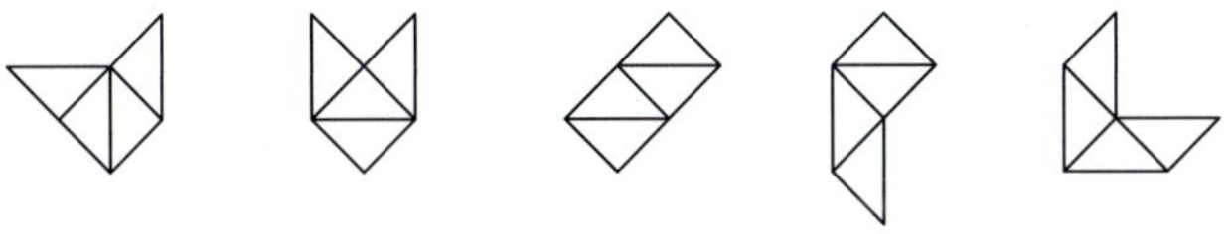

2. Übertrage die beiden Zeichnungen in dein Heft. Begründe, dass die getönten Flächen gleichen Flächeninhalt besitzen, und gib seine Größe an.

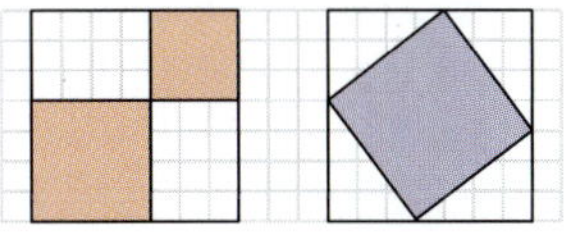

3. Übertrage die Tabelle in dein Heft und ergänze sie dann dort.

Figur	I	II	III	IV	V	VI	VII
Anzahl der kleinen Quadrate	1						
Flächeninhalt							

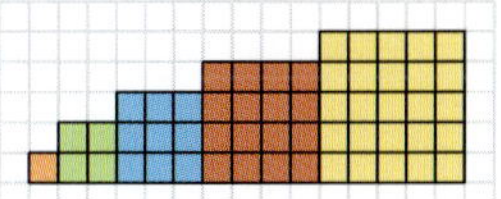

a) Welchen Flächeninhalt hat die zehnte Figur, wenn das Muster in gleicher Weise fortgesetzt wird?

b) Welchen Flächeninhalt haben die ersten zehn Figuren zusammen, wenn das Muster in gleicher Weise fortgesetzt wird?

G **4.** Zeichne sechs Quadrate (Seitenlänge 6 cm) in dein Heft und zerlege dann auf immer wieder andere Art

a) drei von ihnen in je zwei gleich große Teile gleicher Form.

b) die übrigen drei in je vier gleich große Teile gleicher Form.

5. Trage die Punkte C (1 | 3), O (0 | 0), R (−3 | 0), N (0 | −4), E (6 | −4), L (6 | 0), I (4 | 0), U (3 | 3) und S (2 | 0) in ein Koordinatensystem (Einheit 1 cm) ein und ermittle den Flächeninhalt des Neunecks CORNELIUS.

a) Welcher Bruchteil der Fläche des Neunecks CORNELIUS liegt im I., welcher im II., welcher im III. und welcher im IV. Quadranten?

b) Zeichne im Neuneck CORNELIUS einen spitzen, zwei rechte, einen stumpfen und zwei überstumpfe Innenwinkel ein. Miss ihre Größe mit deinem Geodreieck.

G **6.** Zeichne das Trapez viermal auf ein Extrablatt. Schneide dann alle vier Trapeze aus und lege sie

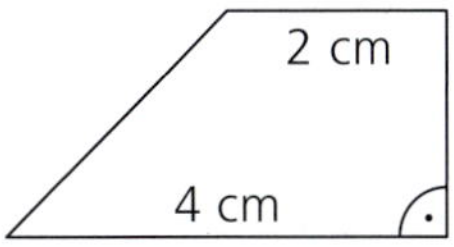

a) zu einem großen Trapez gleicher Form zusammen.

b) zu einem Rechteck zusammen.

W1 Welche der fünf Winkel der Größe 120°, 43°, 343°, 211° bzw. 271° sind überstumpf?

W2 Wie viele Quadrate mit der Ecke E (−2 | 2) kannst du zeichnen, wenn jedes von ihnen mindestens eine Koordinatenachse als Symmetrieachse besitzen soll? Zeichne sie alle.

W3 Wie viele verschiedene Teiler besitzt die Zahl 1 000?

$23^2 = ?$

2,7 ha : (3 a) = ?

43 : 0,043 = ?

Gesucht ist jeweils der Flächeninhalt des Rechtecks und der drei anderen Parallelogramme.

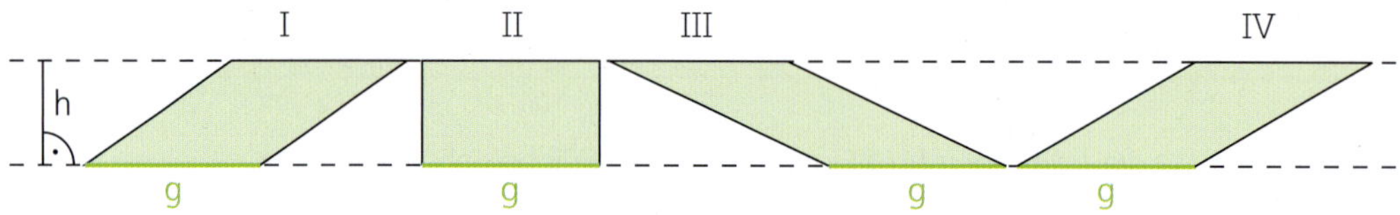

Laura: *„Ich nehme die Figur I, zeichne sie auf ein Blatt Papier und zerschneide sie dann."*

Arbeitsaufträge

- Beschreibe bei jeder der vier Figuren, wie du bei der Bestimmung ihres Flächeninhalts vorgehen könntest.
  Äußere eine Vermutung, wovon der Flächeninhalt eines Parallelogramms abhängt und wovon er nicht abhängt.
- Finde bei jeder der vier Figuren I bis IV heraus, wie groß ihr Flächeninhalt ist.

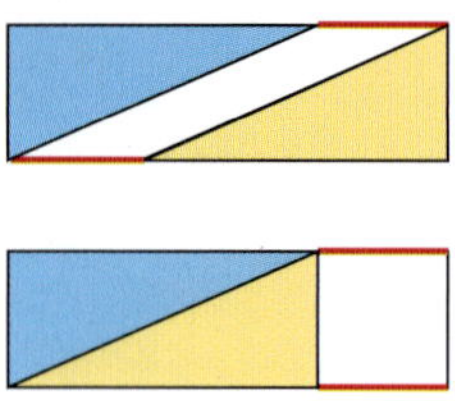

Parallelogramm: Bezeichnungen und Eigenschaften

Jedes Parallelogramm besitzt vier Seiten, von denen die gegenüberliegenden jeweils gleich lang und parallel sind.
Der Abstand zweier paralleler Seiten heißt **Höhe**. Jedes Parallelogramm besitzt zwei (i. A. verschieden lange) Höhen h_1 und h_2.
Hinweis: Mit **Abstand** ebenso wie mit **Höhe** kann sowohl eine Strecke wie auch deren Länge gemeint sein.

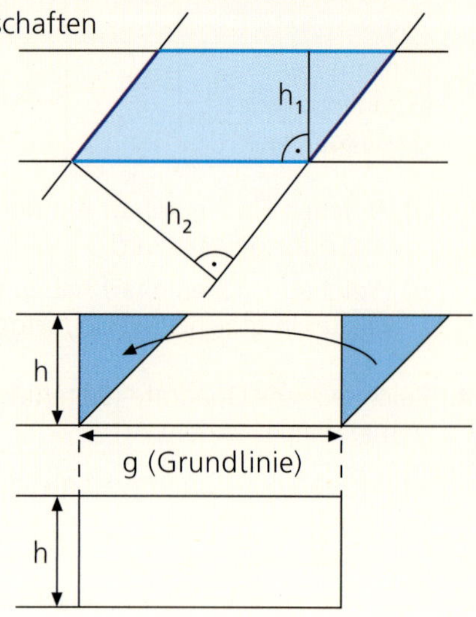

Flächeninhalt des Parallelogramms:

Es gilt $A_{Parallelogramm} = A_{Rechteck} = g \cdot h$
(„Seitenlänge mal zugehöriger Höhe").

Beispiele

- Berechne jeweils den Parallelogrammflächeninhalt.

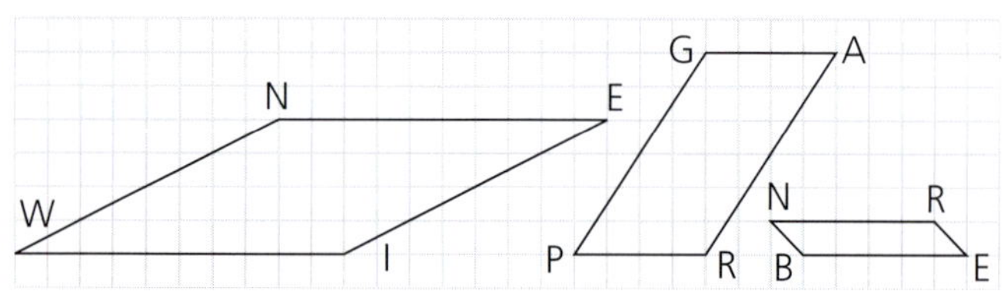

Lösung: $A_{WIEN} = 5\ \text{cm} \cdot 2\ \text{cm} = 10\ \text{cm}^2$; $A_{PRAG} = 2\ \text{cm} \cdot 3\ \text{cm} = 6\ \text{cm}^2$
$A_{BERN} = 2{,}5\ \text{cm} \cdot 0{,}5\ \text{cm} = 1{,}25\ \text{cm}^2$

- Ermittle den Flächeninhalt des Parallelogramms KIEW auf zwei Arten.

Lösung: $A_{KIEW} = 5\ \text{cm} \cdot 2\ \text{cm} = 10\ \text{cm}^2$
$A_{KIEW} = 2{,}5\ \text{cm} \cdot 4\ \text{cm} = 10\ \text{cm}^2$

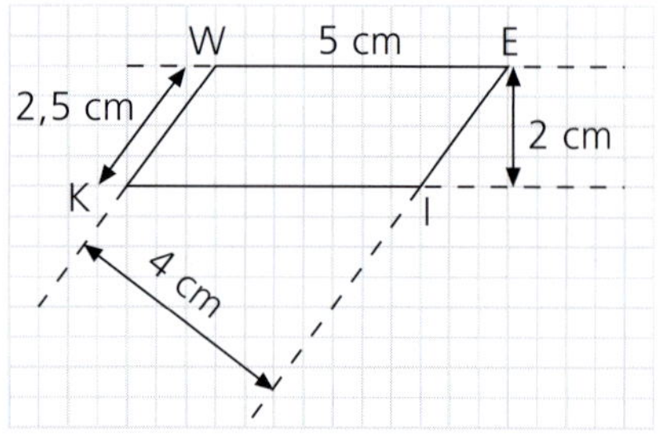

- Der Flächeninhalt eines Parallelogramms beträgt 12,6 cm²; die vier Parallelogrammseiten sind 2,8 cm, 7,0 cm, 2,8 cm bzw. 7,0 cm lang. Berechne die beiden Höhen dieses Parallelogramms.

  Lösung: h_1 = 12,6 cm² : (2,8 cm) = 4,5 cm h_2 = 12,6 cm² : (7,0 cm) = 1,8 cm
  Probe: 2,8 cm · 4,5 cm = 12,6 cm²   7,0 cm · 1,8 cm = 12,6 cm²

- Ist jedes Quadrat ein Parallelogramm?
- Hat ein Rechteck auch Höhen?
- Haben Parallelogramme, die in allen vier Seitenlängen übereinstimmen, auch stets gleichen Flächeninhalt?

Aufgaben

1. Gib jeweils in der in [Klammern] angegebenen Einheit an.

a) 2 700 cm² [dm²] **b)** 4 m² [dm²] **c)** 600 a [ha] **d)** 50 000 mm² [dm²]
e) 5,5 m² [dm²] **f)** 9,01 dm² [mm²] **g)** 0,05 km [m] **h)** 59 ha [km²]
i) 210 mm² [cm²] **j)** 705 ha [km²] **k)** 15,09 m² [cm²] **l)** 111 a [m²]

2. Durch die vier Punkte ist jeweils ein Rechteck PLUS festgelegt. Stelle dir die Punkte im Koordinatensystem (Einheit 1 cm) vor (ohne sie einzuzeichnen), berechne den Rechtecksflächeninhalt A_{PLUS} im Kopf und schreibe das Ergebnis in dein Heft.

3; 20; 25; 28; 30; 48
Maßzahlen zu 2. **L**

a)	b)	c)	d)	e)	f)
P (0 I 0)	P (−1 I 0)	P (4 I 4)	P (−3 I −6)	P (0 I 0)	P (2,5 I −0,5)
L (4 I 0)	L (7 I 0)	L (8 I 4)	L (2 I −6)	L (0 I −5)	L (5,5 I −0,5)
U (4 I 7)	U (7 I 6)	U (8 I 9)	U (2 I 0)	U (5 I −5)	U (5,5 I 0,5)
S (0 I 7)	S (−1 I 6)	S (4 I 9)	S (−3 I 0)	S (5 I 0)	S (2,5 I 0,5)

3. Berechne jeweils die fehlende Größe.

0,55; 1,2; 9; 18; 25,2; 324
Maßzahlen zu 3. **L**

Parallelogramm	a)	b)	c)	d)	e)	f)
Seitenlänge g	7,2 cm	18 m	1,2 dm	36 dm		
zugehörige Höhe h	3,5 cm	18 m			3,5 cm	4,4 m
Flächeninhalt			21,6 dm²	4,32 m²	31,5 cm²	2,42 m²

4. a) Gegeben ist die Länge g einer Seite und der Flächeninhalt A eines Parallelogramms. Erkläre, wie du aus diesen Angaben die zu dieser Seite gehörende Höhe h ermitteln kannst.

b) Gegeben ist der Flächeninhalt A und eine Höhe h eines Parallelogramms. Erkläre, wie du aus diesen Angaben die Länge g einer der beiden zu dieser Höhe h gehörenden Seiten ermitteln kannst.

G 5. Zeichne mithilfe deines Geodreiecks und deines Zirkels mindestens fünf verschiedene Parallelogramme mit den Seitenlängen 5 cm und 4 cm.

a) Ermittle bei jedem dieser Parallelogramme die Umfangslänge und den Flächeninhalt. Welches von ihnen hat den größten Flächeninhalt?

b) Zeichne bei jedem der Parallelogramme die beiden Diagonalen ein und miss dann sowohl die Längen der beiden Diagonalen wie auch die Winkel, unter denen die beiden Diagonalen einander schneiden.

Laura erinnert sich: Geometrische Figuren, die in ihrer Form und in ihrem Flächeninhalt übereinstimmen, heißen deckungsgleich.

6. Zeichne das Rechteck (Länge g = 4 cm, Breite h = 5 cm) und das Parallelogramm, das ebenfalls eine Grundlinie der Länge g (= 4 cm) besitzt und ebenso hoch (h = 5 cm) ist wie das Rechteck, in dein Heft. Ergänze dann dort die Figuren durch je zwei deckungsgleiche Dreiecke zu zwei deckungsgleichen Rechtecken.

7. Zeichne vier verschiedene Parallelogramme über einer Grundlinie der Länge 5 cm, die alle den Flächeninhalt 15 cm² besitzen.

8. Begründe, dass das Rechteck SUED und das Parallelogramm NORD den gleichen Flächeninhalt besitzen.

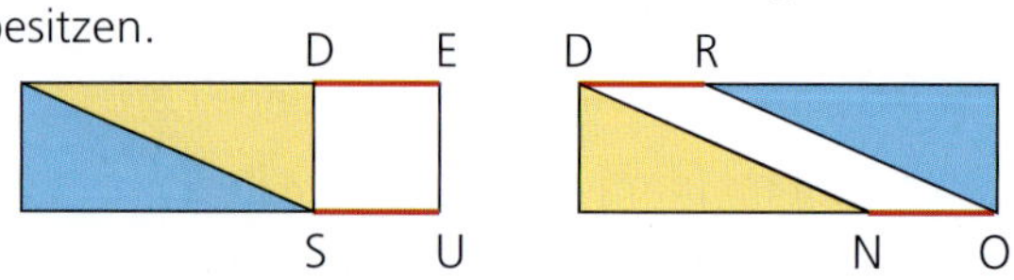

9. Die Seite [AL] des Parallelogramms ALEX ist 5 cm, die Seite [XA] ist 4 cm lang. Die Höhe h_1 (Abstand der Seiten [AL] und [EX]) beträgt 3,5 cm.

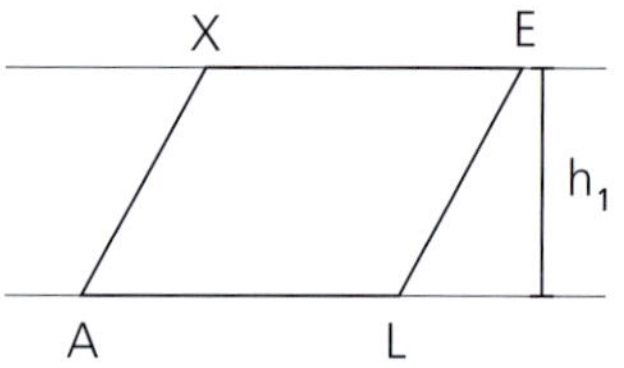

a) Zeichne das Parallelogramm ALEX mithilfe deines Geodreiecks und deines Zirkels.

b) Trage mithilfe deines Geodreiecks den Abstand der Seiten [LE] und [XA] ein und miss ihn ab.

c) Berechne den Flächeninhalt A_{ALEX} auf zwei Arten.

4; 5; 6; 8; 9; 10; 11; 15; 25,2; 27; 30; 42; 52; 60, 90
Maßzahlen zu 10. **L**

10. Übertrage die Tabelle in dein Heft und berechne jeweils die drei fehlenden Größen.

Parallelogramm	a)	b)	c)	d)	e)	f)
Seitenlänge g_1	6 cm	10 cm	12 m	8,4 cm	8 cm	15 m
zugehörige Höhe h_1	5 cm		7,5 m	5 cm	7,5 cm	
Seitenlänge g_2	7,5 cm	16 cm		4,2 cm		11 m
zugehörige Höhe h_2			10 m			
Flächeninhalt		80 cm²				1,65 a
Umfangslänge					36 cm	

11. Trage die Punkte K (−4 | −4), L (2 | −4), U (5 | 3) und G (−1 | 3) in ein Koordinatensystem (Einheit 1 cm) ein.

a) Ermittle den Flächeninhalt des Parallelogramms KLUG.

b) Finde heraus, ungefähr wie viel Prozent der Parallelogrammfläche im I. und II. Quadranten und ungefähr wie viel Prozent im III. und IV. Quadranten liegen.

12. Ermittle den Flächeninhalt jeder der vier Figuren. Begründe deine Beobachtung.

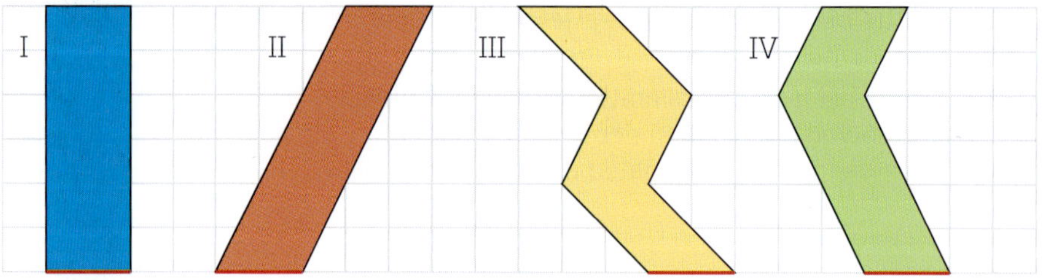

13. Berechne den Flächeninhalt des nebenstehenden Streifens möglichst geschickt und begründe deine Vorgehensweise.

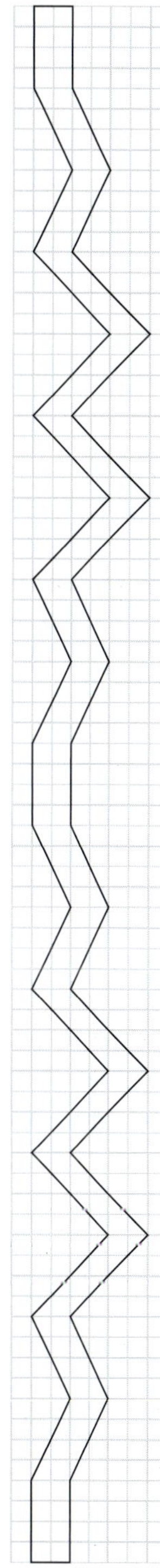

G 14. Berechne den Flächeninhalt A_{CLAUDI} des Sechsecks CLAUDI auf mindestens zwei verschiedene Arten.

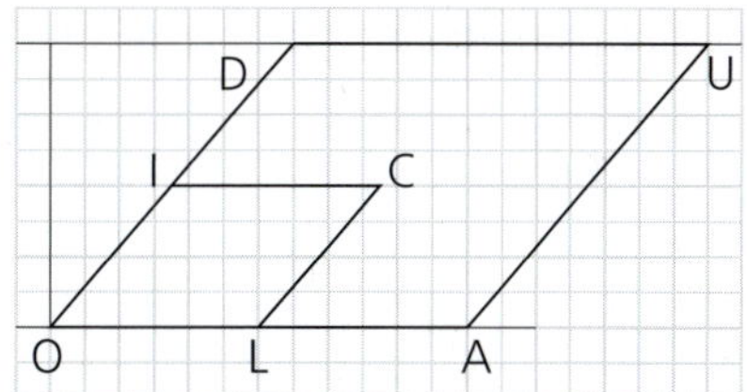

15. Der Flächeninhalt der Figur I beträgt 2 cm².

a) Ermittle für jede der ersten zehn Figuren den Flächeninhalt, wenn das Muster in gleicher Weise fortgesetzt wird.

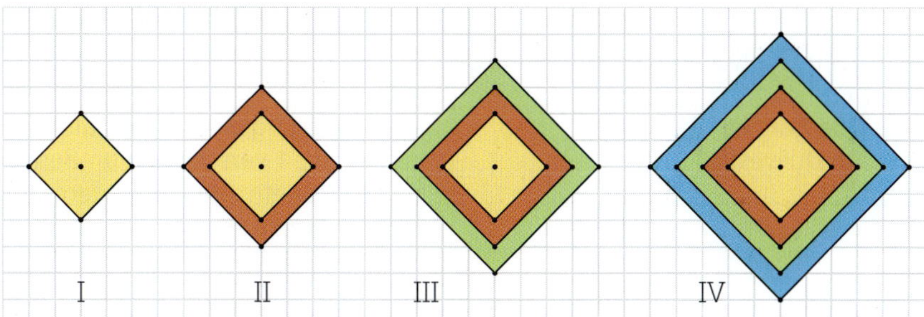

b) Gib bei den ersten zehn Figuren aus Teilaufgabe a) an, um wie viel der Flächeninhalt von Figur zu Figur zunimmt.

16. Übertrage das Parallelogramm TOUR zweimal in dein Heft und markiere dann dort auf zwei verschiedene Arten ein Flächenstück, dessen Inhalt 25% von A_{TOUR} ist. Erkläre dein Vorgehen.

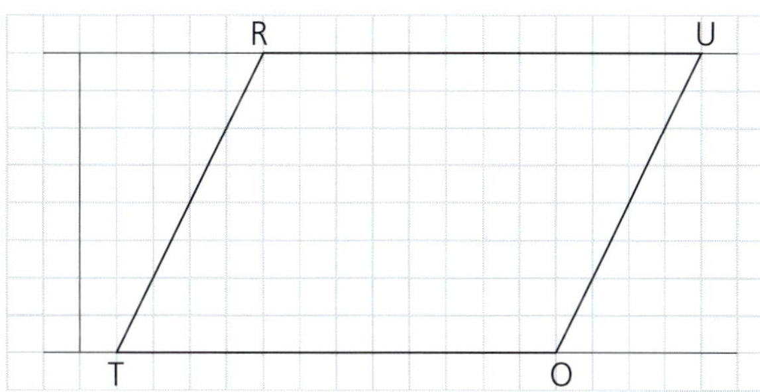

17. Beschreibe, worin sich die drei Parallelogramme EINS, ZWEI und DREI unterscheiden und was sie gemeinsam haben.

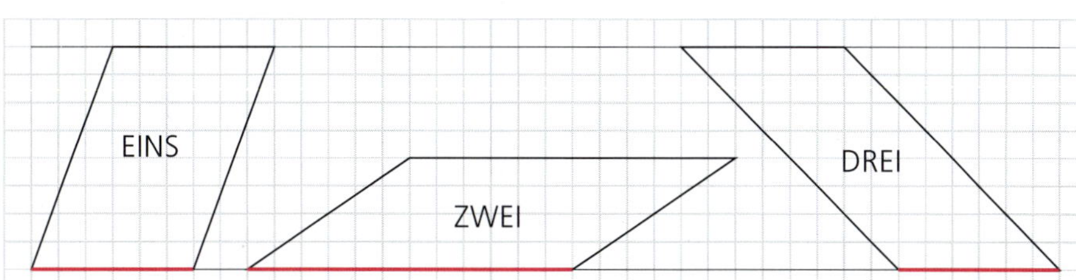

W1 Welcher der beiden Terme (–14,4) : 0,1 + (–16) und [(–14,4) : 0,1] : (–16) hat den größeren Wert?

W2 Wie groß ist der Oberflächeninhalt eines Würfels mit der Kantenlänge 1,5 cm?

W3 Wie viele Zahlen zwischen 99 und 201 besitzen nur die Primfaktoren 2 und / oder 5?

$(-1{,}3)^2 = ?$

$\frac{1}{3} : \left(-\frac{1}{33}\right) = ?$

$6{,}4 : 4^3 = ?$

Mit einem Parkett kann man z. B. einen Fußboden, eine Wand, eine Außenmauer oder eine Tischplatte vollständig belegen, ohne dass Zwischenräume bleiben.

Es gibt Parkette, die nur aus Rechtecken gleicher Größe und gleicher Form bestehen.

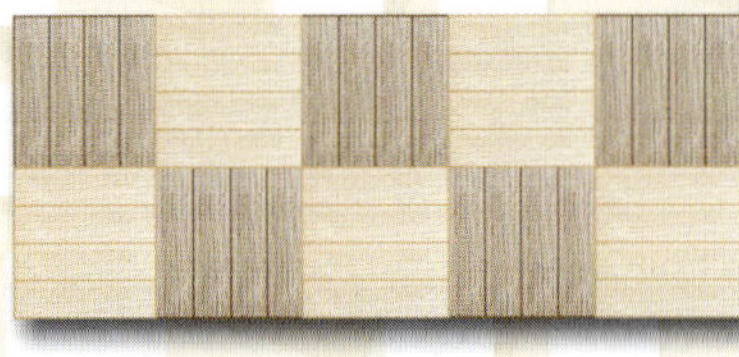

Es gibt Quadrate und auch nichtquadratische Rechtecke, die sich mit lauter verschieden großen Quadraten parkettieren lassen.

Parkettierung eines 112-mal-112-Quadrats mit 21 verschieden großen Quadraten (nach Duijvestijn 1978):

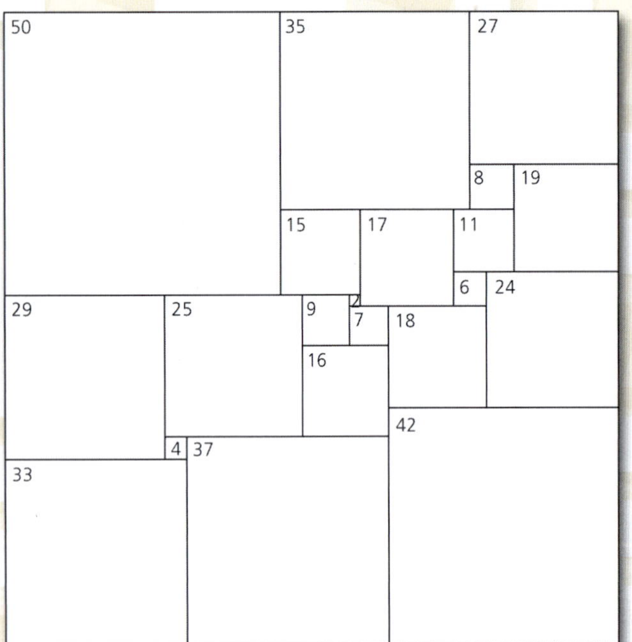

Parkettierung eines 176-mal-177- Rechtecks mit 11 verschieden großen Quadraten (Briefmarke zum Internationalen Mathematiker-Kongress 1998):

Parkettierung mit Rauten:

Parkettierung mit Quadraten und rechtwinkligen Dreiecken:

Parkettieren mit Quadraten und Trapezen:

Parkettieren mit Parallelogrammen und verschieden großen Quadraten:

Das Pferde-und-Reiter-Parkett von M. C. Escher:

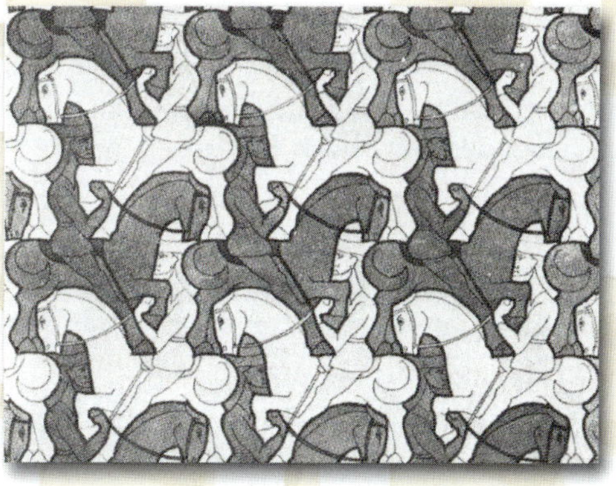

1. Zeichne eines der dargestellten Parkette – am besten unter Verwendung von Karopapier – nach.

2. Zeichne die „Parkettierung mit Rauten" nach und male sie dann so aus, dass du den Eindruck eines Würfelmusters hast.

3. Entwirf selbst ein Parkett, stelle es dann in der Klasse vor und erkläre, wie du beim Zeichnen deines Parketts vorgegangen bist.

4. Zeichne ein Rechteck, das 15 cm lang und 11 cm breit ist.

a) Parkettiere es mit neun Quadraten (Seitenlängen: 6 cm, 6 cm, 5 cm, 5 cm, 4 cm, 4 cm, 3 cm, 1 cm bzw. 1 cm).

b) Vergleiche den Flächeninhalt des Rechtecks mit dem Summenwert der Flächeninhalte der neun Quadrate von Teilaufgabe a).

5. Parkettieren mit Quatrodomino-Steinen

a) Finde heraus, wie viele verschiedene Quatrodomino-Steine mit den vier Farben rot, blau, gelb und grün es gibt, zeichne jeden von ihnen (Seitenlänge des Quadrats: 3 cm) mindestens einmal auf dünnen Karton und schneide ihn aus.

b) Lege mit deinen Quatrodomino-Steinen und mit denen deines Nachbarn oder deiner Nachbarin verschiedene Parkette so, dass immer gleiche Farben aneinander grenzen.

Laura: *„Man kann ein Dreieck so falten, dass ein Rechteck entsteht und das Papier überall doppelt liegt."*

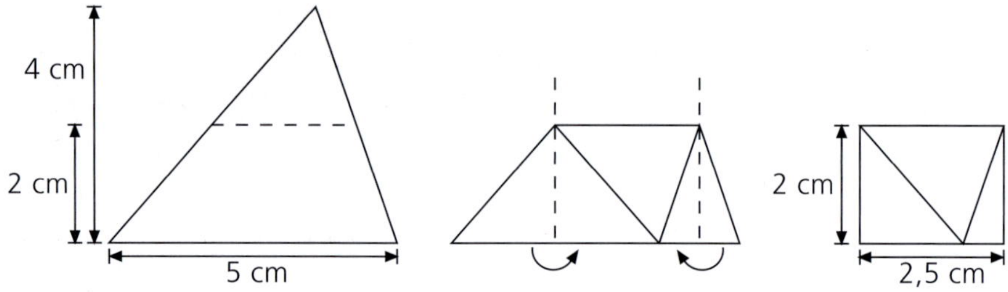

Sophie: *„Dann kann man ja sofort den Flächeninhalt des Dreiecks angeben."*
Gregor: *„Klar, der Flächeninhalt dieses Dreiecks beträgt 10 cm².“*

Arbeitsaufträge

- Überlege, wie Gregor zu seinem Ergebnis kommt. Schneide aus Papier ein Dreieck aus und falte es so, dass ein Rechteck entsteht und das Papier überall doppelt liegt.
- Überlege, ob eine solche Faltung bei jeder Dreieckesform möglich ist.

Jedes Dreieck besitzt drei Seiten, die man manchmal auch Grundlinien nennt. Der Abstand einer Ecke von der gegenüberliegenden Seite heißt **Höhe**.

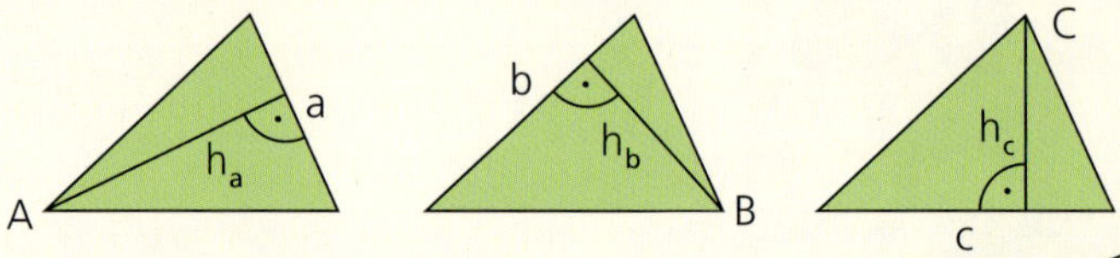

Bei stumpfwinkligen Dreiecken liegen zwei der drei Höhen außerhalb des Dreiecks.

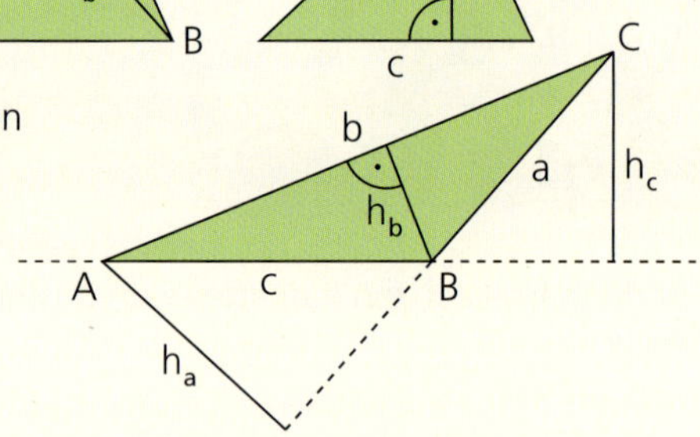

Flächeninhalt eines Dreiecks:

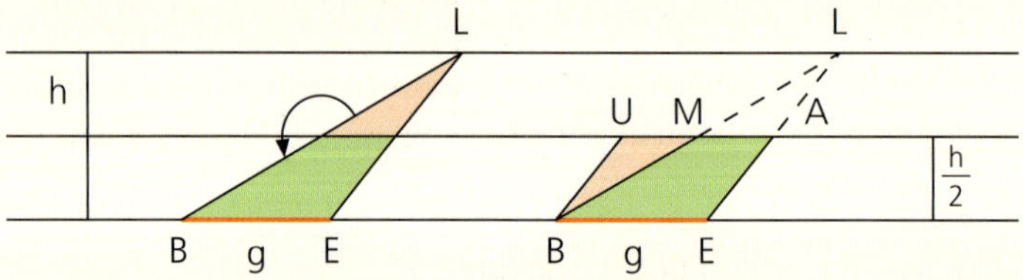

Zerlegt man ein Dreieck „auf halber Höhe" in zwei Teile, so kann man aus diesen beiden Teilen stets ein Parallelogramm legen, das den gleichen Flächeninhalt wie das Dreieck hat. Also ist $A_{\text{Dreieck BEL}} = A_{\text{Parallelogramm BEAU}} = g \cdot \frac{h}{2}$.

Allgemein gilt $A_{\text{Dreieck}} = \frac{g \cdot h}{2}$ („Seitenlänge mal zugehöriger Höhe durch 2")

Beispiele

- Berechne jeweils den Flächeninhalt.

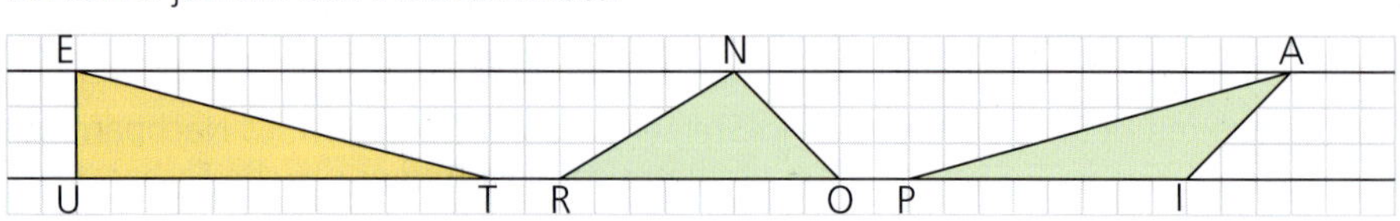

Lösung: $A_{UTE} = (6\text{ cm} \cdot 1{,}5\text{ cm}) : 2 = 4{,}5\text{ cm}^2$; $A_{RON} = (4\text{ cm} \cdot 1{,}5\text{ cm}) : 2 = 3\text{ cm}^2$
$A_{PIA} = (4\text{ cm} \cdot 1{,}5\text{ cm}) : 2 = 3\text{ cm}^2$

- Gegeben sind die Punkte B (1 | 2), I (7 | 1) und T (3 | 5) in einem Koordinatensystem (1 LE = 1 cm).

  a) Miss die Längen der drei Seiten des Dreiecks BIT.

  b) Zeichne mithilfe deines Geodreiecks die drei Dreieckshöhen ein und miss sie ab.

  c) Berechne den Flächeninhalt des Dreiecks BIT auf drei Arten.

  Lösung:

Seitenlänge	$\overline{BI} \approx 6{,}1$ cm	$\overline{IT} \approx 5{,}7$ cm	$\overline{TB} \approx 3{,}6$ cm
zugehörige Höhe	$h_T \approx 3{,}3$ cm	$h_B \approx 3{,}5$ cm	$h_I \approx 5{,}5$ cm
Flächeninhalt	$A_{BIT} \approx 10{,}1$ cm²	$A_{BIT} \approx 10{,}0$ cm²	$A_{BIT} \approx 9{,}9$ cm²

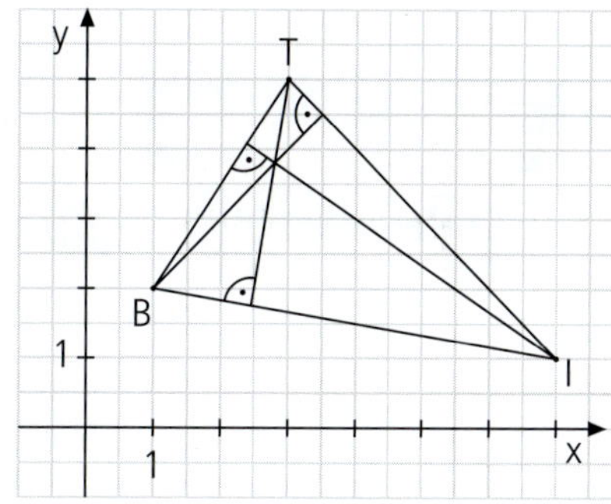

- Hat ein rechtwinkliges Dreieck ebenfalls drei Höhen?
- Gibt es Dreiecke, bei denen eine Seite und die zugehörige Höhe gleich lang sind?

Aufgaben

1. Zeichne mindestens drei verschiedene rechtwinklige Dreiecke, deren Flächeninhalt 6 cm² beträgt.

2. Zeichne ein Dreieck, dessen drei Seiten jeweils 3,5 cm lang sind, und ermittle seinen Flächeninhalt.

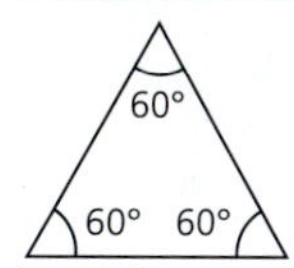

3. Übertrage die Tabelle in dein Heft und berechne jeweils die fehlende Größe des Dreiecks.

	a)	b)	c)	d)
Seitenlänge	5 cm		8,8 m	12,5 dm
zugehörige Höhe	7 cm	12 cm		8 dm
Flächeninhalt		60 cm²	121 m²	

4. Trage die Punkte O (0 | 0), R (4 | –5), K (8 | 0), A (4 | 2) und N (4 | 0) in ein Koordinatensystem (1 LE = 1 cm) ein.

a) Ermittle den Flächeninhalt A_{ORKA} des Drachenvierecks ORKA auf zwei Arten.

b) Welcher Bruchteil des Flächeninhalts A_{ORKA} liegt im IV. Quadranten?

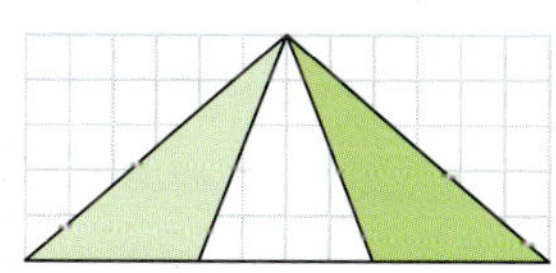

5. Berechne den Flächeninhalt jedes der beiden getönten Dreiecke.

6. Das abgebildete rechtwinklige Dreieck zeigt ein Grundstück in verkleinerter Darstellung.

a) Ermittle den Flächeninhalt des Grundstücks.

b) Was kostet das Grundstück, wenn der Quadratmeterpreis 325 € beträgt?

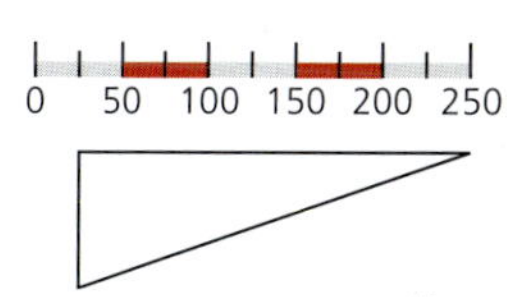

7. Gib an, wovon der Flächeninhalt des Dreiecks LEA abhängt, und nenne zwei Beispiele für Größen, von denen er nicht abhängt.

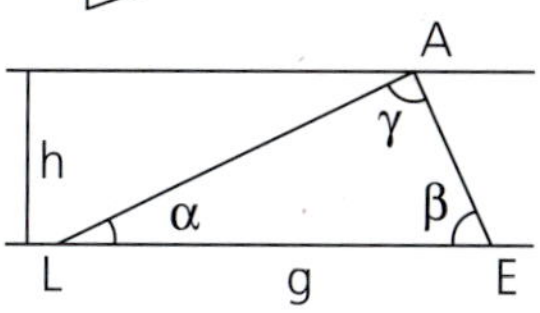

W1 Welcher der drei Terme $\frac{11+11}{22+22}$, $\frac{55-33}{88-22}$ und $\frac{66:33}{99:11}$ hat den größten Wert?

W2 Welche der Zahlen 1; 4; 6; 10; 15; 25; 36 sind Dreieckszahlen, welche sind Quadratzahlen?

W3 Welchen Rechenvorteil kannst du bei der Berechnung des Werts des Terms $7 \cdot \frac{3}{4} + 7 \cdot \frac{3}{8} - 7 \cdot \frac{5}{8}$ ausnützen?

$2\,000 : 5^3 = ?$

$5! : 5 = ?$

180 € : 4,5 = ?

Arbeitsauftrag

- Finde heraus, wie du aus Tischen wie den oben abgebildeten eine rechteckige „Tafel“ zusammenstellen kannst. Wie kann man einen sechseckigen Tisch für zwölf Personen zusammenstellen?

Goldenes Dachl, Innsbruck

Trapez: Bezeichnungen und Eigenschaften

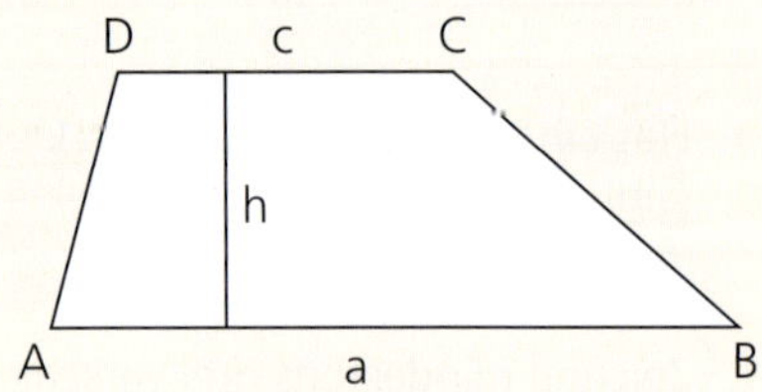

Jedes Trapez ist ein Viereck, bei dem zwei gegenüberliegende Seiten parallel sind. Man nennt diese zueinander parallelen Seiten **Grundlinien** oder auch **Parallelseiten**; ihr Abstand wird als **Höhe** bezeichnet.

Flächeninhalt des Trapezes:

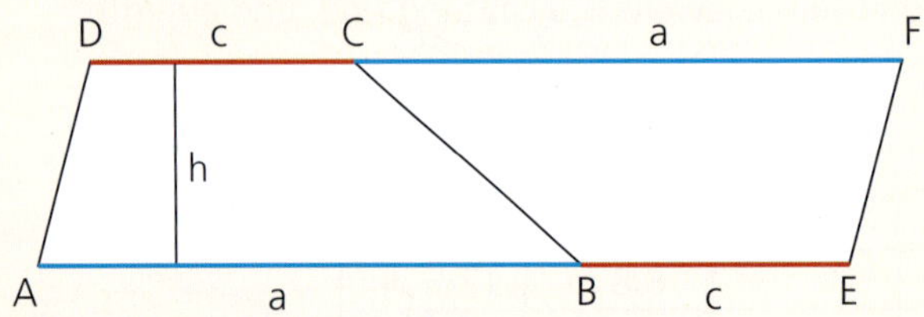

Durch geeignetes Aneinanderfügen von zwei (deckungs- und somit) inhaltsgleichen Trapezen (mit den Parallelseitenlängen a und c) erhält man ein Parallelogramm, dessen Grundlinie die Länge a + c hat und dessen Höhe gleich der Trapezhöhe h ist.

Also ist $A_{\text{Parallelogramm AEFD}} = (a + c) \cdot h$;

$A_{\text{Trapez ABCD}} = \frac{1}{2} \cdot A_{\text{Parallelogramm AEFD}} = \frac{1}{2} \cdot (a + c) \cdot h$.

Allgemein gilt:

$A_{\text{Trapez}} = \frac{1}{2} \cdot (a + c) \cdot h = \frac{a + c}{2} \cdot h$ („halbe Summe der Grundlinien mal Höhe“)

Beispiele

- Berechne den Flächeninhalt des Trapezes, dessen Grundlinien 12 cm bzw. 8 cm lang sind und dessen Höhe 5 cm misst, mit der Flächenformel.

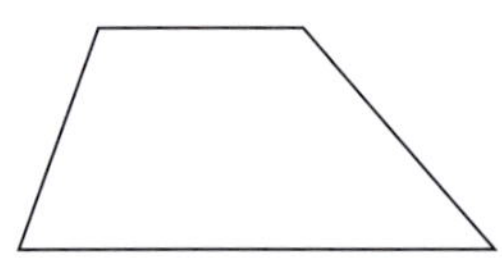

Lösung: $A = \frac{12\text{ cm} + 8\text{ cm}}{2} \cdot 5\text{ cm} = \frac{20\text{ cm}}{2} \cdot 5\text{ cm} =$
$= 10\text{ cm} \cdot 5\text{ cm} = 50\text{ cm}^2$.

- Berechne den Flächeninhalt des rechtwinkligen Trapezes SPUR auf zwei Arten.

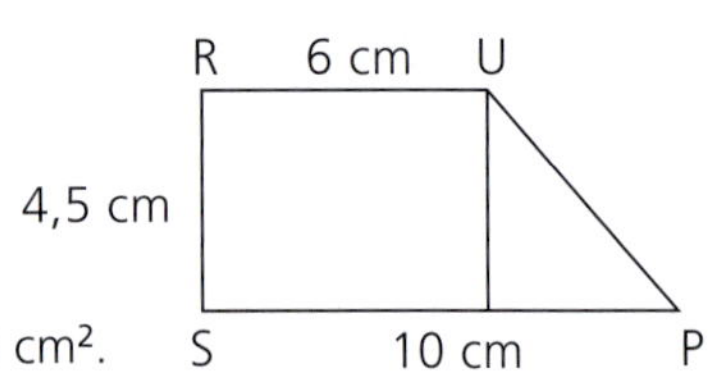

1. Lösung mit Hilfe der Flächenformel:

$A_{\text{Trapez}} = \frac{10\text{ cm} + 6\text{ cm}}{2} \cdot 4{,}5\text{ cm} =$
$= \frac{16\text{ cm}}{2} \cdot 4{,}5\text{ cm} = 8\text{ cm} \cdot 4{,}5\text{ cm} = 36\text{ cm}^2$.

2. Lösung durch Zerlegen des Trapezes SPUR:

$A_{\text{Trapez}} = A_{\text{Rechteck}} + A_{\text{Dreieck}} = 6\text{ cm} \cdot 4{,}5\text{ cm} + (4\text{ cm} \cdot 4{,}5\text{ cm}) : 2 =$
$= 27\text{ cm}^2 + 18\text{ cm}^2 : 2 = 27\text{ cm}^2 + 9\text{ cm}^2 = 36\text{ cm}^2$

- Ist jedes Rechteck ein Trapez?
- Erkläre anschaulich, was $\frac{a+c}{2}$ bedeutet, wenn a und c die Längen der beiden Grundlinien eines Trapezes sind.

Aufgaben

1. Berechne bei jedem der vier Trapeze den Flächeninhalt.

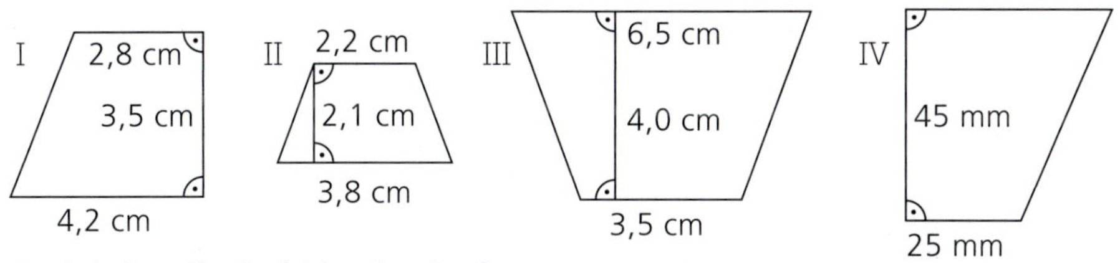

2. Ermittle jeweils die fehlenden Größen.

Trapez	a	c	a + c	h	A_{Trapez}
a)	7,2 cm	1,8 cm		4,5 cm	
b)	18 m		33 m	10,5 m	
c)	1,2 cm	5,7 cm			34,5 cm²
d)	z. B.	z. B.	1 dm	25 cm	
e)		20 cm		12 cm	600 cm²

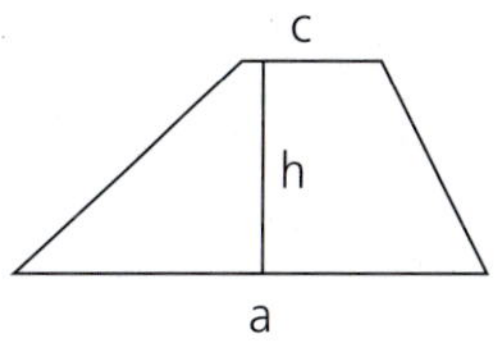

Erkläre bei jeder Teilaufgabe, wie du bei ihrer Lösung vorgegangen bist.

3. Die abgebildete Seitenwand eines Mansardenzimmers hat die Form eines rechtwinkligen Trapezes.

a) Zeichne die Wand im Maßstab 1 : 50 in dein Heft.

b) Was kostet das Streichen der Wand, wenn der Maler pro Quadratmeter 5,95 € verlangt?

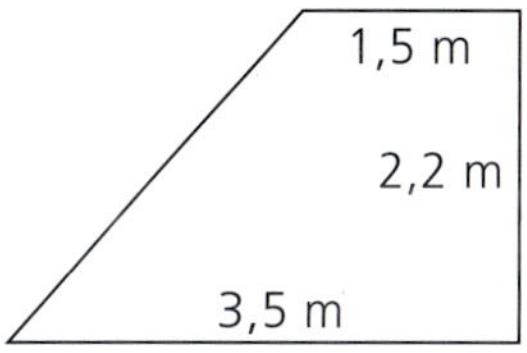

4. Trage die Punkte O (0 | 0), K (8 | 0), R (8 | 3), A (0 | 15) und S (0 | 3) in ein Koordinatensystem (Längeneinheit 1 cm) ein.

a) Berechne den Flächeninhalt des Vierecks OKRA.

b) Zeichne die vier Rechtecke $P_1OP_3P_4$, $Q_1OQ_3Q_4$, $R_1OR_3R_4$ und OKRS in vier verschiedenen Farben in das Koordinatensystem ein.

P_1 (0 | 12), P_3 (2 | 0), P_4 (2 | 12)	Q_1 (0 | 9), Q_3 (4 | 0), Q_4 (4 | 9)	R_1 (0 | 6), R_3 (6 | 0), R_4 (6 | 6)

c) Ermittle bei jedem der vier Rechtecke aus Teilaufgabe b) den Flächeninhalt und die Umfangslänge.

5. Übertrage die Schleife im Maßstab 3 : 1 in dein Heft. Wie viel Stoff ist zur Herstellung der Schleife nötig, wenn der Stoffbedarf etwa $3\frac{1}{2}$-mal so groß wie der Flächeninhalt der von dir gezeichneten Schleife ist?

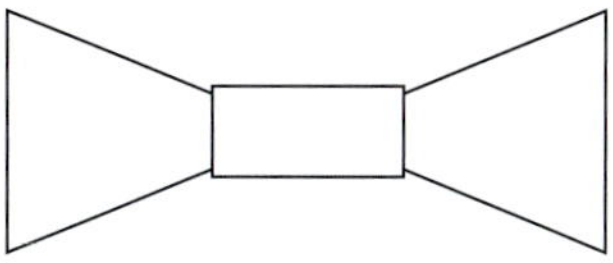

W1 Wie viele verschiedene gerade dreistellige Zahlen mit dem Quersummenwert 5 gibt es? Gib sie alle an.

W2 Wie groß sind die Winkel, die die Diagonalen eines Rechtecks (Länge 6 cm, Breite 4 cm) miteinander einschließen?

W3 Wie viele Kanten besitzt ein geometrischer Grundkörper mit vier Flächen?

$(44 - 55)^2 = ?$

$\frac{7!}{5!} = ?$

$(-2)^5 : (-4)^2 = ?$

6.5 Üben – Festigen – Vertiefen

Zu 6.1:
Aufgabe 1.

1. Begründe jeweils, dass die beiden getönten Figuren gleichen Flächeninhalt besitzen.

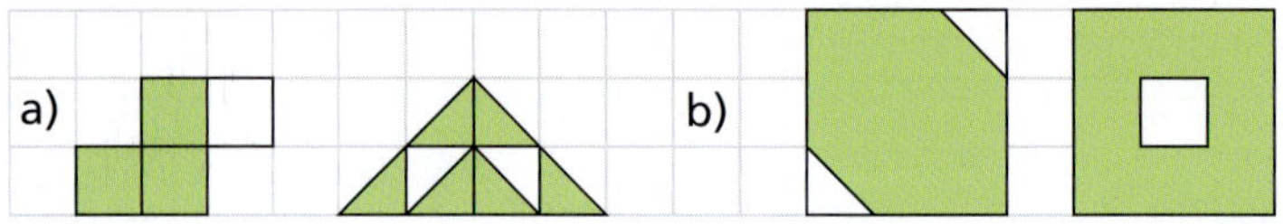

Zu 6.2:
Aufgaben 2. bis 4.

2. Begründe, dass das Rechteck BALI und das Parallelogramm SURF gleichen Flächeninhalt besitzen.

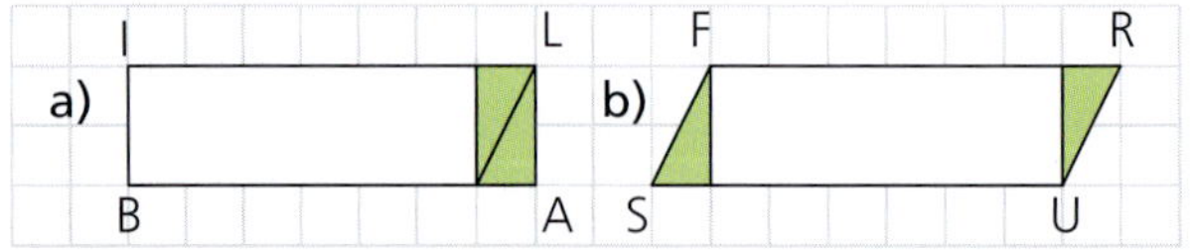

3. Übertrage die Tabelle in dein Heft und berechne jeweils die fehlende Größe.

Parallelogramm	a)	b)	c)	d)	e)
Länge einer Seite	7,8 m	53 cm		99 cm	2,9 m
Länge der zugehörigen Höhe	1,5 m		1,0 m		2,9 m
Flächeninhalt des Parallelogramms		95,4 cm²	4,5 m²	297 cm²	

4. Trage die Punkte B (1 | 1), R (6 | 3), I (3 | 4) und T (–2 | 2) in ein Koordinatensystem (Einheit 1 cm) ein und zeichne das Parallelogramm BRIT. Zeichne zwei Höhen ein und ergänze dann die Tabelle in deinem Heft.

Seite	Länge der Seite	Länge der zugehörigen Höhe	Flächeninhalt
[BR]	$\overline{BR} \approx$		
[RI]	$\overline{RI} \approx$		
[IT]	$\overline{IT} \approx$		
[TB]	$\overline{TB} \approx$		

Was fällt die bei den vier Ergebnissen in der letzten Spalte auf?

Zu 6.3:
Aufgaben 5. bis 8.

5. Übertrage die Tabelle in dein Heft und berechne jeweils die fehlende Größe.

Dreieck	a)	b)	c)	d)	e)
Länge einer Seite	6,5 cm	27 m		19,5 cm	2,9 m
Länge der zugehörigen Höhe	1,8 cm		4,3 m		4,8 m
Flächeninhalt des Dreiecks		162 m²	29,24 m²	156 cm²	

6. Trage die Punkte B (1 | 1), E (8 | 3) und N (2 | 9) in ein Koordinatensystem (Einheit 1 cm) ein, zeichne das Dreieck BEN und (mithilfe deines Geodreiecks) seine drei Höhen und fülle dann die Tabelle in deinem Heft aus.

Seite	Länge der Seite	Länge der zugehörigen Höhe	Flächeninhalt
[BE]	$\overline{BE} \approx$	$h_N \approx$	
[EN]	$\overline{EN} \approx$	$h_B \approx$	
[NB]	$\overline{NB} \approx$	$h_E \approx$	

Was fällt dir bei den drei Ergebnissen in der letzten Spalte auf?

7. Zeichne eine Raute, deren Diagonalen 10 cm bzw. 6 cm lang sind, und ermittle dann den Flächeninhalt dieser Raute. Erkläre deinen Gedankengang.

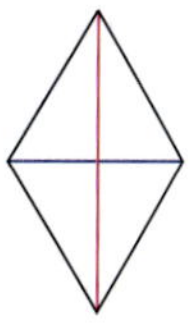

8.

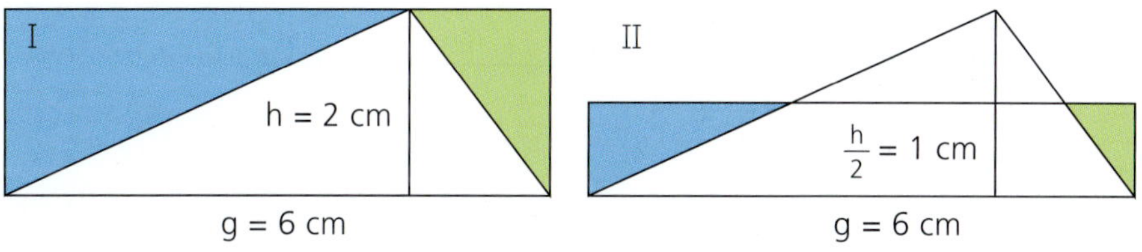

Eine Dreiecksseite ist 6 cm lang; die zugehörige Höhe misst 2 cm. Laura und Lucas fertigen vor der Berechnung des Dreiecksflächeninhalts A je eine Zeichnung an und führen dann die Rechnung durch.
Laura rechnet so: $A = (6\text{ cm} \cdot 2\text{ cm}) : 2 = 12\text{ cm}^2 : 2 = 6\text{ cm}^2$.
Lucas rechnet so: $A = 6\text{ cm} \cdot (2\text{ cm} : 2) = 6\text{ cm} \cdot 1\text{ cm} = 6\text{ cm}^2$.
Gib an, welche Zeichnung zu Lauras Rechnung, welche zu Lucas' Rechnung passt.

G 9. Zeichne jeweils mindestens zwei

a) Rechtecke, b) Parallelogramme, c) Dreiecke, d) Trapeze,

deren Flächeninhalt 12 cm² beträgt.

Zu 6.4:
Aufgaben 9. bis 11.

10. Übertrage die Tabelle in dein Heft und berechne jeweils die fehlende Größe.

Trapez	a)	b)	c)	d)	e)
Länge einer Grundlinie	7,8 m	53 cm		99 m	5,8 m
Länge der zweiten Grundlinie	1,5 m	27 cm	1,0 m		1,2 m
Länge der Trapezhöhe	2,6 m	12 cm	4,5 m	3 m	
Flächeninhalt des Trapezes			45 m²	297 m²	7 m²

11. Trage die Punkte O (0 I 0), L (5 I 1), A (5 I 6) und F (0 I 8) in ein Koordinatensystem (Einheit 1 cm) ein, begründe, dass das Viereck OLAF ein Trapez ist, und ermittle dann seinen Flächeninhalt.

12. Berechne jeweils den Termwert.

a) $7{,}5\text{ cm} \cdot 4{,}2\text{ cm}$ b) $(1{,}9\text{ cm})^2$ c) $(2{,}5\text{ dm} \cdot 6{,}4\text{ dm}) : 4$

d) $(5{,}5\text{ cm})^2 - (3{,}5\text{ cm})^2$ e) $\frac{1}{2} \cdot 8{,}2\text{ cm} \cdot 1{,}5\text{ cm}$ f) $\frac{1}{2} \cdot (7{,}2\text{ cm} + 3{,}6\text{ cm}) \cdot 5\text{ cm}$

g) $6 \cdot (4{,}5\text{ cm})^2$ h) $52\text{ m} \cdot 38\text{ m} - 38\text{ m} \cdot 1{,}5\text{ m}$ i) $\frac{1}{2} \cdot (18{,}4\text{ m} + 7{,}8\text{ m}) \cdot 11\text{ m}$

j) $(288\text{ m}^2 - 48\text{ m}^2) : 3$ k) $2 \cdot (4{,}5\text{ cm} \cdot 3\text{ cm} + 4{,}5\text{ cm} \cdot 2{,}8\text{ cm} + 3\text{ cm} \cdot 2{,}8\text{ cm})$

Weitere Aufgaben

3,61; 4; 6,15; 18; 27; 31,5; 69; 80; 121,5; 144,1; 1 919
Maßzahlen zu 12. **L**

13. Schneide aus Papier ein Drachenviereck aus, dessen Diagonalen 5,0 cm bzw. 7,6 cm lang sind. Falte es dann so, dass ein Rechteck entsteht und das Papier überall doppelt liegt. Finde heraus, wie groß der Flächeninhalt deines Drachenvierecks ist.

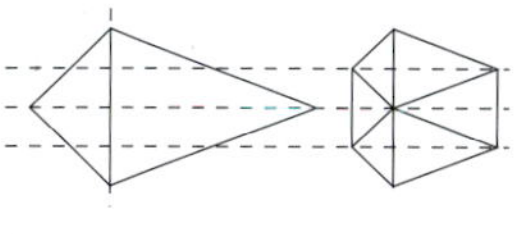

G 14. Autorückfenster haben oft etwa Trapezform. Ermittle bei einem entsprechenden Auto die Größe des Rückfensters gerundet auf Quadratdezimeter.

G 15. Gib an, welche geometrischen Figuren du in der Zeichnung entdecken kannst, und berechne bei jeder von ihnen den Flächeninhalt.

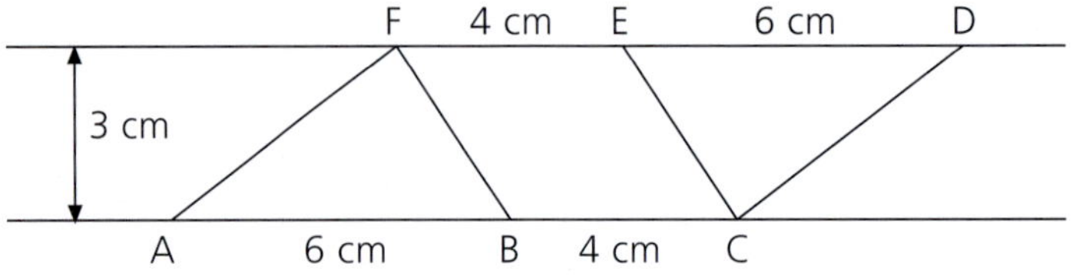

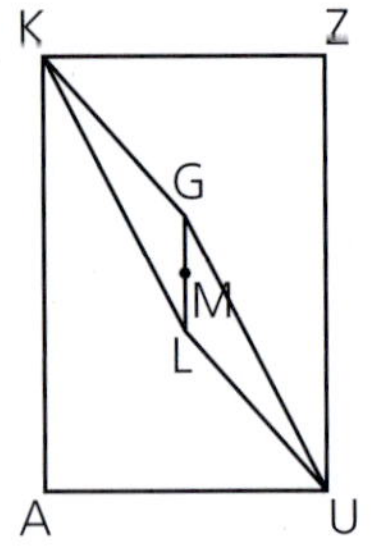

G 16. Aus dem Rechteck KAUZ mit den Seitenlängen 6 cm und 4 cm soll das Parallelogramm KLUG so herausgeschnitten werden, dass jedes der beiden Restvierecke den gleichen Flächeninhalt hat wie dieses Parallelogramm. Finde heraus, wie lang die zu [UZ] parallele Strecke [LG] sein muss, wenn ihr Mittelpunkt M gleichzeitig der „Mittelpunkt" des Rechtecks ist, und fertige dann eine Zeichnung im Maßstab 2 : 1 an.

G 17. Der Flächeninhalt einer geometrischen Figur beträgt 144 cm². Erstelle zu jeder der folgenden Teilaufgaben auch mindestens eine Zeichnung.

a) Wie lang ist jede ihrer Seiten, wenn die Figur ein Quadrat ist?

b) Wie lang ist jede ihrer Seiten, wenn die Figur ein nicht quadratisches Rechteck ist? Gib mindestens zwei Möglichkeiten an.

c) Wie lang sind die Grundlinie und die zugehörige Höhe, wenn die Figur ein nicht rechteckiges Parallelogramm ist? Gib mindestens zwei Möglichkeiten an.

d) Wie lang sind die Grundlinie und die zugehörige Höhe, wenn die Figur ein Dreieck ist? Gib mindestens zwei Möglichkeiten an.

e) Wie lang ist jede der beiden Grundlinien sowie die Höhe, wenn die Figur ein Trapez ist? Gib mindestens zwei Möglichkeiten an.

18. Berechne den Flächeninhalt des unten abgebildeten Trapezes

a) mithilfe der Formel.

b) auf zwei Arten mittels der Flächeninhalte der Teilflächen.

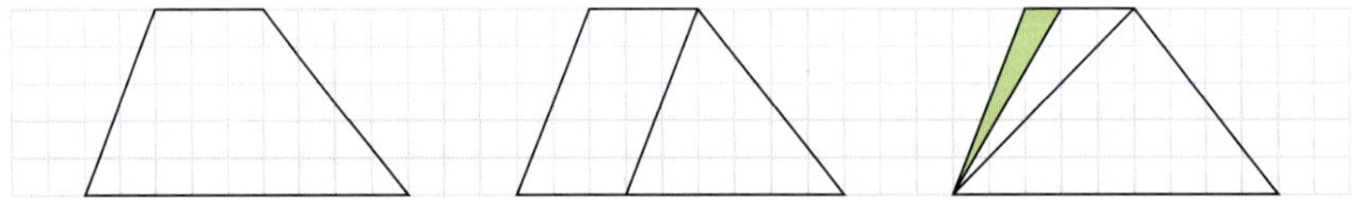

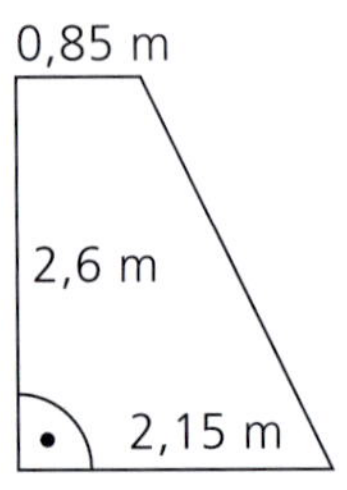

19. In Sophies Mansardenzimmer soll eine trapezförmige Wand mit Spiegeln verkleidet werden. Was kostet diese Verkleidung, wenn 1 m² 195 € kostet?

20. Der Flächeninhalt des getönten Dreiecks beträgt 4,8 cm². Gib an, wie groß der Flächeninhalt des Parallelogramms ist.

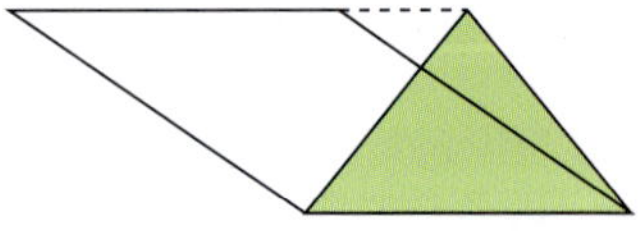

$(1{,}8\text{ cm})^2 = ?$
50 g : (50 mg) = ?
$\frac{2}{3} \cdot 1\frac{1}{2}\text{ h} = ?$

W1 Wandle das Ergebnis einer Umfrage unter 100 Personen in ein Diagramm um: Ein Viertel halten die Sommerferien für zu kurz, drei Fünftel für genau richtig und der Rest für zu lang.

W2 Welcher der beiden Terme 216 : (–81) – (–5) bzw. (–216) : (–81) + (–5) hat einen negativen Termwert? Begründe deine Entscheidung.

W3 Welches ist in der Differenz 216 : (–81) – (–5) der Subtrahend?

I. Das Rechteck ABED und das Trapez BCGE haben gleichen Flächeninhalt (Abbildung nicht maßstäblich). Ermittle die Länge der Trapezseite [CG], die Länge der Trapezseite [DF] sowie den Flächeninhalt des Trapezes DEGF und fertige dann eine Zeichnung im Maßstab 1 : 1 an.

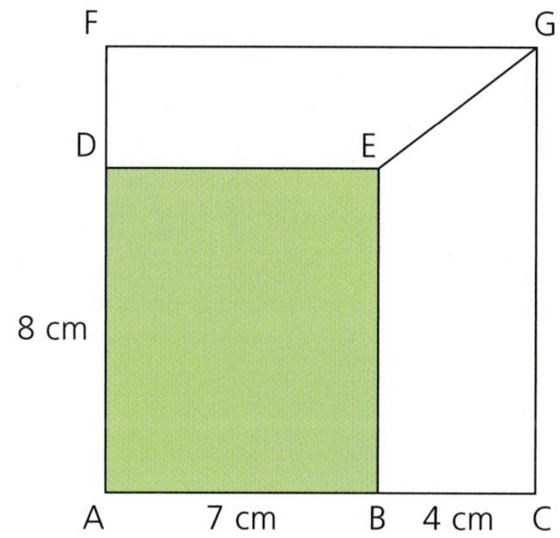

II. Jede Seite des Quadrats VIER ist 6 cm lang. Der Punkt L ist Mittelpunkt der Seite [VI]; der Punkt A ist Mittelpunkt der Seite [RV]. Berechne den Flächeninhalt des Dreiecks LEA und gib an, welchen Bruchteil der Quadratfläche das Dreieck LEA einnimmt.

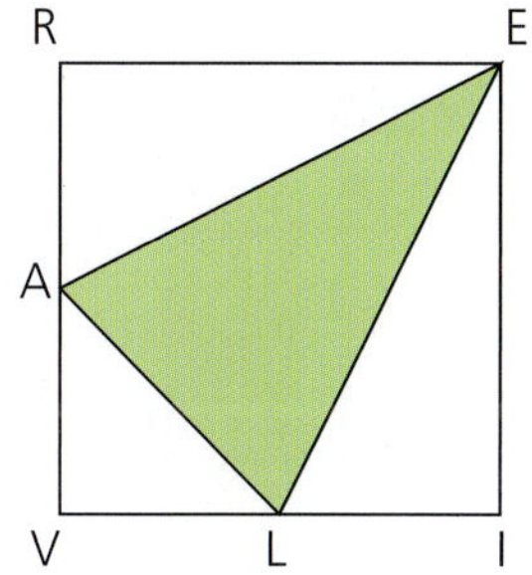

III. Trage die Punkte P (0 I –4), E (3 I –6), T (6 I –4), R (6 I 0), U (8 I 2), S (6 I 2), C (3 I 5), H (0 I 2), K (–2 I 2) und A (0 I 0) in ein Koordinatensystem (Einheit 1 cm) ein und ermittle dann den Flächeninhalt des Zehnecks PETRUSCHKA auf verschiedene Arten.

IV. Laura legt Figuren aus lauter 6 cm langen Zahnstochern.

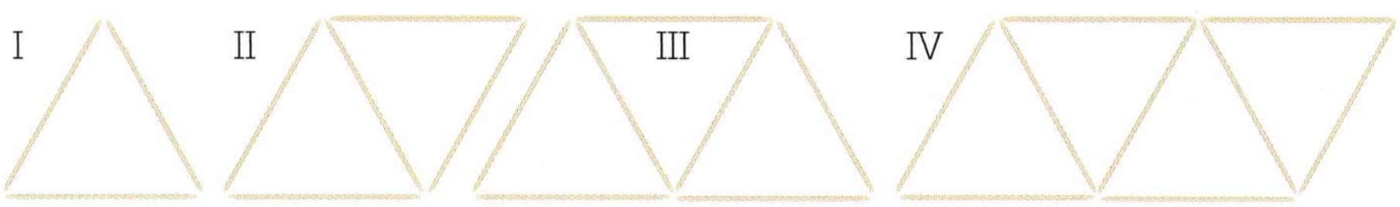

a) Übertrage die Tabelle in dein Heft und ergänze sie dann dort, wenn Laura das Muster in gleicher Weise fortsetzt.

Figur	I	II	III	IV	V	VI	VII
Anzahl der Dreiecke	1						
Anzahl der Zahnstocher	3						
Anzahl aller Zahnstocher insgesamt	3	8					

b) Wie viele Figuren hat Laura gelegt, wenn sie insgesamt 80 Zahnstocher verwendet hat?

c) Welchen Flächeninhalt hat die 10. Figur, wenn jede Höhe eines „Zahnstocherdreiecks" etwa 5,2 cm misst?

V. Sophie zeichnet Muster aus Rechtecken und Rauten.

a) Übertrage die ersten drei Zeichnungen in dein Heft, setze das Muster mindestens bis zur sechsten Zeichnung fort und gib bei den ersten sechs Zeichnungen den Flächeninhalt der jeweils innersten Figur an.

b) Ab welcher Figur ist der Inhalt der getönten Teilfigur kleiner als 1 cm², ab welcher kleiner als 25 mm²?

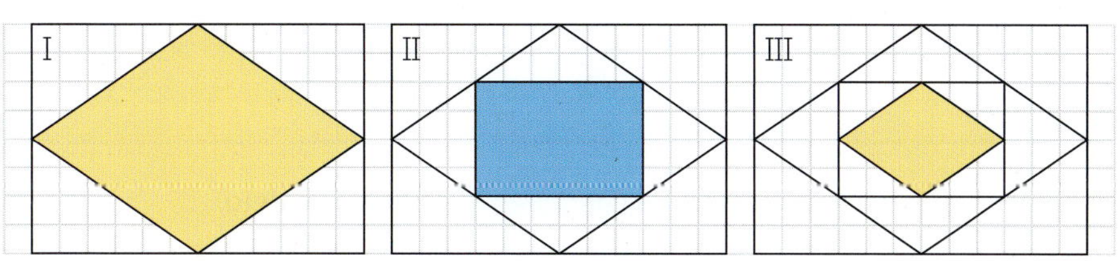

1. Runde jeweils auf die in [eckigen] Klammern angegebene Einheit.

a) 785 ha [km²] **b)** 45 m² 57 dm² [m²] **c)** 345,67 a [ha] **d)** 956 m² [a]
e) 999 mm² [cm²] **f)** 23,467 km² [km²] **g)** 956 m [km] **h)** 56,222 m² [a]

2. Berechne jeweils den Flächeninhalt.

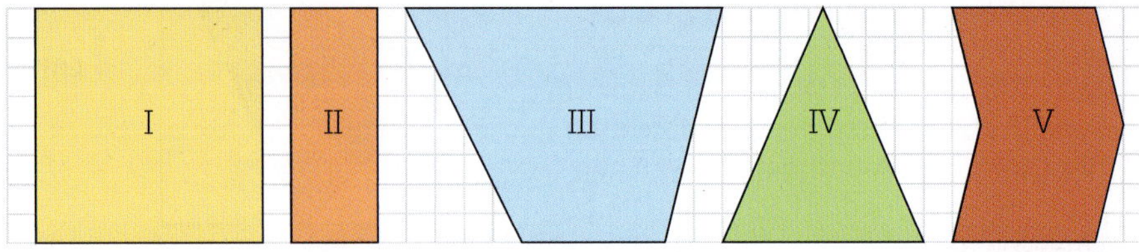

3. Übertrage die Tabelle in dein Heft und ergänze dann dort die fehlenden Größen.

	a)	b)	c)
Figur	Parallelogramm	Dreieck	Raute
Länge einer Seite	5,8 cm	2,7 dm	6,4 cm
Länge der zugehörigen Höhe	3,2 cm	1,5 cm	
Flächeninhalt			20,8 cm²
Flächeninhalt auf cm² gerundet			

4. Berechne jeweils den Termwert.

a) $A_1 = 16\text{ m} \cdot 16\text{ m} - 5\text{ m} \cdot 5\text{ m}$ **b)** $A_2 = 18\text{ cm} \cdot 17\text{ cm}$
c) $A_3 = (22{,}4\text{ m} \cdot 1{,}5\text{ m}) : 2$ **d)** $A_4 = 4\text{ cm} \cdot 5\text{ cm} + \frac{1}{2} \cdot (3\text{ cm} \cdot 5\text{ cm})$
e) $A_5 = (24\text{ m} : 4)^2$ **f)** $A_6 = \frac{4{,}8\text{ cm} + 3{,}6\text{ cm}}{2} \cdot 5{,}5\text{ cm}$.

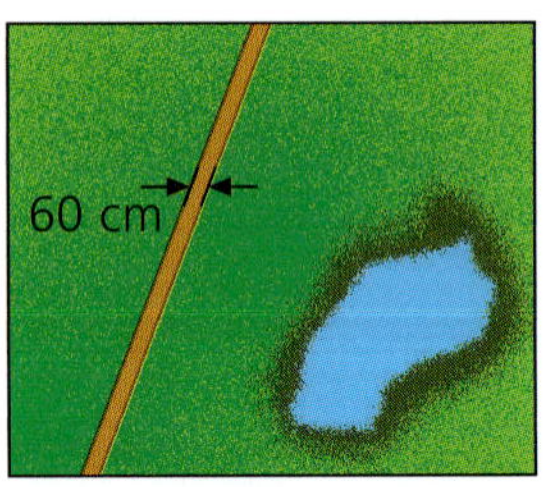

5. In einem rechteckigen Garten (Länge 18 m, Breite 15 m) soll ein gerader Weg angelegt werden (Abbildung nicht maßstäblich).

a) Welchen Bruchteil der Gartenfläche nimmt der Weg ein?

b) Der Weg soll mit quadratischen Platten (Seitenlänge 30 cm) belegt werden. Wie viele Platten müssen bestellt werden, wenn man (wegen der Schräge des Wegs) um 65% mehr Platten benötigt als für einen rechteckigen Plattenweg des gleichen Flächeninhalts?

6. Trage die Punkte M (3 I 3), A (–1 I 1), I (–1 I –2), K (7 I –2) und E (7 I 5) in ein Koordinatensystem (Einheit 1 cm) ein (M ist der Mittelpunkt der Strecke [EA]) und ermittle dann den Flächeninhalt

a) des Trapezes AIKE. **b)** des Dreiecks AIM.
c) des Dreiecks MIK. **d)** des Dreiecks KEM.

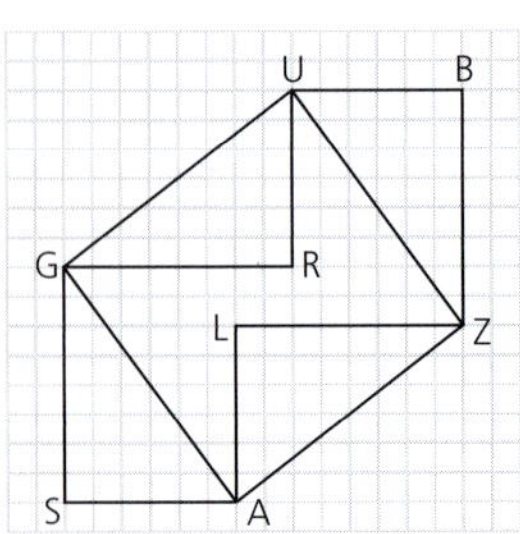

7. Übertrage die nebenstehende Zeichnung in dein Heft und begründe dann, dass der Flächeninhalt des Achtecks SALZBURG ebenso groß ist wie der des Quadrats ZUGA.

Lösungen unter www.ccbuchner.de (Eingabe „8256“ im Suchfeld)

Kapitel 7
Körper und ihr Volumen

Johannes Kepler war einer der bedeutendsten Astronomen und Mathematiker der frühen Neuzeit. Er ist der Erfinder des Kepler´schen Fernrohrs und der Entdecker der drei Kepler´schen Gesetze, die die Bewegung der Planeten um die Sonne beschreiben.

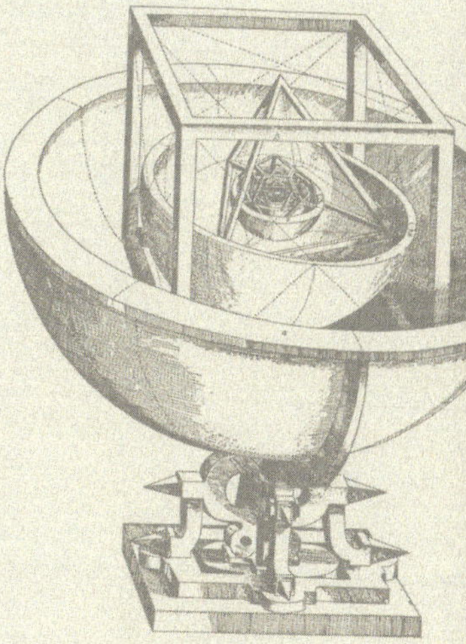

Johannes Kepler
geb. 1571 in Weil der Stadt
gest. 1630 in Regensburg

Kepler fand auch eine Methode, um das Volumen von Weinfässern zu bestimmen. Er veröffentlichte mehrere mathematische Werke über die Inhaltsberechnung von Fässern.

Kepler entwarf auf Wunsch der Ulmer Stadtverordneten einen Messkessel; auf dem Kessel steht:
„Zween schuch mein tieffe, ein eln mein Quer, ein geeichter aimer macht mich lehr …".
(1 Schuh ≈ 0,297 m;
1 Elle ≈ 0,600 m;
1 Eimer ≈ 1,68 hl)

Die 6. Klasse entwirft Verpackungen für Tischtennisbälle. Der Entwurf von Laura und Sophie ist eine Schachtel in L-Form für vier Tischtennisbälle; Gregor und Lucas bauen eine Schachtel in Form eines (geraden) dreiseitigen Prismas für drei Tischtennisbälle.

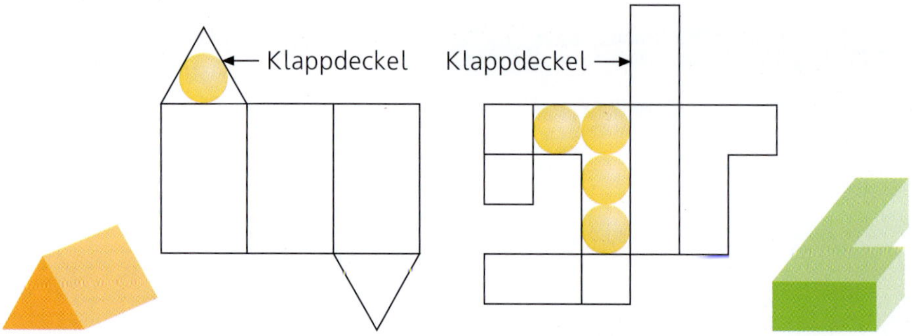

Arbeitsauftrag

- Überlege, welche Nachteile die Schachtel von Gregor und Lucas im Vergleich zu einer quaderförmigen Schachtel hat.

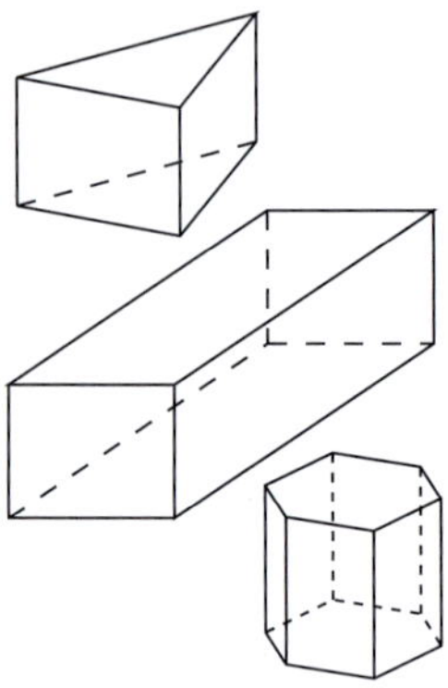

Ein Körper, dessen Grund- und Deckfläche zwei deckungsgleiche Dreiecke, Vierecke, Fünfecke usw. sind und dessen Seitenflächen Rechtecke sind, heißt (**gerades**) **Prisma**. Alle Flächen, die das Prisma begrenzen, bilden zusammen seine **Oberfläche**. Schneidet man die Oberfläche eines Prismas längs Kanten auf und breitet sie in der Ebene „flach" aus, so erhält man ein **Netz des Prismas**. Der Flächeninhalt des Netzes ist der **Oberflächeninhalt des Prismas**.

Das Netz	besteht aus	
eines dreiseitigen Prismas	zwei deckungsgleichen Dreiecken und	drei Rechtecken
eines vierseitigen Prismas	zwei deckungsgleichen Vierecken und	vier Rechtecken
eines sechsseitigen Prismas	zwei deckungsgleichen Sechsecken und	sechs Rechtecken

Beispiele

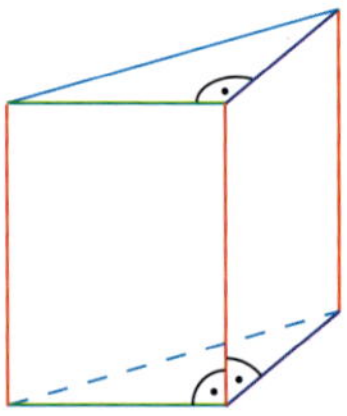

- Ein dreiseitiges gerades Prisma hat als Grund- und als Deckfläche jeweils ein rechtwinkliges Dreieck, dessen Seiten 3 cm, 4 cm bzw. 5 cm lang sind; die Prismenhöhe beträgt 6 cm. Zeichne ein Netz dieses Prismas und berechne seinen Oberflächeninhalt A.

Netz des Prismas

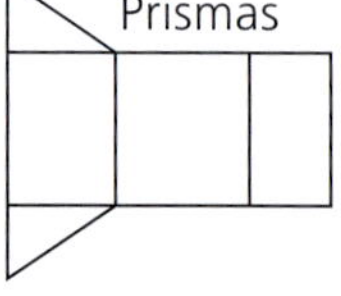

Lösung: $A = (3\text{ cm} \cdot 4\text{ cm}) : 2 + (3\text{ cm} \cdot 4\text{ cm}) : 2 +$
$3\text{ cm} \cdot 6\text{ cm} + 4\text{ cm} \cdot 6\text{ cm} + 5\text{ cm} \cdot 6\text{ cm} =$
$6\text{ cm}^2 + 6\text{ cm}^2 + 18\text{ cm}^2 + 24\text{ cm}^2 + 30\text{ cm}^2 = 84\text{ cm}^2.$

DIN-A4
Länge: 29,7 cm
Breite: 21,0 cm

- Das Prisma des vorigen Beispiels soll aus einem DIN-A4-Bogen Tonpapier gebastelt werden.

a) Berechne den Flächeninhalt eines DIN-A4-Bogens gerundet auf Quadratzentimeter.

Lösung: $A_{\text{DIN-A4-Bogen}} = 29{,}7\text{ cm} \cdot 21{,}0\text{ cm} = 623{,}70\text{ cm}^2 \approx 624\text{ cm}^2$

b) Welchen Bruchteil des Flächeninhalts des DIN-A4-Bogens nimmt ein Netz dieses Prismas ungefähr ein, wenn du die Klebelaschen nicht berücksichtigst?

Lösung: $\frac{84\text{ cm}^2}{624\text{ cm}^2} = \frac{7}{52} \approx 0{,}1346 \approx 13\%$

- Ist jeder Quader auch ein Prisma?
- Welches Netz besitzt ein (gerader) Kreiszylinder?

Aufgaben

1. Gib bei jedem der vier abgebildeten Körper an, ob er ein gerades Prisma ist. Begründe deine Meinung.

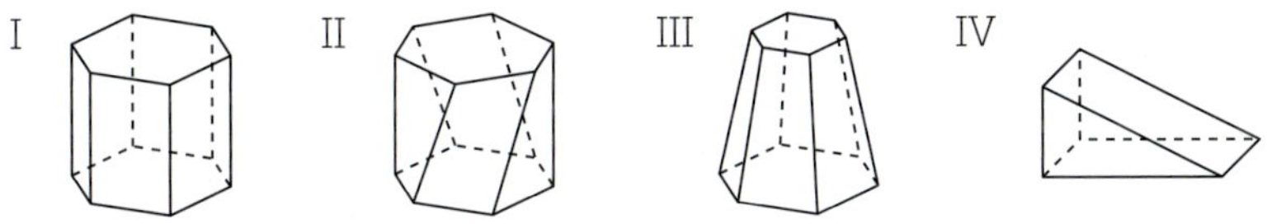

2. Finde heraus, zu welchen der fünf Würfel das dargestellte Netz passt.

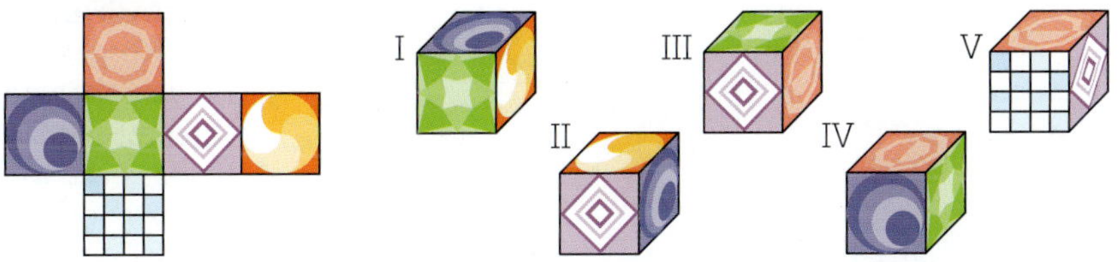

G 3. Suche Verpackungen, die dreiseitige, vierseitige (nicht quaderförmige), sechsseitige bzw. achtseitige gerade Prismen sind.

G 4. a) Zeichne ein Netz eines 12 cm hohen dreiseitigen geraden Prismas, dessen Grund- und dessen Deckfläche jeweils ein Dreieck mit lauter Seiten der Länge 6 cm ist, im Maßstab 1 : 2 in dein Heft. Schätze, welchen Bruchteil eines DIN-A4-Blatts dieses verkleinerte Netz einnimmt.
Hinweis: Jeder Innenwinkel der beiden Dreiecke misst 60°.

b) Zeichne mindestens drei weitere Netze dieses Prismas im Maßstab 1 : 2 in dein Heft; von ihnen soll mindestens eines achsensymmetrisch sein.

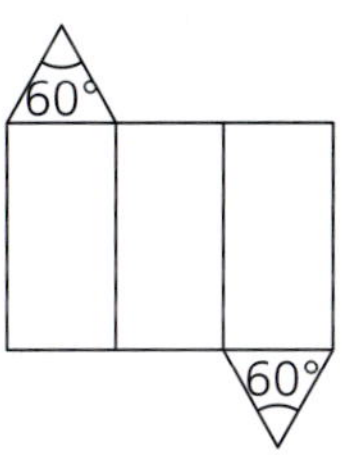

5. Zeichne ein Netz eines 8 cm hohen fünfseitigen geraden Prismas, dessen Grund- und dessen Deckfläche jeweils ein Fünfeck mit lauter Seiten der Länge 4 cm ist, auf dünnen Karton und baue dann das Prisma.
Hinweis: Jeder Innenwinkel der beiden Fünfecke soll 108° messen.

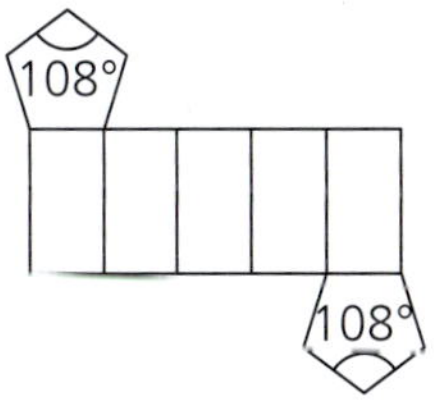

6. a) Die Abbildung zeigt ein Netz eines dreiseitigen geraden Prismas. Gib die Koordinaten aller eingetragenen Punkte an, übertrage dann das Netz in dein Heft und male dort die Grund- und die Deckfläche des Prismas farbig aus.

b) Ziehe in deinem Heft den Umfang der Grundfläche mit einer anderen Farbe nach.

c) Berechne den Oberflächeninhalt des Prismas.

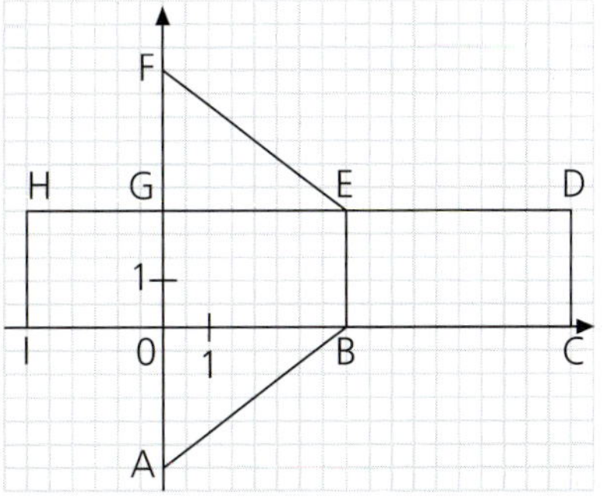

W1 Welchen Wert hat die Summe der fünf größten zweistelligen Primzahlen?

W2 Wie viele Stellen nach dem Komma hat die Dezimalzahl höchstens, die man erhält, wenn man einen Bruch mit dem Nenner 8 umwandelt?

W3 Wie wird der Winkel α mithilfe der Halbgeraden g und h bzw. der Punkte K, L und M bezeichnet?

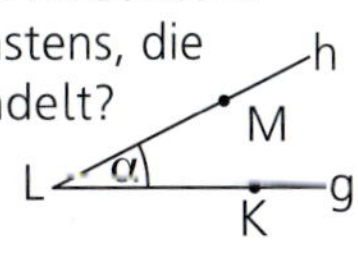

kgV (36; 90) = ?
72 : 0,4 = ?
111,11 + 88,89 = ?

7.2 Körperansichten

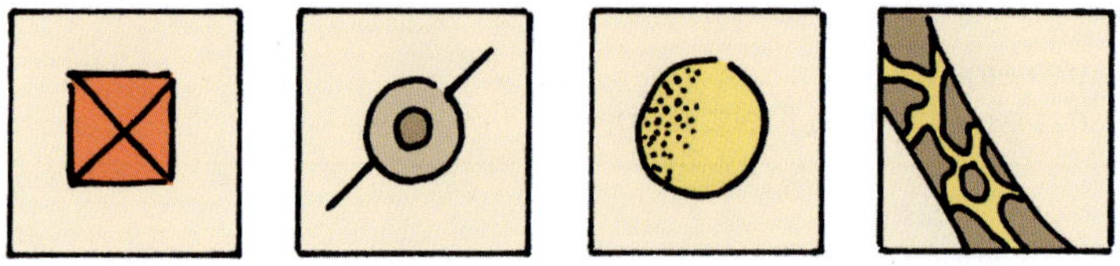

Die Kinder bereiten für eine Party ein Quiz vor. Auf dem Tisch liegen Zeichnungen.

Arbeitsauftrag

- Finde heraus, was die Zeichnungen darstellen könnten.

Um eine räumliche Vorstellung von einem Körper zu erhalten, stellt man ihn häufig aus mehreren verschiedenen Richtungen betrachtet dar:

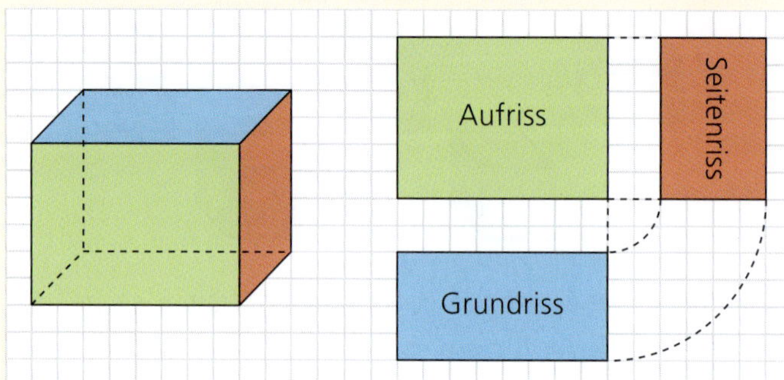

Der **Grundriss** zeigt, wie der Körper (senkrecht) von oben betrachtet aussieht. Der **Aufriss** zeigt, wie der Körper von vorne betrachtet aussieht. Ein **Seitenriss** zeigt, wie der Körper von rechts (oder von links) betrachtet aussieht.

Beispiele

- Zeichne den Grundriss einer Spielwürfels, mit dem eine Sechs geworfen wurde, sowie je eine mögliche Ansicht von vorne bzw. von rechts.

  Lösung:
  Ansicht von oben:  von vorne: 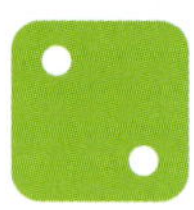 von rechts: 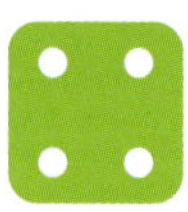

- Die Abbildungen 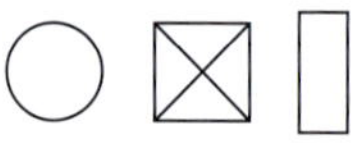 stellen Grundrisse von Körpern dar.

  Gib jeweils zwei Körper an, die den abgebildeten Grundriss haben.

  Lösung:

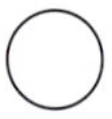 Mögliche Körper sind z. B. Kugel bzw. Zylinder.

Kugel

Zylinder

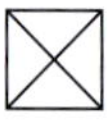 Mögliche Körper sind z. B. vierseitige Pyramide bzw. „Haus“.

Pyramide

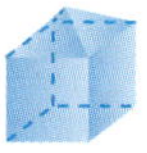
„Haus“

 Mögliche Körper sind z. B. Quader bzw. Zylinder.

Quader

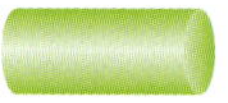
Zylinder

- Kann man stets aus dem Grundriss und dem Aufriss eines Körpers die Form dieses Körpers eindeutig beschreiben?
- Wie könnte die Lösung im ersten Beispiel noch aussehen?

Aufgaben

1. Ein Quader ist 6,5 cm lang, 4 cm breit und 2 cm hoch. Zeichne seinen Grundriss sowie die Ansichten von vorne bzw. von rechts im Maßstab 1 : 1 in dein Heft.

2. Zwei Spielwürfel liegen nebeneinander auf der Platte eines Glastischs. Die Abbildungen zeigen folgende Ansichten der beiden Würfel:

von oben

von vorne

von rechts

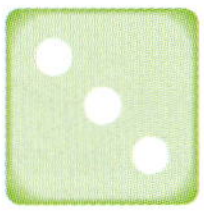

a) Zeichne die Ansicht von hinten.

b) Beschreibe die Ansicht von unten.

c) Wie sieht die Ansicht von links aus?

3. Die Abbildung zeigt den Grundriss und den Aufriss einer 3 cm hohen L-förmigen Schachtel.

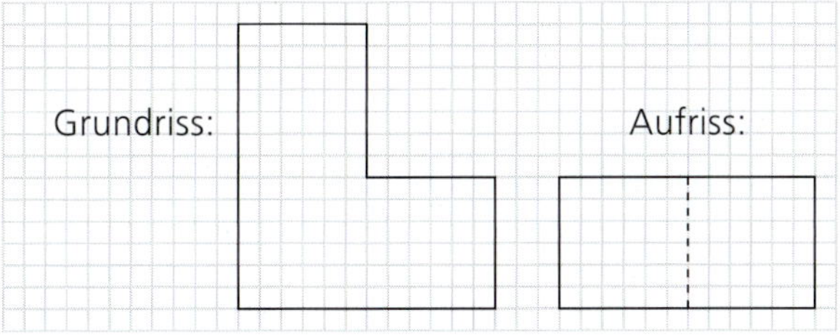

Zeichne die Ansicht von rechts in dein Heft.

G **4.** Beschreibe die drei Körper, die jeweils durch ihren Grundriss, ihren Aufriss und die Ansicht von links bzw. von rechts dargestellt sind (unsichtbare Kanten sind ausnahmsweise nicht eingezeichnet).

a) Grundriss:

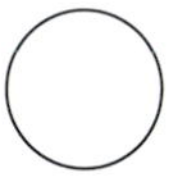

Aufriss:

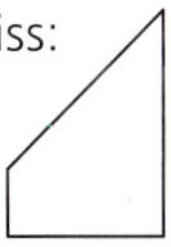

Ansicht von links:

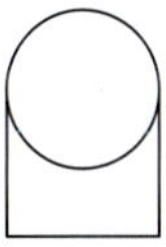

b) Grundriss:

Aufriss:

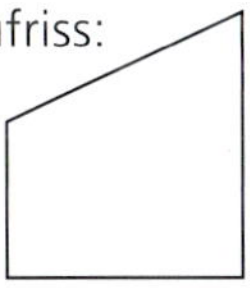

Ansicht von links:

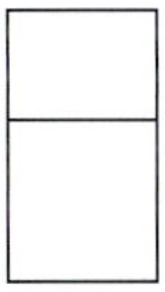

c) Grundriss:

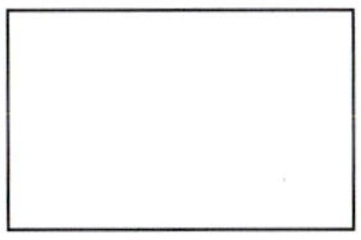

Aufriss:

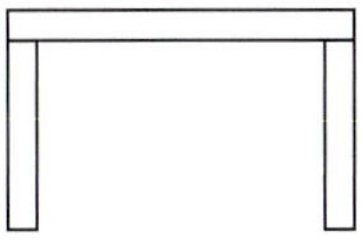

Ansicht von rechts:

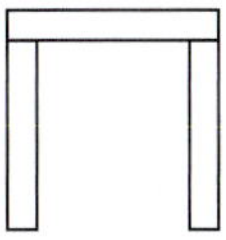

W1 Welche der Zahlen $\frac{2}{3}$; $\frac{4}{4}$; $\frac{3}{2}$; $\frac{18}{36}$ und $\frac{4}{5}$ sind mindestens so groß wie ihr Kehrwert?

W2 Wahr oder falsch? Zwischen den beiden Brüchen $\frac{1}{100}$ und $\frac{1}{101}$ liegen unendlich viele weitere Brüche.

W3 Welcher der beiden Terme $(3^4 \cdot 8) : (-24)$ und $3^4 \cdot [8 : (-24)]$ hat den größeren Wert?

$\frac{125}{375} = ?$

$350 \cdot 0 \cdot 10 \cdot 5 = ?$

$\frac{1}{2} \cdot \frac{2}{11} + \frac{3}{2} \cdot \frac{2}{11} = ?$

Sophie stellt fest: „Je nachdem, wie man ein Kantenmodell ins Licht hält, gibt einem der Schatten einen mehr oder weniger guten räumlichen Eindruck von dem Körper."

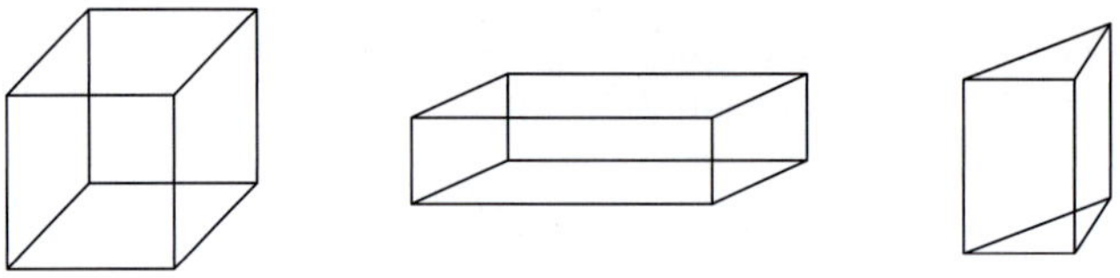

Arbeitsauftrag

- Finde heraus, wie man den Quader in das Licht der Stablampe halten muss, damit man als Schatten ein Rechteck erhält. Wiederhole diesen Versuch mit weiteren geometrischen Körpern und beschreibe deine Versuchsergebnisse.

In einem **Schrägbild** wird ein Körper so gezeichnet, dass man ihn sich räumlich gut vorstellen kann.

Die Abbildung zeigt ein Schrägbild eines Quaders:

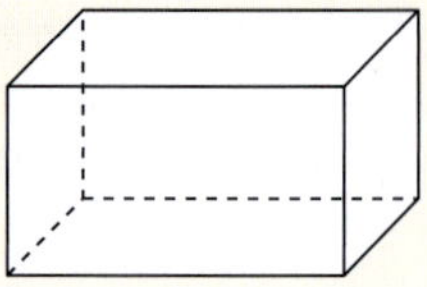

- Die „nach hinten" verlaufenden Quaderkanten werden schräg und verkürzt, aber zueinander parallel gezeichnet.
- **Unsichtbare Kanten** werden gestrichelt eingezeichnet.

Beispiele

- Zeichne drei Schrägbilder eines Würfels mit der Kantenlänge 3 cm, beschreibe dein Vorgehen und entscheide dann, welches dieser drei Schrägbilder den Würfel am besten räumlich veranschaulicht.

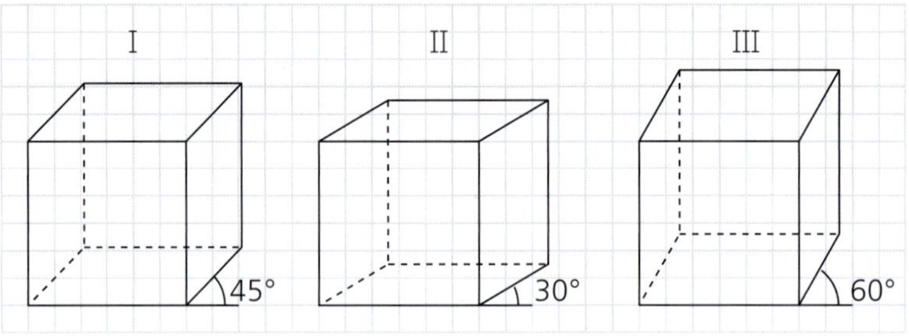

Beschreibung: Die vier „nach hinten" verlaufenden Würfelkanten wurden bei Schrägbild I unter 45°, bei II unter 30° und bei III unter 60° jeweils halb so lang wie in Wirklichkeit angetragen.

- a) Übertrage die linke Zeichnung in dein Heft und vervollständige sie dann dort zum Schrägbild eines Quaders.

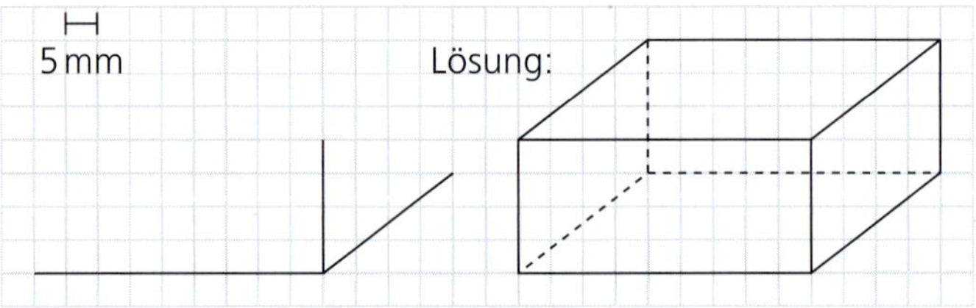

b) Gib die Kantenlängen des Quaders aus a) an, wenn seine „nach hinten" verlaufenden Kanten in halber Länge gezeichnet wurden.
Ergebnis: Die Kanten des Quaders sind 4,5 cm, 5 cm bzw. 2 cm lang.

- Welchen Vorteil hat das Schrägbild eines Körpers gegenüber der Darstellung durch die Ansichten von vorne, von oben und von rechts?
- Warum ist es günstig, in einem Schrägbild die „nach hinten" verlaufenden Kanten „(schräg) unter 45°" anzutragen?

Aufgaben

1. Übertrage die drei Schrägbilder in dein Heft. Welches Schrägbild zeigt ein Kantenmodell?

Gib den Oberflächeninhalt des Würfels an.

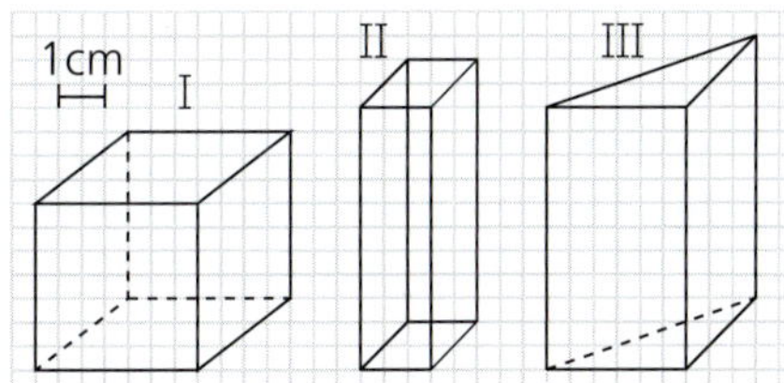

2. Zeichne jeweils ein Schrägbild eines Quaders mit den in der Tabelle angegebenen Kantenlängen. Trage dabei die vier „nach hinten" verlaufenden Quaderkanten (von ihnen ist eine unsichtbar) in halber Länge schräg unter 45° an. Gib an, welche dieser Quader Würfel sind.

	a)	b)	c)	d)	e)	f)	g)	h)	i)
Länge	6 cm	4 cm	10 cm	7 cm	65 mm	5,2 cm	6 cm	10 cm	7 cm
Breite	4 cm	4 cm	5 cm	4 cm	5 cm	5,2 cm	4 cm	10 cm	8 cm
Höhe	3 cm	40 mm	5 cm	2,5 cm	1 cm	5,2 cm	5 mm	10 cm	6 cm

3. a) Übertrage die Zeichnung I in dein Heft und ergänze sie dann dort zum Schrägbild eines Quaders.

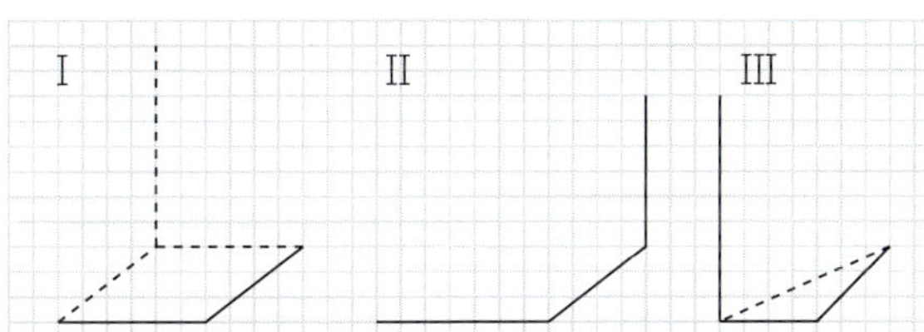

b) Übertrage die Zeichnung II in dein Heft und ergänze sie dann dort zum Schrägbild des Kantenmodells eines Quaders.

c) Übertrage die Zeichnung III in dein Heft und ergänze sie dann dort zum Schrägbild eines geraden dreiseitigen Prismas.

G 4. a) Zeichne die Schrägbilder der drei Buchstaben U, L und I in dein Heft. *Hinweis:* Bei diesen Buchstaben-Schrägbildern sind die „nach hinten" verlaufenden Kanten in halber Länge dargestellt und die unsichtbaren Kanten ausnahmsweise nicht eingezeichnet.

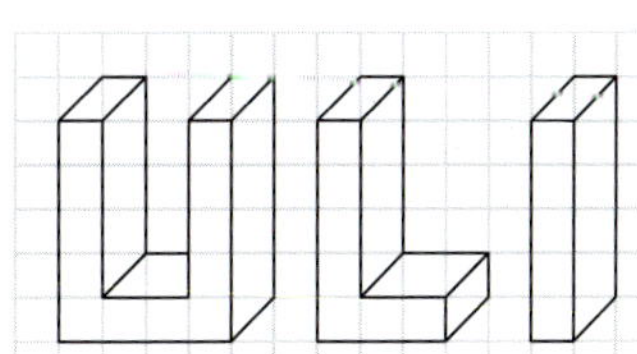

b) In wie vielen verschiedenen Reihenfolgen kannst du die drei Buchstaben U, L und I nebeneinander anordnen?

c) Berechne den Oberflächeninhalt von ULI auf cm^2 gerundet.

d) Zeichne drei weitere Buchstaben-Schrägbilder in dein Heft.

W1 Wahr oder falsch? Der Wert eines Produkts aus neun Faktoren ist nur dann gleich null, wenn alle neun Faktoren gleich null sind.
W2 Welche Bruchteile könntest du mit dieser Orange veranschaulichen?

W3 Welche rationalen Zahlen sind kleiner als ihr Betrag?

$17 = 2^{■} + 2^{▲}$
$13^2 + 3^3 = ■^2$
$0 . \frac{9}{28} = ?$

7.4 Volumenmessung

Gregor, Laura, Lucas und Sophie haben Eis und Getränke für ein Fest mitgebracht.

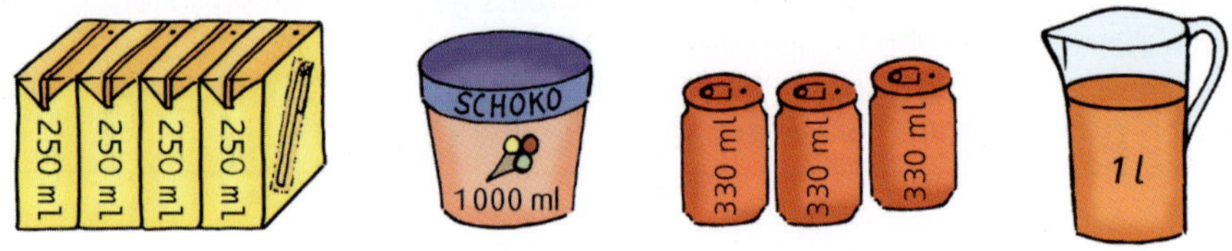

Laura Lucas Sophie Gregor

Arbeitsauftrag

- Beurteile mit deinem Nachbarn oder deiner Nachbarin, wer am meisten mitgebracht hat, und stelle dein Ergebnis der Klasse vor. Vergleiche deine Meinung mit der deiner Mitschüler und Mitschülerinnen.

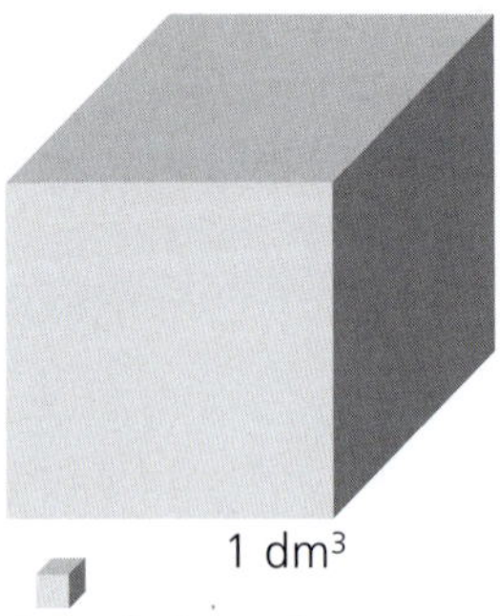

$1\ dm^3$

$1\ cm^3$ $1\ mm^3$

Den Rauminhalt (das **Volumen**) eines Körpers (eines Würfels, eines Quaders, einer Kugel usw.) gibt man meist in den Raum- oder Volumeneinheiten Kubikmillimeter, Kubikzentimeter, Kubikdezimeter, Kubikmeter bzw. Kubikkilometer an.

Jeder Würfel mit der Kantenlänge	hat das Volumen (den Rauminhalt)	gelesen
1 m	$1\ m^3$	ein Kubikmeter
1 dm	$1\ dm^3$	ein Kubikdezimeter
1 cm	$1\ cm^3$	ein Kubikzentimeter
1 mm	$1\ mm^3$	ein Kubikmillimeter
1 km	$1\ km^3$	ein Kubikkilometer

Flüssigkeitsmengen gibt man häufig in den Raum- oder Volumeneinheiten hl, l bzw. ml an.

Beispiele

- Jeder dieser drei Körper besteht aus Kubikzentimeterwürfelchen. Welcher hat den größten Rauminhalt, welcher den kleinsten? Gib jeweils das Volumen an.

I II III

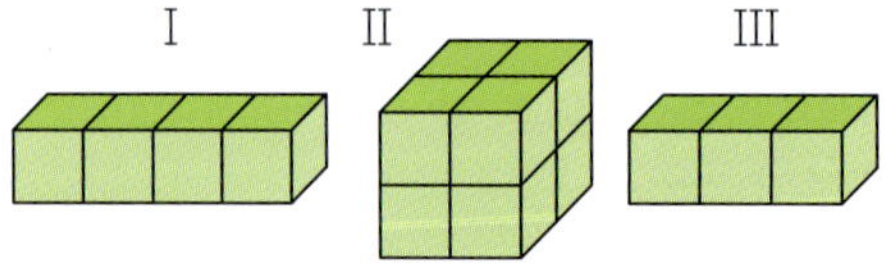

Lösung:
Der Körper II hat das größte, der Körper III das kleinste Volumen.

Körper	I	II	III
Anzahl der cm^3-Würfelchen	4	8	3
Volumen	$4\ cm^3$	$8\ cm^3$	$3\ cm^3$

- Jeder dieser drei Körper ist aus Würfelchen der Kantenlänge 1 cm gebaut. Gib bei jedem von ihnen an, wie viele weitere Würfelchen mindestens benötigt werden, um ihn zu einem großen Würfel zu ergänzen.

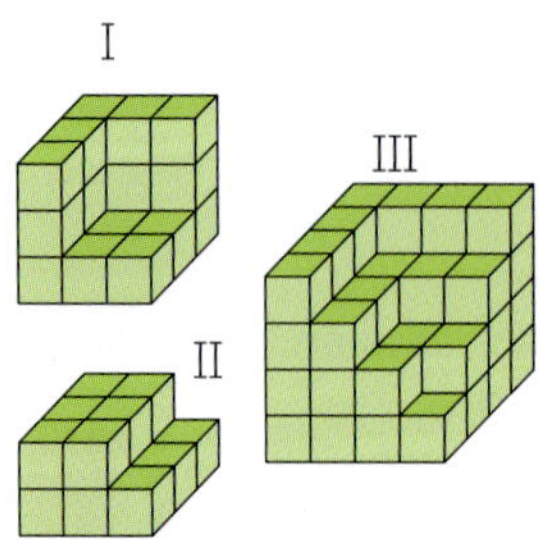

Lösung:

Der Körper	I	II	III	
ist aus	19	15	50	Kubikzentimeterwürfelchen gebaut
und kann mit	8	12	14	weiteren Kubikzentimeterwürfelchen zu einem großen Würfel ergänzt werden.

- Schätze, wie viele Kinder deiner Klasse in einen Würfel der Kantenlänge 1 m passen würden.
- Schätze, wie viele Fußbälle in eine würfelförmige Kiste mit der Kantenlänge 1 m passen.

Aufgaben

1. Jeder dieser vier Körper ist aus Würfeln der Kantenlänge 1 dm gebaut.

a) Ermittle das Volumen und den Oberflächeninhalt jedes dieser Körper.

b) Ordne die vier Volumina in Form einer steigenden, die vier Oberflächeninhalte in Form einer fallenden Ungleichungskette.

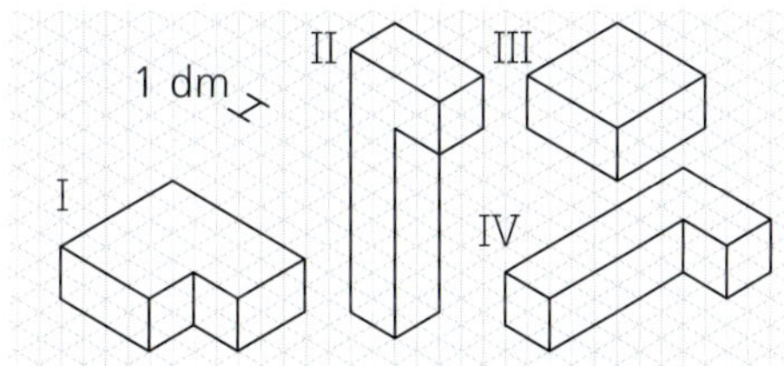

2. Im linken „Haus“ sind halb so viele Würfel verbaut wie im rechten. Welcher Bruchteil und welcher Prozentsatz der Würfel des rechten „Hauses“ ist in der Abbildung nicht zu sehen?

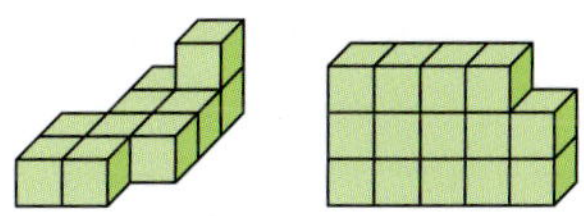

3. Simon hat aus Würfelchen der Kantenlänge 1 cm ein „Haus“ gebaut. Die Abbildungen zeigen sein „Haus“ im Grundriss (I), im Seitenriss von links (II) bzw. im Aufriss (III).

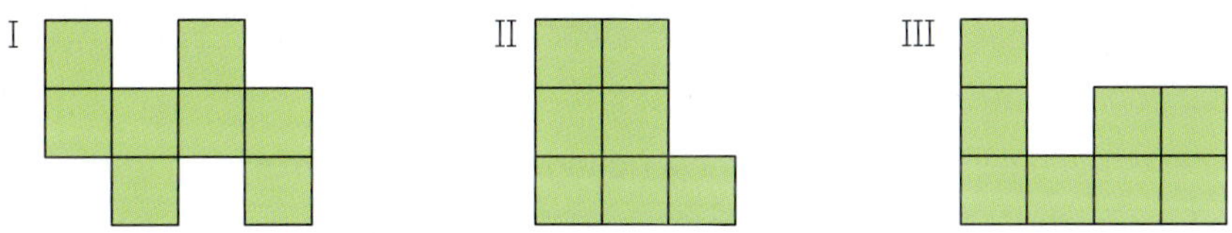

Finde heraus, wie viele Würfelchen Simon für sein „Haus“ mindestens gebraucht hat, und gib das Mindestvolumen seines „Hauses“ an.

4. Jedes der drei Prismen ① bis ③ ist aus Würfelchen der Kantenlänge 1 cm gebaut.

a) Gib bei jedem dieser Prismen an, aus wie vielen Würfelchen es besteht und wie groß sein Volumen ist.

b) Aus den Würfelchen welches der drei Prismen kannst du (ohne dass Würfelchen fehlen oder übrig bleiben) einen großen Würfel bauen?

c) Gib bei jedem dieser Prismen die Prismenhöhe an und überlege, welche geometrische Figur seine Grund- bzw. Deckfläche darstellt.

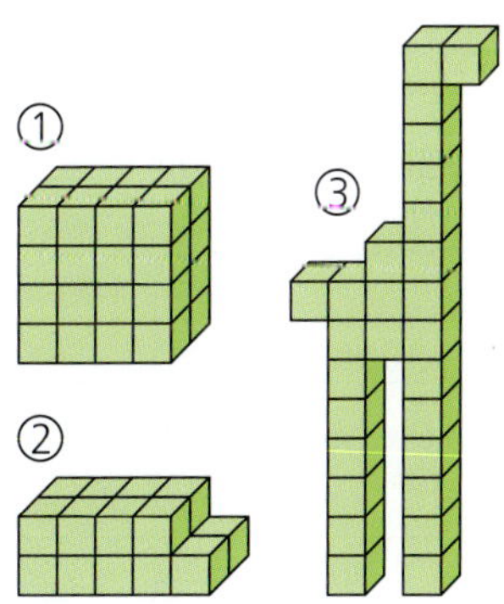

W1 Welches Vorzeichen hat der Wert eines Produkts aus 102 von null verschiedenen Faktoren, von denen die Hälfte negativ ist?

W2 Was versteht man unter der Grundform eines Bruchs? Erkläre an einem Beispiel.

W3 Wandle mithilfe von Dezimalzahlen in die Einheit in [Klammern] um:
2 430 cm [m] 2 430 cm² [m²] 2 430 g [kg] 2 430 min [h]

$\frac{1}{9} + \frac{1}{18} + \frac{1}{36} = ?$

$\frac{7}{12} \cdot \frac{2}{5} + \frac{7}{12} \cdot \frac{6}{5} = ?$

$\left(1 - \frac{1}{2}\right) \cdot \left(1 - \frac{1}{3}\right) = ?$

7.5 Zusammenhang der Volumeneinheiten

Arbeitsaufträge

- Finde durch ein Experiment heraus, ob 1 Liter Wasser in ein würfelförmiges Gefäß der Kantenlänge 1 dm passt.
- Gib an, wie viel Milliliter ein Kubikdezimeter hat.

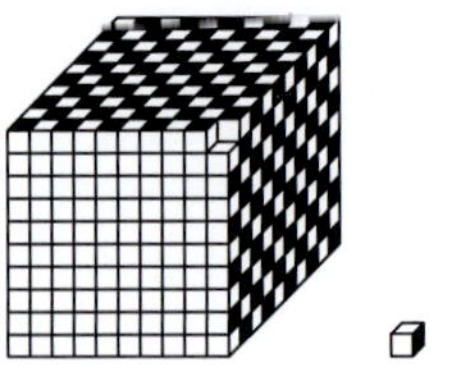

1 dm³ 1 cm³

Die Umrechnungszahl bei diesen vier Volumeneinheiten ist **1 000**:

$1\,m^3 =$ **1 000** $dm^3 = 1\,000\,000\,cm^3 = 1\,000\,000\,000\,mm^3$
$1\,dm^3 =$ **1 000** $cm^3 = 1\,000\,000\,mm^3$
$1\,cm^3 =$ **1 000** mm^3

Außerdem ist

$1\,km^3 = 1\,000\,000\,000\,m^3$
$1\,l = 1\,dm^3$ $1\,ml = 1\,cm^3$ $1\,l = 1\,000\,ml$ $1\,hl = 100\,l = 0{,}1\,m^3$

In Bruch- bzw. Dezimalzahlschreibweise gilt deshalb

$1\,dm^3 = \frac{1}{1\,000}\,m^3 = 0{,}001\,m^3$

$1\,cm^3 = \frac{1}{1\,000}\,dm^3 = 0{,}001\,dm^3 = \frac{1}{1\,000\,000}\,m^3 = 0{,}000\,001\,m^3$

$1\,mm^3 = \frac{1}{1\,000}\,cm^3 = 0{,}001\,cm^3 = \frac{1}{1\,000\,000}\,dm^3 = 0{,}000\,001\,dm^3 = \frac{1}{1\,000\,000\,000}\,m^3$
$= 0{,}000\,000\,001\,m^3$.

Auch bei Volumeneinheiten ist die Verwendung der **Einheitentafel** günstig:

	10 m³	1 m³	100 dm³	10 dm³	1 dm³	100 cm³	10 cm³	1 cm³	100 mm³	10 mm³	1 mm³	
24,5 m³	2	4	5	0	0							24 500 dm³
0,07 cm³								0	0	7	0	70 mm³
1 450 mm³								1	4	5	0	1,45 cm³

Beispiele

- Schreibe jeweils in der größeren der beiden Einheiten und gib Maßeinheit und Maßzahl an.

	100 m³	10 m³	1 m³	100 dm³	10 dm³	1 dm³	
16 m³ 35 dm³		1	6	0	3	5	16,035 m³

Die Maßeinheit ist m³, und die Maßzahl ist 16,035.

	100 dm³	10 dm³	1 dm³	100 cm³	10 cm³	1 cm³	
1 dm³ 7 cm³			1	0	0	7	1,007 dm³

Die Maßeinheit ist dm³, und die Maßzahl ist 1,007.

Lucas weiß:
7 500 cm³ : (2 500 cm³) = 3 bedeutet:
In ein Gefäß mit 7 500 cm³ Volumen passt genau dreimal der Inhalt einer Kanne mit 2 500 cm³.

- a) Berechne den Wert des Terms $(5{,}01\,dm^3 + 2{,}16\,dm^3) : 3$.
  Lösung: $(5{,}01\,dm^3 + 2{,}16\,dm^3) : 3 = 7{,}17\,dm^3 : 3 = 7\,170\,cm^3 : 3 =$
  $2\,390\,cm^3 = 2{,}39\,dm^3$

  b) Berechne den Wert des Terms $(8{,}1\,dm^3 - 3{,}6\,dm^3 : 6) : (2\,500\,cm^3)$.
  Lösung: $(8{,}1\,dm^3 - 3{,}6\,dm^3 : 6) : (2\,500\,cm^3) =$
  $(8\,100\,cm^3 - 3\,600\,cm^3 : 6) : (2\,500\,cm^3) =$
  $(8\,100\,cm^3 - 600\,cm^3) : (2\,500\,cm^3) =$
  $7\,500\,cm^3 : (2\,500\,cm^3) = 3$

- Ein Liter Limonade enthält 90% Wasser. Sophie und Lucas trinken davon je einen Viertelliter. Wie viel Prozent Wasser enthält die restliche Limonade?
- Ein Würfel hat 1 dm^3 Rauminhalt. Wie groß ist sein Oberflächeninhalt?

Aufgaben

0,27; 0,75; 175; 270; 1 705; 17 050; 27 000; 1 750 000

Maßzahlen zu 2.a), b) **L**

1. Ordne die neun Volumina 1 mm^3 – 4 cm^3 – 100 cm^3 – 250 ml – 400 cm^3 – 1,4 dm^3 – 6 dm^3 – 1,5 hl – 200 m^3 richtig zu:
Füllung einer Badewanne – Fußball – Handy – Gehirn eines Menschen – Gehirn eines Schimpansen – Kaffeebecher – Salzkorn – Spielwürfel – Treibstofftank eines Jumbojets.

2. Wandle jeweils in die in der [Klammer] angegebene Volumeneinheit um.

a) 27 dm^3 [cm^3]	270 cm^3 [dm^3]	175 000 m^3 [hl]	17,05 m^3 [l]
b) 0,175 cm^3 [mm^3]	1,705 m^3 [dm^3]	75 l [hl]	2,7 hl [l]
c) 0,33 l [cm^3]	2 070 l [m^3]	0,75 cm^3 [ml]	$\frac{1}{2}$ l [cm^3]
d) $\frac{3}{4}$ hl [l]	$\frac{9}{10}$ m^3 [dm^3]	27 km^3 [m^3]	0,0027 km^3 [m^3]
e) $\frac{1}{4}$ m^3 [hl]	33 l [hl]	1,9 hl [l]	2,5 dm^3 [ml]

3. Berechne jeweils den Wert des Terms.

a) 1,05 hl + 345 l b) 12 ml + 88 cm^3 c) 128 ml + 1,2 l
d) (250 hl + 75 m^3) : 5 e) [(7 · 40 l + 133 dm^3 + 2 hl) – 313 dm^3] : 15
f) (8 cm^3 + 3,5 ml) : 23 – 56 mm^3 g) 2,8 m^3 + 2 hl – 4 · 750 l

4. Das neue Drei-Liter-Auto verbraucht auf einer Fahrt von 100 km nur drei Liter Benzin. Sein Tank fasst 60 Liter.

a) Frage deine Eltern, wie viel Liter Benzin euer Auto pro 100 km verbraucht.
b) Schätze, was das Benzin für eine Fahrt von 250 km mit einem Drei-Liter-Auto kostet.
c) Informiere dich, wie viel deine Eltern für 1 Liter Benzin (auf ct gerundet) bezahlen müssen, und berechne dann die Benzinkosten für eine Fahrt von 250 km mit eurem Auto.

G 5. Das Säulendiagramm zeigt den durchschnittlichen täglichen Wasserverbrauch (in Litern) pro Person in Deutschland. Was kannst du aus dem Diagramm ablesen?

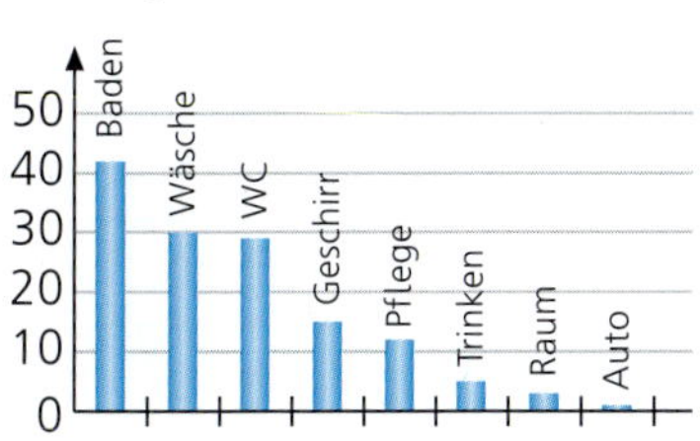

Baden: Wasser zum Baden und Duschen
Wäsche: Wasser zum Wäschewaschen
WC: Wasser für WC-Spülung
Geschirr: Wasser zum Geschirrspülen
Pflege: Wasser für Körperpflege
Trinken: Wasser für Speisen und Getränke
Raum: Wasser zur Raumpflege
Auto: Wasser zum Autowaschen

6. Ein fast kugelförmiger Wasserturm enthält, wenn er voll ist, etwa 1 893 000 l Wasser.

a) Schätze, für wie viele Vollbäder von je 150 l diese Wassermenge reicht.
b) Berechne, etwa wie viele Jahre lang diese Wassermenge für Lauras tägliches zweimaliges Duschen (Wasserverbrauch für einmal Duschen etwa 60 l) reichen würde.

5,7 hl; 6 hl; 6,9 hl; 8,4 hl

Teillösungen zu 7.b) **L**

7. Für ein Vollbad werden etwa 150 l, für einmal Duschen etwa 60 l Wasser verbraucht. Laura duscht täglich zweimal, Sophie duscht täglich einmal und badet zusätzlich einmal in der Woche, Gregor duscht fünfmal in der Woche und badet zweimal in der Woche, und Lucas badet dreimal in der Woche und duscht viermal in der Woche.

a) Schätze, welches der vier Kinder in einer Woche am wenigsten Wasser zum Baden und Duschen verbraucht.

b) Berechne die Wassermenge, die die vier Kinder in einer Woche insgesamt zum Baden und Duschen verbrauchen.

1 Barrel ≈ 159 l

G 8. In einer der größten Ölraffinerien der Welt werden täglich etwa 530 000 Barrels Rohöl verarbeitet.

a) Informiere dich und erkläre, was eine Ölraffinerie herstellt.

b) Gib an, wie viel Liter dies sind.

c) Überschlage, wie viele Tankerladungen (Fassungsvermögen eines mittelgroßen Tankschiffs etwa 265 000 Barrels) pro Monat zur Versorgung dieser Raffinerie benötigt werden.

G 9. Sophie hat zwei zylindrische Bechergläser, die 200 ml bzw. 500 ml fassen.

a) Laura möchte damit nacheinander 200 ml, 400 ml, 500 ml, 700 ml, 900 ml bzw. 1 l in ein großes Glasgefäß, das sechs Liter fasst, messen. Gib an, wie Laura dabei vorgehen könnte.

b) Sophie behauptet, dass sie auch 100 ml, 300 ml, 600 ml, 800 ml und sogar 250 ml in das große Glasgefäß messen kann. Überlege, ob du dies auch kannst.

10. In Großbritannien und in den USA gibt man Flüssigkeitsmengen oft noch in pints (pt) und in gallons (gal) an:

	1 pint	1 gallon
Großbritannien	≈ 0,568 l	≈ 4,546 l
USA	≈ 0,473 l	≈ 3,785 l

Eine der beiden Flaschen wurde in New York, die andere in London gekauft. Finde bei jeder Flasche heraus, wo sie gekauft wurde.

Gregor überlegt:
270 cm³ + 730 cm³ = 1 000 cm³ = 1 dm³.

G 11. Übertrage die drei unten stehenden Tabellen in dein Heft. Addiere dann neunmal nacheinander jeweils eine Größe aus der ersten Tabelle und eine Größe aus der zweiten Tabelle. Finde heraus, welche zwei Größen du dabei jeweils wählen musst, damit du einen Summenwert erhältst, der in der dritten Tabelle vorkommt. Male zusammengehörige Felder in deinem Heft mit gleicher Farbe aus.

270 cm³	100 cm³	3,9 dm³
44 cm³	1,2 dm³	0,9 m³
170 mm³	100 ml	$\frac{1}{9}$ m³

0,1 dm³	55 ml	$\frac{1}{2}$ l
330 mm³	0 cm³	23,8 l
730 cm³	1 m³	$\frac{8}{9}$ m³

1 m³	1 dm³	100 cm³
4 dm³	99 cm³	600 cm³
1,9 m³	0,5 cm³	25 l

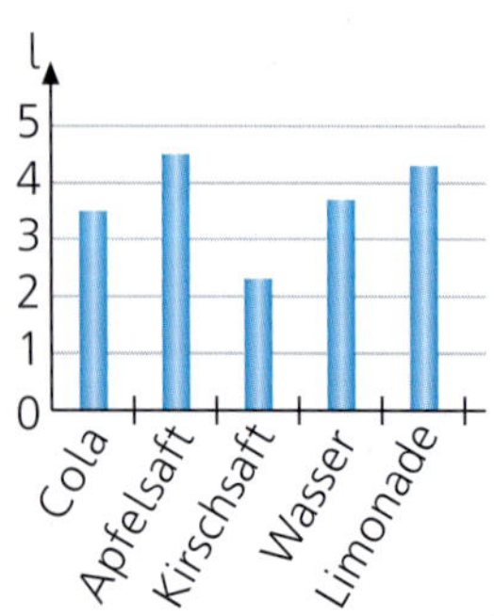

12. Das Säulendiagramm zeigt, welche Getränke bei einer Klassenparty getrunken wurden.

a) Ermittle das Gesamtvolumen dieser Getränke.

b) Berechne, wie viel jedes der 25 Kinder im Durchschnitt getrunken hat.

G 13. Francescos Ferrari verbraucht 14 Liter Benzin auf 100 km, Ronnies Rolls Royce 1,5 Britische Gallonen auf 27 Meilen, Charlies Cadillac 1,0 US-Gallone auf 20 Meilen und Manuelas Mercedes 10 kg Benzin auf 110 Kilometer. Welches dieser vier Autos hat den geringsten Benzinverbrauch?

Hinweis: 1 Britische Gallone ≈ 4,55 Liter; 1 US-Gallone ≈ 3,79 Liter; 1 Meile ≈ 1,61 km; 1 Liter Benzin hat etwa 0,683 kg.

14. Übertrage die Tabelle in dein Heft und ergänze sie dann dort.

Wasservolumen	1 l	500 cm³		1 m³	100 cm³		1 hl
Masse des Wassers	1 kg		2,5 kg			50 g	

15. Ein quaderförmiges Aquarium fasst 12,24 hl; es ist zu drei Vierteln mit Wasser gefüllt. Ermittle die Masse m des Wassers auf Zehner Kilogramm gerundet, wenn 1 Liter Wasser eine Masse von 1,0 kg hat.

G 16. a) 1 cm³ Styropor hat etwa die Masse 18 mg. Kannst du einen Styroporwürfel der Kantenlänge 1 m tragen?

b) 1 cm³ Kopierpapier hat ca. 0,8 g. Welche Masse hat 1 m³ dieser Papiersorte?

c) 1 dm³ (frisch gefallener) Schnee hat ungefähr die Masse 80 g. Auf einem Hausdach liegen 11 m³ (frisch gefallener) Schnee. Berechne die Schneemasse.

G 17. In einer verregneten Sommerferienwoche stellt Laura am Sonntag Mittag in ihrem Garten ein Regenmessgerät auf. Sie liest von da an täglich um 12 Uhr ab, wie viel Regenwasser innerhalb der letzten 24 Stunden in ihr Messgerät gefallen ist, und trägt dann den Messwert in ein Diagramm ein:

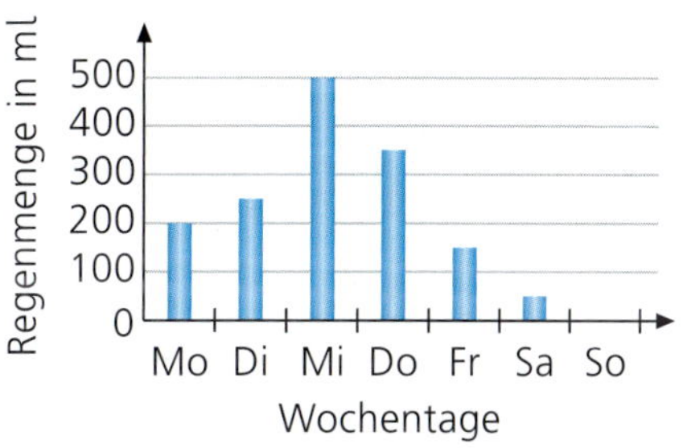

Regenmessgerät

a) Übertrage Lauras nebenstehende Messwerttabelle in dein Heft, ergänze sie dann dort und beschreibe das Wetter in dieser Ferienwoche möglichst ausführlich.

b) Überlege, welche Sonnenscheindauer du an den einzelnen Tagen vermutest, und ergänze dann in deinem Heft die Tabelle „Sonnenscheindauer".

a) Messwerte:
Mo: ______ ml
Di: ______ ml
Mi: ______ ml
Do: ______ ml
Fr: ______ ml
Sa: ______ ml
So: ______ ml

b) Sonnenscheindauer:
Mo: ______ h
Di: ______ h
Mi: ______ h
Do: ______ h
Fr: ______ h
Sa: ______ h
So: ______ h

W1 Wie viele Stellen kann die Periode einer nichtabbrechenden Dezimalzahl höchstens besitzen?

W2 Wandle die sechs Brüche in periodische Dezimalzahlen um: $\frac{1}{3}$; $\frac{5}{6}$; $\frac{2}{3}$; $\frac{2}{9}$; $\frac{4}{9}$; $\frac{3}{7}$.

W3 Welchen Oberflächeninhalt hat ein Quader mit der Länge 8,5 cm, der Breite 10 cm und der Höhe 5,3 cm?

$\frac{12 \cdot 18 \cdot 55}{33 \cdot 36 \cdot 15} = ?$

$\frac{25}{125}$ sind ▢ %.

0,9 m – 0,10 m = ?

Wie kann Laura die Masse ihrer Katze bestimmen?
Wie kann Gregor das Volumen seiner Faust ermitteln?
Begründe, warum beide Messungen ungenau sind.

Hier wurde auf Millimeter genau gemessen:
8,0 cm =
80 mm =
0,80 dm =
0,080 m

In der Mathematik gilt 8 = 8,0 = 8,00 = 8,000 … .
Ist die Maßzahl 8 der Größe 8 cm das Ergebnis einer **Messung**, so beträgt die tatsächliche Länge mindestens 7,5 cm, aber weniger als 8,5 cm.

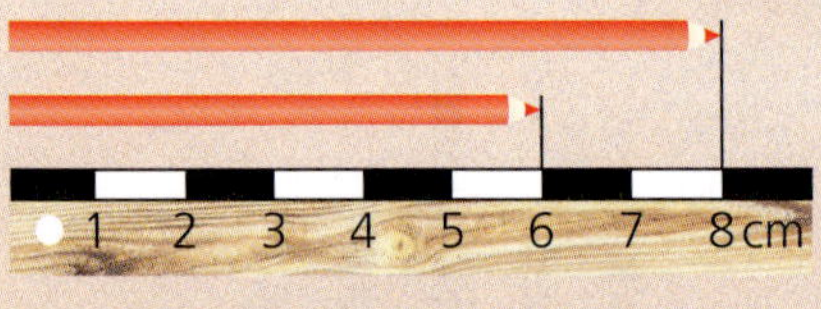

a = 6 cm b = 8 cm

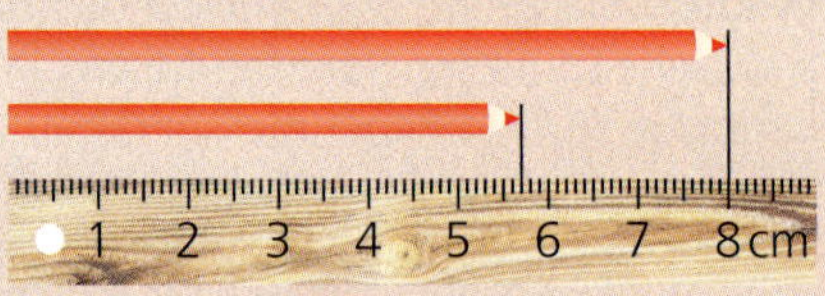

a = 5,7 cm b = 8,0 cm

Laura merkt sich: Die Nullen am Ende werden bei den geltenden Ziffern z. B. dann mitgezählt, wenn sie das Ergebnis einer Messung sind.

Die Längenangabe 8 cm besagt, dass die Länge auf Zentimeter genau gemessen wurde; ihre Maßzahl 8 hat **eine geltende Ziffer (1 g. Z.)**.

Die Längenangabe 8,0 cm besagt, dass die Länge auf Zehntelzentimeter, also auf Millimeter, genau gemessen wurde; ihre Maßzahl 8,0 hat **zwei geltende Ziffern (2 g. Z.)**.

Die Längenangabe 8,00 cm besagt, dass die Länge auf Hundertstelzentimeter, also auf Zehntelmillimeter, genau gemessen wurde; ihre Maßzahl 8,00 hat **drei geltende Ziffern (3 g. Z.)**.

Beim Multiplizieren und Dividieren von Dezimalzahlen erhält man oft viele Ziffern, von denen nicht alle sinnvoll sind. Deshalb stellt man vor dem Multiplizieren bzw. Dividieren von Größen fest, wie viele geltende Ziffern die Maßzahl mit der **kleinsten** Anzahl geltender Ziffern besitzt, und rundet dann das Endergebnis auf diese Anzahl geltender Ziffern.

1. Bestimme das Volumen deiner rechten Faust.

2. Bestimme das Volumen eines Apfels, einer Grapefruit, einer Erdbeere, einer Kiwi und einer Kirsche und erläutere, wie du bei den Messungen vorgegangen bist. Wie genau kannst du diese Volumina messen?

3. Ermittle das Volumen eines Wassertropfens. Beschreibe, wie du bei dieser Messung vorgegangen bist.

4. Gregor, Laura, Lucas und Sophie ermitteln das Volumen verschiedener „Gegenstände“ aus ihrem Alltag. Überlege jeweils, wie die Volumenbestimmung erfolgt sein könnte und ob die verwendete Maßeinheit und die Genauigkeit der angegebenen Maßzahl sinnvoll sind.

a) Lauras Glückshufeisen hat ein Volumen von 0,0122 dm^3.

b) Gregors Schlüssel hat einen Rauminhalt von 0,0057 dm^3; in Lucas' Eimer passen 12 596 cm^3.

c) Sophie hat gemessen, dass sie für ein Vollbad 150 l warmes Wasser braucht und dass in eine Babybadewanne 17 l Wasser passen.

d) Sophies Aquarium fasst 28 dm^3; in das von Lucas passen 0,07559 m^3.

e) Gregors zehn Golfbälle haben zusammen ein Volumen von 0,371 dm^3, also hat ein Golfball 37,1 cm^3.

f) Lucas' Riesenseifenblase hatte ein Volumen von 33 510 cm^3.

g) Simons Maximurmel hat ein Volumen von 0,0145 dm^3; Lauras Murmel hat einen Rauminhalt von 0,0087 dm^3.

h) Onkel Ralfs Regenwassertonne fasst 8 hl Wasser, die Tonne seiner Nachbarin nur 3,5 hl.

i) In Sophies Saftflasche sind 0,33 l Orangensaft; Laura hat 0,45 l Mineralwasser dabei.

5. Lucas' Vater möchte ein Regal bauen und kauft mit Lucas zusammen die Schrauben ein. Auf der Packung steht: Länge 45,0 mm ± 2%.

a) Überlege dir (oder informiere dich), was diese Angabe bedeutet.

b) Finde heraus, mit welchem Messgerät man auf Zehntelmillimeter genau messen kann.

c) Gib bei jeder der sechs von Lucas nachgemessenen „Stichproben-Schrauben“ an, ob sie die „Toleranzschranken“ einhält oder Ausschuss ist.

	Schraube 1	Schraube 2	Schraube 3	Schraube 4	Schraube 5	Schraube 6
Länge	45,0 mm	46,0 mm	45,2 mm	44,8 mm	44,2 mm	45,1 mm
Abweichung in mm						
Ausschuss?						

6. Miss die Länge und die Breite eines DIN-A4-Blatts jeweils auf Millimeter genau.

a) Wie viele geltende Ziffern hat jeder der beiden Messwerte?

b) Berechne den Flächeninhalt eines DIN-A4-Blatts und gib ihn mit sinnvoller Genauigkeit an. Wie viele geltende Ziffern hat das Endergebnis?

7. a) Wie genau kannst du deine Körpergröße ermitteln?

b) Wie genau kannst du deine Masse bestimmen?

c) Wie genau werden beim 100-m-Lauf die Zeiten gemessen?

d) Wie genau gibst du dein Alter an?

e) Wie genau kannst du dein Alter angeben?

f) Wie genau kann man das Alter der Erde angeben?

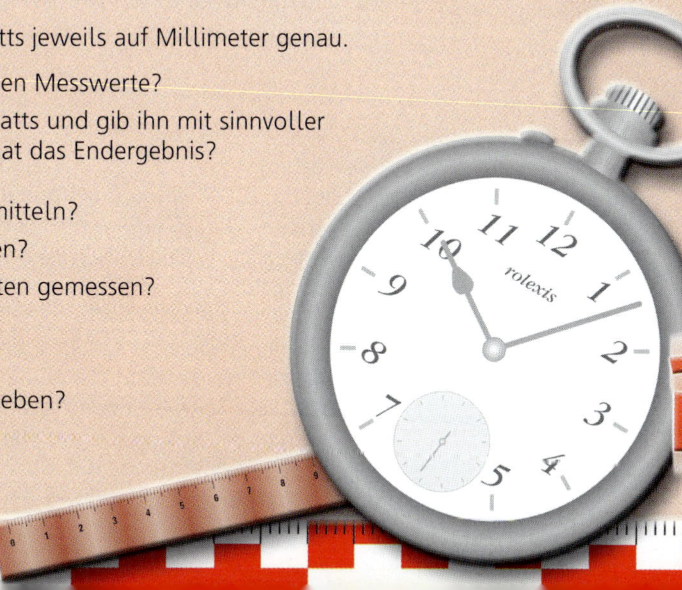

Themenseite

7.6 Volumen von Quadern

Arbeitsaufträge

- Gib an, wie lang, wie breit und wie hoch die abgebildete (durchsichtige) Schachtel innen ist und welches Volumen sie hat, wenn jeder der Karamell-Würfel eine Kantenlänge von 1 cm hat.
- Finde heraus, wie lang, wie breit und wie hoch eine quaderförmige Schachtel sein kann, wenn sie genau 72 Karamellen dieser Größe enthält. Gib alle Möglichkeiten an.

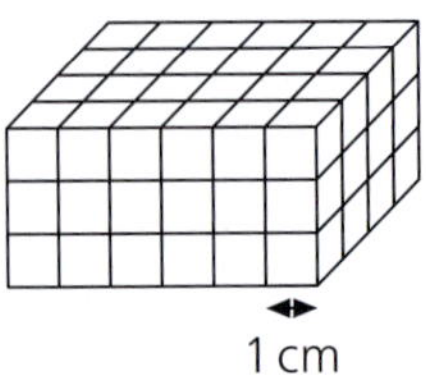

$V = 6\ cm \cdot 4\ cm \cdot 3\ cm$
$= 72\ cm^3$

Zur Berechnung des Volumens eines Quaders gibt man zunächst seine Länge l, seine Beite b und seine Höhe h in derselben Längeneinheit an. Um dann aus l, b und h das Volumen des Quaders zu erhalten, multipliziert man die Maßzahlen von Länge, Breite und Höhe miteinander und gibt anschließend ihrem Produktwert die der gewählten Längeneinheit entsprechende Volumeneinheit.

Allgemein gilt für das **Quadervolumen**:
$V_{Quader} = l \cdot b \cdot h$ („Länge mal Breite mal Höhe").

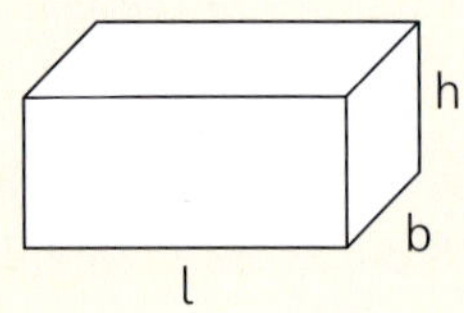

Da jeder Würfel ein Quader mit gleich langen Kanten der Länge a ist, gilt für das **Würfelvolumen**:
$V_{Würfel} = a \cdot a \cdot a = a^3$.

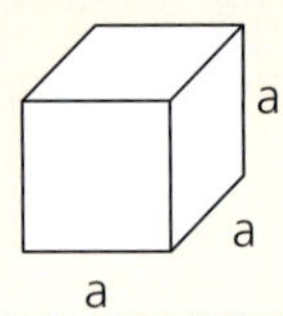

Beispiele

- Eine quaderförmige Schachtel ist 500 mm lang, 30 cm breit und 2,0 dm hoch. Berechne das Schachtelvolumen.
  Lösung: $V_{Schachtel} = 50\ cm \cdot 30\ cm \cdot 20\ cm = 30\,000\ cm^3 = 30\ dm^3$
- Jede Kante eines Würfels ist 11 cm lang. Berechne sein Volumen.
  Lösung: $V_{Würfel} = 11\ cm \cdot 11\ cm \cdot 11\ cm = 1\,331\ cm^3 = 1{,}331\ dm^3 \approx 1{,}3\ dm^3$
- Eine quaderförmige Kiste ist 6 dm lang und 4 dm breit; ihr Volumen beträgt $72\ dm^3$. Wie hoch ist sie?
  Lösung: Da $V_{Kiste} = l \cdot b \cdot h = 72\ dm^3$ und $l \cdot b = 6\ dm \cdot 4\ dm = 24\ dm^2$ ist, findet man durch Überlegen und Probieren, dass h = 3 dm ist.
  Probe: $6\ dm \cdot 4\ dm \cdot 3\ dm = 72\ dm^3$.✓
  Antwort: Die Kiste ist 3 dm hoch.

- Wie viele hölzerne Kubikzentimeterwürfelchen braucht man, um daraus einen Holzwürfel der Kantenlänge 2 cm zu bauen?
- Wie viele Schnitte sind (mindestens) nötig, um einen Käsewürfel der Kantenlänge 3 cm in lauter Kubikzentimeterwürfelchen zu zerschneiden?
- Welche Kantenlänge hat ein Würfel, der aus 64 Kubikdezimeterwürfeln besteht?

Aufgaben

1. Übertrage die Tabelle in dein Heft und trage dann dort alle fehlenden Größen ein.

Ein Quader mit den Kantenlängen								
l	5 cm	4,2 cm	2,7 dm	2,5 m	2 dm	4 m		5 dm
b	6 cm	3,5 cm	11 cm	2,5 m	2 dm		3 cm	4 dm
h	3 cm	0,5 cm	1,5 dm	2,5 m		7 m	9 cm	
hat das Volumen					8 dm³	84 m³	27 cm³	20 dm³
und den Oberflächeninhalt								

1; 2; 3; 7,35; 15,625; 24; 37,1; 37,5; 58; 78; 90; 122; 126; 1734; 4455

Lösungen zu 1. (mögliche Maßzahlen) **L**

2. Eine quaderförmige Kiste hat ein Volumen von 64 dm³. Gib vier verschiedene Möglichkeiten für ihre Kantenlängen an.

3. Eine quaderförmige Schachtel soll 75% des Volumens der abgebildeten Schachtel besitzen. Gib vier verschiedene Möglichkeiten für ihre Kantenlängen an.

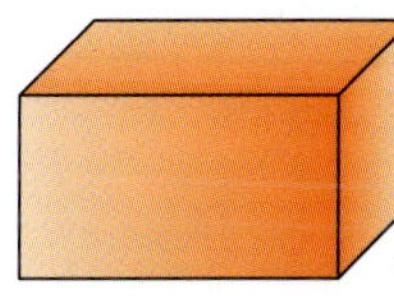

4. Lucas und Gregor vermessen ihr (quaderförmiges) Klassenzimmer und notieren: Länge 12,52 m; Breite 6,75 m; Höhe 3,50 m. Berechne das Volumen ihres Klassenzimmers und runde das Ergebnis auf Kubikmeter.

5. Ein (quaderförmiges) Schwimmbecken ist 50 m lang, 28 m breit und 2,5 m tief; es ist bis 25 cm unter den Beckenrand gefüllt.

a) Berechne, wie viel Wasser in dem Schwimmbecken ist. Gib das Wasservolumen in m³ und in hl an.

b) Berechne den Preis einer Füllung, wenn 1 m³ Wasser 1,40 € kostet.

c) Täglich muss mit einem Verlust von etwa 8 hl Wasser gerechnet werden. Ermittle die Kosten (gerundet auf €), die dies in den Monaten Juni, Juli und August etwa verursacht.

103; 3150; 4410; 31500

Lösungen zu 5. (Maßzahlen) **L**

6. Sophies Mutter bepflanzt vier Balkonkästen. Jeder der (quaderförmigen) Kästen ist innen 54 cm lang, 15 cm breit und 20 cm hoch und wird bis 5 cm unter den Rand mit Erde gefüllt.

a) Berechne, wie viele 10-Liter-Säcke Blumenerde dazu nötig sind.

b) Ermittle die gesamten Kosten für Erde und Pflanzen, wenn in jeden Kasten sechs Stiefmütterchen gepflanzt werden.

c) Veranschauliche anhand einer Zeichnung, wie du die sechs Stiefmütterchen eines Kastens jeweils anordnen würdest. Trage in deine Zeichnung Maße ein und erkläre sie.

G 7. Ein quaderförmiges Schokotäfelchen ist 4,0 cm lang, ebenso breit und 2,5 mm hoch; es hat eine Masse von 8 g. Entwirf zwei verschiedene quaderförmige Verpackungen für jeweils 20 Täfelchen.

8. Eine quaderförmige Schachtel hat die Innenmaße 30 cm x 20 cm x 20 cm. In ihr sollen quaderförmige Parkettbrettchen verpackt werden. Wie viele Brettchen mit den folgenden Maßen passen höchstens in die Schachtel?

a) 20 cm x 15 cm x 2 cm

b) 30 cm x 15 cm x 3 cm

Untersuche, ob Gregors Ergebnisse richtig sind.

a) 20 Stück
b) 8 Stück

Lösungen zu 8. (Gregors Ergebnisse) **L**

9. Wie ändert sich das Volumen eines Würfels (mit z. B. 4 cm langen Kanten), wenn die Länge

a) jeder seiner Kanten verdoppelt wird? **b)** jeder seiner Kanten verdreifacht wird?

10. Wie ändert sich das Volumen eines Quaders (der z. B. 8 cm lang, 6 cm breit und 4 cm hoch ist), wenn

a) seine Länge verdoppelt wird, aber seine Breite und seine Höhe gleich bleiben?

b) seine Länge und seine Breite verdoppelt werden, aber seine Höhe unverändert bleibt?

c) die Länge jeder seiner Kanten verdoppelt wird?

11. Jeder der drei abgebildeten Würfel hat eine Kantenlänge von 6 cm.

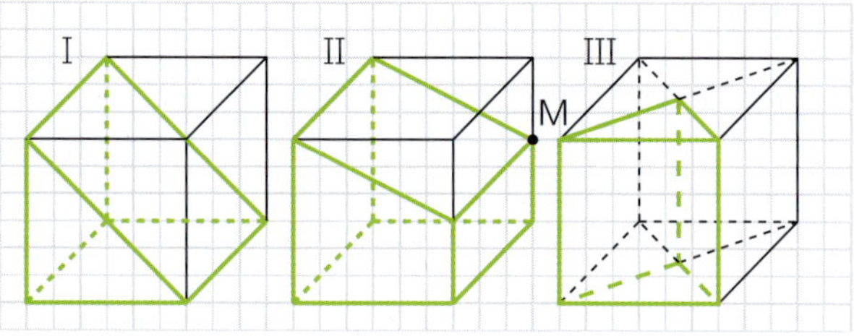

a) Berechne zunächst das Würfelvolumen.

b) Gib dann an, welchen Bruchteil des Würfelvolumens die geraden Prismen I, II bzw. III, deren Kanten grün getönt sind, besitzen, und berechne ihre Volumina. *Hinweis:* M ist Kantenmittelpunkt.

G 12. Laura und Lucas möchten für Gregor möglichst viele Bonbon-Schächtelchen in einer quaderförmigen Schachtel verpacken.

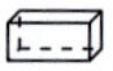

Bonbon-Schächtelchen:
außen 5,5 cm x 1,6 cm x 2,5 cm

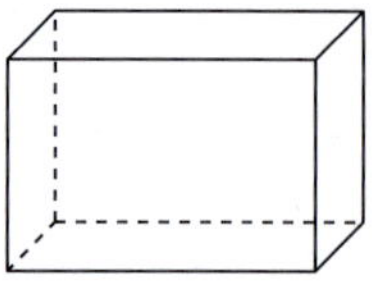

quaderförmige Schachtel:
innen 21 cm x 6,5 cm x 14 cm

a) Finde heraus, wie viele Bonbon-Schächtelchen bei jeder der beiden Anordnungen in die Schachtel passen.

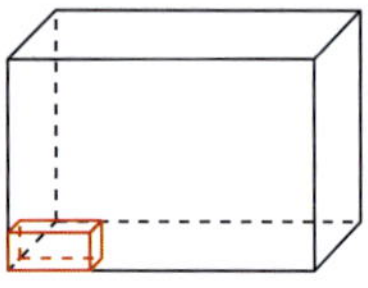

Lauras Anordnung

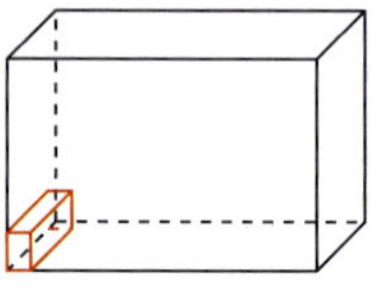

Lucas' Anordnung

b) Finde zwei weitere Anordnungen und gib jeweils die Anzahl der Schächtelchen, die in die Schachtel passen, an.

13. Die Abbildung zeigt ein Netz eines Quaders, der doppelt so lang wie breit und dreimal so lang wie hoch ist. Berechne den Oberflächeninhalt und das Volumen des Quaders.

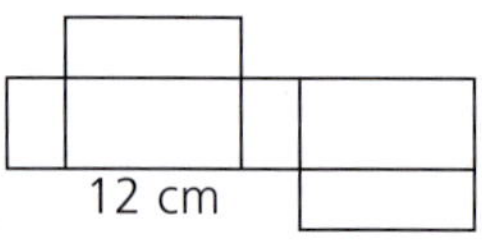

350 · 0 · 111 = ?
(88 : 88) : 88 = ?
2 : 0,05 = ?

W1 Welche Zähler bzw. Nenner müssen ergänzt werden?
$5 = \frac{●}{10} = \frac{35}{■} = \frac{200}{◆} = \frac{▲}{24} = \frac{■}{99}$

W2 Welcher Bruchteil wird mit der Schreibweise 35% abgekürzt?

W3 Wahr oder falsch? Die Menge aller rationalen Zahlen enthält keine negativen Brüche.

1. Aus einem DIN-A4-Bogen Papier soll ein oben offener Quader (also eine Schachtel ohne Deckel) gebaut werden. Zeichne dazu entsprechend der Abbildung an den vier Ecken deines DIN-A4-Bogens gleich große Quadrate, schneide dann das Papier längs der durchgezogenen Linien ein und falte es längs der gestrichelten Linien zu einem Quader; dabei kannst du die vier Quadrate als Klebelaschen verwenden.

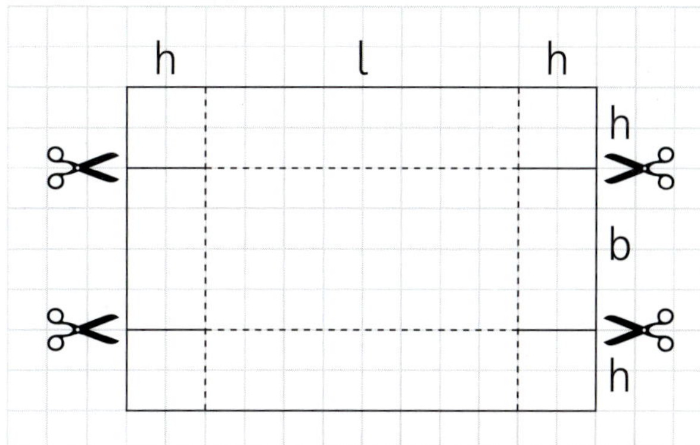

Je nachdem, wie lang du die Quadratseite h wählst, erhältst du Quader von unterschiedlichem Volumen. Finde durch (überlegtes) Probieren heraus, welche Maße der Quader hat, der das größtmögliche Volumen besitzt. Übertrage dazu die Tabelle in dein Heft und trage dann dort Länge, Breite, Höhe und Volumen jedes deiner Quader ein.

Tipp: Führe die Multiplikationen, die zur Ermittlung des Volumens nötig sind, mithilfe eines Taschenrechners durch und runde dann sinnvoll. Gib in deinem Heft die Maße deines „größten" Quaders an und vergleiche sie mit den Ergebnissen deiner Mitschüler und Mitschülerinnen.

Länge l	26,7 cm						
Breite b	18,0 cm						
Höhe h	1,5 cm						
Volumen V	0,72 dm^3						

2. Baue deinen „größten" Quader aus einem DIN-A4-Bogen Karton; klebe dabei die vier Klebefalze an den Seitenflächen fest an. Bestimme seine Masse und setze ihn dann in eine Wanne mit Wasser. Belaste ihn vorsichtig z. B. mit grobem Kies, Steinen oder Holzbrettchen so, dass er weder untergeht noch kippt. Finde heraus, welches die größte Masse ist, die er gerade noch tragen kann, ohne unterzugehen. Halte in deinem Heft fest, welche Masse dein Quader hat und mit welcher Masse er zusätzlich belastet werden kann. Vergleiche dein Ergebnis mit den Ergebnissen deiner Mitschüler und Mitschülerinnen.

7.7 Üben – Festigen – Vertiefen

Zu 7.1:
Aufgaben 1. und 2.

1. Gib an, bei welchen dieser fünf Körper – die unsichtbaren Kanten sind bei dreien von ihnen eingetragen – es sich um gerade Prismen handelt, und begründe deine Meinung.

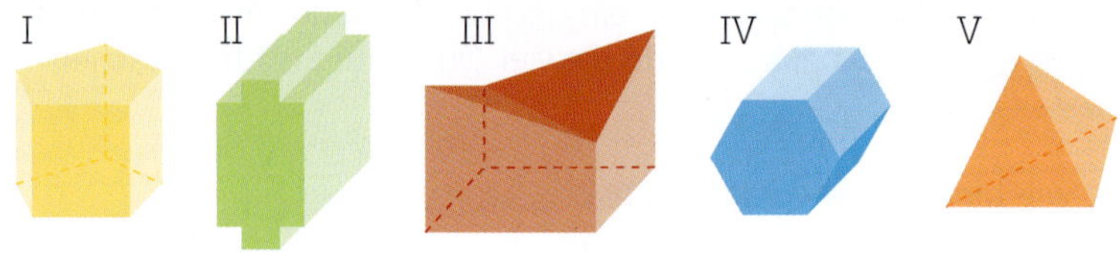

2. Gib an, welche dieser geraden Prismen einander zu einem Quader ergänzen.

Zu 7.3:
Aufgabe 3.

3. Die vier Abbildungen stellen unvollständige Schrägbilder von Quadern dar. Übertrage sie in dein Heft und vervollständige sie dann dort.

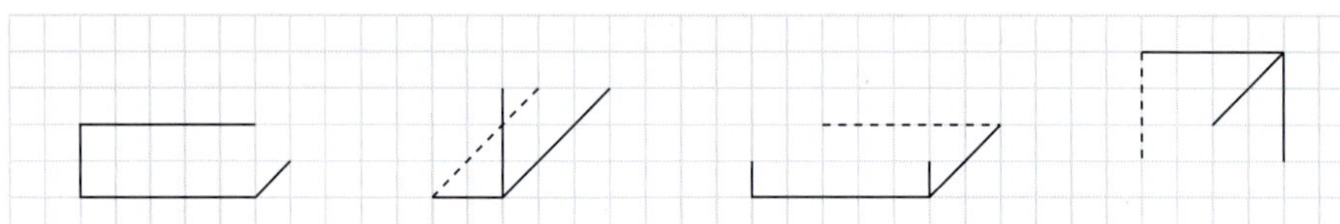

Zu 7.5:
Aufgaben 4. und 5.

4. Übertrage die Einheitentafel in dein Heft und ergänze sie dann dort.

	1 m³	100 dm³	10 dm³	1 dm³	100 cm³	10 cm³	1 cm³	100 mm³	10 mm³	1 mm³	
3,456 m³	3	4	5	6							3 456 dm³
dm³			1	2	4	7					cm³
cm³								5			mm³
m³	2	0	0	4							cm³
1,02 m³											dm³

5. Gib entsprechend der Teilaufgabe a) jede der neun Größen mehrfach benannt an. In der Tabelle findest du jeweils über dem Ergebnis ein Wort bzw. eine Silbe. In der Reihenfolge der Teilaufgaben ergeben diese Wörter bzw. Silben zusammen den Lösungssatz.

a) 12,903 m³ [m³; dm³; cm³] *Ergebnis:* 12,903 m³ = 12 m³ 903 dm³ 0 cm³

b) 129,03 hl [hl; l]

c) 129,03 l [dm³; cm³]

d) 1 290,3 ml [dm³; cm³; mm³]

e) 1,2903 m³ [m³; dm³; cm³]

f) 0,012 903 m³ [m³; dm³; cm³]

g) 12 903 mm³ [dm³; cm³; mm³]

h) 129,03 m³ [m³; dm³; cm³]

i) 129 030 mm³ [dm³; cm³; mm³]

was	kannst,	Al	Spaß.	macht	du	dir	auch	les,
129 dm³ 30 cm³	1 m³ 290 dm³ 300 cm³	12 m³ 903 dm³ 0 cm³	0 dm³ 129 cm³ 30 mm³	0 m³ 12 dm³ 903 cm³	1 dm³ 290 cm³ 300 mm³	0 dm³ 12 cm³ 903 mm³	129 m³ 30 dm³ 0 cm³	129 hl 3 l

Zu 7.6:
Aufgaben 6. bis 8.

6. Simon hat eine große Anzahl von (quaderförmigen) Bauklötzen der Größe 2 cm x 8 cm x 1 cm. Er möchte mit diesen Quadern einen Würfel bauen. Wie viele von seinen Bauklötzen braucht er dazu mindestens?

7. Übertrage die Tabelle in dein Heft und ergänze sie dann dort.

Der Würfel	①	②	③	④	⑤
mit der Kantenlänge	2 cm	(2 · 2 cm =) 4 cm	(3 · 2 cm =) 6 cm	(4 · 2 cm =) 8 cm	(5 · 2 cm =) 10 cm
hat einen Oberflächeninhalt von					
und ein Volumen von					

a) Vergleiche die Oberflächeninhalte der Würfel ②, ③, ④ und ⑤ mit dem Oberflächeninhalt des Würfels ① und formuliere mit deinen eigenen Worten, was dir bei diesem Vergleich auffällt.

b) Vergleiche die Volumina der Würfel ②, ③, ④ und ⑤ mit dem Volumen des Würfels ① und formuliere mit deinen eigenen Worten, was dir bei diesem Vergleich auffällt.

8. a) Berechne das Volumen jedes der beiden Quader, von denen du hier Netze abgebildet siehst, und runde es auf Kubikdezimeter.

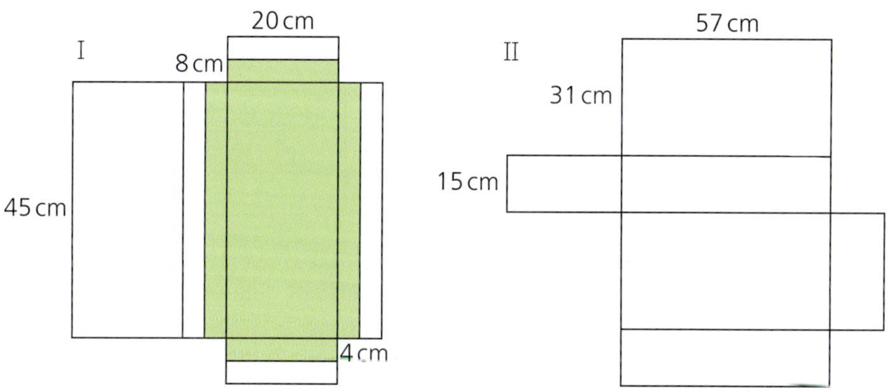

b) Ermittle, wie viel Prozent der Oberfläche des Quaders I grün gefärbt sind.

c) Zeichne das Netz des Quaders II im Maßstab 1 : 10 in dein Heft und färbe 50% der Oberfläche rot.

Weitere Aufgaben

9. Sophie möchte mithilfe einer 10-Liter-Gießkanne und einer 6-Liter-Gießkanne aus einer großen Regenwassertonne durch geschicktes Umfüllen 2 Liter Wasser abmessen; sie behauptet, dass dies möglich ist. Überlege, wie sie dabei vorgehen könnte.

10. Lucas stellt aus „einem Teil" Himbeersirup und „vier Teilen" Wasser Himbeerlimonade her.

a) Wie viel Himbeerlimonade kann er aus 250 cm^3 Himbeersirup herstellen?

b) Er will für Gregor, Laura, Sophie und sich selbst je einen halben Liter Himbeerlimonade zubereiten. Wie viel Himbeersirup braucht er dafür insgesamt?

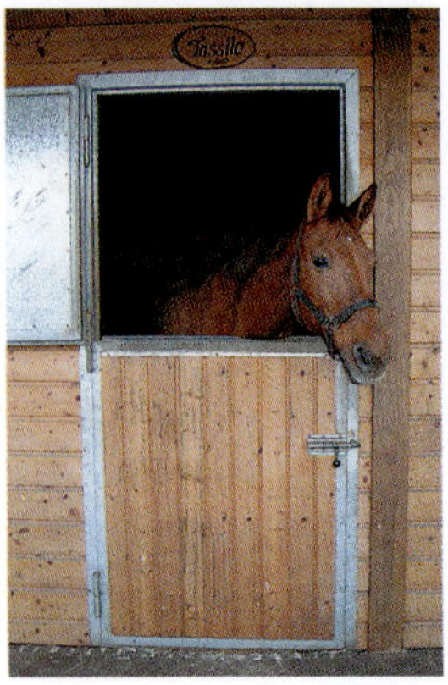

11. Für Pferdeställe ist pro Pferd ein Luftraum von 40 m^3 vorgeschrieben. Wie viele Pferde dürfen deshalb in einem Stall, der 36 m lang, 10 m breit und 4 m hoch ist, höchstens untergebracht werden?

12. Die quaderförmige Tiefkühltruhe eines Lebensmittelgeschäfts ist innen 1,2 m lang, 0,6 m breit und 0,8 m hoch. Sie ist zu drei Vierteln mit (quaderförmigen) Eispackungen (jeweils 15 cm lang, 7,5 cm breit und 4 cm hoch) gefüllt. Die Hälfte der Packungen enthält Vanilleeis, ein Drittel der Packungen Schokoladeneis, ein Zehntel der Packungen Zitroneneis und der Rest Karamelleis. Sophie sagt: „Die Anzahl der Packungen mit meiner Lieblingseissorte ist sowohl eine Quadratzahl wie auch eine Kubikzahl." Welches ist Sophies Lieblingseis, und wie viele Packungen davon sind in der Tiefkühltruhe?

13. Ein Container ist 20 ft lang, 8 ft breit und 8 ft hoch.

a) Berechne sein Volumen auf Kubikmeter gerundet. *Hinweis:* 1 ft ≈ 0,3048 m

b) Wie viel Kubikmeter Ladung kann ein Containerschiff aufnehmen, wenn es 4 000 Container transportieren kann?

14. Übertrage die Tabelle in dein Heft und ergänze sie dann dort.

Größe	Größe mit … Dezimale(n)	Dabei wurde auf … gerundet	Beispiel
31,234 m	1: 31,2 m	Dezimeter	Länge eines Gangs in der Schule
234,58 cm^3	1: cm^3	Zehntel Kubikzentimeter	
76,877 dm	2: dm		
$\frac{3}{4}$ l	1: l		
	0: cm	Zentimeter	Länge deines Mathematikbuchs
	0: g		Masse einer Milchschnitte
21,854 m^2	2: m^2	Quadratdezimeter	

15. Ein Korkwürfel ist 4,5 cm lang. Welche Masse hat er, wenn 1,0 Kubikzentimeter Kork 0,24 g hat? Gib die Masse des Korkwürfels auf g gerundet an.

16. Ein Weitsprung-Sandkasten ist 10,5 m lang und 3,0 m breit; er soll 60 cm tief mit Sand gefüllt werden.

a) Berechne die Masse des zum Füllen nötigen Sands, wenn 1,0 Kubikmeter Sand 1,5 t hat, und runde sie auf t.

b) Wie viele Kleinlastwagenladungen (je 1,8 t) Sand werden hierfür benötigt?

17. Die vier Wände eines Zimmers (Länge 5,2 m; Breite 4,5 m; Höhe 2,5 m; Türen und Fenster insgesamt 8,5 m^2) sollen zur Wärmeisolierung mit Styroporplatten der Dicke 2,5 cm verkleidet werden.

a) Schätze, welche Masse die dazu nötigen Styroporplatten haben, wenn 1,0 dm^3 Styropor 18 g hat.

b) Berechne die Masse des benötigten Styropors.

$\frac{1}{6} + \frac{1}{7} - \frac{3}{21} = \frac{1}{■}$

$5{,}94 : (-594) = ?$

$0 : \left(\frac{1}{39} \cdot 13\right) = ?$

W1 Welches ist das kleinste gemeinsame Vielfache von 8 und 15 und 20?

W2 Welche Größen haben die Innenwinkel des Dreiecks ABC mit A (1,5 | 5), B (–2 | –1) und C (6 | 5)? Bestimme auch den Summenwert dieser drei Winkel.

W3 Wie viele Primzahlen gibt es?

I. a) Übertrage zunächst die Größenmauer in dein Heft und schreibe dann dort auf die leeren Steine Größen, sodass auf jedem Stein der halbe Summenwert der Größen steht, die auf den beiden Steinen direkt darunter stehen.

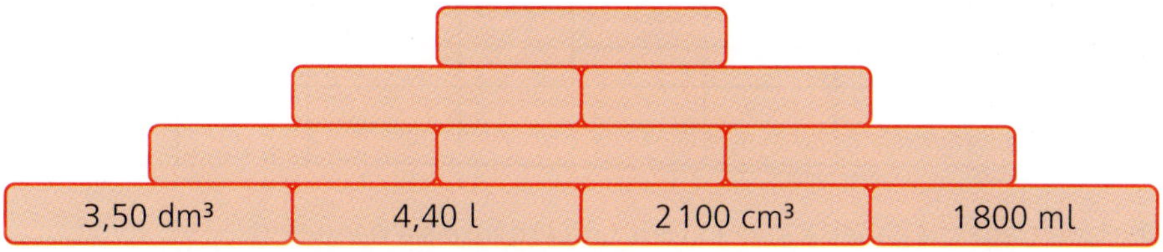

b) Gib die Größe auf dem obersten Stein in der Einheit cm³ und in der Einheit l an.

c) Wie ändert sich die Größe auf dem obersten Stein, wenn du jede der vier Größen in der untersten Reihe verdoppelst?

II. Berechne den Wert des Terms (12 m · 4 m · 2 m – 1 m³) : 2.
Erfinde eine Aufgabe, die diesen Term als Ansatz hat.

III. Übertrage die Tabelle in dein Heft und ergänze sie dann dort.

Quader	①	②	③	④	⑤	⑥	⑦	⑧	…
Länge	2 cm	3 cm	4 cm	5 cm	6 cm	7 cm			
Breite	1 cm	2 cm	3 cm	4 cm	5 cm				
Höhe	1 cm	1 cm	1 cm	1 cm					
Volumen	2 cm³	6 cm³	12 cm³						

Gib das Volumen des 20. Quaders an.

IV. Die abgebildete „Pyramide" ist unten 10 cm, in der Mitte 7 cm und oben 4 cm breit sowie insgesamt 3 cm hoch. Ihre drei Schichten sind gleich hohe Quader mit quadratischer Grundfläche und so aufeinander gesetzt, dass alle Stufen ringsherum gleich breit sind.

a) Berechne das Volumen der „Pyramide".

b) Die „Pyramide" soll (außer auf der Unterseite) überall angemalt werden. Berechne den Inhalt der zu bemalenden Fläche auf Quadratdezimeter gerundet.

G V. Ein Umzugskarton ist innen 65 cm lang, 38 cm breit und 36 cm hoch.

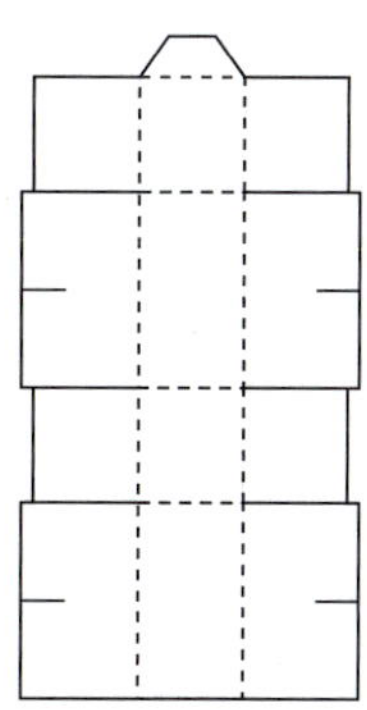

a) Berechne sein Fassungsvermögen auf dm³ gerundet.

b) Informiere dich, wie ein Umzugskarton gebaut und wie er verschlossen wird.

c) Zeichne sein Netz im Maßstab 1 : 10 auf dünnen DIN-A4-Karton und baue daraus ein verkleinertes Umzugskarton-Modell. Bringe die Klebelasche so an, dass du dein Modell nur an der Seite zusammenklebst, und schneide das Netz geeignet ein, sodass du den Karton gut verschließen kannst.
Tipp: Du kannst dein Umzugskarton-Modell auch zum Verpacken eines kleinen Geschenks verwenden.

1. Übertrage die Einheitentafel in dein Heft und ergänze sie dann dort.

	1 m³	100 dm³	10 dm³	1 dm³	100 cm³	10 cm³	1 cm³	100 mm³	10 mm³	1 mm³	
5 m³											dm³
67,02 hl											m³
789,1 cm³											dm³
4,5 ml											mm³
800 cm³											m³

2. Übertrage die Tabelle in dein Heft und ergänze sie dann dort.

Größe	Größe mit … Dezimale(n)	Dabei wurde auf … gerundet	Beispiel
2,195 kg	2: kg		Masse eines Beutels Kartoffeln
6,3 g	0: g		
dm	1: 7,2 dm		
19,3 °C	0: °C	Grad	
	0: 45 €	€	
0,3333 l	l	ml	
	2: 12,56 a		
593,724 dm³	1: dm³		

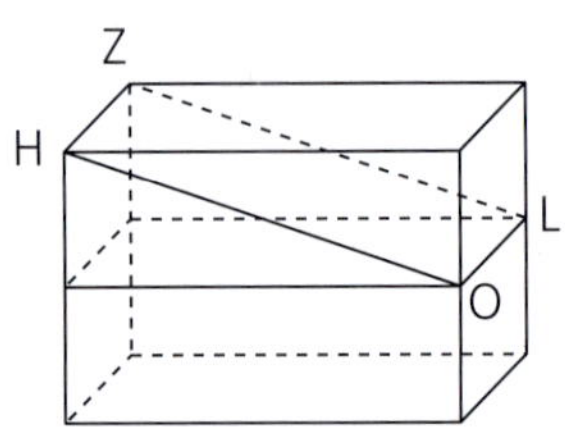

3. Der abgebildete Holzquader ist 12 cm lang, 6 cm breit und 8 cm hoch. Er wird zunächst durch einen Sägeschnitt parallel zu seiner Grundfläche halbiert; dann wird oben der Keil (mit der Schnittfläche HOLZ) abgesägt.

a) Berechne das Quadervolumen.

b) Welchen Bruchteil des Quadervolumens nimmt der Keil ein?

c) Gib das Volumen des Keils an.

4. Übertrage die Zeichnung in dein Heft und zeichne dann dort das Schrägbild des Quaders fertig.

5. Zwei Spielwürfel liegen nebeneinander auf einer Glasplatte. Die Abbildungen zeigen die Ansicht von oben sowie die Ansicht von vorne.

Ansicht von oben:

Ansicht von vorne:

Zeichne die Ansicht von unten in dein Heft.

6. Finde heraus, welche der vier Abbildungen kein Netz eines geraden dreiseitigen Prismas darstellt, und begründe deine Meinung:

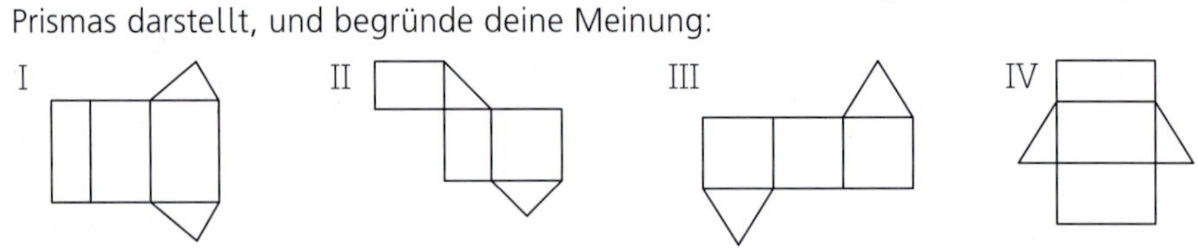

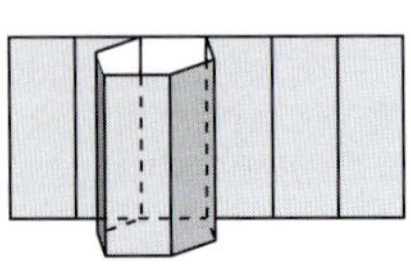

7. Das gerade sechsseitige Prisma ist oben und unten offen. Es ist 12 cm hoch; jede Seite der beiden Sechsecke ist 4,5 cm lang. Berechne seinen Oberflächeninhalt [d. h. den (Außen-)Flächeninhalt seines „Mantels"].

Lösungen unter www.ccbuchner.de (Eingabe „8256" im Suchfeld)

Kapitel 8
Das Rechnen mit rationalen Zahlen

Georg Cantor
geb. 1845 in St. Petersburg
gest. 1918 in Halle

Georg Cantor untersuchte Mengen mit unendlich vielen Elementen wie z. B. $\mathbb{N}$ und $\mathbb{Q}$. Er machte dabei überraschende Entdeckungen, die grundlegend für die weitere Entwicklung der Mathematik, insbesondere der Theorie der unendlichen Mengen, werden sollten. So z. B. entdeckte **Cantor** 1873 die Abzählbarkeit der Menge $\mathbb{Q}$ der rationalen Zahlen.

Cantor war Professor für Mathematik an der Universität Halle. In den letzten Jahren seines Lebens befasste er sich intensiv mit der sogenannten Bacon-Shakespeare-Theorie: **Cantor** war fest davon überzeugt, dass der englische Philosoph Francis Bacon der Verfasser der unter dem Namen „William Shakespeare" erschienenen Werke ist.

Laura, Lucas und Sophie haben für Gregor eine Überraschung vorbereitet. An die Tafel haben sie dreizehn Zahlen geschrieben und eine Zahlengerade gezeichnet:

$-2{,}1;\ 5{,}2;\ -6{,}3;\ -3{,}4;\ -0{,}5;\ 0;\ 4{,}5;\ -2{,}9;\ -4{,}9;\ -1\tfrac{1}{2};\ -5\tfrac{3}{10};\ 2;\ 3{,}5$

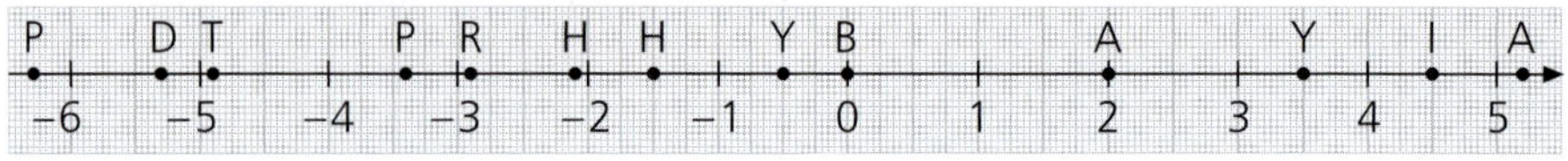

Arbeitsaufträge

- Übersetze den an Gregor adressierten Brief.
- Schreibe an einen Freund oder eine Freundin einen ähnlich verschlüsselten Brief.

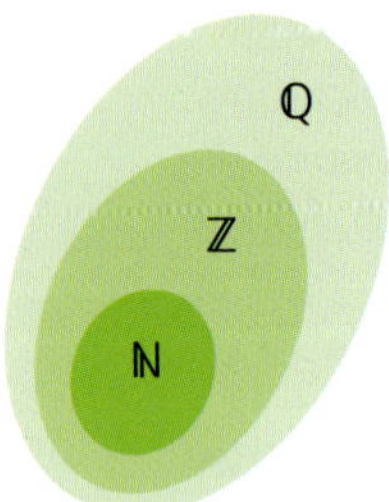

Laura überlegt:

$\frac{3}{4} \in \mathbb{Q}$ und $\frac{3}{4} \notin \mathbb{Z}$;

$1 \in \mathbb{Q}$; $1 \in \mathbb{Z}$; $1 \in \mathbb{N}$

Jede Zahl, die sich als Bruch $\frac{a}{b}$ mit $a \in \mathbb{Z}$ und $b \in \mathbb{N}$ darstellen lässt, heißt **rationale Zahl**. Alle rationalen Zahlen zusammen bilden die Menge $\mathbb{Q}$.
Jede natürliche Zahl ist somit eine rationale Zahl, denn jede natürliche Zahl lässt sich als ein derartiger Bruch darstellen:

$1 = \frac{2}{2} = \frac{5}{5};\ 7 = \frac{7}{1} = \frac{14}{2} = \frac{49}{7}\ (49 \in \mathbb{Z};\ 7 \in \mathbb{N}).$

Allgemein ist jede ganze Zahl eine rationale Zahl, denn jede ganze Zahl lässt sich als ein derartiger Bruch schreiben:

$0 = \frac{0}{3} = \frac{0}{100}\qquad -1 = \frac{-2}{2} = \frac{-5}{5}\qquad -7 = \frac{-7}{1} = \frac{-14}{2} = \frac{-49}{7}\ (-49 \in \mathbb{Z};\ 7 \in \mathbb{N}).$

Jeder Bruch, dessen Wert eine ganze Zahl ist, heißt **Scheinbruch**.
Jedes Element der Menge $\mathbb{N}$ ist auch ein Element der Menge $\mathbb{Z}$, und jedes Element der Menge $\mathbb{Z}$ ist auch ein Element der Menge $\mathbb{Q}$.
Die rationale Zahl c ist **größer** als die rationale Zahl d (**c > d**), wenn der Bildpunkt der Zahl c auf einer Zahlengeraden **rechts** vom Bildpunkt der Zahl d liegt:

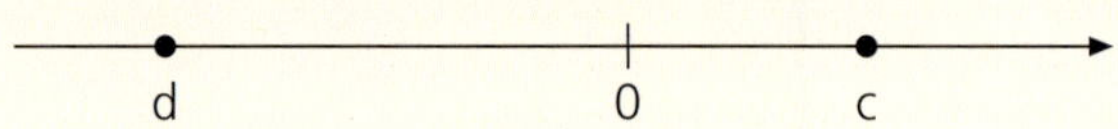

Von zwei negativen rationalen Zahlen ist stets diejenige die größere, die den kleineren Betrag besitzt: $-\frac{1}{5} > -\frac{7}{5}$.

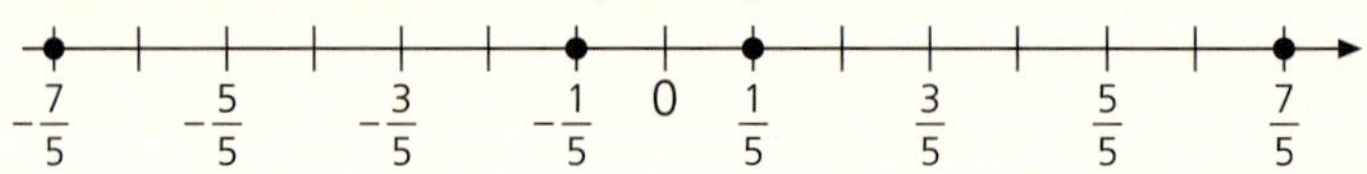

Beispiele

- Finde heraus, welche der sechs rationalen Zahlen $\frac{5}{4}$; $\frac{8}{2}$; $\frac{-12}{12}$; $\frac{7}{49}$; $\frac{49}{7}$ und $\frac{0}{3}$ Elemente der Menge $\mathbb{N}$, welche von ihnen Elemente der Menge $\mathbb{Z}$ und welche von ihnen Elemente der Menge $\mathbb{Q}$ sind.

  Lösung: Elemente der Menge $\mathbb{N}$ sind die positiven Scheinbrüche

  $\frac{8}{2}(= 4)\qquad \frac{49}{7}(= 7).$

  Elemente der Menge $\mathbb{Z}$ sind die Scheinbrüche

  $\frac{8}{2}(= 4)\qquad \frac{49}{7}(= 7)\qquad \frac{-12}{12}(= -1)\qquad \frac{0}{3}(= 0).$

  Alle sechs gegebenen Zahlen sind Elemente der Menge $\mathbb{Q}$.

Lucas:
Man kann auch schreiben $\frac{8}{2} \in \mathbb{N}$

- Gib an, von welchen rationalen Zahlen die Bildpunkte auf der Zahlengeraden markiert sind, und ordne dann diese Zahlen in Form einer steigenden Ungleichungskette.

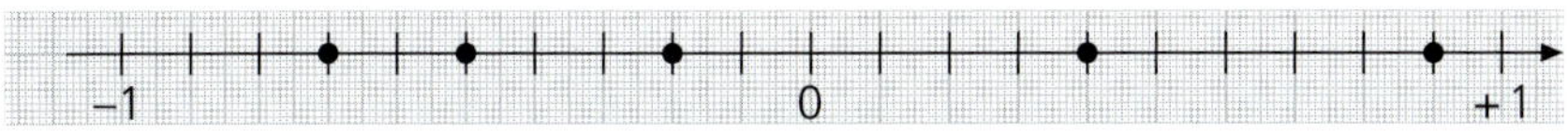

Lösung: $-\frac{7}{10} < -\frac{1}{2} < -\frac{1}{5} < \frac{2}{5} < \frac{9}{10}$

- Markiere die Bildpunkte der acht Zahlen $-\frac{1}{2}$; $\frac{3}{4}$; $-\frac{5}{8}$; 1,5; 0; $-\frac{3}{8}$; $\frac{7}{8}$ und $-\frac{1}{4}$ auf einer Zahlengeraden und ordne dann die acht Zahlen in Form einer fallenden Ungleichungskette.

Zeichnung:

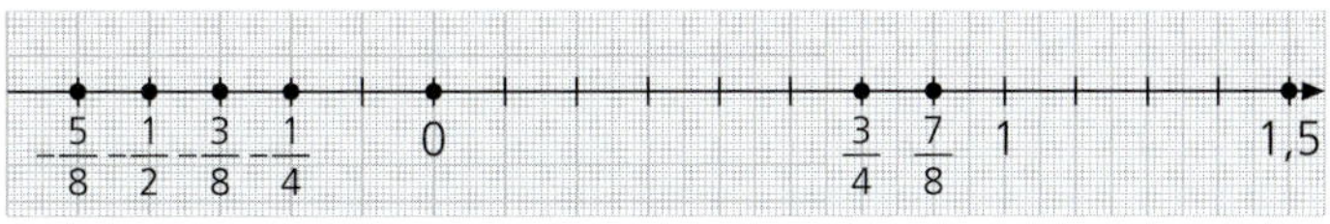

Fallende Ungleichungskette: $1{,}5 > \frac{7}{8} > \frac{3}{4} > 0 > -\frac{1}{4} > -\frac{3}{8} > -\frac{1}{2} > -\frac{5}{8}$

- Gib von jeder der vier Zahlen $\frac{2}{3}$; $-\frac{7}{12}$; –0,75 und $\frac{1}{4}$ den Betrag an und stelle dann die vier Zahlen und ihre Beträge auf einer Zahlengeraden dar.

Beträge:

Zahl	$\frac{2}{3}$	$-\frac{7}{12}$	–0,75	$\frac{1}{4}$
Betrag der Zahl	$\frac{2}{3}$	$\frac{7}{12}$	0,75	$\frac{1}{4}$

Zeichnung:

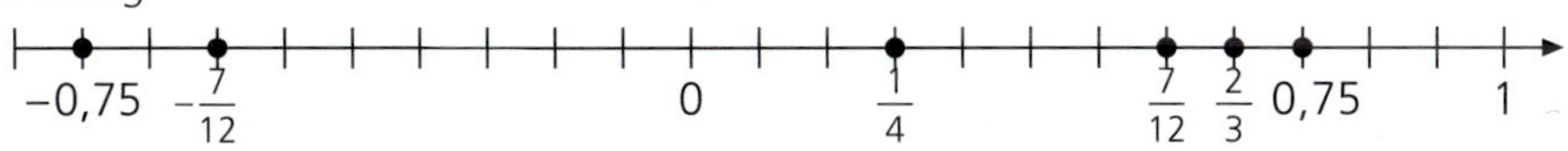

- Wie viele Elemente besitzt die Menge $\mathbb{Q}$?
- Gibt es rationale Zahlen, die größer als $\frac{1}{7}$, aber kleiner als $\frac{2}{7}$ sind?
- Was bedeutet $0{,}101001000100001\ldots \notin \mathbb{Q}$?

Aufgaben

1. Gib zu jeder der acht rationalen Zahlen 2; –0,5; $3\frac{1}{5}$; –6,25; $\frac{4}{4}$; –7,5; $3{,}\overline{3}$ und 3 ihre Gegenzahl an und veranschauliche jeweils farbig Zahl und Gegenzahl durch ihre Bildpunkte auf einer Zahlengeraden.

2. Bilde von jeder positiven der acht Zahlen 5; –0,5; $1\frac{1}{5}$; 2,25; $\frac{4}{4}$; –2,5; $3{,}\overline{3}$ und 10 den Kehrwert und zu jeder negativen Zahl die Gegenzahl ihrer Gegenzahl.

Gregor weiß: ***Kehrwert:*** *Zähler und Nenner vertauschen.*

3. Veranschauliche jede der acht Zahlen 1,25; –0,5; $1\frac{1}{3}$; $-1\frac{1}{6}$; $\frac{2}{3}$; –1; $0{,}\overline{3}$ und 0 durch ihren Bildpunkt auf derselben Zahlengeraden (Einheit: 6 cm) und ordne dann die acht Zahlen in Form einer fallenden Ungleichungskette.

4. Übertrage jeweils die Zahlengerade in dein Heft und gib dann dort die rationalen Zahlen an, deren Bildpunkte durch Pfeile markiert sind.

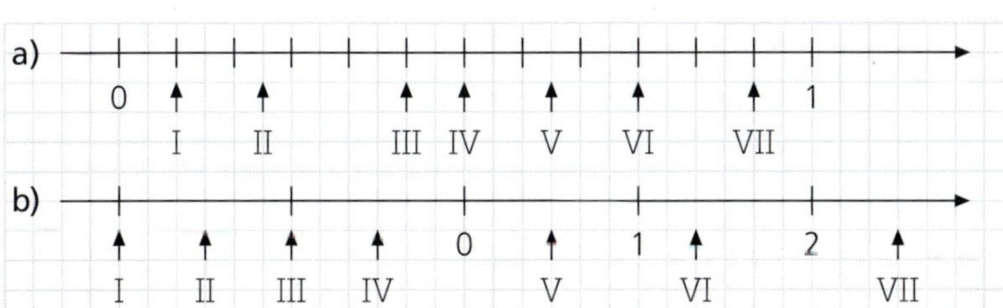

Laura überlegt:
$-\frac{7}{9}$ ist eine rationale Zahl: $-\frac{7}{9} \in \mathbb{Q}$

5. Gib bei jeder der zehn Zahlen 1; $-\frac{1}{2}$; −7,5; $\frac{3}{11}$; 0; 1,8; $3\frac{1}{7}$; −1,9; −1 000 und 6,5 an, zu welchen der Mengen $\mathbb{N}$, $\mathbb{Z}$ bzw. $\mathbb{Q}$ sie gehört. Addiere dann alle positiven und multipliziere hierauf alle nichtnegativen unter diesen zehn Zahlen.

6. a) Nenne zehn rationale Zahlen, die Elemente der Menge $\mathbb{N}$ sind.
b) Nenne zehn rationale Zahlen, die nicht Elemente der Menge $\mathbb{N}$ sind.
c) Nenne zehn rationale Zahlen, die nicht Elemente der Menge $\mathbb{Z}$ sind.

7. Finde zu jeder der gegebenen Zahlen sowohl die nächstkleinere wie auch die nächstgrößere ganze Zahl und schreibe dann diese drei Zahlen jeweils in Form einer Ungleichungskette; stelle dir dabei jeweils die Lage des Bildpunkts der gegebenen Zahl auf einer Zahlengeraden vor.

a) $\frac{2}{3}$ b) $-\frac{2}{3}$ c) −2,6 d) −10,2 e) $\frac{17}{5}$ f) −13,1 g) $\frac{100}{11}$

8. Gib jeweils diejenige Zahl an, deren Bildpunkt auf einer Zahlengeraden in der Mitte zwischen den Bildpunkten der beiden gegebenen Zahlen liegt.

a) 0,5; 0 b) −1; 1 c) 1; −2 d) −1; 4 e) 0; $-\frac{1}{4}$ f) $-\frac{1}{4}$; $-\frac{1}{8}$

9. Übertrage die Zahlengerade (Einheit: 6 cm) in dein Heft und ordne dann die dreizehn Zahlen 0,25; −0,5; $1\frac{1}{3}$; $-1\frac{1}{6}$; $\frac{2}{3}$; −1; $0,\overline{3}$; −0,25; $1\frac{1}{12}$; $-\frac{11}{12}$; −0,75; $-0,\overline{3}$ und $\frac{5}{6}$ den eingetragenen Bildpunkten sowie den Mengen M_1, M_2 bzw. M_3 zu.

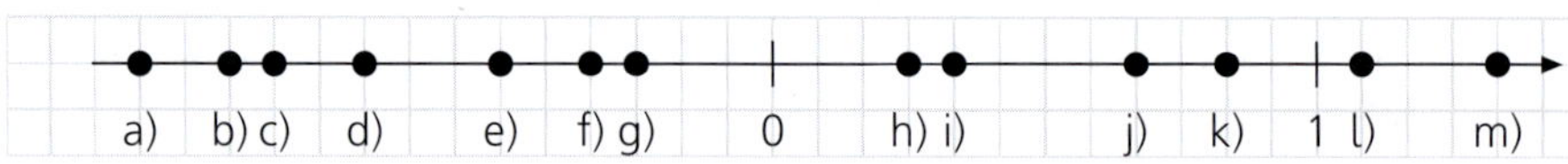

M_1: Menge aller rationalen Zahlen, die kleiner oder gleich −1 sind
M_2: Menge aller rationalen Zahlen, die größer als −1, aber kleiner als 0,5 sind
M_3: Menge aller rationalen Zahlen, die größer oder gleich 0,5 sind

10. Lucas liest an einem Tag zu jeder vollen Stunde die Temperatur am Außenthermometer ab, trägt die Messwerte in eine Tabelle ein und zeichnet ein Diagramm.

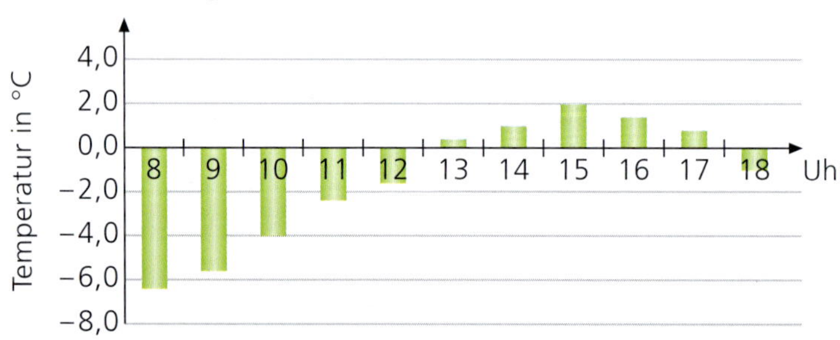

a) Was kannst du aus dem Diagramm ablesen? In welchem Monat könnte Lucas die Messungen vorgenommen haben?
b) Erstelle eine Temperaturtabelle.
c) Gib die ersten acht Temperaturen in einer steigenden, die letzten vier Temperaturen in einer fallenden Ungleichungskette an.

3 333 : (−101) = ?
8% sind $\frac{■}{25}$.
$0,\overline{9}$ + 19 − 230 = ?

W1 Wie werden zwei Brüche dividiert? Erkläre an einem Beispiel.
W2 Welchen Drehwinkel beschreibt der Stundenzeiger einer Uhr im Lauf eines ganzen Tags?
W3 Welches ist der Minuend der Differenz 97 − 4³ : 8? Berechne auch den Differenzwert.

Die natürlichen Zahlen kann man sich – obwohl es unendlich viele davon gibt – geordnet als Zahlenfolge hintereinander aufgeschrieben vorstellen:
1; 2; 3; 4; 5; ... ; man kann sie also abzählen. Deshalb nennt man die Menge aller natürlichen Zahlen **abzählbar**.
Ebenso ist dies z. B. bei den geraden natürlichen Zahlen (Zahlenfolge: 2; 4; 6; ...), bei den ungeraden natürlichen Zahlen (Zahlenfolge: 1; 3; 5; ...), bei den ganzen Zahlen (Zahlenfolge: 0; 1; –1; 2; –2; 3; –3; ...) und bei den Primzahlen (Zahlenfolge: 2; 3; 5; 7; 11; 13; ...) möglich.

Georg Cantor
1845–1918

Der deutsche Mathematiker Georg Cantor hat gezeigt, dass man sich sogar die rationalen Zahlen so hintereinander aufgeschrieben denken kann, dass in dieser Zahlenfolge alle rationalen Zahlen vorkommen. Er hat also gezeigt, dass auch die **Menge aller rationalen Zahlen abzählbar** ist.

Unten findest du zwei Möglichkeiten, wie man eine solche Zahlenfolge anschreiben kann, sodass alle positiven rationalen Zahlen erfasst werden, sie also abgezählt werden.

Übertrage die Zahlentabelle bei jeder der Aufgaben 1. bzw. 2. in dein Heft und ergänze sie dann dort.

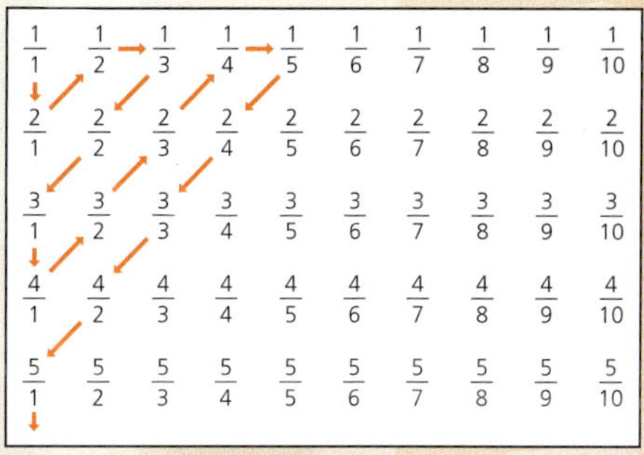

1. Beschreibe, wie die Brüche in der Tabelle angeordnet sind.

a) Schreibe entsprechend den Pfeilen den Anfang der Folge $\frac{1}{1}$; $\frac{2}{1}$; $\frac{1}{2}$; $\frac{1}{3}$; ... in dein Heft, bis du 25 Brüche angeschrieben hast. Wie hätte der 100. Bruch gelautet?

b) In der Folge von Teilaufgabe a) kommen wertgleiche Brüche vor. Stelle aus ihr den Anfang einer neuen Folge her, in der jede positive rationale Zahl nur einmal vorkommt.

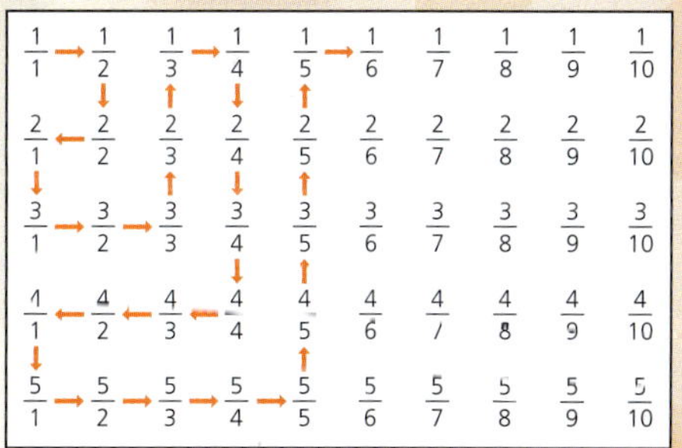

2. a) Schreibe entsprechend den Pfeilen den Anfang einer Folge von Brüchen bis zum Bruch $\frac{1}{5}$ in dein Heft. Wie viele Brüche hast du aufgeschrieben? Wie hätte der 100. Bruch gelautet?

b) Stelle aus der Folge von Teilaufgabe a) den Anfang einer neuen Folge her, in der jede positive rationale Zahl nur einmal vorkommt. Vergleiche mit dem Ergebnis von Teilaufgabe 1. b).

3. In den Teilaufgaben 1. a) und 2. a) wurde gezeigt, dass man die positiven rationalen Zahlen abzählen kann. Übertrage die Tabelle in dein Heft.

Platz„ziffer"	1	2	3	4	5	6	7	8	9	10	11	12	13	14	15	16	17	18	19	20
1. a)	$\frac{1}{1}$	$\frac{2}{1}$	$\frac{1}{2}$	$\frac{1}{3}$	$\frac{2}{2}$	$\frac{3}{1}$	$\frac{4}{1}$	$\frac{3}{2}$	$\frac{2}{3}$	$\frac{1}{4}$										
2. a)	$\frac{1}{1}$	$\frac{1}{2}$	$\frac{2}{2}$	$\frac{2}{1}$	$\frac{3}{1}$	$\frac{3}{2}$														

Wenn du die Tabelle in deinem Heft ergänzt, erkennst du die Abzählbarkeit der positiven rationalen Zahlen besonders gut, da du hier jeder von ihnen (mindestens) eine Platz„ziffer" zuordnest.

4. Schreibe die Zahlentabelle der Aufgaben 1. und 2. ein weiteres Mal in dein Heft und finde einen neuen Pfad, der ebenfalls alle positiven rationalen Zahlen erfasst.

Themenseite

8.2 Größenvergleich rationaler Zahlen

Jetzt senden | Später senden | Verknüpfen | Löschen | Signatur | Optionen | Einfügen | Kategorien

Von: Sophie@delta.de

An: Lucas@delta.de

Betreff: Größenvergleich rationaler Zahlen

Hallo Lucas,

- wenn du zwei rationale Zahlen der Größe nach ordnen willst, hilft es dir oft, wenn du die Bildpunkte dieser Zahlen auf einer Zahlengeraden darstellst.
- Du weißt ja, dass von zwei Zahlen immer diejenige die größere ist, deren Bildpunkt auf der Zahlengeraden weiter rechts liegt. $1\frac{3}{4} > 1\frac{1}{2}$ $\quad \frac{7}{8} > -\frac{7}{8}$ $\quad -1\frac{1}{2} > -1\frac{3}{4}$
- Beispiele:

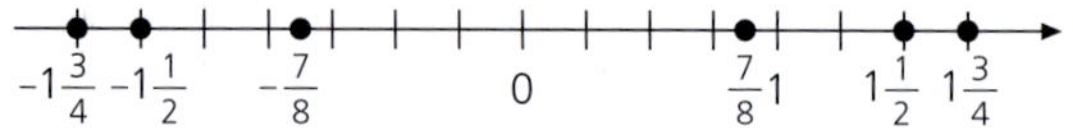

Alles klar? Sophie

Arbeitsauftrag

- Stelle die rationalen Zahlen -1; $\frac{1}{12}$; 0,5; $-\frac{2}{3}$; 0; $\frac{5}{6}$; $-\frac{3}{4}$ und $-\frac{5}{12}$ auf einer Zahlengeraden (Einheit 6 cm) dar, ordne sie dann mit der kleinsten Zahl beginnend der Größe nach und erkläre der Klasse, wie du vorgegangen bist.

Lucas überlegt: Wenn wir 2 Muffins gerecht auf 4 Kinder verteilen, bekommt jedes mehr, als wenn wir sie auf 8 Kinder verteilen.

Allgemein gilt: Die rationale Zahl a ist größer als die rationale Zahl b, wenn der Bildpunkt der Zahl a auf einer Zahlengeraden rechts vom Bildpunkt der Zahl b liegt.

Wenn man zwei rationale Zahlen in ihrer Größe vergleichen will, wählt man für sie am besten die gleiche Art der Darstellung (Bruch, gemischte Zahl bzw. Dezimalzahl).

- **a)** Von zwei positiven Brüchen mit gleichem Nenner ist stets derjenige Bruch der größere, der den größeren Zähler besitzt: $\frac{11}{13} > \frac{5}{13}$.

  b) Von zwei positiven Brüchen mit gleichem Zähler ist stets derjenige Bruch der größere, der den kleineren Nenner besitzt: $\frac{2}{4} > \frac{2}{8}$.

  c) Stimmen zwei positive Brüche weder im Zähler noch im Nenner überein, so ist es häufig günstig, sie erst so zu erweitern (oder zu kürzen), dass sie entweder im Nenner oder im Zähler übereinstimmen, und dann zu vergleichen: $\frac{2}{3} > \frac{3}{5}$, denn $\frac{2}{3} = \frac{10}{15}$ und $\frac{3}{5} = \frac{9}{15}$, und $\frac{10}{15} > \frac{9}{15}$.

  d) Um zwei positive Dezimalzahlen zu vergleichen, sucht man die erste Stelle, in der sie sich unterscheiden; die Zahl mit der größeren Ziffer an dieser Stelle ist die größere Zahl: 2,**5**7 > 2,**4**8   1,5**9**1 > 1,5**8**9.
- Jede positive Zahl ist größer, jede negative Zahl ist kleiner als null.
- Jede positive rationale Zahl ist größer als jede negative rationale Zahl: $\frac{1}{5} > -\frac{11}{5}$ $\quad \frac{5}{7} > -100$.
- Von zwei negativen rationalen Zahlen ist stets diejenige die größere, die den kleineren Betrag besitzt: $-\frac{1}{5} > -\frac{7}{5}$.

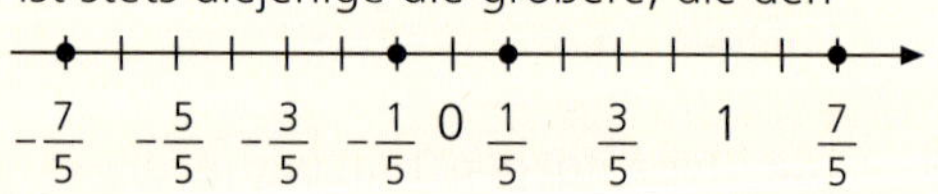

Beispiele

- Setze jeweils an Stelle des Platzhalters ■ eines drei der Zeichen <, > bzw. = ein, sodass eine wahre Aussage entsteht, und erläutere deine Entscheidung.

a) $\frac{1}{4}$ ■ $\frac{1}{6}$ b) $-\frac{1}{4}$ ■ $-\frac{1}{6}$ c) $\frac{4}{9}$ ■ $\frac{7}{9}$ d) $\frac{4}{5}$ ■ $\frac{2}{3}$ e) 0 ■ $-\frac{2}{9}$

Lösung:

a) $\frac{1}{4} > \frac{1}{6}$ Die beiden positiven Brüche besitzen den gleichen Zähler 1; $\frac{1}{4}$ hat den kleineren Nenner, ist also die größere der beiden Zahlen.

b) $-\frac{1}{4} < -\frac{1}{6}$ Der Betrag der Zahl $-\frac{1}{4}$ ist $\frac{1}{4}$; der Betrag der Zahl $-\frac{1}{6}$ ist $\frac{1}{6}$. Die Zahl $-\frac{1}{4}$ hat somit den größeren Betrag, ist also die kleinere dieser beiden negativen Zahlen.

c) $\frac{4}{9} < \frac{7}{9}$ Die beiden Brüche besitzen den gleichen Nenner 9. $\frac{7}{9}$ ist die Zahl mit dem größeren Zähler, also die größere dieser beiden positiven Zahlen.

d) Wenn du die Brüche (mit 3 bzw. 5) auf den gleichen Nenner 15 erweiterst, erhältst du $\frac{4}{5} = \frac{12}{15}$ und $\frac{2}{3} = \frac{10}{15}$. Wegen $\frac{12}{15} > \frac{10}{15}$ ist auch $\frac{4}{5} > \frac{2}{3}$.
Wenn du stattdessen die Brüche auf den gleichen Zähler 4 erweiterst, erhältst du $\frac{4}{5}$ und $\frac{2}{3} = \frac{4}{6}$. Wegen $\frac{4}{5} > \frac{4}{6}$ ist wieder $\frac{4}{5} > \frac{2}{3}$.

e) Der Bildpunkt jeder negativen Zahl auf einer Zahlengeraden liegt links vom Ursprung; also ist 0 größer als jede negative Zahl: $0 > -\frac{2}{9}$.

- Gib an, welche nichtnegativen ganzen Zahlen zwischen $-\frac{18}{5}$ und $\frac{24}{5}$ liegen.

Lösung:

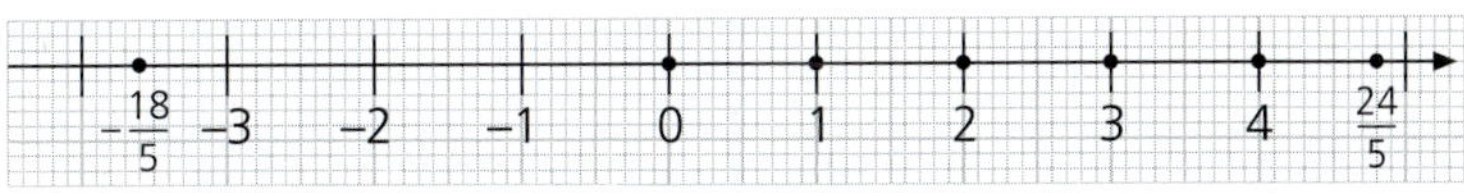

Zwischen $-\frac{18}{5}$ und $\frac{24}{5}$ liegen die fünf nichtnegativen ganzen Zahlen 0; 1; 2; 3; 4.

- Welche der Zahlen $-\frac{1}{2}$ und $-\frac{1}{3}$ ist größer, welche hat den größeren Betrag?
- Welche rationalen Zahlen sind kleiner als die jeweils zugehörigen Gegenzahlen?

Aufgaben

1. Übertrage jeweils die Angabe in dein Heft und setze dann dort an Stelle des Platzhalters ■ eines der drei Zeichen <, > bzw. = so ein, dass eine wahre Aussage entsteht; erläutere deine Entscheidung.

a) $\frac{1}{4} \;■\; \frac{1}{6}$; $-\frac{1}{4} \;■\; -\frac{1}{6}$
b) $\frac{1}{4} \;■\; \frac{1}{3}$; $-\frac{1}{4} \;■\; -\frac{1}{3}$
c) $1{,}56 \;■\; 1{,}5555$; $-1{,}56 \;■\; 1{,}5555$
d) $\frac{4}{9} \;■\; \frac{4}{6}$; $-\frac{4}{9} \;■\; -\frac{4}{6}$
e) $0 \;■\; \frac{2}{9}$; $0 \;■\; -\frac{2}{9}$
f) $\frac{1}{3} \;■\; \frac{3}{10}$; $-\frac{1}{3} \;■\; \frac{3}{10}$; $\frac{5}{12} \;■\; \frac{1}{3}$
g) $\frac{4}{5} \;■\; 0{,}8$; $-\frac{4}{5} \;■\; -0{,}8$; $\frac{11}{15} \;■\; \frac{19}{30}$
h) $\frac{2}{13} \;■\; \frac{4}{25}$; $\frac{2}{13} \;■\; -\frac{4}{25}$; $-\frac{5}{6} \;■\; -\frac{2}{3}$
i) $2{,}5 \;■\; \frac{7}{2}$; $2{,}5 \;■\; -\frac{7}{2}$; $0 \;■\; -\frac{31}{32}$
j) $\frac{13}{36} \;■\; \frac{4}{9}$; $\frac{13}{36} \;■\; -\frac{4}{9}$; $-\frac{5}{2} \;■\; -\frac{7}{3}$

2. An einem Tag im Dezember wurden die in nebenstehender Tabelle angegebenen Höchsttemperaturen gemessen. Zeichne eine Temperaturskala in dein Heft (Maßeinheit: 1 Grad entspricht 1 cm), trage dort die Temperaturen aus der Tabelle ein und ordne sie dann in Form einer steigenden Ungleichungskette.

Ort	Temperatur
Berlin	−6,5°C
Erfurt	1,5°C
Hamburg	3,8°C
Hannover	4,5°C
Nürnberg	0,0°C
München	−8,5°C
Schwerin	4,0°C
Stuttgart	−2,6°C
Wiesbaden	−1,9°C

3. Übertrage die Tabelle in dein Heft und ergänze sie dann dort.

Zahlen	−5 und $\frac{1}{2}$	0,6 und 3,7	−11,2 und 2,5	−0,6 und 3,7	□ und 4,5	−3,7 und □	$-\frac{1}{2}$ und $\frac{1}{2}$	□ und $\frac{11}{10}$	−2,5 und □
Anzahl der natürlichen Zahlen zwischen ihnen					0	1		1	0
Anzahl der ganzen Zahlen zwischen ihnen					0	5		2	3

W1 Wahr oder falsch? Ein Bruch mit dem Nenner 9 lässt sich nur in eine nichtabbrechende Dezimalzahl umwandeln.
W2 Wie viele Ecken, Kanten bzw. Flächen hat ein dreiseitiges gerades Prisma?
W3 Wie ermittelst du den Wert des Terms (−3) + (−8)? Erkläre unter Verwendung des Fachbegriffes „Betrag".

12 dm = ■ cm
12 dm² = ■ cm²
12 dm³ = ■ cm³

A	$-\frac{1}{2}$	1,25
B	0,5	C
−0,25	D	E

Sophie: *„Man sieht sofort, dass der Summenwert bei diesem magischen Quadrat 1,5 ist."*
Gregor: *„Dann kann ich jetzt die Zahl in Feld D eintragen."*

Arbeitsaufträge

- Finde heraus, wie Sophie gerechnet haben könnte.
- Ermittle, welche Zahlen in den Feldern A, B, C, D bzw. E stehen müssen.

Sophie:
$\left(-\frac{4}{2}\right) + \left(-\frac{9}{3}\right) =$
$(-2) + (-3) = -5.$
Für rationale Zahlen gelten die gleichen Rechenregeln wie für ganze Zahlen.

Für die Addition zweier beliebiger rationaler Zahlen gelten die gleichen Rechenregeln wie für die Addition zweier ganzer Zahlen:

Wenn die beiden Summanden **gleiches** Vorzeichen haben, dann ist

- das Vorzeichen des Summenwerts das gemeinsame Vorzeichen der beiden Summanden
- der Betrag des Summenwerts gleich dem Summenwert der Beträge der beiden Summanden.

$(+0{,}25) + (+0{,}6) = +(0{,}25 + 0{,}60) = +0{,}85 = 0{,}85;$ $\left(-\frac{1}{5}\right) + \left(-\frac{3}{5}\right) = -\left(\frac{1}{5} + \frac{3}{5}\right) = -\frac{4}{5}$

Wenn die beiden Summanden **verschiedene** Vorzeichen, aber **gleichen** Betrag haben, dann ist ihr Summenwert 0.

$\left(+\frac{1}{5}\right) + \left(-\frac{1}{5}\right) = 0$ $(-0{,}2) + (+0{,}2) = 0$

Wenn die beiden Summanden **verschiedene** Vorzeichen und **verschiedene** Beträge haben, dann ist

- das Vorzeichen des Summenwerts das Vorzeichen des Summanden mit dem größeren Betrag
- der Betrag des Summenwerts gleich dem Unterschied der Beträge der beiden Summanden.

$\left(+\frac{1}{4}\right) + \left(-\frac{3}{5}\right) = \left(+\frac{5}{20}\right) + \left(-\frac{12}{20}\right) = -\left(\frac{12}{20} - \frac{5}{20}\right) = -\frac{7}{20}$
$(-0{,}25) + (+0{,}6) = (-0{,}25) + (+0{,}60) = +(0{,}60 - 0{,}25) = +0{,}35 = 0{,}35$

Wenn (mindestens) einer der beiden Summanden **null** ist, dann ist der Summenwert gleich dem anderen Summanden.

$0 + \left(-\frac{3}{5}\right) = -\frac{3}{5}$ $\left(-\frac{3}{5}\right) + 0 = -\frac{3}{5}$
$0 + (+0{,}6) = +0{,}6 = 0{,}6$ $(-0{,}6) + 0 = -0{,}6$

Beispiele

- Berechne $\left(-\frac{4}{11}\right) + \left(-\frac{5}{11}\right)$.
  Die Summanden haben beide negatives Vorzeichen. Also ist ihr Summenwert ebenfalls negativ.
  Der erste Summand $\left(-\frac{4}{11}\right)$ hat den Betrag $\frac{4}{11}$, der zweite Summand $\left(-\frac{5}{11}\right)$ den Betrag $\frac{5}{11}$. Der Wert der Summe der beiden Beträge ist $\left(\frac{4}{11} + \frac{5}{11} =\right)\frac{9}{11}$.
  Somit ist $\left(-\frac{4}{11}\right) + \left(-\frac{5}{11}\right) = -\frac{9}{11}$.

- Berechne $\left(+\frac{1}{9}\right) + \left(-\frac{2}{3}\right)$.
  Die beiden Summanden haben verschiedene Vorzeichen und verschiedene Beträge. Sie haben außerdem verschiedene Nenner, müssen also zunächst gleichnamig gemacht werden.

Der erste Summand $\left(+\frac{1}{9}\right)$ hat den Betrag $\frac{1}{9}$; der zweite Summand $\left(-\frac{2}{3} = -\frac{6}{9}\right)$ hat den Betrag $\frac{2}{3} = \frac{6}{9}$. Also bestimmt der zweite Summand das Vorzeichen des Summenwerts, da er einen größeren Betrag hat als der erste Summand: Der Wert der Summe ist negativ. Die Beträge der beiden Summanden unterscheiden sich um $\left(\frac{2}{3} - \frac{1}{9} = \frac{6}{9} - \frac{1}{9} =\right) \frac{5}{9}$; somit ist der Summenwert $-\frac{5}{9}$: $\left(+\frac{1}{9}\right) + \left(-\frac{2}{3}\right) = -\frac{5}{9}$.

- Was ergibt $\left(-\frac{1}{3}\right) + 0$?
- Welchen Wert hat die Summe, die man erhält, wenn man zu einer rationalen Zahl ihre Gegenzahl addiert?

Aufgaben

1. Berechne jeweils den Wert jeder der vier Summen.

a) $\left(-\frac{1}{2}\right) + \left(+\frac{1}{8}\right)$ $\quad\left(-\frac{2}{6}\right) + \left(+\frac{5}{6}\right)$ $\quad\left(-\frac{2}{5}\right) + \left(+\frac{2}{5}\right)$ $\quad\left(-\frac{2}{7}\right) + \left(-\frac{1}{7}\right)$

b) $\left(+\frac{3}{20}\right) + \left(+\frac{8}{20}\right)$ $\quad\left(-\frac{3}{19}\right) + \left(-\frac{16}{19}\right)$ $\quad\left(+\frac{13}{19}\right) + \left(+\frac{6}{19}\right)$ $\quad(+0{,}4) + \left(-\frac{3}{5}\right)$

c) $\left(+\frac{5}{12}\right) + \left(-\frac{77}{12}\right)$ $\quad\left(-\frac{5}{12}\right) + \left(-\frac{17}{12}\right)$ $\quad\left(+\frac{5}{12}\right) + \left(-\frac{5}{12}\right)$ $\quad\left(-\frac{5}{12}\right) + 0$

d) $\left(-\frac{1}{6}\right) + \left(+\frac{7}{18}\right)$ $\quad\left(+\frac{2}{9}\right) + \left(-\frac{4}{18}\right)$ $\quad(-0{,}8) + \left(-\frac{9}{10}\right)$ $\quad\left(+\frac{3}{4}\right) + \left(-\frac{9}{10}\right)$

-6; $-1\frac{5}{6}$; $-1\frac{7}{10}$; -1; $-\frac{3}{7}$; $-\frac{5}{12}$; $-\frac{3}{8}$; $-\frac{1}{5}$; $-\frac{3}{20}$; 0; $\frac{2}{9}$; $\frac{1}{2}$; $\frac{11}{20}$; 1

Lösungen zu 1. **L**

2. Übertrage die Additionstabelle in dein Heft und fülle sie dann dort aus.

+	−12,5	−9,3	−4,8	0	3,25	30,9	
−6,5							−31,45
−4,65							−20,35
−2,76							−9,01
0,12	−12,38	−9,18	−4,68	0,12	3,37	31,02	8,27
60,5							370,55

Zur Kontrolle steht in der letzten Spalte jeweils der Summenwert aller sechs Ergebnisse der betreffenden Zeile. Gib an, wie viel Prozent dieser fünf Summenwerte positiv sind.

G 3. Gib bei jeder Teilaufgabe durch Überlegen an, ob der Summenwert positiv, negativ oder gleich null ist, ohne ihn zu berechnen. Begründe deine Überlegung.

a) $\left(+\frac{2}{3}\right) + \left(-1\frac{1}{5}\right)$ $\quad$ b) $\left(-\frac{2}{3}\right) + \left(-1\frac{1}{5}\right)$ $\quad$ c) $\left(-\frac{1}{8}\right) + (+0{,}125)$

d) $(-0{,}33) + \left(+\frac{1}{3}\right)$ $\quad$ e) $\left(-\frac{2}{5}\right) + \left(+\frac{2}{7}\right)$ $\quad$ f) $(+0{,}75) + \left(-\frac{3}{4}\right)$

g) $\left(-12\frac{2}{3}\right) + (+12{,}6)$ $\quad$ h) $\left(-1\frac{2}{3}\right) + \left(+1\frac{9}{10}\right)$ $\quad$ i) $\left(-\frac{2}{5}\right) + (+2{,}7)$

4. Übertrage die beiden Zahlenmauern in dein Heft und fülle sie dann dort so aus, dass auf jedem Stein jeweils der Summenwert der Zahlen auf den beiden Steinen direkt darunter steht.

a)
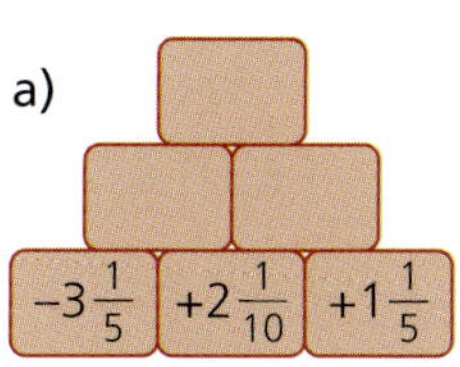

b)
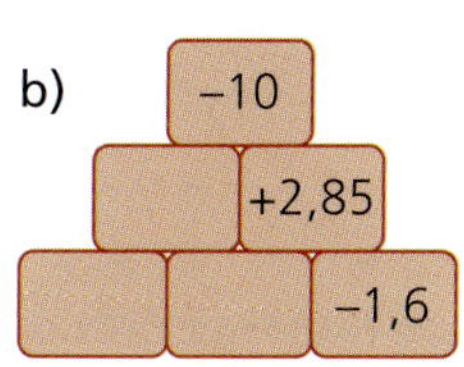

W1 Welches Volumen hat ein Quader mit $l = 2$ dm, $b = 15$ cm und $h = 8$ cm?

W2 Was versteht man beim Dividieren von Dezimalzahlen unter „gleichsinniger Kommaverschiebung"? Erkläre an einem Beispiel.

W3 Wie viel sind drei Achtel von vier Sechsteln?

$111 : \left(\frac{1}{2} - \frac{1}{3}\right) = ?$

$8\,877 - 9\,988 = ?$

$\frac{1}{4}$ von $\frac{1}{2}$ m³ ist ▒ dm³.

8.4 Subtrahieren rationaler Zahlen

Gregor und Laura spielen mit Karten; im Augenblick haben die beiden den gleichen Punktestand.

Gregor	**Punktestand**	Laura

$$\left(-\frac{7}{25}\right)+\left(-\frac{6}{25}\right)+\left(-\frac{2}{25}\right)+\left(+\frac{7}{25}\right) = -\mathbf{\frac{8}{25}} = \left(-\frac{12}{25}\right)+\left(-\frac{3}{25}\right)+\left(+\frac{3}{25}\right)+\left(+\frac{4}{25}\right)$$

Gregor gibt $-\frac{6}{25}$ ab:

Laura nimmt $+\frac{6}{25}$ auf:

$$\left(-\frac{7}{25}\right)+\left(-\frac{2}{25}\right)+\left(+\frac{7}{25}\right) = -\mathbf{\frac{2}{25}} = \left(-\frac{12}{25}\right)+\left(-\frac{3}{25}\right)+\left(+\frac{3}{25}\right)+\left(+\frac{4}{25}\right)+\left(+\frac{6}{25}\right)$$

Gregor nimmt $-\frac{4}{25}$ auf:

Laura gibt $+\frac{4}{25}$ ab:

$$\left(-\frac{7}{25}\right)+\left(-\frac{2}{25}\right)+\left(+\frac{7}{25}\right)+\left(-\frac{4}{25}\right) = -\mathbf{\frac{6}{25}} = \left(-\frac{12}{25}\right)+\left(-\frac{3}{25}\right)+\left(+\frac{3}{25}\right)+\left(+\frac{6}{25}\right)$$

Arbeitsaufträge

- Finde heraus, bei wem sich der Punktestand durch das **Abgeben** einer Karte **erhöht** hat.
- Finde heraus, bei wem sich der Punktestand durch das **Aufnehmen** einer Karte **verringert** hat.

Sophie überlegt: Scheinbrüche sind rationale Zahlen ***und*** *ganze Zahlen. Beim Rechnen mit rationalen Zahlen können sich die Rechenregeln* ***nicht ändern.***

Für die Subtraktion beliebiger rationaler Zahlen gelten die gleichen Rechenregeln wie für die Subtraktion ganzer Zahlen:

Die Subtraktion einer positiven rationalen Zahl führt zum gleichen Ergebnis wie die Addition ihrer (negativen) Gegenzahl:

$\left(-\frac{5}{3}\right)-\left(+\frac{1}{3}\right)=\left(-\frac{5}{3}\right)+\left(-\frac{1}{3}\right)=-\frac{6}{3}=-2.$

Die Subtraktion einer negativen rationalen Zahl führt zum gleichen Ergebnis wie die Addition ihrer (positiven) Gegenzahl:

$0{,}2-(-1{,}4)=0{,}2+(+1{,}4)=+1{,}6=1{,}6.$

Allgemein gilt also:
Die **Subtraktion** einer rationalen Zahl führt zum gleichen Ergebnis wie die **Addition** ihrer **Gegenzahl.**

Beispiele

- Berechne den Wert der Differenz $\left(-\frac{4}{11}\right)-\left(-\frac{5}{11}\right)$.
  Die Gegenzahl des Subtrahenden $\left(-\frac{5}{11}\right)$ ist $+\frac{5}{11}$; also ist
  $\left(-\frac{4}{11}\right)-\left(-\frac{5}{11}\right)=\left(-\frac{4}{11}\right)+\left(+\frac{5}{11}\right)=+\frac{1}{11}=\frac{1}{11}.$

- Berechne $\left(-\frac{1}{9}\right)-\left(+\frac{2}{3}\right)$.
  Die Gegenzahl der Zahl $+\frac{2}{3}$ ist $-\frac{2}{3}$; also ist
  $\left(-\frac{1}{9}\right)-\left(+\frac{2}{3}\right)=\left(-\frac{1}{9}\right)+\left(-\frac{2}{3}\right)=\left(-\frac{1}{9}\right)+\left(-\frac{6}{9}\right)=-\frac{7}{9}$.
- Berechne 0 – (–0,75).
  Die Gegenzahl von –0,75 ist +0,75; also ist
  0 – (–0,75) = 0 + (+0,75) = +0,75 = 0,75.

- Was ergibt $\left(-\frac{1}{3}\right)-\left(-\frac{3}{9}\right)$?
- Welchen Wert hat die Differenz, die man erhält, wenn man von einer rationalen Zahl ihre Gegenzahl subtrahiert?

Aufgaben

1. Berechne jeweils den Wert jeder der vier Differenzen.

a) $\left(-\frac{1}{2}\right)-\left(+\frac{1}{8}\right)$ $\left(-\frac{2}{6}\right)-\left(+\frac{3}{6}\right)$ $\left(-\frac{3}{5}\right)-\left(+\frac{3}{5}\right)$ $\left(-\frac{2}{9}\right)-\left(-\frac{1}{9}\right)$

b) $\left(+\frac{3}{20}\right)-\left(+\frac{8}{20}\right)$ $\left(+\frac{3}{19}\right)-\left(-\frac{16}{19}\right)$ $\left(+\frac{13}{19}\right)-\left(+\frac{6}{19}\right)$ $\left(+\frac{2}{5}\right)-\left(-\frac{3}{5}\right)$

c) $\left(+\frac{15}{12}\right)-\left(-\frac{17}{12}\right)$ $\left(-\frac{5}{12}\right)-\left(-\frac{17}{12}\right)$ $\left(+\frac{5}{12}\right)-\left(-\frac{5}{12}\right)$ $\left(-\frac{5}{12}\right)-0$

d) $\left(-\frac{1}{9}\right)-\left(+\frac{5}{18}\right)$ $\left(+\frac{2}{3}\right)-\left(-\frac{4}{18}\right)$ $\left(-\frac{4}{5}\right)-\left(-\frac{9}{10}\right)$ $\left(+\frac{3}{4}\right)-\left(-\frac{7}{8}\right)$

e) $\left(+\frac{5}{18}\right)-\left(-\frac{11}{36}\right)$ $\left(-\frac{7}{10}\right)-\left(-\frac{4}{15}\right)$ $\left(-\frac{7}{8}\right)-\left(+\frac{19}{24}\right)$ $\left(+\frac{7}{15}\right)-\left(+\frac{1}{2}\right)$

f) $\left(+1\frac{1}{2}\right)-(+1{,}5)$ $\left(-1\frac{1}{3}\right)-\left(-2\frac{1}{6}\right)$ $(+4{,}1)-\left(-2\frac{1}{10}\right)$ $(+0{,}8)-\left(+\frac{8}{10}\right)$

0; 1; 6,2; $\frac{5}{6}$; $-1\frac{2}{3}$; $\frac{1}{10}$; $2\frac{2}{3}$; $1\frac{5}{8}$; $-1\frac{1}{5}$; $\frac{7}{19}$; $-\frac{7}{18}$; $-\frac{1}{30}$; $-\frac{5}{12}$; $-\frac{13}{30}$; $\frac{7}{12}$; $-\frac{1}{4}$; $-\frac{1}{9}$; $-\frac{5}{8}$; $-\frac{5}{6}$; $\frac{8}{9}$

Lösungen zu 1. **L**

2. Übertrage die Subtraktionstabelle in dein Heft und fülle sie dann dort aus.

–		Subtrahend						
		3,5	–9,1	–2,8	0	+3,25	+21,5	
Minuend	–6,5							–55,35
	–4,65							–44,25
	–2,76							–32,91
	60,12							344,37

Zur Kontrolle findest du in der letzten Spalte jeweils den Summenwert aller sechs Ergebnisse der betreffenden Zeile. Gib an, wie viel Prozent dieser vier Summenwerte negativ sind.

G 3. Gib bei jeder Teilaufgabe (durch Überlegen) an, ob der Differenzwert positiv, negativ oder gleich null ist, ohne ihn zu berechnen.

a) $\left(+\frac{2}{3}\right)-\left(-1\frac{1}{5}\right)$ b) $\left(-\frac{2}{3}\right)-\left(-1\frac{1}{5}\right)$ c) $\left(-\frac{1}{4}\right)-(+2{,}5)$

d) $\left(-\frac{1}{8}\right)-(-0{,}125)$ e) $(+0{,}33)-\left(+\frac{1}{3}\right)$ f) $\left(-1\frac{1}{3}\right)-\left(+1\frac{2}{3}\right)$

g) $\left(-\frac{2}{5}\right)-\left(+\frac{2}{7}\right)$ h) $(+0{,}75)-\left(+\frac{3}{4}\right)$ i) $\left(-12\frac{2}{3}\right)-(-12{,}6)$

Laura sagt: „Fünf Ergebnisse sind negativ, zwei positiv, und zwei sind gleich null." Hat Laura Recht?

4. Formuliere jeweils eine passende Frage und löse dann die Aufgabe.

a) Das Thermometer vor Lucas' Fenster zeigte am 24.12. um 10 h eine Temperatur von –8,4 °C, um 18 h eine Temperatur von –12,6 °C an.

b) Lauras Onkel Ralf hat zwar sein Konto bereits um 350,34 € überzogen; er hebt aber trotzdem noch 250 € von seinem Konto ab.

c) Der Baikalsee liegt 455 m über NN (über dem Meeresspiegel) und ist mit einer Wassertiefe von bis zu 1 637 m der tiefste See der Erde.

G 5. Gib jeweils mindestens drei passende Terme an.

a) Eine Differenz aus zwei rationalen Zahlen hat den Wert $-\frac{1}{2}$.
b) Eine Summe aus zwei rationalen Zahlen hat den Wert $-0{,}75$.

6. Trage jeweils die Bildpunkte der beiden Zahlen auf einer Zahlengeraden (Einheit: 1 cm) ein und gib an, wie weit sie voneinander entfernt sind.

a) $-2\frac{1}{2}; -\frac{1}{2}$ b) $3{,}5; -1$ c) $0; 0{,}75$ d) $-1\frac{1}{4}; -\frac{1}{2}$ e) $\frac{1}{4}; -\frac{1}{2}$

7. Übertrage jeweils die Angabe in dein Heft und setze dann dort für den Platzhalter ▪ eines der drei Zeichen <, > bzw. = so ein, dass eine wahre Aussage entsteht.

a) $\frac{1}{2} + \frac{1}{3}$ ▪ $\frac{1}{2} - \left(-\frac{1}{3}\right)$ b) $0{,}5 - 0{,}7$ ▪ $0{,}2$
c) $-2{,}5$ ▪ $2{,}1 - 4{,}8$ d) 0 ▪ $\frac{1}{4} - \frac{1}{8}$

G 8. Von zwei rationalen Zahlen sind jeweils die Beträge und der Summenwert bzw. Differenzwert bekannt. Finde heraus, um welche beiden Zahlen es sich handeln könnte, und gib eine mögliche Summe bzw. Differenz an.

	Beträge der beiden Zahlen	Summenwert der beiden Zahlen
a)	2,5; 1,5	1
b)	$\frac{1}{2}; \frac{1}{3}$	$-\frac{5}{6}$
c)	$\frac{1}{4}; \frac{1}{8}$	$-\frac{1}{8}$

	Beträge der beiden Zahlen	Differenzwert der beiden Zahlen
d)	2,1; 1,6	−0,5
e)	$\frac{1}{4}; \frac{1}{3}$	$\frac{1}{12}$
f)	$\frac{3}{4}; \frac{1}{8}$	$\frac{7}{8}$

Lauras Zeichnungen zu dieser Aufgabe:

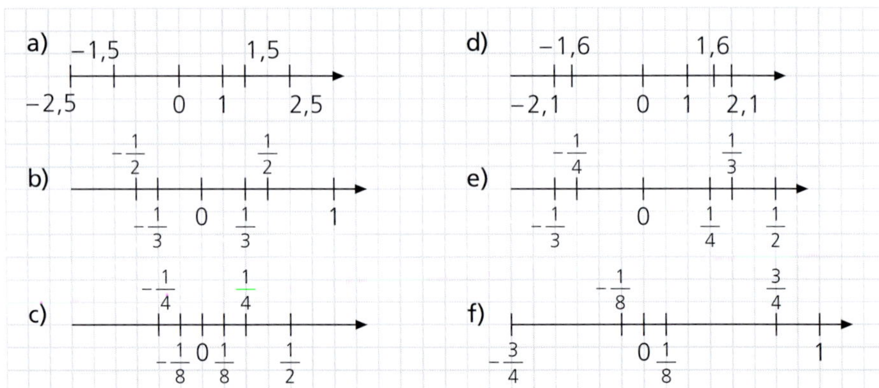

9. Trage die Punkte T (−1,5 I 1), R (2,5 I 1) und I (0 I 4,5) in ein Koordinatensystem ein und spiegle dann das Dreieck TRI an der Geraden g durch die Punkte S (−2 I −2) und P (2,5 I 2,5). Finde die Koordinaten der Spiegelpunkte T', R' und I' heraus und gib bei jedem der acht Punkte an, in welchem Quadranten bzw. auf welcher der Koordinatenachsen er liegt.

$6 : \left(-\frac{1}{60}\right) + 60 = ?$
$(-2{,}6 - 3{,}9) : 0{,}13 = ?$
$(-3{,}1)^2 = ?$

W1 Welche geometrischen Grundkörper haben als Grundriss einen Kreis?
W2 Welche echten Brüche haben als Zähler und als Nenner jeweils einstellige Quadratzahlen?
W3 Welchen Wert haben die Terme $0{,}7 - \frac{2}{7}$ und $6\frac{7}{10} - 0{,}008$? Erkläre jeweils deinen Rechenweg.

Schon im Altertum fragten sich die Menschen, wie jeder der verschiedenen Stoffe (Stein, Gold, Eis ....), ganz allgemein, wie die Materie aufgebaut ist. Demokrit stellte sich vor, dass jeder Stoff aus kleinsten, unteilbaren Teilchen, den sogenannten **Atomen**, besteht. Er dachte sich ein Atom als winziges Kügelchen.

Demokrit
um 460 v. Chr. bis etwa 370 v. Chr.

Heute weiß man, dass es mehr als hundert Atomsorten gibt. Der Durchmesser eines Atoms liegt in der Größenordnung eines Zehnmillionstel Millimeters ($\frac{1}{10\,000\,000}$ mm = 0,000 000 1 mm = 0,000 000 000 1 m = 10^{-10} m). *Beispiel*: Der Kopf einer Stecknadel besteht aus etwa 10^{21} (= 1 000 000 000 000 000 000 000; in Worten: einer Trilliarde) Atomen; die meisten von ihnen sind Eisenatome.

Jedes Atom besteht aus einem **Atomkern** und einer **Hülle**. Atome sind also aus noch kleineren Teilchen (sogenannten **Elementarteilchen**) aufgebaut. Jeder Atomkern besteht aus **Protonen** und **Neutronen**; um ihn bewegen sich die Elektronen der Hülle. Protonen und Elektronen sind elektrisch geladen: Das Proton besitzt eine positive Elementarladung (Ladungszahl +1), das Elektron hat eine negative Elementarladung (Ladungszahl –1).

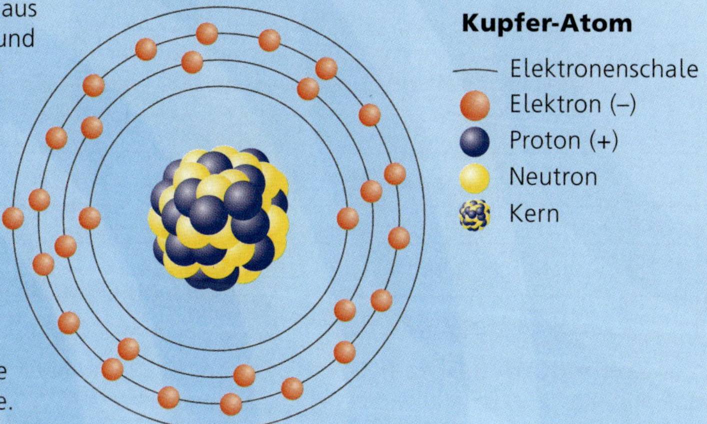

Der Kern eines Atoms der häufigsten Kupfersorte besteht aus 29 Protonen und 34 Neutronen; ihn umgeben 29 Elektronen.

www.quantenwelt.de

Der Durchmesser eines Protons hat die Größenordnung von einem Billionstel Millimeter ($\frac{1}{1\,000\,000\,000\,000}$ mm = 0,000 000 000 001 mm = 10^{-12} mm).

Protonen und Neutronen sind aus noch kleineren Teilchen, den **Quarks**, aufgebaut. Die Quarks zählen zu den Grundbausteinen der Materie; man kennt von ihnen (zweimal) sechs verschiedene Arten, die sich u.a. durch ihre elektrische Ladung unterscheiden.

Name	Ladungszahl	Name	Ladungszahl
up	$+\frac{2}{3}$	**d**own	$-\frac{1}{3}$
charm	$+\frac{2}{3}$	**s**trange	$-\frac{1}{3}$
top	$+\frac{2}{3}$	**b**ottom	$-\frac{1}{3}$

1. Jedes Proton besteht aus zwei u-Quarks und einem d-Quark. Zeige, dass die Summe ihrer Ladungszahlen den Wert +1 hat.

2. Jedes Neutron besteht aus zwei d-Quarks und einem u-Quark. Zeige, dass die Summe ihrer Ladungszahlen den Wert 0 hat.

3. Bilde aus den Zahlen $-\frac{2}{3}$, $-\frac{1}{3}$, $+\frac{1}{3}$ und $+\frac{2}{3}$ alle Summen aus drei Summanden, die einen ganzzahligen Summenwert haben.
Beispiel: $\left(-\frac{2}{3}\right) + \left(-\frac{2}{3}\right) + \left(+\frac{1}{3}\right) = -1$.

Proton Neutron

Themenseite

Sophies Rechnungen:

$(-8{,}2) + (-1{,}7) = -8{,}2 - 1{,}7 = -9{,}9$

$(-8{,}2) - (-1{,}7) = -8{,}2 + 1{,}7 = -6{,}5$

Kann man jede Differenz als Summe und jede Summe als Differenz schreiben?

Arbeitsaufträge

- Schreibe mindestens drei Differenzen aus je zwei rationalen Zahlen als Summen.
- Schreibe mindestens drei Summen aus je zwei rationalen Zahlen als Differenzen.

Wie bei ganzen Zahlen ist es auch bei beliebigen rationalen Zahlen nicht erforderlich, jede einzelne Zahl mit Klammern und Vorzeichen zu schreiben. Folgende vereinfachte **Kurzschreibweisen** sind erlaubt

Lucas merkt sich: Zwei gleiche Zeichen: plus; zwei verschiedene Zeichen: minus.

bei Summen:	bei Differenzen:
$\left(+\frac{3}{5}\right) + \left(+\frac{1}{5}\right) = \frac{3}{5} + \frac{1}{5} = \frac{4}{5}$	$\left(+\frac{3}{5}\right) - \left(+\frac{1}{5}\right) = \frac{3}{5} - \frac{1}{5} = \frac{2}{5}$
$(+0{,}6) + (-0{,}2) = 0{,}6 - 0{,}2 = 0{,}4$	$(+0{,}6) - (-0{,}2) = 0{,}6 + 0{,}2 = 0{,}8$
$\left(-\frac{3}{5}\right) + \left(+\frac{1}{5}\right) = -\frac{3}{5} + \frac{1}{5} = -\frac{2}{5}$	$\left(-\frac{3}{5}\right) - \left(+\frac{1}{5}\right) = -\frac{3}{5} - \frac{1}{5} = -\frac{4}{5}$
$(-0{,}6) + (-0{,}2) = -0{,}6 - 0{,}2 = -0{,}8$	$(-0{,}6) - (-0{,}2) = -0{,}6 + 0{,}2 = -0{,}4$

Das **Kommutativgesetz (KG)** gilt nicht nur für die Addition ganzer Zahlen, sondern auch für die Addition beliebiger rationaler Zahlen:

$\left(-\frac{5}{7}\right) + \left(+\frac{1}{7}\right) = -\frac{4}{7}$ $\quad\left(+\frac{1}{7}\right) + \left(-\frac{5}{7}\right) = -\frac{4}{7}$

Allgemein ist $\mathbf{a + b = b + a}$; $\quad a, b \in \mathbb{Q}$.

Laura weiß: Alle ganzen Zahlen, alle positiven Brüche und alle negativen Brüche gehören zur Menge $\mathbb{Q}$.

Auch das **Assoziativgesetz (AG)** gilt für die Addition beliebiger rationaler Zahlen:

$(-0{,}9) + (+2{,}9) + (-1{,}2) = [(-0{,}9) + (+2{,}9)] + (-1{,}2) = (+2{,}0) + (-1{,}2) = +0{,}8 = 0{,}8$

$(-0{,}9) + (+2{,}9) + (-1{,}2) = (-0{,}9) + [(+2{,}9) + (-1{,}2)] = (-0{,}9) + (+1{,}7) = +0{,}8 = 0{,}8$

Allgemein ist $\mathbf{a + b + c = (a + b) + c = a + (b + c)}$; $\quad a, b, c \in \mathbb{Q}$.

Auch beim Rechnen mit beliebigen rationalen Zahlen kann man mithilfe dieser beiden Rechengesetze vielfach Rechenvorteile erzielen.

Beispiele

- Kurzschreibweise: $\left(+\frac{1}{6}\right) - \left(+\frac{1}{4}\right) = \frac{1}{6} - \frac{1}{4} = \frac{2}{12} - \frac{3}{12} = -\frac{1}{12}$

Gregor erklärt: −(−2,7 €) bedeutet für mich, dass mir jemand 2,7 € Schulden erlässt.

- Mehrgliedrige Terme: (+1,5 €) − (+4,5 €) − (−2,7 €) + (−9,7 €) =
  1,5 € − 4,5 € + 2,7 € − 9,7 € = −3,0 € + 2,7 € − 9,7 € =
  −0,3 € − 9,7 € = −10,0 € = −10 €

- Rechengesetze:
  a) Überprüfe das Kommutativgesetz der Addition.
  $(-2{,}8) + (+4{,}9) = +2{,}1 = 2{,}1$ $(+4{,}9) + (-2{,}8) = +2{,}1 = 2{,}1$
  b) Überprüfe das Assoziativgesetz der Addition.
  $\left(-\frac{5}{6}\right) + \left(+\frac{8}{3}\right) + \left(-\frac{1}{6}\right) = \left[\left(-\frac{5}{6}\right) + \left(+\frac{16}{6}\right)\right] + \left(-\frac{1}{6}\right) = \left(+\frac{11}{6}\right) + \left(-\frac{1}{6}\right) = +\frac{10}{6} = \frac{5}{3} = 1\frac{2}{3}$
  $\left(-\frac{5}{6}\right) + \left(+\frac{8}{3}\right) + \left(-\frac{1}{6}\right) = \left(-\frac{5}{6}\right) + \left[\left(+\frac{16}{6}\right) + \left(-\frac{1}{6}\right)\right] = \left(-\frac{5}{6}\right) + \left(+\frac{15}{6}\right) = +\frac{10}{6} = \frac{5}{3} = 1\frac{2}{3}$

- Die Anwendung welcher Rechengesetze verschafft dir bei der Termwertberechnung von (−1,5) + (−3,9) + (−8,5) Rechenvorteile?
- Hat (−2,4) − (+4,7) oder (+2,4) − (−4,7) den größeren Termwert?

Aufgaben

1. Übertrage die Angaben in dein Heft, schreibe sie in Kurzform und berechne dann den Termwert.

a) $\left(+\frac{5}{8}\right)-\left(+\frac{1}{8}\right)$ $\left(+\frac{11}{13}\right)-\left(+\frac{1}{13}\right)$ (+11,6) + (+3,4) (−1,1) − (−19,1)
$\left(-\frac{5}{8}\right)-\left(+\frac{1}{8}\right)$ $\left(-\frac{11}{13}\right)+\left(+\frac{1}{13}\right)$ (+11,6) + (−3,4) (+1,1) − (+19,1)
$\left(-\frac{5}{8}\right)+\left(+\frac{1}{8}\right)$ $\left(-\frac{11}{13}\right)-\left(+\frac{1}{13}\right)$ (+11,6) − (+3,4) (−1,1) − (+19,1)

b) $\left(+\frac{1}{8}\right)-\left(+\frac{1}{2}\right)$ $\left(+\frac{7}{8}\right)-\left(-\frac{1}{4}\right)$ (+21,3) + (+9,9) (−1,1) − (−22,4)
$\left(-\frac{5}{6}\right)-\left(+\frac{1}{3}\right)$ $\left(-\frac{10}{9}\right)+\left(+\frac{1}{3}\right)$ (+101,6) − (−3,4) (+8,8) − (+8,9)
$\left(-\frac{2}{15}\right)+\left(+\frac{1}{3}\right)$ $\left(-\frac{1}{20}\right)-\left(+\frac{9}{20}\right)$ (−0,76) + (−3,84) (−0,01) − (+99,09)

−18; 18; 8,2; −20,2; 15; $-\frac{1}{2}$; $-\frac{3}{4}$; $-\frac{10}{13}$; $-\frac{12}{13}$; $\frac{10}{13}$; $\frac{1}{2}$
Lösungen zu 1.a) **L**

2. Berechne jeweils den Termwert; nutze dabei Rechenvorteile aus.

a) $\left(-\frac{1}{3}\right)+\frac{1}{2}-\left(+\frac{6}{9}\right)$ $\frac{1}{2}+\left(-\frac{2}{5}\right)+\left(-\frac{1}{2}\right)$ 1,8 + 2,7 + (−0,8)
b) 2 − 5,5 + 8 $\frac{3}{7}-\frac{6}{7}-\frac{3}{7}-\frac{1}{7}$ (−3,1) + 1,5 + (−8,5) + 6,1
c) $\left(-3\frac{2}{9}\right)+\left(-6\frac{1}{8}\right)-\left(-3\frac{2}{9}\right)+\left(-2\frac{7}{8}\right)$ 10,5 − (−20,05)
d) 12,7 + 5,1 − 1,09 − 4,1 + 2,09 − 3,7 (−2,5) + (+3,7) − (−2,5)
e) $\left(-\frac{2}{3}\right)+\left(+\frac{5}{6}\right)$ $\left(-\frac{1}{3}\right)-\left(-\frac{2}{6}\right)$ (+8,8) − (−1,2)

−1; −9; −4; 3,7; 10; 11; 0; 30,55; $-\frac{2}{5}$; $-\frac{1}{2}$; $\frac{1}{6}$; $4\frac{1}{2}$
Lösungen zu 2. **L**

3. Addiere zur Zahl −5,6 die Zahl 2,15, dann zum Ergebnis wieder die Zahl 2,15, hierauf zum neuen Ergebnis wieder die Zahl 2,15 usw., bis du als Termwert eine (möglichst kleine) natürliche Zahl erhältst. Gib diese natürliche Zahl an.

4. Gib jeweils an, ob der Wert des Terms positiv, negativ oder 0 ist.

a) $\frac{1}{2}+\frac{3}{4}+\frac{5}{6}-4$ b) 2,7 − 6,9 − 12,5 + 19,9 c) $\frac{5}{7}+\frac{4}{7}-\frac{6}{7}-\frac{3}{7}$
d) (−111) + (+222) − 333 + 444 e) 123,5 − 34,6 + 11 − 57,4
f) 85,6 − 12,7 − 14,4 + 100 g) $3\frac{1}{3}+5\frac{1}{6}-8$ h) 22 − 45 + 23

5. Gliedere jeweils den Term und berechne dann seinen Wert.

a) 100 − (12,5 + 3,7) b) (12,3 − 9,7) − (12,3 + 9,7)
c) $\left(-2\frac{1}{2}-3\frac{1}{2}\right)+\left(12\frac{1}{4}-6\frac{1}{8}\right)$ d) $\left[\left(33\frac{1}{3}+4\frac{1}{6}\right)-\left(1\frac{1}{5}+\frac{3}{10}\right)\right]-32\frac{3}{4}$

6. a) Gregor kauft sich günstig ein T-Shirt und Jeans (siehe den abgebildeten Kassenzettel). Berechne, wie viel Rabatt (Preisnachlass) ihm gewährt wurde.

b) Sophie und Laura kaufen vier Flaschen Apfelsaft (je 1,34 €; dazu je 0,30 € Pfand) und 20 Brezeln (je 48 ct); dabei erhalten sie je zehn Brezeln zum Preis von neun. Laura bezahlt mit einem 20-€-Schein. Berechne, wie viel Geld Laura herausbekommt und wie viel Geld Sophie an Laura geben muss, wenn die beiden den Rechnungsbetrag halbieren.

W1 Welche Endziffern kann eine zweistellige Primzahl nicht haben?
W2 Wandle 35%; 0,25; 0,69; 98%; 15% und 0,88 in Brüche in Grundform um.
W3 Wie viel Prozent der Kinder in deiner Klasse sind Mädchen? Runde sinnvoll.

(12 cm · 35 cm) : 2 = ?
(2,5 cm · 40 cm) : 2 = ?
6 · (2,5 cm · 2,5 cm) = ?

Maßeinheiten in Amerika

1 inch ≈ 2,54 cm	1 square inch ≈ 6,45 cm^2
1 foot ≈ 30,48 cm	1 square foot ≈ 9,290 dm^2
1 mile ≈ 1,609 km	0,25 sq. ft. ≈ 0,25 · 9,290 dm^2 ≈ 2,3 dm^2

Arbeitsaufträge

- Gib die Entfernung New York City – Washington D.C. (237 Meilen) in km an.
- Marys Klassenzimmer hat einen Fußbodenflächeninhalt von etwa 420 sq. ft.; gib ihn in m^2 an.

Für die Multiplikation beliebiger rationaler Zahlen gelten die gleichen Rechenregeln wie für die Multiplikation ganzer Zahlen:
Zwei rationale Zahlen werden multipliziert, indem man zunächst nur ihre Beträge multipliziert; das Ergebnis erhält dann

- ein **positives** Vorzeichen, wenn beide Faktoren das **gleiche** Vorzeichen besitzen:
  $\left(+\frac{2}{3}\right) \cdot \left(+\frac{5}{7}\right) = +\frac{10}{21} = \frac{10}{21}$ $\quad$ $(-1{,}2) \cdot (-3{,}2) = +3{,}84 = 3{,}84$
- ein **negatives** Vorzeichen, wenn die beiden Faktoren **verschiedene** Vorzeichen besitzen:
  $\left(+\frac{2}{3}\right) \cdot \left(-\frac{5}{7}\right) = -\frac{10}{21}$ $\quad$ $(-1{,}2) \cdot (+3{,}2) = -3{,}84$.

Das **Kommutativgesetz (KG)** der Multiplikation gilt ebenso wie das **Assoziativgesetz (AG)** der Multiplikation nicht nur für die ganzen Zahlen, sondern für **alle** rationalen Zahlen:

$\left(-\frac{3}{4}\right) \cdot \left(+\frac{1}{2}\right) = -\frac{3}{8} = \left(+\frac{1}{2}\right) \cdot \left(-\frac{3}{4}\right)$ $\quad$ $(-0{,}3) \cdot (+0{,}7) = -0{,}21 = (+0{,}7) \cdot (-0{,}3)$.

Allgemein ist **a · b = b · a (Kommutativgesetz)**; a, b ∈ ℚ.

$\left[\left(-\frac{3}{4}\right) \cdot \left(+\frac{1}{2}\right)\right] \cdot \left(+\frac{5}{7}\right) = \left(-\frac{3}{8}\right) \cdot \left(+\frac{5}{7}\right) = -\frac{15}{56}$

$\left(-\frac{3}{4}\right) \cdot \left[\left(+\frac{1}{2}\right) \cdot \left(+\frac{5}{7}\right)\right] = \left(-\frac{3}{4}\right) \cdot \left(+\frac{5}{14}\right) = -\frac{15}{56}$

Allgemein ist **(a · b) · c = a · (b · c) (Assoziativgesetz)**; a, b, c ∈ ℚ.

Besondere Produkte aus zwei Faktoren:

Ist mindestens ein Faktor 0, so ist der Produktwert ebenfalls 0:

$0 \cdot (+3{,}14) = 0$ $\quad$ $\left(-\frac{1}{6}\right) \cdot 0 = 0$.

Ist ein Faktor 1, so ist der Produktwert gleich dem anderen Faktor:

$1 \cdot \left(-\frac{5}{8}\right) = -\frac{5}{8}$ $\quad$ $(+2{,}72) \cdot 1 = +2{,}72 = 2{,}72$.

Ist ein Faktor –1, so ist der Produktwert die Gegenzahl des anderen Faktors:

$(-1) \cdot (+0{,}6) = -0{,}6$ $\quad$ $(-1{,}41) \cdot (-1) = +1{,}41 = 1{,}41$.

Beispiele

- $\left(-\frac{4}{11}\right) \cdot \left(+\frac{2}{3}\right) = -\frac{8}{33}$
  Beträge der beiden Faktoren multiplizieren: $\frac{4}{11} \cdot \frac{2}{3} = \frac{8}{33}$;
  negatives Vorzeichen, da die Faktoren verschiedene Vorzeichen haben.
- $(-0{,}8) \cdot (-1{,}2) = +0{,}96 = 0{,}96$
  Beträge der beiden Faktoren multiplizieren: $0{,}8 \cdot 1{,}2 = 0{,}96$;
  positives Vorzeichen, da die beiden Faktoren gleiches Vorzeichen haben.
- $\left(-\frac{1}{2}\right)^3 = \left(-\frac{1}{2}\right) \cdot \left(-\frac{1}{2}\right) \cdot \left(-\frac{1}{2}\right) = \left(+\frac{1}{4}\right) \cdot \left(-\frac{1}{2}\right) = -\frac{1}{8}$

- $(-2) \cdot \left(-\frac{3}{5}\right) \cdot \frac{1}{2} \cdot \left(-\frac{5}{6}\right) = (-2) \cdot \frac{1}{2} \cdot \left(-\frac{3}{5}\right) \cdot \left(-\frac{5}{6}\right) =$
  $\left[(-2) \cdot \frac{1}{2}\right] \cdot \left[\left(-\frac{3}{5}\right) \cdot \left(-\frac{5}{6}\right)\right] = (-1) \cdot \left(+\frac{1}{2}\right) = -\frac{1}{2}$

Rechenvorteile durch Anwenden der Rechengesetze

- Kann der Wert eines Produkts kleiner als jeder der Faktoren sein?
- Welchen Wert hat das Produkt aus einem echten Bruch und seinem Kehrwert?

Aufgaben

1. Berechne jeweils den Wert des Produkts bzw. der Potenz und vereinfache ihn dann so weit wie möglich.

a) $\left(-\frac{1}{2}\right) \cdot \left(+\frac{1}{8}\right)$ $\quad \left(-\frac{2}{6}\right) \cdot \left(+\frac{6}{5}\right)$ $\quad \left(-\frac{2}{5}\right) \cdot \left(+\frac{2}{5}\right)$ $\quad (+0{,}12) \cdot (-2)$

b) $\left(+\frac{3}{20}\right) \cdot (+100)$ $\quad (-1{,}34) \cdot (-2)$ $\quad \left(+\frac{13}{19}\right) \cdot 0$ $\quad \left(+\frac{2}{5}\right) \cdot \left(-\frac{3}{5}\right)$

c) $\left(+\frac{5}{12}\right)^2$ $\quad \left(-\frac{1}{3}\right)^3$ $\quad \left(-\frac{2}{3}\right)^4$ $\quad (-1{,}5)^2$ $\quad \left(-\frac{5}{12}\right) \cdot 2\frac{2}{5}$ $\quad 2{,}5^2$

d) $\left(+\frac{5}{12}\right) \cdot \left(-\frac{14}{15}\right)$ $\quad \left(-\frac{7}{10}\right) \cdot \left(-\frac{15}{14}\right)$ $\quad \left(-\frac{11}{8}\right) \cdot \left(+\frac{24}{22}\right)$ $\quad (-1{,}8) \cdot (+1{,}8)$

-1; 0; 15; $2{,}25$; $-0{,}24$; $2{,}68$; $6{,}25$; $-\frac{2}{5}$; $-\frac{1}{16}$; $-\frac{6}{25}$; $-\frac{1}{27}$; $-\frac{4}{25}$; $\frac{16}{81}$; $\frac{25}{144}$

Lösungen zu 1.a) – c) **L**

2. Übertrage die Multiplikationstabelle in dein Heft und fülle sie dann aus.

•	$+\frac{3}{4}$	$-\frac{1}{6}$	0	1	$-\frac{3}{10}$	$+1\frac{1}{2}$	
-12							$-33\frac{2}{5}$
$+\frac{2}{3}$							$1\frac{77}{90}$
$-\frac{1}{5}$							$-\frac{167}{300}$

Zur Kontrolle findest du in der letzten Spalte jeweils den Summenwert aller sechs Ergebnisse der betreffenden Zeile.

3. Gib jeweils durch Überlegen an, ob der Termwert positiv, negativ oder gleich null ist, ohne ihn zu berechnen.

a) $\left(+\frac{2}{3}\right) \cdot \left(-1\frac{1}{5}\right)$ $\quad$ **b)** $\left(-\frac{2}{3}\right)^2$ $\quad$ **c)** $\left(-\frac{1}{3}\right) \cdot \left[(+2) \cdot \left(+\frac{2}{5}\right)\right]$ $\quad$ **d)** $\left(-12\frac{2}{3}\right) \cdot [(+8) \cdot 0]$

G 4. Gib alle Produkte an, die man aus je zwei Elementen der Menge $\{-2; -\frac{3}{2}; -1; 0; \frac{1}{2}; 1\frac{1}{2}\}$ bilden kann und deren Wert

a) nicht negativ ist. $\quad$ **b)** ganzzahlig ist. $\quad$ **c)** -1 ist.

5. Berechne jeweils den Produktwert möglichst durch Nachdenken.

a) $\left(1 - \frac{1}{2}\right) \cdot \left(1 - \frac{1}{3}\right)$ $\quad$ **b)** $\left(1 - \frac{1}{2}\right) \cdot \left(1 - \frac{1}{3}\right) \cdot \left(1 - \frac{1}{4}\right)$

c) $\left(1 - \frac{1}{2}\right) \cdot \left(1 - \frac{1}{3}\right) \cdot \left(1 - \frac{1}{4}\right) \cdot \left(1 - \frac{1}{5}\right)$ $\quad$ **d)** $\left(\frac{1}{2} - 1\right) \cdot \left(\frac{1}{3} - 1\right) \cdot \left(\frac{1}{4} - 1\right) \cdot \left(\frac{1}{5} - 1\right)$

6. In Amerika gibt man Temperaturen meist in Grad Fahrenheit (°F) an. Übertrage die Tabelle in dein Heft und ergänze sie dann dort nach Lauras Anweisung.

Temp. in °C	−40	−30	−20	−10	0	10	20	37	50	100
Temp. in °F						50				

Lauras Anweisung: Maßzahl einer Temperatur in °C mit 1,8 multiplizieren und zum Ergebnis 32 addieren ergibt die Maßzahl in °F.

W1 Wie kann man erkennen, ob sich ein Bruch in eine abbrechende Dezimalzahl umwandeln lässt oder nicht? Erkläre an Beispielen.

W2 Was bedeutet der Maßstab 2 : 1? Erkläre anhand eines Parallelogramms.

W3 Welchen Wert hat die Summe $9\frac{3}{8} + 5\frac{7}{12}$? Gib zwei Rechenwege an.

117 kg : (13 g) = ?

7% von 150 km sind ▮ km.

$\left(\frac{1}{2} : \frac{1}{2} + \frac{1}{2} \cdot \frac{1}{2}\right)^3 = ?$

Gregor, Laura, Lucas und Sophie bringen Träger mit leeren Apfelsaftflaschen zurück und erhalten dafür 14,40 €.

Sophie: *„Von dem Rückgeld leisten wir uns Eis."*
Lucas: *„Eine Kugel kostet 65 Cent."*
Gregor: *„Ich nehme eine Kugel Vanille und eine Kugel Zitrone."*
Laura: *„Insgesamt reicht mein Geld sogar für fünf Kugeln Eis."*

Arbeitsaufträge

- Gib an, wie viel Geld jedes der vier Kinder erhält, wenn sie das Rückgeld untereinander gleichmäßig aufteilen.
- Gib an, wie viel Geld nach dem Besuch der Eisdiele übrig bleibt, wenn jedes Kind zwei Kugeln Eis erhält.

Division durch einen Bruch: Multiplikation mit seinem Kehrwert

Für die Division rationaler Zahlen gelten die gleichen Rechenregeln wie für die Division ganzer Zahlen:
Zwei von null verschiedene rationale Zahlen werden dividiert, indem man zunächst nur ihre Beträge dividiert; das Ergebnis erhält dann

- ein **positives** Vorzeichen, wenn der Dividend und der Divisor das **gleiche** Vorzeichen besitzen:
  $\left(+\frac{2}{3}\right):\left(+\frac{5}{7}\right)=+\left(\frac{2}{3}:\frac{5}{7}\right)=+\left(\frac{2}{3}\cdot\frac{7}{5}\right)=+\frac{2\cdot 7}{3\cdot 5}=+\frac{14}{15}=\frac{14}{15}$
  $(-0{,}24):(-1{,}2)=+(0{,}24:1{,}2)=+(2{,}4:12)=+0{,}2=0{,}2.$
- ein **negatives** Vorzeichen, wenn der Dividend und der Divisor **verschiedene** Vorzeichen besitzen:
  $\left(+\frac{2}{3}\right):\left(-\frac{5}{7}\right)=-\left(\frac{2}{3}:\frac{5}{7}\right)=-\left(\frac{2}{3}\cdot\frac{7}{5}\right)=-\frac{2\cdot 7}{3\cdot 5}=-\frac{14}{15}$
  $(-0{,}24):(+1{,}2)=-(0{,}24:1{,}2)=-(2{,}4:12)=-0{,}2.$

Lucas:
Ist $\left(-\frac{1}{2}:0\right)$ gleich 0 oder gleich $-\frac{1}{2}$?

Gregor:
Beides macht keinen Sinn, denn es gibt keine Zahl, die bei der Probe mit 0 multipliziert $-\frac{1}{2}$ ergibt.

Besondere Quotienten:

Für jede rationale Zahl a gilt **a : 1 = a**.
Für jede von null verschiedene rationale Zahl a gilt außerdem
0 : a = 0 und **a : a = 1**.
Die Division durch null ist nicht erklärt; man kann also
nicht durch null dividieren.

Beispiele

- $\left(-\frac{4}{11}\right):\left(+\frac{3}{5}\right)=-\frac{20}{33}$
  Betrag des Dividenden durch den Betrag des Divisors dividiert:
  $\frac{4}{11}:\frac{3}{5}=\frac{4}{11}\cdot\frac{5}{3}=\frac{20}{33}$;
  negatives Vorzeichen, da Dividend und Divisor verschiedene Vorzeichen besitzen.

- $(-0{,}84):(-1{,}2)=+0{,}7=0{,}7$
  Betrag des Dividenden durch den Betrag des Divisors dividiert:
  $0{,}84:1{,}2=8{,}4:12=0{,}7$; positives Vorzeichen, da Dividend und Divisor das gleiche Vorzeichen besitzen.

- Ist der Kehrwert jedes Bruchs, der kleiner als 1 ist, größer als 1?
- Ist die Gegenzahl jeder Zahl, die kleiner als –1 ist, größer als 1?

Aufgaben

1. Berechne jeweils den Termwert und vereinfache ihn dann so weit wie möglich.

a) $\left(-\frac{1}{2}\right):\left(+\frac{1}{8}\right)$ $\left(-\frac{2}{6}\right):\left(-\frac{3}{5}\right)$ $0:\left(+\frac{2}{5}\right)$ $(-0{,}12):1$

b) $\left(+\frac{3}{20}\right):(+10)$ $(-1{,}34):(-0{,}2)$ $0:\left(+\frac{13}{19}\right)$ $\left(+\frac{2}{5}\right):\left(-\frac{1}{2}\right)$

c) $\left(+\frac{5}{12}\right):\left(-\frac{1}{3}\right)$ $\left(-\frac{2}{3}\right):\left(-\frac{3}{2}\right)$ $\left(-\frac{5}{12}\right):2\frac{2}{5}$ $1:\left(-\frac{6}{7}\right)$

d) $\left(-\frac{5}{12}\right):\left(-\frac{4}{15}\right)$ $\left(-\frac{7}{10}\right):\left(+1\frac{1}{2}\right)$ $\left(-\frac{11}{8}\right):\left(+\frac{33}{24}\right)$ $(-3{,}6):(+1{,}8)$

e) $\left(+1\frac{1}{2}\right):(+1{,}5)$ $\left(-1\frac{1}{3}\right):4$ $(+4{,}1):(-0{,}01)$ $(+0{,}1):(-2{,}5)$

> 0; −4; 6,7; −0,12; $-\frac{4}{5}$; $-1\frac{1}{4}$; $-1\frac{1}{6}$; $\frac{4}{9}$; $-\frac{25}{144}$; $\frac{3}{200}$; $\frac{5}{9}$
> *Lösungen zu 1.a) – c)* **L**

2. Übertrage die Tabelle in dein Heft und ergänze sie dann dort.

Zahl a	$+\frac{2}{5}$			−1		$-\frac{9}{10}$		
Gegenzahl der Zahl a		$-\frac{8}{9}$			+3		−8	
Kehrwert der Zahl a			$+1\frac{1}{2}$					$-\frac{1}{100}$

3. Überschlage, welche Termwerte größer als 1 sind, und berechne nur diese.

a) $\left(+\frac{2}{3}\right):\left(-1\frac{1}{5}\right)$ b) $\left(-\frac{2}{3}\right)^2$ c) $\left(-\frac{1}{3}\right):\left(-\frac{1}{9}\right)$ d) $2:\left(+\frac{1}{2}\right)$

e) $\left(-\frac{1}{8}\right)\cdot(-8)$ f) $\left(-\frac{2}{5}\right):\left(-\frac{1}{3}\right)$ g) $\left[\left(-12\frac{2}{3}\right):(+8)\right]\cdot 0$

Sophie überlegt: Ich muss nur fünf Termwerte berechnen. Hat sie Recht?

G 4. Gib alle Quotienten an, die man aus je zwei Elementen der Menge $\{-2; -\frac{3}{2}; -1; 0; \frac{1}{2}; 1\frac{1}{2}\}$ bilden kann und deren Wert

a) nicht negativ ist. b) ganzzahlig ist. c) −1 ist.

5. Übertrage die Tabelle in dein Heft und ergänze sie dann dort.

a	$+\frac{2}{3}$	−2		$+\frac{4}{5}$	$-\frac{1}{100}$	0
b	$-\frac{3}{4}$		−1	$-\frac{4}{5}$		1,9
a · b			−1		$\frac{1}{10}$	
a : b		$\frac{1}{2}$				

6. Alte Thermometer geben die Temperatur oft in Grad Reaumur (°R) und in Grad Celsius (°C) an (siehe Gregors Anweisung).

a) Übertrage die Tabelle in dein Heft und ergänze sie dann dort.

Temp. in °C	100	80		40		10	0		−20
Temp. in °R			36		20		0	−12	

b) Zeichne eine Thermometerskala in dein Heft und trage auf ihr die Temperaturangaben (in °C und in °R) aus Teilaufgabe a) ein.

Gregors Anweisung: Die Maßzahl einer Temperatur in Grad Celsius durch 1,25 dividiert ergibt die Maßzahl in Grad Reaumur.

W1 Welche Länge hat der Durchmesser eines Kreises, dessen Radius 2,85 cm lang ist?
W2 Welche der sechs Zahlen 43; 51; 101; 315; 1 und 79 sind Primzahlen?
W3 Wie viel ist $\frac{1}{7}$ von $\frac{14}{95}$?

0,91 km : (130 m) = ?
$1-\left(\frac{3}{2}+\frac{1}{2}\right):11 = ?$
$0{,}75:\left(\frac{3}{4}+0{,}2:\frac{1}{5}\right)^4 = ?$

Gregor	Laura	Lucas	Sophie
$\left[\left(\frac{1}{10}\right)^2 - \frac{1}{50}\right] : \frac{1}{2}$	$\left(1 - \frac{5}{6}\right) : \frac{1}{60}$	$(2{,}89 - 2) : (1 - 0{,}11) - 1^{10}$	$\left\{\left[\left(\frac{1}{8} - \frac{1}{4}\right) : \left(-\frac{1}{2}\right)\right]^2 + \frac{3}{8}\right\} \cdot (-8)$

Arbeitsaufträge

- Finde heraus, wer die größte Zahl „verpackt" hat.
- Finde heraus, wer eine ganze Zahl „verpackt" hat.

Auch beim Rechnen mit beliebigen rationalen Zahlen hält man sich an die bekannten **Vereinbarungen**:

1. Rechnungen in Klammern werden zuerst ausgeführt. Dabei beginnt man stets mit den innersten Klammern.
2. „Punktrechnungen" (· und :) werden vor „Strichrechnungen" (+ und –) ausgeführt.
3. Potenzrechnungen werden vor „Punktrechnungen" und vor „Strichrechnungen" ausgeführt.

Das **Distributivgesetz** gilt nicht nur für die ganzen Zahlen, sondern für **alle** rationalen Zahlen, und zwar

- bei der **Multiplikation**:

$$\left(2 + \frac{1}{4}\right) \cdot \left(-\frac{3}{5}\right) = 2 \cdot \left(-\frac{3}{5}\right) + \frac{1}{4} \cdot \left(-\frac{3}{5}\right) = -\frac{6}{5} - \frac{3}{20} = -\frac{24}{20} - \frac{3}{20} = -\frac{27}{20} = -1\frac{7}{20}$$

$$\left(2 + \frac{1}{4}\right) \cdot \left(-\frac{3}{5}\right) = 2\frac{1}{4} \cdot \left(-\frac{3}{5}\right) = \frac{9}{4} \cdot \left(-\frac{3}{5}\right) = -\frac{27}{20} = -1\frac{7}{20}$$

$$\left(2 - \frac{1}{4}\right) \cdot \left(-\frac{3}{5}\right) = 2 \cdot \left(-\frac{3}{5}\right) - \frac{1}{4} \cdot \left(-\frac{3}{5}\right) = -\frac{6}{5} + \frac{3}{20} = -\frac{24}{20} + \frac{3}{20} = -\frac{21}{20} = -1\frac{1}{20}$$

$$\left(2 - \frac{1}{4}\right) \cdot \left(-\frac{3}{5}\right) = \frac{7}{4} \cdot \left(-\frac{3}{5}\right) = -\frac{21}{20} = -1\frac{1}{20}$$

- bei der **Division**:

$$(-2{,}5 + 1{,}6) : (-0{,}2) = (-2{,}5) : (-0{,}2) + 1{,}6 : (-0{,}2) = 12{,}5 - 8{,}0 = 4{,}5$$

$$(-2{,}5 + 1{,}6) : (-0{,}2) = (-0{,}9) : (-0{,}2) = 4{,}5$$

$c \in \mathbb{Q} \setminus \{0\}$ bedeutet: c ist eine von 0 verschiedene rationale Zahl.

Allgemein gilt:

$\mathbf{(a + b) \cdot c = a \cdot c + b \cdot c}$

$\mathbf{(a - b) \cdot c = a \cdot c - b \cdot c}$ $\quad a, b, c \in \mathbb{Q}$

$\mathbf{(a + b) : c = a : c + b : c}$

$\mathbf{(a - b) : c = a : c - b : c}$ $\quad a, b \in \mathbb{Q};\ c \in \mathbb{Q} \setminus \{0\}$

Beispiele

- $3{,}5 - 1{,}8 \cdot (2 : 0{,}2 - 12) = 3{,}5 - 1{,}8 \cdot (10 - 12) =$
  $3{,}5 - 1{,}8 \cdot (-2) = 3{,}5 + 3{,}6 = 7{,}1$
  Hinweis: Rechnung in der Klammer zuerst; „Punkt vor Strich" beachten.

- Berechne den Wert des Terms $\frac{1{,}2 - 8{,}4}{0{,}6}$ geschickt.
  Lösung: $\frac{1{,}2 - 8{,}4}{0{,}6} = \frac{1{,}2 \cdot (1 - 7)}{0{,}6} = \frac{1{,}2 \cdot (-6)}{0{,}6} = \frac{12 \cdot (-6)}{6} = \frac{12 \cdot (-1)}{1} = -12$

- $-1\frac{1}{4} : \left(3\frac{1}{2} - 2\frac{3}{8}\right) + \left[-3 \cdot \frac{5}{9} + 91 : (-13)\right] = -1\frac{1}{4} : \left(3\frac{4}{8} - 2\frac{3}{8}\right) + \left[-\frac{5}{3} + (-7)\right] =$
  $-1\frac{1}{4} : 1\frac{1}{8} - 8\frac{2}{3} = -\frac{5}{4} : \frac{9}{8} - 8\frac{2}{3} = -\frac{5}{4} \cdot \frac{8}{9} - 8\frac{2}{3} = -1\frac{1}{9} - 8\frac{6}{9} = -9\frac{7}{9}$

- $\frac{1}{2} \cdot \frac{3}{5} - \frac{1}{4} \cdot \frac{3}{5} = \left(\frac{1}{2} - \frac{1}{4}\right) \cdot \frac{3}{5} = \frac{1}{4} \cdot \frac{3}{5} = \frac{3}{20}$
  Hinweis: Distributivgesetz

- Lässt sich jeder Quotient auch als Produkt schreiben?
- Ist die 4. Potenz einer von null verschiedenen rationalen Zahl stets positiv?

Aufgaben

1; 3,64; −54,8; −18,96; −2,43; 5,3; 36; $\frac{2}{5}$; $-\frac{3}{14}$

Lösungen zu 1. **L**

1. Berechne jeweils den Wert des Terms.

a) $\left(-\frac{2}{10}\right) \cdot (1{,}9 - 3{,}9)$ $\quad 5 + (-0{,}7) \cdot 10 - 0{,}43$ $\quad 1{,}2^2 - (-1{,}2) - [1{,}2 : (-1{,}2)]$

b) $-\frac{3}{14} + \frac{3}{7} \cdot [0 : (-2)]$ $\quad 40 : (-0{,}8) + 1{,}6 \cdot (-3)$

c) $1{,}55 + (-7{,}1) \cdot 3 - 2{,}37 : (-3)$ $\quad [(-6{,}3) - 3{,}3 : (-3)] - 1{,}5 \cdot (-7)$

d) $\left\{\left[(-1) + \frac{1}{2} \cdot (-3)\right] \cdot 4 + 4\right\} : \left(-\frac{1}{6}\right)$ $\quad \left[\left(-\frac{1}{2}\right)^3 + (-1)^2 + \frac{1}{16}\right] : \frac{15}{16}$

2. Bilde jeweils den Term zur Angabe und berechne dann seinen Wert.

a) Bilde die Summe aus dem Produkt der Zahlen −1 und $\frac{3}{10}$ und dem Quotienten mit dem Dividenden $\frac{1}{5}$ und dem Divisor $-\frac{1}{50}$.

b) Multipliziere den Quotienten aus dem Dividenden 0,289 und dem Divisor −0,17 mit der Summe der Zahlen 100 und −98,3.

3. Berechne jeweils den Termwert möglichst geschickt.

a) $25 \cdot (-2{,}3) \cdot (-4)$ $\quad -2{,}7 + 5 + (-2{,}3)$ $\quad 3{,}8 \cdot (-0{,}7) + 6{,}2 \cdot (-0{,}7)$

b) $0{,}7 : 15 - 0{,}2 : 15$ $\quad 125 \cdot (-4) \cdot (-8) \cdot 25$ $\quad \frac{3}{7} \cdot (-49) \cdot 0 \cdot (-2)$

G c) Erfinde zwei Aufgaben, die du mithilfe des Distributivgesetzes im Kopf, ohne das Distributivgesetz aber nur mithilfe einer Nebenrechnung lösen kannst.

4. Berechne jeweils den Termwert möglichst geschickt.

a) $\left(-\frac{1}{2}\right) + \left(-\frac{2}{2}\right) + \left(-\frac{3}{2}\right) + \ldots + \left(-\frac{18}{2}\right) + \left(-\frac{19}{2}\right) + \left(-\frac{20}{2}\right)$

b) $(-2{,}0) + 2{,}1 + (-2{,}2) + \ldots + (-13{,}8) + 13{,}9 + (-14{,}0)$

c) $(-0{,}9) \cdot (-0{,}8) \cdot (-0{,}7) \cdot \ldots \cdot (-0{,}2) \cdot (-0{,}1) \cdot 0 \cdot 0{,}1 \cdot 0{,}2 \cdot 0{,}3 \cdot \ldots \cdot 0{,}9$

5. Sophie hat das Ergebnis ihrer Rechnung in das Feld B3 geschrieben. Kontrolliere, ob sie richtig gerechnet hat, und finde heraus, in welchen Feldern die Ergebnisse von Gregors, Lauras und Lucas' Aufgaben stehen.

	A	B	C	D
4	−1,5	2	0	10
3	1,2	−2	0,5	0,24
2	−10	0,4	$\frac{5}{7}$	1,6
1	−1,2	22	$\frac{4}{5}$	$\frac{3}{2}$

a) Sophies Aufgabe: $-11\frac{3}{7} : 6 + \left(-\frac{4}{7}\right) : 6$

b) Gregors Aufgabe: $[(-1{,}2)^2 - 0{,}44] : \frac{2}{3}$

c) Lauras Aufgabe: $\left[8 \cdot \left(-\frac{3}{4}\right) + \left(-\frac{1}{3}\right) \cdot (-12)\right] : (-5)$

d) Lucas' Aufgabe: $2{,}05 - 1{,}8 \cdot 0{,}5^2$

e) Finde einen Term, dessen Wert im Feld C3 steht.

6. Gib den Termwert jeweils als echten Bruch (bzw. als ganze oder gemischte Zahl) und als auf Hundertstel gerundete Dezimalzahl an. Klammere dabei zuerst im Zähler oder im Nenner eine natürliche Zahl aus und kürze dann.

a) $\frac{50}{77 - 22}$ $\quad$ b) $\frac{121 - 66}{11}$ $\quad$ c) $\frac{125 - 625}{125}$ $\quad$ d) $\frac{26}{169 + 13}$ $\quad$ e) $\frac{45 - 180}{30}$ $\quad$ f) $\frac{147 - 350}{70}$

G 7. Bilde jeweils einen Term, in dem jede der vier Grundrechenarten mindestens einmal auftritt und dessen Wert

a) 1 beträgt; dabei sollen alle Angabezahlen Stammbrüche sein.

b) gleich einem Stammbruch ist; dabei sollen alle Angabezahlen echte Brüche sein.

c) −2,5 ist; dabei sollen alle Angabezahlen Dezimalzahlen sein.

W1 Wandle jeweils in die in [Klammern] angegebene Einheit um.
473 cm³ [dm³] 210 min [h] 34 ha [m²] 87,5 g [kg] 645,9 dm³ [l]

W2 Welche natürliche Zahl ergibt mit ihrem siebten Teil multipliziert 28?

W3 Welche Primfaktorzerlegung hat die Zahl 26 600?

$3{,}14 \cdot 2 \cdot 10\ \text{cm} = ?$
$3{,}14 \cdot 10\ \text{cm} \cdot 10\ \text{cm} = ?$
$8\ \text{cm} \cdot 12{,}5\ \text{cm} = ?$

Zu 8.1 und 8.2:
Aufgaben 1. bis 3.

1. Zwischen den Bildpunkten der beiden Angabezahlen auf einer Zahlengeraden liegen jeweils die Bildpunkte von ganzen Zahlen; gib diese ganzen Zahlen an.

a) $-2\frac{1}{2}$; 0 b) $-4\frac{1}{10}$; $-\frac{1}{2}$ c) $\frac{21}{5}$; $\frac{31}{4}$ d) −1; 2 e) $-\frac{1}{3}$; 1,5

2. Trage die Bildpunkte der rationalen Zahlen $-\frac{2}{5}$; $-\frac{3}{5}$; $\frac{7}{10}$; 0; $\frac{1}{2}$ und $-\frac{1}{10}$ auf einer Zahlengeraden (Einheit 10 cm) ein und ordne dann diese sechs Zahlen in Form einer fallenden Ungleichungskette.

3. Setze jeweils anstelle des Platzhalters ■ eines der Zeichen <, > bzw. = ein, so dass eine wahre Aussage entsteht.

a) $-\frac{3}{4}$ ■ −0,5 b) $-\frac{13}{12}$ ■ 0 c) $-\frac{5}{6}$ ■ $-\frac{1}{6}$ d) −1 ■ $-1\frac{1}{4}$
e) −0,25 ■ $-\frac{3}{4}$ f) −0,67 ■ $-0,\overline{6}$ g) −1,3 ■ $-1,\overline{3}$ h) $-\frac{1}{3}$ ■ $-\frac{5}{12}$

Zu 8.3:
Aufgaben 4. bis 6.

4. In der untenstehenden Tabelle findest du alle Ergebnisse; über jedem von ihnen steht eine Silbe usw. In der Reihenfolge der Teilaufgaben a) bis m) ergeben diese Silben usw. den Lösungssatz.
Bearbeite alle Teilaufgaben und finde den Lösungssatz heraus.

a) (−3,4) + (−5,7) b) (−1,8) + (+1,2) c) $0 + \left(+\frac{3}{5}\right)$
d) (+2,7) + (−3,8) e) $\left(-\frac{3}{10}\right) + \left(-\frac{7}{10}\right)$ f) $\left(-\frac{3}{4}\right)$ + (+0,75)
g) $\left(-\frac{7}{8}\right) + \left(+\frac{1}{4}\right)$ h) (+10,9) + (+11,1) i) $\left(-\frac{5}{6}\right) + \left(-\frac{5}{12}\right)$
j) (−101,5) + (+99,4) k) $0,\overline{7} + \frac{1}{9}$ l) $\frac{7}{30} + \frac{13}{30}$
m) $\frac{13}{48} + \left(-\frac{1}{48}\right)$

Lä	oh	ver	ist	re	Ein	ne	cheln	ner	lo	ein	Tag.	Tag	(Charlie Chaplin)
−1	$\frac{3}{5}$	$-\frac{5}{4}$	$-\frac{5}{8}$	$\frac{8}{9}$	−9,1	−1,1	0	$\frac{2}{3}$	−2,1	22	$\frac{1}{4}$	−0,6	

5. Übertrage jede der beiden Zahlenmauern in dein Heft, trage dann dort in die leeren Steine je eine rationale Zahl ein, so dass dann auf jedem Stein der Summenwert der Zahlen steht, die sich auf den beiden Steinen direkt darunter befinden.

a)

b)
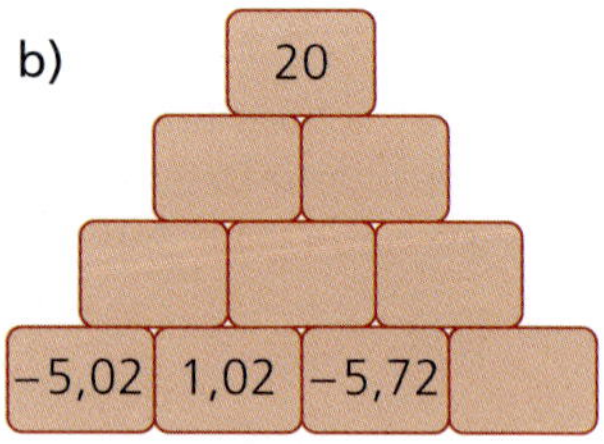

6. Berechne vorteilhaft.

a) $\frac{1}{2} + \left(\frac{1}{2} + \frac{1}{3}\right)$
b) $\frac{1}{2} + \left(\frac{1}{2} + \frac{1}{3}\right) + \left(\frac{2}{3} + \frac{1}{4}\right)$
c) $\frac{1}{2} + \left(\frac{1}{2} + \frac{1}{3}\right) + \left(\frac{2}{3} + \frac{1}{4}\right) + \left(\frac{3}{4} + \frac{1}{5}\right)$
d) $\frac{1}{2} + \left(\frac{1}{2} + \frac{1}{3}\right) + \left(\frac{2}{3} + \frac{1}{4}\right) + \left(\frac{3}{4} + \frac{1}{5}\right) + \left(\frac{4}{5} + \frac{1}{6}\right)$

Zu 8.4 und 8.5:
Aufgaben 7. bis 10.

7. Berechne jeweils den Termwert.

a) $(-1{,}8) - (-1{,}8)$ b) $(-2{,}4) - (+2{,}7)$ c) $(-1) + (-2{,}2) - (+1{,}8)$

d) $18 - 27$ e) $10{,}6 - (+10{,}6)$ f) $\left(-\frac{11}{3}\right) - \left(+\frac{1}{6}\right)$

g) $(-0{,}08) + \left(-1\frac{17}{25}\right)$ h) $\left(-\frac{1}{5}\right) - \left(-\frac{6}{15}\right)$ i) $23 - (-4{,}6) + (+2{,}4)$

j) $(-15) + 250 : 25$

8. Jede Teilaufgabe enthält zwei Terme. Überlege jeweils, welcher dieser beiden Terme den größeren Wert besitzt, und berechne dann diesen Wert in deinem Heft.

a) (I) $(+2{,}5) + (-7{,}5)$
(II) $(-2{,}5) - (-7{,}5)$

b) (I) $\left(-\frac{8}{3}\right) + \left(+\frac{1}{3}\right)$
(II) $\left(-\frac{8}{3}\right) + \left(-\frac{1}{3}\right)$

c) (I) $(+100{,}5) - (-50{,}5)$
(II) $(-100{,}5) + (+50{,}5)$

d) (I) $\left(-\frac{7}{10}\right) + \left(-\frac{13}{10}\right)$
(II) $\left(-\frac{7}{10}\right) - \left(-\frac{13}{10}\right)$

9. Stelle jede der folgenden rationalen Zahlen zuerst als Summe und dann als Differenz zweier rationaler Zahlen dar; gib jeweils mindestens zwei verschiedene Möglichkeiten an.

a) $\frac{1}{4}$ b) $-\frac{3}{10}$ c) $1\frac{1}{3}$ d) $-2{,}5$ e) $\frac{5}{6}$ f) $-1\frac{1}{4}$

10. Übertrage jeweils den Term in dein Heft und kennzeichne dann dort die Rechenzeichen rot und die Vorzeichen blau.

a) $(-1) + \left(+\frac{1}{2}\right)$ b) $\left(+2 + \frac{1}{7}\right) - \left[-\frac{2}{3} + \left(-\frac{1}{6}\right)\right]$ c) $\left(+\frac{5}{6}\right) + \left(-\frac{1}{6}\right) + 1$

d) $1 - 6 - 4 + \left(-\frac{8}{9}\right)$ e) $0 - \frac{2}{3} + \left(-\frac{2}{3}\right) + \left(+\frac{2}{3}\right)$ f) $\left[2 + \left(-\frac{1}{5}\right)\right] - \left(-\frac{1}{5}\right)$

Zu 8.6:
Aufgaben 11. bis 13.

11. Stelle jede der folgenden rationalen Zahlen als Produkt dar; gib dabei jeweils mindestens zwei verschiedene Möglichkeiten an.

a) $\frac{1}{16}$ b) $-\frac{8}{27}$ c) $1\frac{4}{5}$ d) $-\frac{60}{125}$ e) $\frac{48}{343}$ f) $\frac{1}{125}$

12. Zeichne eine Zahlengerade (Einheit: 8 cm) und trage die Bildpunkte der Zahlen $\frac{1}{2}$ und $\frac{3}{4}$ sowie der Zahlen $-\frac{1}{2}$ und $-\frac{3}{4}$ ein. Berechne dann die Werte der folgenden Terme und trage die Bildpunkte der Termwerte auf deiner Zahlengeraden mit verschiedenen Farben ein.

a) $\frac{1}{2} + \frac{3}{4}$ b) $\left(-\frac{3}{4}\right)^2$ c) $-\frac{1}{2} + \left(-\frac{3}{4}\right)$ d) $\left(-\frac{1}{2}\right)^3$ e) $\left(-\frac{1}{2}\right)^4$

13. Entscheide, welche der folgenden Aussagen wahr und welche falsch sind, und gib jeweils eine Begründung für deine Entscheidung an.

a) $\left(-\frac{1}{2}\right)^{10} < 1$ b) $\left(-\frac{2}{3}\right)^5 > 0$ c) $\left(-\frac{1}{3}\right)^3 > \left(-\frac{1}{4}\right)^4$ d) $(-1)^{10} = (-1)^{100}$

Zu 8.7:
Aufgaben 14. und 15.

14. Ermittle jeweils durch Überlegen der Termwert.

a) $18{,}5 \cdot 1$ b) $[(-100{,}5) \cdot 0] : 2{,}5$ c) $\frac{3}{4} : \left(-\frac{3}{4}\right)$

d) $\left(\frac{5}{7} : 1\right) : 1$ e) $(0 \cdot 4{,}7) : (-2{,}35)$ f) $(24{,}9 \cdot 1) : 1$

g) $[(-1{,}6) \cdot (+1{,}6)] \cdot 0$ h) $(0 \cdot 0) : (-1{,}5)$ i) $(-1) \cdot \left(0{,}5 : \frac{1}{2}\right)$

15. Berechne jeweils den Wert des Quotienten. Die Silben usw. in der Tabelle über den Quotientenwerten ergeben in der Reihenfolge der Teilaufgaben a) bis n) den Lösungssatz.

a) $\left(-\frac{3}{4}\right) : 2 = -\frac{3}{8}$ b) $\left(+\frac{2}{5}\right) : \left(-\frac{4}{10}\right)$ c) $(+69{,}69) : (-2{,}3)$

d) $\left(-\frac{5}{7}\right) : \left(+\frac{15}{2}\right)$ e) $\left(0 : \frac{2}{3}\right) : \frac{2}{3}$ f) $(+0{,}342) : (+0{,}18)$

g) $(-1) : (-0{,}1)$ h) $\left(-\frac{9}{35}\right) : \left(-\frac{9}{35}\right)$ i) $\left(-\frac{1}{3}\right) : \left(-\frac{2}{3}\right)$

j) $(-28) : \left(+\frac{1}{4}\right)$ k) $\left(+1\frac{1}{15}\right) : (+16)$ l) $[(+25{,}5) \cdot (-1\,000)] : 51$

m) $\left(-\frac{1}{10}\right) : \left(-\frac{1}{30}\right)$ n) $\left(-\frac{1}{32}\right) : \left(+\frac{1}{2}\right)$

fan	muss	ste	Wer	Hüh	gen	den	nern	hen.	will,	den	auf	Fuchs	mit
$-\frac{2}{21}$	10	3	$-\frac{3}{8}$	−112	0	−1	$\frac{1}{15}$	$-\frac{1}{16}$	1,9	$\frac{1}{2}$	−500	−30,3	1

Zu 8.8:
Aufgaben 16. bis 21.

Sophies Tipp:
Nicht ausmultiplizieren, sondern kürzen:
$\frac{100!}{99!} = \frac{1 \cdot 2 \cdot \ldots \cdot 99 \cdot 100}{1 \cdot 2 \cdot \ldots \cdot 99}$
= 100

16. Berechne jeweils den Wert des Terms.

a) $48 : (-2)$ $12{,}5 : (-0{,}5)$ $20 : \left(\frac{1}{4} - \frac{1}{5}\right)$ $1 : \frac{1}{3}$

b) $(-0{,}5 + 0{,}8) \cdot \frac{10}{3}$ $(72 - 144) \cdot \frac{5}{36}$ $(0{,}8 - 1{,}5) \cdot (-0{,}1)^2$

c) $-2 + \frac{3}{4} : \left(-\frac{1}{2}\right)$ $(75 - 150 + 275) \cdot 0{,}005$ $\frac{1}{4} \cdot (114 - 42 - 52)$

d) $3! : (2!)$ $\frac{9!}{10!}$ $\frac{11!}{10!}$ $\frac{11!}{13!}$ $\frac{101!}{100!}$

e) $\frac{210 + 212 + 214 + 216 + 218 - 220 - 222 - 224 - 226 - 228}{50}$

f) $\left(2\frac{1}{3} - \frac{1}{4}\right) - 12\frac{1}{3}$ $\frac{1}{2} : \left[\left(\frac{1}{2} : \frac{1}{2}\right) : \frac{1}{4}\right]$ $\frac{\frac{21}{4} - \frac{2^2 + 7}{4}}{\frac{3}{4}}$

g) $\left(0{,}\overline{2} + \frac{2}{3}\right) : \frac{8}{90}$ $(1 + 0{,}1)^2 - 1{,}9^2$ $\frac{3}{4} - 2 \cdot \left(0{,}75 - \frac{1}{2}\right)$

17. Übertrage die Tabelle in dein Heft und ergänze sie dann dort.

a	b	Gegenzahl von a	Kehrwert von b	Wert des Terms			
				a + b	a − b	a · b	a : b
1	$\frac{1}{3}$						
−2			2				
$-\frac{7}{2}$	$\frac{3}{4}$						
	5	$-\frac{1}{10}$					
	1			$\frac{1}{4}$			

18. Gib jeweils die Art des Terms an, ohne den Termwert zu berechnen.
Hinweis: Die Rechenart, die beim Berechnen des Termwerts als letzte (oder als einzige) ausgeführt wird, gibt dir einen Hinweis auf die Art des Terms.

a) $\left(+\frac{2}{3}\right) : \left(-\frac{5}{6}\right) - \frac{4}{5}$ b) $\left(0 + \frac{3}{8}\right) : \left(-\frac{1}{80}\right)$

c) $\left(-\frac{4}{7}\right)^2 + \frac{16}{49}$ d) $[(-0{,}99) : 0{,}11] \cdot (+2{,}7)$

e) $(8{,}1 - 1{,}8)^2 + 1$ f) $[1{,}2 : 0{,}6 + (-2{,}4)] : (-0{,}8)$

g) $[(1{,}3)^2 - (+1{,}2)^2] : (+0{,}25)$ h) $[3{,}1 : (2{,}6 + 0{,}5)] : (-0{,}5)$

i) $(3{,}4 + 1{,}7) : 0{,}51 + 1{,}2 : (-0{,}06)$ j) $[12{,}1 : (-0{,}11)] \cdot 0$

19. Entscheide, welche der folgenden Aussagen wahr und welche falsch sind, und begründe jeweils deine Entscheidung.

a) Der Wert jeder Summe aus zwei negativen rationalen Zahlen ist negativ.

b) Der Wert des Quotienten von zwei natürlichen Zahlen ist stets eine rationale Zahl.

c) Jede Summe aus einer negativen rationalen Zahl und einer natürlichen Zahl hat eine positive rationale Zahl als Wert.

d) Zwischen den Bildpunkten der Zahlen –5,5 und +3,2 auf einer Zahlengeraden liegen die Bildpunke von vier natürlichen Zahlen.

e) Zwischen den Bildpunkten der Zahlen –5,5 und +3,2 auf einer Zahlengeraden liegen die Bildpunke von neun ganzen Zahlen.

f) Der Produktwert zweier negativer rationaler Zahlen ist stets positiv.

20. Übertrage jeweils die Angabe in dein Heft und setze dann dort statt ■ eines der drei Zeichen <, > bzw. ein, sodass eine wahre Aussage entsteht.

a) $-\frac{1}{2}$ ■ $(-1) : 2$ b) $(-1) : (-2)$ ■ $\frac{1}{2}$ c) $(-1) : 2$ ■ $-\frac{1}{2}$

d) $-\frac{3}{4}$ ■ $(-3) : 4$ e) $\frac{-3}{-4}$ ■ $\frac{3}{4}$ f) $\frac{-101 + 101}{202}$ ■ 0

g) $\frac{-12 \cdot 5}{6 \cdot 10}$ ■ 1 h) $\frac{-36}{60 - 48}$ ■ $1 - 3$ i) $\frac{14 - 8}{1 - 2}$ ■ $8 - 14$

21. Mache jeweils einen Gesamtansatz und berechne dann den Termwert.

a) Dividiere die Summe der Zahlen 66,8 und 21,2 durch die Zahl –0,88.

b) Aus den Zahlen $\frac{3}{4}$ und $\frac{4}{5}$ kannst du zwei Differenzen bilden. Dividiere die Differenz mit dem größeren Differenzwert durch die Zahl $\frac{1}{40}$.

c) Addiere das Produkt der Zahlen $\frac{1}{7}$ und $\frac{343}{2}$ zur größten zweistelligen negativen ganzen Zahl.

d) Dividiere die Differenz mit dem Minuenden $\frac{1}{5}$ und dem Subtrahenden $\frac{3}{8}$ durch das Quadrat der Zahl $-\frac{1}{2}$.

22. Trage in ein Koordinatensystem (Einheit 1 cm) die Punkte T (1 I 2), A (–5 I 0) und L (3 I 0) sowie das Dreieck TAL ein. Ergänze dann deine Zeichnung durch

a) ein Dreieck, das 50% der Fläche des Dreiecks TAL einnimmt.

b) ein Parallelogramm, dessen Flächeninhalt 75% des Flächeninhalts des Dreiecks TAL beträgt.

23. Laura isst mit ihrem Onkel Ralf am Flughafen zu Mittag. Man kann dort in Euro, in Schweizer Franken, in US-Dollars und in Britischen Pfund bezahlen; auf der abgebildeten Rechnung ist deshalb der Gesamtbetrag außer in Euro auch in diesen drei Währungen angegeben. Berechne, wie viel CHF, USD bzw. GBP an diesem Tag 1 € wert ist.

Weitere Aufgaben

Rechnung

2 Salatteller	16,20
2 Orangensaft	7,80
1 Cappuccino	2,70
Euro	26,70
CHF	39,74
USD	28,14
GBP	16,71

Airport

24. Berechne jeweils den Wert des Terms mithilfe des Distributivgesetzes.

a) $4\frac{2}{3} : 2$ b) $9\frac{6}{7} : 3$ c) $15\frac{10}{11} : 5$ d) $7\frac{14}{15} : 7$

e) $2\frac{1}{4} \cdot 2$ f) $5\frac{1}{30} \cdot 3$ g) $1\frac{3}{4} \cdot 4$ h) $\left(+\frac{3}{4}\right) \cdot 4 - \left(+\frac{11}{4}\right) \cdot 4$

$4\frac{2}{3} : 2 = 4 : 2 + \frac{2}{3} : 2$
$= 2 + \frac{1}{3} = 2\frac{1}{3}$

25. Übertrage jeweils die Angabe in dein Heft und ersetze dann dort den Platzhalter ■ durch eine rationale Zahl, sodass eine wahre Aussage entsteht.

a) $\frac{3}{4} + ■ = \frac{7}{4} + 1$ b) $-\frac{5}{6} \cdot ■ = -1$ c) $2 : ■ = -\frac{1}{8}$ d) $1 : ■ = -1$

e) $4{,}5 - ■ = 4{,}5$ f) $■ : \left(-\frac{2}{3}\right) = \frac{3}{2}$ g) $9{,}1 \cdot ■ = 0$ h) $■ - (+0{,}9) = -2{,}1$

26. Gib an, bei welchen der zehn Brüche $\frac{4}{5}; \frac{1}{6}; \frac{3}{6}; \frac{9}{15}; \frac{7}{10}; \frac{1}{33}; \frac{6}{48}; \frac{3}{7}; \frac{2}{15}$ und $\frac{9}{90}$ die Dezimalzahlentwicklung abbricht. Begründe deine Meinung.

G **27.** Berechne jeden der Termwerte auf die beiden angegebenen Arten und entscheide, welche Art der Berechnung jeweils vorteilhafter ist.

a) $24 \cdot \left(\frac{1}{12} - \frac{1}{6}\right)$; $24 \cdot \frac{1}{12} - 24 \cdot \frac{1}{6}$ b) $3 \cdot \left(\frac{9}{8} - \frac{1}{8}\right)$; $3 \cdot \frac{9}{8} - 3 \cdot \frac{1}{8}$

28. Mache bei jeder der folgenden Teilaufgaben zunächst eine Überschlagsrechnung und berechne dann den exakten Termwert.

a) $(47{,}3 + 11{,}5) \cdot (65{,}5 - 48{,}6)$ b) $10 + 10^2 + 10^3 - 1\,110$

c) $(4{,}2 - 8{,}4) \cdot (5{,}8 + 5{,}2)$ d) (456,50 € – 555,20 €) : 2

e) [(–4,5 °C) + (+1,8 °C) + (+2,3 °C) + (–5,5 °C) + (+0,9 °C)] : 5

Überlege dir zu den Teilaufgaben d) und e) passende Texte.

29. Bei einem Test wurde jede richtige Antwort mit +1 Punkt, jede falsch gelöste Aufgabe mit –1 Punkt bewertet; für jede nicht gelöste Aufgabe gab es 0 Punkte. Übertrage die Tabelle in dein Heft und ergänze sie dann dort.

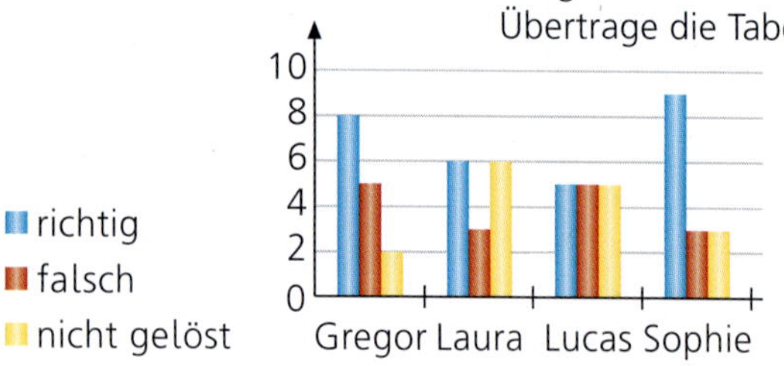

Anzahl der Aufgaben	Gregor	Laura	Lucas	Sophie
richtig gelöst				
falsch gelöst				
nicht gelöst				
Gesamtpunktzahl				

30. Übertrage die Tabelle in dein Heft und ergänze sie dann dort.

Obstsorte	Äpfel	Orangen	Birnen	Bananen	Trauben
Verkaufte Menge in kg					
Gewinn pro kg	0,83 €	1,02 €		0,79 €	
Verlust pro kg			0,99 €		1,73 €
Gewinn bzw. Verlust					

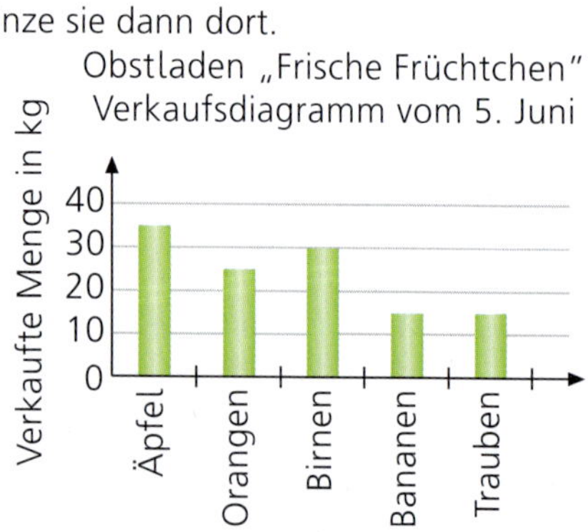

a) Schätze, ob der Obsthändler am 5. Juni mit diesen fünf Obstsorten insgesamt Gewinn oder Verlust machte.

b) Berechne die Höhe seines Gewinns bzw. Verlusts mit diesen fünf Obstsorten am 5. Juni.

$(0{,}5\text{ cm})^3 = ?$

$12 - \left(\frac{3}{111} + \frac{6}{222}\right) : \frac{1}{37} = ?$

$\left(8 : \frac{1}{2}\right) : 2^4 - 16^0 = ?$

W1 Wahr oder falsch? Der Kehrwert jedes echten Bruchs ist stets ein unechter Bruch.

W2 Welchen Flächeninhalt besitzt ein Parallelogramm, bei dem die Grundlinie 7 cm und die zugehörige Höhe halb so lang ist?

W3 Welche y-Koordinate haben alle Punkte der x-Achse?

I. Trage die acht Punkte W (3 | 0), E (4 | 2), L (6 | 3), T (4 | 4), R (3 | 6), A (2 | 4), U (0 | 3) und M (2 | 2) in ein Koordinatensystem (Einheit 1 cm) ein und zeichne dann den Streckenzug WELTRAUMW.

a) Zeichne die Punkte W_1, E_1, L_1, T_1, R_1, A_1, U_1 und M_1 so, dass die beiden Koordinaten dieser Punkte jeweils $\frac{3}{4}$ der Koordinaten der Punkte W, E, L, ... bzw. M sind, und trage dann den Stern $W_1\,E_1\,L_1\,T_1\,R_1\,A_1\,U_1\,M_1$ in dein Koordinatensystem rot ein.

b) Zeichne die Punkte W_2, E_2, L_2, T_2, R_2, A_2, U_2 und M_2 so, dass die beiden Koordinaten dieser Punkte jeweils das (– 1,5)fache der Koordinaten der Punkte W, E, L, ... bzw. M sind, trage dann den Stern $W_2\,E_2\,L_2\,T_2\,R_2\,A_2\,U_2\,M_2$ in dein Koordinatensystem blau ein und ermittle seinen Flächeninhalt.

G II. Bilde mit den Zahlenkärtchen Summen aus je drei Summanden, deren Summenwerte ganzzahlig sind. Gregor behauptet, dass es dafür zwölf verschiedene Möglichkeiten und fünf verschiedene Summenwerte gibt. Hat Gregor Recht?

$\frac{2}{3}$ $\frac{2}{3}$ $\frac{2}{3}$ $-\frac{2}{3}$ $-\frac{2}{3}$ $-\frac{2}{3}$

$\frac{1}{3}$ $\frac{1}{3}$ $\frac{1}{3}$ $-\frac{1}{3}$ $-\frac{1}{3}$ $-\frac{1}{3}$

Gregor überlegt: Bei h) kreuze ich dreimal wahr an!

III. Übertrage die Tabelle in dein Heft und kreuze dann bei jeder Teilaufgabe an, ob ihre Aussage in der Zahlenmenge ℕ, ℤ bzw. ℚ wahr oder falsch ist.

	Aussage	in ℕ		in ℤ		in ℚ	
		wahr	falsch	wahr	falsch	wahr	falsch
a)	In dieser Zahlenmenge gibt es ein kleinstes Element.						
b)	In dieser Zahlenmenge gibt es ein größtes Element.						
c)	In dieser Zahlenmenge gibt es zu jeder Zahl auch die Gegenzahl.						
d)	Der Wert des Quadrats jeder Zahl dieser Zahlenmenge ist mindestens so groß wie die Zahl selbst.						
e)	Zu je zwei Zahlen dieser Zahlenmenge gibt es stets mehrere „dazwischen liegende" Zahlen dieser Zahlenmenge.						
f)	In dieser Zahlenmenge gibt es zu jeder Zahl außer null auch den Kehrwert.						
g)	In dieser Zahlenmenge ist jede Zahl gleich ihrem Betrag.						
h)	In dieser Zahlenmenge gilt sowohl das Kommutativ- wie auch das Assoziativgesetz der Addition.						

G IV. Ende des letzten Jahrhunderts gab es in Deutschland rund 4,0 Millionen Arbeitslose. Die Tabelle zeigt die Veränderungen (in Hunderttausend) der Arbeitslosenanzahl während eines Jahres von Monat zu Monat.

Januar	+1,8
Februar	+1,3
März	–0,2
April	–0,5
Mai	–0,4
Juni	–0,3
Juli	–0,2
August	–0,7
September	–1,5
Oktober	–1,1
November	+0,9
Dezember	+0,1

a) Gib die Veränderungen auf Hunderttausender gerundet an.

b) Wandle die Informationen der Tabelle in ein Säulendiagramm um.

c) Welche Monate brachten eine besonders günstige, welche eine besonders ungünstige Entwicklung auf dem Arbeitsmarkt? Überlege, woran diese Entwicklung gelegen haben könnte.

d) Vergleiche die Veränderungen der Arbeitslosenanzahlen in den vier Vierteljahren.

e) Was kannst du aus dem Säulendiagramm der Teilaufgabe b) ablesen?

Selbsttest

1. a) Trage die Bildpunkte der acht Zahlen $-\frac{1}{2}$; $+\frac{3}{4}$; $+\frac{13}{12}$; $-1\frac{1}{2}$; $-\frac{5}{6}$; 0; –1 und $+1\frac{1}{4}$ auf einer Zahlengeraden (Einheit: 6 cm) ein.

b) Ordne die Zahlen aus a) in Form einer steigenden Ungleichungskette.

c) Bilde von jeder der acht Zahlen aus a) den Betrag und ordne die acht Beträge ebenfalls in Form einer steigenden Ungleichungskette.

2. Übertrage jeweils die Angabe in dein Heft und setze dann dort statt ■ eines der drei Zeichen <, > bzw. = so ein, dass eine wahre Aussage entsteht.

a) $\frac{3}{9}$ ■ $0,\overline{3}$ b) $1 : \frac{1}{2}$ ■ $4 : (-2)$ c) $\frac{2}{5} - \frac{6}{5}$ ■ $\frac{5}{20} - 1$

d) $0,\overline{9}$ ■ $(-1)^8$ e) $\frac{7}{8} : 0,625$ ■ $(-1) : \left(-\frac{5}{12}\right)$ f) $3\frac{1}{2} + 2\frac{2}{3}$ ■ $3\frac{1}{2} \cdot 2\frac{2}{3}$

3. Berechne jeweils den Wert des Terms.

a) $1 \cdot \frac{2}{5} - \left(\frac{1}{2}\right)^2$ b) $24 : 0,8 + 0,24 : (-0,08)$ c) $\left(-\frac{2}{3}\right)^3 + \frac{1}{27}$

d) $\left[(-8) \cdot \frac{1}{4} + 2\right] : 100$ e) $-2\frac{1}{4} + \frac{3}{5} + \frac{1}{4} + 1\frac{2}{5} + \frac{5}{6} - \frac{100}{12}$

4. Übertrage jeweils den Term in dein Heft und überschlage das Vorzeichen des Termwerts; berechne dann die negativen Termwerte exakt.

a) $\left[-1 + \left(-\frac{1}{2}\right) \cdot \left(+\frac{4}{3}\right)\right] : \left(\frac{2}{3} - \frac{1}{4}\right)$ b) $0,4^2 + (-2,5) \cdot (+2,5)$

c) $343 \cdot \left(-\frac{1}{7}\right) + (-512) : (-8)$ d) $\left(-\frac{1}{19}\right) \cdot 57 - 0,32 : 0,64$

5. a) Addiere zur Zahl 25,4 die Zahl –7,5, dann zum Ergebnis wieder die Zahl –7,5, hierauf zum neuen Ergebnis wieder die Zahl –7,5 usw., bis du zum ersten Mal einen negativen Summenwert erhältst. Gib diesen Summenwert an.

b) Dividiere die Zahl –4 durch $-\frac{1}{4}$, dann den Quotientenwert wieder durch $-\frac{1}{4}$, hierauf den neuen Quotientenwert wieder durch $-\frac{1}{4}$ usw., bis das Ergebnis zum ersten Mal größer als 500 ist. Gib dieses Ergebnis an.

6. Die Tabelle zeigt die langjährigen Durchschnittstemperaturen T_{Sommer} und T_{Winter} von neun verschiedenen Städten.

Stadt	Athen	Chicago	London	München	Paris	La Paz	Peking	Wien	Wladiwostok
Land	Griechenland					Bolivien			
T_{So}	23,3°C	23,7°C	17,6°C	17,5°C	19,5°C	12,9°C	26,1°C	19,4°C	20,8°C
T_{Wi}	9,4°C	–3,9°C	4,2°C	–2,1°C	3,5°C	9,4°C	–4,7°C	–1,4°C	–14,2°C
$T_{So} - T_{Wi}$	13,9 Grad								

a) Übertrage die Tabelle in dein Heft und ergänze sie dann dort.

b) An welchem dieser Orte schwankt die Temperatur am wenigsten?

c) An welchem dieser Orte schwankt die Temperatur am stärksten?

d) Was stellt $(T_{Sommer} + T_{Winter}) : 2$ dar?

e) Ordne die Durchschnittstemperaturen im Sommer zu einer steigenden Ungleichungskette, die Durchschnittstemperaturen im Winter zu einer fallenden Ungleichungskette.

7. Verknüpfe jeweils alle drei gegebenen Zahlen nur mithilfe der Rechenzeichen +, –, · und gegebenenfalls Klammern so, dass sich der Termwert 0 ergibt.

a) $\frac{1}{2}$ $\frac{1}{4}$ $\frac{1}{8}$ b) –7 $\frac{1}{7}$ 49 c) $\frac{1}{2}$ $-\frac{1}{3}$ $-\frac{1}{6}$

Lösungen unter www.ccbuchner.de (Eingabe „8256“ im Suchfeld)

Kapitel 9
Mathematik im Alltag

Geronimo Cardano
geb. 1501 in Pavia
gest. 1576 in Rom

Geronimo Cardano war Arzt und Dozent für Mathematik in Mailand. Später lehrte er Medizin an den Universitäten in Mailand, Pavia und Bologna. 1570 kam er wegen des Vorwurfs der Ketzerei für kurze Zeit in Haft. Danach ging er nach Rom, wo er bis zu seinem Tod lebte.

Neben seiner medizinischen Tätigkeit befasste **Cardano** sich stets auch mit mathematischen Forschungen. So untersuchte **Cardano**, der ein leidenschaftlicher Spieler war, die Gewinnchancen bei Glücksspielen. Er wurde damit zu einem Vorläufer der Wahrscheinlichkeitsrechnung.

Auch das „Prozent", italienisch damals „pro cento", findet sich bereits in einem seiner Werke. **Cardano** spricht von „12 pro 100 de lucro", also „12 Prozent des Gewinns".

Auf **Cardano** geht auch die nach ihm benannte Kardanwelle und das Kardangelenk zurück, die in vielen Fahrzeugen und Maschinen eingesetzt werden.

Kardangelenk an einer Welle zur Übertragung von Drehbewegungen

9.1 Grundbegriffe der Prozentrechnung: Berechnen des Prozentsatzes

Tombola beim Schulfest

Lucas sagt: *„Bei Klasse 6B ist die Chance für einen Treffer größer; dort ist die Anzahl der Gewinnlose größer."*

Sophie sagt: *„Bei Klasse 6A ist die Chance für einen Treffer größer; dort ist der Anteil der Gewinnlose größer."*

Arbeitsaufträge

- Beurteile, wer Recht hat: Lucas, Sophie oder beide.
- Ermittle die absolute und die relative Häufigkeit der Gewinnlose bei jeder der beiden Klassen einzeln.
- Berechne die absolute und die relative Häufigkeit der Gewinnlose, wenn die beiden Klassen ihre Lose zusammenlegen.

Häufig vergleicht man Anzahlen (bzw. Größen) nicht direkt miteinander, sondern als Anteile an einem Ganzen, die man dann in **Prozent** angibt. Beim Prozentrechnen verwendet man die drei Fachbegriffe **Grundwert**, **Prozentsatz** und **Prozentwert**:

- Das **Ganze**, dessen Anteile verglichen werden, bildet den **Grundwert**.
- Jeden **Anteil** am Ganzen, also am Grundwert, kann man (in **Bruchform** oder) in **Prozent** angeben; er stellt den **Prozentsatz** dar.
- Die Anzahlen (bzw. Größen) selbst bilden jeweils den **Prozentwert**.

In der 1. Mathematikschulaufgabe der Klasse 6A erhielten 7 der 25 Schüler die Note 3:

7 Schüler von 25 Schülern sind ($\frac{7}{25} = \frac{28}{100} =$) 28%.

7: Prozentwert (abs. Häufigkeit) — 25: Grundwert („das Ganze") — 28%: Prozentsatz (Anteil) (rel. Häufigkeit)

Beispiele

- $\frac{1}{100}$, $\frac{1}{10}$, $\frac{1}{4}$, $\frac{2}{5}$, $\frac{1}{2}$ und $\frac{3}{4}$ in Prozent:

Bruchschreibweise	$\frac{1}{100}$	$\frac{1}{10} = \frac{10}{100}$	$\frac{1}{4} = \frac{25}{100}$	$\frac{2}{5} = \frac{40}{100}$	$\frac{1}{2} = \frac{50}{100}$	$\frac{3}{4} = \frac{75}{100}$
Prozentschreibweise	1%	10%	25%	40%	50%	75%

- $\frac{1}{3}$, $\frac{2}{3}$ und $\frac{1}{6}$ auf Prozent gerundet:

$\frac{1}{3} = 0{,}3333\ldots = 0{,}\overline{3} \approx 0{,}33 = \frac{33}{100} = 33\%$

$\frac{2}{3} = 0{,}6666\ldots = 0{,}\overline{6} \approx 0{,}67 = \frac{67}{100} = 67\%$

$\frac{1}{6} = 0{,}1666\ldots = 0{,}1\overline{6} \approx 0{,}17 = \frac{17}{100} = 17\%$

- Sophie erhält auf den Preis eines T-Shirts (15 €) einen Preisnachlass von 3 €. Wie viel Prozent beträgt der Preisnachlass? Welche Größe stellt dabei den Grundwert dar?

  Lösung: Der Grundwert ist 15 € (Preis des T-Shirts).
  Der Preisnachlass beträgt ($\frac{3}{15} = \frac{1}{5} = \frac{20}{100} =$) 20%.

- Die Tabelle zeigt die Notenverteilung bei der 3. Mathematikschulaufgabe in den Klassen 6A und 6B.

Note	1	2	3	4	5	6
Klasse 6A	4	5	7	4	3	2
Klasse 6B	4	6	8	10	1	3

a) Gib an, wie viel Prozent der Kinder der Klasse 6A eine bessere Note als 3 erhielten.
Lösung: ($\frac{9}{25} = \frac{36}{100}$ =) 36% der Kinder erhielten eine bessere Note als 3.

b) Gib an, wie viel Prozent der Kinder der Klasse 6B Note 3 erhielten.
Lösung: ($\frac{8}{32} = \frac{1}{4} = \frac{25}{100}$ =) 25% der Kinder erhielten Note 3.

- Welche Angaben im Alltag werden in Prozent gemacht?
- Was meint man mit der Feststellung „Er erledigt alles 150-prozentig.“?
- Was bedeutet 1 Promille (geschrieben 1‰)?

Aufgaben

1. Gib für jede Farbe in Bruchform und in Prozent an, welche Anteile des gesamten Flächeninhalts die entsprechend getönten Flächen besitzen.

2. Schreibe die Zahlen jeweils als Prozentsätze und ordne diese dann in Form einer steigenden Ungleichungskette.

a) $\frac{1}{2}$; $\frac{4}{50}$; $\frac{3}{100}$; $\frac{9}{12}$; $\frac{3}{15}$ b) $\frac{9}{20}$; $\frac{7}{25}$; $\frac{1}{8}$; $\frac{23}{50}$; $\frac{11}{100}$

3%; 8%; 11%; 12,5%; 20%; 28%; 45%; 46%; 50%; 75%

Prozentsätze zu 2. **L**

3. Schreibe jeweils als Dezimalzahl.

a) 5%; 2,5%; 33%; 99%; 1,1% b) $\frac{2}{5}$; 11%; $\frac{7}{14}$; $\frac{3}{12}$; 28,5%

4. Drei Rechtecke besitzen die gleiche Umfangslänge 20 cm:

Rechteck	I	II	III
Länge	8 cm	6 cm	5 cm
Breite			
Flächeninhalt			

a) Übertrage die Tabelle in dein Heft und ergänze sie dann dort.
b) Zeichne das Rechteck I und male 25% seiner Fläche rot und 25% seiner Fläche blau an, sodass eine achsensymmetrische Figur mit genau einer Symmetrieachse entsteht.
c) Zeichne das Rechteck II und male 50% seiner Fläche farbig an, sodass eine achsensymmetrische Figur mit zwei Symmetrieachsen entsteht.
d) Zeichne das Rechteck III und male 20% seiner Fläche farbig an, sodass eine achsensymmetrische Figur mit vier Symmetrieachsen entsteht.

5. Jeder der beiden Körper ist aus Würfelchen der Kantenlänge 1 cm zusammengesetzt.

a) Ermittle das Volumen jedes der beiden Körper und gib jeweils an, wie viel Prozent des Volumens eines 5 x 5 x 5-Würfels es ausmacht.
b) Berechne den Oberflächeninhalt jedes der beiden Körper und gib jeweils an, um wie viel cm^2 er größer bzw. kleiner als der Oberflächeninhalt eines 5 x 5 x 5-Würfels ist.

G 6. PROZENTRECHNEN IST NICHT SCHWIERIG, ABER WICHTIG.

a) Wie viel Prozent der 42 Buchstaben des Satzes sind Konsonanten?

b) Wie viel Prozent der 42 Buchstaben des Satzes sind Vokale?

c) Gib die relative Häufigkeit jedes der 15 verschiedenen Buchstaben des Satzes auf Prozent gerundet an.

									I					
				E					I					
	R			E	N	T	C	H	I					
	R			E	N	T	C	H	I					
	R			E	N	T	C	H	I	S	W	G		
P	R	O	Z	E	N	T	C	H	I	S	W	G	A	B

Lucas hat aus den Buchstaben ein Diagramm hergestellt.

7. Stelle die Buchstaben des Merksatzes für das Multiplizieren von Brüchen „DAS MULTIPLIZIEREN IST WIRKLICH EIN RENNER – NIMM ZÄHLER MAL ZÄHLER DURCH NENNER MAL NENNER." in Diagrammform wie bei der Aufgabe 6. – jedoch alphabetisch geordnet – dar und berechne die relative Häufigkeit jedes Buchstabens auf Prozent gerundet.

{–4; –3; –2; –1; 0}
{–3; –2; –1; 0; 1; 2; 3}
{4; 5; 6; 7; 8}
{–4; –3; –2; –1; 0; 1; 2}
Teillösungen zu 8. **L**

8. Der Platzhalter ♦ soll jeweils durch eine ganze Zahl ersetzt werden, sodass eine wahre Aussage entsteht.

a) $-4 < ♦ < 4$ b) $-3 < ♦ + 2 < 3$ c) $0 \leqq ♦ - 4 < 5$ d) $-2 \leqq ♦ \cdot (-1) < 5$

Gib jeweils die Menge aller möglichen ganzen Zahlen an und finde heraus, wie viel Prozent der Elemente der Lösungsmenge natürliche Zahlen sind.

9. Berechne den Wert jedes der vier Terme und gib dann an, wie viel Prozent der vier Termwerte nicht negativ sind.

a) $\left(\frac{1}{2} : \frac{1}{3} + 2{,}5 : 0{,}5\right) - 13 \cdot \frac{1}{2}$ b) $\left[\left(\frac{1}{2}\right)^2 + \left(\frac{1}{2}\right)^3 + \left(\frac{1}{2}\right)^4\right] : \frac{7}{32} - 5$

c) $\left(\frac{1}{7} + 0{,}7\right) \cdot 70 - 2{,}\overline{9}$ d) $\left[\frac{0}{3} + \left(\frac{1}{3}\right)^2 + \left(\frac{2}{3}\right)^3\right] \cdot 0{,}45 + \frac{19}{60}$

G 10. Finde jeweils heraus, wie viel Prozent der natürlichen Zahlen von 1 bis 100

Palindromzahlen: 121, 12 721, 3 443

a) gerade Zahlen sind. b) Primzahlen sind. c) Palindromzahlen sind.
d) Quadratzahlen sind. e) den Quersummenwert 5 besitzen.

G 11. Aus gesundheitlichen Gründen sollte die Masse deiner Schultasche höchstens 10 Prozent deiner eigenen Masse betragen.

a) Bestimme eine Woche lang täglich sowohl deine eigene Masse wie auch die Masse deiner Schultasche. Übertrage die Tabelle in dein Heft und ergänze sie dann dort. Beurteile dein Ergebnis.

Wochentag	Mo.	Di.	Mi.	Do.	Fr.
10% meiner eigenen Masse					
Masse meiner Schultasche					

b) Stelle fest, ob (und ggf. an welchen Tagen) deine Schultasche „überladen" war. Überlege die Gründe dafür und denke nach, wie du dies ändern könntest.

c) Vergleiche deine Ergebnisse mit jenen deiner Mitschüler und Mitschülerinnen. Übertrage dazu die Tabelle in dein Heft und ergänze sie dann dort.

In meine Klasse gehen Schüler / Schülerinnen.					
Schüler / Schülerinnen mit „überladener" Schultasche am	Mo.	Di.	Mi.	Do.	Fr.
Anzahl					
Prozentsatz (gerundet auf %) meiner Klasse					

12. Zeichne ein Koordinatensystem (Einheit 1 cm) und trage die Punkte A (–1 | 1), B (4 | 5), C (–2 | –3), D (6 | 5), E (–2 | –2) sowie F (–7 | 3) und dann die Strecken [AB], [CD] und [EF] ein. Übertrage nun die Tabelle in dein Heft und ergänze sie dann dort.

Anzahl der Gitterpunkte der Strecke	[AB]:	[CD]:	[EF]:
Davon liegen im I. Quadranten	%	%	%
Davon liegen im II. Quadranten	%	%	%
Davon liegen im III. Quadranten	%	%	%
Davon liegen im IV. Quadranten	%	%	%

Gitterpunkte sind Punkte, bei denen beide Koordinaten ganzzahlig sind.

13. Schätze bei jeder der drei Abbildungen, wie viel Prozent der Kreisfläche im I., II., III. bzw. IV. Quadranten liegen.

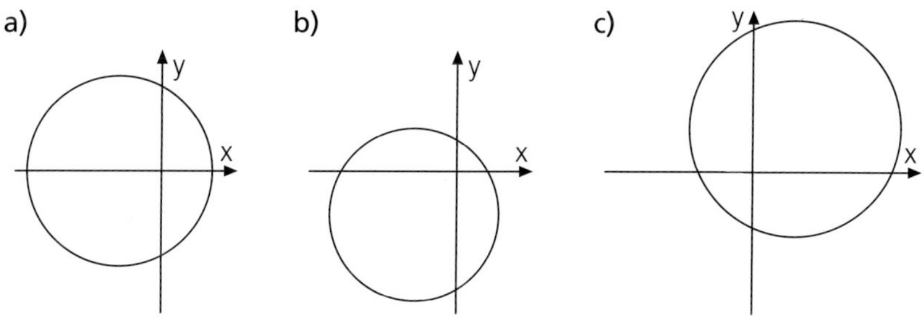

Begründe, warum du für deine Schätzungen die genaue Länge des Kreisradius nicht kennen musst.

14. Die Tabelle zeigt dir, ungefähr wie viele Menschen welche Sprache als Muttersprache sprechen.

a) Mit ungefähr wie viel Prozent der Menschen könntest du dich in ihrer Muttersprache unterhalten?

b) Mit ungefähr wie viel Prozent der Menschen könntest du dich in ihrer Muttersprache unterhalten, wenn du Deutsch und Englisch kannst?

c) Mindestens wie viele Sprachen (und welche Sprachen) müsstest du sprechen, um dich mit etwa einem Viertel der Menschen in ihrer Muttersprache unterhalten zu können?

d) Mindestens wie viele Sprachen (und welche Sprachen) müsstest du sprechen, um dich mit etwa der Hälfte der Menschen in ihrer Muttersprache unterhalten zu können?

1	Chinesisch	1 034 Mio.
2	Englisch	500 Mio.
3	Hindi	478 Mio.
4	Spanisch	413 Mio.
5	Russisch	280 Mio.
6	Arabisch	230 Mio.
7	Bengali	204 Mio.
8	Portugiesisch	186 Mio.
9	Indonesisch	164 Mio.
10	Französisch	126 Mio.
11	Japanisch	126 Mio.
12	Deutsch	124 Mio.
	Weltbevölkerung	6 000 Mio.

15. Lucas schreibt alle natürlichen Zahlen von 2 bis 55 nebeneinander und erhält so die Riesenzahl 234567891011 … 5455.

a) Finde heraus, wie viele Ziffern die Riesenzahl hat.

b) Ermittle, welchen Wert die Quersumme der Riesenzahl besitzt.

c) Wie viel Prozent der Ziffern der Riesenzahl sind Einsen, wie viel Prozent sind Nullen?

W1 Welche Einerziffern kann eine Quadratzahl nicht besitzen?
W2 Wandle die Dezimalzahlen 3,78; 34,75; $7,\overline{3}$ und 0,0002 in vollständig gekürzte Brüche bzw. gemischte Zahlen um.
W3 Welche geometrischen Grundkörper können als Aufriss ein Rechteck haben?

$(0{,}8\ \text{cm})^3 = ?$

1 h = ■ s

$32 : \left(-\frac{1}{4}\right) + 32 \cdot \frac{1}{4} = ?$

9.2 Grundbegriffe der Prozentrechnung: Berechnen des Prozentwerts

Laura und Sophie wünschen sich neue Fahrräder.

Laura sagt: *„Mir fehlen noch 27% des Fahrradpreises."*

Sophie sagt: *„Ich habe schon 288 € gespart."*

Arbeitsauftrag

- Finde heraus, wie viel Geld Laura bereits angespart hat und wie viel ihr noch fehlt.

Um den Wert (**Prozentwert**) von 27% (**Prozentsatz**) von 360 € (**Grundwert**) zu ermitteln, berechnet man

- entweder zunächst 1% von 360 €, d. h. 360 € : 100 = 3,60 €, und dann 27% von 360 €, also 27 · 3,60 € = 97,20 € (**Prozentwert**)
- oder in einem Schritt 27% von 360 €, d. h. 0,27 · 360€ = 97,20€ (**Prozentwert**).

Beispiele

- Bei G & L wird auf alle Bekleidungsartikel ein Preisnachlass von 15%, auf alle Haushalttextilien ein Preisnachlass von 20% gewährt. Wie viel kosten ein Kleid (regulär 180 €) und sechs Frotteehandtücher (regulär je 8 €) jetzt insgesamt?

  Lösung: 85% von 180 €: 0,85 · 180 € = 153 €
  80% von 48 €: 0,8 · 48 € = 38,40 €
  Gesamtkosten: (153 € + 38,40 € =) 191,40 €

- Eine Fahrradtour erstreckt sich über 280 km. Am ersten Tag sollen (etwa) 18% der Gesamtstrecke gefahren werden. Wie lang ist die erste Tagesstrecke (auf km gerundet)?

  Lösung: 18% von 280 km: 0,18 · 280 km = 50,4 km ≈ 50 km

- Ein rechteckiges Bild (Maße: 15 cm x 20 cm) wird mit dem Kopierer (Einstellung „120%") vergrößert, sodass jede seiner Seiten um 20% ihrer ursprünglichen Länge verlängert wird.

  a) Welchen Flächeninhalt hat das urspüngliche, welchen das vergrößerte Bild?

  Lösung: Ursprüngliches Bild: A_1 = 15 cm · 20 cm = 300 cm²
  Verlängerung um 20% von 15 cm, d.h. um 0,2 · 15 cm = 3 cm
  Verbreiterung um 20% von 20 cm, d.h. um 0,2 · 20 cm = 4 cm
  Neues Bild: A_2 = (15 cm + 3 cm) · (20 cm + 4 cm) = 18 cm · 24 cm = 432 cm²
  Das ursprüngliche Bild hat einen Flächeninhalt von 300 cm²; das neue ist 432 cm² groß.

  b) Um wie viel Prozent ist der neue Flächeninhalt größer als der ursprüngliche?

  Lösung: Prozentsatz: $\frac{432\text{ cm}^2 - 300\text{ cm}^2}{300\text{ cm}^2} = \frac{132\text{ cm}^2}{300\text{ cm}^2} = \frac{44}{100} = 44\%$

  Das neue Bild hat einen um 44% (und nicht um 20%!) größeren Flächeninhalt als das ursprüngliche.

- Erkläre den Unterschied zwischen Prozentsatz und Prozentwert.
- Kann ein Prozentsatz größer als 100% sein?

Aufgaben

1. Berechne jeweils den Prozentwert (möglichst) im Kopf.

a) 15% von 60 € 20% von 48 €
16% von 120 € 8% von 250 €

b) 5% von 40 min 0,5% von 24 h
30% von 360° 12,5% von 400 ha

c) 4% von 640 g 18% von 5 kg
28% von 160 km 13% von 130 m

d) 100% von 2 km² 150% von 150 €
120% von 600 m² 200% von 5 hl

0,12; 2; 9; 9,6; 19,2; 20; 50; 108

Lösungen zu 1.a), b) (Mögliche Maßzahlen) **L**

2. a) Gregors monatliches Taschengeld von 12 € wurde um 6% erhöht. Wie viel Taschengeld erhält er jetzt pro Halbjahr?

b) Pommes frites enthalten etwa 14,5% Fett. Wie viel Gramm Fett enthält eine 200-g-Portion Pommes frites?

c) 500 g Erdbeeren kosteten im Mai 1,20 €; im Dezember lag der Preis um 350% höher. Was kostete 1 kg Erdbeeren an Weihnachten?

d) Im Schuljahr 2006/2007 wurden rund 821 900 Kinder eingeschult; etwa 48,6% von ihnen waren Mädchen. Etwa wie viele Jungen wurden damals eingeschult?

3. Bei einer Wahl gaben 65% der etwa 8 Millionen Wahlberechtigten gültige Stimmen ab. Das Kreisdiagramm veranschaulicht das Wahlergebnis.

a) Gib bei jeder der drei Parteien A, B bzw. C an, wie viel Prozent aller gültigen Stimmen sie erhielt.

b) Gib bei jeder der drei Parteien A, B bzw. C an, wie viele der gültigen Stimmen sie erhielt.

c) Wie viel Prozent der insgesamt abgegebenen gültigen Stimmen fehlen der Partei A zur absoluten Mehrheit?

d) Besitzen zwei der Parteien zusammen eine Zweidrittelmehrheit?

e) Stelle das Wahlergebnis in einem Säulendiagramm dar.

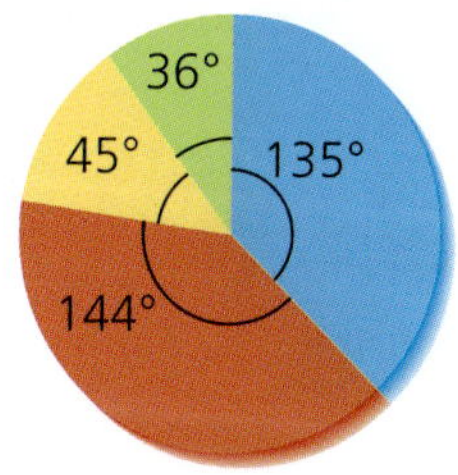

G 4. Laura und Lucas haben für den Tierschutzverein gesammelt und dabei nur Münzen, und zwar insgesamt 84 Stück, erhalten.

a) Finde heraus, wie viel Geld sie gesammelt haben, wenn $33\frac{1}{3}$ % aller Münzen 2-€-Münzen waren und sie von jeder der übrigen Münzsorten gleich viele Münzen erhalten haben.

b) Wie viel Geld haben sie gesammelt, wenn sie doppelt so viele 50-ct-Münzen, dreimal so viele 20-ct-Münzen, viermal so viele 10-ct-Münzen, fünfmal so viele 5-ct-Münzen, sechsmal so viele 2-ct-Münzen und siebenmal so viele 1-ct-Münzen wie 2-€-Münzen, aber keine 1-€-Münzen erhalten haben?

G 5. Monatlich verdient Frau Roth 3 500 € und Frau Weyss 1 500 €. Beide sollen eine monatliche Gehaltserhöhung erhalten; dabei kann jede zwischen einer Gehaltserhöhung um 5% und einer Gehaltserhöhung um 100 € wählen.

a) Hilf beiden bei ihrer Entscheidung.

b) Welche der beiden Möglichkeiten der Gehaltserhöhung hältst du für gerechter?

W1 Welche der Zahlen $-2\frac{3}{4}$; 2,60; $-\frac{8}{3}$; $\frac{2666}{1000}$; −2,668 hat den größten Betrag?
W2 Wie verändert ein zusätzlicher Faktor −1 den Wert eines Produkts?
W3 Welches Volumen hat das Zimmer, in dem du normalerweise deine Hausaufgaben anfertigst? Runde auf ganze Kubikmeter.

kgV (25; 12; 15) = ?

$1{,}4-\left(\frac{77}{88}-\frac{1111}{2222}\right):\left(-\frac{5}{8}\right)=?$

$\left[\frac{1}{2}:\left(-\frac{1}{2}\right)\right]:\left(-\frac{1}{16}\right)-16^0=?$

9.3 Grundbegriffe der Prozentrechnung: Berechnen des Grundwerts

Laura und Sophie machen mit einer Jugendgruppe eine Radtour entlang der Donau von Passau nach Wien. Lauras Tacho zeigt bei einer Rast 156 km.
Laura sagt: „Nach meiner Karte haben wir damit 48%, also fast die Hälfte, der Strecke geschafft."

Arbeitsaufträge

- Berechne, wie lang die geplante Radtour von Passau nach Wien ist.
- Finde heraus, etwa bei welchem Ort die Jugendgruppe gerade Rast macht.

Bei der Berechnung des **Grundwerts** geht man folgendermaßen vor:
48% des Grundwerts entsprechen 156 km.
1% des Grundwerts entspricht also 156 km : 48 = 3,25 km.
100% des Grundwerts entsprechen somit 100 · 3,25 km = 325 km.

Die gesamte Streckenlänge von Passau nach Wien stellt den **Grundwert** dar, die Teilstreckenlänge 156 km den **Prozentwert** und 48% den **Prozentsatz**.

Gregors Tipp: Zunächst auf 1% schließen!

Meist ist es am einfachsten, zunächst auf den Teil des Prozentwerts zu schließen, der 1% des Grundwerts entspricht. Das Hundertfache davon liefert dann den Grundwert.

Beispiele

- Ein Elefantenbaby hat bei der Geburt mit 200 kg ungefähr 4% der Masse eines ausgewachsenen Elefanten. Etwa welche Masse hat ein ausgewachsener Elefant?

  Lösung: 4% entsprechen 200 kg.
  1% entspricht (200 kg : 4 =) 50 kg.
  100% entsprechen (100 · 50 kg =) 5 000 kg.
  Ein ausgewachsener Elefant hat etwa 5 000 kg.

Veranschaulichung:

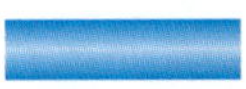

80% entsprechen 48 l.

20% entsprechen 12 l.

100% entsprechen 60 l.

- Die Tankuhr des Autos von Lucas' Mutter zeigt, dass der Tank zu etwa 20% gefüllt ist. Lucas' Mutter tankt, bis der Tank voll ist, weitere 48 l. Berechne das Fassungsvermögen des Tanks.

  Lösung: 80% entsprechen 48 l.
  20% entsprechen (48 l : 4 =) 12 l.
  100% entsprechen (5 · 12 l =) 60 l.
  Der Tank fasst 60 Liter.

- Was bedeutet die Silbe „Pro" im Wort „Prozent", was bedeutet „centum" (lat.)?
- Wie viel sind 10% von 10%?

Aufgaben

> 8; 20; 75; 50; 250; 2 500; 35; 150; 72; 400; 500
>
> *Lösungen zu 1. (Maßzahlen)* L

1. Berechne jeweils den Grundwert (möglichst) im Kopf.

a) 9% entsprechen 45 €. 16% entsprechen 400 €. 1% entspricht 8 ct.
b) $33\frac{1}{3}$ % entsprechen 25 €. $66\frac{2}{3}$ % entsprechen 100 €.
c) 10 € entsprechen 50%. 10 € entsprechen 4%. 10 € entsprechen 20%.
d) 18 € entsprechen 25%. 7 € entsprechen 20%. 44 € entsprechen 11%.

2. Übertrage die Tabelle in dein Heft und ermittle dann dort jeweils den Grundwert näherungsweise durch eine Überschlagsrechnung.

	a)	b)	c)	d)	e)	f)
Prozentsatz	24% ≈ 25%	11% ≈	49% ≈	81% ≈	74% ≈	33% ≈
Prozentwert	55 €	24 km	120 kg	160 ha	84 €	121 d
Grundwert	4 · 55 € = 220 €					

3. Eine Packung enthält Schokolinsen in vier Farben:

Farbe	rot	gelb	grün	weiß
Anzahl	54	42	24	
Anteil			16%	

a) Übertrage die Tabelle in dein Heft und ergänze sie dann dort.
b) Stelle die absoluten Häufigkeiten in einem Säulendiagramm dar.
c) Stelle die relativen Häufigkeiten in einem Kreisdiagramm dar.
Ermittle dazu die jeweiligen Mittelpunktswinkel auf Grad gerundet.

4. Für eine gemeinsame Urlaubsreise spart Tom monatlich 120 €; Tina legt 125 € zurück. Nach einem Vierteljahr haben Tom und Tina 35% der Reisekosten angespart. Mit welchen Gesamtkosten für ihre Reise rechnen sie?

5. a) Alex muss monatlich 756 €, das sind 21% seines Gehalts, für Miete bezahlen. Wie hoch ist Alex' Gehalt?
b) Wenn Herr Schnack von seinem Gehalt 18% für Miete sowie 12% für Versicherungen überwiesen und 7% auf ein Sparkonto eingezahlt hat, bleiben ihm noch 932,40 €. Wie hoch ist sein Gehalt?

6. Der Bauer Alois Gloggner hat auf 45% seiner Äcker, also auf 18 ha, Weizen, auf 13% seiner Äcker Gerste und auf dem Rest Kartoffeln angebaut. Berechne die Flächeninhalte der Äcker, auf denen er Gerste bzw. Kartoffeln angebaut hat.

7. Am 25. Sommerferientag (Samstage und Sonntage mitgerechnet) sagt Laura: „Übermorgen Abend sind bereits 60% der Ferien vorbei." Wie lang sind die Sommerferien in diesem Jahr?

8. a) Tobias ist erst nach der 6. Klasse Hauptschule ins Gymnasium übergetreten. Jetzt sagt er am Ende eines Schuljahrs: „Wenn ich auch weiterhin jede Klasse schaffe, habe ich bereits 50% meiner Schulzeit hinter mir." In welche Klasse kommt Tobias im nächsten Schuljahr?
b) Linda kam nach vier Grundschuljahren ins Gymnasium. Am Ende eines Schuljahrs sagt sie: „Wenn ich auch weiterhin jede Klasse schaffe, habe ich nur noch 25% meiner Schulzeit vor mir." Wie lange hat sie noch bis zum Abitur?

9. Am vergangenen Samstag wurden in der Buchhandlung am Maxplatz vom zweiten Band eines Bestsellers 1 404 Exemplare verkauft, also 4% mehr als vom ersten Band. Wie viele Exemplare wurden dort an diesem Tag von beiden Bänden zusammen verkauft?

10. Gregor hat sich für 30,60 € neue Jeans gekauft, die im Preis um 15% herabgesetzt waren. Kann er von dem dabei ersparten Betrag für Laura, Lucas, Sophie und sich je zwei Kugeln Eis (Preis: 0,60 € je Kugel) kaufen?

W1 **W**elche Umfangslänge und welchen Flächeninhalt hat die Platte deines Schreibtischs? Gib das Ergebnis in Dezimetern bzw. Quadratdezimetern jeweils auf zwei Dezimalen gerundet an.
W2 **W**elche gemeinsamen Teiler besitzen die Zahlen 24 und 36? Welches ist der **g**rößte **g**emeinsame **T**eiler von 24 und 36, kurz **ggT**(24; 36)?
W3 **W**ie erkennt man mithilfe einer Zahlengeraden, welche von zwei rationalen Zahlen die größere ist?

ggT (25; 12; 15) = ?
124 : 3,1 – 88 : 99 = ?
$\left(\frac{1}{8} - \frac{1}{72}\right)^2 = ?$

Die vier sechsten Klassen haben Geld für das Kinderhilfswerk UNICEF gesammelt. Gregor stellt seiner Klasse die Sammelergebnisse vor.

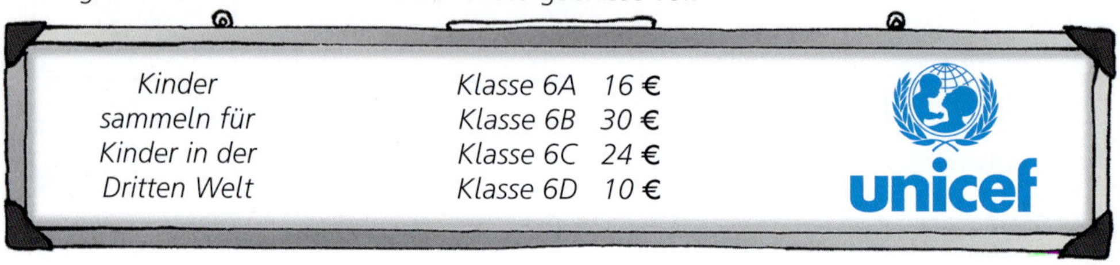

Arbeitsaufträge

- Überlege, welche Vorteile und welche Nachteile es hat, Zahlen in Diagrammform darzustellen.
- Suche Diagramme in Zeitungen und erkläre, was sie aussagen möchten.

Diagramme dienen der Zusammenfassung, der Veranschaulichung sowie dem Vergleich von Zahlen und auch dazu, sich schnell einen Überblick über umfangreicheres Zahlenmaterial zu verschaffen. Manchmal gehen dabei aber Einzelheiten verloren. Wichtige, dir zum Teil schon bekannte Diagrammarten sind das Säulendiagramm, das Kreisdiagramm, das Blockdiagramm (Streifendiagramm) sowie das Bilddiagramm:

Säulendiagramm

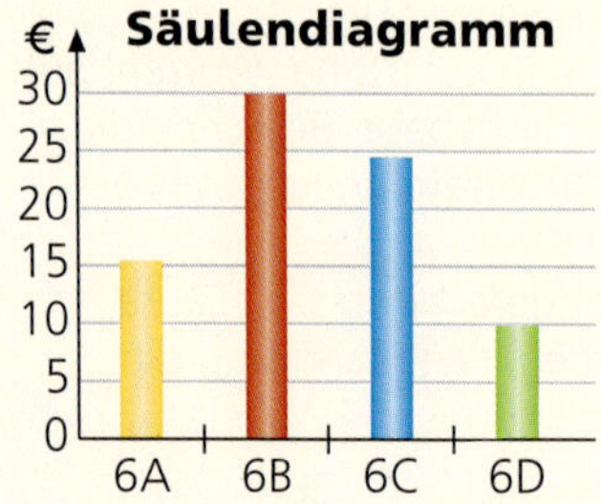

Kreisdiagramm

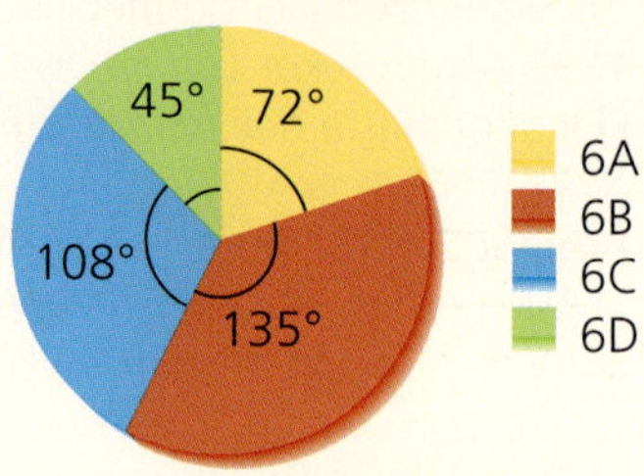

Blockdiagramm (Streifendiagramm)

Beim Blockdiagramm wird für jeden der Prozentsätze der entsprechende Anteil an der Gesamtlänge des Streifens (Grundwert) berechnet und gekennzeichnet:

Die Streifenbreite kann beliebig gewählt werden.

Bilddiagramm

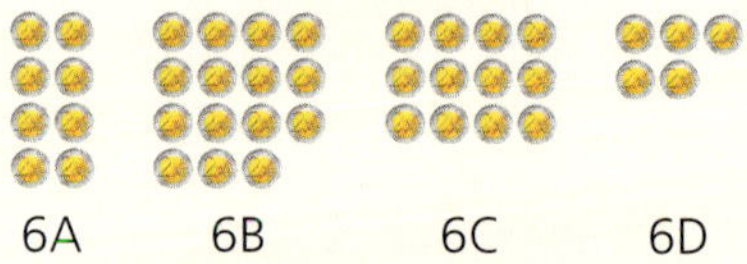

Beispiele

- Bei einer Tombola hat die Klasse 6A 200 Lose verkauft, unter denen 120 Treffer waren. Zeichne ein Säulen- und ein Kreisdiagramm.

  Lösung: Säulendiagramm: Je 20 Lose entsprechen 5 mm.

  Kreisdiagramm: Der Anteil der Treffer ist $\frac{120}{200} = \frac{3}{5}$, der Mittelpunktswinkel des Sektors „Treffer" also $\frac{3}{5}$ von 360°, d. h. 216°.

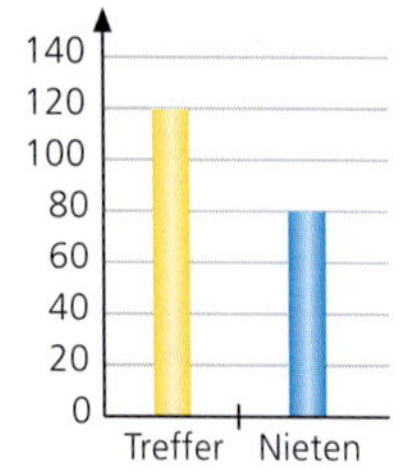

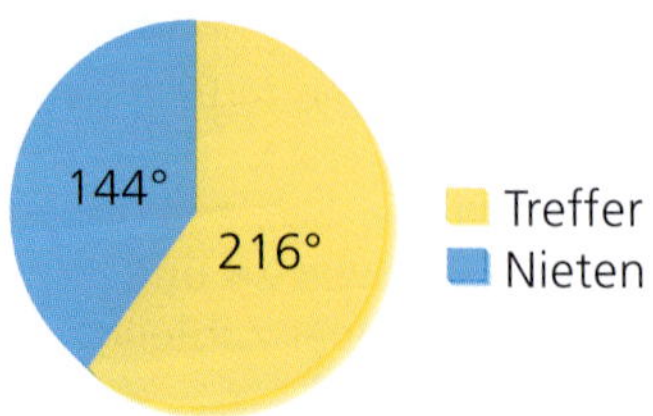

- Die Kreisdiagramme veranschaulichen den Fettgehalt verschiedener Lebensmittel; schätze jeweils den Fettgehalt in Prozent ab.

Lösung:

Lebensmittel	Blätterteig	Schokolade	Butter	Camembert
Fettgehalt etwa	30%	55%	85%	65%
... denn der Sektor veranschaulicht	etwas mehr als $\frac{1}{4}$	etwas mehr als $\frac{1}{2}$	deutlich mehr als $\frac{3}{4}$	etwa $\frac{2}{3}$

- Welche der dir bekannten Diagrammarten eignen sich besonders zum Vergleich von Anzahlen?
- Welche der dir bekannten Diagrammarten eignen sich besonders zum Vergleich von Anteilen?

Aufgaben

G 1. Die folgenden Tabellen enthalten Wetterdaten von Trondheim (Norwegen) und von Canberra (Australien).

Trondheim / Monat	Jan.	Feb.	März	April	Mai	Juni	Juli	Aug.	Sept.	Okt.	Nov.	Dez.
Mittlere tägliche Höchsttemperatur in °C	−0,6	0,0	2,8	6,9	11,8	15,4	18,5	17,8	13,0	7,8	3,9	1,4
Mittlere tägliche Durchschnittstemperatur in °C	−3,4	−2,9	−0,7	3,2	7,9	11,3	14,4	13,3	9,5	5,1	1,5	−1,0
Mittlere tägliche Tiefsttemperatur in °C	−6,3	−6,0	−4,1	0,0	4,2	7,8	11,0	10,1	6,6	2,6	−1,0	−3,6

Canberra / Monat	Jan.	Feb.	März	April	Mai	Juni	Juli	Aug.	Sept.	Okt.	Nov.	Dez.
Mittlere tägliche Höchsttemperatur in °C	27,7	27,3	24,5	19,9	15,3	12,1	11,2	12,9	15,9	19,4	22,6	25,9
Mittlere tägliche Durchschnittstemperatur in °C	20,4	20,1	17,6	13,5	9,3	6,5	5,5	7,0	9,5	12,8	15,6	18,7
Mittlere tägliche Tiefsttemperatur in °C	13,0	13,0	10,8	6,8	3,3	0,7	−0,4	1,0	3,2	6,1	8,8	11,3

www.wetter.com

a) Stelle mit drei Farben die Temperaturen in Trondheim bzw. in Canberra in jeweils einem eigenen Säulendiagramm (mit drei Säulen pro Monat) dar. Berechne für Trondheim und für Canberra jeweils den Jahresmittelwert der Höchsttemperaturen, der Tiefsttemperaturen bzw. der Durchschnittstemperaturen und veranschauliche diese drei mittleren Temperaturen in jedem der beiden Diagramme durch drei waagrechte farbige Linien.

b) Stelle einen Vergleich der beiden Diagramme aus Teilaufgabe a) an.

c) Finde die geographische Länge und die geographische Breite von Trondheim bzw. Canberra sowie weitere Informationen über diese beiden Orte heraus.

d) Stelle deiner Klasse die Ergebnisse der Teilaufgaben a) bis c) vor.

2. a) Von den 320 Schülern und Schülerinnen der Unterstufe des Heinrich-Wieleitner-Gymnasiums spielen 128 Tischtennis, 80 Volleyball, 64 Fußball und 48 Handball. Übertrage die Tabelle in dein Heft, ergänze sie dann dort und veranschauliche die Anzahlen der Teilnehmer an diesen vier Sportarten in einem Kreisdiagramm.

Sportart	Tischtennis	Volleyball	Fußball	Handball
Anzahl	128			
Anteil in Prozent				
Mittelpunktswinkel	144°			

b) Die 120 Schüler und Schülerinnen der 10. Klassen des Friedrich-Jahn-Sportgymnasiums konnten zwischen den Sportarten Fußball, Handball, Fechten, Schwimmen und Turnen wählen:

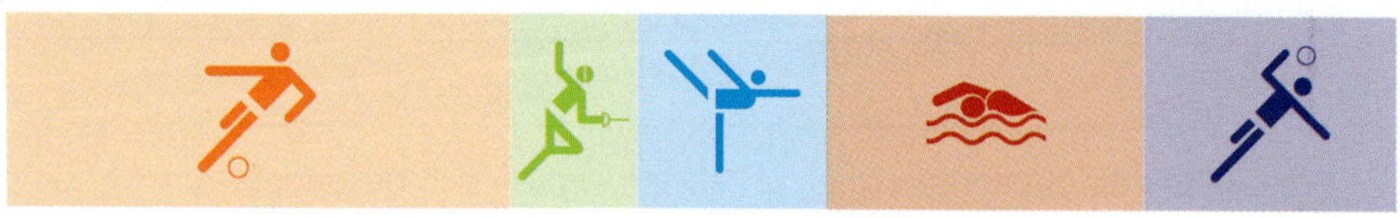

Fußball Fechten Turnen Schwimmen Handball

Finde heraus, wie viele Jugendliche sich für die einzelnen Sportarten entschieden haben, und stelle die Anzahlen in einer Tabelle dar.

G **3.** Die Tabelle zeigt die Haushaltsgrößen der Stadt Hohenthal-Erbsfeld im Jahr 1950 bzw. im Jahr 2000:

Haushaltsgröße	1 Person	2 Personen	3 Personen	4 Personen	mind. 5 Personen
Anteil im Jahr 1950	12,5%	15%	20%	35%	17,5%
Anteil im Jahr 2000	35%	30%	20%	10%	5%

Veranschauliche die Haushaltsgrößen im Jahr 1950 bzw. im Jahr 2000 in je einem Säulendiagramm und vergleiche dann die beiden Diagramme. Überlege Gründe für die Veränderungen.

4. Aus den Tabellen kannst du die (auf Millionen km² gerundeten) Flächeninhalte der Erdteile und Ozeane entnehmen.

Erdteil	Afrika	Antarktis	Asien	Australien	Europa	Nordamerika	Südamerika
Flächeninhalt in Mio. km²	30	14	44	8	10	24	18

Ozean	Atlantischer Ozean	Indischer Ozean	Pazifischer Ozean
Flächeninhalt in Mio. km²	106	74	180

a) Stelle die Flächeninhalte der Erdteile in einem Streifendiagramm (Streifenbreite 2 cm; 1 Million km² entspricht 1 mm) dar und beschrifte es.

b) Stelle die Flächeninhalte der Ozeane in einem Streifendiagramm (Streifenbreite 2 cm; 2 Millionen km² entsprechen 1 mm) dar und beschrifte es.

G 5. Das Säulendiagramm zeigt die Anzahl der Ecken, Flächen und Kanten geometrischer Körper. Gib diese Anzahlen in einer Tabelle an und finde heraus, um welche geometrischen Körper es sich handeln könnte.

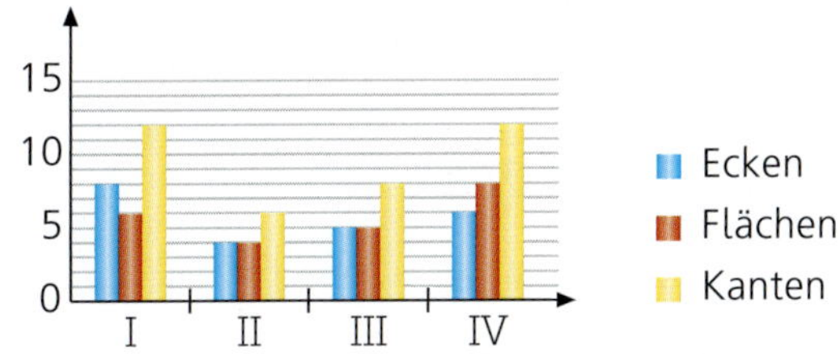

G 6. Nach einer Umfrage aus dem Jahr 2002 geben Kinder und Jugendliche im Durchschnitt rund 60% ihres Taschengelds für Süßigkeiten und etwa 15% ihres Taschengelds für Bücher und Zeitschriften aus.

a) Veranschauliche diese beiden Daten durch ein beschriftetes Kreisdiagramm.

b) Besprich mit deinem Nachbarn oder deiner Nachbarin, wofür du dein Taschengeld ausgibst, veranschauliche deine Daten in einem beschrifteten Kreisdiagramm und vergleiche es mit dem Diagramm von a).

7. Laura erhielt von ihrer Londoner Freundin Mary eine Aufgabe aus dem letzten "Maths Test"; bearbeite die Aufgabe auf Englisch.

This pictogram shows the number of books read by 5 students during the summer holidays.

a) How many books did Catherine read?

b) How many books did these students read altogether?

c) What was the average number of books these students read?

d) Make a bar diagram to this pictogram.

G 8. Das Diagramm zeigt die Preisentwicklung bei Lebensmitteln bei und nach Einführung des Euro am 1.1. 2002. Diskutiere das Diagramm mit deinem Nachbarn oder deiner Nachbarin. Überlege, wie du vorgehen könntest, um die Preisentwicklung etwa im Laufe des nächsten Jahres z. B. bei Schulsachen oder bei Lebensmitteln zu untersuchen.

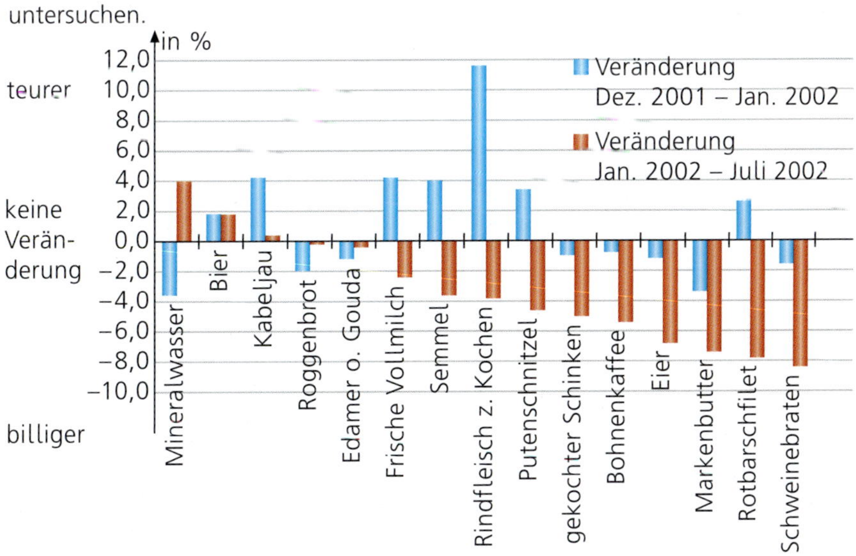

W1 Welchen Wert hat der Term $[3{,}5 : (-0{,}007) - 8 : 0{,}004] : \left(-\frac{1}{5}\right)^2$?
W2 Wahr oder falsch? Jeder Würfel ist ein Prisma.
W3 Wahr oder falsch? Der Wert des Produkts zweier rationaler Zahlen ist stets größer als ihr Summenwert.

ggT (8; 12) · kgV (8; 12) = ?
(143 : 1,3) : 1,1 = ?
$\left(\frac{1}{7} - \frac{1}{56}\right)^2 = ?$

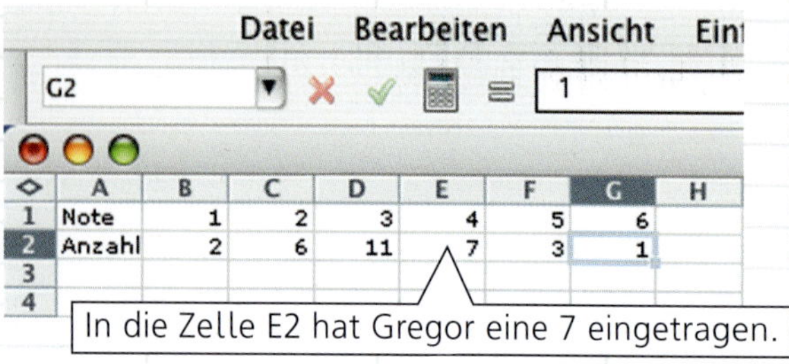

Mit Tabellenkalkulationsprogrammen kann man viele mathematische Aufgaben schnell und einfach bearbeiten. Gregor hat die Notenverteilung der letzten Englischschulaufgabe in einer Tabelle notiert. Nun startet er seinen Computer und ruft das Tabellenkalkulationsprogramm auf. Zunächst erscheint ein leeres Rechenblatt, das in Zellen unterteilt ist. Durch den Buchstaben der Spalte (A, B, C, ...) und die Nummer der Zeile (1, 2, 3, ...) ist jede Zelle leicht zu finden. Zellen können Texte, Zahlen oder Rechenwege (Formeln), nach deren Angaben der Inhalt der Zelle berechnet werden soll, enthalten. Gregor überträgt seine Tabelle in das Programm.

Rechnen mithilfe einer Tabellenkalkulation

Gregor möchte, dass in der Zelle H3 der Notendurchschnitt automatisch angegeben wird. Deshalb ermittelt er in der Zelle H2 zunächst die Anzahl der Kinder in seiner Klasse. Dazu muss er den Inhalt der Zellen B2, C2, D2, E2, F2 und G2 addieren. Das überlässt er dem Programm. Er setzt den Cursor in die Zelle H2 und anschließend in die Eingabezeile. Jetzt trägt er den Rechenweg B2 + C2 + D2 + E2 + F2 + G2 für die Berechnung des Zelleninhalts von H2 ein; beginnen muss er dabei mit einem Gleichheitszeichen, damit der Computer die Eingabe als Formel erkennt und nicht für einen Text hält. (Gregor hätte auch kürzer = Summe(B2:G2) schreiben können.)

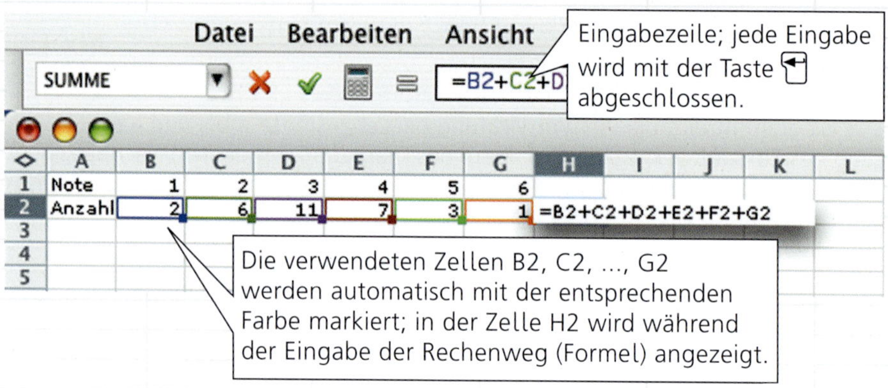

Nach Abschluss der Eingabe erscheint in der Zelle H2 automatisch der durch das Programm errechnete Summenwert 30.

1. Erstelle Gregors Tabelle selbst am Computer.
Mit der Eingabe =A4-A5 werden die Inhalte der Zellen A4 und A5 subtrahiert; mit der Eingabe =A4*A5 werden sie multipliziert, mit der Eingabe =A4/A5 dividiert.

2. Berechne in der Zelle H3 den Notendurchschnitt der Klasse. Erkläre, warum es Vorteile bringt, den Inhalt der Zelle H2 zu verwenden.

3. Ändere nun den Inhalt der Zelle D2 von 11 auf 8 und begründe, warum sich dann automatisch auch der Inhalt zweier anderer Zellen ändert.

4. Ändere die Inhalte der Zellen der Zeile 2 so ab, dass bei einer Klassenstärke von 30 Kindern der Notendurchschnitt 3,00 erreicht wird. Gib hierfür mindestens zwei Möglichkeiten an.

Diagramme mithilfe der Tabellenkalkulation erstellen

Gregor nutzt die Tabellenkalkulation auch, um seine Tabelle in ein Diagramm umzusetzen. Er markiert die Zellen B2, C2, D2, E2, F2 und G2. Nun klickt er das Symbol an (oder geht über das Menü *Einfügen* zum Unterpunkt *Diagramm*). Ein „Assistent" hilft ihm dann bei den nächsten Schritten. Gregor kann verschiedene Diagrammtypen (z. B. Säulendiagramm, Balkendiagramm, Kreisdiagramm) bzw. Diagrammuntertypen (z. B. Säulendiagramm mit oder ohne 3-D-Effekt) auswählen. Er klickt auf den Button (Fertig stellen) und erhält sofort ein Säulendiagramm:

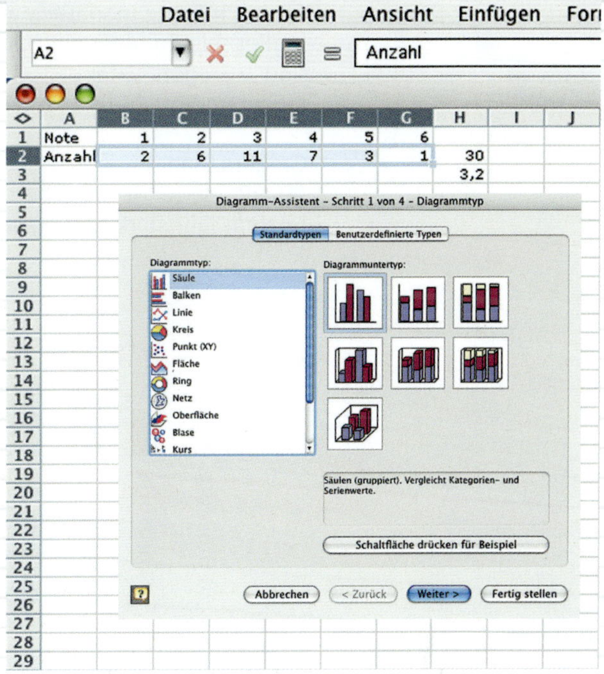

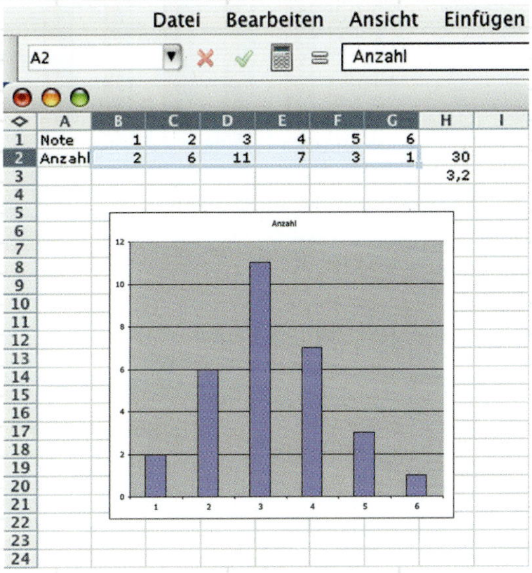

5. Erstelle Gregors Diagramm selbst am Computer. Wenn du dabei Schwierigkeiten hast, lies den obigen Text nochmals langsam durch.

6. Ändere den Inhalt der Zelle F2 von 3 auf 2 und beschreibe die dadurch hervorgerufenen Veränderungen auf deinem elektronischen Rechenblatt.

Das Diagramm ist mit den zugrunde liegenden Zahlen verknüpft; das heißt, dass sich bei einer Änderung dieser Zahlen (hier in den Zellen B2 bis G2) das Diagramm automatisch anpasst.
Man kann das Diagramm (z. B. die Farbe der Säulen, die Überschrift) nachträglich verändern. In das jeweilige Auswahlmenü gelangt man durch Doppelklick auf die Stelle des Diagramms, die man verändern möchte.

7. Ändere in deinem Säulendiagramm die Farbe der Säulen (sie sollen rot werden) und wähle als Überschrift für das Diagramm „Notenverteilung".

8. Erstelle aus den Zellen B2 bis G2 ein Balkendiagramm in „3-D-Optik" und wähle als Hintergrundfarbe Gelb anstatt Hellgrau. Schreibe stichpunktartig auf, wie du dabei vorgegangen bist.

9. Berechne mithilfe der Tabellenkalkulation in den Zellen B3, C3, D3, E3, F3 und G3 jeweils den prozentualen Anteil der Anzahlen der einzelnen Notenstufen an der Gesamtanzahl der Schüler und Schülerinnen und stelle diese prozentuale Verteilung in einem Kreisdiagramm dar. Klicke dabei im Diagrammassistenten nicht sofort auf (Fertig stellen), sondern auf (Weiter >).

Gregor möchte monatlich mindestens 5 € mehr Taschengeld. Um dies zu begründen, legt er seinem Vater ein Diagramm vor, das zeigt, „wie teuer Schulsachen geworden sind". Gregors Vater erstellt ebenfalls ein Diagramm, in dem er die Preise der Schulartikel im Vorjahr und im laufenden Jahr darstellt.

Gregors Diagramm:
„Die Preise für Schulsachen sind seit letztem Jahr stark gestiegen."

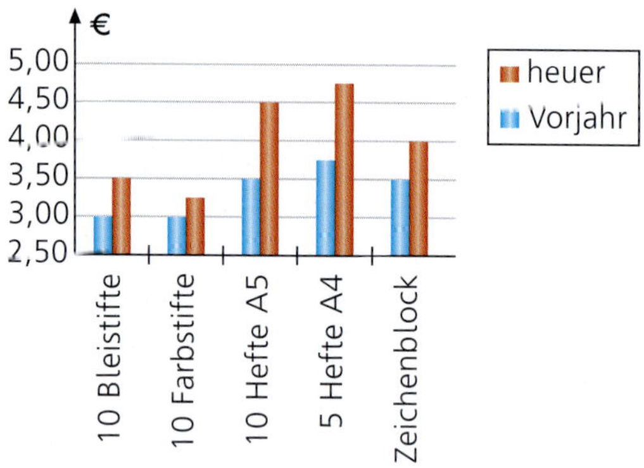

Diagramm von Gregors Vater:
„Die Preise für Schulsachen sind gestiegen, aber nicht stark."

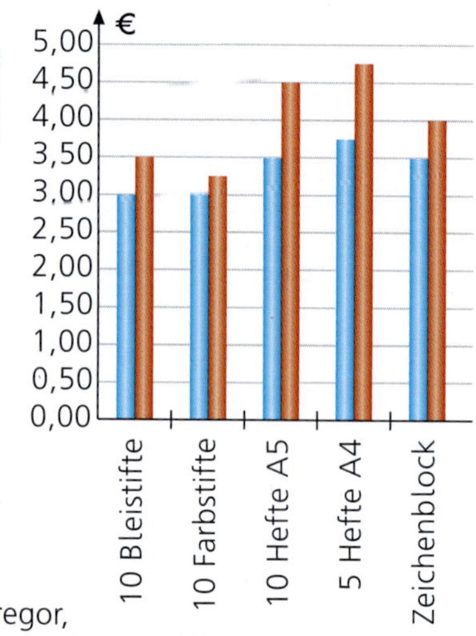

Arbeitsaufträge

- Vergleiche die beiden Diagramme.
- Veranstalte mit deinem Nachbarn oder deiner Nachbarin ein passendes Rollenspiel: Du übernimmst die Rolle von Gregor, dein Nachbar oder deine Nachbarin die Rolle von Gregors Vater.

Bei der Erstellung von Diagrammen werden oft Fehler in Kauf genommen, um beim Betrachter bestimmte Eindrücke hervorzurufen. Werden die Fehler mit der Absicht gemacht, den Betrachter zu täuschen, so spricht man von Manipulation.
Einige typische Fehler werden hier dargestellt:

Gregor: Man kann zwar genauer ablesen, bekommt aber einen falschen Eindruck.

Die Zuschauerzahl nimmt rapide zu

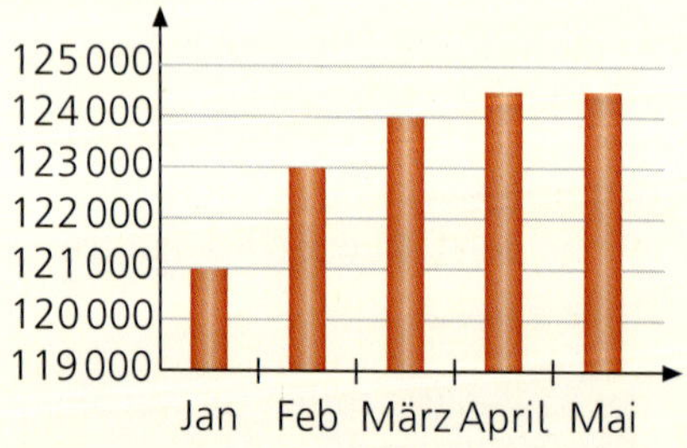

Die Zuschauerzahlen haben von 121 000 auf 124 550, also nur um weniger als 3%, zugenommen. Dadurch, dass die Zählung auf der y-Achse nicht mit 0, sondern erst mit 119 000 beginnt, entsteht aber der Eindruck einer wesentlich stärkeren Zunahme.

Der Preisvorteil

Das 4-kg-Maxipaket enthält **doppelt** so viel Waschmittel wie das 2-kg-Normalpaket. In der Werbung erscheint das Maxipaket aber doppelt so lang und doppelt so hoch, was bei gleicher Breite der **vierfachen** Menge entsprechen würde.

Beispiele

- Beurteile die Anzeige für den neuen MILKBAR-Fitnessriegel:

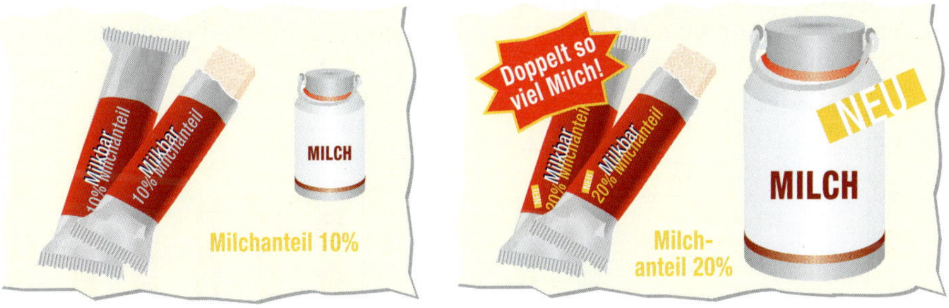

Lösung: Im neuen Fitnessriegel ist der Milchanteil doppelt so hoch (20%) wie früher (10%). Die Milchkanne rechts erweckt aber durch ihr achtfaches Volumen den Eindruck eines wesentlich höheren Milchanteils als nur des Doppelten von 10% (veranschaulicht durch die Milchkanne links).

- Die Schülervertretung des Kepler-Gymnasiums führte eine Umfrage durch, ob Rauchen auf dem Schulgelände verboten werden soll, und wertete das Umfrageergebnis auf zwei Arten aus. Beurteile die beiden Darstellungen.

Lösung: *Rauchen – ja oder nein?*

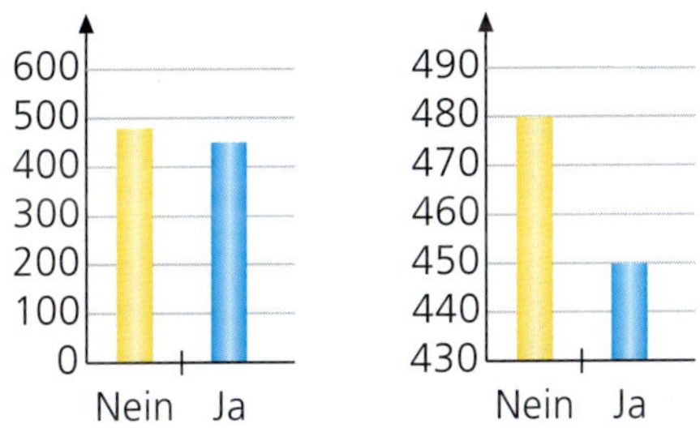

Das linke Diagramm zeigt, dass (etwa) 480 Stimmen für ein Rauchverbot und (etwa) 450 Stimmen gegen ein Rauchverbot abgegeben wurden; die Darstellung ist korrekt. Das rechte Diagramm könnte die Überschrift „Überwältigende Mehrheit für ein Rauchverbot" tragen; es ist nicht korrekt, da die Zählung auf der y-Achse nicht mit 0 beginnt.

- Auf welche Weise können Diagramme noch manipuliert werden?
- Aus welchen Gründen werden Diagramme manipuliert?

Aufgaben

1. Herr Huber möchte sein Geschäft vergrößern und ersucht seine Bank um einen Kredit. Er legt seinem Antrag ein Diagramm bei, das seinen Geschäftsgewinn im letzten Halbjahr zeigt.

a) Betrachte Herrn Hubers Diagramm und überlege, warum Herr Huber seinen Geschäftgewinn so dargestellt hat.

b) Welchen Eindruck erweckt er, wenn er die Einheit auf der Zeitachse kleiner wählt?

c) Welchen Eindruck erweckt er, wenn er die Einheit auf der Zeitachse größer wählt?

d) Stelle die Daten in Tabellenform dar und zeichne ein korrektes Säulendiagramm.

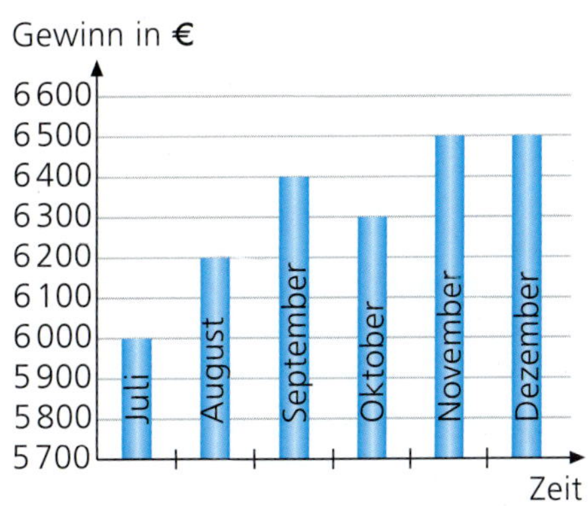

2. Herr Nagel ist Autoverkäufer. Er belegt die seiner Meinung nach starke Zunahme seiner Verkaufserfolge im 1. Halbjahr durch das Diagramm I. Sein Chef ist mit Herrn Nagels Arbeit nicht so ganz zufrieden und argumentiert mithilfe des Diagramms II.

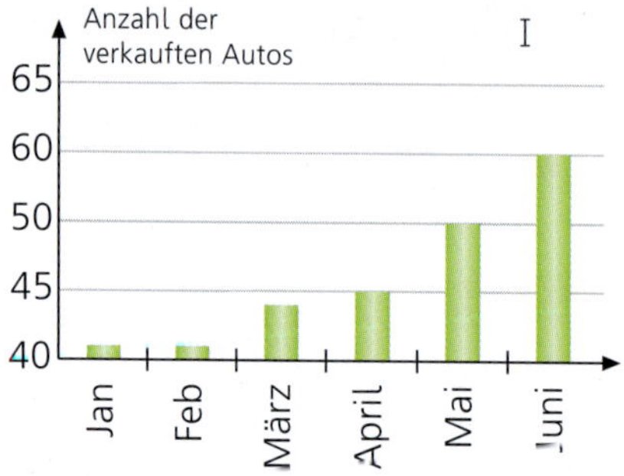

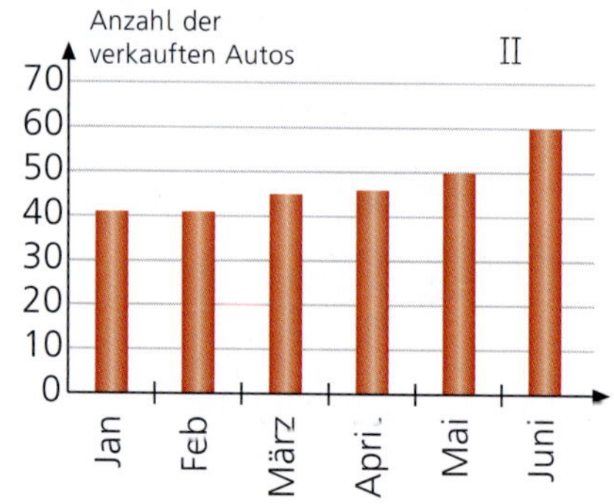

a) Finde heraus, wie viele Autos Herr Nagel in den Monaten Januar bis Juni insgesamt verkauft hat.

b) Vergleiche und beurteile die beiden Diagramme.

3. Bei einer Umfrage stimmten 65% der Befragten für längere Ladenöffnungszeiten, 20% waren unentschieden, und 15% stimmten gegen längere Ladenöffnungszeiten.

a) Beurteile die Darstellung und die Schlagzeile.

b) Veranschauliche das Umfrageergebnis durch ein Kreisdiagramm.

4. Eine Sportartikelfirma stellt ihre in den letzten fünf Jahren erzielten Umsätze dar:

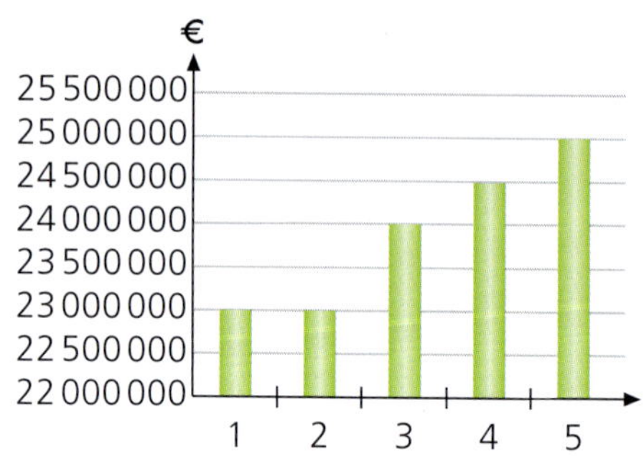

a) Um wie viel Prozent ist der Umsatz im fünften Jahr höher als im 1. Jahr?

b) Welcher Eindruck wird durch das Diagramm erzeugt?

c) Zeichne ein einwandfreies Säulendiagramm (Maßstab: 1 Mio. € entspricht 2 mm).

Antwort	Anzahl
ja	420
keine Meinung	380
nein	250

5. Am Donau-Gymnasium wurde bei einer Umfrage zum Pausenverkauf unter anderem gefragt, ob auch Cola zum Verkauf angeboten werden solle (siehe Tabelle).

a) Der Schulsprecher Tobias ist für den Verkauf von Cola. Erstelle ein Diagramm aus seiner Sicht.

b) Die Schulsprecherin Nadja ist gegen den Verkauf von Cola. Erstelle ein Diagramm aus ihrer Sicht.

6. In einem Werbeprospekt des Autohauses Schnell & Co. werden die drei meistverkauften Automarken dargestellt.

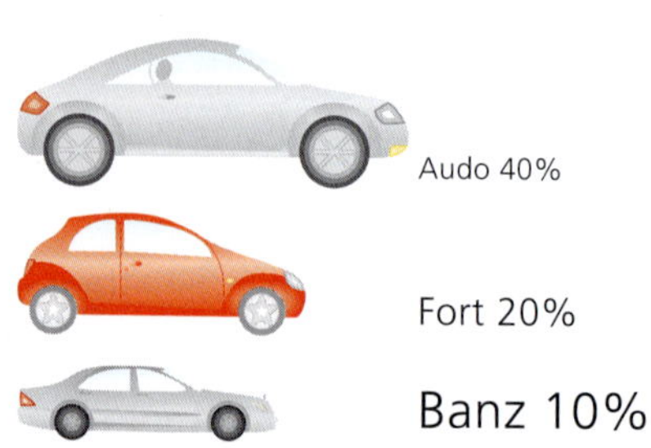

a) Beurteile die Darstellung.

b) Erstelle ein korrektes Säulendiagramm mit vier Säulen.

c) Entwirf ein korrektes Bilddiagramm.

7. Das Ergebnis einer anonymen Umfrage in den vier sechsten Klassen nach der Höhe des monatlichen Taschengelds ist in der Tabelle dargestellt.

Höhe des monatlichen Taschengelds	höchstens 8 €	mehr als 8 €, aber höchstens 11 €	mehr als 11 €, aber höchstens 14 €	mehr als 14 €, aber höchstens 17 €	mehr als 17 €
Anzahl (absolute Häufigkeit)	6	42	54	12	6
Anteil (relative Häufigkeit)	%	%	%	%	%

a) Übertrage die Tabelle in dein Heft und ergänze sie dann dort.

b) Laura ist mit der Höhe ihres Taschengelds von 11 € zufrieden. Wie würde sie das Umfrageergebnis darstellen?

c) Gregor ist mit der Höhe seines Taschengelds von 12 € nicht zufrieden. Wie würde er das Umfrageergebnis darstellen?

8. Laura hat von ihrer Londoner Freundin Mary eine Testaufgabe erhalten.

a) Betrachte die beiden Liniendiagramme und beurteile sie.

b) Erstelle jeweils ein passendes Säulendiagramm.

c) Bearbeite die Teilaufgaben I, II und III:

I Which graph makes the sales figures look best? Explain why.

II Which graph would the shop manager want to use? Explain why.

III If you were in charge of a rival firm, which graph would you like to see? Explain why.

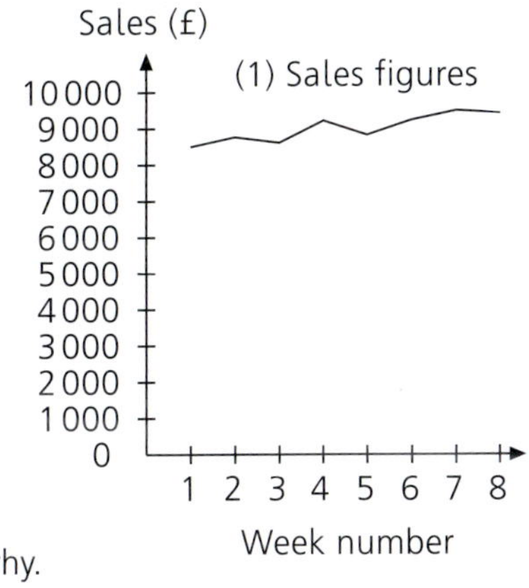

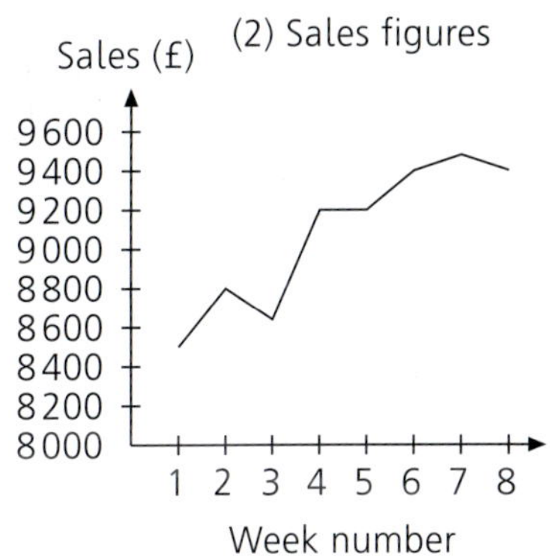

G 9. Jedes der Diagramme stellt dar, wie sich die Höhe des monatlichen Kindergelds vom Jahr 1998 bis zum Jahr 2002 verändert hat. Vergleiche und beurteile die beiden Diagramme.

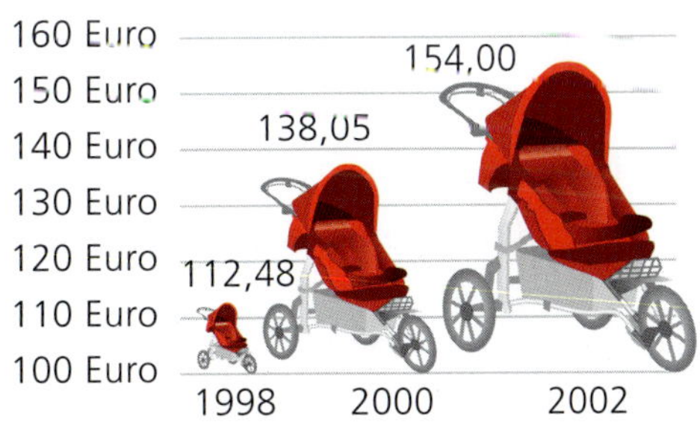

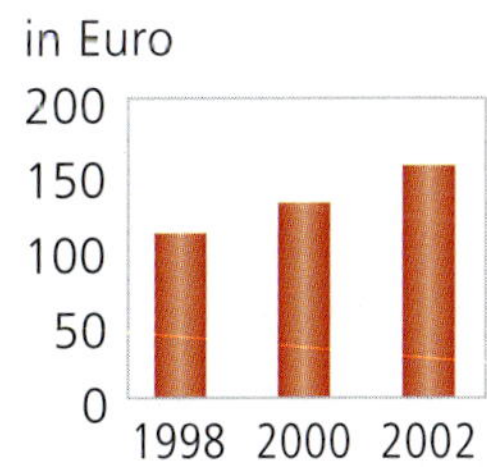

W1 Welche rationale Zahl ist 25-mal so groß wie $\frac{2}{9}$?

W2 Wie gehst du vor, wenn du ein Schrägbild eines Quaders mit $l = 8$ cm, $b = 4$ cm und $h = 6$ cm zeichnen sollst? Erkläre und zeichne.

W3 Welche fünf aufeinander folgenden ungeraden ganzen Zahlen ergeben miteinander multipliziert den Produktwert -45?

$2\,048 = 2^{\square}$

$625 = 5^{\square}$

$2^{10} - 10^2 = ?$

9.6 Üben – Festigen – Vertiefen

Zu 9.1:
Aufgaben 1. und 2.

1. Übertrage die Tabelle in dein Heft und ergänze sie dann dort.

	a)	b)	c)	d)	e)	f)	g)	h)	i)
Bruch	$\frac{4}{5}$	$\frac{1}{20}$			$\frac{33}{66}$			$\frac{36}{48}$	
Dezimalzahl	0,8			0,875		0,33			0,06
Prozentsatz	80%		1%				100%		

20%; 60%; 80%
Lösungen zu 2. **L**

2. Gib jeweils den Prozentsatz an.

a) 1 300 von 1 625 Eintrittskarten sind bereits verkauft.
b) Lucas hat in der 3. Englischschulaufgabe 24 von 40 Punkten erreicht.
c) Beim Sportfest erhielten 135 von 225 Teilnehmern eine Ehrenurkunde.
d) Laura hat bei 18 von 90 Würfen mit einem Spielwürfel die Augenanzahl 6 geworfen.

Zu 9.2:
Aufgaben 3. und 4.

7,5 €; 17 €; 5 g; 8 kg; 7,60 €; 36 s; 66 km; 990 l
Lösungen zu 3. **L**

3. Berechne jeweils den Prozentwert (möglichst im Kopf).

a) 25% von 30 € b) 17% von 100 € c) 0,1% von 5 kg
d) 25% von 32 kg e) 19% von 40 € f) 1% von 1 h
g) 22% von 300 km h) 99% von 1 m^3 i) 75% von 10 €

4. a) Der Preis von Turnschuhen (95 €) wurde um 20% herabgesetzt. Wie viel kosten die Turnschuhe jetzt?
b) Ein Aquarium (Länge 50 cm, Breite 25 cm, Höhe 40 cm) wird zu 80% mit Wasser gefüllt. Wie viele 10-Liter-Eimer Wasser sind dafür erforderlich?
c) 55% der 80 Sitze im Stadtrat hat die AWG-Partei inne. Wie viele Sitze haben die übrigen Parteien insgesamt?
d) Wie viel Gramm Gold enthält eine Kette (28 g) mit einem 750er-Stempel?
Hinweis: Die Zahl 750 bedeutet, dass $\frac{750}{1\,000}$ der Kette aus Gold bestehen.

Zu 9.3:
Aufgaben 5. und 6.

5. Berechne jeweils den Grundwert (möglichst im Kopf).

a) 10% entsprechen 15 €. b) 75% entsprechen 6 l.
c) 19% entsprechen 38 km. d) 1% entspricht 12 min.
e) 25% entsprechen 400 m. f) $33\frac{1}{3}$ % entsprechen 4 kg.

6. In einem Aquarium sind 15 l Wasser, die 20% des Gesamtvolumens ausmachen.

a) Wie viel Liter müssen noch eingefüllt werden, um es randvoll zu füllen?
b) Wie viel Liter müssen noch eingefüllt werden, wenn es dann nur zu 80% gefüllt sein soll?

Zu 9.4:
Aufgaben 7. und 8.

7. Das Diagramm zeigt die Anzahl der Besucher eines neu eröffneten Museums.

a) Was kannst du aus dem Diagramm ablesen?
b) Beurteile die Darstellung.

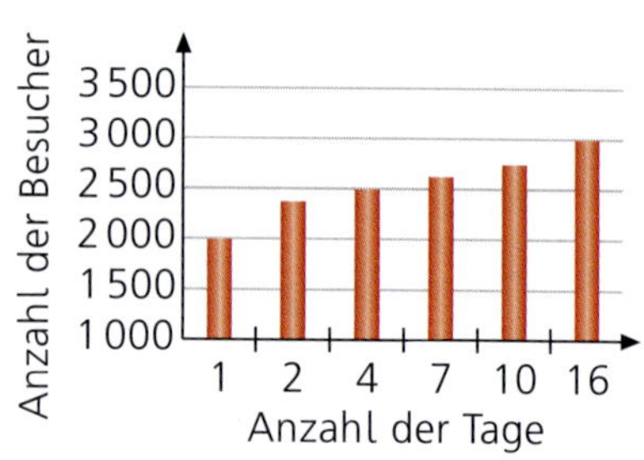

8. Nach einer Zirkusvorstellung wurden die Zuschauer schriftlich befragt, welche Darbietung ihnen am besten gefallen habe; an der Befragung beteiligten sich 150 Erwachsene und 120 Kinder.

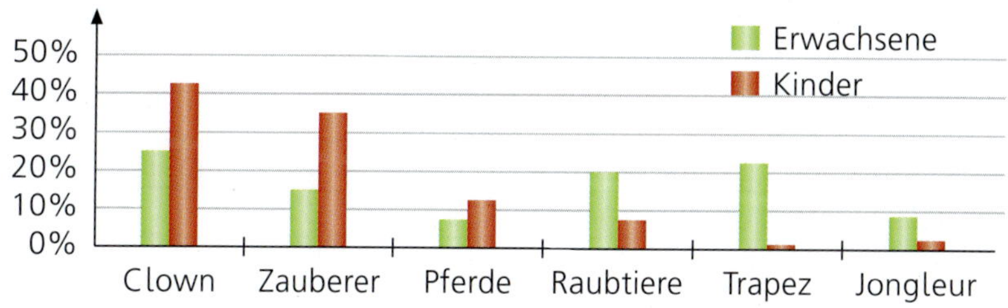

a) Welche Zirkusnummer war bei den Kindern am beliebtesten, welche bei den Erwachsenen? Welche Zirkusnummer war bei den Kindern am wenigsten beliebt, welche bei den Erwachsenen?

b) Ermittle, etwa wie viele Kinder und etwa wie viele Erwachsene jeweils für die einzelnen Darbietungen gestimmt haben, und ordne deine Ergebnisse in einer Tabelle an.

Weitere Aufgaben

9. Lege in deinem Heft eine passende Tabelle an und trage dort alle deine Unterrichtsfächer sowie die jeweiligen Wochenstundenanzahlen ein. Berechne dann ihre auf Prozent gerundeten Anteile an der gesamten Wochenstundenanzahl.

10. Das Viereck RAND hat eine Umfangslänge von 210 cm. Die Diagonale [RN] zerlegt das Viereck in die beiden Dreiecke RAN und NDR, die die Umfangslängen $U_{RAN} = 120$ cm bzw. $U_{NDR} = 150$ cm besitzen. Wie lang ist die Diagonale [RN]? Wie viel Prozent der Umfangslänge U_{RAN} bzw. U_{NDR} macht die Diagonalenlänge $\overline{RN}$ jeweils aus?

11. Laura kauft mit ihrem Vater 100 Schrauben ein, von denen das Stück 25 ct kostet.

a) Auf welchen Betrag lautet die Rechnung für die 100 Schrauben, wenn Lauras Vater von dem Sonderangebot Gebrauch macht?

b) Wie viel Prozent kann Lauras Vater dadurch sparen?

c) Laura erhält von ihrem Vater das durch das Sonderangebot ersparte Geld. Sie sagt: „Das reicht ja locker für vier Kugeln Eis!“ Finde heraus, von (etwa) welchem Preis pro Kugel Eis Laura dabei ausgegangen ist.

G 12. a) Wie viel Prozent derjenigen natürlichen Zahlen von 2 bis 2000, deren Quersumme den Wert 2 hat, sind Primzahlen?

b) Wie viel Prozent aller dreistelligen natürlichen Zahlen besitzen lauter verschiedene Ziffern?

13. Die nebenstehende Figur besteht aus Quadraten mit der Seitenlänge 1 cm.

a) Wie viel Prozent des gesamten Flächeninhalts hat die rot getönte Fläche?

b) Die Figur wird im Maßstab 2 : 1 vergrößert. Welchen Flächeninhalt hat die vergrößerte Figur? Wie viel Prozent des Flächeninhalts der vergrößerten Figur hat ihr rot getönter Teil? Erkläre dein Ergebnis.

14. Drei Liter Ananassaft (Masse etwa 3 kg; Zuckergehalt 15%) und sechs Liter Apfelsaft (Masse etwa 6 kg; Zuckergehalt 12%) werden gemischt. Finde heraus, wie viel Prozent Zucker die neun Liter Ananas-Apfelsaft enthalten.

9.6 Üben – Festigen – Vertiefen

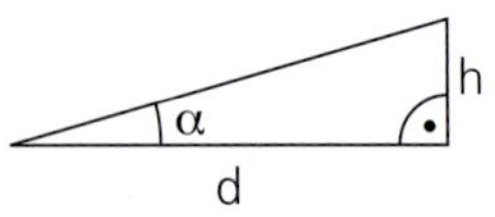

G 15. Unter der **Steigung** z. B. einer Rampe versteht man den Wert von $\frac{h}{d}$ (siehe die Zeichnung); meist gibt man die Steigung in Prozent an.
Zeichne jedes der vier rechtwinkligen Dreiecke im angegebenen Maßstab in dein Heft. Übertrage dann die Tabelle in dein Heft und vervollständige sie dort; miss dabei den Steigungswinkel α auf Grad genau.

	a)	b)	c)	d)
Höhe h	1 m	2,50 m	0,25 m	14 m
horizontaler Abstand d	10 m	2,50 m	0,60 m	100 m
Maßstab	1 : 100	1 : 50	1 : 5	1 : 1000
Steigungswinkel α				
Steigung in Prozent				

Wie ändert sich bei a) die Steigung und der Steigungswinkel, wenn bei gleich bleibendem horizontalem Abstand die Höhe verdoppelt wird? Wie ändert sich bei d) die Steigung und der Steigungswinkel, wenn sowohl der horizontale Abstand wie auch die Höhe halbiert wird?

G 16. Die Anzeige erschien am 5. März 2008 in einem Wochenblatt.
Sophie überlegt, wie viel sie am 12. März 2008 für einen Plüschhasen (regulärer Preis 19,95 €) hätte bezahlen müssen.
Diskutiere die Höhe des Sonderpreises mit deinem Nachbarn oder deiner Nachbarin.

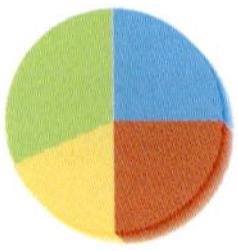

17. Das Kreisdiagramm zeigt, wie ein 600 m² großer Garten genutzt wird.

a) Gib an, etwa wie viel Prozent des Flächeninhalts des Gartens jeweils auf die einzelnen Nutzungsarten entfallen.

b) Ermittle die ungefähre Größe des Gemüsegartens und des Obstgartens.

18. Zeichne ein Dreieck mit dem Flächeninhalt 6 cm², das einen stumpfen Winkel besitzt, und male 25% seiner Fläche rot und 50% seiner Fläche blau aus.

19. Wie viel Prozent der Trapezfläche nehmen die beiden Dreiecke I und III zusammen ein?

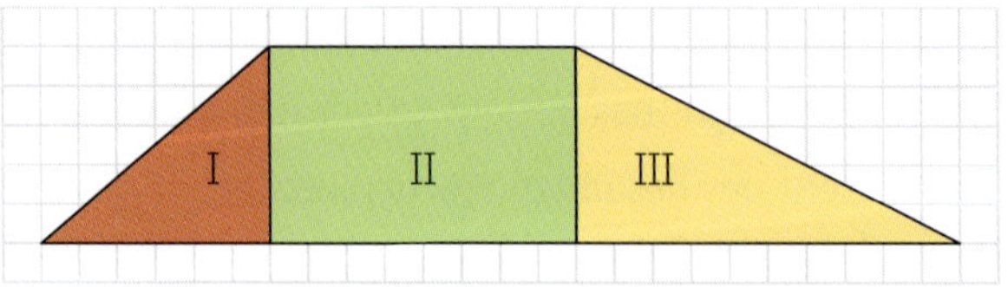

$(2 + 8 + 18) : (-3{,}5) = ?$
$25! : (23!) = ?$
$\left(25 : \frac{1}{25}\right) : (-625) = ?$

W1 Welcher Quadrant enthält den größten Anteil der Fläche des Dreiecks ABC mit den Ecken A (−1,5 I 3,5), B (−4 I −3,5) und C (2,5 I −1)?
W2 Wie viel ist ein Neuntel von drei Vierteln?
W3 Welchen Wert hat der Term (1,7 + 3,6 + 88,3) : 3,9?

G I. Schätze jeweils, welche Prozentsätze farbig bzw. weiß sind.

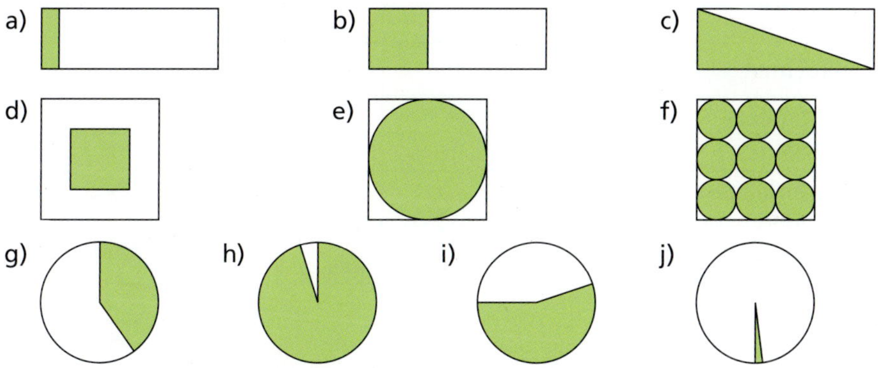

2%; 10%; 25%; 30%; 40%; 50%; 55%; 80%; 95%

Teillösungen zu I. (mögliche Schätzwerte) **L**

II. Die nebenstehende Figur enthält fast ein Dutzend Dreiecke. Finde heraus, wie viel Prozent aller dieser Dreiecke stumpfwinklig sind.

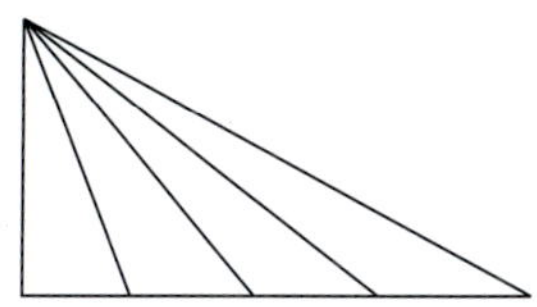

III. Am Gymnasium wurde eine Befragung durchgeführt, bei der Mehrfachnennungen möglich waren. Die Ergebnisse wurden auf einem Poster dargestellt, auf dem jede Figur für einen Jungen bzw. ein Mädchen steht; die Überschrift fehlt noch.

a) Was könnte das Thema der Befragung gewesen sein?

b) Finde heraus, wie viele Jungen mindestens und wie viele Jungen höchstens befragt wurden.

c) Finde heraus, wie viele Mädchen mindestens und wie viele Mädchen höchstens befragt wurden.

G IV. Die Tabelle zeigt einige der Sprachen, die man in Europa spricht.

Englisch	Französisch	Deutsch	Italienisch	Spanisch	Niederländisch	Griechisch	Finnisch
56,4%	35,2%	33,6%	19,0%	17,1%	6,5%	3,4%	1,4%
als Muttersprache:							
15,9%	16%	23,3%	16,0%	10,5%	5,5%	2,9%	1,4%

a) Stelle alle Prozentsätze in einem Säulendiagramm dar, in dem du die beiden zu einer Sprache gehörenden Prozentsätze nebeneinander mit zwei verschiedenen Farben darstellst.

b) Was fällt dir sowohl bei der Tabelle wie auch beim Diagramm auf?

c) Nenne weitere Sprachen, die man in Europa spricht.

V. Trage die Punkte P (–2 | 1), E (2 | 1) und G (1 | 3) in ein Koordinatensystem (Einheit 1 cm) ein. Der Flächeninhalt des Dreiecks PEG beträgt 25% des Flächeninhalts des Parallelogramms PRAG, dessen Eckpunkt R auf der Halbgeraden [PE liegt. Finde die Koordinaten der Punkte R und A heraus und beschreibe dein Vorgehen.

1. Übertrage die Tabelle in dein Heft und ergänze sie dann dort.

	a)	b)	c)	d)	e)	f)	g)
Bruchteil	$\frac{1}{20}$				$\frac{7}{10}$		
Dezimalzahl		0,36				0,1	
Prozentsatz			16%				25%
Veranschaulichung	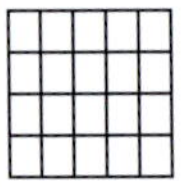	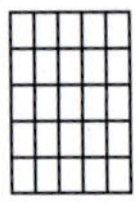	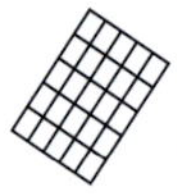	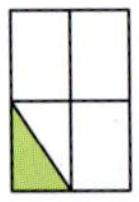	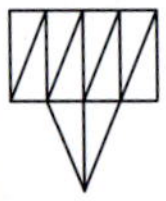		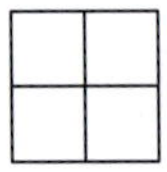

2. Das Kreisdiagramm zeigt die beliebtesten Haustiere in einer Kleinstadt. Schätze jeweils den Grad der Beliebtheit und gib ihn dann in Prozent an.

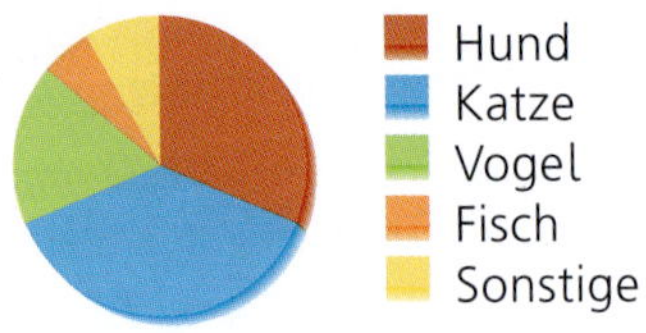

3. Das Säulendiagramm zeigt, welche Verkehrsmittel die Schüler und Schülerinnen der 6. Jahrgangsstufe des Inntal-Gymnasiums benutzen.

a) Stelle die Daten in einer Tabelle dar.

b) Wie viele Kinder besuchen die 6. Jahrgangsstufe?

c) Wie viel Prozent (auf ganze Prozent gerundet) der Kinder der 6. Jahrgangsstufe kommen mit dem Fahrrad oder zu Fuß?

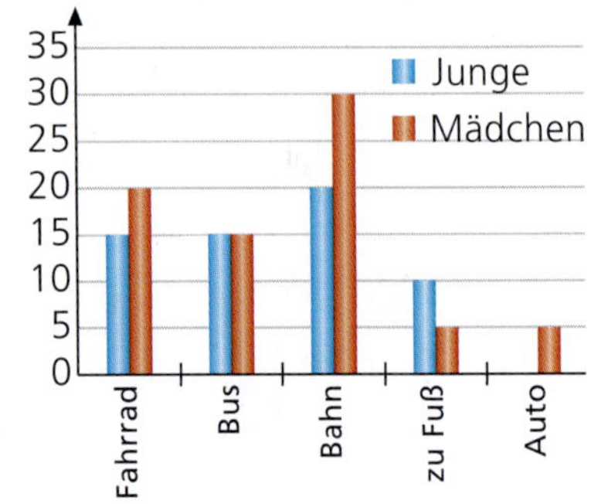

4. a) 1 Liter Johannisbeersaft hat etwa 1 kg; er enthält ungefähr 75 g Zucker. Etwa wie viel Prozent Zucker enthält Johannisbeersaft?

b) Ein Schwarzweißfoto (13 cm x 18 cm) ist zu 30% weiß. Es wird auf DIN-A4-Format vergrößert. Zu wie viel Prozent ist das vergrößerte Foto weiß?

c) Eine Zeitschrift (128 Seiten) enthält auf 48 Seiten Werbung. Wie viel Prozent der Seiten enthalten keine Werbung?

d) 10 Schüler und 12 Schülerinnen, das sind $66\frac{2}{3}$ % aller Kinder der Klasse 6A, haben beim Sportfest eine Urkunde erhalten. Wie viele Kinder gehen in die Klasse 6A?

5. Das Diagramm zeigt, wie Lucas sein jährliches Taschengeld ausgibt:

a) Wie viel Taschengeld erhält Lucas monatlich, wenn er 25% seines Taschengelds für Bücher ausgibt?

b) Stelle Lucas' Taschengeldausgaben in einem Kreisdiagramm dar.

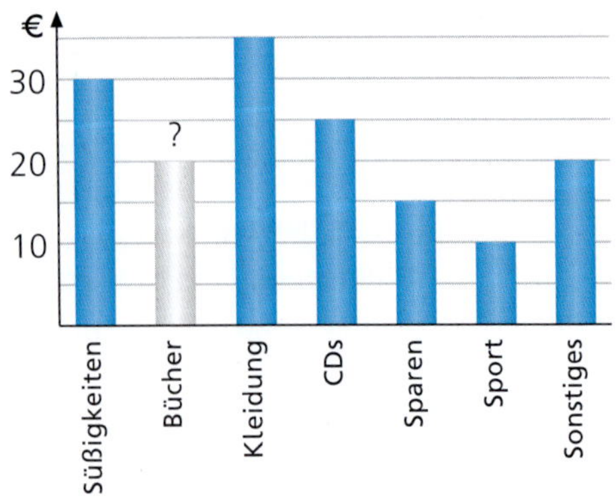

Lösungen unter www.ccbuchner.de (Eingabe „8256" im Suchfeld)

KAPITEL 10
Vertiefen von Arithmetik und Geometrie anhand von Sachproblemen

Sofja Kowalewskaja
geb. 1850 in Moskau
gest. 1891 in Stockholm

Sofja Kowalewskaja interessierte sich bereits als junges Mädchen für Mathematik. Mit elf Jahren studierte sie ein Werk über höhere Mathematik – von den Wänden ihres Zimmers, die mit den Seiten eines Mathematikbuches tapeziert waren.

Später durfte **Kowalewskaja** – als Frau nur mit einer Sondererlaubnis – die Universität Heidelberg besuchen. Sie wurde schließlich Professorin für Mathematik an der Universität Stockholm. Zu ihrer Zeit war dies für eine Frau außergewöhnlich und nur durch überragende Beiträge zur Forschung, wie **Kowalewskaja** sie erbracht hatte, zu erreichen.

Kowalewskaja schrieb auch literarische Werke, so z. B. ihre Jugenderinnerungen und Erzählungen aus dem russischen Leben.

10.1 Zusammenhang zwischen Alltagsgrößen (Dreisatz)

Hagia Sophia

Laura fährt mit ihrer Familie in die Türkei. Sie sagt: „Mit dem Geld in der Türkei kenne ich mich nicht aus. Für 1 € erhält man 1,8 Millionen Türkische Pfund." Sophie sagt: „ Wenn du eine Tabelle machst und ein passendes Diagramm zeichnest, ist die Umrechung ganz einfach. Du kannst dann sofort sehen, wie viel etwas in Euro kostet."

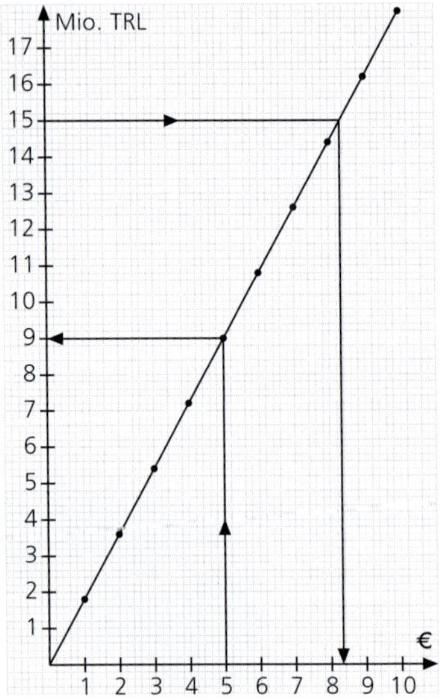

€	1	2	3	4	5	6	7	8	9	10
Mio. TRL	1,8	3,6	5,4	7,2	9,0	10,8	12,6	14,4	16,2	18

Arbeitsaufträge

- Finde heraus, wie viel Türkische Pfund (TRL) 5 €, wie viel 95 € entsprechen.
- Finde heraus, wie viel Euro 15 Millionen TRL, wie viel Euro 100 Millionen TRL entsprechen.

www.waehrungsrechner.de

Dreisatz: Zuerst „Schluss auf die Einheit"

Im Alltag stellt man häufig einen Zusammenhang zwischen zwei Größen her, z.B. zwischen Menge und Preis einer Ware oder zwischen zwei verschiedenen Währungen. Für den Zusammenhang von zwei Größen im Alltag gilt sehr oft:

Verdoppelt (verdreifacht, vervierfacht ...., halbiert, drittelt ...) man den Wert der einen Größe, so verdoppelt (verdreifacht, vervierfacht ...., halbiert, drittelt ...) sich auch der Wert der anderen Größe.
Was würden z.B. 200 g Gummibärchen kosten, wenn 30 g Gummibärchen 60 ct kosten?

1. Schritt: 1 g Gummibärchen würde (60 ct : 30 =) 2 ct kosten.
2. Schritt: 200 g Gummibärchen würden (200 · 2 ct =) 400 ct, also 4 €, kosten.

Den Zusammenhang zwischen Masse und Preis der Gummibärchen kann man übersichtlich durch ein **Liniendiagramm** veranschaulichen:

Masse/g	30	60	90	150	200	300
Preis/€	0,60	1,20	1,80	3,00	4,00	6,00

Die eingezeichneten Punkte liegen auf einer Strecke, deren Anfangspunkt der Ursprung O ist.

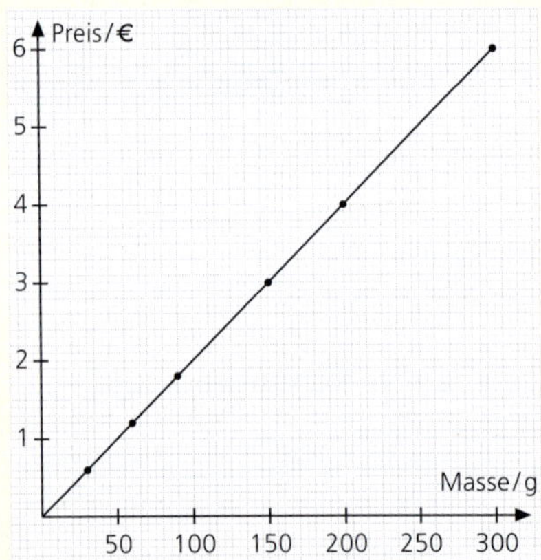

Beispiele

- Lucas besorgt für seine Familie und die übrigen Familien in seinem Haus am Samstag insgesamt 44 Frühstückssemmeln und bezahlt in der Bäckerei dafür 15,40 €. Wie viel müssen ihm davon die Familien Wolf (8 Semmeln), Huber (12 Semmeln), Treu (9 Semmeln) bzw. Abend (5 Semmeln) bezahlen?

  Lösung: Preis einer Semmel: (15,40 € : 44 =) 35 ct

  Familie Wolf: (8 · 0,35 € =) 2,80 € Familie Treu: (9 · 0,35 € =) 3,15 €
  Familie Huber: (12 · 0,35 € =) 4,20 € Familie Abend: (5 · 0,35 € =) 1,75 €

  Die restlichen 10 Semmeln sind für Lucas und seine Familie bestimmt.

- Gregor bereitet mit Lucas ein Fest für 8 Kinder vor. Auf ihrer Einkaufsliste stehen u. a. 24 Semmeln, 16 Paar Wiener Würstchen und sechzehn 0,5-Liter-Flaschen Apfelsaft. Berechne, wie viel sie jeweils einkaufen sollten, wenn zwei Kinder absagen.

  Lösung:

8 Personen	24 Semmeln	16 Paar Würstchen	16 · 0,5 l Apfelsaft
1 Person	(24 : 8 =) 3 Semmeln	(16 : 8 =) 2 Paar Würstchen	[(16 · 0,5) : 8 =] 1 l Apfelsaft
6 Personen	(6 · 3 =) 18 Semmeln	(6 · 2 =) 12 Paar Würstchen	(6 · 1 =) 6 l Apfelsaft

Gregor und Lucas sollten also nur 18 Semmeln, 12 Paar Würstchen und 6 Literflaschen (oder zwölf 0,5-l-Flaschen) Apfelsaft einkaufen.

- Kann man aus der Größe eines Kindes im Alter von 12 Jahren auf seine Größe mit 18 Jahren schließen?
- Wie ändert sich das Volumen eines Würfels, wenn du seine Kantenlänge verdoppelst?

Aufgaben

1. Löse die Teilaufgaben jeweils im Kopf.

a) Laura kauft 150 g Bonbons und bezahlt 3 €.

Preis von	300 g Bonbons	75 g Bonbons	50 g Bonbons	250 g Bonbons	225 g Bonbons

b) Lucas kauft 5 Brezeln und bezahlt 1,75 €.

Preis von	1 Brezel	7 Brezeln	3 Brezeln	11 Brezeln	15 Brezeln

c) Sophie kauft 12 Hefte und bezahlt 3,72 €.

Preis von	1 Heft	10 Heften	15 Heften	7 Heften	4 Heften

0,31; 0,35; 1; 1,05; 1,24; 1,5; 2,17; 2,45; 3,10; 3,85; 4,5; 4,65; 5,25; 6

Lösungen zu 1. (Maßzahlen) **L**

2. a) 3 kg Karotten kosten 4,50 €. Wie viel kosten 10 kg Karotten?

b) 180 g Frischkäse kosten 2,70 €. Wie viel kosten 500 g Frischkäse?

c) Für eine Fahrt von 567 km verbraucht ein Auto 56,7 l Benzin. Wie viel Liter verbraucht es für eine Fahrt von 150 km?

d) Lucas kauft 150 g Nüsse für 1,44 €. Gregor, Laura und Sophie kaufen von der gleichen Sorte Nüsse 200 g, 50 g bzw. 75 g. Ermittle, wie viel die vier Kinder insgesamt bezahlen müssen. Gib zwei Lösungswege an.

3. Der Fruchtjoghurt Joggi wird in verschiedenen Größen verkauft. 100 g Joggi haben einen Nährwert von 400 kJ (Kilojoule) bzw. 95 kcal (Kilokalorien) und enthalten 3,3 g Eiweiß, 2,6 g Fett und 14,6 g Kohlenhydrate. Übertrage die Tabelle in dein Heft und ergänze sie dann dort; runde dabei sinnvoll.

	Nährwert	Nährwert	Eiweiß	Fett	Kohlenhydrate	Preis
75 g Joggi	kJ	kcal	g	g	g	45 ct
150 g Joggi						80 ct
225 g Joggi						1,20 €
500 g Joggi						2,50 €

Finde Gründe, warum der Preis von 150 g (225 g) Joggi nicht doppelt (dreimal) so hoch ist wie der Preis von 75 g Joggi.

4. Sandra hat in den Sommerferien gearbeitet und in der ersten Woche für 36 Arbeitsstunden 270 € erhalten. In der zweiten Woche bekam sie nur 225 € ausbezahlt.

a) Wie viele Stunden hat sie in der zweiten Woche weniger gearbeitet, wenn ihr Stundenlohn gleich geblieben ist?

b) Welchen Stundenlohn erhielt sie in der zweiten Woche, wenn sie wieder 36 Stunden gearbeitet hat?

5. 3 kg des Waschmittels Blanc kosten 6,60 €; 2,5 kg des Waschmittels Superblanc kosten 5,25 €. Welches dieser beiden Waschmittel ist preisgünstiger?

6. Erkundige dich nach dem aktuellen Kurs von Türkischen Pfund (TRL) in € und überschlage dann im Kopf die folgenden sechs Preise.

I) Ansichtskarte 0,6 Mio. TRL
II) Mittagessen 15 Mio. TRL
III) Cola 4 Mio. TRL
IV) Eintritt ins Topkapimuseum 6 Mio. TRL
V) Tasse Kaffee 0,8 Mio. TRL
VI) Stadtplan von Istanbul 9 Mio. TRL

7. Laura möchte für ihr Sommerfest 25 Portionen Erdbeereis nach folgendem Rezept für 8 Portionen zubereiten:

Zutaten
500 g Erdbeeren
200 g Zucker
2 Eiweiß
125 ml Schlagsahne

Zubereitung
Erdbeeren waschen und pürieren; Erdbeerpüree, Zucker und ungeschlagenes Eiweiß mindestens 15 Minuten weißschaumig rühren; steifgeschlagene Sahne unterziehen; in Plastikschüsseln abfüllen und über Nacht in der Tiefkühlung gefrieren lassen.

Welche Zutatenmengen benötigt sie jeweils? Runde sinnvoll.

8. Bauer Gloggner hat aus 960 kg Äpfeln 576 l Most hergestellt. Wie viel Most erhält er aus 1 080 kg Äpfeln der gleichen Sorte und Qualität?

9. Das Liniendiagramm zeigt, welche Milchmengen zur Herstellung von verschiedenen Buttermengen jeweils nötig sind.

Übertrage die Tabelle in dein Heft und ergänze sie dort mithilfe des Diagramms.

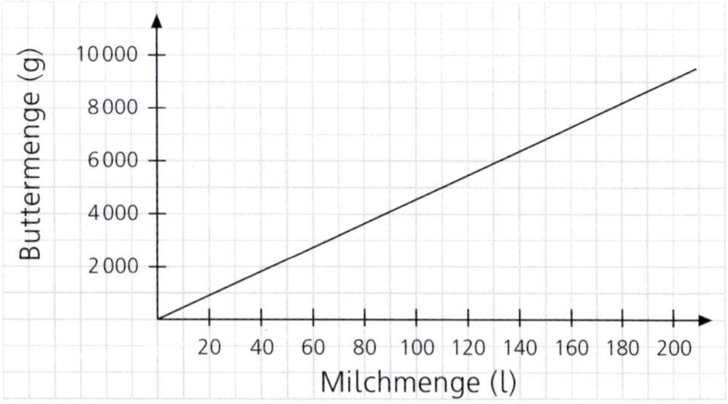

Milchmenge	40 l		1,5 hl	
Buttermenge		4,0 kg		8,5 kg

10. Sophie hat um 21 Uhr den Wasserhahn der leeren Badewanne bei geschlossenem Wannenablauf nicht vollständig zugedreht; am nächsten Morgen um 7 Uhr ist die 300-Liter-Badewanne zu drei Vierteln gefüllt. Wie viel Wasser wäre gespart worden, wenn Sophies Mutter um 24 Uhr den Wasserhahn vollständig zugedreht hätte?

11. Gregor, Laura, Lucas und Sophie kaufen Geleefrüchte: Gregor kauft 225 g, Laura 100 g, Lucas 150 g und Sophie 125 g. Sophie bezahlt für alle zusammen insgesamt 7,44 €. Wie viel muss jedes Kind Sophie geben?

12. Ein massiver Aluminiumquader (Länge 40 cm, Breite 25 cm, Höhe 15 cm) hat eine Masse von 40,5 kg.

a) Zeichne ein Schrägbild des Quaders im Maßstab 1 : 5 in dein Heft. Trage dabei die vier „nach hinten" verlaufenden Quaderkanten (eine ist unsichtbar) in halber Länge schräg unter einem Winkel von 45° an.

b) Berechne die Masse von 1 dm^3 Aluminium.

c) Berechne die Masse eines massiven Aluminiumwürfels mit der Kantenlänge 25 cm und runde dein Ergebnis auf kg.

13. Auf einem rechteckigen Flachdach (Länge 10 m, Breite 8 m) liegt eine 12 cm hohe Schneeschicht. Berechne die Masse der (etwa quaderförmigen) Schneeschicht, wenn 1 dm^3 Schnee 0,15 kg hat, und gib sie in der Maßeinheit t auf 2 Dezimalen gerundet an.

14. Ein rechteckiger Bauplatz (Länge 27 m, Breite 25 m) kostet 148 500 €. Wie teuer ist ein um 75 m^2 größerer Bauplatz bei gleichem Quadratmeterpreis?

15. Zeichne in dein Heft ein Viereck, ein Fünfeck, ein Sechseck, ein Siebeneck und ein Achteck; keines dieser Vielecke soll einen überstumpfen Innenwinkel besitzen. Zeichne dann jeweils alle Diagonalen ein, übertrage die Tabelle in dein Heft und ergänze sie dort.

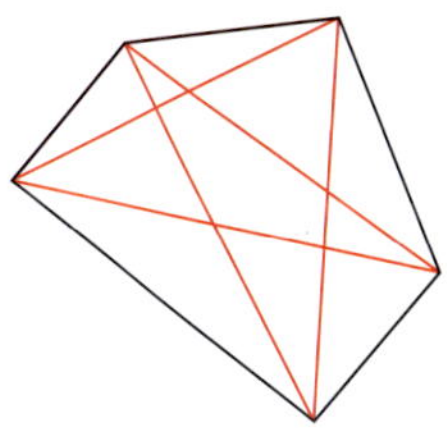

Vieleck	Viereck	Fünfeck	Sechseck	Siebeneck	Achteck
Anzahl der Diagonalen					

G 16. Laura hat eine Kerze angezündet, misst alle fünf Minuten die Länge der Kerze und zeichnet ein Säulendiagramm ihrer Messergebnisse. Gib an, was du aus ihrem Diagramm ablesen kannst. Untersuche anhand von Lauras Diagramm, welche der Aussagen wahr, welche falsch sind.

a) Die Kerze war anfangs 10 cm lang.

b) Die Kerze ist nach 15 Minuten etwa zur Hälfte abgebrannt.

c) Die Kerze ist nach 20 Minuten etwa um ein Drittel kürzer als am Anfang.

d) Die Kerze ist nach 30 Minuten etwa auf ein Viertel der ursprünglichen Länge abgebrannt.

e) Die Kerze brennt zu Beginn schneller ab als später.

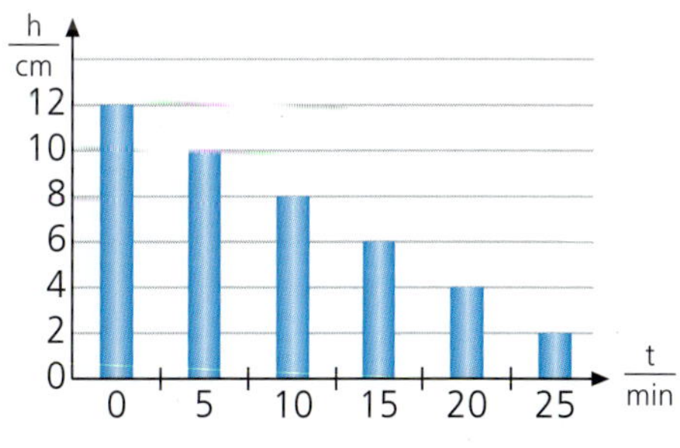

17. Um die Anzahl der Füchse in einem Revier abzuschätzen, wurden 100 Füchse eingefangen, mit einer Marke versehen und wieder freigelassen. Eine Woche später wurden 80 Füchse eingefangen; von ihnen hatten 32 eine Marke. Schätze, wie viele Füchse etwa in diesem Revier leben.

W1 Wahr oder falsch? Nur negative rationale Zahlen darf man durch null dividieren.

W2 Wie viel Liter Wasser passen in eine zwei Kilometer lange Wasserleitung (Rohrdurchmesser 10 cm)? Schätze.

W3 Welche Zahlenmengen werden mit $\mathbb{N}_0$, $\mathbb{Z}$ bzw. $\mathbb{Q}_0^+$ bezeichnet?

$\left(\frac{11}{8} - \frac{25}{8}\right) : \left(-\frac{49}{2}\right) = ?$

$11 + 2{,}2 + 0{,}33 = ?$

$\frac{1}{39} + \frac{2}{78} + \frac{3}{117} = ?$

Eine wichtige Anwendung der Prozentrechnung ist die **Zinsrechnung**. Wenn man Geld bei einer Bank oder Sparkasse anlegt, erhält man dafür **Zinsen**. Sie berechnen sich als Bruchteil des angelegten Geldbetrags (man sagt auch: des angelegten **Kapitals**). Dieser Bruchteil, der **Zinssatz**, wird in Prozent angegeben. Die Zinsen werden normalerweise für die Zeitspanne eines Jahres berechnet. Wenn man sich von einer Bank Kapital leiht (z. B., um ein Haus zu kaufen), dann muss man seinerseits Zinsen an die Bank bezahlen.

Lucas hatte das ganze Jahr 2008 über den Betrag von 500 € auf seinem Sparbuch. Eine Mitarbeiterin der Bank erklärt ihm, er habe für sein Kapital im Jahr 2008 Zinsen in Höhe von 15 € bekommen; dies würde einem Zinssatz von 3% entsprechen. Sie zeigt ihm den Eintrag in seinem Sparbuch:

Unterschrift	Datum	Lauf-Nr./Text bei handschrift-Tausender		Konto-Nr. licher Eintragung Hunderter	Abgang/Zugang	Guthaben €
			1			
	2.1.2008	BAR 040	2	856271432	500,00	500,00
	31.12.2008	ZINS 918	3	856271432	15,00	515,00
			4			
			5			

$\frac{3}{100} \cdot 500\,€ = 15\,€$

Lucas kontrolliert diese Rechnung. Dabei wendet er seine Kenntnisse aus der Prozentrechnung an. Den Jahreszins (entspricht dem Prozentwert) erhält er als prozentualen Bruchteil seines Guthabens (das dem Grundwert entspricht).

1. Berechne jeweils den Jahreszins, den man erhält, wenn man den angegebenen Betrag zum angegebenen (Jahres-) Zinssatz anlegt.

p.a. steht für pro anno (lat. „je Jahr“).

	a)	b)	c)	d)	e)
Kapital in €	2500	8600	34200	468	4830
Zinssatz p.a.	4%	5,25%	$3\frac{3}{4}$ %	6,08%	0,2%

G 2. Informiere dich, mit welchem Zinssatz sich dein Sparguthaben im letzten Jahr verzinst hat.

3. Herr Weichert hat 38 450 € geerbt und das Geld für ein Jahr als „Festgeld“ angelegt. Er erzielte einen Jahreszins von 1 903,28 €. Frau Zapf hat ihre Ersparnisse in Höhe von 25 500 € für ein Jahr in Wertpapieren angelegt und 1 657,50 € Jahreszinsen erzielt.

a) Ermittle mithilfe einer Überschlagsrechung, wer von beiden sein Kapital besser angelegt hatte. Erkläre deine Überlegungen.

b) Finde heraus (z. B. über das Internet), was man unter „Festgeld“ versteht und welchen Zinssatz Banken zur Zeit für diese Geldanlage bezahlen.

G c) Erstellt in eurer Klasse gemeinsam auf einer Schautafel eine Übersicht über die wichtigsten Formen der Geldanlage und ihre aktuellen Zinssätze.

G 4. Überlege, wie man die Zinsen berechnen könnte, die sich ergäben, wenn man sein Kapital nur für zwei Monate (oder auch nur für 20 Tage) anlegen würde. Gehe dabei – wie die Banken auch – von 30 Tagen in jedem Monat, also 360 Tagen pro Jahr, aus. Erstelle selbst drei Aufgaben, bei denen ein bestimmtes Kapital zu einem vorgegebenen (Jahres-) Zinssatz kürzer als ein ganzes Jahr angelegt wird, und lasse von deiner Nachbarin oder deinem Nachbarn die Höhe der jeweils erhaltenen Zinsen berechnen.

Zinsrechnung mithilfe der Tabellenkalkulation

Gregor möchte sich die Arbeit erleichtern. Er benutzt deswegen für die Zinsrechnung das Tabellenkalkulationsprogramm (siehe Seite 208) auf seinem Computer. Er legt eine Tabelle an, in die er nur das Kapital in € (Zelle A6) sowie den Zinssatz in % (Zelle B6) eingeben muss. Die Höhe der Jahreszinsen in € wird dann automatisch in Zelle C6 errechnet. Auch das Endkapital (eingesetztes Kapital + Zinsen) am Jahresende in € wird (in Zelle D6) automatisch angezeigt.

5. a) Begründe, welche der folgenden Formeln Gregor in die Zelle C6 eingeben muss, um das gewünschte Ergebnis zu erhalten.
I: =(B6/100)+A6
II: =(B6/100)*A6
III: =(A6/B6)*100

b) Erstelle Gregors Tabelle selbst am Computer; gib dazu in die Zellen C6 und D6 die entsprechenden Formeln ein. Überprüfe mit einfachen Beispielen, die du im Kopf kontrollieren kannst, ob du dich bei a) richtig entschieden hast.

c) Erstelle eine neue Tabelle, die dir bei der Eingabe des Kapitals sowie der Jahreszinsen automatisch den Zinssatz in Prozent errechnet.

Datei Bearbeiten Ansicht

	A	B	C	D
1		Berechnung der Zinsen		
2		und des Endkapitals nach einem Jahr		
3				
4	Kapital	Zinssatz	Zinsen	Endkapital
5	in €	in %	in €	in €
6	1500	3,85	57,75	1557,75
7				
8	eingegebene Werte			
9	automatisch berechnete Werte			
10				

Werden die Zinserträge aus einem Jahr am Jahresende nicht ausbezahlt, sondern dem Konto gutgeschrieben, dann erhöht sich das Kapital, das die Bank im nächsten Jahr verzinst. Die Zinsen des ersten Jahres bringen also ihrerseits – solange sie nicht ausbezahlt werden – in den folgenden Jahren Zinsen; man nennt dies **Zinseszins**.

6. Lauras Eltern legen am 1. Januar einen Betrag von 20 000 € zu 5% p.a. an. Sie möchten sich in vier Jahren davon ein neues Auto kaufen. Ihre jährlichen Zinserträge lassen sie sich nicht ausbezahlen, sondern in den Folgejahren mitverzinsen.

a) Erstelle selbst eine ähnliche Tabelle und erkläre die hier sichtbar gemachten Formeln in den Zellen B7 und D7.

b) Vervollständige nun die Zellen B7, C7, D7, B8, C8, D8, B9, C9 und D9 mit den entsprechenden Rechenwegen. Wie teuer darf das Auto höchstens sein?

c) Ergänze deine Tabelle so, dass automatisch angezeigt wird, welchen Betrag man aufgrund des Zinseszinseffekts bei einer vierjährigen Geldanlage mehr bekommt als ohne Zinseszinseffekt (also bei „einfacher Verzinsung").

Datei Bearbeiten Ansicht Einfügen Format Extra

	A	B	C	D	E
1		Zinseszinsrechnung			
2		Zinssatz in %: 5			
3		Kapital in € am	Zinsen in € in	Kapital in € am	
4		jeweiligen	diesem Jahr	jeweiligen	
5		Jahresbeginn		Jahresende	
6	1.Jahr	20000	1000	21000	
7	2.Jahr	=D6		=B7+C7	
8	3.Jahr				
9	4.Jahr				
10					
11					

1. a) Finde jeweils heraus, welcher Bruchteil des 8 x 8-Quadrats farbig ist.
b) Gib bei Figur I an, welcher Bruchteil der farbigen Fläche grün ist.
c) Gib bei Figur II an, welcher Bruchteil der farbigen Fläche blau ist.
d) Gib bei Figur III an, welcher Bruchteil des 8 x 8-Quadrats nicht farbig ist.
e) Gib bei Figur IV an, welcher Bruchteil des 8 x 8-Quadrats nicht gelb ist.

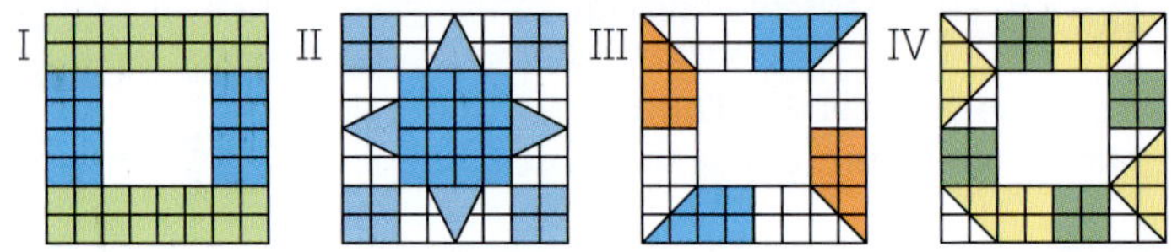

G 2. Ermittle jeweils, welcher Bruchteil des Sechsecks farbig ist.

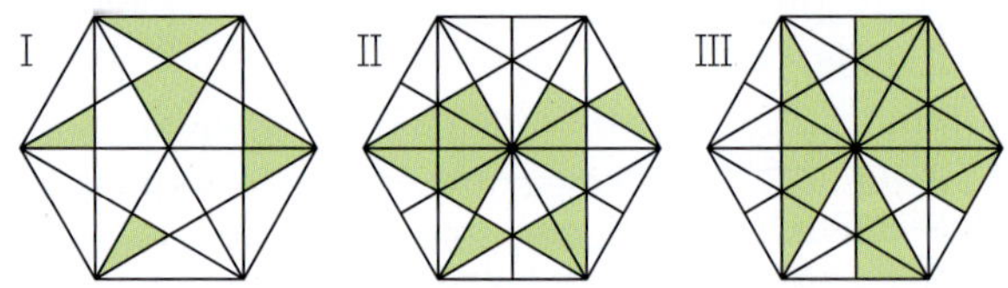

3. a) Aus drei 6 x 6 x 6-Würfeln (Kantenlänge jedes einzelnen Würfelchens: 1 cm) ist bzw. sind ein, drei bzw. vier Quader herausgeschnitten; gib jeweils an, welcher Bruchteil des 6 x 6 x 6-Würfels fehlt.

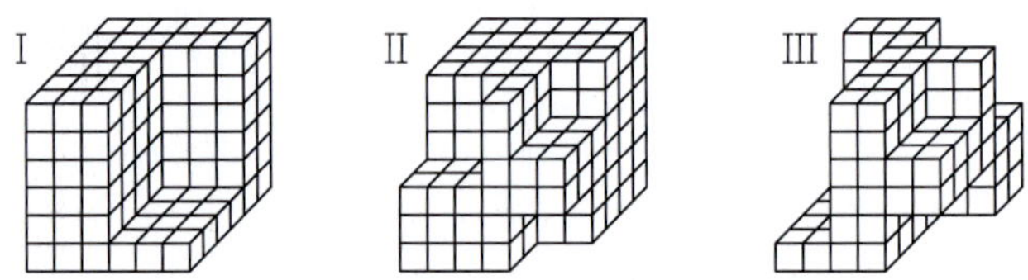

b) Gib bei jedem der drei Körper aus Teilaufgabe a) den Oberflächeninhalt an und vergleiche deine Ergebnisse mit dem Oberflächeninhalt des 6 x 6 x 6-Würfels.

4. Ordne jeweils die gegebenen zwei Zahlen und die Null in Form einer steigenden Ungleichungskette an.

a) $-2; 5$ b) $-\frac{1}{2}; -3$ c) $\frac{1}{8}; -\frac{5}{8}$ d) $\frac{2}{81}; \frac{3}{17}$ e) $-\frac{7}{8}; -\frac{7}{9}$ f) $+2{,}7; -1{,}8$

5. Ordne die rationalen Zahlen jeweils in Form einer steigenden Ungleichungskette an; gehe dabei möglichst geschickt vor.

a) $\frac{4}{5}; \frac{33}{44}; \frac{222}{333}; \frac{8888}{9999}; \frac{66666}{77777}$
b) $-\frac{7}{3}; \frac{7}{15}; \frac{7}{2}; \frac{7}{1}; 0; \frac{7}{88}; -\frac{7}{7}; \frac{7}{21}; \frac{7}{70}; \frac{7}{1000}$
c) $\frac{7}{3}; \frac{1}{15}; \frac{1}{2}; \frac{7}{6}; 0; \frac{11}{30}; \frac{3}{3}; \frac{1}{3}; \frac{3}{10}; \frac{7}{1}$
d) $-\frac{1}{5}; 0{,}199; 0{,}098; -0{,}21; 0{,}\overline{2}; \frac{11}{50}$
e) $\frac{1}{3}; 0; 0{,}33; -0{,}34; \frac{7}{24}; 0{,}\overline{2}; -1\frac{1}{4}$

6. Durch Pfeile sind die Bildpunkte von fünf rationalen Zahlen auf einer Zahlengeraden gekennzeichnet.

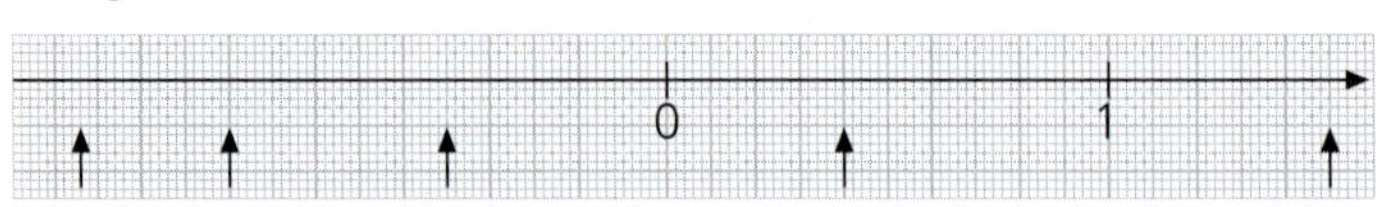

a) Gib die Menge dieser fünf Zahlen an.
b) Subtrahiere das Produkt dieser fünf Zahlen von ihrer Summe und berechne dann den Differenzwert.

G 7. Durch die Tabelle ist jedem Buchstaben eine rationale Zahl als „Buchstabenwert" zugeordnet (Ä: A und E; Ö: O und E; Ü: U und E).

Buchstabe	A	B	C	D	E	F	G	H	I	J	K	L	M
Wert	$\frac{1}{2}$	$\frac{3}{4}$	2	0	1	$-\frac{3}{4}$	$\frac{5}{8}$	$\frac{1}{4}$	$-\frac{1}{8}$	$\frac{7}{8}$	3	$-\frac{5}{8}$	$\frac{3}{2}$

Buchstabe	N	O	P	Q	R	S	T	U	V	W	X	Y	Z
Wert	$-\frac{7}{8}$	$-\frac{3}{8}$	−3	$\frac{1}{12}$	−2	−1	$-\frac{1}{2}$	$\frac{3}{8}$	$-\frac{1}{9}$	$-\frac{1}{4}$	$\frac{1}{9}$	$\frac{5}{2}$	$-\frac{3}{2}$

a) Ermittle die Werte des Vornamens und des Nachnamens von ALBERT EINSTEIN, indem du jeweils die Buchstabenwerte multiplizierst, und vergleiche die beiden Produktwerte.

b) Ermittle die Werte des Vornamens und des Nachnamens von ALBERT EINSTEIN, indem du jeweils die Beträge der Buchstabenwerte multiplizierst. Vergleiche die beiden Produktwerte miteinander und mit den Ergebnissen von a).

c) Ermittle die Werte des Vornamens und des Nachnamens von SOFJA KOWALEWSKAJA , indem du jeweils die Buchstabenwerte addierst und dann die Summenwerte berechnest.

d) Ermittle die Werte deines Vornamens und deines Nachnamens, indem du jeweils die Buchstabenwerte addierst und dann die Summenwerte berechnest.

e) Ermittle die Werte deines Vornamens und deines Nachnamens, indem du jeweils die Buchstabenwerte multiplizierst und dann die Produktwerte berechnest.

f) Vergleiche deine beiden Namenwerte aus Teilaufgabe d) mit denen deiner Mitschüler und Mitschülerinnen. Welches ist der größte, welches ist der kleinste Vornamenwert in eurer Klasse?

g) Vergleiche deine beiden Namenwerte aus Teilaufgabe e) mit denen deiner Mitschüler und Mitschülerinnen. Welches ist der größte, welches ist der kleinste Nachnamenwert in eurer Klasse?

Laura hat die Buchstabenwerte ihres Vornamens multipliziert und den Produktwert berechnet:
$\left(-\frac{5}{8}\right) \cdot \frac{1}{2} \cdot \frac{3}{8} \cdot (-2) \cdot \frac{1}{2} = \frac{15}{128}$.

8. Übersetze die Angaben und bearbeite dann die Aufgaben I, II und III.

I Study the lengths in this picture.

(a) What is the gap from the top of the door to the ceiling?

(b) How tall is the bookcase?

(c) How tall is the teacher?

(d) What is the height of the blackboard?

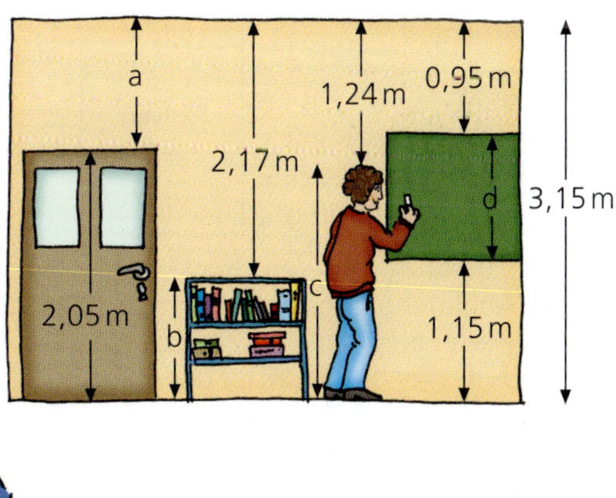

II If arrow C points to 1,1 m, what do arrows A, B and D point to?

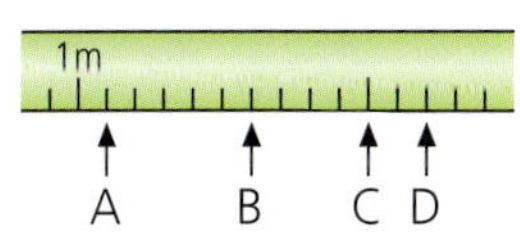

III Mrs Khan Mr Smith

Mrs Khan and Mr Smith bake a cake each. These charts show the ingredients of each cake. Tabulate in your notebook roughly the percentage of the whole cake that each ingredient represents.

9. Ein Stapel aus 40 gleichen Bögen Karton ist 2,8 cm hoch.

a) Übertrage die Tabelle in dein Heft und ergänze sie dann dort.

Anzahl der Bögen in einem Stapel	10	20	30	40	50	60	70	80	90	100
Höhe des Stapels in mm				28						

b) „Übersetze" die Tabelle in ein Diagramm.

G 10. Die vier Mengen M, A, T und H haben gleich viele Elemente:

M = {0; 1; 2; 3; 4; 5; 6} A = $\{0;\ \frac{3}{1};\ \frac{3}{2};\ \frac{3}{3};\ \frac{3}{4};\ \frac{3}{5};\ \frac{3}{6}\}$

T = $\{\frac{12}{12};\ \frac{12}{6};\ \frac{12}{5};\ \frac{12}{4};\ \frac{12}{3};\ \frac{12}{2};\ \frac{12}{1}\}$ H = $\{\frac{24}{24};\ \frac{24}{12};\ \frac{24}{10};\ \frac{24}{8};\ \frac{24}{6};\ \frac{24}{4};\ \frac{24}{3}\}$

Gib jeweils diejenigen rationalen Zahlen an,

a) die Elemente jeder der vier Mengen sind.

b) die Elemente jeder der Mengen M, T und H, aber nicht der Menge A sind.

11. Gib jeweils den Termwert auf Einer gerundet an; gehe bei der Berechnung möglichst geschickt vor.

a) $1{,}2 \cdot 1{,}2$ **b)** $(-1{,}89) : (-0{,}3)$ **c)** $(-12{,}7) + (-9{,}9)$

d) $22{,}5 : (-1{,}5)$ **e)** $6{,}4 \cdot \frac{1}{3} + 8{,}6 \cdot \frac{1}{3}$ **f)** $(-19{,}9) : \frac{1}{4} + 12{,}9 : \frac{1}{4}$

g) $(-19{,}9) : \frac{1}{4} + 12{,}9 : \left(-\frac{1}{4}\right)$ **h)** $\left(-\frac{3}{4}\right) \cdot \frac{2}{7} \cdot \left(-\frac{4}{3}\right)$ **i)** $\left(-\frac{4}{5}\right)^2 \cdot \left(-\frac{5}{2}\right)^3$

12. Nenne jeweils fünf verschiedene rationale Zahlen, deren Bildpunkte auf einer Zahlengeraden zwischen den Bildpunkten der beiden gegebenen Zahlen liegen.

a) $-\frac{1}{2};\ \frac{1}{2}$ **b)** 2,5; 2,6 **c)** –1,99; –2,00 **d)** –5,4; 4,5

e) 91; 91,1 **f)** –12,5; –13 **g)** $-\frac{1}{4};\ 0$ **h)** 1; 1,01

13. Seltsame Bruchrechnung:

	Menge	Garzeit
4 Portionen	1/1 Pack = 650 g	16 Min.
3 Portionen	2/3 Pack = 430 g	12 Min.
1 Portion	1/4 Pack = 160 g	6 – 8 Min.

Lies mit deinem Nachbarn oder deiner Nachbarin diesen Aufdruck einer Packung Tiefkühlgemüse durch und vergleiche die vorgeschlagenen Gemüsemengen sowie die für sie empfohlenen Garzeiten für 4 Personen, 3 Personen bzw. eine Person.

14. Die Abbildung zeigt die Zufahrt zu einer Fabrik. Ein Viertel aller Arbeiter betreten das Gebäude durch das Tor 1; ein Drittel der übrigen Arbeiter betreten das Gebäude durch das Tor 2, und die restlichen 420 Arbeiter betreten das Gebäude durch das Tor 3. Finde heraus, wie viele Arbeiter in dieser Fabrik tätig sind.

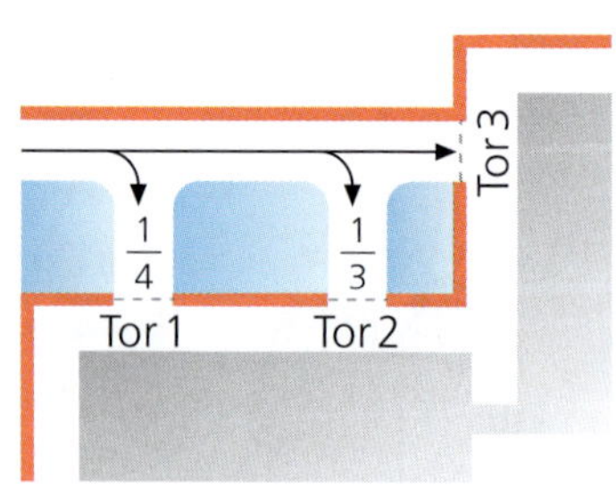

G 15. Eine Summe aus sechs verschiedenen rationalen Zahlen, von denen eine die Zahl $-\frac{3}{4}$ ist, hat den Wert 3.

Beispiel: $\left(-\frac{3}{4}\right) + 6 + \left(-\frac{1}{2}\right) + 4 + \left(-3\frac{3}{4}\right) + (-2) = 10 - \frac{3}{4} - \frac{2}{4} - \frac{15}{4} - 2 = 8 - \frac{20}{4} = 8 - 5 = 3$

a) Gib drei derartige Summen an.

b) Welchen Wert nimmt die im Beispiel angegebene Summe an, wenn du die Zahl $-\frac{3}{4}$ durch die Zahl 0 ersetzt und die übrigen Summanden unverändert lässt?

c) Wie ändern sich die Werte deiner Summen aus a), wenn du jeden Summanden durch seine Gegenzahl ersetzt?

d) Welchen Wert nimmt die im Beispiel angegebene Summe an, wenn du jeden ihrer Summanden durch seinen Betrag ersetzt?

G 16. Ein Produkt aus drei verschiedenen rationalen Zahlen, von denen eine die Zahl $\frac{1}{2}$ ist, hat den Wert -30.

Beispiel: $\frac{1}{2} \cdot \left(-\frac{3}{2}\right) \cdot 40 = -30$

a) Gib drei derartige Produkte an.

b) Welchen Wert nimmt das im Beispiel angegebene Produkt an, wenn du die Zahl $\frac{1}{2}$ durch die Zahl 0 ersetzt und die übrigen Faktoren unverändert lässt?

c) Kannst du bei jedem deiner Produkte aus Teilaufgabe a) genau einen Faktor so abändern, dass das neue Produkt den Wert 1 erhält?

d) Welchen Wert nimmt das im Beispiel angegebene Produkt an, wenn du die Zahl $\frac{1}{2}$ durch ihren Kehrwert ersetzt und die übrigen Faktoren unverändert lässt?

17. Übertrage die Zahlenmauern in dein Heft. Trage dann dort auf die leeren Steine Zahlen so ein, dass auf jedem Stein die Hälfte des Summenwerts der Zahlen steht, die sich auf den beiden Steinen direkt darunter befinden.

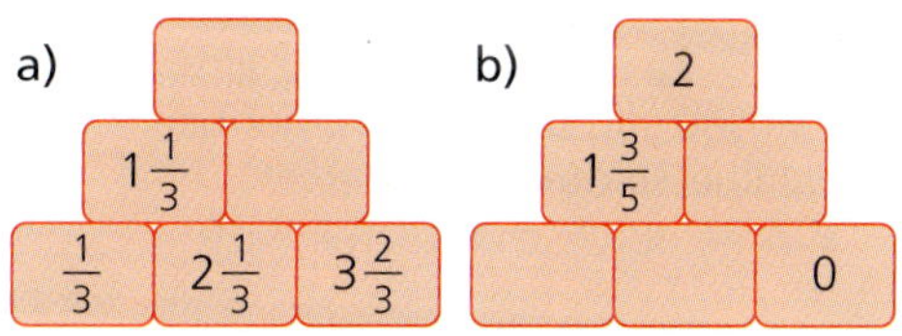

18. Drei rationale Zahlen fragen: „Wer bin ich?"

a) „Ich bin um 10 kleiner als die kleinste ungerade Primzahl."

b) „Ich bin ein Stammbruch und kleiner als $\frac{1}{4}$, aber größer als $\frac{1}{6}$."

c) „Ich bin negativ und die kleinste Dezimalzahl mit zwei Dezimalen, die größer als -2 ist."

19. Gib jeweils einen passenden Term an und berechne dann seinen Termwert.

a) Der Term ist eine Differenz. Ihr Minuend ist der Bruch, dessen Zähler die kleinste zweistellige Primzahl und dessen Nenner 121 ist; ihr Subtrahend ist ein Produkt mit dem Wert $\frac{1}{110}$.

b) Der Term ist ein Produkt, dessen erster Faktor der Kehrwert von $\frac{5}{6}$ ist. Sein zweiter Faktor ist eine Summe aus zwei Brüchen, die zwar beide den Wert $\frac{5}{6}$ haben, aber nicht gleichnamig sind.

20. Berechne jeweils den Wert des Terms. Überlege vor der Berechnung, ob es zweckmäßiger ist, mit Brüchen oder mit Dezimalzahlen zu rechnen, und begründe deine Vorgehensweise. Erstelle für die Terme, die eine Summe oder ein Produkt darstellen, einen Rechenbaum.

a) $\left(\frac{1}{0{,}8} + \frac{1}{0{,}25}\right) \cdot \left(\frac{1}{0{,}5} - \frac{1}{0{,}25}\right)$

b) $(120{,}64 : 92{,}8 - 1{,}1^2) : 0{,}009 - 1{,}2 : 0{,}012$

c) $\left(49{,}88 : 5{,}8 + 3{,}57 : \frac{7}{100}\right) : \frac{1}{5} - 100 : 0{,}25$

d) $(2{,}7^0 + 2{,}7^1 - 2{,}7^2) : (-1{,}795) + 1$

$\frac{1}{4}$

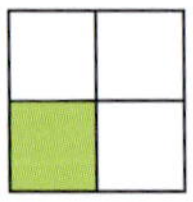

$\frac{1}{2}$ von $\frac{1}{4}$

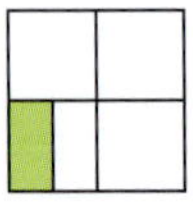

G 21. a) Gib drei Brüche an, die jeweils mit ihrem Kehrwert übereinstimmen.

b) Gib drei rationale Zahlen an, die jeweils kleiner als ihre Gegenzahl sind.

c) Gib einen positiven Bruch an, der viermal so groß wie sein Kehrwert ist.

d) Ist $\frac{1}{4}$ von $\frac{1}{2}$ größer als, kleiner als oder gleich $\frac{1}{2}$ von $\frac{1}{4}$?
Veranschauliche $\frac{1}{4}$ von $\frac{1}{2}$ zeichnerisch.

e) Laura sagt: „Es gibt genau fünf verschiedene Brüche zwischen $\frac{5}{12}$ und $\frac{11}{12}$."
Lucas sagt: „Es gibt mindestens fünf verschiedene Brüche zwischen $\frac{5}{12}$ und $\frac{11}{12}$."
Sophie sagt: „Es gibt unendlich viele verschiedene Brüche zwischen $\frac{5}{12}$ und $\frac{11}{12}$."
Finde heraus, wer Recht hat.

G 22. Gregor kauft 6 Tafeln Milchschokolade, 4 Tafeln Marzipanschokolade und 3 Tafeln Nougatschokolade und bezahlt 6,68 €. Laura kauft 3 Tafeln Milchschokolade, 4 Tafeln Marzipanschokolade und 3 Tafeln Nougatschokolade derselben Sorten und bezahlt 5,24 €. Lucas kauft 7 Tafeln Milchschokolade, 5 Tafeln Marzipanschokolade und 3 Tafeln Nougatschokolade derselben Sorten und bezahlt 7,66 €. Was bezahlt Sophie für eine Tafel Milchschokolade, zwei Tafeln Marzipanschokolade und drei Tafeln Nougatschokolade dieser Sorten?

23. Das Diagramm zeigt die Zusammensetzung des Abfalls, der bei Familie Stadtmüller in einer Woche durchschnittlich anfällt.

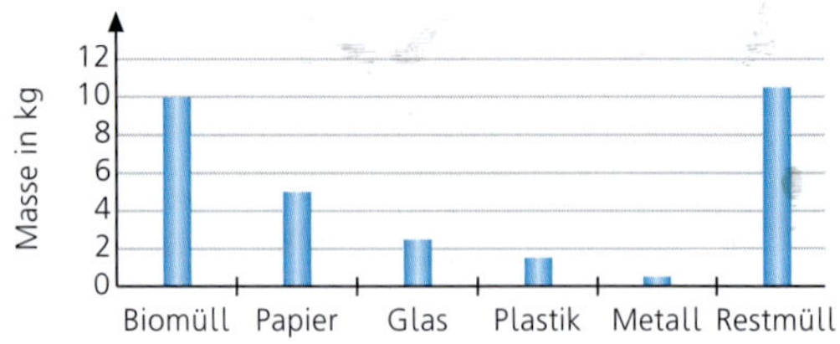

a) Übertrage die Tabelle in dein Heft und ergänze sie dann dort, indem du die Daten möglichst genau aus dem Diagramm abliest.

Abfallart	Biomüll	Papier	Glas	Plastik	Metall	Restmüll
Masse						

b) Schätze, welchen Anteil an der gesamten Müllmenge bei Familie Stadtmüller der Biomüll bzw. das Altpapier jeweils ausmacht.

24. Lucas möchte sich neue Inlineskates (Preis 120 €) kaufen. Sein Opa schenkt ihm 40 € und seine Oma die Hälfte des Rests; seine Mutter steuert ein Viertel des dann noch fehlenden Betrags bei.

a) Finde heraus, welcher Bruchteil des Preises Lucas dann noch fehlt, indem du zunächst ausrechnest, wie viel Geld er von seinem Opa, seiner Oma und seiner Mutter zusammen erhält.

b) Finde heraus, welcher Bruchteil des Preises Lucas dann noch fehlt, ohne zuerst zu berechnen, wie viel Geld er von seiner Oma und von seiner Mutter jeweils erhält.

25. Ein quaderförmiger Denkmalsockel (Länge 2,5 m, Breite 1,6 m, Höhe 2,1 m; Masse 23 t) steht auf dem (waagrechten) Boden eines 1,2 m tiefen Sees.

a) Veranschauliche den Quader durch ein Schrägbild im Maßstab 1 : 50. Trage dabei die „nach hinten“ verlaufenden Quaderkanten (eine von ihnen ist unsichtbar) in halber Länge schräg unter 45° an.

b) Welcher Bruchteil des Quadervolumens befindet sich unter Wasser?

c) Gib bei jeder der sechs Quaderflächen an, zu wie viel Prozent ihres Flächeninhalts sie sich unter Wasser befindet.

26. In einem See steht senkrecht eine Messlatte. Ein Sechstel ihrer Länge steckt im Seegrund, zwei Fünftel der Restlänge befinden sich im Wasser, und die übrigen 90 cm ihrer Länge ragen aus dem Wasser heraus.

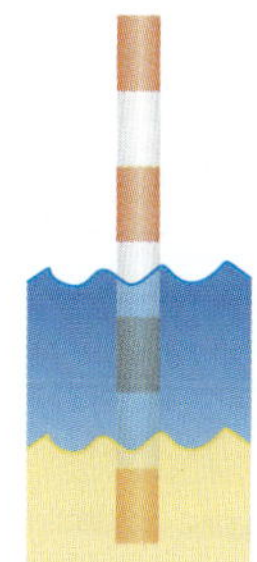

a) Fertige in deinem Heft eine Skizze an und beschrifte sie.

b) Berechne, wie lang die Messlatte ist.

c) Berechne auf mindestens zwei Arten, welcher Bruchteil der Lattenlänge sich insgesamt unter der Wasseroberfläche befindet.

27. Übertrage jeweils die Angabe in dein Heft und setze dann dort für $\square$ eines der Zeichen $\in$, $\notin$, <, > und = ein, sodass eine wahre Aussage entsteht.

a) $-4 \; \square \; \mathbb{N}$ b) $-4 \; \square \; \mathbb{Z}$ c) $-4 \; \square \; \mathbb{Q}$ d) $0 \; \square \; \mathbb{N}$
e) $0 \; \square \; \mathbb{Q}$ f) $\frac{1}{2} \; \square \; 1 : \frac{1}{2}$ g) $0 : \frac{1}{2} \; \square \; -\frac{1}{2}$ h) $(-2{,}5)^3 \; \square \; (-2{,}5)^2$

28. Untersuche bei jeder der folgenden Aussagen, ob sie wahr oder falsch ist.

a) Die Gegenzahl jeder natürlichen Zahl ist ebenfalls eine natürliche Zahl.

b) Der Wert der vierten Potenz einer (von null verschiedenen) rationalen Zahl ist stets größer als null.

c) Das Produkt aus einer (von null verschiedenen) rationalen Zahl und ihrer Gegenzahl hat stets einen negativen Wert.

d) Das Produkt aus einem Stammbruch und seinem Kehrwert ist stets gleich 1.

e) Zwischen zwei Zahlen aus einer Zahlenmenge liegt stets mindestens eine weitere Zahl aus derselben Zahlenmenge.

f) Es gibt eine kleinste rationale Zahl.

g) Jede natürliche Zahl ist stets auch eine rationale Zahl.

h) Die Gegenzahl einer ganzen Zahl ist stets eine natürliche Zahl.

29. Gib jeweils den gesuchten Anteil in der Einheit in der [Klammer] an.

a) $\frac{1}{2}$ von $\frac{1}{2}$ m [cm] b) $\frac{1}{10}$ von $\frac{1}{10}$ € [ct] c) $\frac{3}{4}$ von $\frac{5}{6}$ km [m]
d) $\frac{1}{3}$ von ($\frac{1}{4}$ von 360°) [°] e) 50% von (50% von 200 €) [€]

W1 Welche Prozentsätze kannst du im Kopf in einen echten Bruch umwandeln? Gib fünf solche Prozentsätze an.
W2 Wie kann man „manipulierte“ Diagramme erkennen? Gib ein Beispiel an.
W3 Welche Koordinaten hat der Punkt D, der zusammen mit den Punkten A (0 | 2), B (–1 | –2) und C (0 | –6) die Raute ABCD bildet? Kannst du die Koordinaten ohne Zeichnung angeben?

12% von 650 € sind $\square$ €.
1% = $\square$ ‰
$0{,}1\overline{6} = \frac{1}{\square}$

1. Das Prisma mit herzförmiger Grundfläche besteht aus zwei Schichten von gleich großen Würfeln der Kantenlänge 1,8 cm. Berechne das Volumen und den Oberflächeninhalt dieses Prismas.

2. Ein L-förmiges, oben offenes Blechgefäß hat die Form zweier aneinander gefügter Quader.

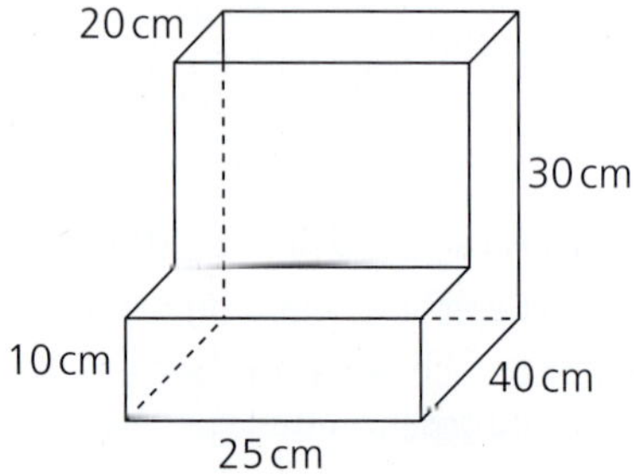

a) Berechne das Volumen des Gefäßes.

b) Laura sagt: „Wenn ich 10 Liter Wasser einfülle, ist das Gefäß halb voll.“ Gregor sagt: „Wenn ich 12,5 Liter Wasser einfülle, ist das Gefäß halb voll.“ Hat einer von beiden Recht? Erkläre, wie Gregor bzw. Laura zu ihren Ergebnissen gekommen sein könnten.

3. Ein Holzwürfel der Kantenlänge 5 cm wird außen grün angestrichen und dann – wie die Abbildung zeigt – von drei Seitenflächen aus jeweils mittig kantenparallel ganz durchbohrt. Finde heraus, wie viel Quadratzentimeter seiner gesamten Oberfläche grün und wie viel holzfarben sind und um wie viel cm² der Oberflächeninhalt des durchbohrten Würfels größer oder kleiner als der Oberflächeninhalt des nicht durchbohrten Würfels ist.

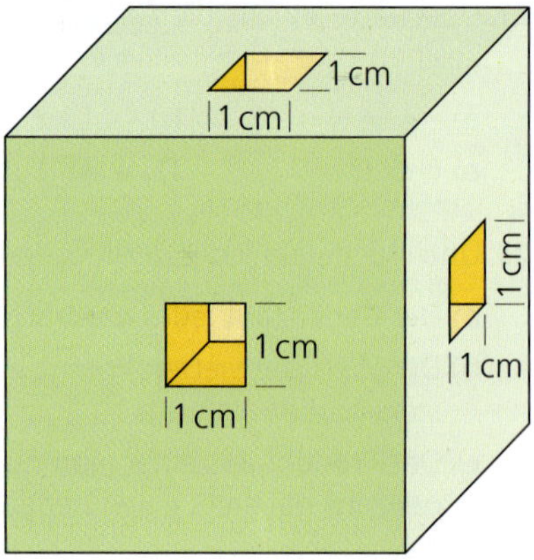

4. Vier gleich große Kreise (Radiuslänge jeweils 5 cm) sind wie in der Zeichnung angeordnet; sie beranden miteinander den schraffierten „Stern“. Jeder der vier Kreise hat einen Flächeninhalt von etwa 78 cm² 54 mm². Berechne den Flächeninhalt des „Sterns“ und gib dabei deinen Rechenweg an.

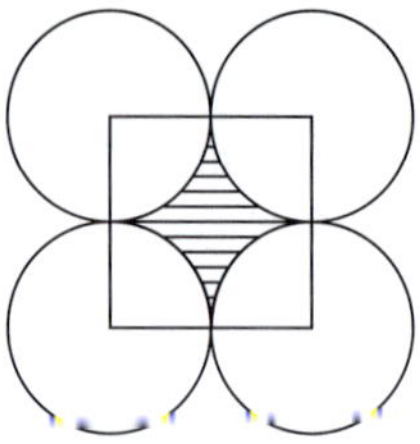

5. Ermittle, wie groß jeder der vier Winkel ist, wenn β doppelt so groß wie α, γ dreimal so groß wie α und δ viermal so groß wie α ist. Gib bei jedem der vier Winkel an, von welcher Art er ist. Welchen Bruchteil eines Vollwinkels macht β, welchen γ aus?

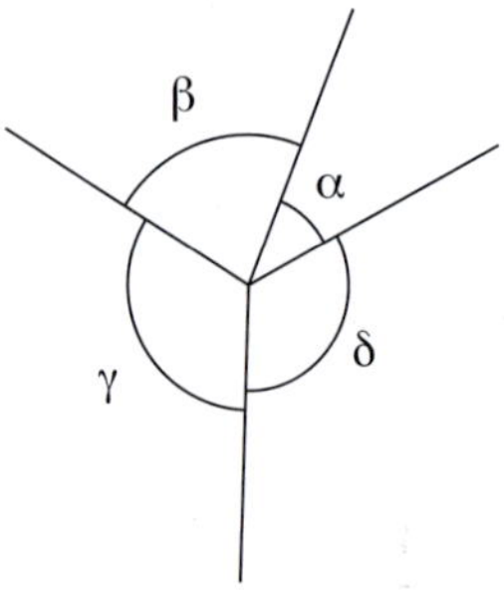

6. Zeichne ein Koordinatensystem (Einheit 1 cm) in dein Heft und trage die Punkte T (–4 | –3), R (6 | –3), A (2 | 1), P (0 | 1) sowie das Viereck TRAP ein.

a) Welche der von dir gezeichneten Strecken sind parallel zueinander?

b) Miss die beiden stumpfen Innenwinkel des Vierecks TRAP.

c) Spiegle die Punkte T, R, A und P an der x-Achse und gib die Koordinaten der Spiegelpunkte T*, R*, A* bzw. P* an.

d) Die Strecken [TP] und [T*P*] haben den Punkt U, die Strecken [RA] und [R*A*] den Punkt V gemeinsam. Gib die Koordinaten der Punkte U und V an.

e) Berechne den Flächeninhalt A_{TRAP} des Vierecks TRAP und den Flächeninhalt $A_{P*A*VAPU}$ des Sechsecks P*A*VAPU. Finde heraus, wie viel Prozent des Flächeninhalts A_{TRAP} der Flächeninhalt $A_{P*A*VAPU}$ ausmacht.

7. Zeichne ein Koordinatensystem (Ursprung O (0 | 0); Einheit 1 cm) in dein Heft und trage die Punkte L (–5 | –3), U (9 | –3), C (9 | 2), A (–5 | 2), D (9 | –1), E (–5 | 1) sowie das Viereck LUCA ein.

a) Welche der von dir gezeichneten Strecken sind senkrecht zur x-Achse?

b) Welchen Bruchteil des Flächeninhalts A_{LUCA} des Vierecks LUCA macht der Flächeninhalt A_{ELO} des Dreiecks ELO aus?

c) Miss mit deinem Geodreieck den größten Innenwinkel des Dreiecks ODC und gib seine Größe auf Grad gerundet an.

8. Gib jeweils an, in welche der vier Würfel a) bis d) der Würfel I, II bzw. III durch Drehung übergehen könnte.

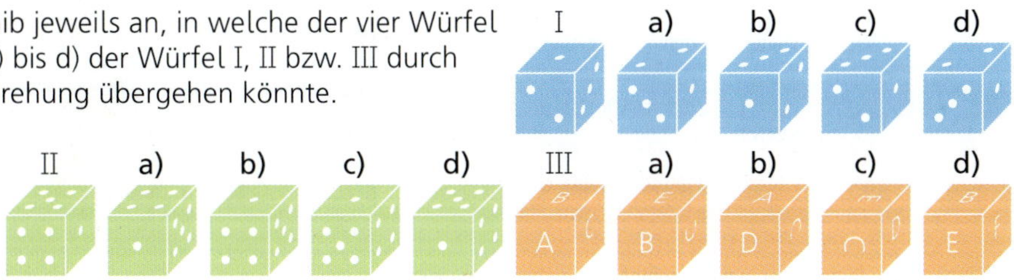

G 9. a) Untersuche, ob der Preis pro Quadratmeter stets mit zunehmender Teppichgröße abnimmt.

Teppich	Größe	Preis
A	69 cm x 137 cm	249 €
B	91 cm x 152 cm	359 €
C	122 cm x 183 cm	499 €
D	183 cm x 274 cm	1 298 €

b) Die Quadratmeterpreise der Teppiche A, B, C und D aus Teilaufgabe a) sind in einem Säulendiagramm dargestellt. Ordne die Säulen I, II, III und IV den Teppichen A, B, C bzw. D zu.

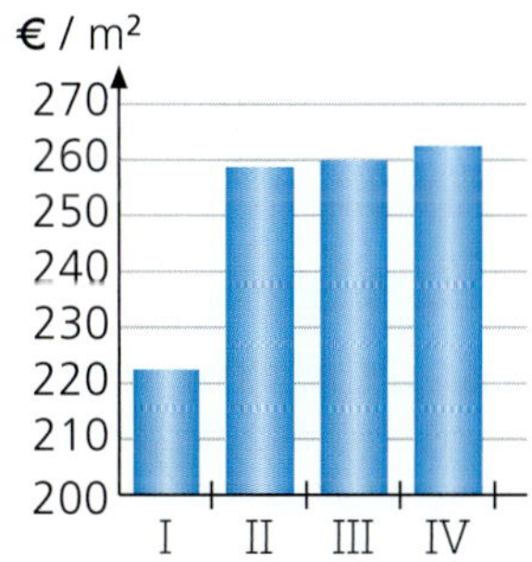

10. Ermittle jeweils mithilfe einer Überschlagsrechnung, welches der beiden „Ergebnisse" dem Flächeninhalt des Rechtecks am nächsten kommt.

Rechteck	a)		b)		c)		d)	
Länge	14,5 cm		8,8 m		1,25 m		$12\frac{3}{4}$ m	
Breite	1,9 cm		6,9 m		0,09 m		6,1 m	
„Ergebnisse"	I) 30 cm²	II) 25 cm²	I) 60 m²	II) 70 m²	I) 15 dm²	II) 10 dm²	I) 70 m²	II) 80 m²

11. Ermittle jeweils mithilfe einer Überschlagsrechnung, welches der beiden „Ergebnisse" dem Volumen des Quaders am nächsten kommt.

Quader	a)		b)		c)		d)	
Länge	705 mm		18,8 dm		1,25 m		4,2 cm	
Breite	705 mm		16,9 dm		1,09 m		3,5 cm	
Höhe	705 mm		2,9 dm		1,03 m		1,2 cm	
„Ergebnisse"	I) 350 cm³	II) 350 dm³	I) 1 m³	II) 0,5 m³	I) 1 m³	II) 2 m³	I) 20 cm³	II) 10 cm³

12. In einem japanischen Mathematikbuch für die 6. Jahrgangsstufe steht folgende Aufgabe, zu der die Schülerin Yumeko Rechnungen in ihr Heft geschrieben hat. Erkläre, was Yumeko berechnet hat, und schreibe dann einen zu Yumekos Lösung passenden deutschen Aufgabentext.

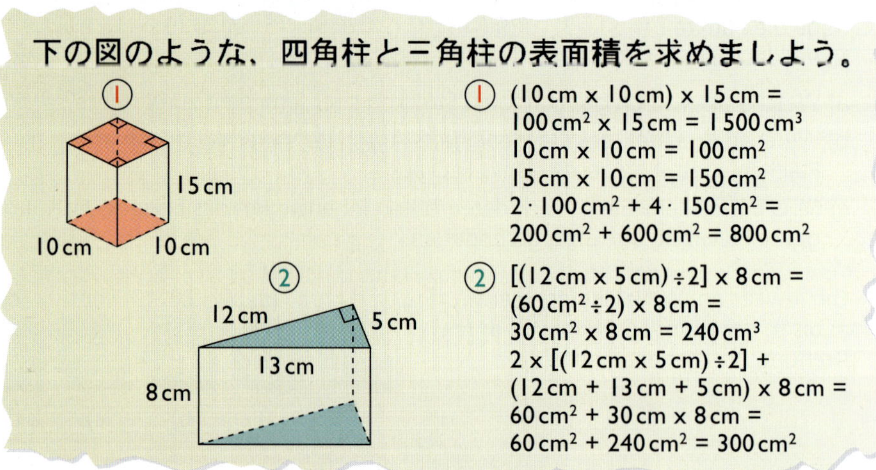

13. Laura will kreisrunde Knöpfe für ihr Clownskostüm entwerfen. Der Durchmesser des kleinsten Knopfs soll 16 mm, der Durchmesser des größten höchstens 48 mm betragen. Der Durchmesser jedes Knopfs muss eine ganze Anzahl von Millimetern betragen und mindestens um ein Viertel größer sein als der des nächstkleineren. Wie viele Knöpfe findest du für Lauras Kostüm? Gib für diese Knöpfe jeweils den Durchmesser an, zeichne sie in dein Heft und male sie an.

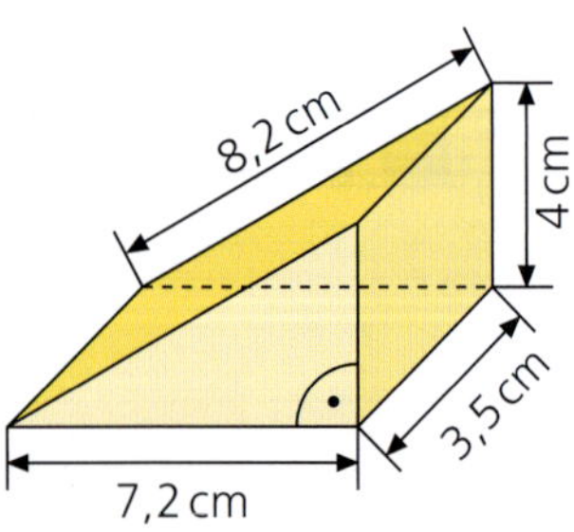

14. Die Abbildung zeigt einen Holzkeil, der die Form eines geraden dreiseitigen Prismas hat.

a) Berechne das Volumen und den Oberflächeninhalt des Keils und runde deine Ergebnisse auf Kubikzentimeter bzw. Quadratzentimeter.

b) Zeichne ein Netz des Keils im Maßstab 1 : 1 in dein Heft.

c) Berechne die Masse des Keils (auf Gramm gerundet), wenn 1 cm³ der verwendeten Holzsorte 900 mg hat.

d) Lucas sagt, dass dieser Holzkeil auf Wasser schwimmt. Hat er Recht?

15. Bearbeite die Aufgabe anhand der nebenstehenden Abbildung in deinem Heft; fertige dabei jeweils eine neue Zeichnung an.

a) Male auf zwei Arten weitere Karos jeweils so aus, dass der Bruchteil $\frac{1}{2}$ dargestellt wird und die neue Figur genau eine Symmetrieachse besitzt.

b) Male weitere Karos aus, sodass der Bruchteil $\frac{1}{3}$ dargestellt wird und die neue Figur genau zwei Symmetrieachsen besitzt.

16. Sechs Holzwürfel, von denen jeder ein Volumen von 216 cm^3 hat, werden wie abgebildet zersägt.

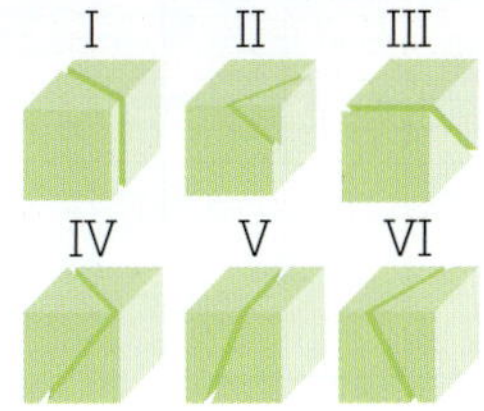

a) Gib an, welche der sechs Würfel so zersägt wurden, dass beide Teilkörper Prismen sind. Gib bei jedem dieser Prismen die Art seiner Grundfläche an.

b) Schätze bei jedem der Prismen von Teilaufgabe a) das Volumen.

17. Entscheide bei jeder der folgenden Aussagen, ob sie wahr oder falsch ist.

a) Jeder Quader ist ein Prisma.

b) Jedes sechsseitige Prisma hat 18 Kanten.

c) Die Anzahl der Kanten jedes dreiseitigen Prismas ist dreimal so groß wie die Anzahl seiner Ecken.

d) Jeder Quader ist ein Würfel.

e) Die Grundfläche und die Deckfläche jedes Prismas sind zueinander parallel.

f) Bei jedem Prisma ist die Anzahl der Ecken ebenso groß wie die Anzahl der Seitenflächen.

g) Jedes Prisma besitzt höchstens ein Paar zueinander paralleler Seitenflächen.

h) Es gibt Prismen, die keine zueinander parallelen Seitenflächen besitzen.

i) Die Oberfläche jedes fünfseitigen Prismas besteht aus sieben Flächen.

18. a) Zeichne ein Schrägbild eines Würfels mit der Kantenlänge 4 cm im Maßstab 2 : 1 in dein Heft. Trage dabei die vier „nach hinten" verlaufenden Kanten in halber Länge schräg unter 45° an. Trage dann auf allen sechs Würfelflächen die Diagonalen ein. Wenn du nun jeden der sechs Diagonalenschnittpunkte mit seinen vier „Nachbarn" geradlinig verbindest, erhältst du ein Schrägbild eines regelmäßigen Oktaeders. Gib die Eckenanzahl e, die Flächenanzahl f und die Kantenanzahl k dieses Oktaeders an und zeige, dass $e + f - k = 2$ ist.

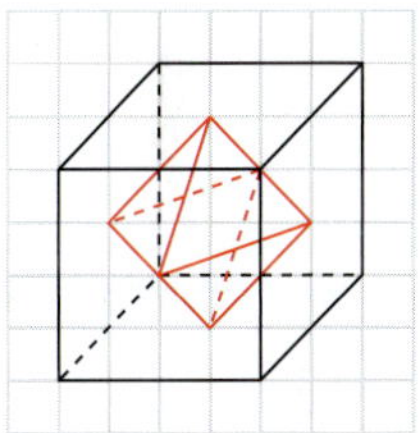

b) Der Würfel und das regelmäßige Oktaeder sind platonische Körper. Finde mithilfe eines Lexikons oder des Internets heraus, was man darunter versteht und wie viele verschiedene platonische Körper es gibt.

c) Baue aus Zahnstochern und Plastilin ein (Kanten-) Modell eines regelmäßigen Oktaeders.

19. Der abgebildete L-förmige Körper ist aus Quadern zusammengesetzt.

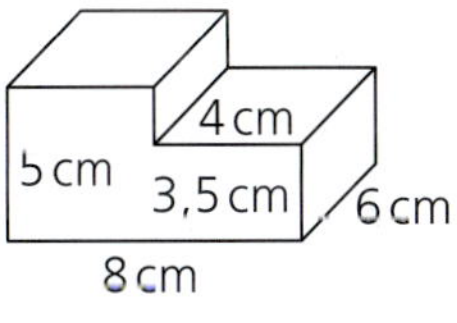

a) Zeichne den Grundriss, den Aufriss sowie einen Seitenriss (Blickrichtung von rechts) dieses Körpers.

b) Zeichne ein Schrägbild des Körpers. Trage dabei die sechs „nach hinten" verlaufenden Kanten in halber Länge schräg unter 45° an und strichle die drei unsichtbaren Kanten.

c) Überlege, ob der Körper ein Prisma ist, und begründe deine Meinung.

d) Berechne das Volumen des Körpers und gib es in dm^3 an. Finde drei verschiedene Wege zur Berechnung des Volumens des Körpers.

e) Der Körper besteht aus Aluminium. Berechne die Masse des Körpers (1 dm^3 Aluminium hat die Masse 2,7 kg) und gib sie in kg mit 2 Dezimalen an.

20. Gib an, welche der abgebildeten vier Netze Prismennetze sind, und beschreibe die Körper, zu denen die Netze gehören.

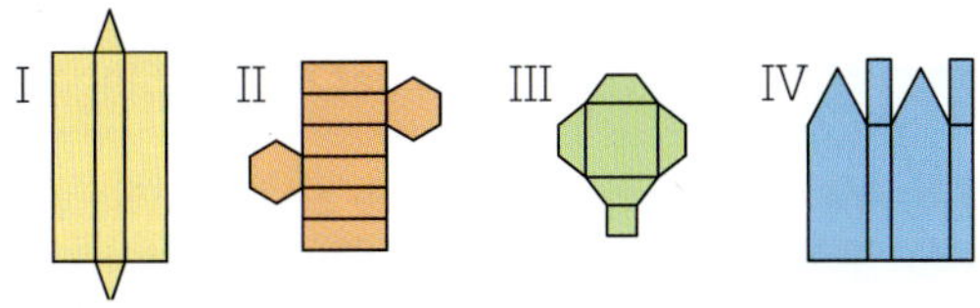

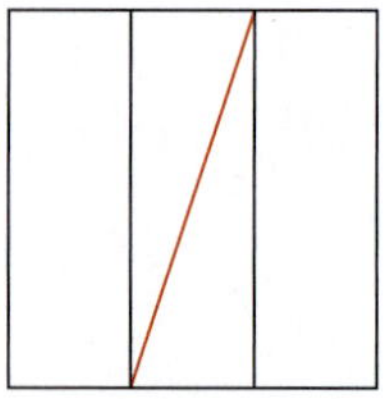

21. Das quadratische Blatt Papier wird gedrittelt und dann längs der rot eingezeichneten Strecke zusammengefaltet.

a) Überlege zuerst und probiere dann aus, welche Umrissfigur das zusammengefaltete Blatt hat.

b) Gib an, welche Form der doppelt überdeckte Teil des Papierblatts hat.

c) Schätze, welcher Bruchteil der Fläche des ursprünglichen Papierquadrats nach dem Zusammenfalten nicht doppelt überdeckt ist.

22. Fünf der sechs Flächen eines Holzwürfels mit der Kantenlänge 4 cm werden blau angestrichen. Dann wird der Würfel in Würfelchen der Kantenlänge 1 cm zersägt.

a) Gib an, wie viele Sägeschnitte man dazu mindestens braucht und wie viele Würfelchen der Kantenlänge 1 cm dabei entstehen.

b) Finde heraus, jeweils wie viel Prozent der Würfelchen 0, 1, 2, 3, 4, 5 bzw. 6 blau angestrichene Flächen besitzen; trage deine Ergebnisse in eine Tabelle ein.

23. Zeichne in dein Heft mithilfe deines Zirkels zunächst einen Kreis mit Radiuslänge 4 cm. Beschreibe dann diesem Kreis ein regelmäßiges Sechseck ein und bezeichne dessen Eckpunkte mit A, B, …, F. In dieser Figur gibt es Dreiecke (z. B. das Dreieck ADE), deren Eckpunkte auch Eckpunkte des Sechsecks ABCDEF sind.

Finde jeweils ein derartiges Dreieck,

a) das einen stumpfen Innenwinkel besitzt, und zeichne es ein.

b) das einen rechten Innenwinkel besitzt, und zeichne es ein.

c) das drei spitze Innenwinkel besitzt, und zeichne es ein.

Finde heraus, jeweils welchen Bruchteil des Flächeninhalts des Sechsecks der Flächeninhalt jedes der Dreiecke ABC, ABD bzw. ACE ausmacht, und gib diese Bruchteile auch auf Prozent gerundet an.

G 24. Die Abbildung zeigt (jeweils ohne unsichtbare Kanten) Schrägbilder der drei Körper A, B und C sowie Darstellungen dieser drei Körper durch Grundriss, Aufriss und Seitenriss. Finde zu jedem der drei Körper die zugehörigen Risse.

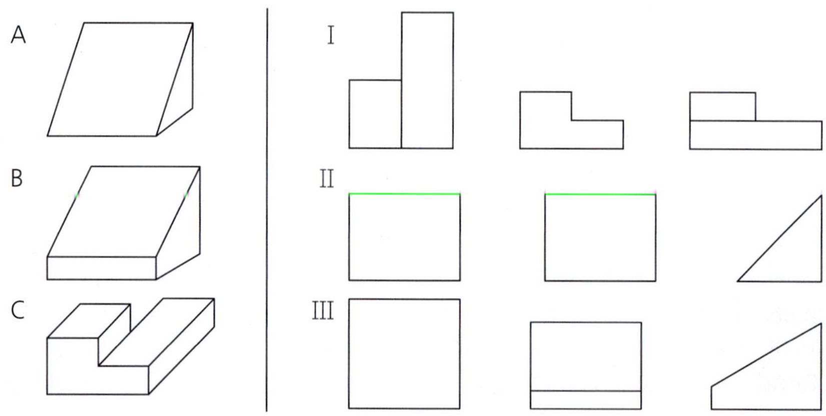

[88 : (88 : 88)] : 88 = ?
891 : (−0,0891) = ?
(6! + 1) : 7 = ?

W1 Wie viele Würfelchen der Kantenlänge 0,5 cm passen in einen Würfel der Kantenlänge 1 m?

W2 Wie werden zwei Brüche addiert, wie werden sie miteinander multipliziert?

W3 Wenn du 60% eines weißen Quadrats der Seitenlänge 5 cm farbig ausmalst, wie viel Quadratzentimeter bleiben dann weiß?

Der dänische Mathematiker und Schriftsteller Piet Hein erfand den **Somawürfel**, der wie das Tangram aus sieben Teilen besteht, die hier dargestellt sind:

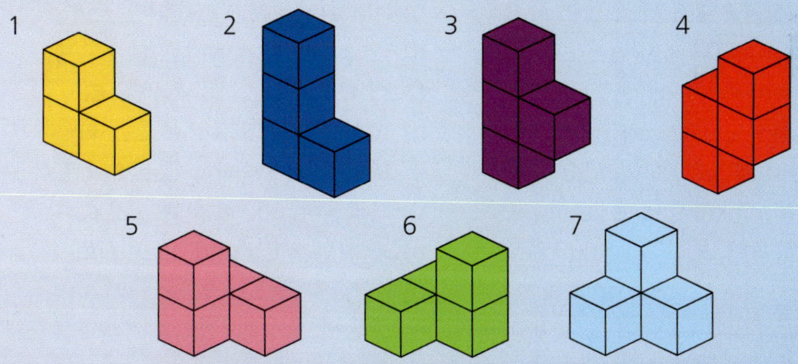

Piet Hein
1905 – 1996

Diese Teile entstehen so:
Es gibt genau eine Möglichkeit, drei gleich große Würfel so zusammenzufügen, dass sie mit Seitenflächen verbunden sind und der entstehende Körper kein Quader ist (Abb. 1). Es gibt genau sechs Möglichkeiten, vier gleich große Würfel so zusammenzufügen, dass sie mit Seitenflächen verbunden sind und der entstehende Körper kein Quader ist (Abb. 2 bis 7). Keine zwei dieser sieben Körper sind gleich; die beiden Körper 5 und 6 sind Spiegelbilder voneinander.
Diese sieben aus insgesamt (3 + 6 · 4 =) 27 gleich großen Würfeln bestehenden Körper können zu einem 3 x 3 x 3-Würfel zusammengesetzt werden; dafür gibt es mehr als 200 wesentlich verschiedene Möglichkeiten.

1. Baue die sieben Teile eines Somawürfels aus 27 gleich großen Bauklotzwürfeln und lackiere sie wie in den Abbildungen 1 bis 7.

2. Baue aus deinen sieben Somateilen einen 3 x 3 x 3-Würfel; versuche dabei, verschiedene Lösungen zu finden.

3. Die Abbildungen zeigen sechs Risse eines Somawürfels. Baue den Würfel nach, indem du nur drei dieser Risse verwendest. Finde heraus, bei welcher Auswahl der drei Risse du den Würfel am leichtesten bauen kannst.

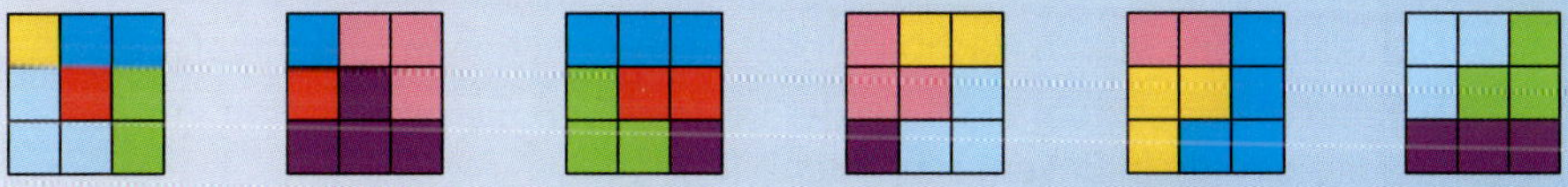

Sicht von vorne | Sicht von hinten | Sicht von rechts | Sicht von links | Sicht von oben | Sicht von unten

4. a) Baue die abgebildeten, jeweils aus allen sieben Somateilen zusammengesetzten Körper nach.

b) Entwirf selbst unter Verwendung von 2, 3, 4, ... , 7 Somateilen eigene Körper.

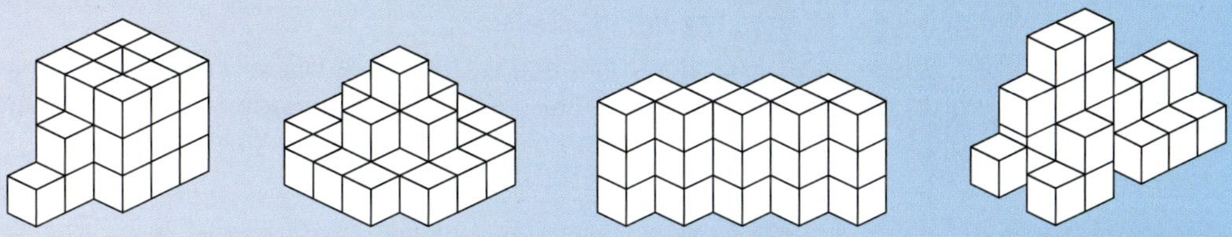

„Brunnen" „Pyramide" „Mauer" „Hund"

1. Löse die folgenden Teilaufgaben. Setze dann die über den Maßzahlen der Ergebnisse stehenden Silben usw. zum Lösungssatz zusammen.

a) 25% von 68 € sind ____ €.
b) 150% von 250 € sind ____ €.
c) 10% von 450 km sind ____ km.
d) 12% von 12 l sind ____ l.
e) 18% von 60 km sind ____ km.
f) 33 € sind ____% von 66 €.
g) 12 a sind ____% von 36 a.
h) 30 kg sind 15% von ____ kg.
i) 45 km sind ____% von 500 km.
j) 28 € sind 2% von ____ €.
k) 75% von 2 km sind ____ m.
l) 11% von 350 € sind ____ €.
m) 46 km sind ____% von 69 km.
n) 35% von 1 h sind ____ min.
o) 12 min sind ____% von 1 h.
p) 14 ha sind ____% von 40 ha.
q) 19% von 600 kg sind ____ kg.

schnell	son	rum,	ist,	geht	dass	man	Es	Ziel	dern	nicht	man	reicht.	sein	er	da	wie
$33\frac{1}{3}$	1400	10,8	9	375	38,50	200	17	20	1500	45	$66\frac{2}{3}$	114	21	35	1,44	50

Fahrzeug	Anzahl
Pkw	245
Lkw	31
Motorrad	67
Fahrrad	57

2. a) Die nebenstehende Tabelle zeigt das Ergebnis einer Verkehrszählung. Ermittle die relativen Häufigkeiten und gib sie auf Prozent gerundet an.

b) Gregor, Laura, Lucas und Sophie haben an je einer Kreuzung eine halbe Stunde lang Pkws gezählt; dabei haben sie auch auf die Fahrzeugmarken geachtet:

	BMW	Fiat	Mercedes	Opel	VW	Sonstige
Gregor	43	44	34	56	61	75
Laura	32	25	12	41	37	50
Lucas	22	54	25	75	83	62
Sophie	26	53	18	51	72	55

Stelle das Gesamtergebnis ihrer Zählung als Säulendiagramm mit sechs Säulen dar und ermittle die relativen Häufigkeiten der Fahrzeugmarken jeweils auf Prozent gerundet.

G 3. Frage zwanzig Personen aus deinem Bekanntenkreis nach ihrer Automarke.

a) Stelle das Ergebnis deiner Umfrage in einem Säulendiagramm dar.

b) Diskutiere mit deinem Nachbarn oder deiner Nachbarin folgende Fragen:

I) Kann man aus dem Ergebnis der Umfrage auf die relative Häufigkeit der Automarken in Bayern schließen?

II) Hättest du die Umfrage auch so gestalten können, dass BMW als die häufigste und VW als die seltenste Automarke erschienen wäre?

III) Hättest du die Umfrage auch so gestalten können, dass VW als die häufigste und BMW als die seltenste Automarke erschienen wäre?

4. a) Auf einem Schwarzweißnegativ sind 75% der Fläche schwarz und 25% weiß. Wie viel Prozent der Fläche sind nach der Vergrößerung im Maßstab 4 : 1 auf dem vergrößerten Papierbild schwarz?

b) 1 Flasche (0,7 l) Himbeerlimonade enthält 78% Wasser und 22% Himbeersirup. Laura trinkt eine halbe Flasche Himbeerlimonade. Wie viel Prozent Himbeersirup enthält der Rest der Limonade?

5. Die Wettfreunde Curd, Stefan und Martin haben gemeinsam 12 600 € gewonnen. Das Blockdiagramm zeigt, wie sie diesen Gewinn – entsprechend ihrem Einsatz – untereinander aufteilen.

a) Gib an, wie viel Prozent des Gewinns jede der drei Personen erhält.

b) Gib an, wie viel Geld jede der drei Personen erhält.

c) Stelle die Gewinne in einem Kreisdiagramm dar.

6. Bei einem Radausflug wollen Laura und Sophie eine Gesamtstrecke von 30 km zurücklegen. Wie viel Prozent der Gesamtstrecke müssen sie noch zurücklegen, wenn sie bereits die Hälfte und dazu noch ein Fünftel der Gesamtstrecke zurückgelegt haben? Löse diese Aufgabe

a) mithilfe der Berechnung der Längen der einzelnen Teilstrecken.

b) ohne Berechnung der Längen der einzelnen Teilstrecken.

7. Das erste Diagramm veranschaulicht die Zeiten, zu denen die Menschen in Deutschland an Werktagen aufstehen, das zweite, wann sie zu Bett gehen.

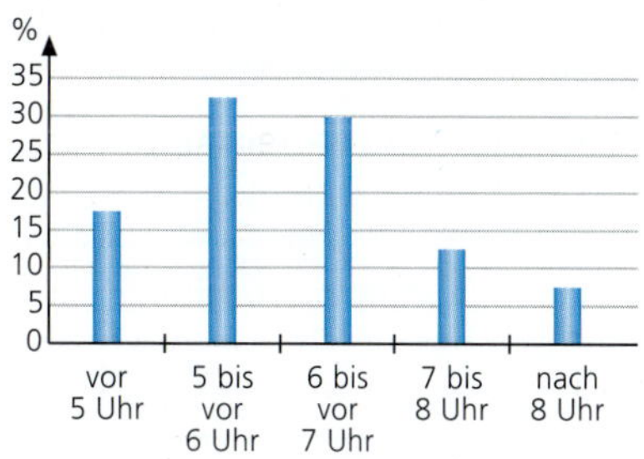

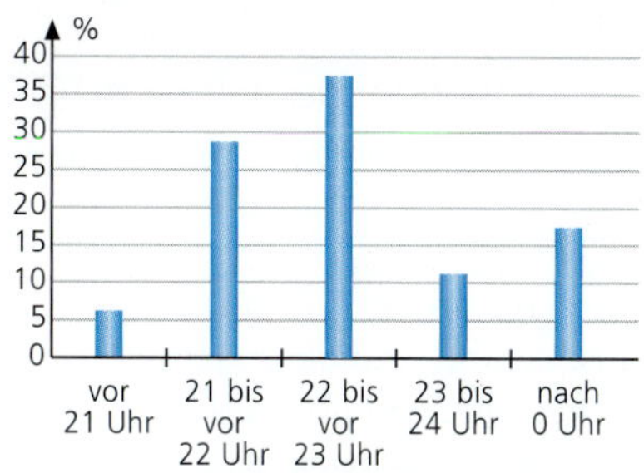

a) Wie viel Prozent stehen vor 7 Uhr auf?

b) Wie viel Prozent gehen spätestens um Mitternacht zu Bett?

c) Wie viel Prozent stehen irgendwann in der Zeit von 6 Uhr bis 8 Uhr auf?

d) Wie viel Prozent stehen etwa zu der Zeit auf, zu der du aufstehst?

e) Wie viel Prozent gehen etwa zu der Zeit zu Bett, zu der du zu Bett gehst?

G 8. a) Beschreibe das Liniendiagramm.

b) Schätze, wie viele Bananen ein Bundesbürger von Mitte 1999 bis Mitte 2000 durchschnittlich verzehrt hat.

c) Ermittle zunächst die Masse einer mittelgroßen Banane und dann die Anzahl der Bananen, die ein Bundesbürger in jedem einzelnen der zwölf Jahre von Mitte 1990 bis Mitte 2002 durchschnittlich verzehrt hat. Übertrage die Tabelle in dein Heft und fülle dann dort ihre zweite Zeile aus.

d) Ermittle die Anzahl der Bananen, die ein Bundesbürger in den zwölf Jahren insgesamt durchschnittlich pro Jahr verzehrt hat, und ergänze in deinem Heft die dritte Zeile der Tabelle, indem du für jedes der zwölf Jahre angibst, wie viele Bananen ein Bundesbürger mehr (+) bzw. weniger (–) als im langjährigen Durchschnitt verzehrt hat.

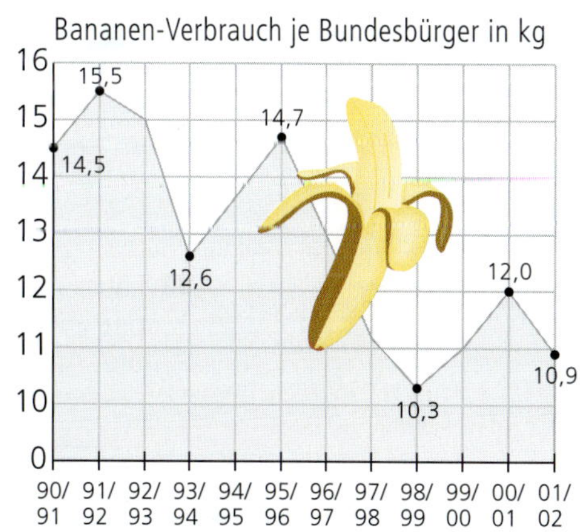

Jahr	90/91	91/92	92/93	93/94	94/95	95/96	96/97	97/98	98/99	99/00	00/01	01/02
Anzahl der Bananen												
Anzahl der Bananen mehr oder weniger als der langjährige Durchschnitt												

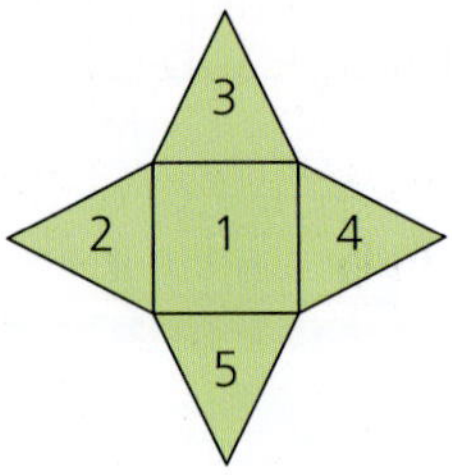

Die Zahl auf der unten liegenden Pyramidenfläche gilt als „gewürfelt".

G 9. Zeichne das abgebildete Netz einer vierseitigen Pyramide mit lauter 5 cm langen Kanten zweimal auf Karton und beschrifte es wie angegeben.

a) Schneide eines der beiden Netze aus und baue die Pyramide I so zusammen, dass die Zahlen außen stehen. „Würfle" dann einhundertmal mit der Pyramide I, ermittle die relativen Häufigkeiten der fünf „Augenanzahlen" in Prozent und stelle sie in einem Säulendiagramm dar. Vergleiche deine Ergebnisse mit denen anderer Kinder deiner Klasse.

b) Klebe eine 1-ct-Münze auf die Rückseite der Fläche 4 des zweiten Netzes, schneide es aus und baue die Pyramide II. „Würfle" dann einhundertmal mit der Pyramide II, ermittle die relativen Häufigkeiten der fünf „Augenanzahlen" in Prozent und stelle deine Ergebnisse im Säulendiagramm der Teilaufgabe a) dar. Vergleiche deine Ergebnisse mit jenen anderer Kinder deiner Klasse und mit deinen Ergebnissen aus Teilaufgabe a).

10. Lucas lässt aus 3,6 m Höhe vom Balkon einen Plastikspringball auf den Boden im Hof fallen. Wenn der Ball aufprallt, springt er anschließend jeweils die Hälfte der vorhergehenden Fallhöhe wieder hoch. Verfolge den Ball, bis er zum vierten Mal aufprallt.

a) Welchen Weg hat der Ball bis dahin insgesamt zurückgelegt?

b) Welchen Bruchteil von 3,6 m springt der Ball nach dem dritten Aufprallen hoch?

11. In einer Schachtel sind 2 500 Schokolade-Maikäfer. Es werden 100 Käfer „zufällig" ausgewählt und dann geprüft; dabei stellt sich heraus, dass sechs von ihnen zerbrochen sind. Gregor sagt: „Ich vermute, dass in der Schachtel insgesamt etwa 150 Maikäfer zerbrochen sind." Wie kommt Gregor zu dieser Annahme?

12. Erstelle in deinem Heft ein zu der Abbildung passendes Diagramm und erkläre es dann.

Vertriebskosten der Molkerei (Marketing, Transport) 0,02 €

Rohmilch 0,80 €

Handelsspanne 0,22 €

Mehrwertsteuer (7%) 0,08 €

Verpackung 0,015 €

Verarbeitung der Rohmilch 0,05 €

Gebühren „Grüner Punkt" 0,005 €

13. Laura muss auf ihrem Schulweg drei Straßen mit je einer Rot-Grün-Fußgängerampel überqueren. Sie hat an einer Reihe von Tagen dieses Schuljahrs bei jeder der drei Ampeln notiert, ob diese bei ihrer Ankunft Rot gezeigt hat oder Grün.

	1. Ampel	2. Ampel	3. Ampel
Rot	𝍸 𝍸 𝍸 III	𝍸 𝍸 𝍸 𝍸 𝍸 𝍸 III	𝍸 𝍸 𝍸 𝍸 𝍸 𝍸
Grün	𝍸 𝍸 𝍸 III	III	𝍸 I

a) Gib auf Prozent gerundet die relative Häufigkeit der Fälle an, in denen Laura an diesen Tagen bei der zweiten Ampel bei Rot angekommen ist.

b) Zeichne ein passendes Baumdiagramm und gib an, welche und wie viele verschiedene Möglichkeiten der Ampelschaltung Laura auf ihrem Schulweg vorfinden kann (z. B. **RGR**: 1. Ampel **R**ot, 2. Ampel **G**rün, 3. Ampel **R**ot).

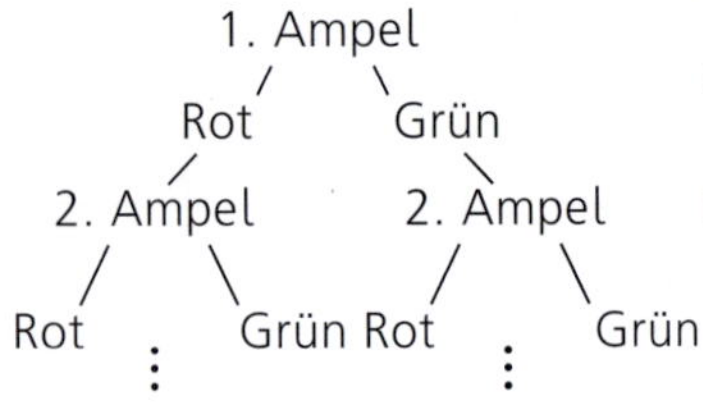

14. Zeichne jeweils das „Steigungsdreieck“ im Maßstab 1 : 1 000 in dein Heft. Miss dann dort den kleinsten der drei Innenwinkel möglichst genau ab und gib seine Größe (in °) sowie die Steigung der Straße (in %) an.

Steigung: Seite 220, Aufgabe 15.

a)
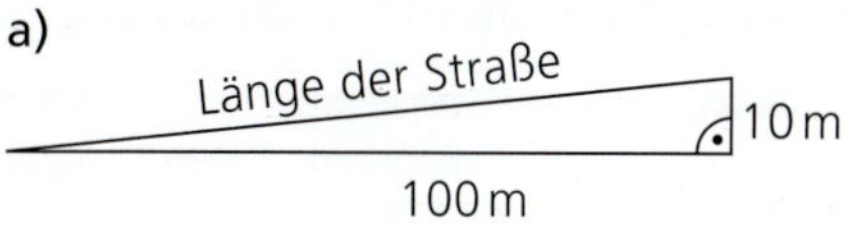

b)
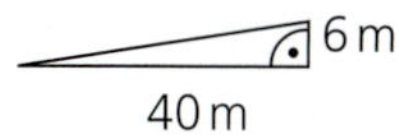

c)
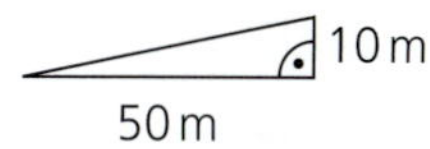

15. Trage die Punkte B (1 | 2), I (7 | 2), L (7 | 8) und D (1 | 8) sowie B* (–5 | –3) in ein Koordinatensystem (Einheit 1 cm) ein und zeichne das Quadrat BILD. Die Seiten des Quadrats B*I*L*D* sind jeweils um ein Drittel länger als die des Quadrats BILD und verlaufen parallel zu den entsprechenden Seiten des Quadrats BILD.

a) Zeichne das Quadrat B*I*L*D* und gib die Koordinaten der Punkte I*, L* und D* an. *Hinweis:* Der Punkt L* liegt rechts oberhalb von B*.

b) Berechne die Flächeninhalte A_{BILD} und $A_{B*I*L*D*}$ sowie die Umfangslängen U_{BILD} und $U_{B*I*L*D*}$ dieser beiden Quadrate.

c) Finde heraus, jeweils wie viel Prozent (auf Prozent gerundet) des Flächeninhalts $A_{B*I*L*D*}$ im I., II., III. bzw. IV. Quadranten liegen.

d) Schraffiere die Rechtecksfläche, die innerhalb beider Quadrate liegt, und gib ihren Inhalt A* an. Berechne, wie viel Prozent (auf Prozent gerundet) des Inhalts A_{BILD} bzw. des Inhalts $A_{B*I*L*D*}$ der Inhalt A* ausmacht.

G 16. Bei einem Würfelspiel wird mit den beiden Würfeln gewürfelt, die die abgebildeten Netze besitzen. Dann wird aus den beiden geworfenen „Ziffern“ eine möglichst große zweistellige natürliche Zahl gebildet.

a) Gib alle zweistelligen Zahlen an, die sich dabei ergeben können.

b) Wie viel Prozent der Zahlen von Teilaufgabe a) sind Primzahlen?

c) Wie viel Prozent der Zahlen von Teilaufgabe a) haben einen Quersummenwert, der größer als 5 ist?

17. Lucas hat die Kantenlängen einer quaderförmigen kleinen Schachtel gemessen und dann die sechs Quaderflächen mit den Zahlen 1 und (gegenüber) 6; 2 und (gegenüber) 5 bzw. 3 und 4 beschriftet.

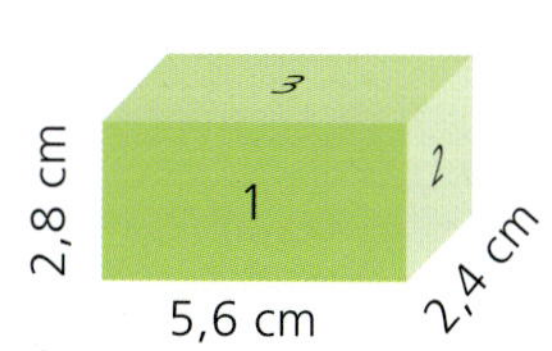

a) Berechne das Volumen des Quaders.

b) Lucas hat mit seinem Quader 100-mal „gewürfelt“ und die absoluten Häufigkeiten der gewürfelten Zahlen in einem Säulendiagramm dargestellt, aber anstelle der Zahlen Buchstaben angeschrieben. Gib zu jedem dieser Buchstaben eine passende Zahl an.

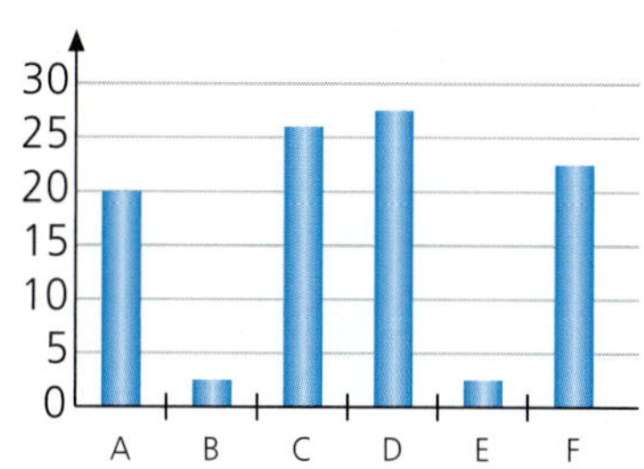

18. Die folgenden Figuren stellen jeweils den angegebenen Prozentsatz einer achsensymmetrischen Gesamtfigur dar. Übertrage jede der fünf Figuren in dein Heft und ergänze sie dann dort zu einer möglichen Gesamtfigur.

a) 75%

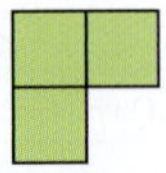

b) 50%

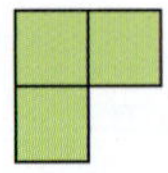

c) 25%

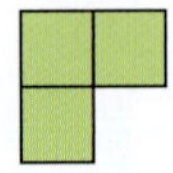

d) $33\frac{1}{3}$%

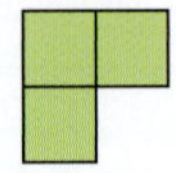

e) 60%

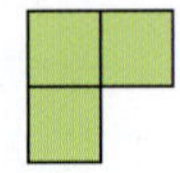

19. a) Die Deutschlehrkraft der Klasse 6A bestellt 30 Exemplare der Klassenlektüre zum Preis von insgesamt 118,50 €. Was kosten 35 Exemplare derselben Klassenlektüre für die Klasse 6B?

b) Die Ethiklehrkraft der 6. Klassen bestellt zuerst 18 Exemplare der Unterrichtslektüre zum Preis von insgesamt 51,30 €. Wie viel muss sie für sechs weitere Exemplare dieser Lektüre bezahlen? Berechne den Betrag auf zwei verschiedene Arten.

c) Die Musiklehrkraft bestellt für alle Mitwirkenden an einer Aufführung gleiche T-Shirts und erhält folgende Rechnung:

24 T-Shirts, Größe M, Farbe weiß	
zu je 9,60 €	€
abzüglich 10% Mengenrabatt	– €
zuzüglich Versandkostenanteil	+ 7,20 €
	€

Übertrage die Rechnung in dein Heft und ergänze dann dort die fehlenden Beträge. Wie viel kostet ein T-Shirt? Um wie viel ist ein T-Shirt durch die Sammelbestellung billiger?

d) Der Preis von 8 Paar Turnschuhen beträgt einschließlich 16% Mehrwertsteuer und 8,60 € Versandkostenanteil 245,24 €. Bei einer Nachbestellung werden 12 Paar Turnschuhe zum gleichen Preis pro Paar und einem Versandkostenanteil von ebenfalls 8,60 € geliefert. Auf welchen Betrag lautet die zweite Rechnung?

20. Erfinde zu jedem der beiden Diagramme eine passende Rechengeschichte.

a)

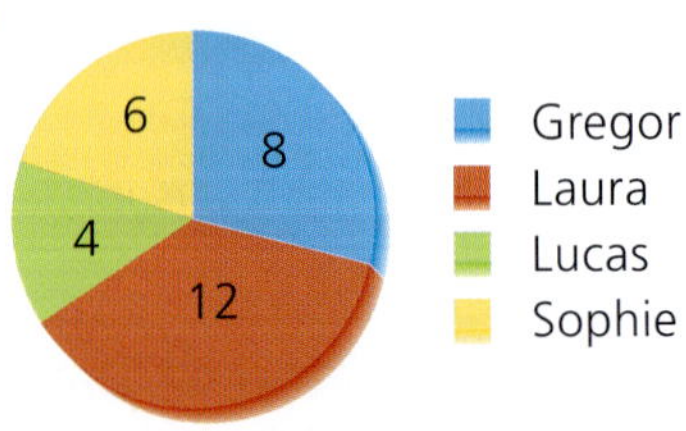

b)

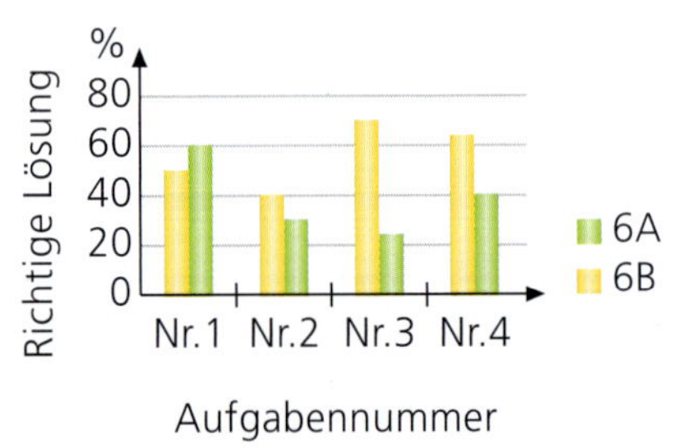

G 21. Untersuche in je einer Nummer einer Tageszeitung und einer Jugendzeitschrift, wie groß der Anteil an Werbung jeweils ist. Erstelle je ein Kreisdiagramm und vergleiche dann die beiden Diagramme. Stelle deine Ergebnisse der Klasse vor; erläutere dabei auch, wie du vorgegangen bist.

G 22. Stoppe eine Woche lang täglich von 18.00 Uhr bis 19.00 Uhr, wie viel Minuten lang von einer bestimmten Fernsehanstalt Werbung gesendet und wie lange dabei jeweils für welche Produkte (z. B. Autos, Kleidung, Waschmittel) geworben wurde. Stelle deiner Klasse deine Ergebnisse auf einem Poster vor.
Tipp: Wählt in der Klasse zum Vergleich verschiedene Sendeanstalten aus.

23. In einer Konditorei werden 2 kg Plätzchen in Beutel zu je 200 g abgepackt. Das Diagramm zeigt das Ergebnis des Nachwiegens.

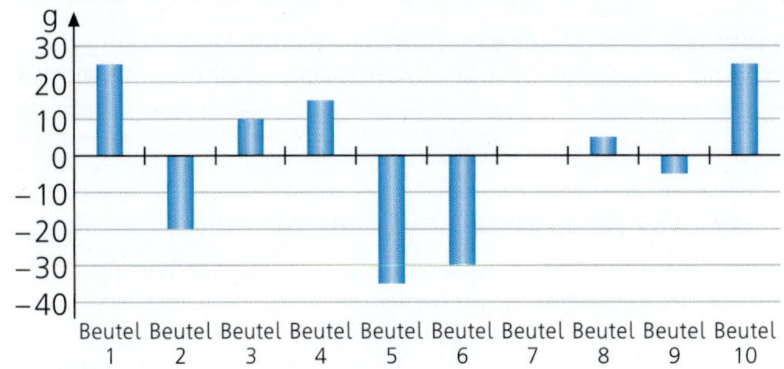

a) Gib bei jedem der zehn Beutel die Masse an.

b) Eine Abweichung von bis zu 10% vom „Sollwert" ist beim Verkauf zulässig. Gib an, in welche Beutel noch Plätzchen gelegt, aus welchen noch Plätzchen genommen werden müssen.

c) Gib mithilfe des Diagramms an, wie viel Prozent der zehn Beutel korrekt gefüllt waren.

24. An ihrem 12. Geburtstag diskutiert Laura mit ihrer Mutter und ihrer älteren Schwester über die Höhe ihres monatlichen Taschengelds anhand der drei untenstehenden Diagramme.

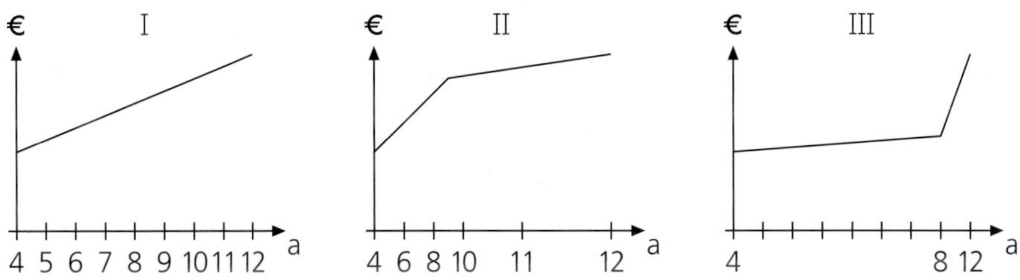

Überlege, wer welches Diagramm erstellt haben könnte. Führe mit zwei Mitschülern oder Mitschülerinnen ein passendes Rollenspiel durch.

25. Drei Quadrate haben die Seitenlängen 10 cm, 9 cm bzw. 8 cm.

a) Zeichne diese drei Quadrate sowie drei weitere Quadrate, deren Seitenlängen jeweils um 0,5 cm kleiner sind als die gegebenen.

b) Übertrage die Tabelle in dein Heft und vervollständige sie dann dort.

Seitenlänge	10 cm	9,5 cm	9 cm	8,5 cm	8 cm	7,5 cm
Flächeninhalt	100 cm²	90,25 cm²				
Unterschied der Flächeninhalte in cm² und in Prozent	9,75 cm² $\frac{9{,}75\ \text{cm}^2}{100\ \text{cm}^2} = 9{,}75\%$					
Umfangslänge	40 cm	38 cm				
Unterschied der Umfangslängen in cm und in Prozent	2 cm $\frac{2\ \text{cm}}{40\ \text{cm}} = 5\%$					

W1 Wie viele Urgroßeltern und Ururgroßeltern hast du? Erstelle ein Baumdiagramm.
W2 Was versteht man unter dem Distributivgesetz? Gib ein Beispiel an.
W3 Wie viele W-Aufgaben enthält dieses Buch insgesamt?

$\left(99 + \frac{9}{9}\right)\% =$ ■ %
$1 + 2 + \ldots + 99 = ?$
$(0^8 + 8^0) \cdot (0^8 - 8^0) = ?$

Natürliche Zahlen

ℕ = {1; 2; 3; 4; ...} Menge der natürlichen Zahlen

Beispiele: **3 ∈ ℕ, 0 ∉ ℕ**: 3 ist ein Element, 0 ist kein Element der Menge ℕ.

Jede natürliche Zahl (außer der Zahl 1) hat eine natürliche Zahl als Vorgänger. Jede natürliche Zahl hat eine natürliche Zahl als Nachfolger; es gibt somit unendlich viele natürliche Zahlen.

Natürliche Zahlen mit besonderen Eigenschaften

Jede **Primzahl** (z. B. 2; 3; 5; 7; 11) hat **genau** zwei Teiler, 1 und sich selbst.

Jede natürliche Zahl (außer 1 und den Primzahlen) kann als Produkt von Primzahlen geschrieben werden (**Primfaktorzerlegung**). *Beispiel:* $90 = 2 \cdot 3 \cdot 3 \cdot 5 = 2 \cdot 3^2 \cdot 5$

Quadratzahlen: 1; 4; 9; 16; 25; 36; 49; 64; 81; 100; 121; ...

Zehnersystem

Der Wert, den eine Ziffer hat, hängt von der Stelle ab, an der sie innerhalb einer Zahl steht. Man spricht deshalb von einem **Stellenwertsystem**. *Beispiel:*

Zehnerstufen	HMrd	ZMrd	Mrd	HM	ZM	M	HT	ZT	T	H	Z	E
Ziffer		**1**	**4**	**7**	**0**	**0**	**2**	**9**	**4**	**0**	**0**	**5**

Stufenzahlen des Zehnersystems: 1; 10; 100; 1 000; 10 000; 100 000; ....

Ganze Zahlen, Zahlengerade, positive und negative ganze Zahlen

ℤ = {... ; −3; −2; −1; 0; +1; +2; +3; +4; ...} Menge der ganzen Zahlen

Die Bildpunkte der negativen Zahlen erweitern den Zahlenstrahl links vom Bildpunkt der Zahl 0 zu einer Zahlengeraden.

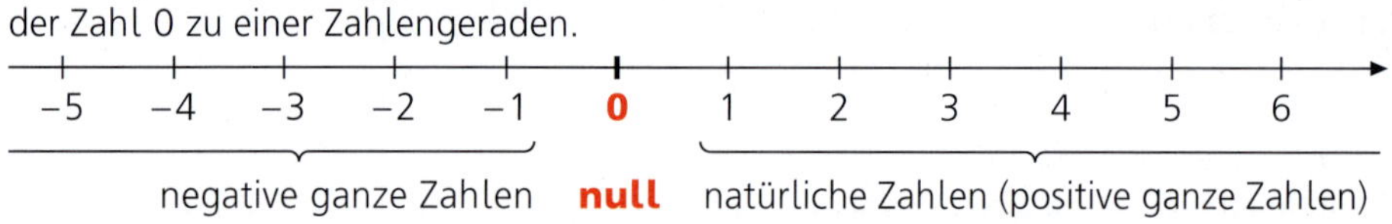

Stammbrüche

Zerlegt man ein Ganzes in 2; 3; 4; 5 ... gleich große Teile, so erhält man Bruchteile, und zwar zwei Halbe, drei Drittel, vier Viertel, fünf Fünftel ... .

Man schreibt für einen solchen Teil $\frac{1}{2}$; $\frac{1}{3}$; $\frac{1}{4}$; $\frac{1}{5}$ ... und nennt diese Brüche **Stammbrüche**.

Brüche

Zerlegt man ein Ganzes z. B. in vier gleich große Teile und fasst dann drei dieser Teile zusammen, so erhält man den **Bruch** $\frac{3}{4}$.

$\frac{3}{4}$ — 3: Zähler; Strich: Bruchstrich; 4: Nenner

Der **Nenner** eines Bruchs gibt an, in wie viele gleich große Teile das Ganze zerlegt wird.

Der **Zähler** gibt an, wie viele dieser Teile zusammengefasst werden.

Brüche mit besonderen Eigenschaften

Echte Brüche: Ihr Zähler ist kleiner als ihr Nenner.
Beispiele: $\frac{1}{2}$; $\frac{3}{4}$; $\frac{5}{11}$

Unechte Brüche: Ihr Zähler ist mindestens so groß wie ihr Nenner.
Beispiele: $\frac{3}{2}$; $\frac{9}{4}$; $\frac{55}{11}$

Scheinbrüche: Ihr Zähler ist 0 oder ein Vielfaches ihres Nenners.
Beispiele: $\frac{6}{2} = 3$; $\frac{36}{9} = 4$; $\frac{55}{11} = 5$; $\frac{0}{25} = 0$

Unechte Brüche, die keine Scheinbrüche sind, kann man als **gemischte Zahlen** schreiben.
Beispiele: $\frac{3}{2} = 1\frac{1}{2}$; $\frac{9}{4} = 2\frac{1}{4}$; $\frac{65}{11} = 5\frac{10}{11}$

Erweitern und Kürzen eines Bruchs

Erweitern eines Bruchs: Zähler und Nenner des Bruchs mit der gleichen natürlichen Zahl multiplizieren.
Beispiel: $\frac{1}{5} = \frac{3}{15}$ (Es wurde mit 3 erweitert.)

Kürzen eines Bruchs: Zähler und Nenner des Bruchs durch die gleiche natürliche Zahl dividieren.
Beispiel: $\frac{12}{18} = \frac{2}{3}$ (Es wurde mit 6 gekürzt.)

Beim Erweitern wie beim Kürzen ändert der Bruch seinen Wert nicht.
Die Form eines Bruchs, bei der sein Zähler und sein Nenner teilerfremd sind, heißt **Grundform** dieses Bruchs; ein Bruch in Grundform ist „vollständig gekürzt".

Dezimalzahlen

Brüche, deren Nenner Zehnerstufenzahlen sind, können als Dezimalzahlen geschrieben werden.
Beispiele: $\frac{2}{5} = \frac{4}{10} = 0{,}4$; $\frac{51}{1\,000} = 0{,}051$; $13\frac{47}{1\,000} = 13{,}047$

Stellenwerttafel

H	Z	E	Komma	z	h	t	Zahl	gelesen
	1	3	,	0	4	7	13,047	dreizehn Komma null vier sieben

Runden

Für das Runden ist nur die Ziffer von Bedeutung, die der Stelle, auf die gerundet werden soll, unmittelbar folgt.

- Bei den Ziffern 0, 1, 2, 3 und 4 rundet man **ab**.
  Beispiele:
  16 178 ≈ 16 000 (gerundet auf Tausender);
  0,23489 ≈ 0,23 (gerundet auf Hundertstel).

- Bei den Ziffern 5, 6, 7, 8 und 9 rundet man **auf**.
  Beispiele:
  16 178 ≈ 16 200 (gerundet auf Hunderter);
  0,23489 ≈ 0,235 (gerundet auf Tausendstel).

Rationale Zahlen

Alle positiven und alle negativen Brüche und die Zahl 0 bilden zusammen die **Menge ℚ** der **rationalen Zahlen**; die Menge ℚ enthält somit auch alle ganzen Zahlen (und deshalb auch alle natürlichen Zahlen).

Gegenzahl und Betrag

Spiegelt man den Bildpunkt einer rationalen Zahl (z. B. $-\frac{1}{2}$) am Nullpunkt, so erhält man den Bildpunkt ihrer **Gegenzahl** (hier: $+\frac{1}{2}$).

Die Entfernung des Bildpunkts einer Zahl vom Nullpunkt der Zahlengeraden gibt den **Betrag** dieser Zahl an. Die Bildpunkte einer Zahl und ihrer Gegenzahl sind vom Ursprung stets gleich weit entfernt; Zahl und zugehörige Gegenzahl besitzen den gleichen Betrag.

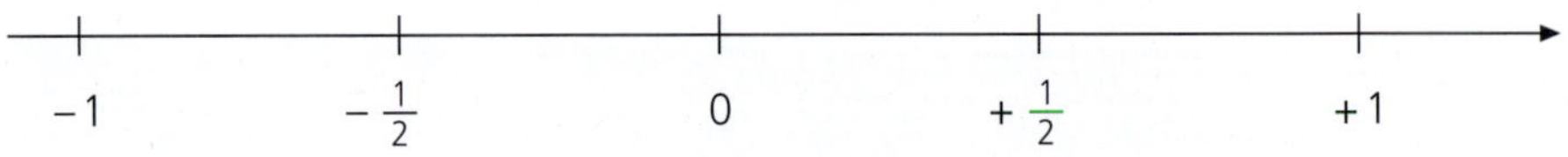

Anordnung der rationalen Zahlen

Von zwei rationalen Zahlen ist stets diejenige die größere (die kleinere), deren Bildpunkt auf der Zahlengeraden weiter rechts (weiter links) liegt.

Beispiele: $-\frac{1}{2} < -\frac{1}{3}$; $-\frac{4}{3} < +\frac{1}{3}$; $-1 < 0$; $\frac{1}{5} > \frac{1}{6}$

Tabellen und Diagramme

Tabelle:

Note	1	2	3	4	5	6
Anzahl	2	6	10	6	4	2
Anteil in Prozent	≈ 7%	20%	≈ 33%	20%	≈ 13%	≈ 7%

Säulendiagramm:

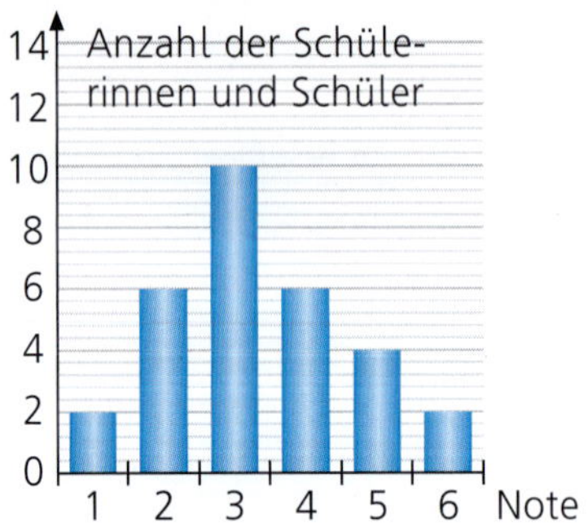

Bilddiagramm:

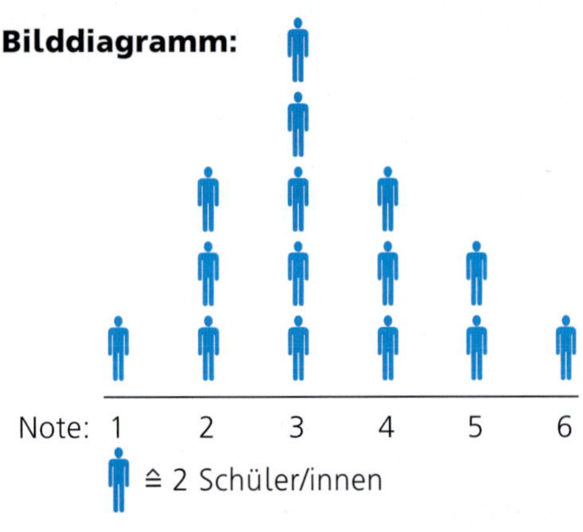

Kreisdiagramm:

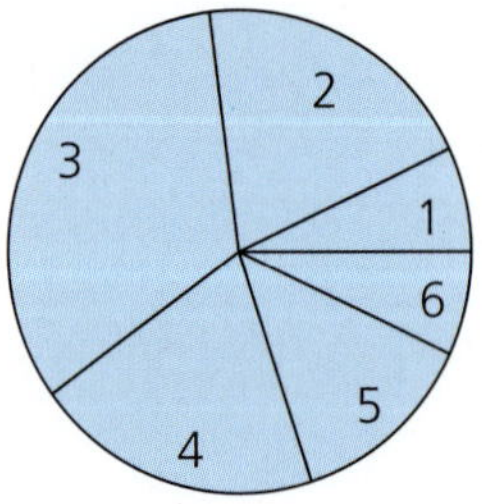

Blockdiagramm (Streifendiagramm):

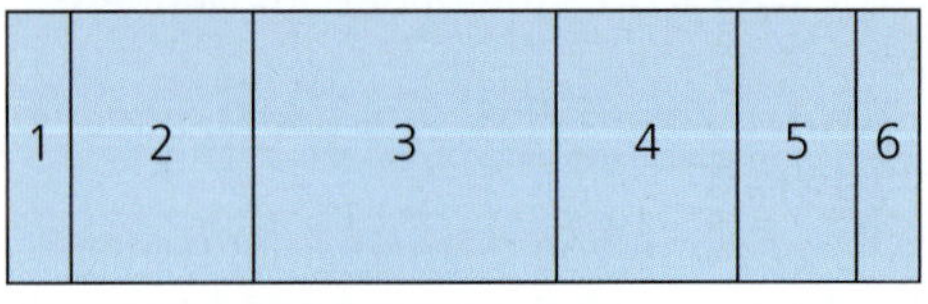

Fachbegriffe

„Strichrechenarten“ Addition und Subtraktion

Beispiele:

5 768 + 3 519 = 9 287

1. Summand plus 2. Summand (Summe) – Wert der Summe

5 768 – 3 519 = 2 249

Minuend minus Subtrahend (Differenz) – Wert der Differenz

„Punktrechenarten“ Multiplikation und Division

Beispiele:

342 · 208 = 71 136

1. Faktor mal 2. Faktor (Produkt) – Wert des Produkts

$3^4 = 3 \cdot 3 \cdot 3 \cdot 3 = 81$

Basis hoch Exponent (Potenz) – Wert der Potenz

$4 \cdot \mathbf{10^3} = 4 \cdot 1\,\mathbf{000} = 4\,000$

Zehnerpotenz

558 : 31 = 18

Dividend durch Divisor (Quotient) – Wert des Quotienten

Schriftliches Rechnen in $\mathbb{N}$

Beispiele:

```
   5768              5
   3519            57̸68
 + 1 1           – 3519
 -----           ------
   9287            2249
```

```
352 · 208          558 : 31 = 18
---------         –31
  704             ---
   000             248
   2816           –248
---------         ----
  73216              0
```

Überschlagsrechnung

5 800 + 3 500 = 9 300
5 800 – 3 500 = 2 300

400 · 200 = 80 000
600 : 30 = 20

Beachte: $0 \cdot a = 0$ für alle $a \in \mathbb{N}$
$0 : a = 0$ für alle $a \in \mathbb{N}$
$a : 0$ ist nicht möglich

Rechnen in $\mathbb{Q}^+$

Gleichnamige Brüche

Beispiele: $\frac{5}{11} + \frac{3}{11} = \frac{8}{11}$; $\frac{5}{11} - \frac{3}{11} = \frac{2}{11}$

Ungleichnamige Brüche

Sie werden vor der Addition bzw. Subtraktion gleichnamig gemacht.

Beispiele:

$\frac{3}{5} + \frac{1}{6} = \frac{18}{30} + \frac{5}{30} = \frac{23}{30}$

$\frac{3}{5} - \frac{1}{6} = \frac{18}{30} - \frac{5}{30} = \frac{13}{30}$

Summenwert bzw. Differenzwert der Zähler dividiert durch den gemeinsamen Nenner.

Multiplikation von Brüchen

Beispiel: $\frac{6}{5} \cdot \frac{2}{3} = \frac{6 \cdot 2}{5 \cdot 3} = \frac{2 \cdot 2}{5 \cdot 1} = \frac{4}{5}$

Produkt der Zähler dividiert durch das Produkt der Nenner.
(*Tipp*: Nach Möglichkeit vor dem Ausmultiplizieren kürzen)

Multiplikation von Dezimalzahlen

Beispiel:

1,6 · 0,32 = 0,512 (NR: 16 · 32 = 512)

Zunächst Produktwert der Zahlen ohne Komma, dann Endergebnis mit so vielen Dezimalen, wie die beiden Faktoren zusammen besitzen.

Rechnen in $\mathbb{Q}^+$

Division durch einen Bruch

Dividieren durch einen Bruch: mit seinem Kehrbruch multiplizieren.

Beispiel:

$$\frac{6}{5} : \frac{2}{3} = \frac{6}{5} \cdot \frac{3}{2} = \frac{6 \cdot 3}{5 \cdot 2} = \frac{3 \cdot 3}{5 \cdot 1} = \frac{9}{5} = 1\frac{4}{5}$$

Division durch eine Dezimalzahl

Ausgleichende Kommaverschiebung, sodass der Divisor eine natürliche Zahl wird; dann dividieren.
Beim Überschreiten des Kommas des Dividenden im Quotientenwert das Komma setzen.

Beispiel: 0,65 : 2,6 = 6,5 : 26 = 0,25

Rechnen in $\mathbb{Q}$

Merktabellen

·	+	–
+	+	–
–	–	+

:	+	–
+	+	–
–	–	+

Summanden mit gleichem Vorzeichen:

Beispiele:

(+3) + (+5) = 3 + 5 = +8
(–3) + (–5) = –3 – 5 = –8
(+1,2) + (+3,7) = 1,2 + 3,7 = +4,9
(–1,2) + (–3,7) = –1,2 – 3,7 = –4,9

gemeinsames Vorzeichen der Summanden, Summenwert der Beträge der Summanden

Summanden mit verschiedenen Vorzeichen:

Beispiele:

(+3) + (–5) = 3 – 5 = –2
(–3) + (+5) = –3 + 5 = +2
(+1,2) + (–3,7) = 1,2 – 3,7 = –2,5
(–1,2) + (+3,7) = –1,2 + 3,7 = +2,5

Vorzeichen des Summanden mit dem größeren Betrag, Unterschied der Beträge der Summanden

Beachte: Bei verschiedenen Vorzeichen, aber gleichem Betrag ist der Summenwert 0.

Zwei rationale Zahlen werden **subtrahiert**, indem man zum Minuenden die Gegenzahl des Subtrahenden addiert.

Beispiel:

(+172,5) – (–320,9) = 172,5 + 320,9 = 493,4

Faktoren mit gleichem Vorzeichen:

Beispiele:

(+4) · (+3) = +12
(–4) · (–3) = +12
(+1,5) · (+2,8) = +4,2
(–1,5) · (–2,8) = +4,2

positives Vorzeichen („Plus"), Produktwert der Beträge der Faktoren

Faktoren mit verschiedenen Vorzeichen:

Beispiele:

(+4) · (–3) = –12
(–4) · (+3) = –12
(+1,5) · (–2,8) = –4,2
(–1,5) · (+2,8) = –4,2

negatives Vorzeichen („Minus"), Produktwert der Beträge der Faktoren

Zwei rationale Zahlen ($\neq$ 0) werden **dividiert**, indem man zunächst ihre Beträge dividiert; falls Dividend und Divisor das gleiche Vorzeichen besitzen, erhält das Ergebnis dann ein positives Vorzeichen, sonst ein negatives.

Beispiele:

(–96) : (–24) = +(96 : 24) = +4
(–59,85) : (+13,3) = –(59,85 : 13,3) = –(598,5 : 133) = –4,5

Überschlagsrechnung

(+ 172,5) – (– 320,9) ≈ (+170) – (–320) = 170 + 320 = 490

(–96) : (–24) ≈ (–100) : (–20) = +(100 : 20) = +5
(–59,85) : (+13,3) ≈ (–60) : (+10) = –(60 : 10) = –6

Kommutativ- und Assoziativgesetz

Der Wert einer Summe (eines Produkts) ändert sich nicht, wenn man

- die Summanden (Faktoren) vertauscht (**Kommutativ**gesetz)
  $a + b = b + a$; $a \cdot b = b \cdot a$; $a, b \in \mathbb{Q}$
- die Summanden (Faktoren) mit Klammern zusammenfasst oder vorhandene Klammern weglässt (**Assoziativ**gesetz)
  $(a + b) + c = a + (b + c)$; $(a \cdot b) \cdot c = a \cdot (b \cdot c)$; $a, b, c \in \mathbb{Q}$

Distributivgesetz

Das **Distributiv**gesetz $a \cdot (b + c) = a \cdot b + a \cdot c$; $a, b, c \in \mathbb{Q}$, bringt oft Rechenvorteile.

Beispiele:

$8 \cdot 0{,}3 + 8 \cdot 1{,}7 = 8 \cdot (0{,}3 + 1{,}7) = 8 \cdot 2 = 16$ („Ausklammern")

$4 \cdot 5\frac{3}{4} = 4 \cdot \left(5 + \frac{3}{4}\right) = 4 \cdot 5 + 4 \cdot \frac{3}{4} = 20 + 3 = 23$ („Ausmultiplizieren")

$99 \cdot 47 = (100 - 1) \cdot 47 = 100 \cdot 47 - 1 \cdot 47 = 4\,700 - 47 = 4\,653$ („Zerlegen")

Rechenregeln

- Terme, die in Klammern stehen, werden zuerst berechnet.
  Beispiel: $45{,}9 - (67{,}2 - 34{,}5) = 45{,}9 - 32{,}7 = 13{,}2$
- Potenzrechnungen werden vor „Punktrechnungen" ausgeführt.
  Beispiel: $5 \cdot \left(\frac{2}{3}\right)^4 = 5 \cdot \frac{16}{81} = \frac{80}{81}$
- „Punktrechnungen" werden vor „Strichrechnungen" ausgeführt.
  Beispiel: $20 - 20 \cdot (97 - 93) = 20 - 20 \cdot 4 = 20 - 80 = -60$

Zufallsexperimente

Zufallsexperimente sind Vorgänge, deren Ergebnis **zufällig**, also nicht voraussagbar ist.

Beispiele: Würfeln mit einem Spielwürfel, Ziehen der Lottozahlen, Drehen eines Glücksrads. Lucas würfelt 30-mal; er unterscheidet **T**reffer (z. B. Werfen der Augenanzahl 1) und **N**iete (hier: Werfen einer der Augenanzahlen 2; 3; 4; 5 bzw. 6). Darstellung des Ergebnisses in einer

Strichliste:

Augenanzahl	Anzahl
1	卌 I
nicht 1	卌 卌 卌 卌 IIII

Tabelle:

Augenanzahl	Anzahl
1	6
nicht 1	24

Relative Häufigkeit

Ein Spielwürfel wird n-mal (z.B. 30-mal) geworfen; k-mal (z. B. 6-mal) erscheint die Augenanzahl 1.

Anzahl der „Einser": 6 (**absolute** Häufigkeit)

Anteil der „Einser": $\frac{6}{30} = \frac{1}{5} = 20\%$ (**relative** Häufigkeit)

Allgemein:

Relative Häufigkeit

$$\frac{k}{n} = \frac{\text{„so oft ist ein bestimmtes Versuchsergebnis eingetreten"}}{\text{„so oft ist das Zufallsexperiment durchgeführt worden"}}$$

Geld

1 € = 100 ct
1 ct = 0,01 €

Länge

1 km = 1 000 m
1 m = 10 dm = 100 cm = 1 000 mm
1 dm = 10 cm = 100 mm
1 cm = 10 mm

1 m = 0,001 km
1 dm = 0,1 m
1 cm = 0,1 dm = 0,01 m
1 mm = 0,1 cm = 0,01 dm = 0,001 m

Masse

1 t = 1 000 kg
1 kg = 0,001 t
1 kg = 1 000 g
1 g = 0,001 kg
1 g = 1 000 mg
1 mg = 0,001 g

Zeit

1 a = 12 Monate
1 d = 24 h
1 a ≈ 52 Wochen
1 h = 60 min
1 a = 365 d (Schaltjahr: 366 d)
1 min = 60 s

Fläche

1 km^2 =	100 ha					
0,01 km^2 =	**1 ha =**	100 a				
	0,01 ha =	**1 a =**	100 m^2			
		0,01 a =	**1 m^2 =**	100 dm^2		
			0,01 m^2 =	**1 dm^2 =**	100 cm^2	
				0,01 dm^2 =	**1 cm^2 =**	100 mm^2
					0,01 cm^2 =	**1 mm^2**

Volumen

1 km^3 =	1 000 000 000 m^3			
0,000 000 001 km^3	**= 1 m^3**	= 1 000 dm^3		
	0,001 m^3	**= 1 dm^3**	= 1 000 cm^3	
		0,001 dm^3	**= 1 cm^3 =**	1 000 mm^3
			0,001 cm^3	**= 1 mm^3**
1 l = 1 dm^3	1 ml = 1 cm^3	1 l = 1 000 ml	1 hl = 100 l	10 hl = 1 m^3

Umfangslänge Rechteck (Quadrat)

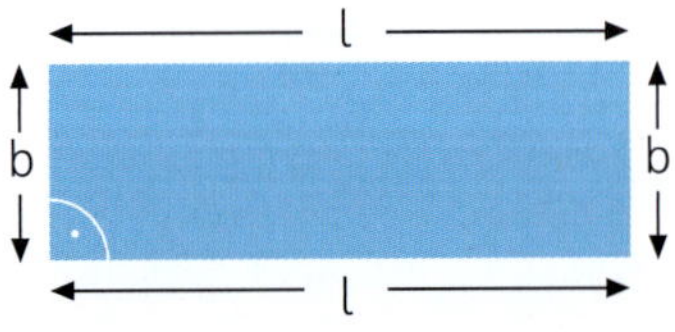

Rechteck (Länge l , Breite b)
Umfangslänge:
$\mathbf{U_{Rechteck} = 2 \cdot l + 2 \cdot b}$

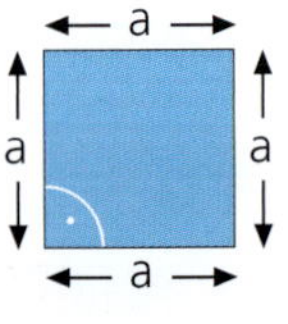

Quadrat (Seitenlänge a)
Umfangslänge:
$\mathbf{U_{Quadrat} = 4 \cdot a}$

Flächeninhalt Rechteck (Quadrat)

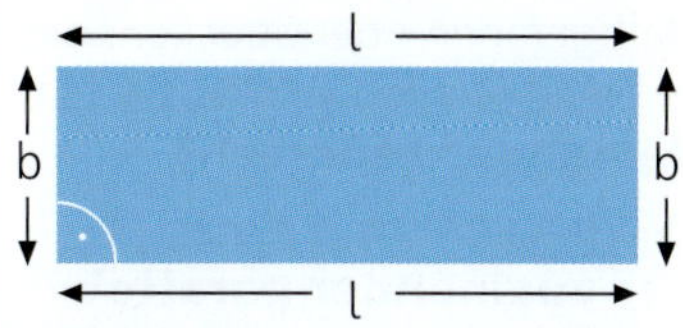

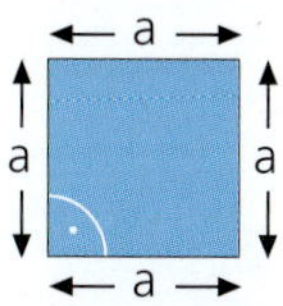

Rechteck (Länge l , Breite b)
Flächeninhalt:
$A_{Rechteck} = l \cdot b$
(„Länge mal Breite“)

Quadrat (Seitenlänge a)
Flächeninhalt:
$A_{Quadrat} = a \cdot a = a^2$

Geometrische Grundfiguren

Quadrat **Rechteck** **Raute** **Parallelogramm** **Trapez** **Kreis**

Geometrische Grundkörper

Würfel **Quader** **Pyramide** **Prisma** **Kegel** **Zylinder** **Kugel**

Strecke, Gerade, Halbgerade

Strecke [AB] mit den Endpunkten A und B und der Streckenlänge $\overline{AB}$

Gerade AB

Halbgerade (Strahl) [AB mit Anfangspunkt A

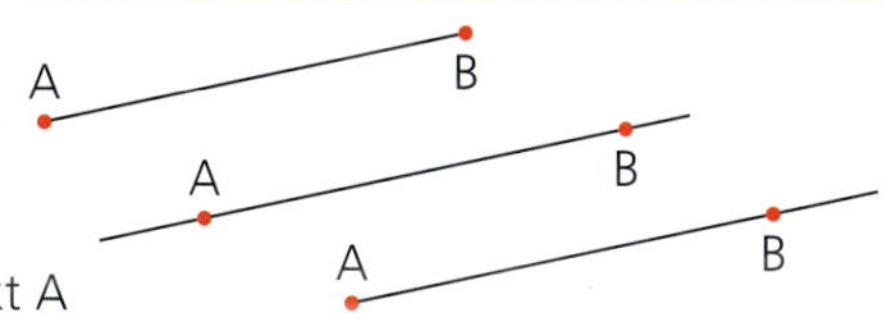

Winkel

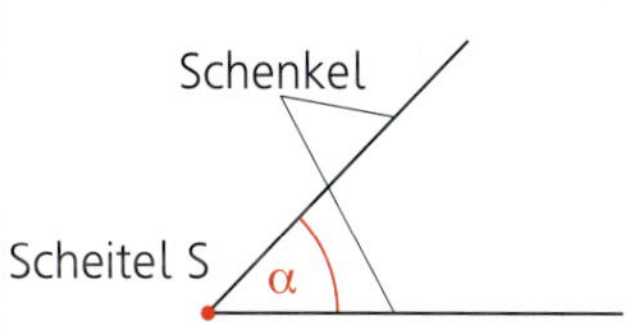

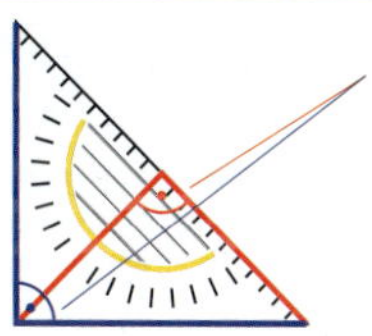

rechte Winkel am Geodreieck

Die Größe eines Winkels wird in Grad (°) gemessen. Jeder rechte Winkel hat 90°.

Nach ihrer Größe unterscheiden wir folgende **Winkelarten**:

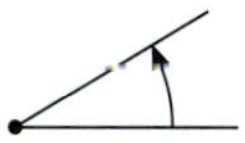

$0° < \alpha < 90°$
spitzer Winkel

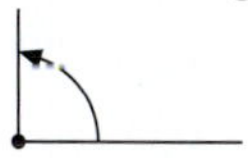

$\alpha = 90°$
rechter Winkel

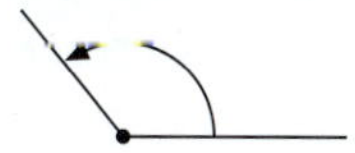

$90° < \alpha < 180°$
stumpfer Winkel

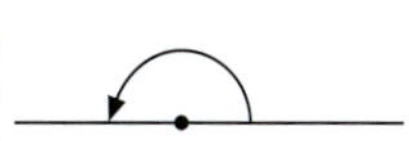

$\alpha = 180°$
gestreckter Winkel

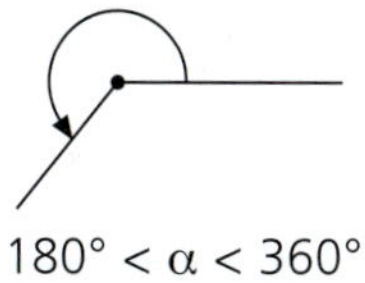

$180° < \alpha < 360°$
überstumpfer Winkel

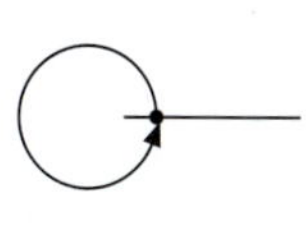

$\alpha = 360°$
Vollwinkel

Aufeinander senkrechte und zueinander parallele Geraden

$k \perp g$
$k \perp h$

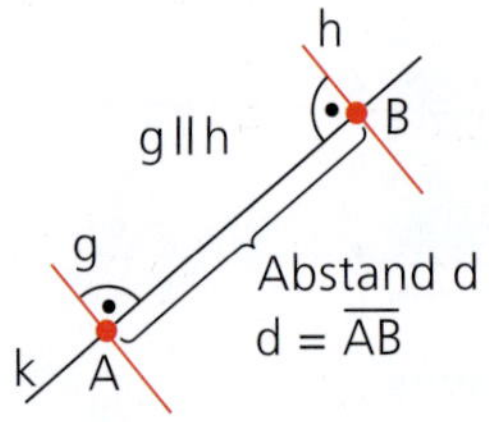

Geraden, Halbgeraden oder Strecken, die miteinander einen rechten Winkel bilden, stehen **aufeinander senkrecht**.

Zwei Geraden g und h (der Zeichenebene) heißen **zueinander parallel**, wenn es eine dritte Gerade k gibt, die auf jeder der beiden senkrecht steht.

Koordinatensystem

x-Koordinate von P: 2
y-Koordinate von P: 3

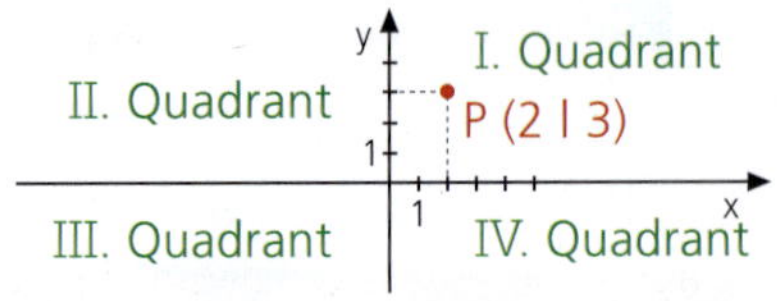

Achsensymmetrische Figuren

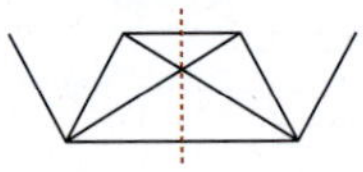

Eine Figur ist achsensymmetrisch, wenn man sie so falten kann, dass ihre beiden Teile genau aufeinander passen; die Faltkante heißt dann **Symmetrieachse**.

Flächeninhalt Parallelogramm

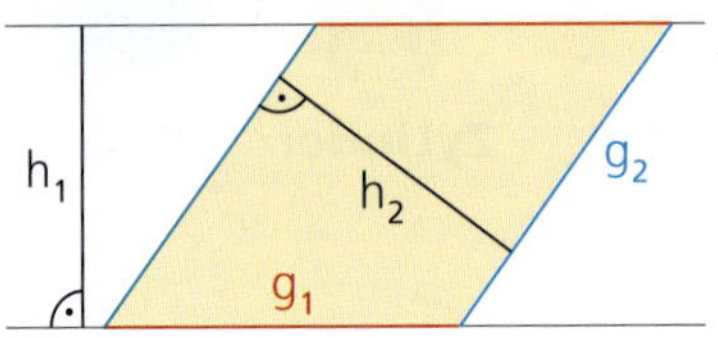

Parallelogramm
(Seitenlänge g, zugehörige Höhe h)
Flächeninhalt: $\mathbf{A_{Parallelogramm} = g \cdot h}$

Hinweis: Mit **Höhe** (ebenso wie mit **Abstand**) kann sowohl eine Strecke wie auch deren Länge gemeint sein.

Flächeninhalt Dreieck

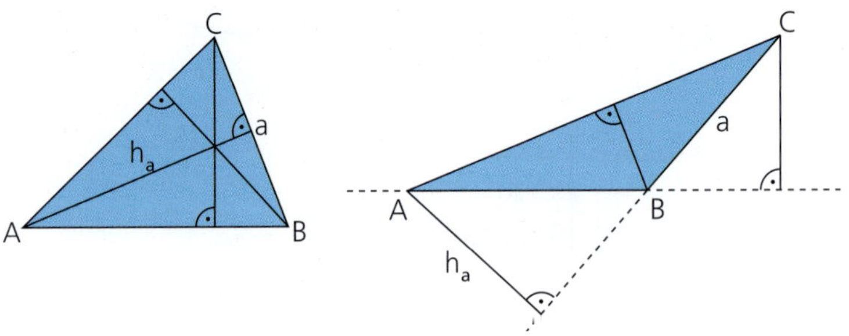

Jedes Dreieck besitzt drei Seiten, die man manchmal auch Grundlinien nennt.
Der Abstand einer Ecke von der gegenüberliegenden Seite heißt **Höhe**.
Bei stumpfwinkligen Dreiecken liegen zwei der drei Höhen außerhalb des Dreiecks.

Dreieck (Seitenlänge g, zugehörige Höhe h)
Flächeninhalt: $\mathbf{A_{Dreieck} = \frac{g \cdot h}{2}}$

Flächeninhalt Trapez

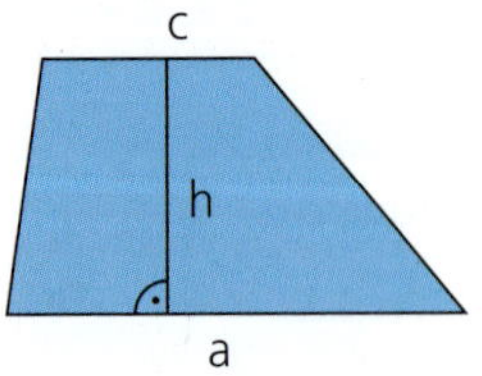

Trapeze sind Vierecke, bei denen zwei gegenüberliegende Seiten zueinander parallel sind.
Man nennt diese zueinander parallelen Seiten **Grundlinien** oder auch **Parallelseiten**; ihr Abstand wird als **Höhe** bezeichnet.
Flächeninhalt: $\mathbf{A_{Trapez} = \frac{1}{2} \cdot (a + c) \cdot h = \frac{a + c}{2} \cdot h}$
(Parallelseitenlängen a, c; Höhe h)

Volumen und Oberflächeninhalt Quader (Würfel)

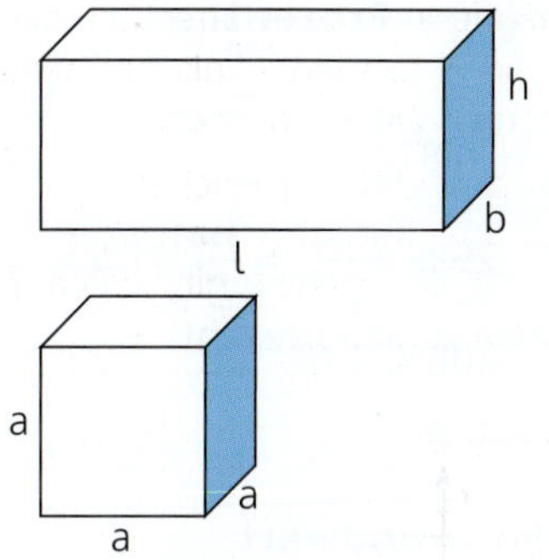

Quader (Länge l, Breite b, Höhe h)
Volumen: $\mathbf{V_{Quader} = l \cdot b \cdot h}$
Oberflächeninhalt:
$\mathbf{A_{Quader} = 2 \cdot (l \cdot b + l \cdot h + b \cdot h)}$

Würfel (Kantenlänge a)
Volumen: $\mathbf{V_{Würfel} = a \cdot a \cdot a = a^3}$
Oberflächeninhalt:
$\mathbf{A_{Würfel} = 6 \cdot a^2}$

Grundriss, Aufriss, Seitenriss

Um eine räumliche Vorstellung von einem Körper zu erhalten, stellt man ihn häufig aus mehreren verschiedenen Richtungen betrachtet dar:

Der **Grundriss** zeigt, wie der Körper (senkrecht) von oben betrachtet aussieht.
Der **Aufriss** zeigt, wie der Körper von vorne betrachtet aussieht.
Ein **Seitenriss** zeigt, wie der Körper von rechts (oder von links) betrachtet aussieht.

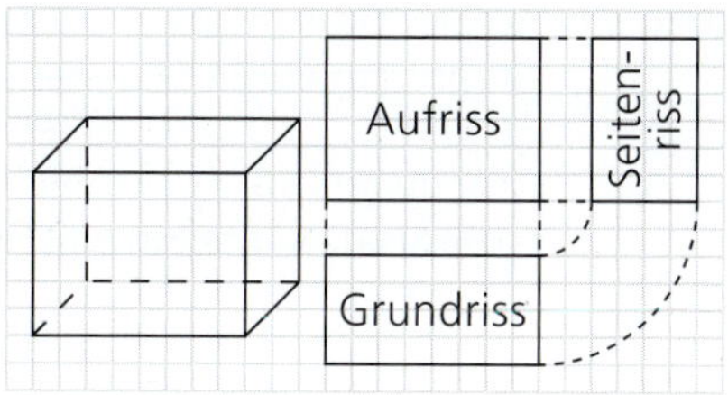

Schrägbild

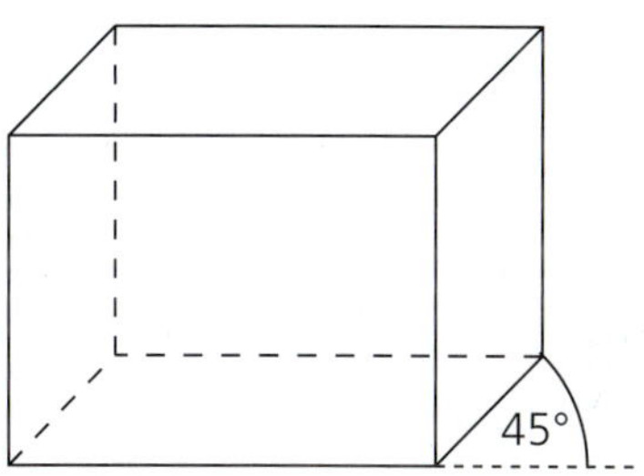

In einem **Schrägbild** wird ein Körper so gezeichnet, dass man ihn sich räumlich gut vorstellen kann.

Die „nach hinten" verlaufenden Quaderkanten werden schräg und verkürzt, aber zueinander parallel gezeichnet. Häufig trägt man sie unter einem Winkel von 45° und in halber Länge an.

Unsichtbare Kanten werden gestrichelt eingezeichnet.

Maßstab

Maßstab	**1 : 10**	**1 : 50 000**	**2 : 1**
Länge der Strecke in Wirklichkeit	20 cm	4 km	5 mm
Länge der Strecke in der Abbildung	(20 cm : 10 =) 2 cm	(4 km : 50 000 =) 8 cm	(5 mm · 2 =) 1 cm
Vergrößerung oder Verkleinerung?	Verkleinerung	Verkleinerung	Vergrößerung

Anteile als Brüche, als Dezimalzahlen und in Prozent

Um Anteile besser vergleichen zu können, werden sie häufig in **Prozent** (geschrieben: %) angegeben. 1% bedeutet $\frac{1}{100} = 0{,}01$.

Beispiele: 39% bedeutet $\frac{39}{100} = 0{,}39$; 81% bedeutet $\frac{81}{100} = 0{,}81$.

Häufige Prozentsätze: $10\% = \frac{10}{100} = \frac{1}{10} = 0{,}10$; $25\% = \frac{25}{100} = \frac{1}{4} = 0{,}25$; $50\% = \frac{50}{100} = \frac{1}{2} = 0{,}50$; $75\% = \frac{75}{100} = \frac{3}{4} = 0{,}75$; $100\% = \frac{100}{100} = 1$.

Grundwert, Prozentsatz, Prozentwert

Das **Ganze**, dessen Anteile verglichen werden, bildet den **Grundwert**. Jeden **Anteil** am Ganzen, also am Grundwert, kann man (in **Bruchform** oder) in **Prozent** angeben; er stellt den **Prozentsatz** dar. Der jeweilige Teil des Ganzen bildet den **Prozentwert**.

Beispiel: An der Klassensprecherwahl beteiligten sich 30 Kinder; Gregor erhielt 24 Stimmen. Wie viel Prozent der Stimmen erhielt er?

Grundwert: 30 Prozentwert: 24
Prozentsatz (Anteil in %): $\frac{24}{30} = \frac{4}{5} = \frac{80}{100} = 80\%$.

Dreisatz

Gehört zum Doppelten, Dreifachen, Vierfachen ... einer Größe das Doppelte, Dreifache, Vierfache ... einer anderen Größe, so kann man von einem Vielfachen der einen Größe auf das entsprechende Vielfache der anderen Größe schließen.

Beispiele:

- Lucas bezahlt für 12 Semmeln 4,32 €. Wie viel kosten 15 Semmeln?
  Lösung: 12 Semmeln kosten 4,32 €.
  1 Semmel kostet (4,32 € : 12 =) 0,36 € (Schluss auf die Einheit).
  15 Semmeln kosten (15 · 0,36 € =) 5,40 €.

- Herr Huber muss für die Wohnungsmiete 875 €, das sind 35% seines Monatsgehalts, bezahlen. Wie viel Geld verdient Herr Huber monatlich?
  Lösung: 35% seines Monatsgehalts entsprechen 875 €.
  1% seines Monatsgehalts entspricht (875 € : 35 =) 25 € (Schluss auf die Einheit).
  100% seines Monatsgehalts entsprechen (100 · 25 € =) 2 500 €.

A

Abrunden 52
Abstand 130
achsensymmetrisch 254
Addieren
– gleichnamiger Brüche 74
– rationaler Zahlen 176
– ungleichnamiger Brüche 76
– von Dezimalzahlen 80
Anteil 22, 30, 64, 196
Assoziativgesetz
– der Addition 74, 80, 182
– der Multiplikation 92, 100, 118, 184
Aufriss 148
Aufrunden 52

B

Bernoulli, Jakob 61
Betrag 34, 44
Bilddiagramm 206
Blockdiagramm 206
Brüche
– echte 16
– gleichnamige 74
– unechte 16
– ungleichnamige 76
Bruchschreibweise 10
Bruchstrich 12
Bruchzahlen 34

C

Cantor, Georg 169
Cardano, Geronimo 197
Cavalieri, Bonaventura 127

D

deckungsgleich 128
Dezimalen 42
Dezimalschreibweise 42, 48
Dezimalzahlen 42
– abbrechende 114
– endliche 114
– gemischtperiodische 114
– periodische 114
– reinperiodische 114
Distributivgesetz 118, 188
Dividieren
– eines Bruchs durch eine natürliche Zahl 96
– einer Dezimalzahl durch eine natürliche Zahl 98
– rationaler Zahlen 186
– von Brüchen 106
– von Dezimalzahlen 112
Dreisatz 222

E

Einheitentafel 154
Endnullen 44
Erweitern
– eines Bruchs 26
– einer Dezimalzahl 44

F

Fibonacci 9
Flächeninhalt 128
– eines Dreiecks 136
– eines Parallelogramms 130
– eines Trapezes 138

G

Gegenzahl 34, 44, 178
Geheimschriften 68
gemischte Zahl 16
Geobrett 15
Gesetz der großen Zahlen 64
Größenvergleich 174
größer 168
Grundform eines Bruchs 26
Grundlinien 130, 136, 138
Grundriss 148
Grundwert 198, 202, 204

H

Häufigkeit
– absolute 64
– relative 64
Hauptnenner 76
Höhe 130, 136, 138
Horaz 73
Huygens, Christiaan 91

K

Kehrwert 93, 106
Kepler, Johannes 145
kleinstes gemeinsames Vielfaches (kgV) 76
Kommaverschiebung 112
Kommutativgesetz
– der Addition 74, 80, 182
– der Multiplikation 92, 100, 118, 184
Kowalewskaja, Sofja 221
Kreisdiagramm 30, 206
Kreiszahl π 116, 117
Kubikdezimeter 152
Kubikkilometer 152
Kubikmeter 152
Kubikmillimeter 152
Kubikzentimeter 152
Kürzen
– eines Bruchs 26
– einer Dezimalzahl 44

L

Liniendiagramm 222

M

Multiplizieren
– eines Bruchs mit einer natürlichen Zahl 92
– einer Dezimalzahl mit einer natürlichen Zahl 92
– rationaler Zahlen 184
– von Brüchen 100
von Dezimalzahlen 104

N

Nenner 12
Netz des Prismas 146

O

Oberfläche des Prismas 146
Oberflächeninhalt des Prismas 146

P

Parallelseiten 138
Parkette 134
Periode 114
Prisma 146
Prozent 30, 198
Prozentsatz 198, 202, 204
Prozentwert 198, 202, 204

Q

Quarks 181

R

rationale Zahlen 34, 170
Rauminhalt 152
Runden 52

S

Säulendiagramm 206
Scheinbruch 16, 170
Schrägbild 150
Seitenriss 148
Stammbruch 10
Stellenwerttafel 42
Stevin, Simon 41
Streifendiagramm 206
Strichliste 62
Subtrahieren
– gleichnamiger Brüche 74
– rationaler Zahlen 178
– ungleichnamiger Brüche 76
– von Dezimalzahlen 80
Symmetrieachse 254

T

Tabellenkalkulation 210, 211
teilerfremd 26

U

Umwandlung
– einer Dezimalzahl in einen Bruch 48
– eines Bruchs in eine Dezimalzahl 48

V

Volumen 152
– von Quadern 162
– von Würfeln 162
Volumeneinheiten 152, 154

Z

Zähler 12
Zinsrechnung 226
Zufallsexperimente 62